科学元典丛书

The Series of the Great Classics in Science

主　　编　任定成

执行主编　周雁翎

策　　划　周雁翎

丛书主持　陈　静

科学元典是科学史和人类文明史上划时代的丰碑，是人类文化的优秀遗产，是历经时间考验的不朽之作。它们不仅是伟大的科学创造的结晶，而且是科学精神、科学思想和科学方法的载体，具有永恒的意义和价值。

· The Power of Movement in Plants ·

植物对外界刺激的敏感性并不亚于动物。达尔文致力于这种研究并不是他晚年闲情逸致的隐居生活中兴之所至而信手来的。这项工作乃是他的生物进化的研究在逻辑上的延续与一步的探讨，用实验方法来验证有机界统一学说的宏图。达文的这些敏锐的观察与精辟的论断，为后来植物生理学的发提供了重要线索。

——中国农业大学教授　中国科学院院士　娄

本书列入“十四五”国家重点图书出版规划

The Power of Movement in Plants

[英] 达尔文 著
娄昌后　周邦立　祝宗岭 译
祝宗岭 校

图书在版编目(CIP)数据

植物的运动本领 /（英）达尔文（C.R.Darwin）著；娄昌后，周邦立，祝宗岭译；祝宗岭校，
—北京：北京大学出版社，2018. 3

（科学元典丛书）

ISBN 978-7-301-26432-4

Ⅰ. ①植… Ⅱ. ①达… ②娄… ③周… ④祝… Ⅲ. ①植物—植物运动—研究 Ⅳ. ①Q945.7

中国版本图书馆 CIP 数据核字（2018）第 010440 号

书　　名	植物的运动本领 ZHIWU DE YUNDONG BENLING
著作责任者	[英] 达尔文 著 娄昌后 周邦立 祝宗岭 译 祝宗岭 校
丛书策划	周雁翎
丛书主持	陈 静
责任编辑	陈 静
标准书号	ISBN 978-7-301-26432-4
出版发行	北京大学出版社
地　　址	北京市海淀区成府路 205 号 100871
网　　址	http://www.pup.cn 新浪微博：@ 北京大学出版社
微信公众号	通识书苑（微信号：sartspku） 科学元典（微信号：kexueyuandian）
电子邮箱	编辑部 jyzx@ pup.cn 总编室 zpup@ pup.cn
电　　话	邮购部 010-62752015 发行部 010-62750672 编辑部 010-62707542
印 刷 者	北京中科印刷有限公司
经 销 者	新华书店
	787 毫米 × 1092 毫米 16 开本 24 印张 彩插 8 460 千字
	2018 年 3 月第 1 版 2023 年 11 月第 3 次印刷
定　　价	79. 00 元

弁　言

· Preface to the Series of the Great Classics in Science ·

这套丛书中收入的著作，是自古希腊以来，主要是自文艺复兴时期现代科学诞生以来，经过足够长的历史检验的科学经典。为了区别于时下被广泛使用的“经典”一词，我们称之为“科学元典”。

我们这里所说的“经典”，不同于歌迷们所说的“经典”，也不同于表演艺术家们朗诵的“科学经典名篇”。受歌迷欢迎的流行歌曲属于“当代经典”，实际上是时尚的东西，其含义与我们所说的代表传统的经典恰恰相反。表演艺术家们朗诵的“科学经典名篇”多是表现科学家们的情感和生活态度的散文，甚至反映科学家生活的话剧台词，它们可能脍炙人口，是否属于人文领域里的经典姑且不论，但基本上没有科学内容。并非著名科学大师的一切言论或者是广为流传的作品都是科学经典。

这里所谓的科学元典，是指科学经典中最基本、最重要的著作，是在人类智识史和人类文明史上划时代的丰碑，是理性精神的载体，具有永恒的价值。

一

科学元典或者是一场深刻的科学革命的丰碑，或者是一个严密的科学体系的构架，或者是一个生机勃勃的科学领域的基石，或者是一座传播科学文明的灯塔。它们既是昔日科学成就的创造性总结，又是未来科学探索的理性依托。

哥白尼的《天体运行论》是人类历史上最具革命性的震撼心灵的著作，它向统治西方思想千余年的地心说发出了挑战，动摇了“正统宗教”学说的天文学基础。伽利略《关于托勒密和哥白尼两大世界体系的对话》以确凿的证据进一步论证了哥白尼学说，更直接地动摇了教会所庇护的托勒密学说。哈维的《心血运动论》以对人类躯体和心灵的双重关怀，满怀真挚的宗教情感，阐述了血液循环理论，推翻了同样统治西方思想千余年、被“正统宗教”所庇护的盖伦学说。笛卡儿的《几何》不仅创立了为后来诞生的微积分提供了工具的解析几何，而且折射出影响万世的思想方法论。牛顿的《自然哲学之数学原理》标志着17世纪科学革命的顶点，为后来的工业革命奠定了科学基础。分别以惠更斯的《光论》与牛顿的《光学》为代表的波动说与微粒说之间展开了长达200余年的论战。拉瓦锡在《化学基础论》中详尽论述了氧化理论，推翻了统治化学百余年之久的燃素理论，这一智识壮举被公认为历史上最自觉的科学革命。道尔顿的《化学哲学新体系》奠定了物质结构理论的基础，开创了科学中的新时代，使19世纪的化学家们有计划地向未知领域前进。傅立叶的《热的解析理论》以其对热传导问题的精湛处理，突破了牛顿的《自然哲学之数学原理》所规定的理论力学范围，开创了数学物理学的崭新领域。达尔文《物种起源》中的进化论思想不仅在生物学发展到分子水平的今天仍然是科学家们阐释的对象，而且100多年来几乎在科学、社会和人文的所有领域都在施展它有形和无形的影响。《基因论》揭示了孟德尔式遗传性状传递机理的物质基础，把生命科学推进到基因水平。爱因斯坦的《狭义与广义相对论浅说》和薛定谔的《关于波动力学的四次演讲》分别阐述了物质世界在高速和微观领域的运动规律，完全改变了自牛顿以来的世界观。魏格纳的《海陆的起源》提出了大陆漂移的猜想，为当代地球科学提供了新的发展基点。维纳的《控制论》揭示了控制系统的反馈过程，普里戈金的《从存在到演化》发现了系统可能从原来无序向新的有序态转化的机制，二者的思想在今天的影响已经远远超越了自然科学领域，影响到经济学、社会学、政治学等领域。

科学元典的永恒魅力令后人特别是后来的思想家为之倾倒。欧几里得的《几何原本》以手抄本形式流传了1800余年，又以印刷本用各种文字出了1000版以上。阿基米德写了大量的科学著作，达·芬奇把他当作偶像崇拜，热切搜求他的手稿。伽利略以他的继承人自居。莱布尼兹则说，了解他的人对后代杰出人物的成就就不会那么赞赏了。为捍卫《天体运行论》中的学说，布鲁诺被教会处以火刑。伽利略因为其《关于托勒密和哥白尼两大世界体系的对话》一书，遭教会的终身监禁，备受折磨。伽利略说吉尔伯特的《论磁》一书伟大得令人嫉妒。拉普拉斯说，牛顿的《自然哲学之数学原理》揭示了宇宙的最伟大定律，它将永远成为深邃智慧的纪念碑。拉瓦锡在他的《化学基础论》出版后5年被法国革命法庭处死，传说拉格朗日悲愤地说，砍掉这颗头颅只要一瞬间，再长出这样的头颅 100 年也不够。《化学哲学新体系》的作者道尔顿应邀访法，当他走进法国科学院会议厅时，院长和全体院士起立致敬，得到拿破仑未曾享有的殊荣。傅立叶在《热的解析理论》中阐述的强有力的数学工具深深影响了整个现代物理学，推动数学分析的发展达一个多世纪，麦克斯韦称赞该书是“一首美妙的诗”。当人们咒骂《物种起源》是“魔鬼的经典”“禽兽的哲学”的时候，赫胥黎甘做“达尔文的斗犬”，挺身捍卫进化论，撰写了《进化论与伦理学》和《人类在自然界的位置》，阐发达尔文的学说。经过严复的译述，赫胥黎的著作成为维新领袖、辛亥精英、“五四”斗士改造中国的思想武器。爱因斯坦说法拉第在《电学实验研究》中论证的磁场和电场的思想是自牛顿以来物理学基础所经历的最深刻变化。

在科学元典里，有讲述不完的传奇故事，有颠覆思想的心智波涛，有激动人心的理性思考，有万世不竭的精神甘泉。

二

按照科学计量学先驱普赖斯等人的研究，现代科学文献在多数时间里呈指数增长趋势。现代科学界，相当多的科学文献发表之后，并没有任何人引用。就是一时被引用过的科学文献，很多没过多久就被新的文献所淹没了。科学注重的是创造出新的实在知识。从这个意义上说，科学是向前看的。但是，我们也可以看到，这么多文献被淹没，也表明划时代的科学文献数量是很少的。大多数科学元典不被现代科学文献所引用，那是因为其中的知识早已成为科学中无须证明的常识了。即使这样，科学经典也会因为其中思想的恒久意义，而像人文领域里的经典一样，具有永恒的阅读价值。于是，科学经典就被一编再编、一印再印。

早期诺贝尔奖得主奥斯特瓦尔德编的物理学和化学经典丛书“精密自然科学经典”从 1889 年开始出版，后来以“奥斯特瓦尔德经典著作”为名一直在编辑出版，有资料说目前已经出版了 250 余卷。祖德霍夫编辑的“医学经典”丛书从 1910 年就开始陆续出版了。也是这一年，蒸馏器俱乐部编辑出版了 20 卷“蒸馏器俱乐部再版本”丛书，丛书中全是化学经典，这个版本甚至被化学家在 20 世纪的科学刊物上发表的论文所引用。一般把 1789 年拉瓦锡的化学革命当作现代化学诞生的标志，把 1914 年爆发的第一次世界大战称为化学家之战。奈特把反映这个时期化学的重大进展的文章编成一卷，把这个时期的其他 9 部总结性化学著作各编为一卷，辑为 10 卷“1789—1914 年的化学发展”丛书，于 1998 年出版。像这样的某一科学领域的经典丛书还有很多很多。

科学领域里的经典，与人文领域里的经典一样，是经得起反复咀嚼的。两个领域里的经典一起，就可以勾勒出人类智识的发展轨迹。正因为如此，在发达国家出版的很多经典丛书中，就包含了这两个领域的重要著作。1924 年起，沃尔科特开始主编一套包括人文与科学两个领域的原始文献丛书。这个计划先后得到了美国哲学协会、美国科学促进会、美国科学史学会、美国人类学协会、美国数学协会、美国数学学会以及美国天文学学会的支持。1925 年，这套丛书中的《天文学原始文献》和《数学原始文献》出版，这两本书出版后的 25 年内市场情况一直很好。1950 年，沃尔科特把这套丛书中的科学经典部分发展成为“科学史原始文献”丛书出版。其中有《希腊科学原始文献》《中世纪科学原始文献》和《20 世纪（1900—1950 年）科学原始文献》，文艺复兴至 19 世纪则按科学学科（天文学、数学、物理学、地质学、动物生物学以及化学诸卷）编辑出版。约翰逊、米利肯和威瑟斯庞三人主编的“大师杰作丛书”中，包括了小尼德勒编的 3 卷“科学大师杰作”，后者于 1947 年初版，后来多次重印。

在综合性的经典丛书中，影响最为广泛的当推哈钦斯和艾德勒 1943 年开始主持编译的“西方世界伟大著作丛书”。这套书耗资 200 万美元，于 1952 年完成。丛书根据独创性、文献价值、历史地位和现存意义等标准，选择出 74 位西方历史文化巨人的 443 部作品，加上丛书导言和综合索引，辑为 54 卷，篇幅 2 500 万单词，共 32 000 页。丛书中收入不少科学著作。购买丛书的不仅有“大款”和学者，而且还有屠夫、面包师和烛台匠。迄 1965 年，丛书已重印 30 次左右，此后还多次重印，任何国家稍微像样的大学图书馆都将其列入必藏图书之列。这套丛书是 20 世纪上半叶在美国大学兴起而后扩展到全社会的经典著作研读运动的产物。这个时期，美国一些大学的寓所、校园和酒吧里都能听到学生讨论古典佳作的声音。有的大学要求学生必须深研 100 多部名著，甚至在教学中不得使用最新的实验设备，而是借助历史上的科学大师所使用的方法和仪器复制品去再现划时代的著名实验。至 20 世纪 40 年代末，美国举办古典名著学习班的城市达 300 个，学员 50 000 余众。

相比之下，国人眼中的经典，往往多指人文而少有科学。一部公元前 300 年左右古希腊人写就的《几何原本》，从 1592 年到 1605 年的 13 年间先后 3 次汉译而未果，经 17 世纪初和 19 世纪 50 年代的两次努力才分别译刊出全书来。近几百年来移译的西学典籍中，成系统者甚多，但皆系人文领域。汉译科学著作，多为应景之需，所见典籍寥若晨星。借 20 世纪 70 年代末举国欢庆“科学春天”到来之良机，有好尚者发出组译出版“自然科学世界名著丛书”的呼声，但最终结果却是好尚者抱憾而终。20 世纪 90 年代初出版的“科学名著文库”，虽使科学元典的汉译初见系统，但以 10 卷之小的容量投放于偌大的中国读书界，与具有悠久文化传统的泱泱大国实不相称。

我们不得不问：一个民族只重视人文经典而忽视科学经典，何以自立于当代世界民族之林呢？

三

科学元典是科学进一步发展的灯塔和坐标。它们标识的重大突破，往往导致的是常规科学的快速发展。在常规科学时期，人们发现的多数现象和提出的多数理论，都要用科学元典中的思想来解释。而在常规科学中发现的旧范型中看似不能得到解释的现象，其重要性往往也要通过与科学元典中的思想的比较显示出来。

在常规科学时期，不仅有专注于狭窄领域常规研究的科学家，也有一些从事着常规研究但又关注着科学基础、科学思想以及科学划时代变化的科学家。随着科学发展中发现的新现象，这些科学家的头脑里自然而然地就会浮现历史上相应的划时代成就。他们会对科学元典中的相应思想，重新加以诠释，以期从中得出对新现象的说明，并有可能产生新的理念。百余年来，达尔文在《物种起源》中提出的思想，被不同的人解读出不同的信息。古脊椎动物学、古人类学、进化生物学、遗传学、动物行为学、社会生物学等领域的几乎所有重大发现，都要拿出来与《物种起源》中的思想进行比较和说明。玻尔在揭示氢光谱的结构时，提出的原子结构就类似于哥白尼等人的太阳系模型。现代量子力学揭示的微观物质的波粒二象性，就是对光的波粒二象性的拓展，而爱因斯坦揭示的光的波粒二象性就是在光的波动说和微粒说的基础上，针对光电效应，提出的全新理论。而正是与光的波动说和微粒说二者的困难的比较，我们才可以看出光的波粒二象性学说的意义。可以说，科学元典是时读时新的。

除了具体的科学思想之外，科学元典还以其方法学上的创造性而彪炳史册。这些方法学思想，永远值得后人学习和研究。当代诸多研究人的创造性的前沿领域，如认知心理学、科学哲学、人工智能、认知科学等，都涉及对科学大师的研究方法的研究。一些科学史学家以科学元典为基点，把触角延伸到科学家的信件、实验室记录、所属机构的档案等原始材料中去，揭示出许多新的历史现象。近二十多年兴起的机器发现，首先就是对科学史学家提供的材料，编制程序，在机器中重新做出历史上的伟大发现。借助于人工智能手段，人们已经在机器上重新发现了波义耳定律、开普勒行星运动第三定律，提出了燃素理论。萨伽德甚至用机器研究科学理论的竞争与接受，系统研究了拉瓦锡氧化理论、达尔文进化学说、魏格纳大陆漂移说、哥白尼日心说、牛顿力学、爱因斯坦相对论、量子论以及心理学中的行为主义和认知主义形成的革命过程和接受过程。

除了这些对于科学元典标识的重大科学成就中的创造力的研究之外，人们还曾经大规模地把这些成就的创造过程运用于基础教育之中。美国几十年前兴起的发现法教学，就是在这方面的尝试。近二十多年来，兴起了基础教育改革的全球浪潮，其目标就是提高学生的科学素养，改变片面灌输科学知识的状况。其中的一个重要举措，就是在教学中加强科学探究过程的理解和训练。因为，单就科学本身而言，它不仅外化为工艺、流程、技术及其产物等器物形态，直接表现为概念、定律和理论等知识形态，更深蕴于其特有的思想、观念和方法等精神形态之中。没有人怀疑，我们通过阅读今天的教科书就可以方便地学到科学元典著作中的科学知识，而且由于科学的进步，我们从现代教科书上所学的知识甚至比经典著作中的更完善。但是，教科书所提供的只是结晶状态的凝固知识，而科学本是历史的、创造的、流动的，在这历史、创造和流动过程之中，一些东西蒸发了，另一些东西积淀了，只有科学思想、科学观念和科学方法保持着永恒的活力。

然而，遗憾的是，我们的基础教育课本和科普读物中讲的许多科学史故事不少都是误讹相传的东西。比如，把血液循环的发现归于哈维，指责道尔顿提出二元化合物的元素原子数最简比是当时的错误，讲伽利略在比萨斜塔上做过落体实验，宣称牛顿提出了牛顿定律的诸数学表达式，等等。好像科学史就像网络上传播的八卦那样简单和耸人听闻。为避免这样的误讹，我们不妨读一读科学元典，看看历史上的伟人当时到底是如何思考的。

现在，我们的大学正处在席卷全球的通识教育浪潮之中。就我的理解，通识教育固然要对理工农医专业的学生开设一些人文社会科学的导论性课程，要对人文社会科学专业的学生开设一些理工农医的导论性课程，但是，我们也可以考虑适当跳出专与博、文与理的关系的思考路数，对所有专业的学生开设一些真正通而识之的综合性课程，或者倡导这样的阅读活动、讨论活动、交流活动甚至跨学科的研究活动，发掘文化遗产、分享古典智慧、继承高雅传统，把经典与前沿、传统与现代、创造与继承、现实与永恒等事关全民素质、民族命运和世界使命的问题联合起来进行思索。

我们面对不朽的理性群碑，也就是面对永恒的科学灵魂。在这些灵魂面前，我们不是要顶礼膜拜，而是要认真研习解读，读出历史的价值，读出时代的精神，把握科学的灵魂。我们要不断吸取深蕴其中的科学精神、科学思想和科学方法，并使之成为推动我们前进的伟大精神力量。

任定成

2005 年 8 月 6 日

北京大学承泽园迪吉轩

植物的运动广泛存在，形式多种多样，运动机理也不尽相同。一般来说，根据运动产生的原因，可将植物的运动分为向性运动（如向光性、向重力性等）和感性运动（如感震性和感夜性等）两大类。向性运动是植物对环境因素的单方向刺激所引起的定向运动，一般是由生长的不均匀引起机体的曲度变化所造成。而感性运动是由没有一定方向的外界因素所引起的。

◀ 植物的向性运动，是由于受到一定方向的某种外界环境因子的刺激，导致它们机体某一部分生长不均匀而引起的运动，最常见的植物有向日葵。1880年，达尔文就对向日葵向阳生长的现象产生了兴趣，见本书第一章图32。达尔文在本书中得出结论：“这无疑是光照的缘故。”

▶ 达尔文还发现金丝雀虉（yì）草的胚芽鞘在单方向光照下向光弯曲。他根据所做的实验，得出结论：“向光性与胚芽鞘的尖端有关；胚芽鞘的尖端是感光部位；胚芽鞘的尖端以下部位是弯曲部位。”达尔文的观察和结论引起许多科学家的兴趣，为后来生长素的发现作出了巨大的贡献。

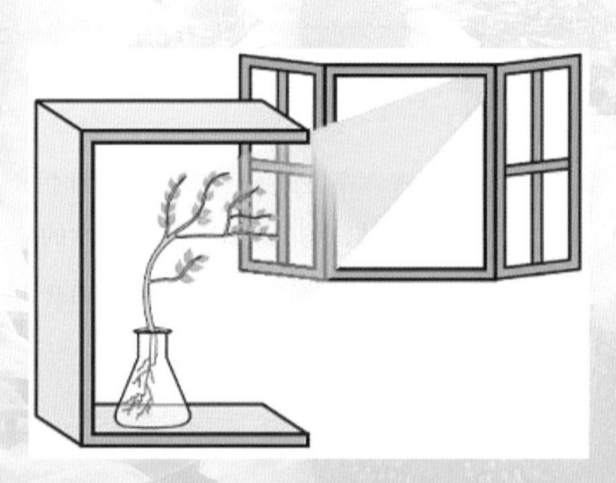

▲ 植物产生向光性的原因是什么？直到1933年，这个谜底才得以解开。植物幼苗顶端生长点的两侧，除生长素浓度的差异外，还有叶黄氧化素浓度的差异。在向光一侧具有较高浓度的叶黄氧化素，会抑制细胞的生长。

▲ 许多在窗台上生长着的植物，都表现出向光现象。

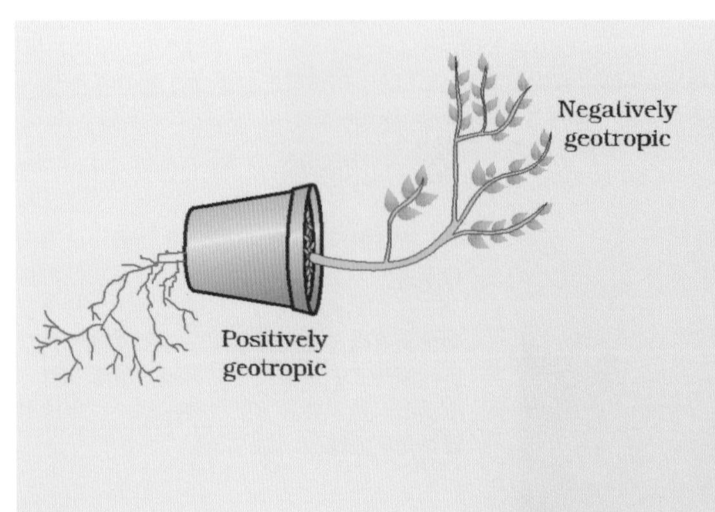

◀ 植物在重力的刺激下，重新定位生长的能力称为向重力性。根顺应重力的方向垂直向下生长的能力，称为正向重力性。虽然达尔文早就描述了植物顺应重力的特性，但一直有人认为，根向下弯曲仅仅是植物对重力的被动反应，或只是根对水分的追逐。直到太空技术发展起来后，人们在无重力作用的外层空间，发现若将植物由竖立改为水平放置的话，其茎和根将继续径直地生长，不会出现弯曲现象；而在地球上，处于横向放置的植物，其行为表现就大不一样。

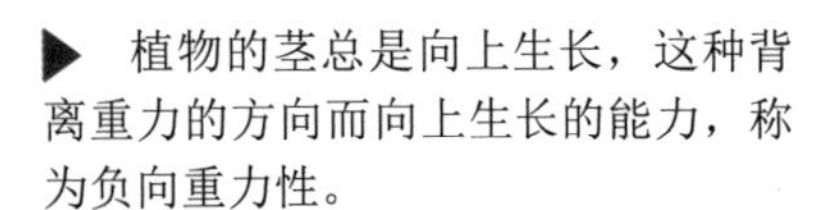

▶ 植物的茎总是向上生长，这种背离重力的方向而向上生长的能力，称为负向重力性。

▲▶达尔文在本书的第二章和第五章详细讨论了含羞草属植物的感震运动。实际上含羞草不仅能对机械刺激产生反应，还对方向、温度、湿度等都表现得十分敏感。含羞草的运动之谜直到1913年科学家测定了因刺激产生的动作电位的电信号后才得以解开。

▲ 有些植物的花序也有感夜运动，例如，牵牛花、甘薯花在夜间光线变弱时开放，而在白天强光下闭合。许多习惯于夜间活动的昆虫在寻觅食物的过程中为它们传粉，这对于这些植物的世代繁衍和物种的保存具有十分重要的意义。

▲ 酢浆草的叶片在夜间会成对地合拢起来，有的叶柄下垂，好像进入睡眠状态。而天亮后，这些合拢的叶片又会重新张开。这种运动，是起因于夜晚到来的刺激产生的感性运动，故称为感夜运动。达尔文在本书中也将这种现象称为“就眠运动”。达尔文发现一些因外力阻碍而不能自由运动的叶片（如积了许多露水的叶片）更易遭受冻害或寒害，他认为，叶片的下垂或竖立有保护叶片免遭夜间寒冷危害的作用。多年以后，美国植物学家恩瑞特（Enright）用一个灵敏的测温探针在夜间测量多花菜豆叶片的温度，发现水平方向叶的温度总比垂直方向叶的温度低将近1℃。尽管温差很小，还是证实了达尔文最早的观点。

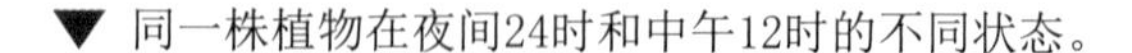
▼ 同一株植物在夜间24时和中午12时的不同状态。

◀ 有的植物的茎或叶会变成卷须缠绕在别的物体上。卷须的一侧与物体接触时发生的卷曲，称为向触运动。达尔文专门撰写了《攀援植物的运动和习性》来讨论这类问题。

▲ 达尔文在观察西番莲（*Passsiflora gracilis*）卷须向支柱快速弯曲运动时，发现卷须的末梢接触到支柱后，在20～30 秒内就能激发出明显的弯曲来。他认为这样快速的运动不是向光性生长的机理所能解释的，并大胆提出：“卷须的向触性运动是靠电波传递和原生质收缩来实现的。”1996年，中国著名植物生理学家娄成后先生通过以丝瓜卷须为材料的大量研究，证明卷须的快速向触性运动是靠动作电波传递引起下段组织原生质体收缩来完成的，动作电波的传递也不是单靠局部回路电流，还要有神经递质乙酰胆碱的相互协作、交替推进来执行。这些研究结果进一步证实了达尔文当年的假设。

▲ 毛毡苔的腺毛受到极其轻微的震击就能发生卷曲反应。1860年达尔文写给莱伊尔（Charles Lyell，1797—1875）的信中提到：“对我来说，毛毡苔比普天之下所有的物种，都更能引起我的兴趣。”

▶ 达尔文把食虫植物视为“世界上最神奇的植物之一”。在《食虫植物》一书中，达尔文尝试了多种方法去激活猪笼草等的捕虫器的补偿机制，包括投喂肉屑、向其吹气或用手拨动等。

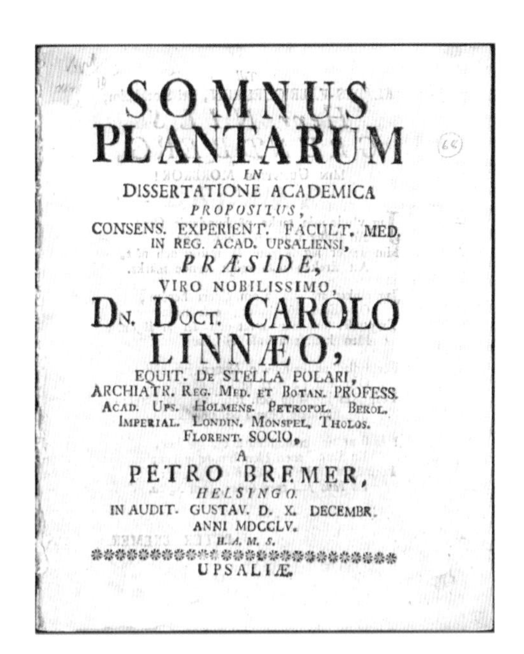

SOMNUS
PLANTARUM
IN
DISSERTATIONE ACADEMICA
PROPOSITUS,
CONSENS. EXPERIENT. FACULT. MED.
IN REG. ACAD. UPSALIENSI,
PRÆSIDE,
VIRO NOBILISSIMO,
DN. DOCT. CAROLO
LINNÆO,
EQUIT. DE STELLA POLARI,
ARCHIATR. REG. MED. ET BOTAN. PROFESS.
ACAD. UPS. HOLMENS. PETROPOL. BEROL.
IMPERIAL. LONDIN. MONSPEL. THOLOS.
FLORENT. SOCIO,
A
PETRO BREMER,
HELSINGO.
IN AUDIT. GUSTAV. D. X. DECEMBR.
ANNI MDCCLV.
H. A. M. S.
UPSALIÆ.

▲ 植物的运动现象在很早时期就已经被人们观察到，林奈（Carl von Linné，1707—1778）在其著名论文《植物的就眠》（*Somnus Plantarum*）中提到：“很多植物的叶子在夜间和白天所处的位置不同。”达尔文在本书第六章中讨论了植物的这种“感夜运动”。

达尔文在本书中写道：“几位著名的植物学家，霍夫麦斯特、萨克斯、普费弗、德•弗里斯、巴塔林、米亚尔代等，都曾观察过叶子的周期性运动，其中几位观察得非常仔细，但是他们主要注意那些运动很明显并且通常是在夜间就眠的植物。”达尔文还在第四章中，专门研究了36种较有代表的植物，比如瓶子草、捕蝇草、奥地利松、篦齿苏铁、好望角文殊兰、匍匐拟石莲花，等等。

▲ 萨克斯（Julius von Sachs，1832—1897），现代植物生理学的创始人。他在维尔茨堡大学建立了植物生理学的专业实验室，培养了很多人才，其中 W. 普费弗、 F. 达尔文等，后来都成了著名的植物生理学家。萨克斯在几种豆科植物的下胚轴生长过程中观察到一种运动，达尔文在本书中第二章里多次引用，并称之为“萨氏弯曲”（Sachs' curvature）。

▲ 德•弗里斯（Hugo Marie de Vrier，1848—1935），荷兰植物学家。他于1873年发表的两篇关于攀援植物运动机制的文章，得到达尔文的赏识。1879年12月19日，他在《植物学报》上发表《多细胞器官的生长性弯曲》，1880年在《农业年鉴》上又发表了《关于倒伏的谷类作物的直立过程》，这两篇论文常常被达尔文称为“有趣的论文”。

▲ 普费弗（Wilhelm Pfeffer，1845—1920），德国植物学家，著有《叶器官的周期性运动》。他曾对红车轴草等植物的转头运动、锦葵叶子夜间高高举起、舞草小叶的运动、明亮日光对洋槐小叶的影响等进行过研究。达尔文在本书中上百次地提到普费弗的研究方法，有时为了证明普费弗的研究结果，还特地设计了相应的实验。比如为了证明含羞草的叶柄的运动是由于叶枕的膨压的变动，而不是普费弗认为的是由于生长，达尔文特地选择了一片停止生长的老叶子进行观察。

▲ 关于攀援植物的钩状尖端的弯曲运动，奥地利植物生理学家威斯纳（Julius Wiesner，1838—1916）则认为德•弗里斯关于紧张度的结论有局限性，他主张细胞壁伸展性的增加是更重要的因素。在本书中，达尔文数十次引用了威斯纳教授的观察和研究，内容涉及日光对叶内叶绿素的影响，间歇光对植物的效应，气生根的运动，等等。

▲ 弗朗西斯•达尔文（Francis Darwin，1848—1925），植物生理学家，查尔斯•达尔文的第三个儿子。从1875年开始，他成为父亲的得力搭档，尤其是参与编写《植物的运动本领》（1880年出版）。

▲ 达尔文在回忆录中谈到《植物的运动本领》（*The Power of Movement in Plants*）应是与儿子弗朗西斯合著的，但1880年10月，由伦敦约翰•默里（John Murray）出版社正式出版时，著者由达尔文单独署名，弗朗西斯以协助者的名义发表。

▲植物的运动是植物生理学中的一个重要领域。达尔文在晚年71岁时，健康状况已相当恶劣，却完成了《植物的运动本领》这样较为大型的著作，这是他对生物进化思想的进一步探讨。达尔文在本书中得出结论："这些结果似乎是指出了有些物质存在于感受光照的尖端，借之可以将光照的效应传递给下部。"

▲ 温特（Frits Warmolt Went，1903—1990），荷兰植物生理学家。他顺着达尔文提出的线索，以实验证明向光性运动是由于在单侧光作用下生长素分布不均匀引起的，后人应用该学说解释植物向光性及向重力性运动现象，沿用至今，成为解释植物向光性运动的经典理论。

▲ 单子叶植物和双子叶植物的向光及向重力生长。

▲ 俄国植物生理学家季米里亚捷夫（Timiriazev，1843—1920）在其著名的科普作品《植物生活》中写道："如果植物里证实了有一定的途径，使得刺激传递得比其他途径快些。那么，在植物里应该有些生理上多少与神经相似的某些东西。"进一步证实了达尔文试图用实验方法来证明动植物界中感应的同一性。

▲ 季米里亚捷夫奖章

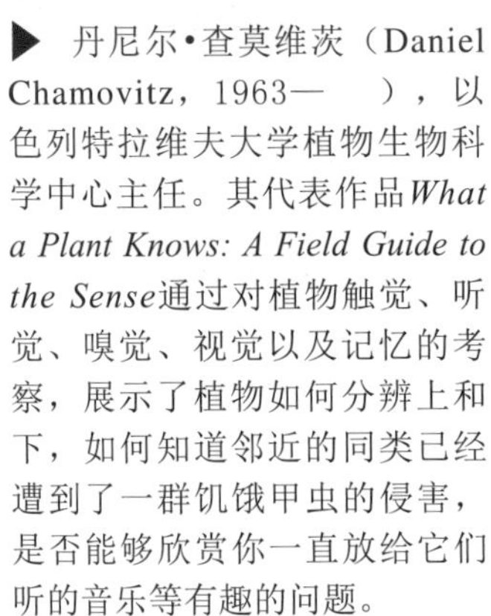

▶ 丹尼尔•查莫维茨（Daniel Chamovitz，1963—　），以色列特拉维夫大学植物生物科学中心主任。其代表作品*What a Plant Knows: A Field Guide to the Sense*通过对植物触觉、听觉、嗅觉、视觉以及记忆的考察，展示了植物如何分辨上和下，如何知道邻近的同类已经遭到了一群饥饿甲虫的侵害，是否能够欣赏你一直放给它们听的音乐等有趣的问题。

目　录

导　读

娄成后
（中国农业大学教授　中国科学院院士）

· *Introduction to Chinese Version* ·

达尔文在本书中得出这样的结论："这些结果似乎是指出有些物质存在于感受光照的尖端，借之可以将光照的效应传递给下部。"

这个卓越的见解在当时却遭到德国植物学家萨克斯(J. Von Sachs，1832—1891)的反对。他认为达尔文是个外行，在这方面的研究犯了很大的错误："根据设计笨拙而又了解得不正确的试验得到了既令人惊异又耸人听闻的结论"。这位欧洲大陆植物生理学的最高权威对达尔文的这种粗率而不公正的批评曾使得植物体中信息传递的研究受到一些阻碍，然而在以后几十年中达尔文所提出的线索却引导出一系列的试验来。

CAMBRIDGE LIBRARY COLLECTION

THE POWER OF MOVEMENT IN PLANTS

CHARLES DARWIN

EDITED BY FRANCIS DARWIN

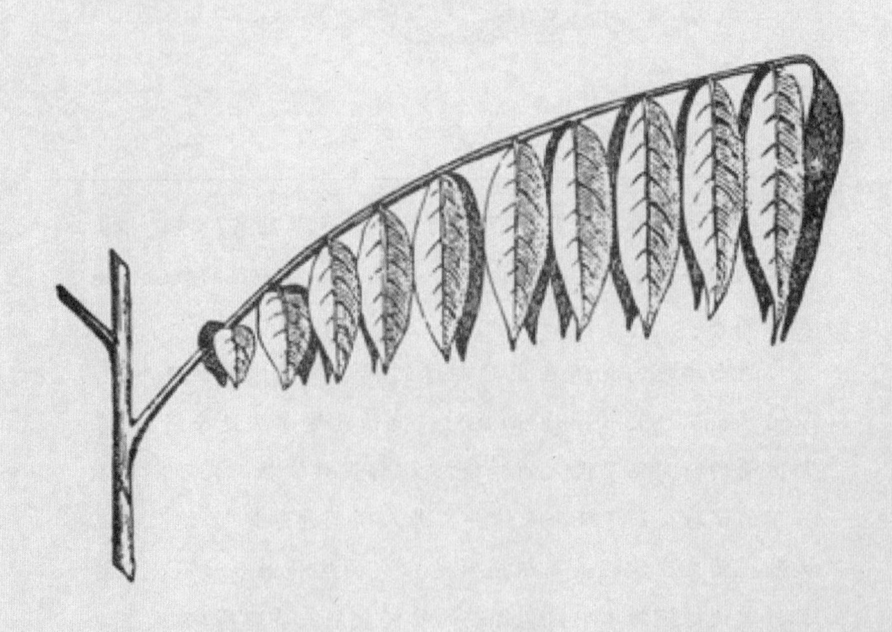

CAMBRIDGE

植物的感应性与植物的运动*

一、植物感应性的一般概念

感应性是一切生物都具有的基本属性，它是指生物能够“感受”外界条件的变化并对之积极地发生“反应”而呈现出各种活动状态的属性。大家都知道有机体是在不断地与外界环境进行新陈代谢来维持生存、生长与生殖的。而外界条件随时随地在变化之中，有机体若不能随机应变，获取与趋就有利的条件，诸如各种营养，而避免与抵抗不利的境遇，诸如机械的障碍与剧烈的伤害，它就无法继续生存下去。有机体正是靠着它的感应性才能适应环境而谋得生存。由于感应性经常表现在动物的各种活动中，它一向是动物生理学研究的中心；而植物平素被认为是“直立不动”的，它们的感应性就不大引起人们的注意，然而并不能因此而低估它在植物中的作用。

实际上，植物的感应性明显的表现与研究得最多的方面还是它在感受到外界条件变化的刺激中在体内所表现的各种运动。虽然就整个植株来说，植物不能自动地“转移阵地”，然而就其个别的细胞与器官来说，植物却是经常在运动之中，只不过是它的动作缓慢得不容易被人觉察出来罢了。尽管如此，像向日葵的花盘随着太阳的起落而转动也会引起人们的注意。而随着科学技术的进步，植物体的多种微妙的动作也被科学家们利用仪器的放大作用给检查出来。

19 世纪末达尔文发表了他的创世纪的进化论以后，在他后半生的 20 年中致力于植物感应性的研究，与他同时期的植物学者也在分别地研究各种植物在不同刺激之下所表

◀《植物的运动本领》英文版封面上的署名为：查尔斯·达尔文著，弗朗西斯·达尔文编。

---

* 本文原发表于《生物学通报》1960 年 1 月号，转载时有节选，插图由胡雯重新绘制。

① 普费弗(W. Pfeffer)：《植物生理学》1897—1904，英译本共三卷，1900—1906 印行。

现出的各种运动。普费弗(Pfeffer)在他总结早期植物生理学的巨著中[①]以大约三分之一的篇幅来叙述植物的感应性与运动,我们从这些研究里很清楚地看到植物对外界刺激的敏感性并不亚于动物。例如毛毡苔(*Droscra*,一种食虫植物)的腺毛对极其轻微的震击就能发生卷曲反应。1860年达尔文写给莱伊尔的信中提到"毛毡苔对我来说比普天之下所有的物种来源都有兴趣"。达尔文致力于这种研究并不是他晚年闲情逸致的隐居生活中兴之所至而信手拈来的。这项工作乃是他的生物进化的研究在逻辑上的延续与进一步的探讨,用实验方法来验证有机界统一学说的宏图。因之在他的有关植物感应性的三部专著中[①],屡次提到:植物的运动与低等动物无意识的许多动作有相似处,植物与动物生来就有一定周期性运动的习惯,以及动植物内部有对刺激感受部位与反应部位的区别,因而两部位间必须有信息传达的方式。后文行将看到,达尔文的这些敏锐的观察与精辟的论断,为后来植物生理学的发展提供了重要线索。

二、植物结构的特点对植物运动的限制

植物体内各种微妙而迂缓的运动,现在已经可以用几种方法把它放大或加速地显现出来。植物个别细胞与细胞内原生质的运动可以在复式显微镜下观察到。至于器官的运动,我们可以像达尔文那样,把一根细长玻璃丝的一端用胶轻轻地黏着生长的尖端或是叶片的一面。这些器官的细微运动就可以从玻璃丝的另一端在沿标格上的移动被放大若干倍地显示出来。而更精巧的方法是用很慢的速度对植物的运动部位摄影,再以正常的速度放映出来。这样一来,我们可以看到植物的茎尖与根尖随时在回旋与摇摆,而叶片经常起伏与开合。若人为地在电影中把动体加快若干倍,植物器官的运动就显得异常活跃。

植物的细胞构造与形态的发展方向与动物迥然不同,因之它们的运动方式也有很大的差别。实际上,植物所能采取的运动方式受它比较坚固而分散的结构上的限制非常之大。首先,我们就看到植物的细胞被一层坚硬的胞壁给包围住而中间又被很大的液泡占据,原生质在长成的细胞中仅是一层薄囊紧靠在细胞壁上,因而不能像一团原生质那样地自由活动,往往只能够在细胞内沿着胞壁环行流动(环流)。

植物形态上发展的特征是尽量地扩大与环境接触的面积;借之可以充分利用周围物质与能量的供应。根系靠着它的伸长与分支,密布在土壤的间隙,而地上枝叶的展开在

① 达尔文关于植物感应性与运动的三部专著是《攀援植物的运动和习性》(1873),《食虫植物》(1875),《植物的运动本领》(1880)。

空间建立固定的结构。植物的躯体面积大、分支多、与环境密切结合在一起，因此无法进行整体的运动。只有个别器官中各部分的生长不一致或是膨压有改变时才能表现出明显的运动来。植物器官的运动不外乎是由于生长的差异而起（生长性运动）或是由于膨压的改变而来（膨压性运动）。生长性运动只出现在正在生长的幼嫩尖端或是有生长潜势的关节上（如玉米的茎节）；而膨压性运动往往出现在有特殊结构的运动器官中（如含羞草的叶褥）。

植物尖端的细胞在生长时两边的生长速度若不一致就会发生弯曲。这就像成排并行的队伍以不同的步伐前进一样；若是左边进行得快些，则全排向右转弯，反之则向左转。这就是生长性运动的由来。生长尖端经常在回旋地运动着乃是生长最快的部分随时围绕尖端的四周在转移位置的结果，当植物生长的尖端受到从一方面来的光照时，会表现出向光或背光的弯曲来。这也是由于单方面光照的刺激引起向光面与背光面生长速度的差异而起。在这种场合下，植物器官的运动方向与刺激的方向保持一定的关系，或是向光（正向光性），或是背光（负向地性）或是横向对着光源（横向光性，如叶片的位置与光线直交）。植物器官与刺激的方向保持一定关系的运动叫作向性运动。随着刺激的性质（如光照、地心引力、化学药剂等）的不同而有向光性、向地性*、向药性等的区别。

膨压改变能够引起运动的部位往往是由一些薄壁组织组成的，在结构上与固定成长的组织有不同处。像叶褥这样的运动器官在结构上是不匀称的，一边的结构比较坚硬而另一边则比较松弛，正像一个半月形的气球中一边的壁比较厚而另一边比较薄一样。当它的内部膨压很大而处在紧张状态时，它就显出半月形的弯曲，而当膨压与紧张状态减少时弯曲的程度也就随之降低。叶片或叶柄即连接在叶枕的一端，当叶枕弯曲的角度改变时也就改变了叶片开合或叶柄起伏的程度。此外，当运动器官的两边膨压有差异时，也会引起运动。运动器官的紧张程度一方面由组织内部的生理状态，如渗透浓度、原生质的透性与水合度等来决定，同时也受外界刺激的影响，叶片除开周期性地改变它的紧张度而不断地时起时伏以外，当感受到外界刺激而引起内部膨压的变化或原生质的收缩时，它就表现出膨压性运动来。例如，许多豆科植物（如含羞草）的羽状复叶在光照下张开而在黑暗中关闭。它的运动显然是感受光照强度的不同而起，然而它的运动方向却由它本身结构的不匀称来决定而与光源的方向无关。植物器官因感受外界刺激而引起的有固定方向的运动称为感性运动。感性运动也随刺激性质不同，如光照、震击、温度等，而有感光性、感震性、感温性的区别。由于单方面的刺激容易引起生长部位中生长速度的差异，向性运动多半是生长性运动，而感性运动时常出现在能够进行膨压性运动的特殊器官中。

---

* 即“向重力性”。——编辑注

三、原生质的环流与趋性运动

禁锢在胞壁内的原生质可以围绕着液泡腔环行流动，许多植物细胞中都可以见到。有些植物，如轮藻(Nitella)，其原生质经常在环流之中。环流若是长期停顿，就标志着轮藻濒于死亡。轮藻是水生的藻类，在我国南北方的湖泊与河流里都可以找到。它的节间细胞长可达几厘米，宽可达几毫米，是观察原生质环流的绝好材料。它的环流在受到突然震击、降温或通电的刺激而临时停顿。环流在暂停以后几分钟内又会逐渐恢复。当壮健的节间细胞的一部分受到刺激时，不仅在受刺激的部分环流暂停，刺激的效应还可以沿细胞的纵轴以每秒约 0.5 厘米的速度向其他部分传递，所到之处环流随即会局部暂停。科学研究已经证明，轮藻中刺激的传递是和动物的兴奋组织、神经与肌肉一样是由“动作电波”来完成的。而轮藻中刺激与反应的关系也基本上遵循神经肌肉的规律。因为它的细胞相对又长又大，容易进行观察与施加手术，时常被普通生理学者用来作研究神经机制的活“模型”。

另有一些水生植物，如水王孙(Hydrilla)，其叶细胞中的原生质并不是经常在环流，只在适宜的条件下，环流才出现。因此，初采摘下来的叶子放在显微镜下往往看不到细胞内原生质的环流，经过显微镜的强光照射一段时期后，可以看到在叶片伤口附近的组织中有环流出现，起初很慢，渐次才活跃起来。随后离伤口较远的组织也仿佛受到“感染”，依次出现环流。经过近来的研究，叶子的伤口上会产生“伤素”一类的物质，对完整细胞的原生质有“促动性”的效应，因而首先引起邻近细胞的环流。随着“伤素”的向外扩散，使得较远处的细胞也依次发生环流。“伤素”促进环流的效应，用高度稀释(10 亿分之一)的组氨酸溶液的处理可以代替，因之有人认为这种“伤素”即是氨基酸一类的物质。除开“伤素”以外，其他药剂、光照、电流等也是有效的刺激，但效应不如组氨酸显著。苏联的金杰里(Генкель)教授在用水生植物的叶子给学生表演原生质环流时，在原先没有环流的材料中加一滴稀释的酒精溶液，其促进环流的效果非常显著。

原生质的运动不仅限于细胞内的环流。在特殊情形下，如在受精过程或结合体作用中，也可以向另一个细胞流动。在真菌的菌丝与高等植物的组织中(图 1)，不断地有人观察到原生质可以穿过胞间连丝向邻近的细胞转移。植物的生殖细胞时常没有胞壁的束缚。这种“裸体”的原生质可以靠着纤毛来泳动(如游走配子与孢子)，也可以靠着假足来蠕动(如黏菌的原生质团)。此外，细胞中的胞核、叶绿质体等也可以在细胞内移动，改变它们的位置。这种能够自由运动的细胞与细胞内的食物对外界单方面的刺激很敏感，会趋向或背向刺激的来源而移动。原生质的这种与刺激方向保持一定关系的自由移动称为趋性运动。像精子向卵的泳动就是由卵所分泌的物质而引起的趋药性运动。许多植物叶细胞中的叶绿质体时常受向叶而直射进来的光线的刺激而移动它的位置(图 1);在弱光下,叶绿质体沿着叶细胞的横壁并排而与光象正交,使吸光面积变得最大;在强光下,则沿着侧壁顺列而与光线平行,尽量避免吸收过多的光线;而在黑暗中,叶绿质体的位置则介乎两者之间比较均匀地分散在细胞中。叶绿质体就这样表现出它的趋光性运动。伤口附近的组织中,细胞核常会显出趋伤性的运动,在细胞内移向近伤口的一边。

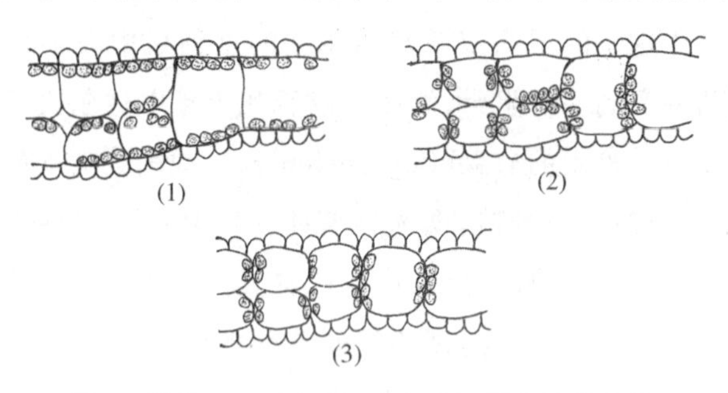

图 1 浮萍(Lenibt)叶细胞中叶绿质体的趋光性

(1) 在弱光下叶绿质体沿横壁并排与入射光线正交。

(2) 在黑暗中叶绿质体排列不一致。

(3) 在强光下叶绿质体沿侧壁顺列与入射光线平行。

四、幼芽鞘的向光性与幼苗的向地性

历年来在向性运动中研究得最多的就是禾谷类植物燕麦等,幼芽鞘的向光性运动与一些幼苗的向地性运动。两者都是生长性运动。它们在植物生活中的适应意义,凡是栽种过植物的人都容易体会到。根系若是不能向地而幼芽若是不能背地而向光生长,则只有极少数位置恰好端正的种子才能正常地生活下去。播种将会是多么细致与烦琐的工作!

在黑暗中发芽黄化的燕麦幼芽鞘长到 3 厘米时对单方面的光照最为敏感,强烈的光源刹那间的曝光就可以引起幼芽鞘的向光弯曲。较弱的光源曝光时间就要长些。向光源方向的弯曲在曝光以后黑暗中还可以继续进行。实验研究已经证明,能够引起幼芽鞘向光性的光源,必须要达到一定的光照量,即光照强度(I)与曝光时间(t)的乘积必须达到一定的光照量(Q),也即是 $I\times t=Q$ 时,才具有刺激作用。

达尔文在研究幼芽鞘的向光性时,首先注意到对感受光照最敏感的部位是它的尖端,而发生向光性弯曲的是靠下部的伸长段。把尖端用锡箔做的小帽套起来使之见不到光,幼芽鞘就不向光源弯曲。反之,把尖端露在外面,而把幼芽鞘的伸长段遮光,向光性运动依然会出现。因之他体会到,在感受光照刺激的尖端(感受器)与发生弯曲反应的伸长段(效应器)之间,必须有信息的传递。根据他的试验结果,达尔文在《植物的运动本领》一书中写出这样的结论:“这些结果似乎是指出有些物质存在于感受光照的尖端,借之可以将光照的效应传递给下部。”

达尔文的这个卓越的见解在当时却遭到德国的萨克斯[①](J. Von Sachs,1832—1891)的反对。他轻蔑地认为达尔文是个外行,在这方面的研究犯了很大的错误,因而提到达尔文“根据设计笨拙而又了解得不正确的试验得到了既令人惊异又耸人听闻的结论”。这位欧洲大陆上植物生理学的最高权威对达尔文的这种粗率而不公正的批评曾使得植物体中信息传递的研究受到一些阻碍,然而在以后几十年中达尔文所提出的线索却引导出一系列的试验来。例如丹麦的詹森(Boysen-Jensen),他削去尖端的幼芽鞘就失去了向光性,而再将切去的尖端放回原处时,向光性弯曲又恢复;不但如此,尖端与去尖的下部并不需要直接接触,中间用一块琼胶隔开也依然有效。这些试验支持达尔文的物质传导的说法。后来匈牙利的帕尔(Paal)的试验把幼芽鞘的尖端偏放在去了光的伸长段的一边,尖端所释放的物质进入与它接触的一边,使得这一边的生长速度超过另一边,因而发生弯曲。再后来,荷兰的温特(F. W. Went,1903—1990)甚至先让尖端中的物质渗到琼胶中去,再将一小块琼胶放在去了尖的幼芽鞘的一边上,也引起了同样的效果(图2)。这种测验的方法(现下称为燕麦测验法)不但证明尖端有促进下部伸长的物质存在,其量的

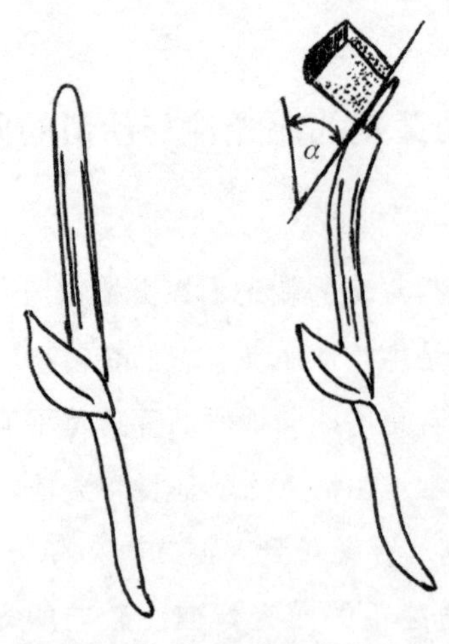

图2　燕麦测验法

(左)燕麦幼苗

(右)去尖后的幼芽鞘。断口的一边放置含有生长素的琼胶。

幼芽鞘的弯曲度α随生长素的浓度而增加。

① 萨克斯. 植物生理学演讲集. 1882,84页.

多少在一定范围内也可以从它所引起的弯曲程度估计出来。现在这种物质终于被化学家从植物体中提取出来，其化学构造也已被鉴定，是一种带环的有机酸，在高度稀释的溶液中即可以引起燕麦测验的反应。这就是植物的生长(激)素发现的经过。向光性的信息传递是由生长素来做到的。在单方面光照的影响下，生长素在尖端中的分配发生了变化，在背光的一边浓度比较高，使得背光的一边生长比较快，因而发生了向光性的弯曲。

现下也有不少证据支持幼苗的向地性也是由于在地心引力的影响下，横向放置的尖端中生长素的分配不平均而引起的(图 3)。当把幼苗横向放置时，尖端的生长素有向下边集中的趋势，使得靠近地面一边的生长素加多，因此加速了茎部下边的生长使得它背地弯曲。在根的尖端虽然生长素也是在下边较多，但是促进茎部组织伸长的浓度对根的伸长来说已嫌过高。因之不但没有促进反而抑制了下边的生长，也就是说，上边长得快而下边长得慢，整个根尖就发生了向地的弯曲。

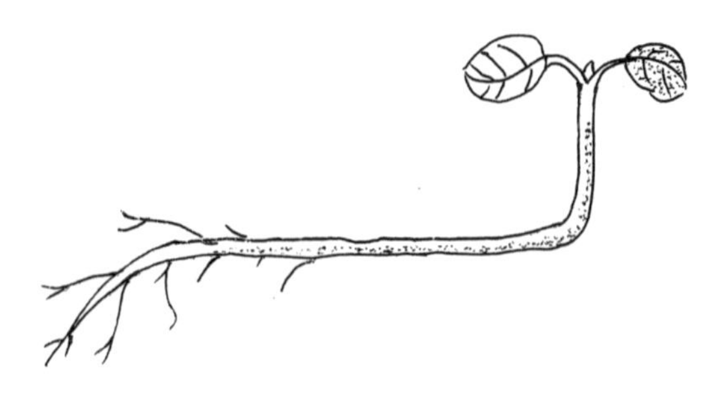

图 3　芥菜苗在横向放置后所显出的向地性

同一浓度的生长素对茎部有促进生长而对根有抑制生长的作用，而对同一组织来说，生长素在低浓度有促进生长而略高的浓度下则反而有抑制生长的作用，已经被大量的试验所证实。一般说，根系对生长素比起茎部来，更为敏感，因而促进根系生长的浓度比促进茎部的低得多，而促进茎部生长的浓度，对根系来说就要起抑制作用。不仅生长素在不同浓度下对不同组织可以引起相反的生理效应，就是人工可以大量合成与生长素化学结构类似的化合物也有同样的妙用。正是因为这些药剂对植物有多种的效应，它们在农业生产上应用广泛。

植物体中产生生长素的中心是在它的顶端。生长素在由顶端向下传导时，速度要比靠自己的浓淡差异而引起的扩散要快得多，并且总是维持由顶端向下部传导的方向。在生理浓度范围内，尽管人为地把生长素在下部的浓度增得比顶端高些，它也不向尖端传导。由此可见，生长素在植株内的传导要靠组织的生理活动并且是有极性的。

综上所述，我们虽然看到向性运动中信息的传递是由生长素来担负的，但是生长素如何在刺激的影响下，在感受的尖端产生了分配的不平均，又如何靠组织的生理活动来进行比扩散还快的极性传导，生长素为何在同一浓度下促进了茎部的伸长却抑制了根素的生长，这些问题现在虽然有些假说但还没有公认的看法。当尖端受到单方向的刺激时，尖端的两边出现了电位的差异，生长素有向高电位集中的趋势。虽然如此，电位的差异究竟是否引起生长素不平均分配的原因还是并发的现象，现在尚无定论。

五、含羞草的感夜性与感震性运动

豆科植物（如含羞草、合欢等）复叶的昼开夜合，所谓感夜性运动（或称就眠运动），已是大家司空见惯的事。上文已经谈到，这种感夜性运动乃是复叶上叶褥的膨压运动的表现。在感夜性运动中，叶子的张开不能仅看作是白天的光照所引起的。虽然光照有促进叶子张开的作用，但把豆科植物放在恒温的暗室中，这种昼开夜合还可以继续进行几天。在感夜性的运动中，叶褥里膨压与紧张度的改变是比较缓慢的。

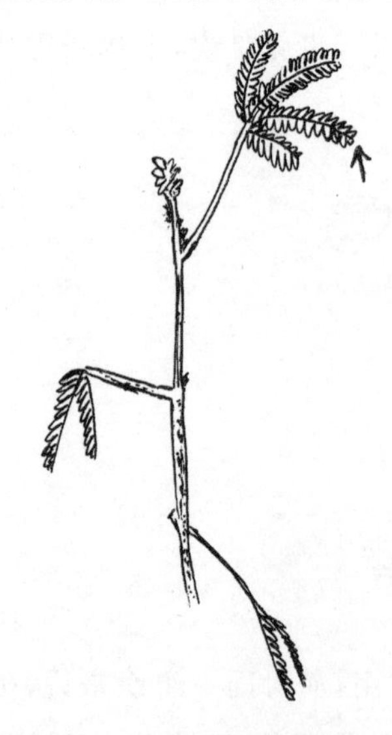

图 4　含羞草的感震性

顶叶在正常位置；中间叶在休复期中；最下叶在反应后；箭头表示加冰水的尖梢

含羞草以及其他的敏感植物如云南的还魂草（Biopbytum），除开有感夜性的运动周期之外，还表演出动作比较迅速的感震性运动（图 4）。当它的叶子受到震击时，小叶片就会很快地合拢而主叶柄下垂。在主叶柄下垂时，若仔细观察，就会发现叶褥的形状改变而颜色变暗，就像被水给浸透了一样。实际上，这时叶褥内薄壁组织的原生质正在发生收缩，把水排到细胞的间隙里。

含羞草主叶柄感震性的下垂反应在几秒钟内就可以完成，在 5～15 分钟内又逐渐恢复到原来的高度。叶子在反应后必须经过一段休复期才可以再度对刺激发生反应，在休复的初期，多么强的刺激都引不起反应来。可是等叶子局部休复时，用较强的刺激可以引起反应，但是反应的幅度要小些。比起其他向性与感性来，感震性的刺激有以下几个特点：

第一，刺激的强度要超过一定的最低数值——阈值。所谓“阈值”，就是能在有效的刺激范围内，不论刺激的大小都引起同样程度的反应。看来，在感震性中，刺激起了扳开栓机的作用。栓机只要能被扳开，反应程度的大小则由组织的生理状态来决定而与刺激的强度无关。此外，阈值的大小也随植物的生理状态而有很大的变动，特别是它在反应后的休复期，最初异常之高，随后才逐渐降低到原有的水平。

第二，感震性刺激强度的变化要超过一定的速度。不论是震击、降温，还是通电都是在刺激强度突然改变的一刹那间才能引起反应。如果把压力或电流缓缓地增加上去，或把温度逐渐降低下来，虽然最后到达的压力或电流很大或是温度很低，远超过原有的阈值，却引不起反应来。这些现象在轮藻的感震性环流暂停上也可以看到，并且与神经肌肉的刺激与反应的规律基本上相符。震击的刺激在含羞草上引起两个相反的过程：一方面刺激有兴奋的作用，在叶褥组织中引起原生质的收缩；同时也有抑制作用，使得组织对刺激发生调应而不起反应。刺激强度的变化快时，植物来不及对刺激调应，收缩反应就能实现；但是当刺激的变化过于缓慢或是刺激过于频繁时，植物对刺激的调应使得阈值高到不能再对刺激起反应。

含羞草对感震性刺激不仅可以引起局部的反应也可以引起传递的反应。在健壮叶子的尖梢上，轻轻地用滴管加一滴冰水，立刻引起尖梢上成对的小叶片的合拢，随后刺激的影响可以迅速地向下传递。传递的速度从小叶片的顺序逐个的合拢可以测定出来。最后刺激可以沿主叶柄传递到主叶褥而引起主叶柄的下垂反应。刺激传递的速度每秒在 1 厘米左右，沿主叶柄的传递要比次叶柄快些。

感震性刺激在植物体内没有引起永久性的伤害，植株反应以后经过休复，可以回到正常的状态。无伤害的感震性刺激在含羞草内传递的范围，除开在生理上最活跃的情况下才能传遍所有的枝叶外，通常只限于一节一叶，甚或复叶的一支。若在传递的途径中如主叶柄的一段上遇到生理的障碍，例如事先用低温或麻醉剂处理过，刺激的传递就被阻止。业经证明，含羞草内无伤害的感震性刺激和在神经肌肉内一样，是由动作电波来传递的。因之在传递的途径上不能有生理的障碍。

然而，当含羞草受到烧伤、切割等对组织有永久伤害的刺激时，传递的方式就要复杂得多。如用火柴灼伤叶子的尖梢，它的效应也迅速地向下传递，而传递的范围要比无伤害的刺激广阔得多，往往可以传遍周身，并且可以跨越传递途径中的生理障碍，甚或可以通过一段死去的组织。有伤害的刺激首先也是引起动作电波的传递。但是与此同时，在伤口处还产生了“伤素”一类的物质，可以沿输导系统随汁液的流动或靠自己的扩散等方式向远处传递。所以到处就引起组织的反应，因而它可以通过生理障碍以至死去的组织。这种物质，所谓“含羞草素”，已经从磨碎的组织中初步分离出来。它是一种含氧有机酸，相对分子质量在 500 左右。最近的试验证明有些氨基酸同样地可以引起叶枕的原生质收缩。伤素在植物组织中能够引起较动作电波更为持久的电位反应（图 5）。

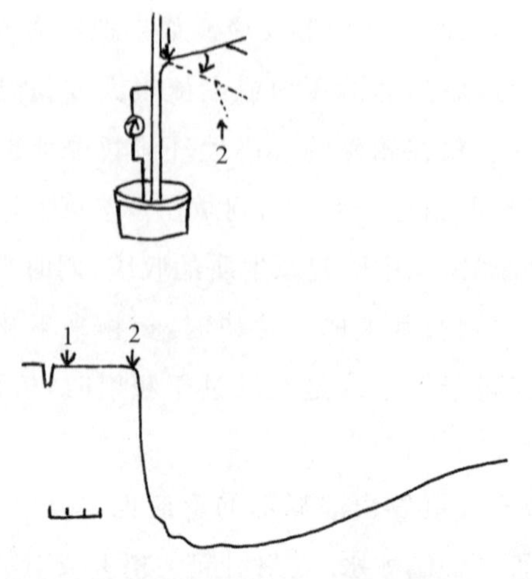

图5 含羞草叶尖受到灼伤刺激后，茎部出现的负电位波动峰高80 mV，箭头1表示无伤害的震击刺激，该刺激引起叶柄下垂，但其效应未传递到茎部，只在有伤害（箭头2所示）的灼伤后才传递到茎部；电位自动描记计记录，每格代表1分钟；温度17.5 ℃。

动作电波的传递不仅在含羞草等敏感植物中出现，在葫芦科、毛茛科、葡萄科中的攀援植物中的枝条与卷须上也可以找到。植物界中这种例证虽然找到的不多，但是却广泛地分布在不同的科属内。

六、结尾语

从植物原生质的运动、趋性、向性与感性运动的现象中，都可以看出：有机体内信息的传递。正像巴甫洛夫所说，既可以是以邮件的方式又可以电报的方式来进行。前者是靠“生长激素”“伤素”等物质的传导，后者是靠动作电波的传递。从这些研究里，也可看出：感觉的机能与神经的机制并不一定只存在于神经系统中，而正像恩格斯所说，是与某些蛋白质的特性相联系的。季米里亚捷夫[①]曾说过：“如果植物里证实了（有些学者认为如此）有一定的途径，使得刺激传递得比其他途径快些。那么，在植物里应该认为有些生理上多少与神经相似的某些东西。”达尔文曾企图用试验方法来证明动植界中感应的基本同一性，这在近些年来的工作中又得到了进一步的证实。

---

① 季米里亚捷夫．植物的生活．英译本第9版，337页，1912.

绪　论

· *Introduction* ·

本书的主要目的是对几乎一切植物所共有的几大类运动加以描述，并把它们相互联系起来。最普遍的一种运动在特性上与攀援植物茎的运动基本相同，它是顺序朝向圆周上各点弯曲，于是其尖端便在旋转着。

在本书中将指出，每株植物的每个生长部位显然都在连续不断地进行转头运动，不过规模往往很小。

绪 论

本书的主要目的是对几乎一切植物所共有的几大类运动加以描述,并把它们相互联系起来。最普遍的一种运动在特性上与攀援植物茎的运动基本相同,它是顺序朝向圆周上各点弯曲,于是其尖端便在旋转着。这种运动曾被萨克斯(Sachs)称为“回旋的转头运动”(revolving nutation);可是我们感到采用回旋转头(circumnutate)和回旋转头运动(circumnutation)这些名词更为方便。[①] 由于我们将常要谈到这种运动,在这里简略叙述一下它的特性会有帮助。假设我们观察一个正在转头的茎,它当时正朝北弯曲,将可看到它逐渐越来越向东弯曲,直到完全向东;随后又照样地转到朝南,然后朝西,再回到朝北。如果这种运动很有规律,茎尖就会画出一个圆圈来,或者不如说,茎尖会画出一个圆形螺旋,由于茎总是向上生长着;然而它一般画出不规则的椭圆或卵圆图形。因为茎尖在弯向任何一个方向后,时常不是沿着同条路线转回到它的对面;此后它陆续描绘出另一些不规则的椭圆形或卵圆形,以长轴指向圆周上各点。茎尖描绘这些图形时,常是沿着曲折的路线移动,或者做出一些附带的小环或三角形。对叶子来说,所描绘的椭圆形一般较狭窄些。

直到最近,所有这样的弯曲运动都被认为是由于暂时变凸的一侧生长加速的结果;这一侧确实是生长得比凹侧更快,这已是完全肯定的事。但是德·弗里斯(De Vries)近来证明,这种加速生长是在凸侧先增强紧张度之后[②]。在具备所谓关节的部位,如叶垫或叶枕,这是由一团在很幼嫩时就已停止增大的小细胞构成的,我们也看到类似的运动。

◀ 年轻的约瑟夫·胡克。达尔文在“绪论”的篇末写道:“我们必须要向约瑟夫·胡克爵士和西塞尔顿·戴尔先生表示我们诚挚的谢意,他们不仅从邱园供给我们植物,而且还从几个来源替我们搜寻需作观察的其他植物;还有,他们给许多植物物种定了名,并且提供给我们多方面的资料。”

---

① 以下多简称转头和转头运动。——译者注

② 萨克斯(Sachs)首先指出(《植物学教科书》第四版,452 页)紧张度与生长之间的密切关系。关于德·弗里斯(De Vries)的有趣论文,《多细胞器官的生长性弯曲》,见《植物学报》(*Bot. Zeitung*),1879 年 12 月 19 日,830 页。

普费弗(Pfeffer)已经证明[①],并且我们还将在本书中看到,这种器官两对侧的细胞在增加紧张度之后,并不是跟着发生加速的生长。威斯纳(Wiesner)认为,德·弗里斯关于紧张度的结论在有些例证中是不适用的,他主张[②]细胞壁伸展性的增加是个更重要的因素。明显的是,这种伸展性必须与紧张度同时增强才能使这个部位弯曲,有些植物学者就曾坚持这种看法;但是在单细胞植物的情况下,它不能不算是更重要的因素。总之,我们目前可以推断说,先在一侧而随后在另一侧的加速生长,是个次级效应;而细胞紧张度的增强,和细胞壁伸展性的同时增大,是转头运动的首要原因[③]。

在本书中将指出,每种植物的每个生长部位显然都在连续不断地进行转头运动,不过规模往往很小。甚至实生苗的茎在破土之前,以及它们埋在土里的胚根,也都在周围土壤压力允许的范围内,进行转头运动。就是在这种普遍存在的运动里,我们找到了植物按照需要而获得的各式各样运动的根据或基础。例如,缠绕植物的茎与其他攀援植物的卷须所做的大扫描,只不过是普通转头运动的幅度增加的结果。幼叶和其他器官最后所处的位置,是靠在某一个方向上增强的转头运动而取得的。许多种植物的叶子,可以说是夜间就眠,这时将会看到它们的叶片通过修饰的转头运动取得竖直的位置,以便保护它们的上表面不致因辐射而受寒。植物界中极其普遍的各种器官的向光运动和偶尔见到的背光运动,或是横向光源的运动,都是转头运动的修饰形式;又像同样普遍的茎部朝向天顶的运动和根朝向地心的运动,也都是一样。依据这些结论,进化过程中一个相当大的困难就可以部分地解除,因为有人会问到,所有这些目的极其不同的各式各样运动是怎么发生的?按现有的情况来看,我们知道总是有运动在进行着,只不过是它的幅度,或是方向,或是二者,为了植物的利益随着内部或外界刺激而有所修饰就是了。

本书除了叙述几种修饰的转头运动之外,还将讨论一些其他问题。有两方面事情最使我们感兴趣。第一,有些实生苗[④],只有最上面的部位才对光敏感,并将一种影响传递到下面部位,使它弯曲。因此,如果上端完全不让见光,下部可以曝光几小时之久,却依然毫不弯曲,可是如果上端受到光的刺激,下部弯曲便很快实现。第二,实生苗的胚根方面,其尖端对很多刺激敏感,特别是对很轻的压力,当受到这样的刺激而兴奋时,便传递一种影响到上面部位,使它背离受压的一面弯曲。反之,如果尖端受到从一面来的水汽,

---

① 《叶器官的周期性运动》,1875年。

② 《关于向光性的研究》,科学院会议报告(维也纳)[*Sitzb. der K. Akad. der Wissenschaft*(*Vienna*)],1880年1月。

③ 参阅瓦因斯(Vines)对此复杂问题的卓越论述[《维尔茨堡植物研究所工作汇编》(*Arbeiten des Bot. Instituts in Würzlburg*),第2卷,142、143页,1878年]。霍夫迈斯特(Hofmeister)对于水绵(*Spirogyra*)——由单列细胞所构成的一种植物——的奇异运动的观察[《符腾堡全国自然科学协会年报》(*Jahreschrifte des Vereins für Veterl. Naturtunke in Württemberg*),1874年,211页],对这个课题有参考价值。

④ 实生苗,英文 seed plant,也译作种子植物。——编辑注

胚根的上部就朝向这面弯曲。还是这个尖端对万有引力敏感，并且靠传递使胚根的相邻部位弯向地心，奇斯尔斯基(Ciesielski)这样说过，不过这种说法受到别人反对。接触、其他刺激剂、水汽、光和万有引力的效应，从兴奋部位沿着有关器官传递一小段距离，这方面的几个实例对所有这样的运动的理论来说，有着重要的意义。

名词——有些将要引用的名词，需要在这里简单解释一下。在实生苗方面，支持子叶(即代表最初叶子的器官)的茎，曾被许多植物学家称为子叶下的茎，但是为了简便起见，我们只把它叫作下胚轴；紧靠在子叶上方的茎叫作上胚轴或胚芽。胚根仅从它具有根毛和覆盖层的性质便可与下胚轴区别开。回旋转头运动一词的意义已经解释过。有些工作者谈到正的与负的向光性[①]，就是指器官向光或背光的弯曲；但是把向光性[②]这个名词限于指向光弯曲，而把背光性指背光弯曲，就更为方便。这个变动还有另外一个理由，我们注意到，有些著者时常漏写正的和负的这两个形容词，于是便在他们的讨论中产生混乱。横向光性可以表示多少是横着向光的位置并且是由光诱导的。以同样方式，正向地性，或是朝向地心的弯曲，将称为向地性；背地性是指背离重力或地心的弯曲；横向地性则是指多少有些横向地球半径的位置。向光性与向地性这两个名词适当地表示与光或地有关系的运动动作；但是和万有引力的情况一样，虽然解释为“趋向地心的动作”，也常用于表示物体下坠的原因，所以偶尔用向光性与向地性等词表示有关运动的原因，也有其方便处。

偏上生长这个名词现在德国常予采用，是指器官上表面的生长比下表面快些，因而使它向下弯曲。偏下生长恰好相反，是指下表面加快生长，使得这个部位向上弯曲[③]。

观察方法——我们观察的各种器官的运动，有时幅度很小，有时又很大，是用我们经过多次尝试而找到的最好方式来描绘的，必须叙述一下。把盆栽植物完全遮住光照，或是让光从上面射入，或是按需要从一侧照光；把一大块玻璃板平放盖在上面，用另一块玻璃板竖立在一侧。取一根不比马鬃粗的玻璃丝，有0.25～0.75英寸[④]长，用溶于酒精的紫胶固定在要观察的部位。让酒精溶液蒸发，待它变稠到在2秒或3秒内就会结硬的程度，这种溶液施用于组织时无伤害作用，即使对幼嫩胚根尖端也是如此。在玻璃丝末端粘接一粒极小的黑色封蜡珠，这粒蜡珠的下面或后面，把一小块带有一个黑点的纸卡片

---

① 向光性和向地性的常用名词，首先被弗兰克(Frank, A. B.)博士所使用：参阅他的名著《植物生理学概论》(*Beitrage zur pblanzenphysiologie*)，1868年。

② 向光性、背光性与横向光性亦多译为向日性、背日性与横向日性，两种译文通用，本译文中采用前者。——译者注

③ 这些名词是依照德·弗里斯所提出的意义使用的，见《维尔茨堡植物研究所工作汇编》，第2卷，1872年，252页。

④ 原文多用英制：码(yd)，1码＝91.44厘米；英尺(ft)，1英尺＝30.48厘米；英寸，1英寸＝2.54厘米。——译者注

固定在插进土里的木棍上。玻璃丝的重量很轻，甚至小叶都没有出现可察觉的受压下垂现象。随后将叙述另一种观察方法，是在不需要将运动放大很多倍时使用的。蜡珠和纸卡片上的黑点通过横放的或竖立的玻璃板（视对象的位置而定）观察，当一个恰好遮住另一个时，就在玻璃板上用削尖的小棍蘸上墨汁画一黑点。随后每隔一段时间画上其他黑点，再把它们用直线连接起来。这样描绘的图形因而是有棱角的；但是如果每隔 1 分钟或 2 分钟记点，线路便会更呈曲线形，像让胚根在熏烟的玻璃板上画下它们自己的路程一样。把点记得准确是唯一的困难，需要些训练。当把运动放大很多倍，如 30 倍以上，也难于做到十分准确；不过即使在这种情况下，总的进程还是可靠的。为测验上述观察方法的准确程度，把一根玻璃丝固定在一个无生命的物体上，使此物体沿一直边滑动，并在玻璃板上重复地记下黑点；当把它们连接起来，结果应当是一条很直的线，而这条线确是很近于直线。还要补充的是，当纸卡片上的黑点是放在蜡珠下面或后面半英寸远，并且当玻璃板（假定把它做成合适的曲度）放在前面 7 英寸处（通常的距离），那么描绘的图形就代表放大 15 倍的蜡珠的运动。

若不需要把运动放得很大，可以采用另外一种观察方法，它在有些方面更好些。这个方法是在粘好的玻璃丝两端固定两个薄纸作的小三角形，大约 0.05 英寸高；当两个三角形的顶点对准在一条线上因而互相遮盖时，就按以前一样在玻璃板上记点。如果我们假定玻璃板的位置距带有玻璃丝的茎尖为 7 英寸，连接各点所得的图形很接近于用蘸墨汁的 7 英寸长玻璃丝固定于一运动的茎上，并在玻璃板上画出它自己的进程。运动就这样放大了相当的倍数：譬如，1 英寸长的茎在弯曲，玻璃板距离 7 英寸，运动便会放大 8 倍。可是每次都要确定下来有多么长的茎是在弯曲，非常困难，而这在断定运动的放大倍数上是不可少的。

用上述任一方法在玻璃板上记点以后，把它们抄在绘图纸上并用尺画线连接，用箭头表示运动的方向。夜间的进程用虚线表示。第一个点总是比其他各点画得大些，这样容易引起注意，可从本书的曲线图上看出。玻璃板上的图形通常画得尺寸太大，不能在本书中复制出来，它们缩小的比例常予以注明。[①] 只要可以大致说出运动的放大倍数，就注明出来。我们也许引用了太多的线图，但是它们比详细叙述运动要少占篇幅。几乎所有的植物睡眠的素描都是乔治·达尔文（George Darwin）先生细心描绘的。

当茎、叶等在转头运动中越来越弯得厉害，先是朝着一个方向，随后又朝着另一个方向，有些时候就必须要多少斜着观测它们；并且黑点是在平面上记下来的，运动的表观量就随着观测点的倾斜度而被夸大了。更好的办法是用半球形玻璃，这就需要我们有各种大小的球径，并且需要使茎的弯曲部分转折得很清楚，可以放置在半球形玻璃内成为球

① 我们很感谢库珀（Cooper）先生细心地缩小和刻制了我们的曲线图。

的半径。然而就是在这种情况下，以后还必须把图形投射到纸上；因而还是达不到完全准确。由于上述原因，我们的图形有些失真，不能用来说明运动的准确量，或是经过的准确路线；但是为断定这个部位究竟动了没有，以及运动的一般特征，这些图形还是非常有用的。

在以下各章中，将叙述很多种植物的运动，种名的排列是按照胡克(Hooker)所采用的系统，登载在勒·茂特(Le Maout)和德凯斯内(Decaisne)合著的《描述植物学》(*Descriptive Botany*)中。不是研究本课题的人无须阅读所有的细节，可是我们觉得最好都写出来。读者如果认为合适，可先阅读本书最后一章——全书的总结。读者可从中看到，对哪些论点有兴趣，以及需要充分证据的内容。

最后，我们必须要向约瑟夫·胡克(Joseph Hooker)爵士和西塞尔顿·戴尔(Thiselton Dyer)先生表示我们诚挚的谢意，他们不仅从邱园(Kew)供给我们植物，而且还从几个来源替我们搜寻需作观察的其他植物；还有，他们给许多植物物种定了名，并且提供给我们多方面的资料。

乔治·达尔文(G. H. Darwin),达尔文的二子

第一章

实生苗的回旋转头运动

· *The circumnutating movements of seedling plants* ·

甘蓝：胚根的转头运动，拱形下胚轴仍埋于地下时、正伸出地面和将自己伸直时以及直立时的转头运动——子叶的转头运动——运动的速率——对以下各属的一些种中各器官的类似观察：麦仙翁属，棉属，酢浆草属，旱金莲属，柑橘属，七叶树属，豆科和葫芦科的几个属，仙人掌属，向日葵属，报春属，仙客来属，豹皮花属，蜂房花属，小铃草属，茄属，甜菜属，蓖麻属，栎属，榛属，松属，苏铁属，美人蕉属，葱属，天门冬属，虉草属，玉蜀黍属，燕麦属，金纷草属和卷柏属。

本章专门讨论实生苗的胚根、下胚轴和子叶的转头运动，以及当子叶不出土，其上胚轴的转头运动。但是以后有一章，还要再提到一些夜间睡眠的子叶的运动。

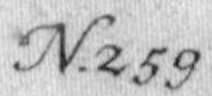

a. *Braſsica capitata purpurea et alba, Chou cabu.*
Geſtreiffter Kopff-Kohl.
b. *Braſsica capitata cum flore,* Blühender Kopf-Kohl.

H.

甘蓝(*Brassica oleracea*)(十字花科)——在这个例证中,将比其他各例证更详细地叙述有关运动的情况,这样毕竟可更节省篇幅和时间。

胚根——把一粒胚根已伸出 0.05 英寸的种子用紫胶固定在一小片锌板上,使胚根竖直向上站立,随后把一根细玻璃丝固定在其基部附近,也就是靠近种皮处。用些小块湿海绵包围着种子,并将玻璃丝末端小珠在 60 小时内的运动描绘下来(图 1)。在这段时间内,胚根长度从 0.05 英寸增长到 0.11 英寸。要是在开始时就把玻璃丝固定在胚根顶端附近,并且它能始终留在原处,那么所显示的运动就会大得多,因为在我们观察结束时,胚根尖端不再向上直立,而是由于向地性向下弯垂,以致几乎碰到了锌板。根据我们用圆规对其他种子作的测量,可大致确定,只有尖端,仅有 0.02 到 0.03 英寸的一段长度,才受到向地性的作用。但是这个描图却显示出胚根的基部,在全部时间内都在作不规则的转头运动。玻璃丝末端小珠运动的实际最大值约为 0.05 英寸,至于胚根的运动究竟被这长约 0.75 英寸的玻璃丝放大多少倍,却无法估计了。

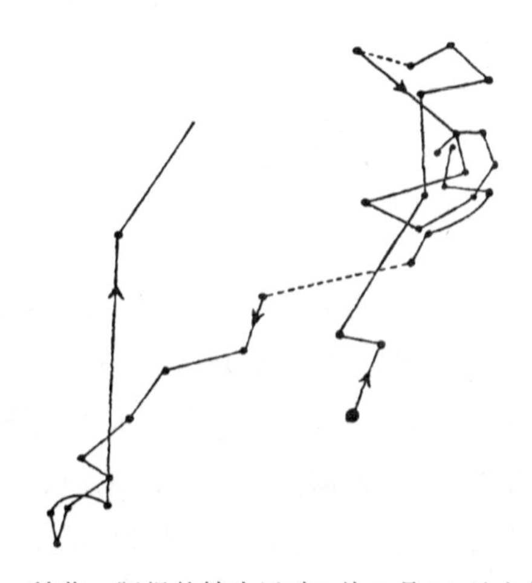

图 1　甘蓝　胚根的转头运动:从 1 月 31 日上午 9 时到 2 月 2 日下午 9 时,在一平放玻璃板上描绘。(玻璃丝末端小珠的运动放大约 40 倍)

对另一粒种子做了同样的处理与观察,但是这次胚根已伸出 0.1 英寸,而且没有被固定得恰好竖直向上。把玻璃丝固定在其基部附近。这次的描图(图 2,缩小一半)表示从 1 月 31 日上午 9 时到 2 月 2 日上午 7 时的运动,但是在 2 月 1 日整天内,它都大致朝

◀ 甘蓝(*Brassia oleracea*)。

着同一方向以相似的曲折线方式继续运动。因为在固定玻璃丝时，胚根不是完全竖直，向地性立即便起作用；但是这不规则的曲折路线却表明胚根在生长（大约先发生紧张度增强），有时在它的一侧进行，有时在另一侧进行。偶尔小珠停止不动约 1 小时，那么可能是生长发生例证中，因为把很短的胚根基部倒转直立向上，它在开始时受到的向地性的作用很小。在另外两个例证中，玻璃丝是固定在更长的胚根上，这两个胚根是从翻转向上的种子斜着伸出的。这些例证中，描绘在平放玻璃板上的路线只是稍有曲折，而且由于向地性的作用，运动总是朝着大致相同的方向。所有这些观察都容易发生几种误差，但是我们相信，从以后对其他一些植物胚根的运动所示的情况看来，这些观察大部分是可靠的。

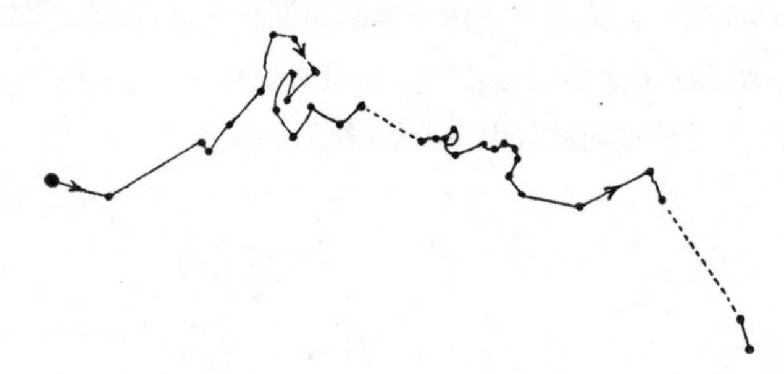

图 2　甘蓝　胚根的转头和向地性运动：在 46 小时内描绘于平放玻璃板上。

下胚轴——下胚轴成矩形突起经种皮伸出，它很快长成拱形体，像英文字母 U 倒转成 U 形；这时子叶仍旧包藏在种子内。无论种子埋在土中或是另外固定成何种位置，此拱形体的两足都会由于背地性向上弯曲，就这样在地面上竖直上举。一旦发生这种情况，或者甚至更早，拱形体的内表面或凹面生长得比上表面或凸面更快些，这便使得两足分开，并帮助子叶脱离埋于地下的种皮。由于整个拱形体的生长，子叶终于从地面下，甚至从相当深的地方被拉出来，这时下胚轴由于凹面的加速生长而很快伸直。

当拱形的或折叠的下胚轴甚至还在土中时，就已经在周围土壤压力所容许的范围内回旋转头；但是这种情况难于观察到，因为拱形体一旦被解除旁压，它的两足便开始分开，甚至在很幼小的时期，拱形体还没有自然地到达地面之前，也是如此。使一些种子在湿土表面上萌发，当它们靠胚根将自身固定之后，并且在只略呈拱形的下胚轴已经变得近于直立之后，有两次将一玻璃丝固定在基足（就是和胚根相连的一足）底部附近，并将其运动在黑暗中描绘在一平放的玻璃板上。由于当时已解除压力的两足提早分开，结果是，几乎在直立拱形体的平面内画出些长线来，可是这些线是曲折的，表明有侧向运动，所以拱形体在靠沿内表面或凹面生长而伸直自身时，一定已在进行转头运动。

随后使用了一个略为不同的观察方法：当盆中播下种子的土壤刚开始裂开，便将部分表土铲除到 0.2 英寸的深度；把一根玻璃丝固定在一个埋在土下的拱形下胚轴的基足上，刚好在胚根顶部的上面。子叶还几乎完全被包在裂得很厉害的种皮内，再用潮湿的黏土将其覆盖，把黏土压紧。玻璃丝的运动从 2 月 5 日上午 11 时描绘到 2 月 7 日上午 8 时(图 3)。到了这段时间的后期，子叶已经从压紧的土下被拖出来，但是下胚轴的上部仍旧与其下部形成一个近似直角。这个描图表明，拱形下胚轴在这个幼龄时期便倾向于作不规则的转头运动。在第一天，较大的运动(图中从右到左)不是在直立的拱形下胚轴的平面内，而是和这个平面成直角，或者说，是在仍旧相互紧贴的两个子叶的平面内。拱形体的基足，在将玻璃丝固定上去的时候，已经显著地向后弯曲，也就是离开子叶而弯曲。如果玻璃丝是在这种弯曲发生之前固定的，那么主要的运动就会和图中所示的方向成直角了。又把一根玻璃丝固定到另一个埋在土中的同龄下胚轴上，它的运动和前者大致相似，但是描绘的路线却没有那样复杂。这个下胚轴已几乎伸直，并且子叶在第二天傍晚就被拖出土面。

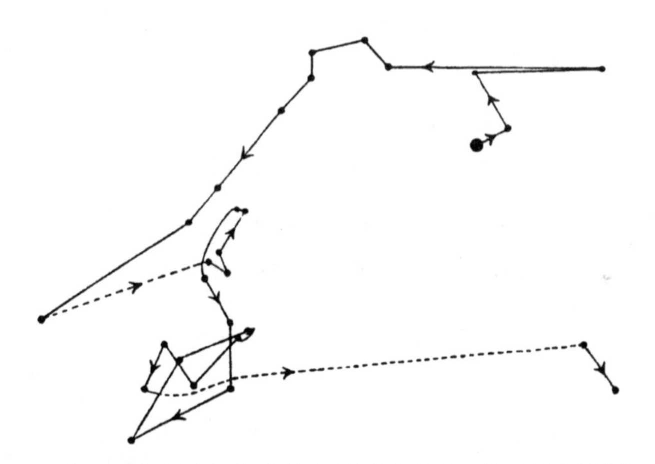

图 3　甘蓝　埋在土下的拱形下胚轴的转头运动：从上面微弱照光，在 45 小时内描绘在平放玻璃板上。

(玻璃丝末端小珠的运动放大约 25 倍，这里缩小到原标度的一半)

在进行上述观察之前，曾把一些埋在土中 0.25 英寸深的拱形下胚轴剥露出来；为了防止拱形体的两足从一开始便立刻分离，就用细丝线把它们捆扎在一起。这样的做法，其部分原因是我们想知道下胚轴在拱形状态下能够运动多久，而且这种运动在没有受到伸直过程的掩盖和干扰时，是否显出转头运动。首先，把一根玻璃丝固定在一拱形下胚轴的基足上，紧靠胚根顶部的上面。子叶还有一部分包藏在种皮内。从 12 月 23 日上午 9 时 20 分到 12 月 25 日上午 6 时 45 分，描绘其运动(图 4)。

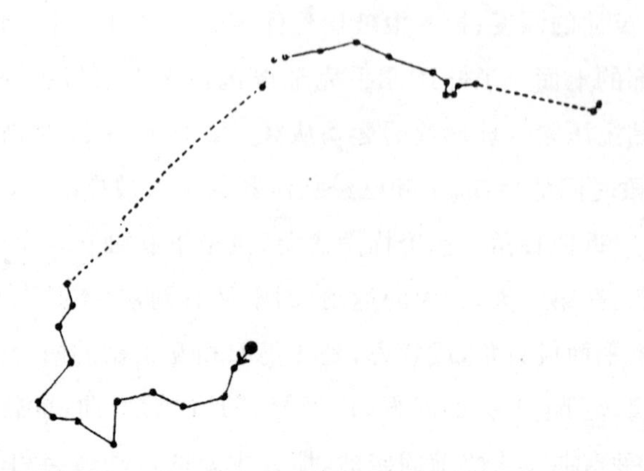

图 4　甘蓝　埋在土中的拱形下胚轴的转头运动：拱形体的两足捆在一起，在 33.5 小时内在平放的玻璃板上描绘。

（玻璃丝末端小珠的运动放大约 26 倍，这里缩小到原标度的一半）

毫无疑问，因两足被捆在一起，正常运动便受到很大干扰。但是我们看到，它是明显曲折的，起先朝着一个方向，然后朝着几乎相反的方向运动。在 24 日下午 3 时以后，这个拱形下胚轴有时停留不动相当时间，即使在运动时，也比以前缓慢得多。因此，在 25 日早晨，就把玻璃丝从基足底部取下，并把它以水平方向固定在拱形体的顶部上，由于双足被捆扎在一起，拱形体的顶部已经长得宽大而且近乎平坦了。将它在 23 小时内的运动描绘下来（图 5），我们看到，它的路线仍是曲折的，这表明有转头的趋势。这时基足的底部几乎已经完全停止运动。

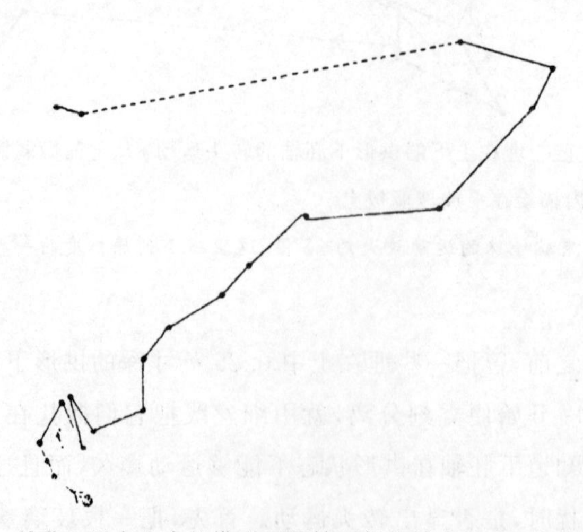

图 5　甘蓝　埋在土中的拱形下胚轴顶部的转头运动：它的两足捆在一起，在 23 小时内在平放的玻璃板上描绘。

（玻璃丝末端小珠的运动放大约 58 倍，这里缩小到原标度的一半）

当子叶自然地伸出土面，下胚轴靠沿内表面或凹面的生长而伸直起来的时候，就不再有什么来干扰各部的自由运动，转头运动便变得更有规律并且清楚地显示出来。从以下试验可以看出：把一株实生苗放在靠近一东北窗的前面，连接两子叶的线与窗平行。就这样留了一整天，使它自己对光适应。第二天清晨，把一根玻璃丝固定在较大较高的子叶（还在种子里的时候，这片子叶包住另一片较小的子叶）的中脉上，在其紧后面作一个标记，把整株（也就是下胚轴和子叶）的运动以很大的倍数在一直立玻璃板上描绘下来。起初，这棵植株向光弯曲得很厉害，以致无法描绘它的运动；但是到了上午 10 时，向光性几乎完全停止，于是在玻璃板上记下第一个点；最后的一点是在下午 8 时 45 分记下的。在这 10 小时 45 分钟内，一共记下了 17 个点（见图 6）。应当注意的是，在下午 4 时以后不久我观察时，小珠正背离玻璃移动，但到 5 时 30 分，它又接近玻璃；在这一个半小时一段时间的路线，是凭推测来补充的，不过不会相差太远。小珠从一边到另一边侧向移动了 7 次，因此在 10.75 小时内描绘出 3.5 个椭圆，平均在 3 小时 4 分钟内完成 1 个椭圆。

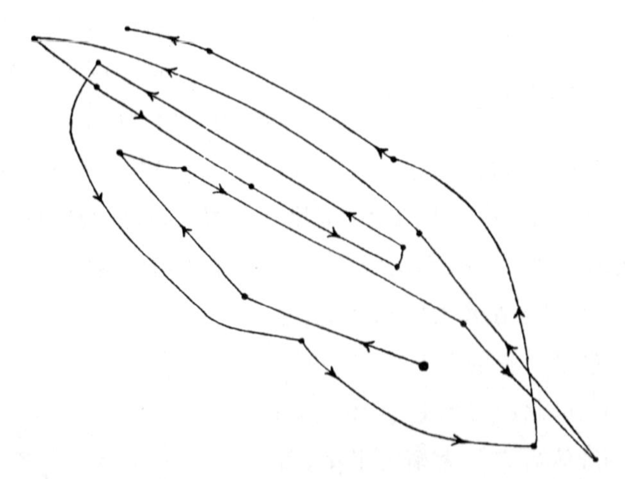

图 6　甘蓝　下胚轴和子叶在 10 小时 45 分钟内的联合转头运动。

（现图缩小到原标度的一半）

在前一天，曾在相似的情况下观察了另一株实生苗，只是植株放置的位置不同：连接两个子叶的线指向窗子，并且玻璃丝是固定在离窗最远的一侧较小的子叶上。此外，这棵植物当时是第一次放在这个位置上。从上午 8 时到 10 时 50 分，子叶向光弯曲得很厉害，到 10 时 50 分记下第一个点（图 7）。在随后的 12 小时内，小珠斜着上下移动 8 次，画出 4 个代表椭圆的图形，因此，它移动的速率和前一次的观察结果大致相同。在夜间，由于子叶的就眠运动它向上移动，并且继续向同方向运动直到第二天早上 9 时。在天然条件下充分暴露在光照下的实生苗，不会发生这种运动。

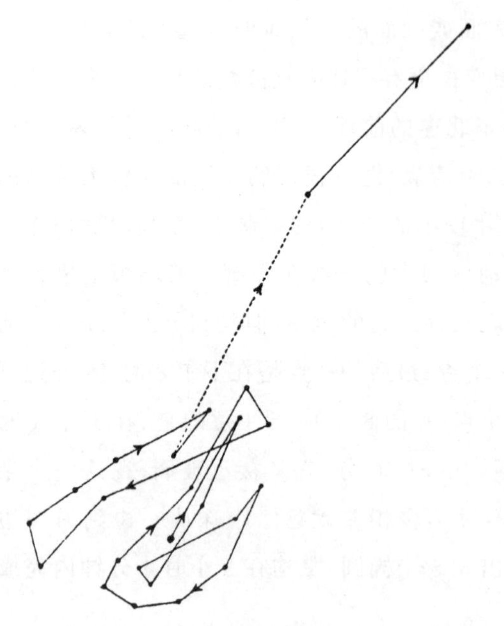

图7　甘蓝　下胚轴和子叶的联合转头运动：从上午10时50分到第二天清晨8时。（在直立玻璃板上描绘的图形）

第二天上午9时25分，同一个子叶已经开始下垂，就在一块新玻璃板上记下一个点。这次运动一直描绘到下午5时30分，如图8所示，这个图所以印出来，是因为它比以前两个例证的路线更加不规则。在这8小时内，小珠大大改变它的路线有10次之多。图中清楚地显示出子叶在下午和上半夜的向上运动。

在上述3个例证中，玻璃丝都是固定在一片子叶上，而且下胚轴是自由的，所以这些描图都表示出这两种器官联合在一起的运动。可是我们现在想知道，究竟这两种器官是否都在转头，因此便把两根玻璃丝分别横着固定在两个下胚轴上，紧靠着它们子叶的叶柄下面。这两株实生苗曾在一个东北窗前同一位置上放了两天。在清晨，直到约11时，它们向光作曲折运动；在夜间，它们由于背地性又变得几乎直立；大约在上午11时以后，它们略微从光移开一些，常以曲折路线来回穿过它们以前的途径。这一天的天空亮度变化很大，这些观察只能证明下胚轴是在连续作着类似转头的运动。在前一天，天气多云而光照均匀；把一个下胚轴牢固地系在一根小棍上，将玻璃丝固定在较大的子叶上，并在一直立玻璃板上描绘下它的运动。在上午8时52分记下第一个点，此后直到上午10时55分，它下垂得很厉害；然后它又大幅度上举，直到午后12时17分。随后，它略微下垂并作成一环，但是到下午2时22分它又稍微上举，并继续上举直到下午9时23分，这时它又形成另一个环，到下午10时30分，它又上举。这些观察表明，子叶整天在垂直地上上下下，因为还有些微小的侧向运动，所以它们在回旋转头。

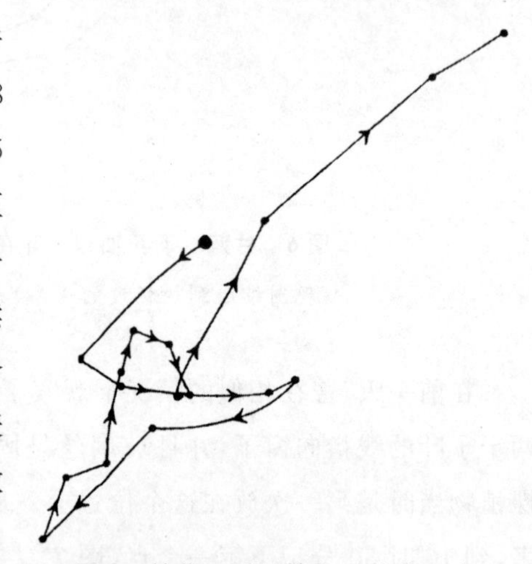

图8　甘蓝　下胚轴和子叶在8小时内的联合转头运动。（现图是在一竖立玻璃板上描绘的，为原标度的三分之一）

甘蓝的实生苗是我们最早观察的植物之一，我们那时还不知道光照对它的不同部位的转头运动有多大影响。因此，曾把幼小的实生苗放在完全黑暗中，只在每次观察时的1～2分钟内，才用一根小蜡烛近于竖直地放在它们顶上照明。在第一天，一株实生苗的下胚轴改变路线13次(见图9)。值得注意的是，所描绘的图形的长轴时常彼此以直角或近于直角相交。对另一株实生苗作了同样观察，但是它的年龄大得多，因它已形成一片长0.25英寸的真叶，下胚轴已有$1\frac{3}{8}$英寸高。虽然运动的幅度没有前例那样大，描绘的图形却很复杂。

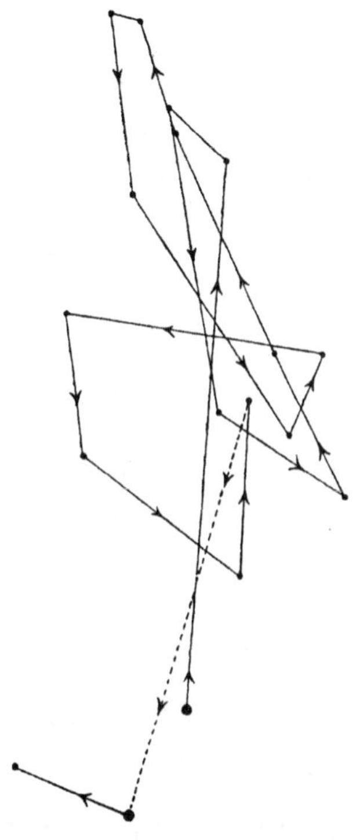

图9 甘蓝 下胚轴在黑暗中的转头运动：从上午9时15分到次日上午8时30分，借助于一根顶端固定有小珠的玻璃丝，在一平放玻璃板上描绘。(本图比原标度缩小一半)

把另一株同龄实生苗的下胚轴捆在一根小棍上，将一根玻璃丝固定在一当注意的是，子叶的主要运动，也就是上下运动，在一平放玻璃板上只能由沿中脉方向的直线(就是图10中的上下方向)略微伸长或缩短来表示。可是，任何一次的侧向运动都会清楚地表现出来。现在这个描图表示，子叶确实在作着侧向运动(就是在描图上从一侧到另一侧的运动)，在14小时15分钟的观察时间内，共有12次之多。因此，子叶确实在转头，虽然主要的运动是在垂直面的上下运动。

运动的速率——现已充分说明年龄不同的甘蓝实生苗的下胚轴和子叶的运动。为了测量运动的速率，将实生苗放在显微镜下，载物台已经移开，并调节一目镜测微计，使每一小格等于$\frac{1}{500}$英寸。为消除向光性，这些植株是用通过重铬酸钾溶液的光照明。在这

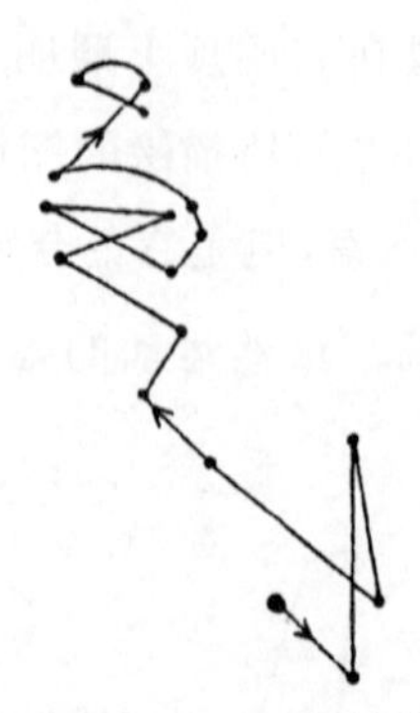

图 10　甘蓝　一子叶的转头运动：下胚轴被紧系在小棍上，从上午8时15分到下午10时30分在黑暗中于一平放玻璃板上描绘。（玻璃丝末端小珠的运动放大13倍）

种情况下，观察转头的子叶尖端多么迅速地通过测微计的小格，是很有意思的。子叶尖端在朝着任一方向前进时，一般要前后地振荡，幅度达$\frac{1}{500}$英寸，有时达$\frac{1}{250}$英寸。这种振荡完全不同于同一室内的任何干扰或是关闭远处的门所引起的震动。最初观察的一株实生苗高约2英寸，因在暗中培养已黄化。它的子叶尖端在6分40秒内通过了测微计的10个小格，就是$\frac{1}{50}$英寸。随即把短玻璃丝垂直固定在几株实生苗的下胚轴上，使它略微伸出于子叶之上，以便把运动速率放大，但是只有少数几个观察值得提出。最值得注意的事就是上述的振荡运动，还有玻璃丝顶端在短时间间隔后经过测微计小格的速率的差异。譬如，先把一株高的未黄化实生苗放在黑暗中14小时，再把它暴露在一东北窗前只2～3分钟。这时将一根玻璃丝垂直固定在下胚轴上，再将它放回到黑暗中半小时，此后用通过重铬酸钾溶液的光进行观察。玻璃丝顶端照例在振荡着，在1分30秒内跨过测微计的5个小格（就是$\frac{1}{100}$英寸）。此后再把这株实生苗放在黑暗中1小时，而这时它就需要3分6秒才跨过一个小格，也就是要15分30秒跨过5个小格。另一株实生苗，在一间很阴暗的北屋后部被偶然观察到之后，放在完全黑暗中半小时，在5分钟内向着窗口的方向跨过5个小格，因此我们的结论是这种运动是向光性的。但是，这也许不是这种情况，因为它是放在一东北窗附近，并留在那里15分钟，在这以后，它并不是像预期那样更快地向光运动，而只以12分30秒跨过5个小格的速率移动。然后又把它放在完全黑暗中1小时，这时玻璃丝顶端仍按以前的方向运动，但是速率则是3分18秒跨过5个小格。

在后面一章中讨论就眠运动时，我们将再谈到甘蓝的子叶。以后还要叙述完全成长的植株的叶子的转头运动。

野生麦仙翁（*Githago segetum*）（石竹科）——用弱光从上面照射一株幼嫩实生苗，并观察其下胚轴运动 28 小时，如图 11 所示。它朝向所有各方向运动，图中从右到左的路线都和子叶的叶片相平行。下胚轴顶端从一边移到另一边的实际距离约为 0.2 英寸，但是在这方面不可能准确，因为在这株幼苗运动了一段时间以后，当它越来越倾斜时，运动的距离就越来越被夸大。

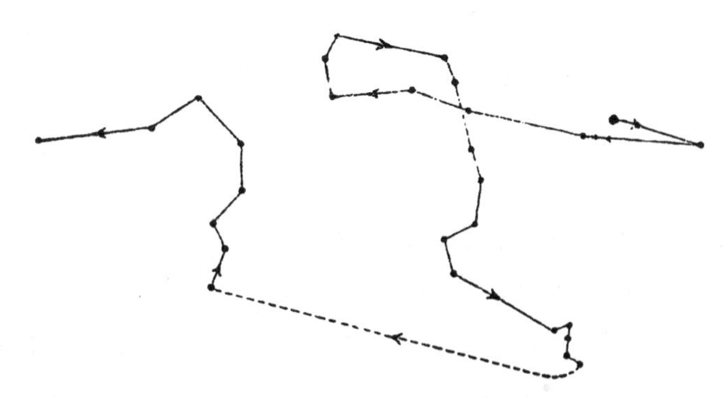

图 11　野生麦仙翁　下胚轴的转头运动：靠一水平方向固定在其顶端上的玻璃丝，从上午 8 时 15 分到次日下午 12 时 15 分在一平放的玻璃板上描绘。（玻璃丝末端小珠的运动放大约 13 倍，本图缩小到原标度的一半）

我们尽力去观察子叶的转头运动，可是，只有在使它们受到中等亮度的光照时，子叶才不致闭合起来，并且下胚轴的向光性又极强，因而所必需的设备便太烦琐。在以后一章中我们将谈到子叶的感夜运动，也就是就眠运动。

树棉（*Gossypium*，品种南京棉）（锦葵科）——在温室内观察其下胚轴的转头运动；可是，运动被夸大得太厉害，以致有两次一度看不到小珠的行踪。虽然如此，明显的是，它在 9 小时内，几乎完成了两个多少有些不规则的椭圆形。随后对另一株高 $1\frac{1}{2}$ 英寸的实生苗观察了 23 小时。但是这次的观察间隔时间不够短，如图 12 中所示的少数几个点，并且描图放大倍数也不够大。虽然如此，仍可无疑地确定下胚轴的转头运动，它在 12 小时内所描绘的图形代表三个大小不等的不规则椭圆形。

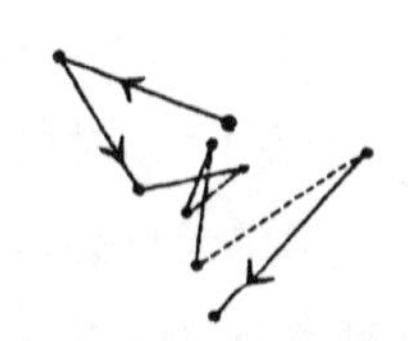

图 12　树棉　下胎轴的转头运动：靠一固定在它顶端的玻璃丝，从上午 10 时 30 分到次日晨 9 时 30 分，在一平放的玻璃板上描绘。（玻璃丝末端小珠的运动放大约两倍；实生苗从上面照光）

棉的子叶整天在经常作着上下运动，并且它们存在在晚上和上半夜有向下运动这种异常情况，所以就对它们作了多次观察。把一根玻璃丝沿子叶的中线固定，将其运动描绘在一直立的玻璃板上，但是这里没有附图，因为下胚轴没有固定，因此不可能清楚地分辨它的运动和子叶的运动。子叶从上午 10 时 30 分到约下午 3 时向上举起；随后便下垂直到晚上 10 时，然而在下半夜又高高举起。在下面简表中记载了另一株实生苗的子叶在不同时间所作的水平线上倾角：

10 月 20 日	下午 2 时 50 分	水平线上 25°
10 月 20 日	下午 4 时 20 分	水平线上 22°
10 月 20 日	下午 5 时 20 分	水平线上 15°
10 月 20 日	下午 10 时 40 分	水平线上 8°
10 月 21 日	上午 8 时 40 分	水平线上 28°
10 月 21 日	上午 11 时 15 分	水平线上 35°
10 月 21 日	下午 9 时 11 分	水平线下 10°

曾在不同时间粗略地绘出两个子叶的位置，结果大致相同。

在下一年夏季，将第四株实生苗的下胚轴扎牢在小棍上，并把一根带有两个小纸三角的玻璃丝固定在一个子叶上，在室内双层天窗下，在一直立玻璃板上描绘它的运动。第一个点是在 6 月 20 日下午 4 时 20 分记下的，子叶以近于直线的方式下垂，直到晚上 10 时 15 分。刚过午夜，看到它又略低了一些并且稍微偏向一边。到清晨 3 时 45 分，它已高举，但是到上午 6 时 20 分又略微下垂。在这一整天(21 日)，它是以轻微的曲折线方式下垂的，但是它的正常路线受到缺乏足够光照的干扰，因为在夜间它只略微上举，并且在次日(6 月 22 日)整个白天和夜晚都进行着不规则的运动。这三天内所描绘的上升线和下降线并不相合，因而这种运动也是一种转头运动。此后，把这株实生苗送回温室中，在 5 天之后，于晚上 10 时检查，这时看到子叶几乎是竖直下垂，以致可以公正地说它们已经就眠了。第二天早晨，它们已经恢复到通常的水平位置。

玫瑰红酢浆草(*Oxalis rosea*)(酢浆草科)——将其下胚轴捆缚在一根小棍上，并在一片长 0.15 英寸的子叶上接一根极细玻璃丝，玻璃丝上有两个小纸三角。在这个种和后面一些种中，叶柄前端与叶片相连的部位，发育成叶枕。子叶的尖端离开直立的玻璃板只有 5 英寸远，因此只要它保持近于水平的位置，它的运动就不会过于放大；但是在一天之内，它既会举起高过水平位置，又会下垂低于水平位置，那么它的运动便当然被放大得很厉害了。图 13 中表示它从 6 月 17 日晨 6 时 45 分至次日晨 7 时 40 分的运动路线，我们看到，在白天，在 11 小时 15 分钟的路程内，它向下运动 3 次，向上两次；在下午 5 时 45 分以后，它很快向下运动，在 1～2 小时内便竖直下垂；整个夜间它就这样睡眠着。无论在直立的玻璃板上，或者在这里所附的图中，这个位置都不能表示出来。次日清晨 6 时 45 分，两个子叶都已经举得很高，而且继续上举，直到上午 8 时，它们已达到近于水平位置。整个这一天到次日清晨，将它们的运动描绘下来，但是没有将此图付印，因为它与图 13 很相近，只是路线更加曲折。子叶上下运动共有七次，约在下午 4 时，开始了大幅度的夜间下垂运动。

另外以同样方式观察了一株实生苗约 24 小时，只有一点不同，就是让它的下胚轴自由运动。这次运动也是没有放大多少。在 18 日上午 8 时 12 分到下午 5 时之间，子叶尖端上下运动共 7 次（图 14）。下午 4 时左右，开始了夜间的下垂运动，这不过是昼夜振荡中有较大振幅的一次。

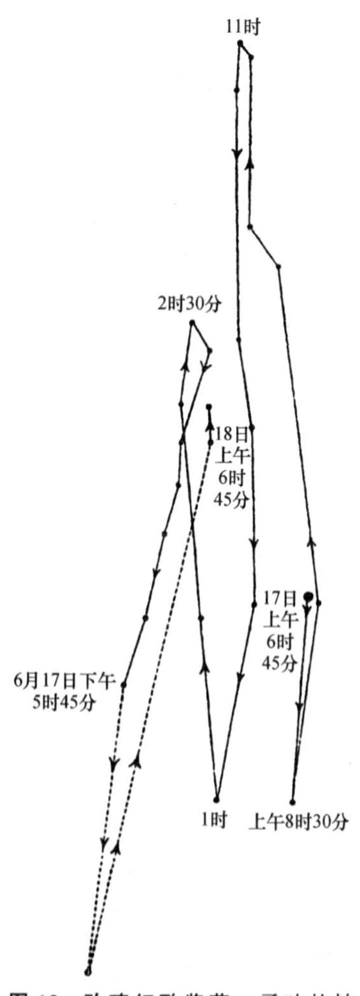

图 13　玫瑰红酢浆草　子叶的转头运动：下胚轴被固定在一根小棍上，从上面照明。（本图为原标度的一半）

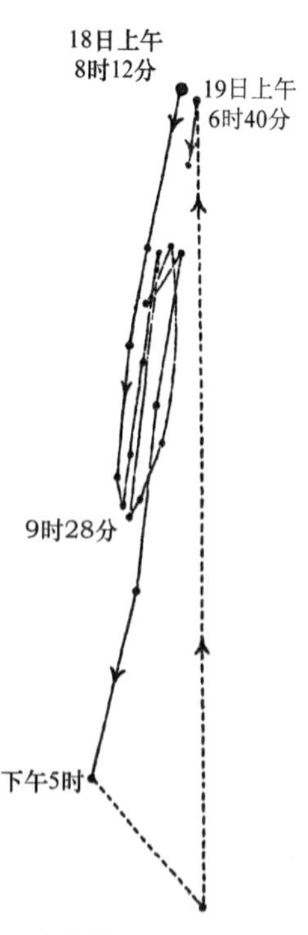

图 14　玫瑰红酢浆草　子叶和下胚轴的联合转头运动：从 6 月 18 日上午 8 时 12 分描绘到 19 日晨 7 时 30 分。子叶尖端距直立玻璃板只有 $3\frac{3}{4}$ 英寸。（本图为原标度的一半）

智利酢浆草（***Oxalis Valdiuiana***）——这个种很有意思，因为它的子叶在夜间垂直上举，以致紧密接触，而不是像玫瑰红花酢浆草那样竖直下垂。将一玻璃丝固定在一个长 0.17 英寸的子叶上，并让下胚轴自由运动。在第一天，实生苗放置得离直立玻璃板太远，以致描图被放大得太厉害，当子叶上举或下垂过大时，便描绘不出它的运动来。但是可以清楚看出，在上午 8 时 15 分到下午 4 时 15 分之间，子叶上举 3 次，下垂 3 次。次日（6

月19日)清晨,将一个子叶的尖端放在只距直立玻璃板$1\frac{7}{8}$英寸。上午6时40分,它成水平位置;此后它下垂,直到8时35分,以后又上举。在12小时内,它总共上举3次,下垂3次,可从图15看出。子叶大幅度的夜间上举运动,通常在下午4时或5时开始,在次日清晨约6时30分左右,它们都展开或采取水平位置。然而在这个例证中,到下午7时以前,它们还没有开始大幅度的夜间上举运动,但是这是由于下胚轴因某些不知道的原因而暂时弯向左侧,如图中所示。为了要肯定下胚轴是在转头,在下午8时15分把一个标记放在当时已经闭合并直立的两个子叶后面,并且把一根竖直固定在下胚轴顶端的玻璃丝的运动描绘下来,直到晚上10时40分为止。在这段时间内,它既向两侧运动,又作前后运动,这明显证明有转头运动,但是运动的幅度很小。因此图15相当好地代表子叶本身的运动,只有一次下午向左转的大弯曲是例外。

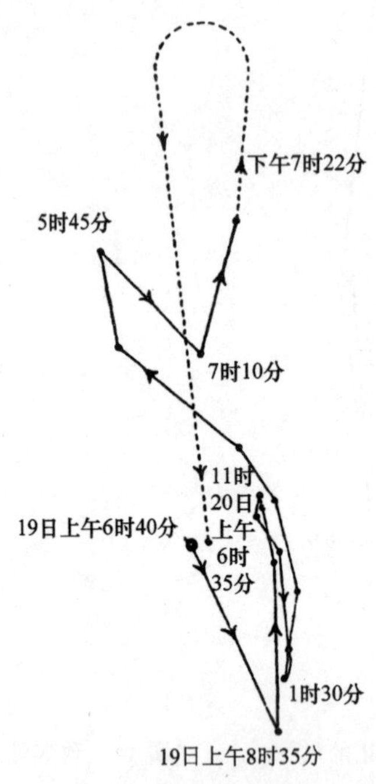

图15 智利酢浆草 子叶和下胚轴的联合转头运动:在24小时内描绘于直立玻璃板上。(本图为原标度的一半,幼苗从上面照光)

酢浆草(*Oxalis corniculata*,古铜色品种)——它的子叶在夜间举起,高于水平面的倾角各有不同,一般约为45°。有几株2~5天龄期的实生苗的子叶,整天在连续不断地运动,但是它们的运动比上述两个种更加简单些。可能部分原因是在观察时没有给它们充分照光,从它们直到深夜才开始有上举的现象可以看出来。

敏感酢浆草[*Oxalis*(*Biophytum*)*sensitive*]——从它们的子叶在白天运动的幅度和速度来看,它们是很值得注意的。每隔一短段时间,便测量它们在水平以上或以下的倾角,我们懊悔的是没有整天描绘它们的行程。现在只好提供出少数几个测量数据,这是当将实生苗放在22.5～24.5℃的温度下测到的。一个子叶在11分钟内上举70°;一株独特的实生苗,其子叶在12分钟内下垂80°。就在这片子叶下垂之前,它在1小时48分之内,从向下竖直位置上举到向上竖直的位置,因而它在不到2小时内就转动了180°。我们还没有见到过其他例证有像180°这样大幅度的转头运动;也没有看到过在12分钟内转动80°这样高速率的运动。这种植物的子叶在夜间就眠时是呈竖直上举并紧密闭合的姿态。这种上举运动与上述一种有大幅度的日间振荡不同之处是,它在夜间的位置经常不变,并且有周期性,因它总是在晚上开始。

小旱金莲[(***Tropaeolum minus*** (?),品种名大拇指汤姆(Tom Thumb)],(旱金莲科)——它的子叶是地下生的,也就是永远不升出土面。铲除一层土壤后,便可找到埋在土中的上胚轴或胚芽,它的顶部呈拱形急转向下,像前述甘蓝的拱形下胚轴一样。把一根末端有小珠的玻璃丝固定在其下半部,或是基足处,刚好在地下生子叶的上面,再把子叶用松土掩盖。所得描图(图16)表明小珠在11小时内的行程。在图上所示的最后一个标点以后,小珠又移动了一大段距离,最后离开玻璃板,向着虚线所示的方向运动。这段大幅度运动,是由于拱形体凹面的加速生长,其基足从上部向后弯曲所致,也就是朝着与下垂尖端相反的方向,像甘蓝下胚轴所发生的情况一样。用同样方法观察了另一个埋于土下的拱形上胚轴,只是为了防止刚才提到的大幅度运动,把两个拱形体用细丝线捆在一起。可是,它在晚上的运动方向仍和以前一样,但是所经过没有以前那样直。在清晨,被捆住的拱形体作着不规则的圆形运动路线极其曲折的运动,比上个例证中所走的距离还要长些,可从一放大18倍的描图看出。带有几片叶子的幼株和成年植株的运动,将在以后叙述。

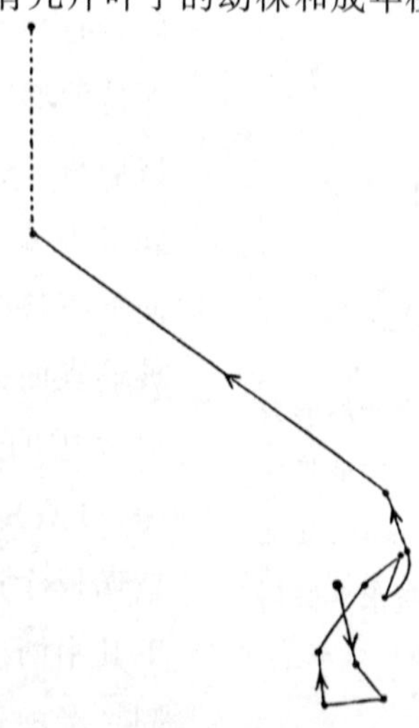

图16　小旱金莲(?)　埋于土中的拱形上胚轴的转头运动:从上午9时20分到下午8时15分,在一平放玻璃板上描绘。(玻璃丝末端小珠的运动放大27倍)

酸橙(*Gitrus aurantium*)(柑橘科)——它的子叶是地下生的。上胚轴的转头运动可从附图(图 17)看出,这是在 44 小时 40 分钟内的观察结果,在观察结束时,上胚轴在地上的高度是 0.59 英寸(15 毫米)。

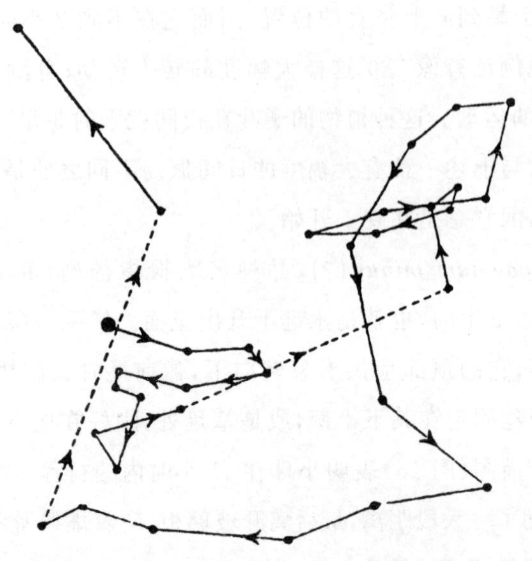

图 17 酸橙 上胚轴的转头运动：在它的顶端附近横向固定一玻璃丝,从 2 月 20 日下午 12 时 13 分到 22 日上午 8 时 55 分在一横放玻璃板上描绘。

(玻璃丝末端小珠的运动开始时放大 21 倍,或是本图的 10.5 倍,以后放大 36 倍,或是本图的 18 倍,实生苗从上面照明)

欧洲七叶树(*Aesculus hippocastanum*)(七叶树科)——将其萌发种子放在一锡箱内,箱内用潮湿的黏土质砂子作成斜坡,保持湿润,在砂土面上放置 4 块熏过烟的玻璃板,它们的水平倾角为 65°和 70°。使胚根尖端恰好接触玻璃板的上端,当胚根向下生长时,由于向地性便轻压在熏烟的玻璃表面上,留下了它们行动的痕迹。每道痕迹的中间部分,玻璃板被扫得很干净,可是其边缘部分便很模糊而不规则。玻璃板涂过清漆后,用描图纸覆盖,描绘下其中两道痕迹(所有 4 道痕迹都几乎相同),考虑到其边缘的特点,尽可能准确地描图(图 18)。这两个描图足可表明有一些近于盘旋形的侧向运动,并且胚根尖端在朝下移动时,对玻璃板的压力并不相等,因为痕迹的宽窄不同。红花菜豆和蚕豆的胚根所作

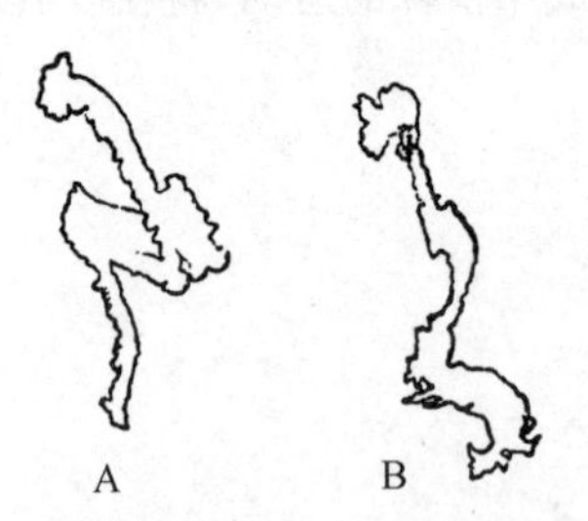

图 18 欧洲七叶树 胚根尖端在倾斜的玻璃板上留下的痕迹轮廓：图 A 中玻璃板的水平倾斜度为 70°,胚根长 1.9 英寸,基部直径为 0.23 英寸;图 B 中玻璃板水平倾斜 65°,胚根稍大些。

的更完善的盘旋痕迹(下面就要叙述),使得可以几乎肯定这种植物的胚根作了转头运动。

红花菜豆(***Phaseolus multiflorus***)(豆科)——按在欧洲七叶树的实验中的同样方式放四块熏烟玻璃板,4 株菜豆的胚根尖端在向下生长时留下的痕迹作为透明物体拍照下来。这里准确地复制出其中 3 个(图 19)。它们的盘旋路线表示尖端有规则地从一侧到另一侧运动,它们对玻璃板的压力也交替地有时大有时小,有时向上举起,便有一段极短距离完全离开玻璃板,不过这种情况在原来的玻璃板上要比复制图中更清楚地看出来。因此,这些胚根总是连续不断地向各个方向运动着——就是说,它们在回旋转头。胚根 A 在侧向运动中极右和极左两位置之间的距离是 2 毫米,是用一目镜测微计测量的。

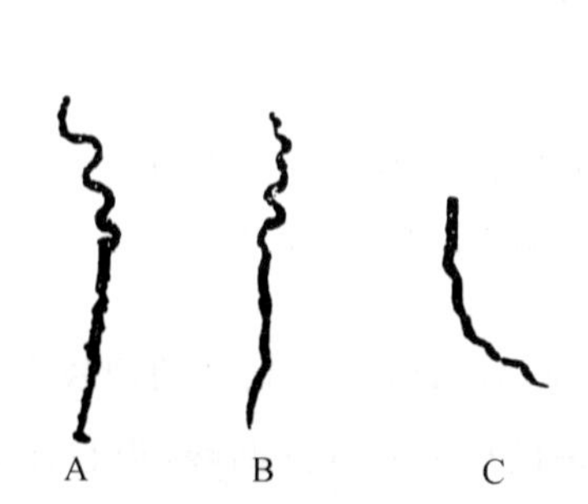

图 19 红花菜豆 胚根尖端向下生长时在倾斜的熏烟玻璃板上留下的痕迹:图 A 和 C 中玻璃板水平倾斜 60°,图 B 倾斜 68°。

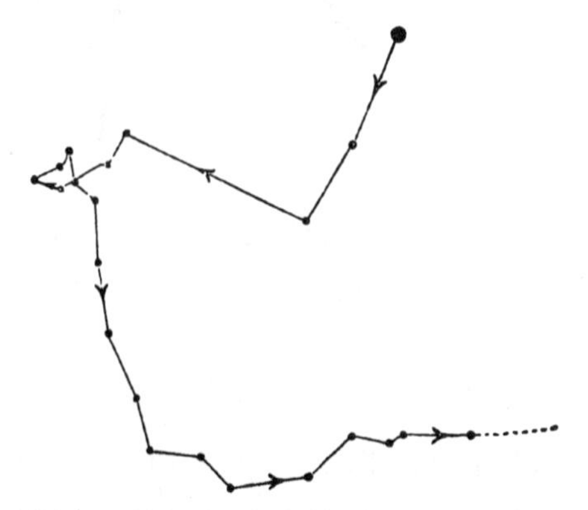

图 20 蚕豆 胚根的转头运动:起初向上直举,放置黑暗中,在 14 小时内,描绘于平放玻璃板上。(玻璃丝末端小珠的运动放大 23 倍,这里缩小至原标度的一半)

蚕豆(***Vicia faba***)(豆科)——胚根——把几粒蚕豆放在净沙中发芽,有一粒蚕豆的胚根伸出达 0.2 英寸以后,就把它倒转过来,使胚根留在潮湿空气里,向上直翻立。把一根长近一寸的玻璃丝,斜着固定在胚根尖端附近;末端小珠的运动从上午 8 时 30 分描绘到晚上 10 时 30 分,如图 20 所示。胚根最初突然改变路线两次,随后作了一个小环,和一段较大的曲折曲线。在夜间并一直到翌晨 11 时,小珠朝着图中虚线所示的方向移动了一大段近于直线的路程。这是由于胚根尖端很快向下弯曲的结果,它现在变得倾斜很厉害,于是便取得一个为向地性起作用极为有利的位置。

此后,我们又用约 20 个胚根作试验,让它们在倾斜的熏烟玻璃板上向下生长,其方法和七叶树及菜豆的试验完全相同。有几块玻璃板的倾角只略低于水平面几度,但是大多数是在 60°~75°之间。在后面的情况下,胚根在向下生长时的方向和它们在锯屑中萌发时行进的方向偏离不多,它们只轻微地压在玻璃板上(图 21)。图中复制了 5 条最清楚的痕迹,它们都有轻微的曲折,表明在作着转头运动。此外,仔细检查几乎每一条痕迹时,便可清楚看出胚根尖端在它们的向下行程中,对玻璃板上的压力交替地变大变小,有时向上举起以致几乎离开玻璃板一小段时间。胚根 A 的极右和极左两位置之间的距离为 0.7 毫米,是用菜豆试验中的方法确定的。

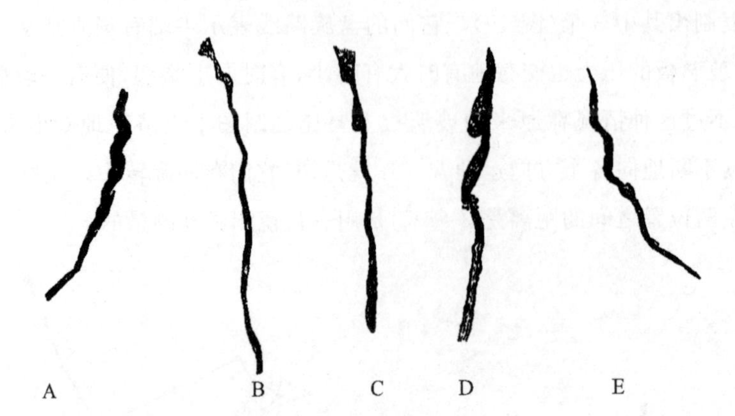

图 21　蚕豆　胚根尖端向下生长时,在倾斜的熏烟玻璃板上留下的痕迹:板 C 倾斜 63°,板 A 和 D 倾斜 71°,板 B 倾斜 75°,板 E 是水平线下几度。

上胚轴——在一粒侧放的蚕豆上,已伸出胚根的部位,有一个扁平的硬块突出 0.1 英寸,与蚕豆位于同一个水平面上。这个突起物就是拱形上胚轴的凸峰,当它开始发育时,拱形体的两足由于背地性从侧面向上弯曲,速度很快,在 14 小时后拱形体有很大的倾角,48 小时内便已直立。在拱形体尚未出现之前,将一根玻璃丝固定在此突起物的顶端,但是它的下半部生长很快,以至在次日清晨,玻璃丝的末端已经向下弯得很厉害。因此把它取下,并固定得更低一些。这两天内描出的路线都是朝着同一个基本方向,有一部分近于直线,另一部分则是明显的曲折线,因而提供了转头运动的一些证据。

因为拱形上胚轴,不论是处于何种位置,总是由于背地性很快向上弯曲,又因为它的两足在很幼小时便有彼此分开的趋势,一旦把它们周围土壤的压力解除时,便很难判断仍呈拱形的上胚轴是否有转头运动。因此把几粒埋得很深的蚕豆挖开,将拱形体的两足扎在一起,像前面对小旱金莲的上胚轴和对甘蓝的下胚轴的办法一样。对两例捆扎的拱形体的运动,按通常方法描绘了 3 天。但是在这种不自然的条件下所做的描图不值得付印,只需要提一下,路线肯定是曲折的,并且有时形成小环。我们因此可以下结论说,还呈拱形的上胚轴,在它生长的高度还不足以破土之前,就进行转头运动。

为了要观察上胚轴在龄期稍大时的运动,把一根玻璃丝固定在不再成拱形的上胚轴的基部附近,它的上半部和下半部现在形成直角。这粒蚕豆曾在纯净的湿沙中萌发,它的上胚轴开始伸直的时间,要比正常播种的早得多。它在 50 小时内经过的路线(图 22);我们看到上胚轴在整个时间都在回旋转头。它的基部在 50 小时内长得很快,以致在观察结束时玻璃丝的位置不再与蚕豆贴紧，而是比蚕豆上表面高出 0.4 英寸。如果这粒蚕豆是在正常情况下播种，上胚轴的这一部分还仍旧留在土内。

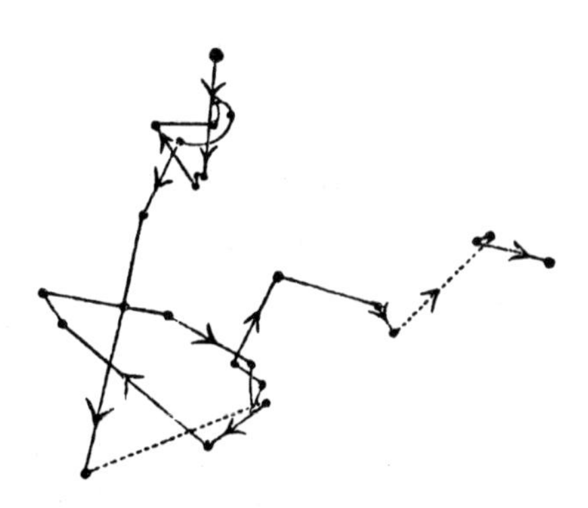

图 22 蚕豆 幼龄上胚轴的转头运动：在 50 小时内于黑暗中在一平放玻璃板上描绘。（玻璃丝末端小珠的运动放大 20 倍，这里缩小到原标度的一半）

28 号晚上，在上述观察结束后几小时，上胚轴生长得更挺直，因为它的上部和下部当时形成很宽大的夹角。把一根玻璃丝固定在直立的基部上，比以前的部位高些，在最低的鳞片状突起（即叶子的同源器官）紧下面，并把它在 38 小时内的运动描绘下来（图 23），我们这里又得到连续转头的明显证据。假如这粒蚕豆是在正常情况下播种，与玻璃丝连接的那部分上胚轴（它的运动在这里表示），可能会刚刚伸出土面。

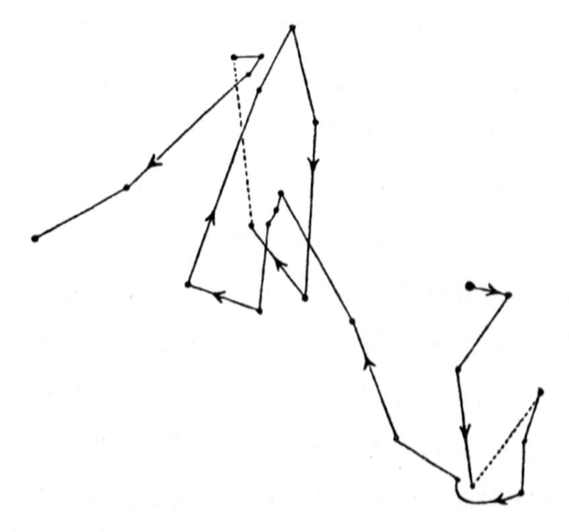

图 23 蚕豆 前图所用上胚轴的转头运动：苗龄稍大，从 12 月 28 日上午 8 时 40 分到 30 日上午 10 时 50 分在同样条件下描绘。（小珠的运动放大 20 倍）

禾叶山黧豆(*Lathyrus nissolia*)(豆科)——选用这种植物来观察,是由于它是一种不正常的类型,具有类似禾本科植物的叶子。它的子叶是地下生的,上胚轴破土时呈拱状。一株植物茎高1.2英寸,有3个节间,最低的节间几乎完全在地下,最高的节间带有一片短小狭窄的叶子,它在24小时内的运动在图24中表明。没有用玻璃丝,但是在叶子顶端的下面放了一个标记。这个茎所描画的两个椭圆里较长的一个的真正长度约为0.14英寸。在前一天的主要运动路线几乎和这个图中所示的路线成直角,而且更简单些。

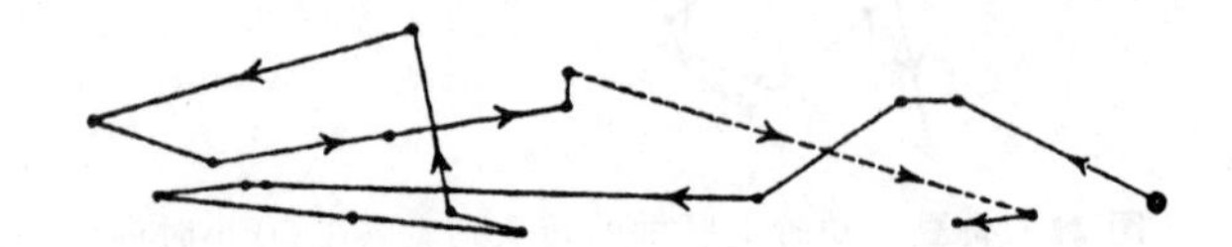

图24 禾叶山黧豆 幼苗茎的转头运动:从11月22日上午6时45分到23日上午7时,在黑暗中描绘在一平放玻璃板上。(叶端的运动放大12倍,这里缩小到原标度的一半)

决明(*Cassia tora*)[①](豆科)——将一株实生苗放在东北窗前;它略微向窗弯曲,因自由生长的下胚轴的龄期较大,故此向光性不强。把一根玻璃丝固定在一个子叶的中脉上,将整个实生苗在两天内的运动描绘下来。下胚轴的转头与子叶的相比,很不明显。两子叶在夜间直立举起,并紧密接触;于是可以说它们在就眠。这株实生苗的苗龄已大到长出一片很小的真叶,它在夜间完全被闭合的子叶掩盖。在9月24日,从上午8时到下午5时,子叶上举5次,下垂5次,它们因而在9小时内描画出5个不规则的椭圆形。夜间大幅度的上举约于下午4时30分开始。

次日清晨(9月25日),又用同样方法描绘同一片子叶在24小时内的运动行程,其描图见图25。这天早晨天气寒冷,又偶然地打开窗子一段时间,一定使这株植物受冻了,这便可能妨碍它不能像前一天那样很自由地运动,因为它在白天只上举4次,下垂4次,其中一次振荡的幅度很小。在上午7时10分,标记下第一个点时,子叶还没有完全张开,或者说还没有完全觉醒;它们继续张开直到上午9时左右,这时它们下垂到略低于水平面;到9时30分,它们已经又回升,此后就作着上下振荡;但是,上升路线和下降路线从不完全吻合。约在下午4时30分,夜间大幅度上举开始。次日(9月26日)上午7时,它们所处的位置几乎和前一天的高度一样,如图中所示;此后它们又按通常方式展开或下垂。这个图使人相信,每天周期性地大升大降,基本上和中午前后的振荡没有多大区别,

① 这种植物生长在海边附近,它的种子是弗里茨·米勒(Fritz Müller)从巴西南部寄给我们的。它的实生苗在我们这里生长不茂盛,开花也不好;将它们送到邱园,认为它们和决明没有区别。

只是在振幅上有大小不同。

圣詹姆斯氏百脉根(***Lotus Jacobacus***)(豆科)——这种植物的子叶在萌发了几天以后,在夜间可上举到几乎直立,虽然很少完全竖直。它们在长时间内继续作这样的运动,甚至在发育出几片真叶之后还是如此。3英寸高的实生苗,已带有5片或6片真叶,子叶在夜间上举约45°。它们再继续约两个星期作这样的运动。此后子叶虽然仍保持绿色,在夜间则保持水平位置,最后脱落。它们夜间上举到几乎直立,像是与温度的关系很大;因为当把实生苗放在寒冷的屋内,虽然它们仍继续生长,子叶在夜间并不变成直立状。值得注意的是,在萌发后的前四五天内,子叶一般在夜间上举得很不明显;但是,对放在同样条件下的实生苗来说,这段时间的长短变异很大,便观察了很多实生苗。把带有小纸三角的玻璃丝固定在两个只有24小时苗龄的实生苗的子叶上(宽度为1.5毫米),下胚轴紧扎在一根小棍上,将放大很多倍的运动描绘下来。在整个期间内,这些子叶确实在作着小规模的转头运动,但是它们没有表现出任何分明的夜间运动和白昼运动。下胚轴可自由活动时,便作大幅度的转头运动。

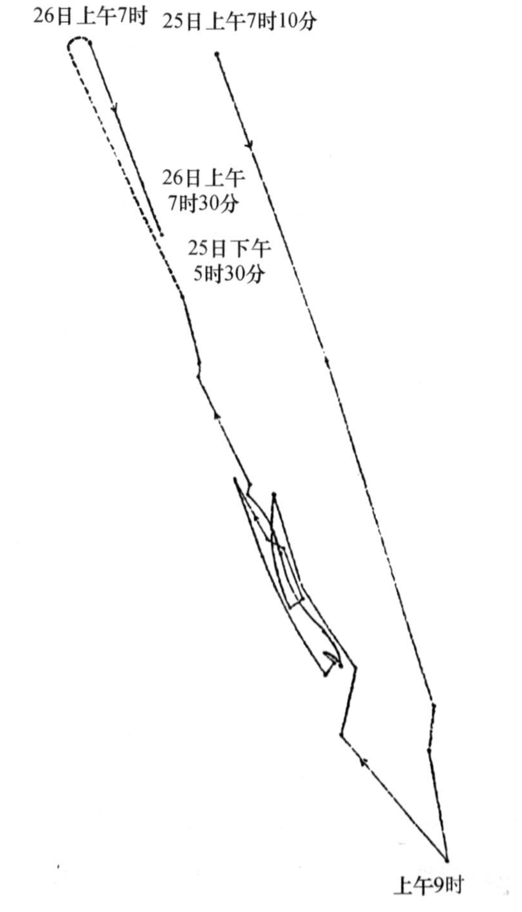

图25　决明　子叶和下胚轴的联合转头运动:从9月25日上午7时10分到26日上午7时30分在一直立玻璃板上描绘。(本图是原标度的一半)

另一株苗龄大得多的实生苗,带有一片半发育的真叶,它在6月头三个日夜的运动用同样方法描绘下来;但是在这个苗龄的实生苗像是对缺光非常敏感;它们是在相当阴暗的天窗下、16～17.5℃温度下观察的。显然是由于这些条件,子叶每天的大幅度运动在第三天就停止了。在前两天内,它们在午后不久就开始作着近于直线的上举运动,直到下午6～7时,这时它们达到竖直的位置。在下半夜,或者更可能是清晨,它们开始下垂或张开,到上午6时45分,它们已经完全展开并呈水平位置。它们还继续下降一段时间，在第二天的上午9时至下午2时之间，画出一单个小的椭圆形，除去还有大幅度的昼夜运动。在整个24小时内所经过的路线远没有上述举明的情况复杂。第三天早晨，它们下垂得很厉害，然后绕着同一点作着小幅度的转头；到傍晚8时20分，它们没有表现出夜间上举的趋势。同一盆里许多其他实生苗的子叶也都不再上举。在6月5日的晚上也是如此。随后便把这盆苗移回到温室内，这里受到太阳的照射，到次日夜间所有的子叶又都高举到很大的倾角，但是没有达到十分竖直。在前面这几天，每天表示夜间的大幅度上举并不与白天的大幅度下垂相吻合，于是描画了一些狭窄的椭圆形，和转头器官所常有的规律一样。子叶有一个叶枕，它的发育将在以后叙述。

含羞草(*Mimosa pudica*)(豆科)——这个种的子叶在夜间上举到直立的位置，因而闭合在一起，有两株实生苗在温室(温度为16～17℃或63～65℉)内观察。它们的下胚轴紧系到小木棍上，把带有小纸三角的玻璃丝固定到这两株的子叶上。11月13日将它们在24小时内的运动在一直立玻璃板上描绘下来。这盆幼苗已经在同一位置上放了一段时间，它们主要是受到玻璃屋顶方面来的光照。一个实生苗的子叶在早晨向下运动，直到上午11时30分为止，此后上举，到傍晚运动很快，直到竖直站立，因此在这种情况下只有一单个大幅度的每日升降运动。另一株实生苗的行为稍有不同，它在清晨下垂直到上午11时30分，随后上举，但在下午12时10分以后又下垂；傍晚大幅度的上举直到下午1时22分才开始；次日清晨8时15分，这个子叶已从直立的位置下垂得很厉害。另外两株实生苗(一株为7天，另一株为8天)曾经先在不利环境下观察过，因为曾把它们移入室内并放在一东北窗前，这里的温度只有56～57℉。此外，还特地遮去侧面的光线，可能使它们没有得到充分光照。在这样的情况下，从上午7时到下午2时，子叶只简单地向下运动，此后以及夜间大部分时间它们持续上举；在次日清晨7～8时之间，它们又下垂；但是在这个第二天和下一天，运动变得不规律；在下午3时和10时30分之间，它们围绕同一个点作小幅度的转头运动，但是夜间没有上举。不过它们在次日夜间又照常上举。

香金雀花(*Cytisus fragrans*)(豆科)——对这种植物只作了少数几次观察。它们的下胚轴转头的幅度相当大，但是采取简单的方式，就是，在两小时内向一个方向运动，然后非常缓慢地沿一曲折路线返回，几乎与第一条线平行，并且越过起点。它整夜向同一方向运动，但是次日清晨开始返回。子叶持续作着上下运动和侧向运动，但是它们在夜间上举得很不明显。

黄花羽扇豆(*Lupinuo luteus*)(豆科)——这种植物的子叶很厚(约为0.08英寸)，看上去好像不会运动似的，故此对它的实生苗进行观察。我们的观察不很成功，因为这些实生苗的向光性很强，虽然在前一天已经把它们放在东北窗附近，也不能准确观察它们在那个位置上的转头运动。随即把一株实生苗放在黑暗中，将其下胚轴紧系在一根小棍上，两个子叶起初都略微上举，随后在白天的其余时间内都下降；在傍晚 5 到 6 时之间，它们运动得很缓慢；到夜间，一个子叶继续下降，另一个反而略微上举。描图没有放大很多倍，因为它们的路线有明显曲折，所以子叶一定略微作着侧向运动，就是说，它们必然作了转头运动。

它们的下胚轴相当粗，约为 0.12 英寸，虽然如此，它沿复杂路线回旋转头，不过幅度较小。在黑暗中观察了一株苗龄较大的实生苗的运动，它有两片部分发育的真叶。因为运动放大到约 100 倍，图形便不可靠，没有付印。但是，没有疑问的是，下胚轴在白天向各方向运动，改变它的路线 19 次。下胚轴的上部在 14.5 小时内，从一边到另一边侧向运动的最大实际距离只有$\frac{1}{60}$英寸，它有时以每小时 0.02 英寸的速率运动着。

金瓜(***Cucurblita ovifera***)(葫芦科)：**胚根**——把一粒已在湿沙上萌发的种子固定，使它的略微弯曲的仅长 0.07 英寸的胚根几乎朝上直立，在这样的位置上，向地性的作用在最初还很小。把一根玻璃丝固定在它的基部附近，伸向水平线上约成 45°倾角，在 11 小时观察期间和其后的夜晚，它经过的大致路线见图 26 所示，这显然是由于向地性运动；但是也可以清楚看出胚根在转头。次日清晨，胚根尖端向下弯曲得很厉害，以致玻璃丝不再是倾斜向上和水平线成 45°倾角，而是近于水平了。又把另一粒萌发种子倒转，并用湿沙覆盖；将一根玻璃丝固定在胚根上使它向上伸出，与水平线成 50°倾角。这个胚根长 0.35 英寸，略微有些弯曲。这次所经过的路线，和上一次情况一样，主要受向地性的控制，但是这条在 12 小时内描绘的、并和上次放大倍数相同的路线，曲折得更显著，又一次表明有转头运动。

图 26　金瓜　胚根由于向地性而向下弯曲所经过的路线：从上午 11 时 25 分到下午 10 时 25 分在一平放玻璃板上描绘。在夜间的方向用虚线表示。(小珠的运动放大 14 倍)

让 4 个胚根在水平倾角为 70°的熏烟玻璃板上向下生长，条件和七叶树、菜豆和蚕豆试验中的一样。这里付印出其中两个痕迹的复制图(图 27)；第三个痕迹较短，几乎和 A 痕迹一样有明显的盘旋形。也很明显的是，玻璃板上被扫下的黑烟时多时少，因而胚根尖端对它的压力也是交替地变大变小。因此，运动必然在至少两个平面上进行，它们相交成直角。这些胚根很细弱，它们难得把玻璃板上的烟层清扫得十分干净。有一个胚根已经发育出一些侧生或次生的小根，向水平面下几度伸出。有一个重要的事实是，其中三条小根都在熏烟玻璃板上留下了清楚的盘旋形踪迹，这毫无疑问地证明，它们像主根或初生胚根一样，作了转头运动。可是，这些次生根的痕迹很轻，将熏烟表面涂过清漆后，无法把它们描绘和复制。

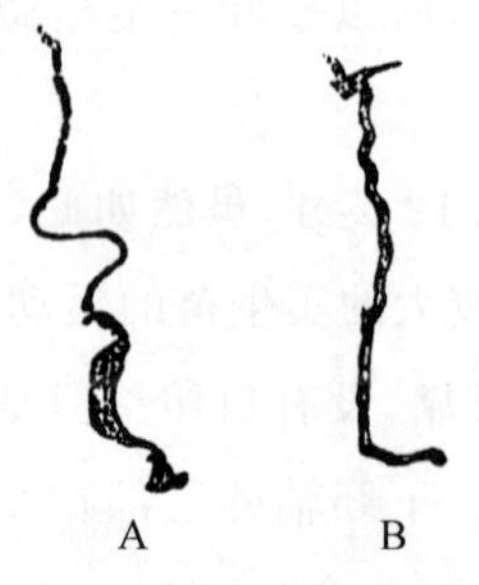

图 27　金瓜　胚根尖端在水平倾角为 70°的熏烟玻璃板上向下生长时留下的踪迹。

下胚轴——在湿沙上的一粒种子由两根交叉的铁丝以及它自己正生长的胚根牢固地固定。子叶还包藏在种皮内，在胚根顶端和子叶之间的短短的下胚轴，还只是稍微成拱形。将一长 0.85 英寸的玻璃丝以 35°的向上倾角固定在拱形体连接子叶的那一边。这一部分在下胚轴长成竖直以后，最终会形成下胚轴的上端。如果这粒种子是在正常情况下播种，在这个生长阶段的下胚轴还会是深埋在土层下。玻璃丝末端小珠所经过的路线，如图 28 所示。图中从左到右的主要运动路线，与两个连生子叶的平面和扁平种子的平面相平行，这种运动有助于把子叶从种皮拖出，种皮是被一种特殊结构向下拉住，下面将叙述。与上述路线成直角的运动是由于拱形下胚轴在增加高度时变拱得更厉害。上述观察是指靠近子叶的拱足，但是连接胚根的另一个拱足在一同等的幼龄时期也一样进行转头运动。图 29 表明同一个下胚轴在已经伸直，并竖立以后的运动，但是子叶只是部分展开。它在 12 小时内所经过的路线显然代表 4 个半椭圆或卵圆形，第一个椭圆的长轴与其他椭圆的长轴相交近于直角。所有椭圆的长轴，都和一条连接对生子叶的线斜交。高的下胚轴的顶端在 12 小时内从一侧到另一侧的实际最大距离为 0.28 英寸。原图是描绘在较大标度上，由于视线的斜度关系，描图的外围部分便被过于夸大了。

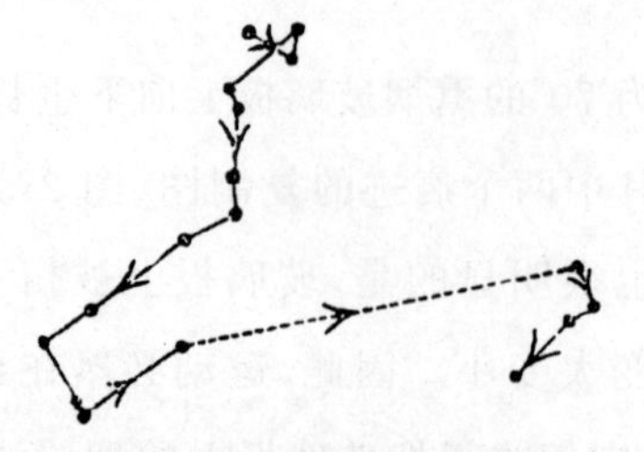

图 28　金瓜　极幼小的拱形下胚轴的转头运动：从上午 8 时到次日上午 10 时 20 分，在黑暗中描绘于一平放玻璃板上。

（小珠的运动放大 20 倍，这里缩小到原来标度的一半）

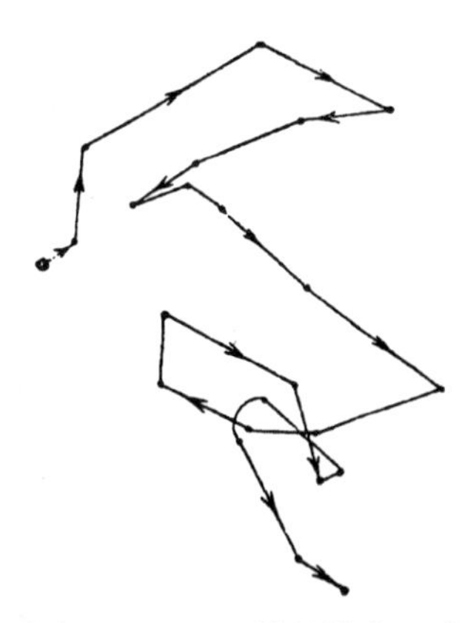

图 29　金瓜　伸直竖立的下胚轴的转头运动：玻璃丝横向固定于其上端，黑暗中描绘于一平放玻璃板上。（末端小珠的运动比原来放大约 18 倍，这里仅为 4.5 倍）

子叶——有两次在直立玻璃板上描绘子叶的运动，因上升和下降路线没有完全吻合，便形成了很窄的椭圆形，它们因而是在转头。它们幼小时在夜间直立举起，但是尖端总是下弯着；次日清晨，它们又下垂。存放在完全黑暗中的一株实生苗，它的子叶做着同样的运动，从上午 8 时 45 分到下午 4 时 30 分下垂，随后开始上举；直到晚 10 时最后一次观察时，它们还闭合在一起。次日清晨 7 时，它们已经展开得很大，同前一天白天任何时间一样。另一株暴露在光下的实生苗，其子叶有一天第一次完全展开；但是在次日晨 7 时，却完全闭合。它们不久后又开始展开，并且继续展开直到下午 5 时，随后它们开始上举，到晚上 10 时 30 分向上直立，并且几乎闭合。第三天清晨 7 时，它们还是近于竖立的，在白天又再展开。第四天清晨，它们没有闭合，然而在白天展开少许，在当晚略微上举。这时已经有一片极小的真叶发育出来。另一株苗龄较大的实生苗，已有一片发育良好的真叶；将一根硬质的细玻璃丝，固定在它的一个子叶（长 85 毫米）上，将其运动记录在有熏烟纸的转鼓上。观察是在植物曾生活的温室内进行，因而温度和光照都没有变动。记录从 2 月 18 日上午 11 时开始；从这时到下午 3 时，子叶下垂；它随即很快上举，直到晚 9 时，后来上举速度很缓慢，直到 2 月 19 日清晨 3 时，以后它逐渐下垂，直到下午 4 时 30 分；但是在下午 1 时 30 分左右，有一次微小的上举，或是说一次小振荡，打断了它的下垂运动。下午 4 时 30 分（2 月 19 日）以后，子叶上举到半夜 1 时（2 月 20 日凌晨），随即很缓慢地下垂直到上午 9 时 30 分，观察也就到此结束。18 日的运动量要比 19 日或 20 日早晨大些。

圆南瓜（*Cucurbita aurantia*）——看到有一个拱形下胚轴浅埋在土表下，为了防止它在解除周围土壤压力时很快伸直，便将它的两足捆在一起。此后又用松湿土轻轻地将这粒种子覆盖。将末端有小珠的玻璃丝固定在基足上，用前述方法观察它的运动两天。第一天，拱形体以曲折路线向基足一侧运动。次日，那时悬垂的子叶已经被拉出土面，被捆的拱形体的运动路线在14.5小时内发生了9次很大的改变。它扫过了一个极不规则的大圆形，到夜间又回到几乎是清晨出发时的原点。路线非常曲折，显然代表5个椭圆，其长轴指向不同方向。至于子叶的周期性运动，有几个幼龄实生苗的子叶在下午4时彼此相交成约60°角，到晚上10时，它们的下部直立并且闭合，然而，它们的尖端却和同属的植物一样，总是下弯着。这些子叶在次日清晨7时又已充分展开。

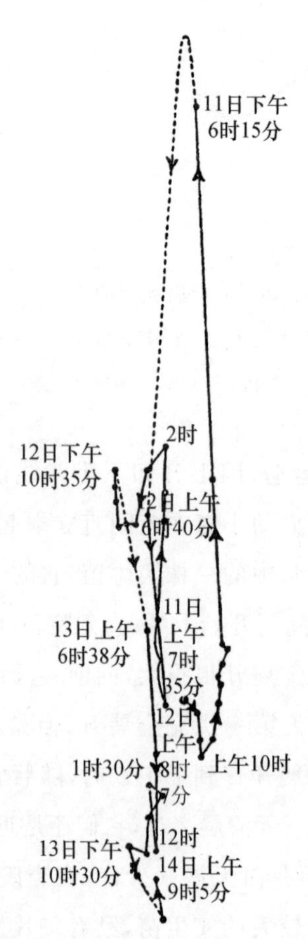

图30　葫芦　一个长1.5英寸子叶的转头运动：子叶尖端距直立玻璃板仅4.75英寸，从7月11日早7时35分到14日上午9时50分在这块玻璃板上描绘它的运动。（现图是原标度的三分之一）

葫芦(***Lagenaria vulgaris***，品种是矮瓶状葫芦)(葫芦科)——一株实生苗在6月27日，略微展开它的子叶，在夜晚将之闭合；本实验只单独观察了子叶的运动。第二天(28日)中午，两个子叶成53°角，到晚上10时，已密切接触，因而每个子叶各上举了26.5°。在29日中午，它们形成118°角，到晚上10时，形成54°角，因而每个子叶各上举了32°。次日，它们张开得更大，夜间上举也更大些，但是没有测量角度。另外观察了两株实生苗，它们在3天内的运动极其相似。因此，子叶逐日展开得越来越大，每晚大约上举30°；在它们一生的最初两夜，它们竖直站立并且互相闭合。

为了更准确地了解这种运动的性质，把一株实生苗的下胚轴紧系在一根小木棍上，它的子叶已很好展开，并将带有小纸三角的玻璃丝固定在一个子叶上。这些观察是在相当阴暗的天窗下进行的，整个试验时间的温度是在17.5～18℃(63～65℉)之间。要是温度更高些、光更亮些，运动的幅度可能会更大。7月11日子叶从上午7时35分(见图30)到上午10时下垂，以后上举(下午4时以后很快)，直到它于晚上8时40分已站得很竖直。次日(12日)清晨它下垂，并且继续下垂直到上午8时，这以后，它上举，随后下垂，又上举，以致到晚上10时35分，它站立得比早晨要高得多，但是没有像前一天夜晚那样竖直。在次日(13 日)早晨和整个白天，它下垂并转头，但在傍晚观察时还没有上举。这可能是由于缺乏热或光，或是二者皆缺。我们于是看到，子叶逐日变得在中午展开得越来越大；它们每夜都上举得相当高，不过除了最被两夜以外，都没有达到竖直的位置。

囊甜瓜(*Cucumis dudaim*)(葫芦科)——两株实生苗在白天初次展开它们的子叶，一株展开到 90°角，另一株展开得更大。直到晚上 10 时 40 分，它们总是保持近于相同的位置；但是，到次日早晨 7 时，曾经展开到 90°的那株实生苗的子叶已经竖立并完全闭合，另一株实生苗的子叶也近于闭合；清晨稍迟些，它们又照常展开。由此看来，这种植物的子叶闭合和展开的周期，略微不同于上述同科的南瓜属和葫芦属的一些种。

褐毛掌(*Opuntia basilaris*)(仙人掌科)——从这种植物的成熟植株的外观和特性看来，它的下胚轴和子叶似乎很不可能作相当幅度的转头运动，因此，便仔细观察了一株实生苗。子叶已发育良好，长 0.9 英寸，宽 0.22 英寸，厚为 0.15 英寸。近于圆柱形的下胚轴，已经在顶端生出一个微小带棘的芽，只有 0.45 英寸高，0.19 英寸直径。描图(图 31)表示，5 月 28 日下午 4 时 45 分到 31 日上午 11 时下胚轴和一个子叶的联合运动。在 29 日，完成了一个近于完整的椭圆形。在 30 日，下胚轴不知为了什么原因以曲折路线朝着大致相同的方向运动起来，但是在下午 4 时 30 分到夜晚 10 时之间，几乎又完成了第二个小椭圆形。子叶只是略微作向上和向下运动，因而在晚上 10 时 15 分，它们只比中午时高出 10°。因此，至少是当子叶像这例中这样老的情况下，主要运动部位是下胚轴。在 29 日描绘的椭圆中，其长轴与连接两子叶的线几乎成直角。玻璃丝末端小珠的实际运动量，尽可能确定为 0.14 英寸左右。

图 31　褐毛掌　子叶和下胚轴的联合转头运动：玻璃丝纵向固定在子叶上，在 66 小时内的运动在一平放玻璃板上描绘。(末端小珠的运动放大 30 倍，这里缩小到三分之一；实生苗放在温室内，从上面微弱照光)

向日葵(*Helianthus annuus*)(菊科)——它的下胚轴的上部在白天沿着(图 32)所示路线运动。由于路线是朝向各种方向,有几次自相交叉,这种运动可以看作是一种转头运动,所经过的最大实际距离至少是 0.1 英寸。观察两株实生苗的子叶的运动:一株朝向东北窗,另一株从上面受到微弱光照,几乎像处在暗中一样。它们继续下垂,直到中午才开始上举;但是在下午 5 时到 7 或 8 时之间,它们或者略微下垂,或者进行侧向运动,然后再开始上举。次日早晨 7 时,东北窗前的植株的子叶只略微展开,因而与水平面所作的倾角仍有 73°。没有再观察下去。放在几乎完全黑暗中的实生苗,它的子叶整个白天都在下垂,中午也没有上举,但在夜间向上举起来。在第三和第四天,它们继续下垂,不再作任何交替的上举运动——这无疑是由于缺乏光照的缘故。

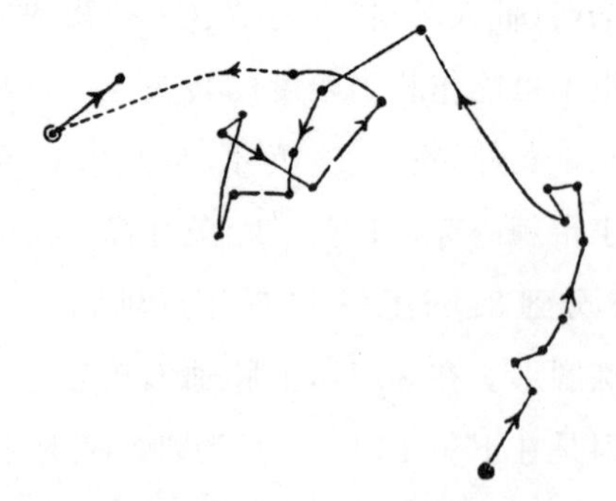

图 32　向日葵　下胚轴的转头运动:玻璃丝固定在顶端上,从上午 8 时 45 分到下午 10 时 45 分,以及次日清晨一小时,在黑暗中描绘于一平放玻璃板上。(小珠的运动放大 21 倍,这里缩小到原标度的一半)

藏报春(*Primula Sinensis*)(报春科)——在光照近于均匀的一天,把一株实生苗放在东北窗前,使其两子叶与窗平行,并把一根玻璃丝固定在一片子叶上。从以后对另一株实生苗(它的茎紧系在小棍上)所作的观察可以知道,图 33 所示的运动大部分是下胚轴的运动,不过子叶在白天和夜晚也确实在作着一定程度的上举和下垂运动。次日描绘了同一株实生苗的运动,得到大致相同的结果。毫无疑问,下胚轴是有转头运动。

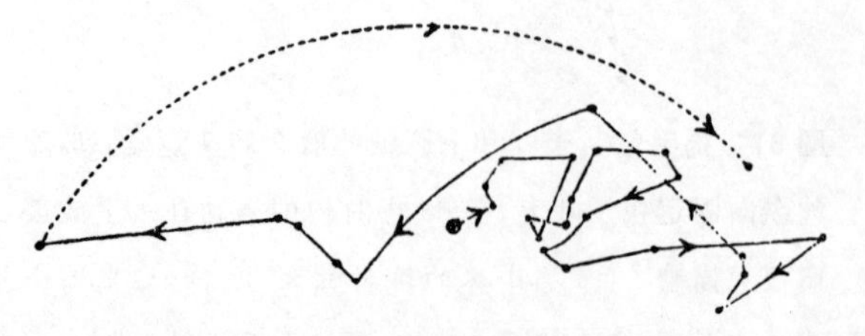

图 33　藏报春　下胚轴和子叶的联合转头运动:从上午 8 时 40 分到下午 10 时 45 分在直立玻璃板上描绘。(小珠的运动放大约 26 倍)

仙客来(***Cyclamen Persicum***)(报春科)——一般认为,这种植物只生出一片子叶,但是格雷斯纳(H. Gressner)博士已经证明,它的第二片子叶要经过一段长时间才发育出来。① 它的下胚轴变成球茎形,这甚至发生在第一片子叶破土之前,这时它的叶片还是紧卷着,叶柄呈拱形,像任何普通双子叶植物的拱形下胚轴或上胚轴一样。把一根玻璃丝固定在一个子叶上,它高 0.55 英寸,其叶柄已经伸直而近于竖直站立,但是叶片还没有充分展开。它在 24.5 小时内的运动,描绘在一平放玻璃板上,放大 50 倍,在这段时间内它描出了两个不规则的小圆圈,因而它在转头,不过幅度极小。

豹皮花(***Stapelia sarpedon***)(萝藦科)——这种植物成熟时很像仙人掌。扁平的下胚轴是肉质的,其上部扩大,并有两片残留的子叶,下胚轴破土时是呈拱形,它的两个残留子叶相互接触,或是说闭合。将一根玻璃丝极其垂直地固定在一株半英寸高的实生苗的下胚轴上,在一平放玻璃板上描绘它在 50 小时内的运动(图 34)。不知为什么它向一侧弯曲,由于这种弯曲有曲折路线,它可能是作了转头运动,但是,在我们曾观察过的任何其他实生苗中,很难看到表现这样不清楚的转头运动。

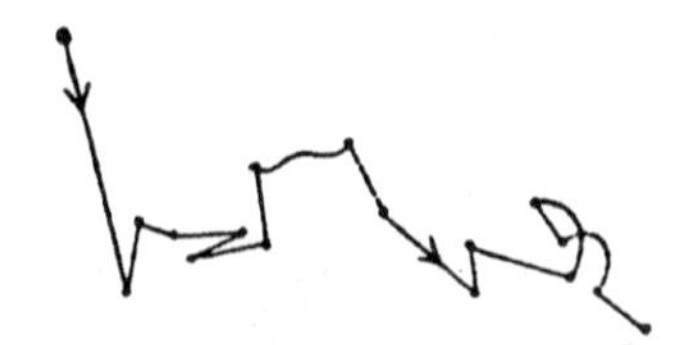

图 34 豹皮花 下胚轴的转头运动:从上面照光,从 6 月 26 日上午 6 时 45 分至 28 日上午 8 时 45 分,在平放玻璃板上描绘;温度为 23～24℃。(小珠的运动放大 21 倍)

牵牛(***Ipomaea caeaulea***,又名 ***Pharbitis nil***)(旋花科)——观察了这种植物的实生苗,因为它是一种缠绕植物,它的上部节间显著地转头。但是,和其他缠绕植物一样,升出土面的最初几个节间很挺硬,足以支持自身,因此其转头运动并不明显②。在这个特殊的例证中,第五个节间(包括下胚轴)是作明显转头的第一个节间并缠绕在一根 小棍上。我们因此想知道,如果按我们常用的方法仔细观察,是否能看到下胚轴有转头运动。把两株实生苗放在暗处,它们的下胚轴上部固定有玻璃丝。可是,由于不值得解释的情况,只把它们的运动作了短时间的描绘。一个下胚轴在 3 小时 15 分钟内向前运动三次,向后两次,方向近于相反;另一个在 2 小时 22 分钟内向前两次,向后两次。因而下胚轴以显著的高速率作了转头运动。这里可以补充一下,曾把一根玻璃丝,横着固定于一株高 3.5 英寸的小植株子叶上方第二个节间的顶端,并将它的运动在一平放玻璃板上描绘下

① 《植物学报》,1874 年,837 页。

② 《攀援植物的运动和习性》,1875 年,第 33 页。

来。它作了转头运动,从一边到一边所经过的实际距离是 0.25 英寸,这个数值很小,如果不借助标记的方法,便很难看出来。

子叶的运动,从其复杂性与快速程度,以及其他几个方面看来,是很有趣的。把一株壮健的实生苗的下胚轴(高 2 英寸)紧系在一根小棍上,将一根带小纸三角的玻璃丝固定于一个子叶。整个白天把这株植物放在温室内,到下午 4 时 20 分(6 月 20 日)移放到室内的天窗下,在傍晚和夜晚偶尔观察它。从下午 4 时 20 分直到晚 10 时 15 分,它以略微曲折的路线下垂到中等程度。在午夜后不久(12 时 30 分)观察时,它已经略微上举了一些,到 3 时 45 分,已上举得相当高。上午 6 时 10 分再观察时,它已大幅度下垂。这时候开始作一个新的描图(图 35),此后不久,在 6 时 42 分,子叶已上举一些。这天下午,大约

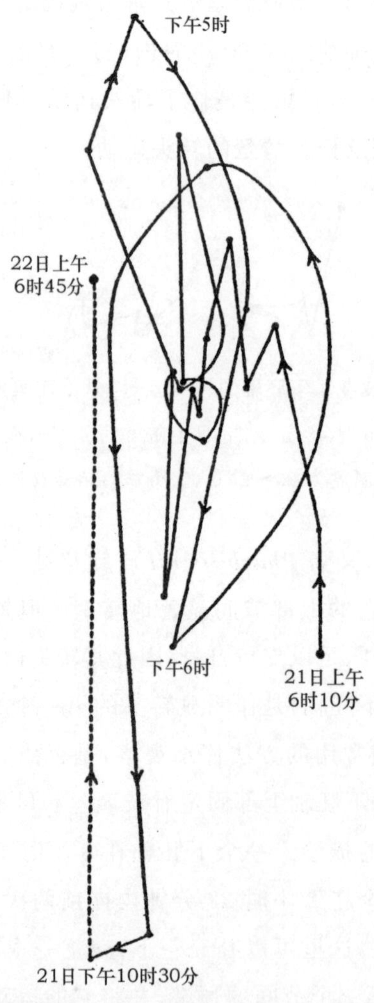

图 35　牵牛　子叶的转头运动:从 6 月 21 日上午 6 时 10 分到 22 日上午 6 时 45 分,在直立玻璃板上描绘。子叶的叶柄长 1.6 英寸,叶片顶端距直立玻璃板 4.1 英寸,因而运动放大的倍数不多;温度为 20℃

每小时观察一次，但是在12时30分到下午6时之间，则是每半小时观察一次。如果整天都以这样短的时间间隔去观察，那么这个图形就太复杂，难以复制。从图上可看出，这个子叶在上午6时10分到晚上10时30分的16小时20分钟内上下运动了13次。

这株实生苗的两片子叶在两天的傍晚和前半夜都下垂，但是在下半夜便向上举起。由于这是不寻常的运动，便另外观察了12个实生苗，它们在正午的位置几乎或完全是水平方向，至晚上10时都以各种角度下倾。最普通的倾角在30°和35°之间；但是有3株的子叶约为50°，有一株甚至是在水平面以下70°。所有这些子叶的叶片都差不多已经充分长大，沿它们的中脉测量时有1～1.5英寸长。值得注意的是，当子叶年幼时，也就是用上法测量的长度还不到半英寸，它们在傍晚并不下垂。因此，当它们近于充分发育时，本身的重量相当大，这可能在最初决定它的向下运动中起了作用。这些实生苗在白天所受到的光照强度对这种运动的周期性有很大影响：因有3株在阴暗处的实生苗，它的子叶在中午就下垂，而不是在很晚；而另一株实生苗放在同样阴暗条件下两整天，它的子叶几乎麻痹不动。甘薯属中其他几个种的子叶也同样在晚间下垂。

大蜂房花(*Cerinthe major*)(紫草科)——图36表示一株还未展开子叶的幼龄实生苗的下胚轴的转头运动，此图形显然代表4个或5个椭圆，在略多于12小时内描绘的。也同样观察了两株苗龄较大的实生苗，只是其中之一放在暗处，它们的下胚轴也都在转头，不过运动的方式较为简单。受光照的实生苗的子叶，从清晨起下垂，直到略过正午，此后继续上举直到晚10时30分或更晚。这株实在苗的子叶在以后两天内，以大致相同的方式运动着。以前曾把这株苗放在暗处试验，在这里仅仅放了1小时40分钟之后，子叶在下午4时30分便开始下垂，而不是继续上举，直到很晚才下垂。

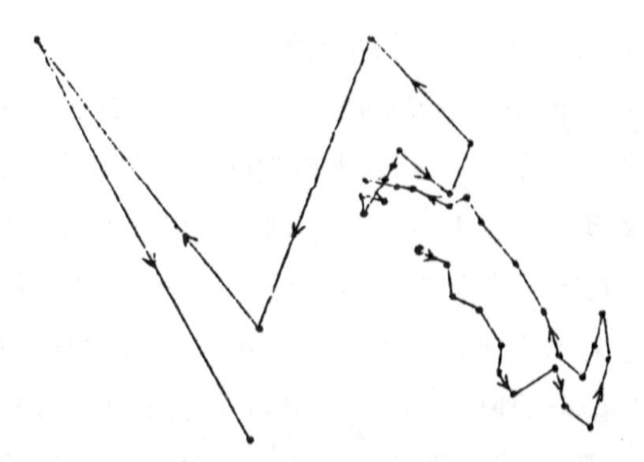

图36 大蜂房花 下胚轴的转头运动：玻璃丝横着固定于其顶端，从顶上照明，在10月25日从上午9时20分到下午9时53分描绘于一平放玻璃板上。(小珠的运动放大30倍，这里缩小到原标度的三分之一)

平卧小铃草(*Nolana prostrata*)(小铃草科)——没有追踪这种植物的运动，但是把一盆已放在黑暗处一小时的实生苗移到显微镜下，其目镜测微计已调节到每小格等于$\frac{1}{500}$英寸。其中一个子叶的顶端在13分钟内斜着跨过4个小格；它也在下垂，可从它离开焦点证明。再把这些实生苗放回到暗处一小时，这个子叶的顶点现在在6分钟18秒内跨过两个小格，与以前的速率很接近。又在暗处一小时后，它在4分钟15秒内跨过两小格，因而速率加快。在下午，在黑暗中较长一段时间以后，顶端停止不动，但是过了一些时候它又开始运动，不过很缓慢，可能因屋子太冷。从前述情况判断，这株实生苗无疑也在进行转头运动。

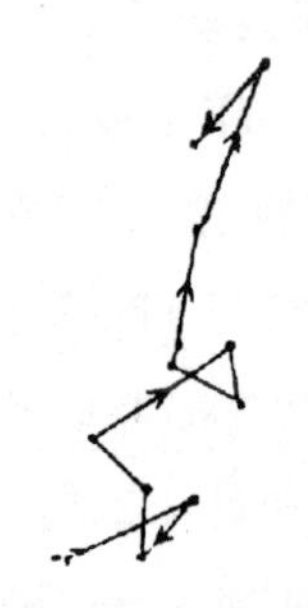

图37　番茄　下胚轴的转头运动：玻璃丝横着固定在其顶端，从10月24日上午10时到下午5时在一平放玻璃板上描绘。从上部斜向照明。（小珠的运动放大约35倍，这里缩小到原来标度的三分之一）

番茄（*Solanum lycopersieum*）（茄科）——我们观察了两株番茄实生苗的下胚轴在7小时内的运动，这两个下胚轴毫无疑问地作了转头运动。它们受到从上面来的光照，但是偶然有少量光从侧面射进来，在图37中可以看出，下胚轴朝着这一侧（图中上面）移动，在它的行程中作出几个小环与曲折线。把子叶的运动也分别描绘在直立和平放的玻璃板上；并且又在各个时间测量它的水平倾角。它们从上午8时30分（10月17日）到中午左右下垂；随后以曲折路线作侧向运动，约于下午4时开始上举；它们一直上举到晚上10时30分，这时它们竖直站立并就眠。没有确定它们在夜间或清晨几点钟开始下垂。由于在中午后不久的侧向运动，下降路线和上升路没有吻合，因而在每24小时描绘出一些不规则的椭圆形。我们在后面将谈到，如果把实生苗放在暗处，这些运动的有规则的周期性就要消失。

巴力那桑茄（*Solanum palinacanthum*）——观察了几株实生苗的拱形下胚轴，约有0.2英寸升出土面，但是子叶仍埋于地下，所描绘的图表明它们有转头运动。此外，从几个例证中可以看到，在黏质砂土里有开口的小圆形空隙或裂缝围绕着拱形下胚轴，这像是下胚轴在朝上生长时先向一边弯曲，然后向另一边弯曲的后果。在两个例证中观察到，直立的拱形体从子叶埋藏点向后运动了相当距离，这种运动也在其他例证中看到过，好像是可帮助把子叶从包埋的种皮拉出，这是由于下胚轴开始伸长而引起的。为了防止这种运动，当拱顶到达土面时，将它的双足捆在一起；事先把周围的土壤铲除一薄层。图38表示拱形体在这种不自然的状况下于47小时内的运动。在12月13日中午左右，温室中有几株实生苗的子叶呈水平位置，到晚上10时已上举到水平面上27°角；次日晨7时，天还没亮时，它们已上举到水平面以上59°角；当天下午它们又下垂到水平位置。

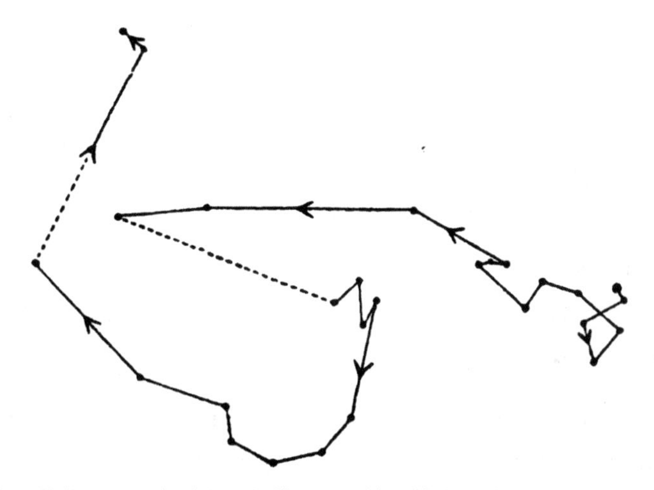

图 38　巴力那桑茄——一个刚出土的拱形下胚轴的转头运动：它的双足捆在一起，从 12 月 17 日上午 9 时 20 分到 19 日上午 8 时 30 分，在黑暗中描绘于一平放玻璃板上。（小珠的运动放大 13 倍，但是斜着固定在拱顶的玻璃丝却特别长）

甜菜（***Beta vulgaris***）（藜科）——这种植物的实生苗对光非常敏感，以致虽在第一天每次观察时只曝光两三分钟，它们都稳步地朝着光进入屋内的那一侧运动，而且所描的图，只有朝向光源的轻微曲折路线。第二天，把植物放在完全黑暗的房间里，并且每次观察时用一小蜡烛尽可能从上面竖直照明。图 39 表示下胚轴在这种情况下，于 9 小时内的运动。同时又对第二株实生苗作了同样的观察，而且由于下胚轴常常以近于平行的路线前后运动，这个描图也有同样的特点。第三个下胚轴的运动则有很大差异。

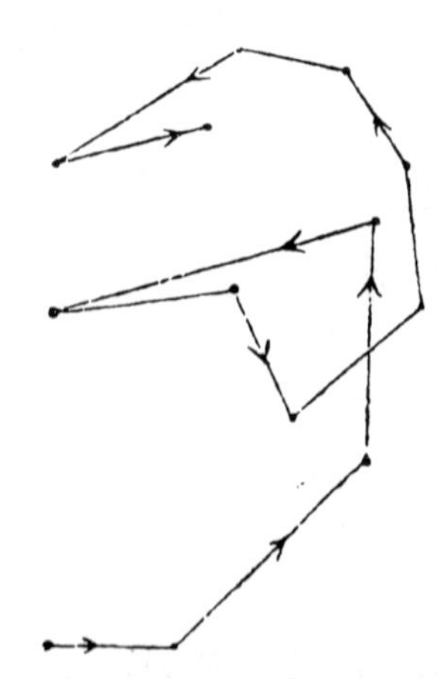

图 39　甜菜　下胚轴的转头运动：在黑暗中描绘于一平放玻璃板上。从 11 月 4 日上午 8 时 25 分到下午 5 时 30 分。（小珠的运动放大 23 倍，这里缩小到原来标度的三分之一）

我们力图追踪子叶的运动，为了这个原因，将几株实生苗放在黑暗处，但是它们的运动方式反常：它们从上午 8 时 45 分到下午 2 时持续上举，然后作侧向运动，从下午 3 时到 6 时下垂；而整天照光的子叶则在傍晚上举，在夜间竖直站立。但是这种说法，只适用于幼龄实生苗。譬如，温室中有 6 株实生苗，它们的子叶在 11 月 15 日清晨初次部分张开，到傍晚 8 时 45 分便完全闭合，因而可以恰当地说，它们已经就眠。另外有 4 株实生苗，周围用一圈褐色纸包围，使它们只接受从上面来的光线。在 11 月 27 日清晨，它们的子叶开展到 39°；到晚

10时，它们完全闭合；次日（11月28日）晨6时45分，天还黑暗时，其中两株的子叶是部分张开，经过一早晨，全部4株的子叶都张开；但是到晚上10时20分，全部4株（另外还有9株的子叶在早晨张开，有6株在另一次试验中也早晨张开）又完全闭合；29日清晨它们张开，但是到了晚上，4株中只有一株的子叶闭合，而且还只是部分闭合；另外3株的子叶上举得比白天高得多。30日晚上，4株的子叶只稍微上举。

博尔崩蓖麻（*Ricinus Borboniensis*）（大戟科）——种子是按上述学名购到，可能是普通蓖麻的一个变种。当拱形下胚轴刚升出土面，将一根玻璃丝固定在连接子叶的上部拱足上，这时子叶仍埋于土表以下，玻璃丝末端小珠在34小时内的运动描绘在一平放玻璃板上。所描的路线非常曲折，因为小珠有两次在两个不同的方向，几乎平行地回到以前的一个路线，毫无疑问的是，这个拱形下胚轴在回旋转头。在34小时终了时，它的上部开始上升并且伸直，这样便把子叶拉出土面，因而不再能将小珠的运动描绘在玻璃板上。

美洲栎（*Quercus*，美洲种）（壳斗科）——把在邱园植物园萌发的几个美洲栎槲果栽种在温室内的小花盆中。这次移栽抑制了它们的生长；但是过了一段时间以后，有一株已长到5英寸（量到顶端上部分展开的小叶的尖端），看上去很健壮。它有6个很细并且长度不等的节间。考虑到这些情况以及这种植物的特性，我们几乎没有指望它会转头；但是图40表示，它确实作了显著的转头运动，在48小时的观察时间内，多次改变了路线，并且向各方向移动。这个描图看来是代表5个或6个不规则的卵圆或椭圆。从一侧

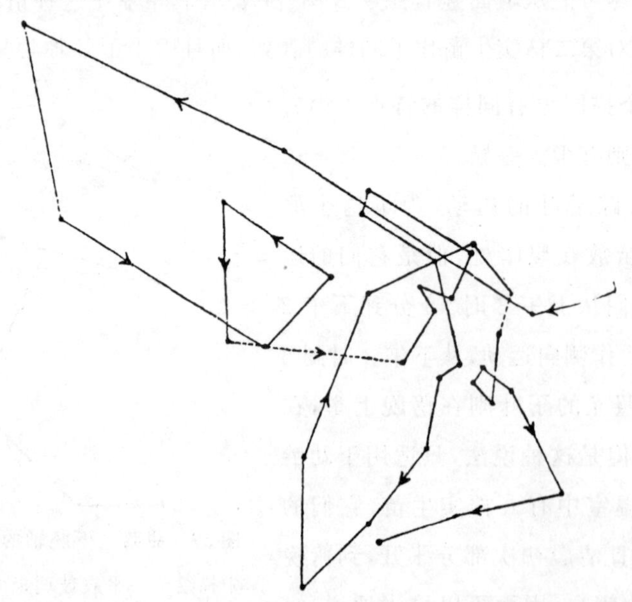

图40　美洲栎　幼茎的转头运动：从2月22日下午12时50分到24日下午12时50分描绘于一平放玻璃板上。（小珠的运动最初放大得很多，但到观察快结束时，只稍微放大，平均约10倍）

到另一侧(除开一次向左的大弯曲)的实际距离为0.2英寸,但是,这很难估计,因为茎生长迅速,所连接的玻璃丝离下面标记的距离,在观察结束时比开始时远得多。值得注意的是,这盆植株是放在一间东北屋内的一只深箱子里,箱顶最初没有遮盖,因而箱内朝窗的一面比对面照光稍多一些;因此,在第一天早上,它的茎朝这个方向(图中左方)所走的距离,要比以后箱子完全遮光时更远些。

英国栎(*Quercus robur*)——只在早晨观察了这个种的胚根运动,让胚根按前述方式在熏烟的玻璃板上向下生长,玻璃板的水平倾角为65°和68°。在四例中,所留下的踪迹几乎是直线,但是尖端对玻璃板的压力时而大,时而小,这个现象可以从痕迹的厚度不等和穿过痕迹的小条煤烟证明。在第五例中,经过的痕迹略作盘旋形,就是说,胚根尖端曾作过微小的侧向运动。第六例(图41,A)中,踪迹有明显的盘旋,在整个路线中胚根尖端对玻璃板的压力几乎相等。在第七例(B)中,胚根尖端既作了侧向运动,又对玻璃板交替地施加不等的压力,因而它曾在以直角相交的两个平面上作过微小运动。在第八例,即最后一个试例(C)中,它曾作过轻微的侧向运动,但是又曾交替地离开玻璃和再与玻璃接触。毫无疑问,在后面这四个试例中,栎的胚根在向下生长时做了转头运动。

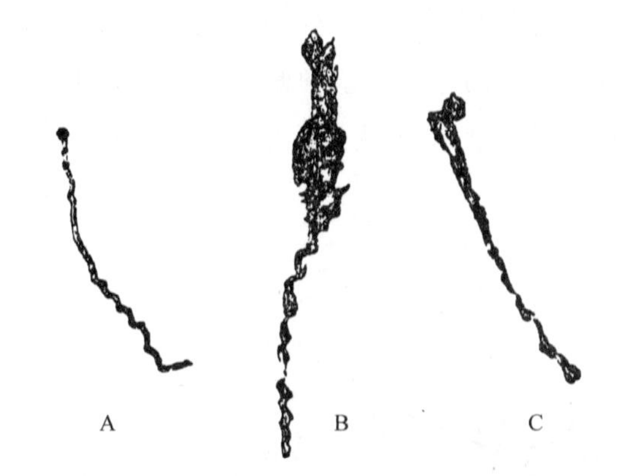

图41 英国栎 胚根在向下生长时由其尖端在倾斜的熏烟玻璃板上留下的踪迹:玻璃板A和C的水平倾角为65°,板B的倾角为68°。

欧洲榛(*Gorylus avellana*)(榛科)——它的上胚轴破土时呈拱形;但是最初检查的一个样品,顶端已腐烂,上胚轴在土壤中以像根一样近于水平的方向弯弯曲曲生长了一段距离。由于这种伤害,它便在靠近地下子叶的附近生出两个次生茎,值得注意的是这两个次生茎都是拱形的,像普通情况下的正常上胚轴。把一个拱形次生茎周围的土壤移开,将一根玻璃丝固定在其基足上。整个植株是放在一个有玻璃盖的金属箱内保持湿润,这样便只从上面照明。显然由于解除了土壤的侧面压力,这个茎的顶端和下弯部分立即就开始向上运动,以致在24小时后,它与下半部形成直角。固定有玻璃丝的下半部,本身也伸直,并且略微从上半部向后移动。因此,在平放玻璃板上画出一条长线:这条线一部分是直线,一部分肯定是曲折线，表明有转头运动。

次日观察了另外一个次生茎：它的年龄稍大一些，因为它的上半部不再竖直下垂，而是在水平面之上作 45°角。茎尖斜着伸出土面 0.4 英寸，到持续 47 小时的观察结束时，它已长到 0.85 英寸，主要在接近它的基部处。玻璃丝是横着固定在这个茎的几乎直立的下半段上，紧靠在最低的鳞状附属物下面。图 42 表示它的转头运动，从一侧到另一侧所经过的实际距离约为 0.4 英寸。

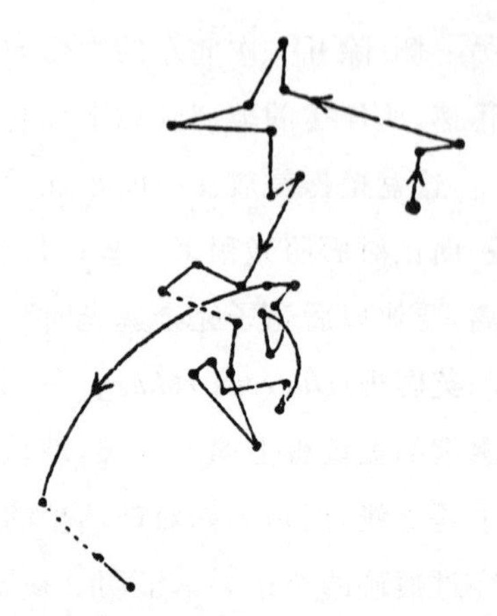

图 42　欧洲榛　从上胚轴(其顶端已受伤)生出的幼茎的转头运动：从 2 月 2 日上午 9 时到 4 日上午 8 时，在一平放玻璃板上描绘。(小珠的运动放大约 27 倍)

南欧海松(*Pinus pinaster*)(松柏科)——一个幼小的下胚轴最初只有 0.35 英寸高，子叶尖端还包藏在种皮内，但是它的上部生长迅速，以致在我们观察结束时，已达 0.6 英寸高，这时将玻璃丝固定到小茎的偏下部位。不知什么原因，下胚轴向左方移动得较远，可是，毫无疑问的是，它作了转头运动(图 43)。同样观察了另一个下胚轴，它也向同一侧作了极其曲折的运动。这种侧向运动不是由于玻璃丝的固定，也不是由于光的作用，因为在每次观察时，除了从上面垂直来的光线外，没有让光进入。

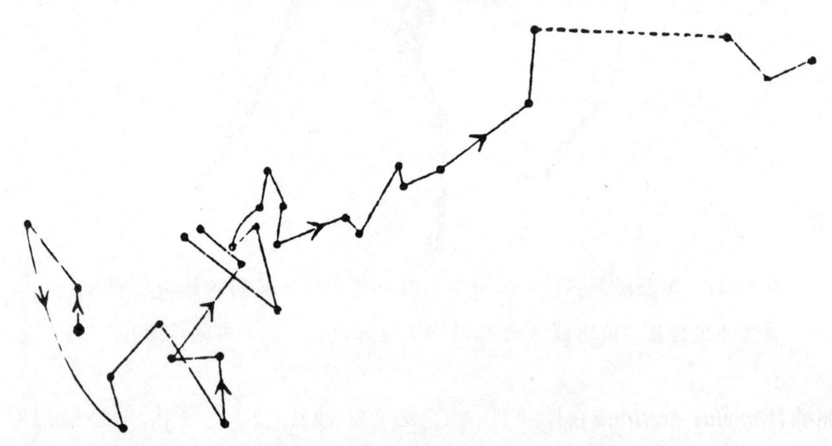

图 43　南欧海松　下胚轴的转头运动：玻璃丝固定在其顶端，从 3 月 21 日上午 10 时到 23 日上午 9 时，在一平放玻璃板上描绘；幼苗放置在黑暗处。(小珠的运动放大约 35 倍)

把一株实生苗的下胚轴紧系在一根小棍上；它有九个在外观上清楚的子叶，排成一个圆圈。观察了两个近于对生的子叶。一个子叶的尖端涂成白色，下面放一个标记，所描图形(图 44A)表示它约在 8 小时内作了一个不规则的圆圈。在夜间，它向虚线所示的方向走了一段相当长的距离。把一根玻璃丝纵向连接于另一个子叶，这个子叶大约在 12

小时内，几乎完成了一个不规则的圆形(图 44B)。在夜里，它也沿虚线所示方向移动了相当距离。因此，子叶独立地进行转头运动，与下胚轴的运动没有关系。虽然它们在夜间的运动量很大，但是彼此并没有接近到使站立的位置比白天更竖直。

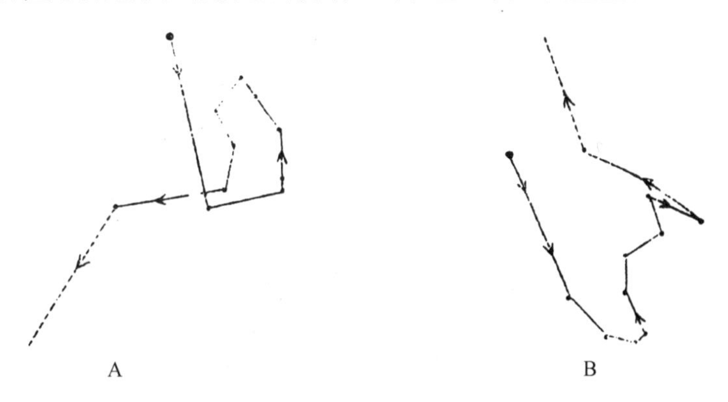

图 44 南欧海松 两个对生子叶的转头运动：从 11 月 25 日上午 8 时 45 分到下午 8 时 35 分，在黑暗中于平放玻璃板上描绘。

(小珠的运动放大约 22 倍，这里缩小到原来标度的一半)

篦齿苏铁(***Cycas pectinata***)(苏铁科)——这种植物的大粒种子在萌发时先伸出一片单叶，它破土时叶柄弯成拱形，小叶向内卷起。一片处于这种状态的叶子，在我们观察结束时高 2.5 英寸。在暖和的温室内，用一根带有小纸三角的玻璃丝横向连接在它的尖端，描绘它的运动。描图(图 45)表示这些转头运动有多么大，多么复杂和快速。它从一侧到另一侧所经过的最大距离在 0.6～0.7 英寸之间。

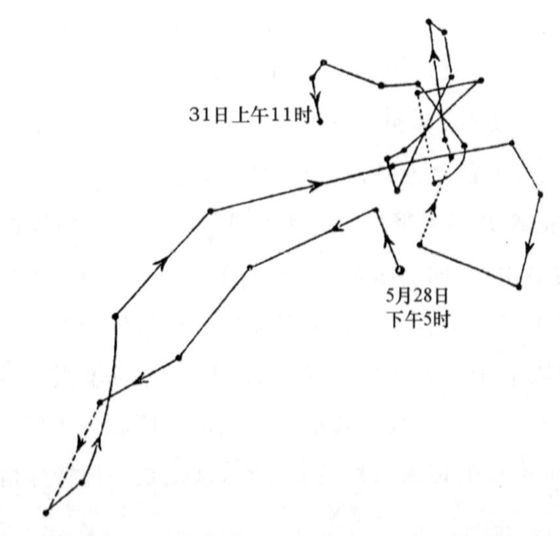

图 45 篦齿苏铁 刚出土幼叶的转头运动：从上部微弱照明，从 5 月 28 日下午 5 时到 31 日上午 11 时，在一竖立的玻璃板上描绘。

(运动放大 7 倍，这里缩小到原标度的三分之二。)

紫叶美人蕉(***Canna Warscewiczii***)(美人蕉科)——观察了一株实生苗,它的胚芽出土一英寸,但是当时的条件不合适,因为它是从温室移出的,又放在不够暖的屋子里。虽然如此,这次描图(图 46)表明,它在 48 小时内作了两三个不完全而且不规则的圆或椭圆形。胚芽是挺直的。这是我们观察到的最先出土部分不呈拱形的第一个例证。

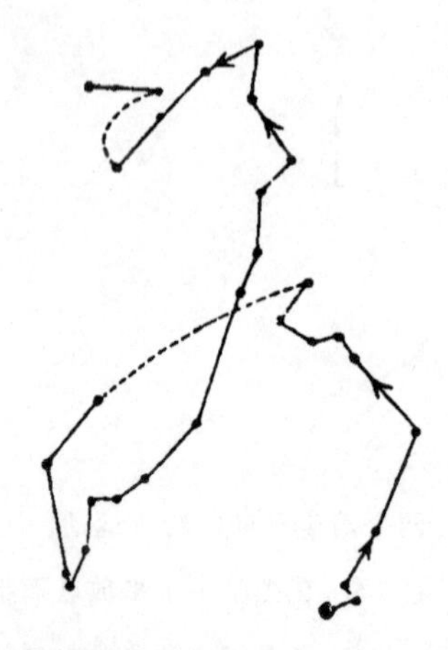

图 46 紫叶美人蕉 胚芽的转头运动:玻璃丝斜着固定在外面的鞘状叶上,从 11 月 9 日上午 8 时 45 分到 11 日上午 8 时 10 分,在黑暗中描绘于一平放玻璃板上。(小珠的运动放大 6 倍)

洋葱(***Allium cepa***)(百合科)——从普通洋葱种子伸出的有如一子叶[①]的狭窄绿叶,以拱状形式破土,和双子叶植物的下胚轴或上胚轴的破土方式相同。在拱形体升出土面后很久,它的顶端仍留在种皮内,显然是在吸收其中还很丰富的养料。拱顶或拱冠最初从种子伸出并仍埋在地下时,是简单的圆形,但是,在它到达地面之前,就发育成白色的(由于缺乏叶绿素)圆锥形突起,其相邻部分是绿色的,它的表皮显然要比其他部位的更厚些、更坚韧些。因此,我们的结论是,这个圆锥形突起是为破土的一种特殊适应,[②]与禾本科植物的直立子叶顶端上的刀形白色冠状突起一样,起着相同的作用。过了一些时候,它的顶端从空种皮脱出,且向上举起,与它的下部形成直角,更普遍的是形成一个较大的角,偶然整个子叶变成近于直立。原来形成拱冠的圆锥形突起,这时便位于一侧,看上去像是关节或是根膝,它由于产生叶绿素变成绿色,并且增大了体积。这些子叶很少甚至从未变成完全直立,这一点与双子叶植物的拱形下胚轴或上胚轴的最后状况有明显区别。上段弯曲部分的渐狭的顶端总是枯萎死亡,这也是一种特殊情况。

---

① 萨克斯在他所著的《植物学教科书》采用这种说法。

② 哈贝兰德特(Haberlandt)曾扼要描述过(《实生苗……的保护措施》,1877 年,77 页)这个奇妙的结构和它的作用。他提到蒂尔特曼(Tiltmann)和萨克斯(在他所著的《实验生理学》中,93 页)都绘制了洋葱子叶的良好图像。

把一根长 1.7 英寸的玻璃丝近于直立地固定在一个子叶的直立茎部，在根膝的下方，用通常方法描绘它在 14 小时内的运动。附在这里的描图（图 47）表明有转头运动。同时观察了同一子叶的根膝以上部分的运动，它伸出在水平面以上的倾角约为 45°。这次没有固定玻璃丝，而是在顶端下方放一个标记，顶端从开始到枯萎几乎总是白色，就这样描绘了它的运动。所得的图形与上面提供的极为相似，这表明运动的主要部位是在子叶的下段，即其基部。

图 47 洋葱 拱形子叶基部的转头运动：从 10 月 31 日上午 8 时 15 分到下午 10 时，在黑暗中描绘在平放玻璃板上。（小珠的运动放大 17 倍）

石刁柏（*Asparagus officinalis*）（天门冬科）——在土面下深 0.1 英寸的地方找到一个直立的胚芽或是子叶（因为我们不知道应该把它称作什么）的尖端，随后便把周围 0.3 英寸深的土层移开。把一根玻璃丝斜着固定在它上面，在暗中描绘小珠的运动，放大 17 倍。在最初 1 小时 15 分钟内，胚芽向右运动，在此后 2 小时内它以大致平行但又极其曲折的路线返回。由于某种不知道的原因，它在土内是斜向生长的，现在由于背地性，它在近 24 小时内，仍是朝向相同的总方向运动，只是稍微曲折些，直到它变成直立。次日清晨，它完全改变了它的路线。因此，简直没有什么疑问的是，胚芽还埋在土中时，是在周围土壤压力所允许的范围内进行转头运动。盆内的土壤表面，现在铺上一薄层很细的黏质砂土，并使砂土保持湿润；在这些尖削形的实生苗长高十分之几英寸后，它们周围都出现一圈小空隙或圆形裂缝，这只能解释为，它们作了回旋转头，于是将细沙向周围推开，因为在任何其他部位都没有一条裂缝的痕迹。

为了要证明这种植物的胚芽有转头运动，便描绘了 5 株实生苗的运动，它们的高度从 0.3 到 2 英寸不等。它们是放在一个箱内，并从顶上照明。但是在所有的 5 个描图中，其长轴几乎都指向同一点。因此，从温室玻璃屋顶透过的光，有一侧来的光像是比其他各侧更多些。所有 5 个描图在一定范围内彼此相似，举出其中两个就足够了（图 48）。在图 A 中，实生苗只 0.45 英寸高，有一个节间，它的顶端有一个芽。从上午 8 时 30 分到晚上 10 时 20 分(就是说,在近 14 小时内),如果茎不是被拉向一侧,待下午 1 时后它又向回运动的话,顶端所描的图形可能会包括三个半椭圆。次日清晨,它离开最初开始的点不远。顶端从一侧到另一侧的实际运动量很小,约为 $\frac{1}{18}$ 英寸。图 B 所示运动的实生苗高 1.75 英寸,除去顶端上的芽以外,有 3 个节间。在 10 小时内所描的图形代表两个不规则的并且不相等的椭圆或圆形。顶端的实际运动量,在未受光照影响的线段上,是 0.11 英寸,在受光影响的线段上,则为 0.37 英寸。对一个高 2 英寸的实生苗,即使不靠描图的帮助,也可明显看出它的茎梢顺序向圆周的各点弯曲,像缠绕植物的茎一样。如果普通的天门冬的转头本领和茎的柔韧度稍有增加,它便会变成缠绕植物,就像这个属的一个种,即攀援天门冬(*Asandens*)的情况一样。

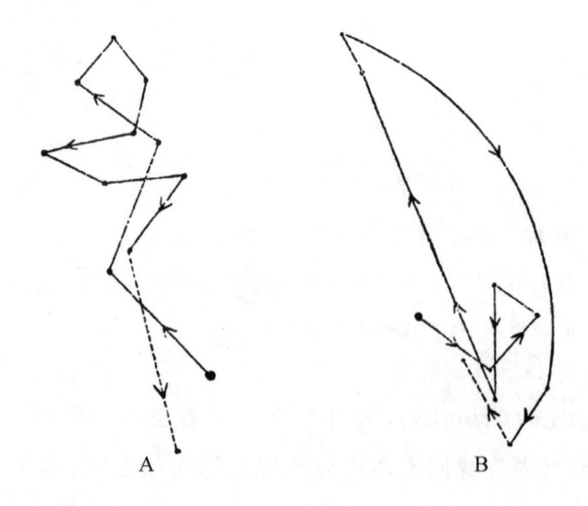

图 48 石刁柏 胚芽的转头运动:尖端涂成白色并有标记放在下方,在一平放玻璃板上描绘。A. 幼胚芽:从 11 月 30 日上午 8 时 30 分到次晨描绘其运动(放大约 35 倍);B. 年龄较大的胚芽,其运动从 11 月 29 日上午 10 时 15 分到下午 8 时 10 分描绘,放大 9 倍。(但是这里缩小到原标度的一半)

加那群岛利虉(yì)草(*Phalaris Canariensi*)(禾本科)——禾本科植物的最初出土部分,曾被几位科学家称为小帽状体。关于它的同源性质,有过不同的意见。有几位著名的权威认为它是子叶,这个名词我们将沿用而不拟对这个问题表示意见①。在本例中,它是一个略微扁平的淡红色鞘,它的顶端有一个尖锐的白边,它包着一片绿色真叶,这片叶子经过一个缝状孔隙从鞘中伸出,此孔隙就在顶上尖锐边缘的紧下方,与它成直角。这个鞘在破土时不是拱形的。

首先描绘了 3 株苗龄稍大、高约 1.5 英寸的老实生苗在叶子就要伸出之前的运动。

① 我们特此感谢亨斯洛(G. Henslow)牧师提供给我们有关这个问题的意见的摘要以及参考资料。

只让它们受到上面的光照，因为它们对光的作用特别敏感，以后还将谈到这点。如果有一些光甚至是暂时地从一侧射入，这些实生苗便以轻微曲折线向这一侧弯曲。在 3 个描图中，这里只刊印一个（图 49）。如果 24 小时内的观察次数更多一些，便会有两个卵圆形，其长轴相互成直角。顶端从一侧到另一侧的实际运动量约为 0.3 英寸。另外两个实生苗所描绘的图形，与图 49 有一定程度的相似处。

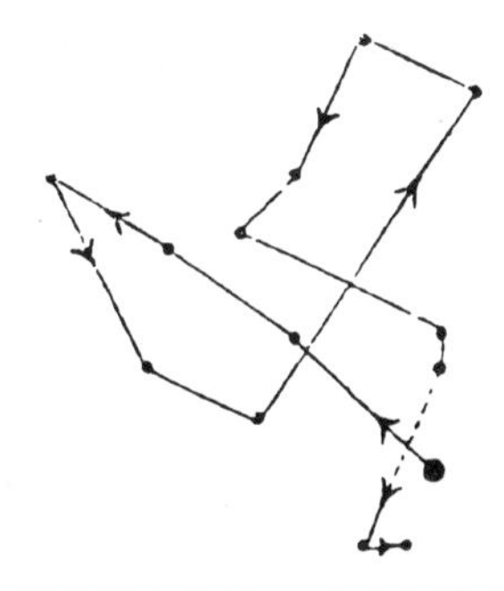

图 49　加那利群岛虉草　子叶的转头运动：顶端下方放一个标记，从 11 月 26 日上午 8 时 35 分到 27 日上午 8 时 45 分在一平放玻璃板上描绘。（小珠的运动放大 7 倍，这里缩小一半）

其次，用同样方法观察了一株刚刚破土而只高出土面 0.05 英寸的实生苗。为了在顶端下方放一个标记，必须将苗周围的土壤铲除得稍深一些。这个描图（图 50）表示顶端向一侧运动，但是在 10 小时的观察时间内改变路线 10 次，因此它是毫无疑问地作了回旋转头。它大致朝向一个方向运动的原因，很难认为是由于侧面光线射入，因为曾做到严密遮光，我们推测这与清除小苗周围的土壤有某种关系。

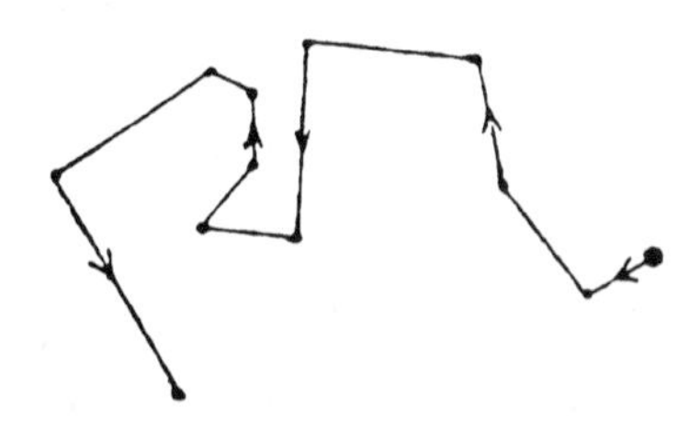

图 50　加那利群岛虉草　一个极幼嫩子叶的转头运动：标记放在顶端下面，从 12 月 13 日上午 11 时 37 分到下午 9 时 30 分描绘于一平放玻璃板上。（顶端的运动放大了很多倍数，这里缩小到原标度的四分之一）

最后，用一个放大镜检查了同一盆中的土壤，发现有一株实生苗的白色刀状顶端和周围土表正好在一个水平线上。把顶端周围的土壤铲除四分之一英寸深，种子本身仍旧盖在土下。遮去了花盆的侧面光，将它放在一架有测微计的显微镜下，调整每小格等于 $\frac{1}{500}$ 英寸；过了 30 分钟以后，观察这个顶端，看到它在 9 分 15 秒内，稍斜地跨过测微计上两个小格；过了几分钟之后，又在 8 分 50 秒内跨过同样距离；过了 45 分钟后，再观察这株实生苗，这时它的顶端在 10 分钟内更斜地跨过两个小格。我们因此可以下结论说，它是以在 45 分钟内移动 $\frac{1}{50}$ 英寸的速率在运动着。我们还可以根据这些以及以前的观察下结论说，加那利群岛虉草的实生苗在破土时是在周围压力所允许的范围内作着转头运动。

这个事实解释了(如在前面所述关于天门冬的情况)为什么有些种实生苗从含有均匀水分的极细黏质砂土升出土面后,便在它们周围有清楚可见的圆形狭窄的空隙或裂缝。

玉蜀黍(*Zea mays*)(禾本科)——把一根玻璃丝斜着固定在一个子叶的顶端,它高出土面 0.2 英寸,但是,在第三天清晨,它已长到恰好 3 倍于这个高度,因而,小珠距下面标记的距离便已大大地增加,于是所示描图(图 51)在第一天的放大倍数便比第二天的大得多。在这两天内的每一天,子叶上部都改变它的路线多次,至少形成 6 个矩形。这株植物受到从上面垂直来的微弱光线照射。这是必要的措施,因为在前一天,我们曾描绘一些放在深箱内的子叶的运动,箱子的内侧有一面受到远处东北方向的窗户投来的微弱光线照射,并且在每次观察时用一支蜡烛放在同一侧照射 1～2 分钟。结果是,子叶整天都朝这一侧运动,虽然在它的路线中有些明显的转折。只从这件事本身我们便可得出它们是在转头的结论,但是我们考虑,最好还是作上面所附的描图。

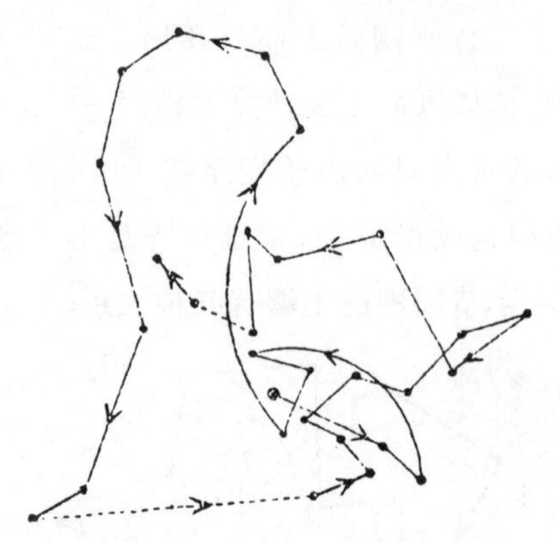

图 51　玉蜀黍　子叶的转头运动:从 2 月 4 日上午 8 时 30 分到 6 日上午 8 时,在一平放玻璃板上描绘。(小珠的运动平均放大 25 倍)

胚根——把玻璃丝分别固定在两个短胚根上,胚根是几乎向上直立放置,当它们由于向地性向下弯曲时,所经的路线非常曲折,从这种情况看来,可以推断有转头运动,只是它们的尖端在最初 24 小时后,便略微萎蔫,即使对它们浇过水,并且使空气保持非常湿润。以后用前面叙述过的方法准备 9 个胚根,使它们在向下生长时在熏烟玻璃板上留下痕迹,玻璃板在水平下的倾角在 45°～80°之间。几乎每一条痕迹的各部分都宽窄不等,或是只留下少量的黑烟,这便提供证据证明,胚根尖端与玻璃板的接触,是交替地时松时紧。附图(图 52)是一个这样的痕迹的精确复制品。只在两个例证中(在这两个例证中,玻璃板倾角很大),有轻微侧向运动的一些证据。因此,我们推测,顶端在熏烟玻璃板上的

图 52　玉蜀黍　胚根尖端向下生长时在倾斜的熏烟玻璃板上留下的痕迹。

摩擦力虽然很小，但已足够阻碍这些纤弱的胚根作从一侧向另一侧的侧向运动。

燕麦(*Avena sativa*)(禾本科)——一株子叶高1.5英寸的实生苗，放在东北窗前，其顶端在两天内的运动描绘在一平放玻璃板上。在10月15日，从上午9时到11时30分，它以稍微曲折的路线朝向光线运动；随后稍微往回运动一些，并且曲折得很厉害直到下午5时，此后以及夜间，它继续向窗口运动。次日晨，它继续作着近于直线的同样运动直到12时40分，这时天气由于雷、云非常阴暗，一直到2时35分。在这段1小时55分钟的时间内，光线阴暗，观察转头运动如何克服向光性是很有意思的，因为它的顶端不再以稍微曲折的路线继续朝向窗口移动，而是返转4次，形成两个窄小的椭圆。这个例证的图表将在向光性一章中提供。

随后把一根玻璃丝固定在一个仅高0.25英寸的子叶上，使它只受到从上面来的光照，因为是在温室中，它生长很快，它在5.5小时内描画了一个"8"字形和两个小椭圆。这便毫无疑问地表明它的转头运动。

柔曲金纷草(*Nephrodium molle*)(蕨科)——这个种的实生苗偶然在一花盆中它的母株旁生长出来。它的叶子当时只有很浅的裂片，仅有0.16英寸长，0.2英寸宽，是支持在一根细如毛发、高0.23英寸的叶轴上。把一根极细的玻璃丝，它伸出0.36英寸长，固定在这片叶的顶端。运动的放大倍数过大，以致这个描图(图53)使人难以完全相信；但是叶子总是在作着复杂的运动，玻璃丝末端的小珠在12小时的观察时间内，变动路线很厉害，达18次。它常常在半小时内便以几乎平行于原来的路线返回。最大的运动量出现在下午4时到6时之间。这种植物的转头很有意思，因为已知海金沙属(*Lygodium*)的各个种都有明显的转头运动，并且可缠绕在任何相邻的物体上。

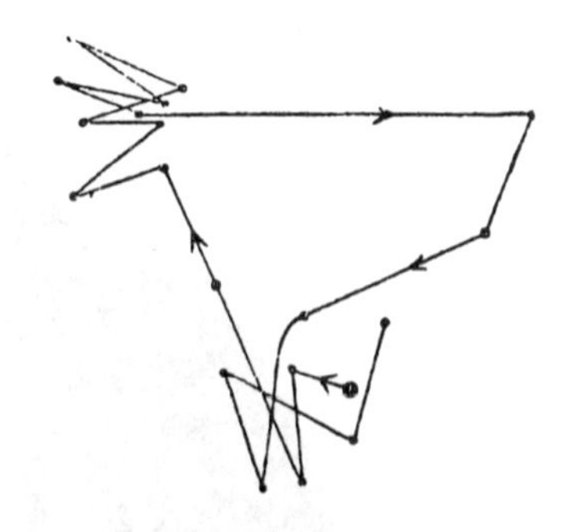

图53　柔曲金纷草　很幼嫩的叶的转头运动：从10月30日上午9时到下午9时在黑暗中描绘于一平放玻璃板上。(小珠的运动放大48倍)

地柏(*selaginella Kraussii*?)(石松科)——一株很幼小的植株，仅0.4英寸高，在温室内的一个花盆中生长出来。将一非常细的玻璃丝固定在其叶状茎的顶端，小珠的运动在一平放玻璃板上描绘。在13小时15分钟的观察时间内，它改变路线数次，如图54所示。在夜里回到清晨时的起点附近不远。毫无疑问，这株幼小植物作了转头运动。

图54　地柏　(克罗西卷柏)放在暗处的幼株的转头运动：从10月31日上午8时45分到下午8时描绘。

中年达尔文肖像

第二章

对于实生苗的运动与生长的一般见解

General considerations on the movements and growth of seedling plants

转头运动的普遍性——胚根，其转头运动的功用——它们穿入土内的方式——下胚轴和其他器官靠弯成拱形破土的方式——麦加齐属等的特殊萌发方式——子叶的败育——下胚轴和上胚轴还埋在土中和成拱形时的转头运动——它们伸直自己的本领——种皮的破裂——地下生下胚轴中成拱过程的遗传效应——下胚轴和上胚轴在直立时的转头运动——子叶的转头运动——子叶的叶枕或关节，它们的活动的持续期，酢浆草中的遗痕器官，它们的发育——子叶对光的敏感性和随即对它们的周期性运动的干扰——子叶对接触的敏感性。

在前一章已经叙述过很多种实生苗的几个部位或器官的转头运动。这里附加一个目录表,列出它们所属的科、目(cohort)、亚纲等,是按照胡克(Hooker)所采用的分类系

亚界Ⅰ.	**显花植物**
纲Ⅰ.	双子叶植物
亚纲Ⅰ.	被子植物
科	目
14. 十字花科(Cruciberae).	Ⅱ. 侧膜胎座目(Parietales).
26. 石竹科(Caryophylleae).	Ⅳ. 石竹目(Caryophyllales).
36. 锦葵科(Malvaceae).	Ⅵ. 锦葵目(Malvales).
41. 酢浆草科(Oxalideae).	Ⅶ. 牻牛儿苗目(Geraniales).
49. 旱金莲科(Tropaeolaceae).	Ⅶ. 牻牛儿苗目(Geraniales).
52. 柑橘科(Aurantiaceae).	Ⅶ. 牻牛儿苗目(Geraniales).
70. 七叶树科(Hippocastaneae).	Ⅹ. 无患子目(Sapindales).
75. 豆科(Leguminosae).	Ⅺ. 蔷薇目(Rosales).
106. 葫芦科(Cucubitaceae).	Ⅻ. 西番莲目(Passiflorales).
109. 仙人掌科(Cactaceae).	XIV. 番杏目(Ficoidales).
122. 菊科(Compositae).	XVII. 菊目(Astrales).
135. 报春科(Primulaceae).	XX. 报春目(Primulales).
145. 萝藦科(Asclepiadeae).	XXII. 龙胆目(Gentianales).
151. 旋花科(Convolvulaceae).	XXIII. 花葱目(Polemoniales).
154. 紫草科(Borragineae).	XXIII. 花葱目(Polemoniales).
156. 小铃草科(Nolaneae).	XXIII. 花葱目(Polemoniales).
157. 茄科(Solaneae).	XXIV. 茄目(Solanales).
181. 藜科(Chenopodieae).	XXVII. 藜目(Chenopodiales).
202. 大戟科(Euphobiaceac).	XXXII. 大戟目(Euphorbiales).
211. 壳斗科(Cupuliberae).	XXXVI. 栎目(Quernales).
212. 榛科(Corylaceae).	XXXVI. 栎目(Quernales).
亚纲Ⅱ.	裸子植物
223. 松柏科(Conifberac).	
224. 苏铁科(Cycadeae).	
纲Ⅱ.	单子叶植物
2. 美人蕉科(Cannaccae).	Ⅱ. 豆蔻目(Amomales).
34. 百合科(Liliaceae).	Ⅺ. 百合目(Liliales).
41. 天门冬科(Asparageae).	Ⅺ. 百合目(Liliales).
55. 禾本科(Gramineae).	XV. 颖花目(Glumales).
亚界Ⅱ.	**隐花植物**
1. 蕨科(Filices).	Ⅰ. 蕨目(Filiciales).
6. 石松科(Lyeopodiaceae).	Ⅰ. 蕨目(Filiciales).

◀ 正在伏案工作的约瑟夫·胡克。达尔文在本书中与胡克采用了相同的分类系统。

统[1]来安排和编号的。任何一位检查过这张表的人将看到，选来观察的这些幼苗，相当好地代表了整个植物界系统，只有最低等的隐花植物是例外，有些隐花植物成熟时的运动将在以后叙述。因为所有曾观察过的实生苗，包括松柏类、苏铁类和蕨类这几个属于植物界最古老的种类，都在做着连续不断的转头运动，所以我们可以推断说，每种植物的实生苗都有这种运动。

胚根——在我们所观察过的所有萌发种子中，最初的变化是胚根从种子伸出，它立即向下弯曲，力图钻入土内。为了使这个过程实现，就必须把种子压住，以给一些阻力，除非土壤的确非常疏松，否则胚根不仅不钻入土内，反而会把种子向上举起。但是，种子常被覆盖在由挖穴的四足兽或刨土的飞禽所扒起的泥土、蚯蚓的排泄物、粪便、腐败的树枝等等下面，便这样被压住；当土地干燥时，它们必然常落入土缝中或洞穴内。即使种子是在裸露的地面上，它们最先发育的根毛，由于黏附到地面上的石块或其他物体，便能够在根尖钻入土中时将胚根上部向下拉住。萨克斯曾经指出过[2]，根毛靠了生长是多么良好而紧密地使本身适应于土壤中最不规则的颗粒，并且变得牢固地黏附在它们上面。这种黏附作用，似乎是靠根毛细胞壁外表面的软化或液化以及随后的凝固过程来实现的，这点以后将更详细地叙述。按照萨克斯的意见，这种密切结合对水分的吸收和溶于水中的无机物的吸收起重要作用。根毛对入土所提供的机械上的助力，可能只是一种次要的贡献。

胚根的尖端一旦伸出种皮，便开始转头，并且整个生长部位继续作着这种运动，可能和生长一样持久。芸薹属、七叶树属、菜豆属、蚕豆属、南瓜属、栎属和玉蜀黍属的胚根的这种运动，都已经叙述过了。萨克斯[3]从倒置竖立的胚根所受到的向地性的作用（我们已观察到同样现象），来推断转头运动出现的概率，因为如果它们保持绝对竖直，万有引力就不会使它们向任何一边弯曲。在前面列举的例证中，都观察到转头运动，这或是借非常细的玻璃丝，按前述方式固定在胚根上，或是让胚根在倾斜的熏烟玻璃板上朝下生长而留下它们的痕迹。用后一种方法的例证中，盘旋形的路线（见图 19、21、27、41）毫无疑问地表明，胚根尖端曾连续不断地作了侧向运动。这种侧向运动的幅度相当小，在菜豆的例证中，从中线到两侧最多为 1 毫米左右。但是，还有一种运动，位于与倾斜熏烟玻璃板成直角的竖直平面上。痕迹时常交替地出现略宽和略窄的情况，便可证明这点；这是

---

① 在勒·茂特（Le Maout）和德凯斯内（Decaisne）合著的《普通植物分类学》（1873 年）中刊印。

② 《植物生理学》，1868 年，第 199、205 页。

③ 《关于根系的发育：维尔茨堡植物研究所工作汇编》，第 3 卷，460 页。这篇学术论文，除了它本身的重大意义外，值得作为精细研究的典范来学习，我们在以后章节中将多次提到它。弗兰克（Frank）博士以前曾评论过（《植物生理学概论》，1868 年，81 页）倒置竖立的胚根是受到向地性的作用这件事，他以胚根在各侧面的生长不匀称的假定来解释。

由于胚根对熏烟玻璃板上的压力，是交替地稍大和较小而引起的。有时在痕迹上留下小条黑烟，表明胚根尖端到这些地方已向上举起。当胚根不是笔直沿着熏烟玻璃向下移动，而是作着半圆形的弯曲时，胚根尖端上举的情况特别容易发生。但是，图 52 表明，在痕迹成直线时，也会发生这种情况。在一例中，这样举起的根尖，曾跨越过一根横着粘在倾斜玻璃板上的棕毛；但是只厚 0.025 英寸的木条总是使胚根向一侧作直角弯曲，因而，根尖便没有抗着向地性上举到这个并不大的高度。

有些例证中，使带着玻璃丝的胚根倒置到近于竖直站立，它们受到向地性的作用向下弯曲，同时作着转头运动，它们的路线因而是曲折线。然而，它们有时作出大的圆形扫描，其路线也是曲折的。

胚根被土壤紧密包围时，即使把土壤彻底浸湿并软化，它们的转头运动可能也会受到极大的阻碍。然而，我们应当记得，进行着转头运动的虉草属的鞘状子叶、茄属的下胚轴和天门冬属的上胚轴，在它们自己周围的湿润黏砂土表层内形成小圆形裂缝或沟道。它们也和芸薹属的下胚轴一样，在转头时和朝向一侧向光弯曲时，能够在潮湿的砂土中形成笔直的沟道。在以后的一章内，将提到地下车轴草(*Tribolium subterraneum*)的头状花序的摇摆或转头运动帮助它们埋藏自己。因此，胚根尖端的转头运动可能会稍微帮助它钻入土内。在前面提供的几个线图中可以观察到，当胚根最初从种子伸出时的转头运动，要比较晚时期的更显著些；可是，这究竟是偶然的巧合还是有适应意义的符合，我们不妄加判断。虽然如此，当把红花菜豆的幼嫩胚根垂直固定在湿砂土里，希望它们一旦到达土面，便会作出圆形沟槽，这并没有实现；我们认为，这件事可以作如下解释，即沟槽在形成时立即便由于胚根尖端迅速加粗而被填满。一个被软土包围的胚根，不论是否靠转头的帮助给自己打开一条通路，这个运动总会引导胚根沿着一条阻力最小的路线前进，这样便起着极其重要的作用。在下一章内，谈到根尖对接触的敏感性时，可以看到这点。然而，如果胚根在向下生长时斜着闯入任一裂缝中，或是腐根留下的小洞内，或是昆虫的幼虫，特别是蚯蚓所造成的孔道内，尖端的转头运动将会真正地帮助它沿着这样的通道前进。我们曾观察到，根通常是沿着蚯蚓造成的旧沟槽延伸的①。

当将一胚根横放或是斜放时，大家都知道，它的顶端生长部分便朝向地心弯曲；萨克斯②已经证明，当胚根这样弯曲时，下表面的生长受到很大阻抑，而上表面继续以正常速率生长，或者甚至更快些。他又将一根线绕过滑车连接到一横放的大胚根上，也就是蚕

---

① 也可参见汉生(Hensen)教授关于同样大意的论述(《动物学通报》，1877 年，第 28 卷，第 354 页)。他甚至相信，根只是靠蚯蚓所穿的沟槽，才能钻入土壤深处。

② 《维尔茨堡植物研究所工作汇编》，1873 年，第 1 卷，461 页。也可参见 397 页关于生长部分的长度，451 页关于向地性的力量。

豆胚根上。由此他进一步表明,它只能拉起1克(即15.4格令[①])的砝码。因此,我们可以下结论说,向地性并没有使胚根有足够的力量钻入土壤,而只是告诉它(如果可以采用这种说法),该走哪一条路线。在我们知道萨克斯的更加准确的观察之前,我们在湿沙的平坦表面上盖上一张我们能得到的最薄的锡箔(其厚度为0.02～0.03毫米,或是0.00012～0.00079英寸),在紧上面放一个胚根,它的位置是,它几乎竖直朝下生长。当胚根顶端接触到锡箔的光滑平面时,它弯成直角并且在它上面滑过去,没有留下任何印迹;可是,锡箔很柔韧,以致把一根软木小棍按照胚根尖端的角度指向锡箔,并且使它只轻微地负重四分之一盎司[②](120格令),它便在锡箔上留下明显的印迹。

胚根能够靠它们纵向和横向生长的力量钻入土壤;种子本身则由上面土壤的重量压住。在蚕豆例证中。有根冠保护的顶端是锋锐的;长8～10毫米的生长部位,萨克斯曾证明,比紧靠上面的已停止伸长的部位要坚硬得多。我们力图去确定生长部位的向下压力,把萌发蚕豆放在两块小金属片之间,上面那一块加上一个已知的重量;然后让胚根长入一个厚0.2英寸或0.3英寸的木块中的窄洞内,洞底是封闭的。切割木块的方式是,洞口和蚕豆间的窄小空间使胚根不能向三面作侧向弯曲,但是不能保护靠近蚕豆的第四面。因此,只要这个胚根继续增加长度并且保持笔直,在根尖到达浅洞的底面后,这粒负重的蚕豆便会被举起来。用湿沙围住几粒这样装置的蚕豆,在胚根尖端入洞24小时后,就能举起0.25磅的重量,再增加重量,胚根本身总是向没有保护的一面弯曲;可是,如果这些蚕豆在所有各面都被坚实的土壤包围,这种情况便可能不致发生。然而,在这些试验中,有一个可能的、但是不一定会有的误差来源,因为还没有肯定蚕豆在萌发以后,以及经过像我们那样处理以后,是否还在继续吸胀几天;我们的处理方法是,先将蚕豆浸在水中24小时,然后让它在很潮湿的空气中萌发,再放在洞口上,并且在一封闭的箱子里用湿沙将其几乎全部包围。

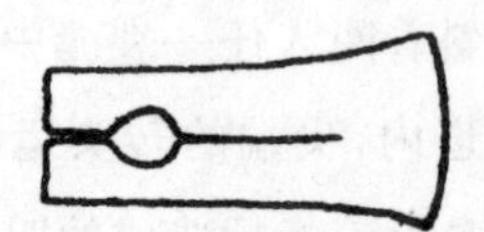

图55　一根小棍的略图　棍(缩小到原大的一半)内有小孔,蚕豆胚根经孔生长。棍的窄端处厚0.08英寸,宽端处厚0.16英寸,孔深0.1英寸。

在确定胚根横向施加的力量方面,我们取得的成绩较好。把两个胚根这样放置,使它能钻入小棍内的小孔,一个小棍切割的形状在这里准确临摹(图55)。距小洞较近时短

① 格令为grain译名,是英美最小的重量单位。等于64.8毫克。——译者注

② 1盎司约28.35克。——译者注

端有意劈开，对面一端不动。因木块有很大的弹性，劈缝在劈开后立即闭合。六天以后，把小棍和蚕豆从湿沙中挖掘出来，发现胚根在小洞上面和下面都加粗很多。劈缝最初是紧闭的，这时已经张开，口宽 4 毫米；把胚根一取出，它立即关闭到口宽 2 毫米。然后用细铁丝穿过这个不久前曾有胚根长入的小洞，把小棍横着悬挂起来，洞口下面还悬吊一个小盘，用来放砝码；需要 8 磅 8 盎司(3855.3 克)的重量，才能把裂缝拉开到 4 毫米的宽度，也就是取出胚根以前的宽度。但是，原来位于洞里的那一段胚根(只长 0.1 英寸)可能施加的横向压力，甚至比 8 磅 8 盎司更大，因为它已将这坚硬的木块劈裂，裂缝长度大于四分之一英寸(准确长度为 0.275 英寸)，此裂缝示于图 55。用第二根木棍作了同样试验，得到几乎完全相同的结果。

我们随即采用了一个较好的试验设计。在两个木夹的窄端附近钻孔(图 56)，木夹由黄铜的螺旋弹簧撑紧，让两个放在湿沙里的胚根分别径孔生长。木夹是放在玻璃板上以减少来自沙子的摩擦。孔径比用小木棍作试验时的孔径稍大(0.14 英寸)，并且深得多(0.6 英寸)，因而有较长较粗的一段胚根在施加一横向应力。1 天后，把它们拿起。现在仔细测量木夹柄端上两个点(见图 56)的距离；随即把胚根从孔中取出，木夹当然闭合。此后，将它们横着悬挂，像处理小棍那样，在一个木夹上需要加 1500 克(3 磅 4 盎司)的重量，才能把它拉开到由于胚根横向生长所引起的张开程度。当这个胚根刚把木夹稍稍拉开了一些，它便已长成扁形，并且已略微脱离小孔，它在一个方向的直径是 4.2 毫米，成直角方向的是 3.5 毫米。如果可以防止这种脱离和变扁的情况，胚根施加的压力，可能会大于 1500 克。另一个木夹中的胚根，脱离小孔的程度更厉害些；把它拉开到胚根所引起的程

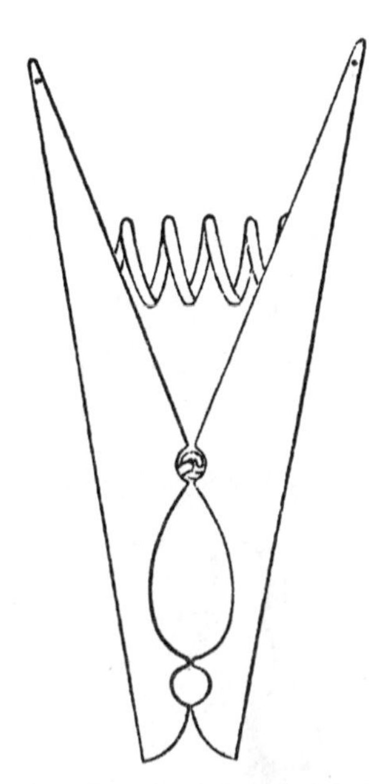

图 56 木夹 由一黄铜的螺旋弹簧撑紧，在紧闭的窄端钻孔(直径 0.14 英寸，深 0.6 英寸)，使一粒蚕豆的胚根经孔生长。温度 50～60℉(10～15.5℃)[①]。

① 摄氏 0℃(冰点)相当于华氏 32℉，摄氏 100℃(沸点)相当于华氏 212℉。其间的换算关系为 $℃=\frac{5}{9}(℉-32)$，$℉=\frac{9}{5}℃+32$。——编辑注

度，只需要600克的重量。

我们面前有了这些事实，似乎就不难于了解胚根怎样钻入土中。胚根顶端是尖锐的，并有根冠保护；顶端的生长部分较坚硬，它增加长度时产生的力量，就我们的观察可以信赖的程度说来，至少等于$\frac{1}{4}$磅的压力；当它被周围土壤阻挡不能向任何一侧弯曲时，它所产生的力量可能要大得多。在增加长度的同时，它也增加粗度，把湿土向四周推开，所施加的力量，在一次试验中是超过8磅，另一次试验中是3磅。不能确定的是，真正的顶端所施加的横向应力，相对于其直径来说，是否和稍高一些的部位一样大；但是，似乎没有理由去怀疑这会是如此。因此，生长部位的行为不像是锤进木板的钉子，却更像一个木楔，当慢慢把它打入裂缝的同时，它因吸水而不断膨胀；一个木楔在这样膨胀时，甚至将劈裂开一大块岩石。

下胚轴和上胚轴等上举和破土的方式——在胚根钻入土内并把种子固定以后，我们观察过的所有把子叶举出地面的双子叶植物，其实生苗的下胚轴是以拱形体的形式破土。当子叶是地下生的，也就是始终埋在土内，那么下胚轴几乎不发育，上胚轴或胚芽也以拱形体的形式出土。在所有或至少是大多数的例证中，向下弯曲的顶端留在种皮内一段时间。欧洲榛的子叶是地下生的，它的上胚轴呈拱形，但是在上一章所叙述的特殊例证中，它的顶端已经受伤，它像根一样经土壤作侧向生长。结果是，它长出两个次生茎来，这两个次生茎也同样以拱状形式破土。

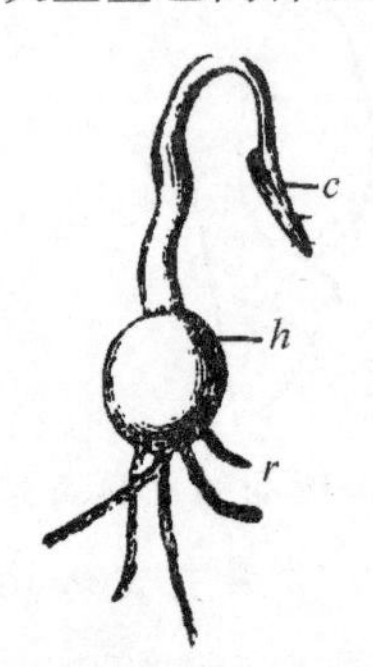

图57　仙客来　实生苗，图已放大。*c*. 子叶的叶片，尚未展开，其拱形叶柄正开始伸直；*h*. 下胚轴发育成为球茎；*r*. 次生胚根。

仙客来属植物不形成任何明确的茎，并且最初只长出一单个子叶①，它的叶柄以拱形破土（图57）。叶子草属也只有一片充分发育的子叶，但是在这个例证中却是下胚轴首先出土和成拱形的。可是这个属的粉红叶子草（*Abronia umbellata*）却有一个特点：当它那一片发育的子叶（内有胚乳）的折叠叶片仍在地下时，它的顶端便已翻转，与拱形下胚轴的下足是平行；但是它是由下胚轴的连续生长而被拖出地面的，顶端于是指向下方。篦齿苏铁的子叶是地下生的，一片真叶首先破土，它的叶柄形成拱形体。

在老鼠簕属中，子叶也是地下生的。这个属的莨芳花（*Acanrhus mollis*），一片真叶首先破土，其叶柄成拱形，其对生叶发育很差，既短且直，略带黄色，叶柄最初还不到另一

① 这是格雷斯纳(Gressner)博士所得出的结论(《植物学报》，1874年，837页)，原为其他植物学者定为是第一片真叶，他坚持这实际上是发育上推迟很久的第二片子叶。

个叶柄的一半粗。这片没有发育的叶子位于它的拱形伙伴的下面受其保护；一件很有启发性的事实是，它不成拱形，因为它不必为自己打开一条通过土壤的出路。在附图（图58）中，第一片叶子的叶柄已经有些伸直，叶片开始展开。体形小的第二片叶最后会长到和第一片叶一样大，但是在不同个体中，这个过程的速率很不相同。在一例中，直到第一片叶出土6星期后，第二片叶还没有出土。因为爵床科所有植物的叶子或是相互对生，或是轮生，而且大小相等，这种头两片叶大小悬殊的情况很特殊。如果它们有利于实生苗使它们顺利破土，我们便能理解，这种不相等的发育和叶柄成拱状的特性是怎样逐渐获得的；因为在老鼠簕属（*Acanthus*）的灯台（枝干）老鼠簕（*Acandelbrsum*）、刺老鼠簕（*Aspinosus*）和宽叶老鼠簕（*A. latifolius*）的3个种中，在头两片叶的大小悬殊上和叶柄的拱形弯曲度上都有很大差异。灯台老鼠簕的一株实生苗，第一片叶成拱状，其长度为第二叶的九倍，第二叶只长成一个微小、淡黄色、笔直并带毛的型式。在其他实生苗中，这两片叶在长度上的差别为3∶2，或4∶3，或者仅为0.76英寸比0.62英寸。在后面这些例证中，第一片较高的叶子都不是严格的拱状。最后，在另一株实生苗中，最初的两片叶在大小上毫无差别，它们的叶柄都是笔直的，它们的叶片彼此拥抱并紧贴在一起，形成一个矛或楔，作为破土之用。因此，在老鼠簕属的同一个种的不同个体中，最初一对叶用两种极不同的方法破土；如果任一种方法已经证明确实有利或不利，那么其中一种不久必定会占有优势。

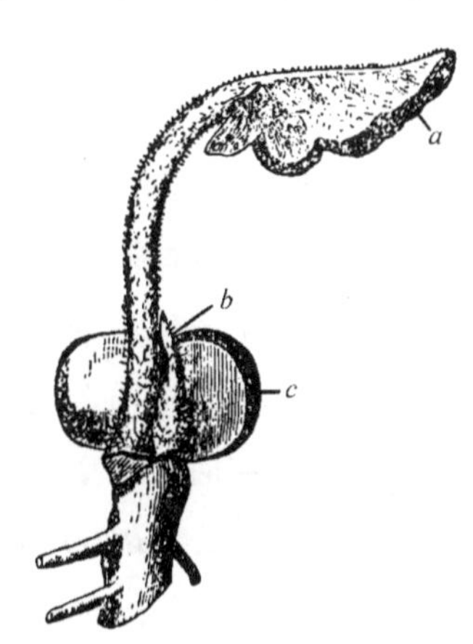

图58　莨艻花　实生苗，已去掉近侧的地下生子叶，并切除胚根：*a*. 第一片叶的叶片开始展开，叶柄仍略成拱形；*b*. 第二片对生叶，发育得很不完全；*c*. 对面一侧的地下生子叶。

阿萨·格雷（Asa Gray）[①]曾经描述过三种极不相同的植物的特殊萌发方式，它们的下胚轴几乎没有发青。因而，我们。结合着与本问题有关的方面对它们进行了观察。

裸茎翠雀（*Delphinium nudicaule*）——这个种的两片子叶的伸长叶柄是汇合的（有时它们的叶片基部也汇合），它们以拱状体形式破土。因此，它们很容易使人误认为是下胚轴。最初它们是实心的，后来变成管状；在地下的基部扩大成为空腔，在空腔里发育出幼叶，胚芽很不明显。在汇合的叶柄外部，或稍高于胚芽，或与胚芽同一高度处，有根毛形成。第一片叶在其生长初期还留在空腔内的时候是笔直的，但是叶柄不久就变成拱

① 《植物学教科书》1879年，22页。

形，这部分（可能还有叶片）在膨胀时将空腔的一侧裂开，叶子随即出现。在一例中，裂口长3.2毫米，它位于两个叶柄的汇合线上。刚从空腔出来的叶子还埋在地下，这时靠近叶片处的叶柄上部便按通常方式变成拱形。第二片叶从裂缝出来时，或是笔直的，或略成拱形，但是此后叶柄的上部——在几个例证中是肯定的，而我们相信在所有例证中都是这样——在土中打通出路时自己变成拱形。

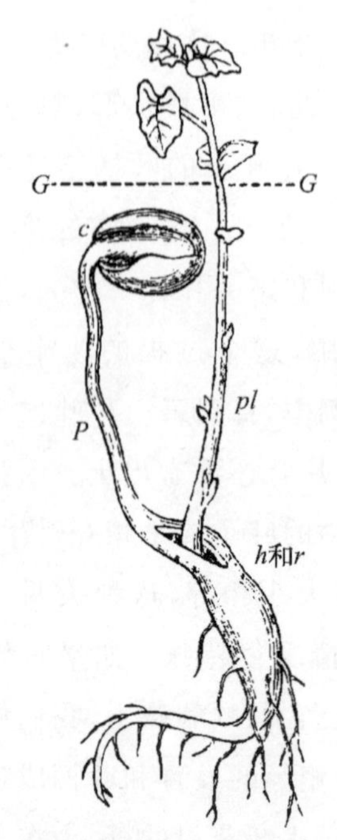

图58A　加州麦加齐　实生苗的描图，按阿萨·格雷原图复制（缩小一半）：*c*. 在种皮内的子叶；*P*. 两个汇合的叶柄；*h* 和 *r*. 下胚轴和胚根；*p*1. 胚芽；*G*……*G*. 地面。

加州麦加齐（*Megarrhiza californiea*）——这种葫芦科植物的子叶永远不脱去种皮，并且是地下生的。它们的叶柄完全汇合，形成一个管状体，它的末端向下缩成一个实心的小尖端，这个尖端由一微小的胚根和下胚轴组成，还有同样微小的胚芽包在管状体的底部内。这种结构在一个不正常的样品中表现得很清楚，它的一片子叶未能长出叶柄，而另一片子叶形成的叶柄是一开口的半圆柱体，有一尖锐的末端，由上述部位组成。当汇合的叶柄一旦从种子伸出，它们由于有很强的向地性，就向下弯曲，并钻入地下。种子本身保持原有的位置，或是在地面上，或是埋在一定深度，视情况而定。然而，如果汇合的叶柄尖端遇到土壤中的某种障碍，正如阿萨·格雷[①]描述并绘图的实生苗所发生的情况一样，子叶便被举出地面。叶柄上有根毛覆盖，像在真胚根上长出的一样，它们当浸入高锰酸钾溶液中变褐，这点很像胚根。我们的种子受过高温处理，在三天或四天内，叶柄垂直地钻入土壤达2～2.5英寸的深度；直到这时，真正的胚根才开始生长。在一株曾仔细观察过的实生苗中，叶柄在最初伸出后7天内，达到2.5英寸的长度，这时胚根已经发育得很好。仍旧包在管内的胚芽，这时有0.3英寸长，并且很直。但是，由于增加粗度，它刚开始将叶柄下部一侧沿它们的汇合线胀裂。次日清晨，胚芽的上部将自己弯成拱形，成一直角，它的凸面或弓背就这样硬挤出裂缝。这里，胚芽变成拱形所起的作用，于是和翠雀属的叶柄情况一样。当胚芽继续生长时，尖端变拱更厉害，在六天内，它经过上面的2.5英寸土壤伸出地面，仍然保持拱形。到达地面后，它按正常方式将自己伸直。图58中，我们看到一株实生苗在这个发育后期

① 《美国科学通报》（*American Journal of Science*），第14卷，1877年，21页。

的描图，地面用 G……G 线表示。

阿萨·格雷教授转给我们拉藤（Ratten）先生的一封有趣的信，我们从这封信推断，这个种的种子在它们的原产地加利福尼亚州萌发的情况很不一样。秋雨以后不久，叶柄便从种子伸出并钻入土中，一般是竖直方向，达 4 英寸到甚至 6 英寸深。拉藤先生在圣诞节假期间发现它们是处于这种状态，那时胚芽还包在管内。他提到，如果胚芽立即发育并且到达地表（就像我们用高温处理的种子所发生的情况那样），它们肯定会因霜冻致死。像现在这样，它们在地表下一定深度处休眠，于是避免了冻害；并且叶柄上的根毛会供给它们足够的水分。我们以后将看到，许多种实生苗是靠一种很不同的过程来避免霜冻，也就是靠它们胚根的收缩把自己拉到土表之下。然而，我们可以相信，麦加齐属的这种特殊萌发方式还有另一种次要的好处。胚根在几星期内开始长大成为小块根，内含大量淀粉，只略带苦味。因此，它如果在幼嫩时不埋在土表下几英寸的深度来保护自己，就很容易被动物吞食。它最后长到很大体积。

灌丛牵牛（*Ipomoea leptophylla*）——在这个属（甘薯属）的大多数种中，下胚轴发育良好，并以拱形破土。但是灌丛牵牛这个种的种子在萌发时的表现却和麦加齐属相同，只是子叶的伸长的叶柄并没有汇合。在它们从种子伸出以后，其下端与未发育的下胚轴和未发育的胚根连在一起，共同形成一个只有 0.1 英寸长的尖端。它们最初有很强的向地性，钻入土中深达半英寸以上。胚根于是开始生长。在四次试验中，当叶柄竖直向下生长一小段距离后，把它们横向放置在黑暗潮湿的空气中，在 4 小时内它们又弯曲，竖直朝下，这时已经弯过了 90°。但是它们对向地性的敏感性只持续 2 天或 3 天；而且只有顶端长 0.2～0.4 英寸的部分才这样敏感。虽然我们的样品的叶柄钻入土中的深度没有超过 0.5 英寸，但是它们继续快速生长一段时间，最后伸得很长，达 3 英寸左右。上部是背地性的，因而向上竖直生长，只有靠近叶片的一小段，在早期向下弯曲并变成拱形，这样破土。此后这一小段也伸直，子叶于是脱离种皮。因此，我们可以看到，同一器官的不同部位有极其不同的运动和敏感性；因为基部是向地性的，上部是背地性的，而靠近叶片的一段暂时并自发地将自己弯成拱形。胚芽在短期内不发育；它在两子叶的平行并很接近的叶柄基部之间长出，这两个叶柄在破土时形成了一条几乎开敞的通道，因而胚芽无须弯曲成拱形，它总是笔直的。胚芽在它的原产地是否有一段时间埋于地下并且休眠，于是这样避免了冬寒，我们不清楚。它的胚根，像麦加齐属的胚根一样，长成块状体，最后达到很大的体积。提琴叶牵牛（*Ipomoea pandurata*）也是这样，阿萨·格雷告诉我们，它的萌发和灌丛牵牛的情况很相似。

下一个例证很有意思，是关于叶柄有像根一样的特性。把一株实生苗的已经完全腐烂的胚根切除，并将当时已经分离的两片子叶栽种。它们从基部长出根来，并且保持绿色和壮健达两个月。随后，这两个子叶的叶片枯萎，在铲除土壤时，看到叶柄（不是胚根）

基部已胀大成为小块根。它们是否能在明年夏季长成两株独立的植株,我们便不清楚了。

按照恩格尔曼(Engelmann)博士①的意见,绿叶栎(*Quercus virens*)的子叶和叶柄都是汇合的。叶柄长到"1英寸甚至更长些",并且,如果我们理解正确的话,它们钻入土中,因而它们一定有向地性。子叶内的养分于是便很迅速地转移到下胚轴或是胚根,后者从而发育成为纺锤形块根。上述3种极不相同的植物能形成块根这件事,使我们相信,它们这种在幼嫩时防御动物伤害的保护措施,是靠子叶叶柄的显著伸长,以及它们像根一样在向地性指引下钻入土中的本领所取得的益处之一。

下面一些例证可以在这里提出来,它们虽然不涉及实生苗,可是与我们现在的课题有关系。寄生植物鳞叶齿鳞草(*Lathraea squamaria*)没有真叶,它的花茎以拱形体的形式破土;②无叶的寄生植物多花水晶兰(*Monotropa hypopitys*)的花茎也是如此。嚏根草属的黑儿波(*Helleborus niger*),它的花梗是和叶分别举起的,也以拱形破土。羽状淫羊藿(*Epimedium pinnatum*)的伸得很长的花梗以及叶柄也是这样。毛茛属的榕茛(*Ranunculus ficaria*)的叶柄在必须破土时就成拱形,但是当它们从地面上的鳞茎顶端长出时,一开始就很直;这是一件值得注意的事。欧洲蕨(*Pteris aquilina*)以及其他几个种,可能还有很多种蕨,它们的主轴也是以拱的形式上举到地面上来。仔细调查时,无疑还可找到其他类似的例证。所有埋于地下的鳞茎、根茎和块根等在通常情况下的破土,是靠幼嫩的覆瓦状叶形成的圆锥体来进行的,这些叶子的联合生长使它们有足够破土的力量。

关于单子叶植物种子的萌发,我们观察的种类不多。它们的胚芽,例如天门冬属和美人蕉属的胚芽,在破土时是笔直的。禾本科植物的鞘状子叶也是笔直的,可是,它们的顶端是尖锐的鸡冠状突起,呈白色,并且相当坚硬,这种结构显然使它们容易出土;最初的真叶是通过刀状顶端下面的一条与它成直角的窄缝长出叶鞘的。洋葱例证中,我们又

---

① 《圣路易科学院学报》(*Transact. st. Louis Acad. Science*),第4卷,190页。

② 齿鳞草花梗穿出地面,想必是由于每年这个时期地下鳞状叶分泌出大量水液所促进的;这并不是说有任何理由去假设这种分泌是为此目的的一种特殊适应;它可能是由于寄生根在早春吸收了大量汁液。在长期缺雨之后,泥土的颜色变淡,并且极其干燥,但是在每个花茎周围至少6英寸远的距离之内,土壤是深色的并且湿润,有些地方甚至很潮湿。水液是由腺体分泌出来[科恩这样描述,《西里西亚学会植物组报告》(*Bericht. Bot. Sect. der Schlesischen Gesell.*),1876年,113页],这些腺体是位于穿经每一片鳞状叶的纵向管道之旁。把一棵大植株挖掘出来冲洗掉泥土,放置一些时候待它表面变干,随即在傍晚把它放在一块干燥的玻璃板上,上面用玻璃钟罩盖住;到次日清晨它已分泌了一大片水液。把玻璃板擦干,再经7或8小时,又分泌一小片水液,再经16小时,还有几大滴水液分泌出来。把一株较小的植株冲洗后,放在一个大瓶内,使瓶倾斜一小时,这时不再有水分流出。然后把瓶放正,并且封口,在23小时后从瓶底收集到的水液为2打兰(dram,在常衡中1打兰约1.771克——译者注);再过25小时后,又稍多一些。这时把花梗切除,因为它们并不分泌,把植物的地下部分称重,它重106.8克(1611格令),在48小时内分泌的水液共重11.9克(183格令),即占植株除去花梗后的总重的九分之一。我们应想到,在天然情况下的植株在48小时内的分泌量可能会比上述数量更多,因为它们的根系会经常不断地从它们的寄主植物吸收汁液。

见到拱形体，叶状子叶在破土时弯得很厉害，它们顶端当时还包在种皮内。前面已叙述过，它的拱冠发育成为一白色的圆锥形突起。我们可以有把握地认为，这种结构是为破土用的一种特殊适应。

这么多不同种类的器官——下胚轴和上胚轴、有些子叶的叶柄、有些第一片真叶的叶柄、葱属的子叶、几种蕨的叶轴、几种花梗——在破土时都弯成拱状，这个事实表明哈贝兰德特博士[①]关于拱形体对实生苗很重要的意见有多么正确。他认为拱形体的最重要的用处在于，下胚轴或上胚轴的幼龄而较柔嫩的上部，在破土时就因此避免了磨损和压伤。不过，我们想还有相当重要的一点，即下胚轴、上胚轴或是其他器官在最初形成拱状体时便得到更大的力量；因为拱状体的双足都在增加长度，当其尖端还包在种皮内时都有阻力的支点，于是拱冠被推出地面的力量，便是单个笔直的下胚轴可施加的力量的两倍。然而，当上端一旦脱离种皮，所有的功都要靠基足来做了。在蚕豆上胚轴的例证中，基足（顶端已经脱去种皮）向上生长的力量足够举起一块负载 12 盎司的薄锌片。再加重 2 盎司，这 14 盎司的重量可被举起到一很小的高度，然后上胚轴就屈服并弯向一侧。

至于成拱过程的主要原因，我们长期以为，在许多种实生苗的例证中，这可能是由于下胚轴或上胚轴在种皮内包埋和弯曲的形式所致；这样获得的拱形只保留到有关部位到达地面为止。但是，是否任何例证中的全部实情都是如此，还是疑问。举蚕豆例来说，它的上胚轴或胚芽在冲破种皮时弯成拱形，如图 59 所示。胚芽先伸出时像一个小硬块（A 图中的 *e*），它在 24 小时的生长后成为拱冠（B 图中的 *e*）。虽然如此，有些在潮湿空气中萌发和另外在不自然条件下受到处理的蚕豆，在两个子叶叶柄的腋内都发育出小胚芽，它们也和正常的胚芽一样弯成完好的拱形。然而它们并没有受到任何约束或压力，因为种皮已经完全裂开，它们是在露天生长的。这就证明，胚芽有一种遗传的或自发的倾向将本身弯成拱形。

在另外一些例证中，下胚轴或上胚轴最初从种子伸出时只是略微弯曲；但是以后不因任何约束力便弯曲得更厉害。这样便使拱形体很狭窄，两足有时又伸得很长，它们彼此平行并紧贴在一起，这样它便很适于破土。

有很多种植物的胚根，当它包在种子内部以及刚伸出种子之后，与将来的下胚轴和子叶的纵轴成一直线。金瓜的情况便是如此。然而，无论种子被埋在土中的位置如何，下胚轴总是朝着一个特定的方向弯成拱形出土。将种子种植在松散的泥炭土中，深约 1 英寸，竖直位置，即胚根将伸出的一端朝下。因而，种子内各部分占有的相对位置，都与实生苗长出地面后它们最后会达到的相同。虽然如此，下胚轴仍使自己弯成拱形，并且，

① 《幼苗发育中的保护组织》，1877 年。我们从这篇有趣味的论文中学习得很多，可是我们的观察使我们在几点上与作者有不同的看法。

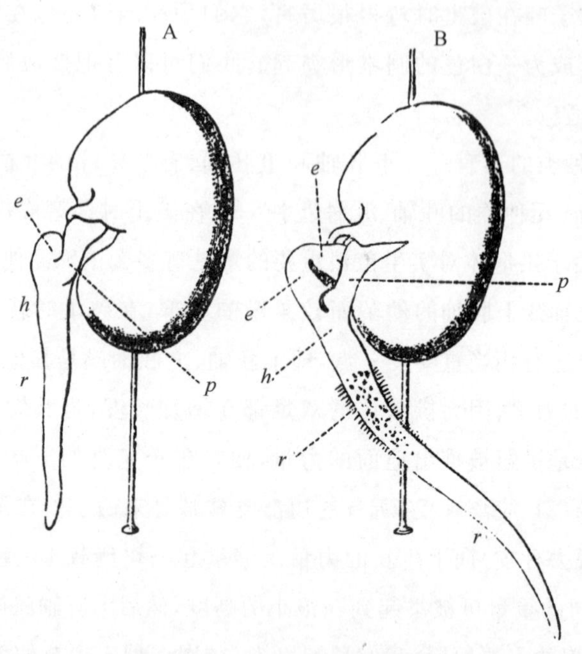

图 59　蚕豆　萌发种子，悬吊在潮湿空气中：A. 胚根竖直向下生长；B. 同一粒蚕豆，24 小时后，并在胚根自身弯曲以后；*r*. 胚根；*h*. 短的下胚轴；*e*. 上胚轴，在 A 图中成球状突起，B 图中成拱状；*p*. 子叶的叶柄，子叶包在种皮内。

当这个拱形体穿过泥炭土向上生长时，埋藏的种子或是被翻转过来，或者被横放着，以后被拉出地面。最后，下胚轴按通常方向将自己伸直，这时，在经过所有这些运动之后，几个部位占据的相对位置以及和地心的相对位置，和种子最初被埋藏时相同。但是，在这个例证和其他类似例证中，可以争辩的是，当下胚轴经土壤向上生长时，种子几乎肯定会倒向一侧；此后在它进一步上升时，必会遇到阻力，下胚轴的上部便因此而向下弯曲，于是变成拱形。这种看法似乎更有可能，因为榕茛中只有在土中打出通道的叶柄才弯成拱形，而从地上鳞茎顶端长出的叶柄则不成拱形。虽然如此，这个解释却不适用于南瓜属植物，因为当用针穿过子叶，使它固定在瓶盖的内侧，这样将萌发种子以不同位置悬挂在潮湿空气中，下胚轴在这种情况下，并没有受到任何摩擦或约束，可是它的上部仍然自发地弯成拱形。这个事实还证明，不是子叶的重量引起弯拱过程。将向日葵的种子和甘薯属两个种的种子（月光花 *I. bona nox* 的种子是这个属中既大又重的）按上式用针固定，其下胚轴自发地弯成拱形；胚根原是竖直悬垂着，结果取得了水平位置。在灌丛牵牛的例证中，是子叶的叶柄在经地面上举时成为拱形；当把它的种子固定在瓶盖上，这个过程自发地进行。

可是，也许有人提出，有可能成拱过程原本是因机械性挤压而引起的，这是由于有关部位在种皮内受到约束，或是由于它们被向上拖拉时受到摩擦。但是，如果情况确是这样，我们根据刚提到的几个例证必须承认，这几种特殊器官的上部向下弯曲因而成为拱形的倾向，现在已经在很多种植物中牢固地遗传下来。成拱过程，不论它是由于什么原因而引起的，都是修饰的转头运动的结果，通过沿这个部位的凸面的加速生长而实现的；这种生长只是暂时的，因为这个部位总是靠沿其凹面的加速生长随后将自己伸直，这方面以后将叙述。

有一件稀奇的事，有些植物的下胚轴发育很差，也从不把子叶举到地面上，却仍然遗传到使本身弯成拱形的轻微倾向，虽然这个运动对它们毫无用处。我们指的是，萨克斯在季豆和其他几种豆科植物的下胚轴中观察到的一种运动，见附图(图 59)，此图是从他的论文[①]复制的。蚕豆的下胚轴和胚根最初是竖直向下生长，如图 A，以后弯曲，常在 24 小时内达到图 B 所示的位置。鉴于此后常要提到这种运动，为了简便起见，我们称之为“萨氏弯曲”(Sachs’curvature)。初看起来，可能会以为图 B 中改变了的胚根位置完全是由于上胚轴(*e*)的较快生长，叶柄(*p*)作为枢纽，这可能是部分原因但是下胚轴和胚根上部本身变得有些弯曲。

我们曾经多次看到蚕豆的上述运动；但是我们主要是观察红花菜豆，它的子叶也是地下生的。先把几株有发育良好的胚根的实生苗浸在高锰酸钾溶液中；从颜色的变化(虽然这种变化并不很明确)来判断，下胚轴约为 0.3 英寸长。这时便在 23 粒萌发种子上，从短叶柄的基部开始沿着下胚轴画这样长度的黑色细直线，这些种子都钉在瓶盖上，种脐一般朝下，胚根指向地心。经过 24～48 小时以后，23 株实生苗中有 16 株的下胚轴上黑线变得明显弯曲，只是曲度各自不同(即用萨氏测弧计测得的半径在 20～80 毫米之间)，相对方向同于图 59 中 B 所示。因为向地性显然会抑制这种弯曲，就使 7 粒种子在一回转器[②]中萌发，适当注意了它们的生长条件，这种回转器可以消除向地性。在连续 4 天内观察了下胚轴的位置，它们朝着种脐和种子的下表面继续弯曲过去。在第四天，它们从竖直于下表面的直线偏离 63°平均角度，因而比 B(图 59)中蚕豆的下胚轴和胚根要弯曲得多，虽然相对方向相同。

我们推测，可以认为具有地下生子叶的所有豆科植物，都是从那些过去曾按照通常方式把子叶举出地面的类型演变而来的，并且在举出地面时，肯定的是，它们的下胚轴已经弯成陡峭的拱形，像其他各种双子叶植物的例证一样。这点在菜豆属的例证中特别清楚，我们观察过 5 个种的实生苗，即红花菜豆、饭豆(*P. caracalla*)、菜豆(*P. vulgaris*)、

---

① 《维尔茨堡植物研究所工作汇编》第 1 卷，1873 年，403 页。

② 这是萨克斯设计的仪器，其主要组成部分是一个缓慢旋转的水平轴，在这个横轴上支撑住要观察的植株；见《维尔茨堡植物研究所工作汇编》，1879 年，209 页。

汉南德氏菜豆(*P. Hernaudesii*)和罗克斯伯氏菜豆(*P. Roxburghii*)(它们分别生长在旧大陆和新大陆),后面的三个种有发育良好的下胚轴,它们以拱状体形式破土。现在,如果我们想象有一株蚕豆或红花菜豆的实生苗,在作着其远祖曾作过的运动,那么无论这粒种子是以什么位置埋于地下的,它的下胚轴(图 59 中 *h*)就会弯成很厉害的拱形,以致它的上部向下折叠而与下部平行,这正是这两种植物实际发生的那一类弯曲,虽然程度上小得多。因此,我们大概不能怀疑,它们的短下胚轴由于遗传还保留着使自己弯曲的趋势,像在以往一个时期,它们做过的那种方式,那时这种运动对破土很重要,虽然现在由于子叶留在地下而无用了。残留的结构在大多数情况下变异很大,我们可以预料,残留的或废退的动作会同样如此,萨氏弯曲在数量上变动非常大,有时甚至完全没有。这是我们知道的关于运动的遗传性的唯一例证,虽然在程度上很微弱,这种运动由于物种经历了变化便已成为多余的了。

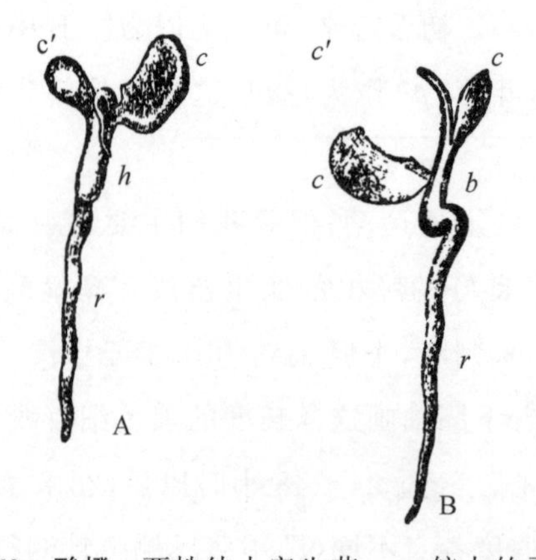

图 60　酸橙　两株幼小实生苗:*c*. 较大的子叶;*c*′. 较小的子叶;*h*. 加粗的下胚轴;*r*. 胚根。A 图中的上胚轴仍旧呈拱形;B 图中它已经伸直。

残留的子叶——在这里将插入一些有关这个问题的看法。已经都知道,有些双子叶植物只形成一片子叶;例如,毛茛属、紫堇属和细叶芹属的几个种。我们在这里企图说明,少形成一片或两片子叶,显然是由于有营养物质储存在其他部位,如下胚轴或两片子叶中的一片,或是次生胚根之一。酸橙的子叶是地下生的,一片子叶比另一片大些,可从图 60 中的 A 看出;在 B 图中,差异更大,并且茎已从两个叶柄的着生点之间长出,因而它们彼此不是对生的。在另一个例证中,二叶柄着生点分隔达 0.2 英寸。有一株实生苗的较小子叶非常薄，长度不到较大子叶的一半，所以它显然正在变成残留的器官。① 在所有这些实生苗中，下胚轴已增大或肿胀。

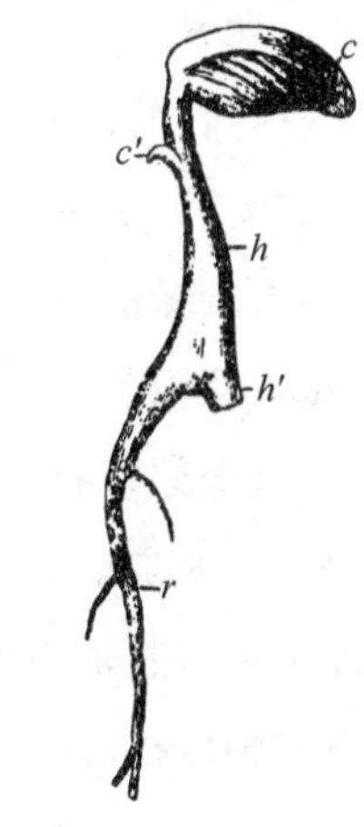

图 61　粉红叶子草　实生苗（为原大的两倍）：c. 子叶；c'. 残留子叶；h. 增大的下胚轴，其下端有一肿状物或突起（h'）；r. 胚根。

粉红叶子草的一片子叶发育很差，可从图 61（c'）看出。在这个样品中，这个残留子叶是一个小绿片，$\frac{1}{84}$ 英寸长，无叶柄，有腺体覆盖，腺体和充分发育的子叶（c）上的一样。残留子叶最初位于较大子叶的对面；但因后者的叶柄增加长度并且是与下胚轴（h）在同一条线上生长，在较大的实生苗中，这个残留子叶就好像位于下胚轴的较下部位。沙地叶子草（*Abronia arenaria*）也有一片类似的残留子叶，在一样品中仅为$\frac{1}{100}$ 英寸长，另一样品中$\frac{1}{60}$ 英寸长；它最后好像是位于下胚轴的中部。在这两株实生苗中，下胚轴胀得很大，特别是在早期，几乎可以称它为球茎了。下胚轴下端形成一个肿状物或突起，后面将描述它的作用。

仙客来的下胚轴，甚至还在种子内的时候，便已扩大成为一个正规的球茎，②并且最初只发育出一片子叶（见图 57）。榕莨的两片子叶从来不长出来，有一个次生胚根在早期便发育成所谓鳞茎。③ 还有，细叶芹属和紫堇属的一些种只形成一单个子叶；④在细叶芹属中是下胚轴胀大成为鳞茎，在紫堇属中，根据伊尔米施（Irmisch）的报道，是胚根胀大成为鳞茎。

在上述几个例证中，有一片子叶发育延迟，或是体积减小，或是成为残留的，或者完全败育；但是在另一些例证中，两片子叶都是残留的。仙人掌属的褐毛掌，便不是如此，它的两片子叶既厚且大，下胚轴最初没有增大的迹象；可是以后，当子叶枯萎并使自己断离，下胚轴就变粗，由于它一端变细，而且有光滑、坚韧的褐色外皮，所以当最后被拉到土

---

① 根据 R. I. 林奇（Lynch）先生的描述［《林奈植物学会会志》（*Journal Linn. Soc. Bot.*）第 17 卷，1878 年，147 页］，水生中美木棉（*Pachira aquatiea*）的地下生子叶中有一片很大，另一片很小并且不久后脱落；这对子叶并不总是对生。在另一种很不同的植物中，即欧菱（*Trapa nutans*），一片子叶充满了粉质物，比另一片大得多，后者小到几乎看不见，德·康多尔这样陈述（《植物生理学》第 2 卷，1832 年，834 页）。

② 见格雷斯钠（H. Gressner）博士，《植物学报》，1874 年，824 页。

③ 见伊尔米施（Irmisch），《植物形态学汇刊》（*Beiträge zur Morphologie der Pflanzen*），1854 年，11—12 页；《植物学报》，1874 年，805 页。

④ 见德尔皮诺（Delpino），《植物学述评》（*Rivesta Botanica*），1877 年，21 页。根据沃歇（Vaucher）关于紫堇属中几个种的种子萌发的报道［《欧洲植物生理学史》（*Hist. Phys. des Plantes d'Europe*］，第 1 卷，1841 年，149 页），显然鳞茎或块茎在一极早时代便开始形成。

壤内相当深度时,就像是一条根了。另一方面,仙人掌科中有些种的下胚轴从最初起就胀得很大,并且两片子叶几乎是或完全是残留的。兰德贝克氏山影拳(*Ceareus Landbeckii*)就是这样,它的两片子叶变成了两个小三角形突起,比下胚轴更细,下胚轴呈梨形,尖端朝下。无根(藤檞等生状)仙人棒(*Rhipsalis cassytha*)的二子叶只是胀大的下胚轴上的两个小点。绿皮刺猬掌(*Echinocactus viridescens*)的下胚轴呈球形,顶端上有两个小突起。霍来特氏多毛掌(*Pilocereuo houlletii*)的下胚轴上部很肿胀,它的顶端上只有刻痕,显然,这个刻痕的每一边代表一个子叶。豹皮花是很独特的萝藦科的一种,像仙人掌一样肉质;它的扁平的下胚轴上部也是加厚得很厉害,带有两片微小的子叶,仅0.15英寸长,宽度不到下胚轴的短轴直径的四分之一;然而这两个微小子叶可能不是十分无用,因为当下胚轴以拱形破土时,它们便闭合并彼此压紧,这样便保护了胚芽。它们以后张开。

从现已提出的关于几种极不相同的植物例证,我们可以推断说,一片或两片子叶缩小体积和下胚轴或胚根增大而形成所谓鳞茎有着某种密切关系。但是可以提问说,是子叶先败育,还是鳞茎先开始形成?因为所有的双子叶植物都天然地形成两片发育良好的子叶,而下胚轴和胚根的粗细则在不同种植物中差别很大,看来可能是下胚轴和胚根由于某种原因先变粗——在有些例证中显然与成熟植株的肉质特性有关——这样便储藏了养分,足够供应实生苗,于是子叶便成为多余的,一片或两片子叶便缩小体积。有时只有一片子叶受到这样的影响,这也不足为奇,因为有些植物,如甘蓝,它的两片子叶最初便大小不等,这显然是由于它们在种子内包埋的方式所致。可是,不应该从上述的联系来推论说,每当有鳞茎在早期形成,一片或两片子叶将必然变成多余的,结果便多多少少成为残留器官。最后,这些例证为生长的补偿或平衡的原理提供一个很好的说明,或者,像歌德这样表达说:"大自然无可奈何,只能精打细算,移东补西。"

下胚轴和上胚轴还呈拱形并埋在土中时以及破土时的转头和其他运动——按照种子在埋于土中时,偶然取得的位置,其拱形下胚轴或上胚轴将以水平面、各种倾角的斜面,或是竖直面开始伸出。除去已经竖直向上站立以外,拱形体的双足从一开始便受到背地性的影响。因此,它们便向上弯曲,直到拱形体成为竖直为止。在这全部过程中,即使在拱形体破土以前,它在不断试图做小幅度的转头运动;它如果最初便偶然地向上直立,也会作同样的运动;各方面的例证都已经观察过并在上一章内作过多多少少充分的叙述。在拱形体向上生长到某一高度后,其基部便停止转头运动,而上部仍然继续。

在我们谈到威斯纳(Wiesner)教授的观察资料以前,关于一呈拱形的下胚轴或上胚轴能够在两足固定于土壤中时作转头运动这件事，对我们来说，是不可理解的。他证明，[①]有些尖端向下弯曲(或在转头)的实生苗，当它的上部悬垂部分的后侧生长最快时，同一节间的基部的前侧相对面也生长得最快；这两部分之间有一中立区，它在各面的生长是相等的。在同一节间内，甚至可能有多于一个的中立区；每一个这样的区域，其上下两部分的相对面生长得最快。威斯纳把这种特殊的生长方式称为“波荡形转头运动”(undulatory nutation)。转头运动发生的原因在于：一器官的一面生长最快(可能先发生膨压增强)，随后是另一面，通常是差不多相对的一面，生长最快。现在如果我们看一个像∩形的拱形体，并假定是整个一面——我们且说是双足的整个凸面——在增加长度，这不会使此拱形体向任何一面弯益。但是，如果左足的外侧或外表面增加长度，此拱形体就会被推向右方，并且右足的内侧增加长度会帮助它这样倾斜。如果以后这个过程倒转过来，拱形体将会被推向对面的左侧，这样交替地进行下去——就是说，它会进行转头运动。当一个双足固定在土中的下胚轴，肯定在作着转头运动，并且它只是由单个节间所构成，我们可以下结论说，它是以威斯纳所叙述的方式在生长。还可以补充说，拱冠并不生长，或者是生长很缓慢，因为它的宽度增加不多，而拱形体本身却大大增加了高度。

拱形的下胚轴和上胚轴的转头运动很难不会帮助它们出土，如果土壤湿润和松软的活。不过没有疑问的是，它们的出土主要依赖于它们的纵向生长所施加的力。虽然拱形体转头的幅度不大，可能所用的力也很小，然而它能够推动靠近地面的土壤，对相当深度的土层可能力量不够。有一花盆曾播种了巴力那桑茄的种子，它们的高拱形下胚轴已经出土，正在相当缓慢地生长，用保持湿润的黏性细沙土覆盖，沙土最初是紧密地包围着拱形体的基部，但是不久在每一个拱形体的周围便形成一圈开口的裂缝，这只能是由于它们把周围各侧的沙土推开的缘故；因为插入土中的一些小木棍和钉子周围就没有出现这样的裂缝。已经提过，虉草属和燕麦属的子叶、天门冬属的胚芽和芸薹属的下胚轴，不论是单纯地转头时或是朝着一侧光弯曲时，也能推动这类的沙土。

当拱形下胚轴或上胚轴还埋在地下时，它的两足不能彼此分开，除去只分开到土壤让步的微小程度；但是一旦拱形体升出地面，或者在较早时期就用人力把周围的土壤压力排除，拱形体立即就开始伸直。这无疑是由于拱形体双足的**整个**内表面的生长；当把拱形体的双足压紧在一起时，这样的生长便受到抑制或阻止。当把拱形体周围的土壤铲除并将两足在基部捆在一起时，过了一段时间以后，拱冠下表面的生长使它变得比天然生长的更宽、更扁。这个伸直过程由一种修饰的转头运动构成，因为在此过程中描绘的路线(如芸薹属的下胚轴，蚕豆属和榛属的上胚轴)，时常是明显的曲折线，有时还有环

---

① 《节间的波荡形转头运动》，[《科学院(维也纳)报告》(*Akad. der Wissensch Vienna*)]，1月17日，1878年。此刊印单行本，参看32页。

形。下胚轴或上胚轴出土以后，它们很快变成完全直立。它们以前的陡峭弯曲没有留下痕迹，只有洋葱是例外，洋葱的子叶很少变得完全直立，因为拱冠上发育了突起。

拱形体的内表面加强生长，使它伸直，这种生长显然是从基足开始，也就是从与胚根相连的拱足开始，因为我们常看到，这个拱足先离开另一拱足向后弯曲。这个运动使上胚轴或子叶的尖端（视情况而定）更容易从种皮内脱出并出土。但是，子叶出土时常是仍然紧包在种皮内，种皮显然起了保护作用。种皮以后由于紧紧相连的两片子叶的膨胀而被撕裂并脱掉，不是由于任何运动或是两片子叶的彼此分离。

然而，还有少数例证，特别是葫芦科，种皮是靠一种奇特的方法破裂的，弗拉奥（M. Flahault）曾描述过[①]。在胚根顶端或是下胚轴基部的一侧发育出一个肿状物或是胚栓；当拱形下胚轴的继续生长把种皮的上半部向上推送时，这个肿状物或胚栓就把种皮的下半部向下拉住（胚根被固定在土中），于是把种皮在一端撕裂，子叶便很容易脱出。图 62 将使上面的描述容易理解。

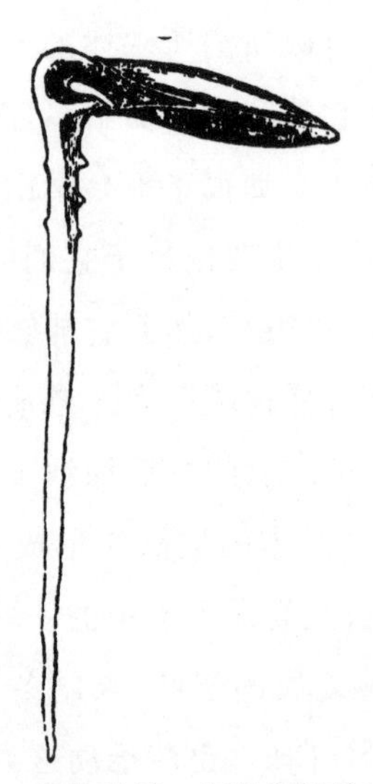

图 62　金瓜　萌发种子：表明从胚根顶端的一侧长出的肿状物或胚栓，它把种皮的下部尖端压住，种皮因拱形下胚轴的生长已部分破裂。

把 41 粒金瓜种子播在疏松的泥炭土上，再盖上一层约厚 1 英寸压得不太紧的泥炭土，以便子叶在被拖出土时只受到极小的摩擦力，可是其中 40 株的子叶都赤裸着出土，种皮留在泥炭土内。这肯定是由于胚栓的作用，因为当阻止胚栓起作用时，我们即将看到，子叶被举出土时，仍旧是包在种皮内的。然而种皮在两三天内，便因子叶膨胀而被脱除。在

① 见《法国植物学公报》(*Bull. Soc. Bot. de France*)，第 24 卷，1877 年，201 页。

这以前，光线不能透入，子叶不能分解碳酸；但是，可能没有人会去设想，这种靠稍早脱除种皮得到的好处会足以解释胚栓发育的原因。然而，按照M.弗拉奥的意见，在地下不能脱除种皮的实生苗，低劣于带着赤裸的并准备起作用的子叶出土的实生苗。

这种胚栓发育得非常迅速：在两株实生苗上，胚根长0.35英寸，胚栓只能刚刚被辨认出来，但是在过了24小时以后，两株上的胚栓都已发育很好。按照弗拉奥的意见，它是由下胚轴基部的几层皮层薄壁组织胀大而形成的。然而，如果根据高锰酸钾溶液的效应来判断，那么它恰好是在下胚轴和胚根的连接线上发育的；因为胚栓的平坦下表面以及其边缘像根一样染成褐色，而稍倾斜的上表面则像下胚轴一样没有着色，在33株浸过这种溶液的实生苗中，确实只有一个例外，它的胚栓上表面有大部分染成褐色。胚栓的下表面有时长出次生根，它因而从各方面看来像是带有胚根的特性。胚栓总是在下胚轴弯成拱形时成为凹面的一侧上发育出来的，要是它在其他任何一侧上形成，便没有用处了。它也总是发育出具有平坦的下表面，刚才提到，这个下表面成为胚根的一部分，与胚根成直角，在一个水平面上。按图62中的同样位置埋下几粒这种薄而扁平的种子，只是不是把它们放在它们的扁平面上，而是一个棱边朝下，便可清楚证明上述情况。这样播种了9粒种子，胚栓是像图中那样，在相对于胚根的相同位置上发育出来；因此，它的位置并不是在种皮下半部的扁平尖端之上，而是像楔一样插在种皮的两个尖端之间。当拱形下胚轴向上生长时，它有将整个种子向上拉的趋势，胚栓必然与种皮的两个尖端摩擦，但是没有把任何一个向下拉住。实验结果是，在这样放置的9粒种子中，有5粒的子叶被举出地面时仍旧包在种皮内。又播种4粒种子，使其伸出胚根的一端竖直朝下，因为胚栓总是在同一个位置上发育出来，它的顶端只与种皮一边的尖端接触并发生摩擦；结果是，所有4粒种子的子叶出土时都依旧包在种皮内。这些例证告诉我们，胚栓如何配合着扁平而薄宽的种子在自然播种时会几乎经常取得的位置而起作用。弗拉奥发现（我们也观察到），在切除种皮的下半部时，胚栓便不能起作用，因为它没有东西去压住，子叶被举出地面时，种皮仍没有脱去。最后，自然界告诉我们胚栓的用处。因为我们知道的葫芦科的一个属，即麦加齐属，它的子叶是地下生的，不脱除种皮，便没有胚栓的痕迹。从弗拉奥的叙述判断，在这一科的大多数其他属中似乎都有这种结构；我们在栝楼属的蛇瓜（*Trichosanthes anguina*）中，发现它发育良好并且正常地起作用，我们很难估计到在这种植物中找到它，因为它的子叶有些厚并且是肉质的。比现在这个例子更好地适应于一特殊目的结构，能举出的就很少了。

含羞草的胚根从种子的尖锐边缘上的小孔伸出；在胚根的顶端，即与下胚轴连接处，在早期便有一道横脊发育，这道横脊显然可帮助割裂坚韧的种皮，但是它并不帮助脱去种皮，这是在子叶被举出地面后膨大起来做到的。这道脊或肿状物所起的作用因而与南瓜属的胚栓不很相同，它的下表面和边缘被高锰酸钾溶液染成褐色，但是上表面不着色。

有一件异常的事，即在这道脊完成任务并且脱开种皮以后，它便在胚根顶端的周围发育成一圈皱边。[①]

在粉红叶子草的胀大的下胚轴基部，即在它和胚根的交接处，有一个突起或肿状物，它的形状不一，但是在本书的前图(图 61)中，它的轮廓有特别显著的棱角。胚根先从强韧的皮革状翅果一端的小孔伸出。在这个时期，胚根的上部还包在翅果内，与下胚轴平行，并且单个子叶折叠回来也与下胚轴平行。这三个部位的膨胀，特别是在下胚轴和胚根之间、它们折叠的位点上肥厚肿状物的迅速发育，就使强韧的翅果在上端破裂，让拱形的下胚轴伸出，这像是这个肿状物的功能。从翅果切下一粒种子，使它在潮湿空气中萌发，这时在下胚轴基部周围便发育出一个扁的薄盘，长得很宽，像含羞草胚根上端的绉边，但是还要宽些。弗拉奥说，与叶子草属同一科的紫茉莉属，在它下胚轴基部的周围发育出一个肿状物或称根头，但是一边长得比另一边更大些，这个根颈使子叶脱离种皮。我们只观察了一些老种子，它们是靠吸收水分而破裂的，与肿状物的任何帮助无关，并且是在胚根伸出之前，但是，并不能据我们的经验就推论新鲜而强韧的果实会有同样的表现。

在总结本章这一节时，以举例说明的方式可能更便于概括实生苗在破土时和刚破土之后，其下胚轴和上胚轴的惯常运动。我们可以设想，有一个人被一捆落到他身上的干草压倒，双手和双膝着地，同时歪向一侧。他最初会努力伸直他的拱形的背部，同时向各方向扭动，以使自己稍微摆脱一些周围的压力——以其代表一粒埋于土中的种子的拱形下胚轴，或上胚轴最初在水平面，或是倾斜面伸出时的背地性和转头运动的联合效应。这个人还在不断地扭动时，会尽可能高举他的拱形背部，这便可代表一拱形下胚轴或上胚轴在到达地面以前的生长和持续的转头运动。当这个人一旦觉得自己完全自由，他便会把身体的上部举起，这时还双膝跪着并且仍在扭动，这可代表拱形体基足的向后躬弯(这种动作在大多数情况下可帮助子叶脱去埋在土下的破裂种皮)和整个下胚轴或上胚轴以后的伸直——转头运动仍在持续进行。

下胚轴和上胚轴在直立时的转头运动——我们观察的许多种实生苗的下胚轴、上胚轴和最初的茎，在它们已经伸直并直立之后，还在不断进行转头运动。在上一章的木刻图中已经表明它们所描绘的各种不同的运动路线。描图多半持续两天。应记得的是，标记是用直线连接的，因而图形成为多角形；如果每隔几分钟就作一次观察的话，这些路线便会多少呈曲线形，并且会形成不规则的椭圆或卵圆形，也许有时是圆形。在同一天或

---

① 诺布(Nobbe)在他的《种子手册》，1876 年，215 页中的简短陈述引起我们的注意，文中有图表明角胡麻属的实生苗在胚根和下胚轴的连接处有一个肿状物或是脊。这种种子的种皮很坚硬和强韧，好像是需要帮助才能破裂并让子叶伸出。

连续几天内所作的椭圆，其长轴的方向常常完全改变，以致彼此相交成直角。在一定时间内所作的不规则椭圆或圆形的数目，不同种的实生苗很不相同。甘蓝、大蜂房花和金瓜都可在12小时内完成4个左右这样的图形，而巴力那桑茄和褐毛掌就很难超过一个。图形的大小也有很大差别，如豹皮花属的图形便很小并且有些不明确，芸薹属中的便很大。禾叶山黧豆和芸薹属所描绘的椭圆较窄，而栎属所描绘的椭圆较宽。所绘的图形常因一些附加的小环和曲折线而显得复杂化起来。

由于大多数实生苗在真叶发育以前的株身不高，有时极矮，它们的转头茎向两侧的最大运动量也就很小；野生麦仙翁的下胚轴向两侧的最大运动量约为0.2英寸，金瓜的约为0.28英寸。禾叶山黧豆的一条极幼嫩的茎运动约0.14英寸，一株美国栎为0.2英寸，普通粟只有0.04英寸，天门冬属的一条较高的枝条为0.11英寸。加那利群岛虉草的皮革状子叶的最大运动量为0.3英寸；但是它的运动很慢，有一次，它的尖端跨过测微计上的5个小格，即0.01英寸需时22分5秒。有一株平卧小铃草（*Nolana prostrata*）实生苗跨过同样距离需时10分38秒。甘蓝实生苗的转头要快得多，它一片子叶的尖端跨过测微计上0.01英寸需时3分20秒；放在显微镜下观察时，这种快速运动伴随着不断的振荡，景象着实令人惊奇。

缺乏光照，至少是一天，并不影响我们所观察的各种双子叶植物的下胚轴、上胚轴或幼茎的转头运动，也不影响有些单子叶植物的幼茎的转头运动。转头运动确实是在黑暗中比在光下更明显，如果光照完全是侧向的，那么茎便以多少有些曲折的路线向光弯曲。

最后，有许多实生苗的下胚轴在冬季被拉进地面，甚至地面以下，以致消失不见。这个奇怪的过程显然起了保护作用，德·弗里斯曾详细叙述过。[①] 他指出，这是由于根系薄壁细胞的收缩所致。但是，在有些例证中，下胚轴本身收缩得很厉害，虽然它起初很光滑，却变得满布着曲折的隆起线，像我们在野生麦仙翁所看到的。褐毛掌的下胚轴被拉到地下掩埋，有多少是由于下胚轴的收缩，又有多少由于胚根的收缩，我们没有观察。

子叶的转头运动——上一章内所叙述的所有双子叶植物实生苗，其子叶经常在运动着，主要是在一竖直面上运动，通常在24小时内上举一次和下垂一次。可是，这样简单的运动有许多例外，如牵牛的子叶在16小时18分钟内或向上或向下运动13次，玫瑰红花酢浆草的子叶在24小时内作了7次，决明的子叶在9小时内描绘了5个不规则的椭圆。含羞草和圣詹姆斯氏百脉根的有些个体的子叶在24小时内只上下运动一次，另一些个体的子叶在相同时间内，还多作一次小振荡。因此，不同的种以及同一种的不同个

---

① 《植物学报》，1879年，649页。也见温克勒尔（Winkler）在《勃兰登堡州植物协会讨论会》（*Verhandl. des Bot. Vereins der P. Brandenberg*），年刊第16卷第16页的论文；哈贝兰德特曾加以摘引，见《实生苗发育时的保护措施》，1877年，52页。

体，有很多等级的运动，从一单个的昼夜运动到像甘薯属和决明属那样复杂的振荡。同一实生苗的相对两子叶在一定范围内，彼此独立无关地运动着。敏感酢浆草这方面很明显，可以看到它的一片子叶在白天举起到竖直站立，而对面的子叶却下垂。

虽然子叶的运动一般是在近于同一竖直平面内，但是它们的上举路线和下垂路线从不严密吻合，因而就有些多少是狭窄的椭圆形描绘出来，子叶便可保险地说是已经作了转头运动。这件事不能仅仅用子叶因生长而增加长度来解释，因为增加长度本身不会引起任何侧向运动。在有些例证中，如甘蓝的子叶，侧向运动便很明显；因为它们除了上下运动以外，还在 14 小时 15 分钟内，从右到左改变路线 12 次。番茄的子叶在午前下垂之后，从 12 时到下午 4 时向两侧曲折运动，随后才开始上举。黄花羽扇豆的子叶肥厚（约为 0.08 英寸）而且为肉质，[①]像是不会运动，因而特别注意地对它们作了观察：它们确实主要作了上下运动，并且因所描绘的路线是曲折的，故此有些侧向运动。一株南欧海松实生苗的 9 片子叶作了明显的转头运动，所描绘的图形更接近于不规则的圆形而不是不规则的卵圆或椭圆形。禾本科植物的鞘状子叶作转头运动，就是说，向所有各方向运动，和任何双子叶植物的下胚轴或上胚轴作的转头运动一样清楚。最后，一种蕨和一种卷柏的很幼小的茎叶合体作转头运动。

在大多数经仔细观察的例证中，子叶都在午前稍有下垂，在午后或傍晚稍微上举。它们于是在夜间就比中午更倾斜些，在中午差不多是水平展开。因而这种转头运动至少是有不完善的周期性，而且，我们以后将谈到，这无疑是与每天的光暗交替有关系。有几种植物的子叶在夜间上举得很高，以致近于直立或完全直立，在完全直立时，两子叶就彼此紧密接触。另一方面，有少数植物的子叶在夜间几乎竖直下垂或完全竖直下垂。在后一情况下，它们就紧贴在下胚轴的上部。在同一酢浆草属中，有几个种的子叶在夜间向上直立，另外几个种的子叶却向下直立。在所有这样的例证中，子叶可以说是就眠，因为它们的动作和许多就眠植物的叶子一样。这是一种有特殊目的的运动，因而将在后面一章专门讨论。

有些双子叶植物的子叶在夜间以显著方式改变位置（地下生子叶当然除外），为了要对这类例证的比例数值有个大致的概念，除了上一章中所描述过的例证以外，还粗略地观察了几个属中的一个种或更多的种。于是我们观察了总计 153 个属，它们分别属于尽可能被收集到的科。在中午并在夜间查看了子叶的位置，或是竖直站立的，或是在水平面以上或以下至少成 60°角的子叶，便作为就眠的记录下来。这样的属有 26 个，其中 21 个有些种的子叶在夜间举起，只有 6 个属有些种的子叶在夜间下垂；在后一类子叶下垂的例证中，有几个很可疑，其原因将在关于子叶的就眠一章中解释。凡是在正午时近于

---

① 这些子叶虽然是鲜绿色，但在一定程度上类似地下生子叶。参看哈贝兰德特（《实生苗发育中的保护措施》，1877 年，95 页）关于豆科植物中地上与地下生子叶间的等级差别的有趣讨论。

水平，在夜间在水平面以上大于 20°、小于 60°的子叶，都记录为“明显举起”，这样的属有 38 个。我们没有观察到任何明显的例证表明子叶在夜间只周期性地下垂几度，不过肯定会有这样的情况。我们已经讲到了上述 153 个属中的 64 个，还有 89 个属，它们的子叶在夜间改变的位置不到 20°，也就是说，不到一种容易用肉眼或记忆力检查出来的明显状态；但是，不应当根据这个说法便推断，这些子叶完全不运动，因为在仔细观察时，有几个例证记录到上举几度。89 这个数字还可以再增加一些，因为有少数几个属，例如车轴草属和老鹳草属，它们属于就眠植物，但是其中有些种的子叶在夜间几乎仍旧处于水平位置，这样的属因而也可以加到 89 个属一类去。酢浆草属有一个种的子叶一般在夜间上举到水平面上大于 20°、小于 60°，所以这个属可以包括在两个项目之内。但是我们并没有时常观察同一属中的几个种，就避免了这样的双重记录。

在以后一章中将指出，许多种不就眠的植物的叶子，在傍晚和上半夜上举几度；那么，推迟到这一章再考虑子叶运动的周期性，将较为方便。

关于子叶的叶枕或关节——在本章和上一章所叙述的实生苗中，有几个种的子叶叶柄的顶端发育成叶枕、叶座，或关节（因为这个器官有几个不同的名称），像许多种叶子一样。它由大量小细胞组成，由于缺乏叶绿素，颜色较淡，外形上多少呈凸面，如图 63 所示。在敏感酢浆草的例证中，叶柄的三分之二转变成叶枕，在含羞草例证中，小叶的整个

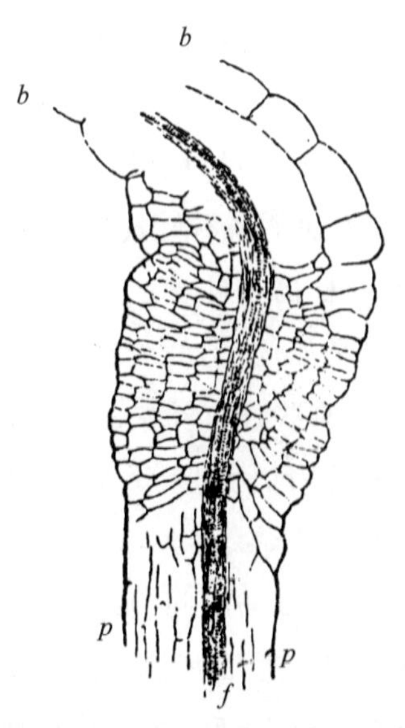

图 63　玫瑰红酢浆草　子叶叶柄顶端上叶枕的纵切面，用显微描绘器描绘（放大 75 倍）：*p*. 叶柄；*f*. 维管束；*b*. 子叶叶片的起点。

短次叶柄显然都已转变成叶枕。有叶枕的叶子，它们的周期性运动，按照普费弗（Pfeffer）[①]的意见，依赖于两侧的叶枕细胞相互交替地加速膨胀而实现；而没有叶枕的叶子的周期性运动，则是靠其两侧相互交替地加速生长来实现。[②] 当一片有叶枕的叶子还幼嫩并且继续生长时，它的运动就依靠上述两个原因联合起作用；[③]如果许多位植物学者目前所持的见解是正确的，即在生长之先总是有生长细胞的膨胀，那么，有叶枕帮助和没有叶枕帮助所引起的运动之间的差别，就可归纳为：在前一情况下细胞膨胀后没有生长，在后一情况下是随后有生长进行。

取一株苗龄较大的智利酢浆草实生苗，在有叶枕的一对子叶上，沿其中脉用墨水划上一些小点；在 $8\frac{3}{4}$ 天内用目镜测微计重复测量它们的距离，它们没有表现出丝毫增加的迹象。因而几乎可以肯定，叶枕本身这时没有进行生长。然而，在整个这段时期和随后的 10 天内，这对子叶每夜总是竖直上举。以多花酢浆草（*Oxalis floribunda*）名义购买了些种子，用来培养出一些实生苗。它们的子叶在长时间内每夜竖直下垂，这种运动显然完全依靠于叶枕，因为在幼嫩实生苗和已长出真叶的较大实生苗上的子叶，叶柄长度几乎相等。另一方面，决明属有些种，不用测量便可看出，其有叶枕的子叶在几个星期内大大增加了长度，那么在这里叶枕细胞的膨胀和叶柄的生长可能联合起来引起它们长时期的周期性运动。同样明显的是，许多种植物的子叶不具备叶枕，增长很快，它们的周期性运动无疑是完全由于生长。

按照如下观点，即所有子叶的周期性运动主要依赖于细胞的扩张，不论是否随后有生长，那么，我们便可了解下面这事实，即这两类例证中运动的种类或形式只有很小的差别。比较前一章中所提供的一些线图，就可以看出这个现象。例如，甘蓝和牵牛的不具备叶枕的子叶的运动，和酢浆草属及决明属有叶枕的子叶的运动一样复杂。含羞草和圣詹姆斯氏百脉根的一些个体的有叶枕的子叶在 24 小时内只作一次振荡，另一些个体可上下运动两次；金瓜的子叶有时也是如此，它的子叶没有叶枕。有叶枕的子叶的运动一般比没有叶枕的幅度要大些；不过，有些没有叶枕的子叶能够转动 90°角。然而，这两类例证有一个重要区别：没有叶枕的子叶，例如十字花科、葫芦科、麦仙翁属和甜菜属的子叶，其夜间运动从不以任何明显的程度持续多久，甚至不超过一个星期。另一方面，有叶枕的子叶可继续于夜间上举一段长得多的时间，甚至超过一个月，我们即将举出一些例证。但是运动的时期无疑主要依赖于实生苗所遇到的温度以及它们随后的发育速率。

智利酢浆草——有些不久前展开的子叶，在 3 月 6 日中午是水平位置，夜间竖直向

---

① 《叶器官的周期性运动》，1875 年。

② 巴塔林（Batalin）：《花》，1873 年 10 月 1 日。

③ 普费弗，《叶器官的周期性运动》，1875 年，第 5 页。

上举起；在13日第一片真叶形成，在夜间被子叶包围；在4月9日，经过35天以后，有6片叶发育出来，然而子叶在夜间几乎仍竖直上举。另一株实生苗，在最初观察时已形成一片真叶，它的子叶在夜间竖直上举并且继续如此又有11天之久。从第一次观察后16天，有两片叶形成，子叶仍在夜间上举很高。在21天后，子叶在白天偏斜到水平面下，但是在夜间上举到水平面上45°角。在第一次观察(即一片真叶发育后)后24天，子叶才停止在夜间举起。

敏感酢浆草——几株实生苗的子叶，在最初展开后的45天，在夜间仍竖直站立，并且将这时已形成的一片或两片真叶紧密包围。这些实生苗曾被放置在很暖的室内，它们的发育很快。

酢浆草——它的子叶在夜间不竖直上举，一般举到水平面上45°角左右。它们继续这样运动，直到初次展开后23天，这时已有两片真叶形成；甚至29天以后，它们仍然从白天的水平位置或是向下倾斜位置适当上举。

含羞草——它的子叶在11月2日初次展开，在夜间便竖直站立。在15日第一片真叶形成，夜间子叶仍是竖直上举。28日，它们以相同方式运动。12月15日，即在44天之后，子叶仍在夜间上举得相当高；但是，另一株实生苗，龄期只大一天，就上举得很低。

白花含羞草(*Mimosa albida*)——对一株实生苗只观察了12天，在这段时期内一片真叶形成，子叶在夜间仍很竖直上举。

地下车轴草——一株苗龄8天的实生苗，子叶在上午10时30分为水平位置，在晚上9时15分竖直上举。过了两个月后，这时已发育出第一片和第二片真叶，子叶仍然做着同样的运动。这时子叶已长得很大，呈卵圆形，并且它们的叶柄竟然有0.8英寸长！

直立车轴草(*Trifolium strictum*)——17天后子叶仍在夜间举起，但是，以后没有观察。

圣詹姆斯氏百脉根——有几株实生苗已有发育良好的几片叶，它们的子叶夜间约上举45°，甚至在3、4轮叶子形成以后，子叶仍于夜间上举，比白天的水平位置高出很多。

山扁豆(*Cassia mimosoides*，含羞草决明)——这个印度种的子叶，在最初展开后14天，当时已有一叶形成，在白天呈水平位置，在夜间竖直。

决明属的一个种？(F.米勒赠给我们一些种子，从中长出一株巨大的南巴西树)——子叶在最初展开后16天已长得很大，并有刚形成的两片真叶。子叶白天为水平位置，夜间竖直站立，但是以后没有观察。

巴西疏决明(*Cassia neqlecta*)(也是一个南巴西种)——一株实生苗在子叶初次展开后34天，高3～4英寸，有三片发育良好的叶子，子叶在白天几乎为水平方向，夜间竖直站立，并紧密包着幼茎。另一株同龄的实生苗，高5英寸，有4片发育良好的叶子，其子叶在夜间也竖直站立。

已经知道，[①]叶子的叶枕上半部和下半部之间，在结构上没有足够的区别来解释它们的向上或向下运动。在这方面，子叶提供一个异常好的机会来比较这两半部的结构；因为智利酢浆草的子叶在夜间竖直上举，而玫瑰红酢浆草的子叶却竖直下垂；可是，当做了它们叶枕的切片，却检查不出这两个运动如此不同的种中这个器官的相应半部有什么明显的差别。在玫瑰红酢浆草的子叶叶枕中，下半部比上半部有更多的细胞，但是在智利酢浆草的一个样品中也是如此。这两个种的子叶（长 3.5 毫米）在早晨还水平伸直时检查过，玫瑰红酢浆草叶枕的上表面有横向皱纹，表明它是处于压缩状态，这是可以预料的，因为子叶在夜间下垂；智利酢浆草则是下表面有皱纹，它的子叶在夜间上举。

车轴草属是一个自然属，我们已看过的所有的种的叶子都有叶枕；地下车轴草和直立车轴草的子叶也是如此，它们在夜间竖直站立，而反曲车轴草（*T. resupinatum*）的子叶没有叶枕的痕迹，也没有任何夜间运动。这是靠测量 4 株实生苗上两子叶尖端在中午和夜晚的距离确定的。然而，这个种和其他种一样，最先形成的叶子是单叶，不是具三叶的复叶，它像成熟植株的顶端小叶一样在夜间上举和就眠。

在另一个自然属，即酢浆草属中，智利酢浆草、玫瑰红花酢浆草、多花酢浆草、有节酢浆草（*O. articulata*）和敏感酢浆草的子叶都有叶枕，都在夜间上举或下垂成竖直位置。在这几个种中，叶枕都位于子叶叶片附近，和大多数植物的一般规律一样。深紫品种的酢浆草有几方面和它们不同：子叶在夜间上举的程度不一，很少超过 45°；有一批实生苗[以旱金莲状酢浆草（*O. trapae oloides*）名义购入，但肯定是属于上述深紫品种]的子叶只能举到水平线上 5～15°。子叶的叶枕发育不完全，并且发育程度变异很大，因而显然有败育的趋势。我们相信，这样的情况过去没有描述过。叶枕的细胞含有叶绿素，因而呈绿色，它位于叶柄中部附近，而不是像所有其他的种位于叶柄上端。夜间运动，部分是靠叶枕的帮助，部分是靠叶柄上部的生长，像没有叶枕的植物那样。由于有这几个原因，又由于我们曾经从其幼小时期便部分地追踪了叶枕的发育，似乎值得较详细地叙述一下这个例证。

把酢浆草的子叶在它们不久后便会自然伸出的时候，从种子里切除下来，这时检查不出叶枕的痕迹；所有组成短叶柄的细胞，每纵行有 7 个，大小几乎相等。在苗期为一天或两天的实生苗中，叶枕很不清楚，以致最初我们以为它不存在；但是可以看到叶柄中部有一条不明显的横向区域，其中细胞比上下两侧的细胞要短得多，不过宽度相同。从它们的外貌看来，像是刚刚由较长细胞横向分裂而形成的；毫无疑问，是已经发生了这种分裂，因为从种子解剖出来的叶柄的细胞，平均长度是测微计上 7 个小格（每小格等于 0.003 毫米），稍长于完全发育的叶枕的细胞，后者的长度在 4～6 个小格内变动。再过几

① 普费弗：《叶器官的周期性运动》，1875 年，157 页。

天，原来不清楚的细胞区变得明显，虽然它没有伸展到跨过整个叶柄的宽度，并且虽然它的细胞由于含有叶绿素而呈绿色，然而它们确实构成一个叶枕，我们将看到，它的作用像一个叶枕。这些小细胞排成纵行，每行 4 个到 7 个；细胞本身的长度随在同一叶枕的不同部位和不同个体而异。在图 64 的 A 图和 B 图中，我们看到两株实生苗的叶柄中央的表皮层，[①]这两株的叶枕对这个种来说是良好发育的。和玫瑰红酢浆草（见图 63）或智利酢浆草的叶枕相比，它们明显不同。在误称为旱金莲状酢浆草的实生苗中，子叶在夜间上举很小，小细胞的数目更少，并且在有的部分只形成一单个横列，在另一些部分短纵轴也只有两个或三个细胞。虽然如此，当把整个叶柄作为透明物体在显微镜下观察时，它们已足以引起注意。几乎毫无疑问的是，这些实生苗的叶枕正在变成残留器官，并且趋于消失，这便解释了它在结构和功能上的多变性。

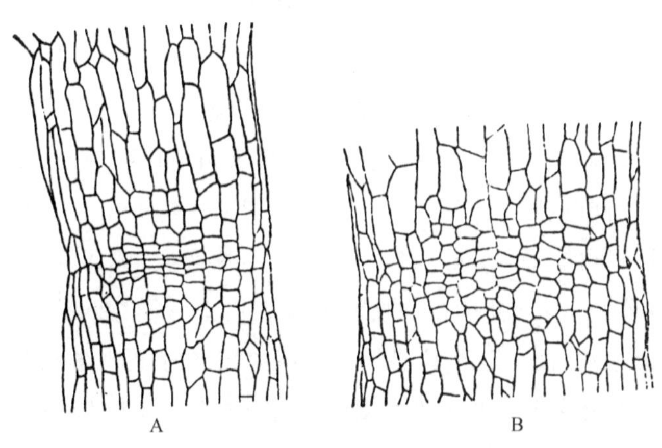

图 64　酢浆草　（放大 50 倍）作为透明物体观察：A 和 B 是两株龄期较大的实生苗子叶的几乎是残留的叶枕

下表中举出酢浆草发育良好的叶枕中细胞的测量结果：

实生苗龄期 1 天，子叶长 2.3 毫米	测微计的小格数[②]
叶枕细胞的平均长度	6～7
叶枕下侧最长细胞的长度	13
叶枕上侧最长细胞的长度	20
实生苗龄期 5 天，子叶长 3.1 毫米，叶枕十分明显	
叶枕细胞的平均长度	6
叶枕下侧最长细胞的长度	22
叶枕上侧最长细胞的长度	40

① 纵切片表明，表皮细胞的形状可看作是构成叶枕的细胞的很好代表。

② 1 小格等于 0.003 毫米。

实生苗龄期8天,子叶长5毫米,一真叶形成但未展开

叶枕细胞的平均长度	9
叶枕下侧最长细胞的长度	44
叶枕上侧最长细胞的长度	70

实生苗龄期13天,子叶长4.5毫米,一小片真叶完全展开

叶枕细胞的平均长度	7
叶枕下侧最长细胞的长度	30
叶枕上侧最长细胞的长度	60

我们这里看到,叶枕细胞与其上下两侧的叶柄细胞相比,随年龄而增加的长度极小;但是它们继续加宽生长,在宽度上与叶柄的其他细胞保持相同。然而,子叶各部的生长速率各自不同,可从龄期8天的实生苗的测量数值看出这一点。

只有1天龄期的实生苗,其子叶在夜间举得相当高,有时和以后一样高;但是在这方面有很大差异。因为叶枕起初很不明显,可能这时的运动不是靠叶枕细胞的扩张,而是靠叶柄中周期性的不均匀生长。比较不同龄期的实生苗,可明显看出叶柄的主要生长部位是在叶枕和叶片之间的叶柄上部,这符合于如下事实(表明在上述测量结果中),即在叶柄上部的细胞比下部的长得更长。龄期11天的一株实生苗,其子叶夜间上举,已查明主要是依靠叶枕的作用,因为叶柄夜间便在叶枕处向上弯曲;在白天,当叶柄成水平位置,叶枕的下表面有皱纹,而上表面拉紧。虽然苗龄较老时子叶在夜间上举的倾角并不比幼龄时大,但是它们还要经过更大的角度(在一例中达63°)才达到夜间的位置,因为它们白天一般下垂到水平线以下。即使是龄期11天的实生苗,其子叶的运动并不完全依赖于叶枕,因为叶片在与叶柄连接处向上弯曲,这必然是由于不均匀的生长。因此,酢浆草子叶的周期性运动依靠两种不同的但是联合的行动,就是,叶枕细胞的扩张和叶柄上部,包括叶片基部的生长。

圣詹姆斯氏百脉根——据我们看来,这种植物的实生苗有些方面和酢浆草的相似,另外有些独特处。子叶在其生活的最初4天或5天内,并不表现任何明显的夜间运动;但是此后它们在夜间竖直或几乎竖直上举。然而,在这方面有程度上的不同,这显然是由于季节变化以及在白天所受光照程度的差异。龄期较大的实生苗,子叶长4毫米,夜间举得相当高;紧靠叶片有一发育良好的叶枕,无色,比叶柄其余部分更窄些,与叶柄有明显的分界。它由一群小细胞构成,细胞平均长度为0.021毫米;而叶柄下部的细胞约长0.06毫米,叶片内细胞的长度为0.034～0.04毫米。叶柄下部的表皮细胞突出成圆锥形,因而在形状上不同于叶枕上的表皮细胞。

现在转到很幼嫩的实生苗,它的子叶在夜间不上举,只有2～2.5毫米长,子叶的叶柄没有呈现任何轮廓明确的、无叶绿素而且外形上与下部细胞不同的小细胞区域。然

而，在以后将发育出叶枕的部位，其细胞比同一叶柄下面部分的要小些(平均长 0.015 毫米)，叶柄的细胞越靠下越大，最大的长 0.30 毫米。在这样的幼龄时期，叶片细胞约长 0.027 毫米。我们因此看到，叶枕是由叶柄最上部的细胞形成的，它们只在一段短时期内增加长度，随后停止生长；当叶柄下部细胞继续一段长时间增加长度时，表皮细胞则越来越变成圆锥形。因此，这种植物的子叶最初在夜间不就眠这种特殊情况，便是由于叶枕在早期还没有发育的缘故。

我们从百脉根属和酢浆草属的这两个例证知道，叶枕的发育是因叶柄上一小段限定区域的细胞在早期便几乎停止生长而引起。圣詹姆斯氏百脉根的这些细胞最初略微增加长度；酢浆草中，其细胞由于自体分裂，长度反而减少。形成一叶枕的这样一群小细胞，因而便可能为同一自然属的不同种植物毫无特殊困难地获得或者丧失；我们知道，车轴草属、百脉根属和酢浆草属的实生苗，有些种有发育良好的叶枕，另一些则无叶枕，或是有一个处于残留状态。因为叶枕两半部的细胞的膨压交替变化所引起的运动，必然主要决定于其胞壁的伸展性和随后的收缩，我们便可能理解，为什么大量小细胞要比占据同一空间的少量大细胞有更高的效率。由于叶枕是靠它的细胞停止生长而形成的，所以这些细胞的动作所引起的运动便可长期继续下去，这个部位没有任何增长；这样的长期持续的运动似乎就是叶枕发育所获得的主要结果。如果细胞的膨压增加之后总是跟着生长，那么，没有无限制的长度增长，在任何部位便不可能有长期持续的运动。

光对子叶周期性运动的干扰——已经熟知，大多数植物实生苗的下胚轴和子叶有很强的向光性。但是，子叶除了有向光性外，还受到光的副作用(使用萨克斯的用语)，就是说，它们每天的周期性运动因光强度变化或是没有光而受到很大和很快的干扰。并不是它们在黑暗中停止转头，因为我们所观察的许多例证中，它们都继续作着这样的运动；但是它们与白昼和黑夜交替有关的正常运动规律受干扰很厉害或是完全消失。对于子叶在夜间上举或下垂很大，以致可以说是就眠的种是如此；对于子叶略微上举的种，也是如此。但是不同的种受光强变化的影响程度很不一样。

例如，甜菜、番茄、大蜂房花和黄花羽扇豆当放置在黑暗中，它们的子叶在下午和上半夜就下垂，而不是像放在光下那样上举。番茄的所有个体表现并不一样，有一株的子叶从下午 2 时 30 分到晚 10 时在同一点的周围转头。酢浆草的一株实生苗的子叶，受到上方微弱光照时，第一天清晨按正常方式向下运动，但是在第二天清晨，它反而向上运动。圣詹姆斯氏百脉根的子叶没有因 4 小时完全黑暗而受到影响；但是当其被放置在双层天窗下因而受到微弱光照时，到第三天清晨，它们就完全丧失了它们的周期性运动。反之，金瓜的子叶一整天在黑暗中仍照常运动。

野生麦仙翁的实生苗在清晨子叶展开之前，受到上方的微弱光照，结果它们在以后 40 小时内一直闭合。其他实生苗的子叶于清晨张开后放在黑暗中，大约过了 4 小时，它们才开始闭合。玫瑰红酢浆草的实生苗放在黑暗中1小时20分钟以后，它的子叶竖直下垂，但是酢浆草属的另外一些种的子叶，则不受几小时黑暗的影响。决明属几个种的子叶对它们所受的光照强度变化特别敏感：例如，一个尚未定名的南巴西种(一株美丽的大树)的实生苗，从温室取出，放在一个房间中央的桌上，这个房间有两个东北窗和一个西北窗，因而它们受到相当好的光照，当然要比温室里差些，这一天阳光中等明亮；在36分钟后，原来是水平位置的子叶便竖直上举并且相互闭合，像就眠一样，就这样在桌上维持了1小时13分钟以后，它们开始张开。另一个巴西种和巴西疏决明的幼嫩实生苗的子叶，当受到同样处理时，有相似的表现，只是举得没有那样高，在约1小时后它们又水平展开。

这里有一个更有趣的例证：两盆决明实生苗已放在刚才提到的那个房间的桌上一些时候，它们的子叶为水平位置。现将一盆放在暗淡阳光下两小时，子叶仍为水平；此后把它放回桌上，50分钟后，子叶便举到水平线以上68°。另一盆在相同的2小时内放在屋内一个屏幕后面，这里的光线很暗，子叶便举到水平线以上63°；再把此盆放到桌上，50分钟后，子叶已下垂33°。这两个盆的实生苗，苗龄相同，并放在一起，并且暴露于完全相同的光量下，然而一盆中的子叶正在上举，另一盆的子叶与此同时却在下垂。这个事实明显地表明，它们的运动不受实际光量的支配，而是受光照强度变化的支配。又用两组实生苗同时放在暗淡程度不同的光照下，进行了相同的实验，结果也相同。然而，这种决明的子叶的运动主要决定于遗传习性(像其他许多例证一样)，与光无关，因为曾在白天受到适度照射的实生苗，在夜间和第二天清晨放在完全黑暗中，而它的子叶仍在清晨便部分张开，并且继续在黑暗中张开达6小时之久。另一盆实生苗，在另一次受到同样处理，在上午7时张开，并且继续在黑暗中张开达4小时30分钟，此后它们开始闭合。然而，同样这些实生苗，当在中午从中等的亮光下移到只是适度的暗光下，我们看到，它们硬是将子叶举到水平线以上很高。

子叶对接触的敏感性——这个课题不很重要，因为还不知道这种敏感性对实生苗有什么用处。我们只观察了4个属的一些例证，不过曾对其他许多植物的子叶作了毫无结果的观察。决明属在这方面表现得最为明显：例如，决明的子叶，当水平展开时，用很细的木棍轻敲它的两片子叶3分钟，在几分钟后，它们形成90°角，因而每个子叶已上举45°。另一株实生苗的一片子叶，用同样方法轻敲1分钟，它在9分钟内上举27°；再过8分钟，它又上举10°；对面的没有受到敲打的子叶，几乎没有移动。在所有这些例证中，在敲打后不到半小时，子叶又都恢复水平位置。叶枕是最敏感的部位，因为用针轻刺3片子叶的叶枕，子叶便竖直上举；但是发现子叶的叶片也敏感，实验时曾注意不触及叶枕。水滴轻滴在这些子叶上，没有效应；但是从注射器喷出的极细的水流，则使子叶上举。当用木棍很快敲击一盆实生苗使它受震时，其子叶稍微上举。当将一小滴硝酸放在一株实生苗的两个叶枕上，子叶很快上举，以致很容易看到它们移动，此后它们几乎立即开始下垂，但是叶枕已被杀死变褐。

决明属的一个未命名的种（一株南巴西的大树），当用一树枝摩擦其实生苗的子叶叶枕和叶片 1 分钟，经 26 分钟后，子叶上举 31°；但是当只有叶片单独受到同样摩擦，子叶只上举 8°。第三种未命名的南巴西种有特别细长的子叶，用有尖的木棍摩擦它的叶片 6 次，每次 30 秒或 1 分钟，它们并不运动；但是用针摩擦和轻刺其叶枕时，在几分钟后，子叶便上举 60°角。巴西疏决明（也是来自南巴西）的几片子叶用树枝摩擦 1 分钟，在 5～15 分钟后，上举到 16°和 34°之间的各种角度。它们的敏感性保留到较大的龄期，因为有一小株巴西疏决明，龄期 34 天，已有 3 片真叶，当用手指轻捏它的子叶时，子叶便上举。有几株实生苗受到相当强的风（温度 50℉）以致子叶摆动 30 分钟，但是令我们奇怪的是，这并没有引起任何运动。有 4 株印度的粉叶决明（*C. glauca*），它们的子叶或是用一细树枝摩擦 2 分钟或是用手指轻捏：一株子叶上举 34°，第二株只上举 6°，第三株 3°，第四株 17°。佛罗里达决明（*C. florida*）的子叶受到同样处理后上举 9°，伞房花序决明（*C. corymbosa*）的一片子叶上举 7.5°，一株确定无误的含羞草决明的子叶只上举 6°。柔毛决明（*C. pubcscens*）的子叶一点也不敏感；节果决明（*C. nodosa*）的子叶也不敏感，但是它的子叶叶片厚并且肉质，在夜里不上举、不就眠。

膜包豆（*Smithia sensitiva*）——这种植物属于豆科的决明属分出的一个亚属。一株龄期稍大的实生苗，第一片真叶已经部分展开，用一细树枝摩擦它的两片子叶 1 分钟，在 5 分钟内，每片都上举 32°，它们保持这个位置 15 分钟之久；但在摩擦后 40 分钟观察时，每一片都下降了 14°。另一株较年幼的实生苗，两片子叶都受到同样的轻微摩擦 1 分钟，过了 32 分钟后，每片子叶上举 30°。它们对一股细水流很不敏感。一种非洲水生植物冯地膜苞豆（*S. Pfundii*），其子叶厚且为肉质，它们不敏感，并且不就眠。

含羞草和白花含羞草——曾对这两种植物的几片子叶的叶片用针摩擦或轻搔 1 分钟或 2 分钟，它们都纹丝不动。然而，当这样轻搔含羞草的 6 片子叶的叶枕时，有两片子叶稍微上举。在这两例中，可能是叶枕偶然受到针刺，因为用针刺另一片子叶的叶枕，它也稍微上举。因此，含羞草属的子叶像是投有前面提到的几种植物的子叶那样敏感①。

敏感酢浆草——这种植物的两片予叶成水平位置，用一根分叉的细刚毛摩擦或是轻搔 30 秒钟，在 10 分钟内，每片子叶已上举 48°；在摩擦后 35 分钟再观察，它们又上举 4°；再过 30 分钟，它们又成水平位置。用一根棍快速撞击栽种实生苗的花盆 1 分钟，两株实生苗的子叶在经过 11 分钟后都举得相当高。把放在托盘上的一盆实生苗挪动一小段距

① 我们得到的唯一一篇关于子叶敏感性的报告是有关含羞草属的；因奥古斯特 P. 德康多尔（Aug. P. De Candolle）说［《植物生理学报》（*Phys. Veg.*）1832 年，第 2 卷，865 页］，“含羞草的子叶在受到刺激时，有使其叶面向上合拢的倾向。”

离，因而使它受到颠动：4 株实生苗的子叶都在 10 分钟内举起；17 分钟后，一株上举 56°，第二株 45°，第三株几乎 90°，第四株 90°；再过 40 分钟，其中 3 株的子叶已经重新展开相当大。这些观察是在我们注意到子叶是以多么非常快速的速率转头以前做的，因而容易出现误差。虽然如此，上述 8 例中的子叶，还是很不可能在受到刺激时都已经在上举。智利酢浆草和玫瑰红酢浆草的子叶受到摩擦时，都没有表现出任何敏感性。

最后，在子叶于夜间竖直上举或是就眠的习性与它们对接触的敏感性（特别是叶枕的）之间，似乎存在着某种联系，因为所有上述植物都在夜间就眠。另一方面，也有很多种植物，其子叶就眠，但是一点也不敏感。由于决明属的几个种的子叶容易受到稍微减弱的光照和接触的影响，我们想这两种敏感性可能有联系。但这也不是必然的，因为有一次把敏感酢浆草放在黑暗的壁橱内 1.5 小时，第二次放约 4 小时，其子叶都没有上举。另外一些种的子叶，如野生麦仙翁的，对微弱光照有很大反应，但是用针搔刮时却没有运动。对同一植株来说，在子叶和叶子的敏感性之间，看来很有可能有某种关系，因为上述的膜包豆属和酢浆草属都有一种命名为敏感性，就因为它们的叶子是敏感的；虽然决明属中有几个种对接触不敏感，但是如果摇动或用水流冲击一个枝条，它们会部分地表现夜间的悬垂位置。可是同一植株的子叶和叶子对接触的敏感性之间的关系并不很密切。可以从下例推断，即含羞草的子叶只稍微敏感，而它的叶子则熟知是非常敏感的。还有，莱用假含羞草（*Neptunia oleracea*）的叶子对接触很敏感，而其子叶却毫无反应。

第三章

胚根尖端对接触和其他刺激物的敏感性

Sensitiveness of the apex of the radicle to contact and to other irritants

胚根遇到土中障碍物时的弯曲方式——蚕豆的胚根尖端对接触和其他刺激物非常敏感——温度过高的效应——对黏附在两侧面的物体的分辨本领——次生胚根的尖端敏感——豌豆属的胚根尖端敏感——这种敏感性对克服向地性的效应——次生胚根——菜豆属的胚根尖端对接触几乎不敏感，但对硝酸银和切削一薄片非常敏感——旱金莲属——棉属——南瓜属——萝卜属——七叶树属，其胚根尖端对轻微接触不敏感——但对硝酸银非常敏感——栎属，其胚根尖端对接触非常敏感——分辨本领——玉蜀黍属、其胚根尖端非常敏感，次生胚根——胚根对潮湿空气的敏感性——本章总结。

Vicia Faba L.
Saubohne.

为了观察实生苗的胚根怎样绕过它们经常在土中遇到的石块、根以及其他障碍物，放置萌发蚕豆时，使其胚根尖端以近于直角或很大的角度与下面的玻璃板相接触。在另外一些情况下，当蚕豆胚根正在生长时，将蚕豆翻转，使其胚根近于竖直地下落到蚕豆本身平滑、几乎平坦的宽阔上表面上。柔嫩的根冠当最初接触到任何直接阻挡它的表面时，在横向上略微变平，这个展平部位不久后又变成倾斜，几小时后就完全消失，其尖端这时所指的方向就和原先的路线成直角或近于直角。于是胚根像是在这个曾经阻挡它的表面上滑向它的新方向，它压向这个表面的力量极小。胚根原来的路线发生这样突然的改变，有多少是由于尖端转头运动的帮助，确实还是疑问。把薄木片粘贴在相当陡斜的玻璃板上，与沿玻璃板向下滑行生长的胚根成直角。在胚根遇到阻挡的木片之前，沿几个胚根的顶端生长部位画些直线；在尖端接触到木片以后的两小时内，直线明显变弯。有一个胚根生长得较慢，根冠在碰到一块与它成直角的粗糙木片以后，最初便在横向上略微变平；经过 2 小时 30 分钟后，变平的顶端又变成倾斜；再过 3 小时，变平部位完全消失，尖端这时所指的方向与原先的路线成直角。此后，它便朝着沿此木片的新方向继续生长，直到它达到木片的终端，再绕过它弯成直角；它在到达玻璃板边缘以后不久，又再弯成一个很大的角度，垂直向下伸入潮湿的沙土中。

当胚根像在上述例证中那样遇到与其路线成直角的障碍物时，顶端生长部位变得弯曲的长度在 0.3～0.4 英寸(8～10 毫米)之间，从尖端量起。这可由预先在胚根上画的黑线清楚地表现出来。对这种弯曲的第一个和最明显的解释是，它只是由于胚根沿原来方向生长时遇到机械阻力的结果。虽然如此，这个解释似乎不能使我们满意，胚根的外貌并没有像受到足以解释其曲度的压力。萨克斯[①]曾证明，生长部位比紧连在上面已停止生长的部位更坚硬，因而当胚根尖端一碰到不退让的物体时，可能会认为是已停止生长的上部屈服而开始弯曲；然而却是坚硬的生长部位变得弯曲。此外，一个极易屈服的物体将使胚根偏转方向；例如，我们已经观察到，当蚕豆的胚根尖端遇到铺在软砂土上的极薄锡箔的磨光表面时，表面上并没有留下痕迹，可是胚根偏转成直角。我们想到的第二个解释是，即使是极轻微的压力，也会制止尖端的生长。在这个例证中，生长只能在一侧继续，因而胚根便会取得一个直角的形状，但是这个见解完全不能解释胚根上部长达 8～10 毫米的弯曲。

我们因而怀疑，胚根尖端对接触敏感。有一种效应便从尖端传递到胚根的上部，这一部分于是受到刺激而弯离接触到的物体。因为一个小的细线圈悬挂在一株攀援植物

◀ 蚕豆(*Vicia faba*)。

① 《维尔茨堡植物研究所工作汇编》，第 3 卷，1873 年，398 页。

的卷须或叶柄上，会使它弯曲，我们于是想到，任何坚硬的小物体固定在自由悬垂并生长在潮湿空气中的胚根的尖端，只要胚根对其敏感，便会使胚根弯曲，然而对它的生长并没有加以任何机械阻力。下面将提出所做实验的详细情况，因为所得结果是值得注意的。关于胚根尖端对接触敏感这个事实从未被观察过，虽然我们在后面将看到，萨克斯已发现胚根尖端的稍上部位有敏感性，并像触须一样朝向接触到的物体弯曲。但是，当尖端的一侧受到任何物体的压力时，生长部位却背离这个物体弯曲。这种现象好像是避开土中障碍物的巧妙适应，以及，我们将看到，是追寻阻力最小的路线的巧妙适应。许多器官在受到接触时向一固定方向弯曲，如小檗属的雄蕊、捕蝇草属等的裂片，还有许多种器官，如卷须，不论它是修饰的叶子还是花梗，和少数茎，都朝向接触的物体弯曲；但是，我们相信，还不知道一种器官背离接触的物体而弯曲的例证。

蚕豆胚根尖端的敏感性——把普通蚕豆浸水 24 小时以后，用针固定在玻璃瓶的软木盖内侧，使种脐朝下（萨克斯曾使用此方法），瓶中一半盛水，瓶的内壁和软木盖都很湿润，并排除光线。当胚根刚伸出蚕豆，有的不到 0.1 英寸长，有的达十分之几英寸，就把方形或长方形小卡片固定在胚根的圆锥形尖端的短斜面上。这些方形小卡片便因此被斜着黏附于胚根的纵轴，这点要非常当心，因为如果小卡片偶然挪动了位置，或是被所用的胶黏物质移开，以致和胚根的侧边平行，即使只是在圆锤形尖端的稍上部位，胚根便不按我们这里考虑的特殊方式弯曲。方形卡片每边约长 0.05 英寸（即约 1.5 毫米），或有近于相同大小的长方形卡片，用起来最方便而有效。我们最初使用的是普通的薄卡片，例如名片，或是极薄的玻璃片，还有其他物质的薄片，但是以后主要使用砂纸，因为它几乎和薄卡片一样挺硬，并且其粗糙的表面有利于它的粘贴。最初我们一般使用很浓稠的胶水，在当时的情况下，它绝不会干燥；相反的是，它有时似乎吸收了水汽，以致小卡片被一层液体与胚根尖端隔开。当不发生这种吸收，并且小卡片没有移位，它起的作用很好，使胚根向相反方向弯曲。我应当说明，浓稠的胶水本身并不引起任何作用。在大多数试验中，小卡片用极少量的紫胶酒精溶液粘贴，此溶液曾令其蒸发到黏稠才使用；它在几秒钟内便结硬，将卡片固定得很牢固。当将紫胶液小滴滴到胚根尖端上，不加卡片，小滴胶液凝固成坚硬的小珠，它们也像其他坚硬物体一样，使胚根向相反一侧弯曲。即使非常小的紫胶珠，有时也起轻微的作用，以后将会叙述。但是在我们的许多试验中，还是卡片起了主要的作用，这是由以下方法证明的：将一小片牛大肠膜（它本身不起作用），蒙在胚根尖端的一侧，然后用紫胶将小卡片固定在大肠膜上，使紫胶不与胚根接触，然而胚根仍按通常方式背离黏附的卡片弯曲。

曾做了一些预备试验为确定适合的温度，下面即将叙述，然后做了以后的一些试验。应当先提一下，为操作方便起见，将蚕豆固定于软木盖时，总是以胚根和胚芽伸出的那一边缘向外，并且必须记得，由于所谓萨氏弯曲，胚根并不是竖直向下生长，而是时常有些弯曲,有时甚至向内弯到 45°左右,或弯到悬垂的蚕豆下方。因此当把一方形卡片固定在尖端前方,它引起的弯曲便与萨氏弯曲符合,它与后者的区别,便只能靠弯曲得更明显或是发生得更快来分辨。为了避免这个疑虑的来源,将小方卡片或者固定在尖端的背面,这样引起的弯曲与萨氏弯曲相反,或者更普通的是固定在左面或是右面。为简便起见,我们将提到小块卡片是固定在前面、背面或侧面。因为胚根的主要弯曲部位离尖端有一小段距离,而且胚根的顶部和基部都几乎是笔直的,便可能用角度粗略地估计弯曲的程度;当说到胚根从竖直偏离某一角度时,意思是顶端从它自然向下生长的方向朝上弯曲了这么多的角度,并且是背着固定卡片的一侧。为了使读者可以清楚地了解由黏附的小卡片所激发的运动情况,这里附上经这样处理的 3 粒萌发蚕豆的准确描图(图 65),它们是从几个样品中选出,以表明弯曲度数的等级。我们现在将仔细地叙述一系列试验,随后提出结果的总结。

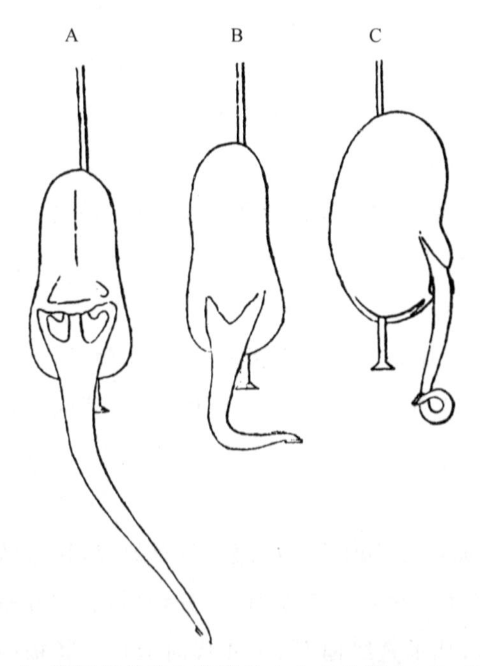

图 65　蚕豆　A. 胚根开始背向黏附的小方卡片弯曲；B. 弯成直角；C. 弯成圆形或小圈,其顶端由于向地性的作用开始向下弯曲。

在最初的 12 个试验中,用紫胶将方形或长方形砂纸片粘贴在胚磐的尖端;纸片长 1.8 毫米,宽 1.5 或只为 0.9 毫米(即长 0.071 英寸,宽 0.059 或 0.035 英寸)。在以后的试验中,只偶尔测量小方块的大小,其尺寸和上述大致相同。

(1) 将一卡片固定在一长 4 毫米的幼嫩胚根的背面：9 小时后,胚根在蚕豆扁平的那个平面内偏转,与垂直线成 50°并且背向卡片,与萨氏弯曲的方向相反。第二天清晨,粘贴卡片后 23 小时,没有变化。

(2) 将卡片固定在长5.5毫米的胚根的背面：9小时后胚根在蚕豆的平面内偏转，与垂直线成20°角并背向卡片，与萨氏弯曲相反。23小时后无变化。

(3) 将卡片固定在长11毫米的胚根的背面：9小时后胚根在蚕豆平面内偏转，与垂直线成40°角并背向卡片，与萨氏弯曲方向相反。胚根尖端比稍上部位弯曲得更厉害，但是在同一平面内。23小时后，胚根的顶尖稍向卡片弯曲，其总弯曲度和以前相同。

(4) 将卡片固定在长9毫米的胚根的背面稍向侧方处：胚根9小时后在蚕豆平面内偏转，只与垂直线成7°或8°角，背向卡片，与萨氏弯曲方向相反。另外，还有一个轻微的侧向弯曲，部分背向卡片。23小时后无变化。

(5) 将卡片几乎侧向地固定在长8毫米的胚根上：9小时后，胚根在蚕豆平面内偏转，与垂直线成30°角，与萨氏弯曲方向相反；也在与上述平面成直角的平面内弯曲，与垂直线成20°角。23小时后无变化。

(6) 将卡片固定在长9毫米的胚根的前面：9小时后胚根在蚕豆平面内偏转，与垂直线成40°角，背向卡片，与萨氏弯曲方向相同。因而这里我们没有关于卡片是偏转原因的证据，就我们已经观察到的情况来说，只是一胚根从来不自发地在9小时内弯曲40°这样大的角度。23小时后没有变化。

(7) 将卡片固定在长7毫米的胚根的背面：9小时后，胚根在蚕豆平面内偏转，与垂直线成20°角，背向卡片并与萨氏弯曲的方向相反。23小时30分钟后，胚根的这个部位已伸直。

(8) 将卡片固定在长12毫米的胚根侧面附近：9小时后，胚根在与蚕豆平面成直角的平面内作侧向偏转，与垂直线成40°到50°之间的角度，背向卡片。在蚕豆本身的平面内，偏转达到与垂直线成8°或9°角，背向卡片，与萨氏弯曲方向相反。22小时30分钟后，根尖稍向卡片弯曲。

(9) 将卡片固定在侧面：11小时30分钟后，没有效应，胚根仍旧是几乎竖立。

(10) 将卡片在近于侧面处固定：11小时30分钟后，胚根在蚕豆本身和与其成直角的平面之间的平面内偏转，从垂直线偏离90°并背向卡片。胚根因而是部分地从萨氏弯曲偏转。

(11) 胚根尖端用牛大肠膜保护，用紫胶固定通常大小的方形卡片：11小时后，在蚕豆平面内朝着萨氏弯曲方向作了很大偏转，但是比曾有的自发弯曲偏转更厉害并且需时较短。

(12) 胚根尖端作上述保护：11小时后，没有效应。24小时40分钟后，胚根清楚地背向卡片偏转。这个缓慢动作可能是由于有一部分大肠膜卷曲并且轻微地接触到根尖的另一面，因而刺激了它。

(13) 一相当长的胚根上用紫胶固定一方形小卡片于其尖端的侧面：仅在7小时15

分钟后，从根尖沿根的中线测量有 0.4 英寸长的一段，已背向粘贴卡片的一侧弯曲相当大的角度。

(14) 情况皆同前例，只有 0.25 英寸长的一段胚根发生这样的弯曲。

(15) 一小方块卡片用虫胶固定在一幼嫩胚根的尖端：9 小时 15 分钟后，先从垂直线偏离了 90°，背向卡片。24 小时后，偏转大为减少；再过一天，减少到离垂直线 23°。

(16) 用紫胶把方形卡片固定在一胚根尖端的背面，胚根在生长时因位置改变而变得很扭曲。但是顶端部分仍是直的，这一段从垂直线和卡片偏转了约 45°，与萨氏弯曲相反。

(17) 用紫胶固定一方块卡片：8 小时后胚根从垂直线和卡片偏转了 90°角。再过 15 小时后弯曲大为减少。

(18) 用紫胶固定方形卡片：8 小时后，没有效应。从固定时间起 23 小时 3 分钟后，胚根背离卡片弯曲很大。

(19) 用紫胶固定方形卡片：24 小时后，没有效应，但是胚根生长不好，似已感病了。

(20) 用紫胶固定方形卡片：24 小时后，没有效应。

(21,22) 用紫胶固定方形卡片：24 小时后，此二例的胚根都弯曲，与垂直线所作的角度为 45°左右，背向卡片。

(23) 用紫胶将方形卡片固定于幼嫩胚根上：9 小时后，胚根背离卡片作轻微弯曲；24 小时后，根尖弯向卡片。再在侧面重新固定另一卡片：9 小时后，它清楚地背离卡片弯曲；24 小时后，与垂直线成直角，并背离卡片。

(24) 用紫胶将一较大的长方形卡片固定于胚根尖端：24 小时后，没有效应，但发现卡片没有与根尖接触。用紫胶再固定一小方形卡片：16 小时后，它稍稍偏离垂直线并且背离卡片；再过一天后，胚根变得几乎笔直。

(25) 将方形卡片固定在幼嫩胚根尖端的侧面：9 小时后，它从垂直线偏转的角度相当大；24 小时后，偏转减少。用紫胶再固定一新方形卡片：24 小时后，从垂直线偏转 40°，背向卡片。

(26) 用紫胶将一块极小的方形卡片固定到一幼嫩胚根的尖端：9 小时后，胚根从垂直线和从卡片偏转的程度近于直角；24 小时后，偏转程度大为减少；再过 24 小时，胚根几乎伸直。

(27) 用紫胶将方形卡片固定到幼嫩胚根的尖端：9 小时后，背向卡片和从垂直线的偏转为一直角；次日晨已完全伸直。再用紫胶固定一方形卡片于胚根尖端的侧面：9 小时后，有小偏转；24 小时后背向卡片从垂直线和卡片偏转的角度增加到 20°左近。

(28) 用紫胶固定方形卡片：9 小时后，有些偏转；次日晨卡片脱落；用紫胶重新固定；它又松脱，再固定；在这第三次试验时，胚根在 14 小时后背向卡片偏转成直角。

(29) 先用浓胶水将一小块方形卡片固定到胚根尖端，它有轻微效应但是不久后便脱落。用紫胶固定一同样的方形卡片于胚根尖端的侧面：9 小时后，胚根背向卡片从垂直线偏转近 45°；再过 36 小时，偏转角减少到 30°左近。

(30) 用紫胶将小于 0.05 英寸见方的极小一片薄锡箔固定于一幼嫩胚根的尖端：24 小时后，没有效应。去掉锡箔，用紫胶固定一小块方形砂纸：9 小时后，从垂直线背向卡片的偏转角近于直角；次日晨偏转角减少到与垂直线成 40°。

(31) 将一小片薄玻璃粘贴在胚根尖端：9 小时后，没有效应，但随即发现它没有接触胚根尖端。次日晨用紫胶固定一方形卡片：9 小时后，胚根从卡片偏转很厉害；再过两天，偏转角减小，只与垂直线成 35°角。

(32) 用浓胶水将一小块方形砂纸卡片粘贴在一根长而直的胚根的尖端侧面：9 小时后，胚根从垂直线背向卡片偏转很厉害，弯曲部分从尖端延伸 0.22 英寸长；再过 3 个小时，顶部与垂直线成直角。次日晨弯曲部分长 0.36 英寸。

(33) 方形卡片粘贴于胚根尖端：15 小时后，胚根从垂直线背向卡片偏转近 90°。

(34) 将小长方形的砂纸卡片粘贴于胚根尖端：15 小时后，它从垂直线背向卡片偏转 90°；在以后 3 天内，顶端部分扭曲得很厉害，最后卷成螺旋形。

(35) 将方形卡片粘贴于胚根尖端：9 小时后，从卡片偏转；从粘贴时起过了 24 小时，斜向偏转很大，有一部分与萨氏弯曲方向相反。

(36) 将稍小于 0.05 英寸见方的小卡片粘贴于胚根尖端：9 小时内它从卡片偏转很大，并与萨氏弯曲方向相反；24 小时后朝相同方向偏转很厉害。再过一天，根尖顶端弯向卡片。

(37) 粘贴于胚根尖端正面的方形卡片：在 8 小时 30 分钟后，几乎没有引起任何效应；在侧面重新固定一新方形卡片，15 小时后，胚根几乎从垂直线背向卡片偏转 90°。再过两天后，偏转角大为减少。

(38) 将方形卡片粘贴于胚根尖端：9 小时后，有很大偏转，从固定时间起过了 24 小时后，偏转角增加到近于 90°。再过一天，顶端部分卷成一圈，次日卷成螺旋形。

(39) 将小长方形卡片粘贴于胚根尖端，靠近正面，但略微侧向一边：9 小时内，朝萨氏弯曲方向稍微偏转，但是有些斜向，并朝向与卡片相反的一边。第二天，朝着同一方向弯曲得更大，再过两天卷成环状。

(40) 将方形卡片粘贴于胚根尖端：9 小时后胚根稍从卡片偏转；次日晨，胚根伸直，尖端已长过了卡片。用紫胶再固定另一方形卡片于胚根尖端侧面：9 小时内，向侧面偏转，但是也是在萨氏弯曲的方向内。再过两天，弯曲度在同一方向增加得相当大。

(41) 将一小方块方形锡箔用胶水固定于一幼嫩短胚根尖端的一侧：15 小时后没有效应，但是锡箔已经移动了位置。现将一方形小卡片粘贴于顶端的一侧：根尖于 8 小时 40 分钟后稍有偏转；从粘贴起 24 小时内从垂直线背向卡片偏转 90°；再过 9 小时，变成钩形,尖端指向天顶。从粘贴卡片起3天内胚根的顶端部分形成一个小环或圆圈。

(42) 将一小方块厚信纸粘贴于胚根尖端:9小时后,根尖背向信纸偏转。从固定时起24小时内,偏转角增加很大,再过2天,与垂直线和信纸的角度达50°,背向信纸。

(43) 用紫胶将一羽毛管的窄片粘贴于胚根尖端:9小时后,没有效应;24小时后,有适当偏转,但是此时羽毛管片已不再接触尖端。移去羽毛管片,将一小块方形卡片粘贴于尖端,8小时后根尖稍有偏转。从最初粘贴任何物体起的第四天,胚根的顶尖弯向卡片。

(44) 用紫胶将一条很细长的极薄玻璃片固定于胚根尖端:在9小时内有轻微偏转,此偏转在24小时内消失;随即发现玻璃片没有接触尖端。再重新固定两次,都有同样结果,即它引起轻微偏转,此偏转不久后便消失。从第一次接触根尖起的第四天,根尖朝向玻璃片弯曲。

从这些试验可以清楚看出,蚕豆胚根尖端对接触敏感,并且这个接触使得胚根上部背向接触物体弯曲。但是,在对这些结果作出总结之前,再简略地提出一些其他观察,想更合宜些。作为预备试验,用浓胶水将很薄的玻璃碎片和小方形的普通卡片固定于7粒蚕豆胚根的尖端,其中6粒受到明显的作用,在两例中胚根卷成完整的小环。有一个胚根在像6小时10分钟这样短的时间内弯成半圆形。没有受到影响的第七个胚根显然已经感病,它在第二天变成褐色,因而它不是真正的例外。其中有些试验是在早春天气寒冷时,在一起居室内做的;另一些在温室内进行,但是没有记录温度。这6个明显的试验例证几乎使我们信服,胚根尖端是敏感的,但是我们自然还决定做更多的试验。由于我们已经注意到,胚根当受到相当热量时生长要快得多,并且由于我们设想,热会增加它们的敏感性,就把几瓶内有悬挂于潮湿空气内的萌发蚕豆放在壁炉架上,这里在一天内大部分时间可达到69～72℉的温度;然而有些是放在温室内,那里的温度还高些。这样试验了两打以上的蚕豆,当一块方形玻璃或卡片不起作用时,便把它去掉,再固定一片新的。常这样对同一胚根做3次,因而便一共做了5～6打试验。但是,在这样大量的例证中,只在一个胚根上才有从垂直线和从粘贴的物体适当明显的偏转。在另外5个例证中,有很轻微的并可疑的偏转。我们对这个结果很感惊奇,推断在前面这6个试验中,我们犯了某种不可解释的错误。但是在最后放弃这个课题之前,我们决定再另做一次试验,因为我们想到,敏感性容易受到外界条件的影响,以及在早春自然生长于土壤中的胚根不会受到近于高达70℉的温度。我们因而让12粒蚕豆的胚根生长于55～60℉的温度下。结果是,在每一个例证中(已包括在上述试验内),胚根都在几个小时之内从粘贴的物体偏转。所有以上记录的成功试验,以及即将提出的另外一些,都是在起居室里刚才提到的温度下进行的。因而这似乎是:70℉左右或是更高的温度,或是直接或是通过不正常地加速生长，而间接地破坏了胚根的敏感性。这个奇特的事实可能解释为什么萨克斯未能检查出胚根尖端的敏感性，他明白地说，他的蚕豆是保存在高温下。

但是也有其他一些原因干扰这种敏感性。在1878年最后几天，和下一年的最初几天，用小方形砂纸卡片试验了18个胚根，有些是用紫胶固定的，有些用胶水固定。它们是放在一间屋内，白天尚有适当的温度，但是夜间可能太冷，因那时已出现霜冻。结果是：18个胚根里只有6个从粘贴的卡片偏转，并且偏转角度很小，而且速率也很慢。这些胚根因而与上述44例有明显不同。3月6日和7日，当室内温度在53～59℉之间变动，用同样方法试验了11粒萌发蚕豆，现在每一个胚根都背向卡片弯曲，固然有一个只轻微偏转。有些园艺家认为，有几种植物种子在冬季中期，即使保存在适当温度下，也不能正常萌发。如果蚕豆萌发确实需要适当的时期，那么上述胚根的微弱敏感性可能是由于试验是在冬季中期做的，不单是夜间太冷的缘故。最后，有4粒蚕豆，由于某种内在的原因比同组的所有其他蚕豆萌发较晚，它们虽然外表健康但是生长缓慢，对它们的胚根也做了同样试验，即使在24小时后，它们几乎没有从粘贴的卡片偏转。我们因此可能这样推论：任何原因使得胚根的生长或者慢于或者快于正常的速率，都会降低或消除它们的尖端对接触的敏感性。值得注意的是，当所粘贴的物体没有起作用时，除了萨氏弯曲外，便没有任何种类的弯曲。如果胚根偶然地向任何与粘贴物体无关的方向弯曲，这虽然少见，那么，我们的证据的力量便会大大减弱。然而，在前面标有编号的段落中，可以看到顶尖有时在一段相当时间后，变得突然弯向小卡片。但是这是完全不同的现象，下面即将说明。

对蚕豆胚根的上述试验结果的总结——把小方块（约0.05英寸），一般是硬如薄卡片的砂纸（厚0.15～0.20毫米），有时是普通卡片，或小片极薄的玻璃等，于不同时间固定于55个胚根圆锥形顶端的一侧。这里包括了后来提到的11个例证，但是不包括预备试验。小方块等最常用紫胶固定，但是有19例是用浓胶水。当使用浓胶水时，有时发现小方块由一厚层液体与根尖分隔，前面已经提到，因而没有接触，结果胚根就没有弯曲。有这样的少数几例没有记录。然而用紫胶的每个例证，除非小方块很快脱落，结果都作了记录。有几例中，小方块移动了位置，以致与胚根平行，或是被液体与尖端隔开，或是不久后脱落，便将新方块粘贴上去，这些例证（在编号段落中叙述）都包括在这里。在适当温度下试验的55个胚根中，有52个发生弯曲，一般都从垂直线弯到相当角度，并且是背向粘贴物体的一侧。在3个失败的试验中，有一个可以解释，因为胚根在次日感病；第二个只观察了11小时30分钟。在几例中，胚根的顶端生长部位持续一段时间从所粘贴的物体弯曲，它便把自己形成一个钩状物，尖端指向天顶，或是形成一个环，有时形成螺旋。值得注意的是，当物体是用从不变干的浓胶水粘贴时，要比用紫胶更常出现上述情况。在7～11小时期间，曲度时常已很明显；在一例中，从粘贴时间起6小时30分钟内，便形成一个半圆。但是为了使这个现象表现得像上述例证中那样清楚，必须使小块卡片等物紧密粘贴于圆锥形尖端的一侧，应当选择健康的胚根并且保持既不过高又不过低的温度，还有，显然不应当在中冬季节做这些试验。

在10例中，胚根已经背向粘贴于其尖端的方形卡片或其他物体弯曲以后，自粘贴时间起一天到两天内，又伸直到一定程度，或者甚至完全伸直。当胚根弯度较小时，这种现象尤其容易发生。但在一例（第27例）中，一胚根在9小时内已从垂直线偏转约90°，自粘贴时间起24小时内已变得很直。第26例，胚根在48小时内几乎伸直。我们最初把这种伸直过程归因于胚根逐渐习惯于轻微刺激，就像卷须或敏感的叶柄逐渐习惯于很轻的线圈，即使线圈仍然悬挂着，它也伸直起来；但是萨克斯说[1]，水平放置在潮湿空气里的蚕豆胚根，由于向地性向下弯曲以后，靠沿它们的下侧或是凹侧的生长又使自己稍微伸直。这种情况为什么发生，还不清楚；但是它也可能出现于上述10例中。还有另一种偶然的运动不容忽视：胚根尖端，长约2～3毫米的一段，在6个例证中发现，过了24小时或更长时间以后，朝向那块仍粘贴的卡片弯曲——就是说，它的方向正好与长7～8毫米的整个生长部位以前被诱导的弯曲相反。这主要发生于第一次弯曲程度小的时候，以及当一个物体曾被多于一次地固定于同一胚根的尖端。用紫胶把一小块卡片粘贴于柔嫩尖端的一侧，有时会机械地妨碍它的生长；或者，在同一侧面多于一次地使用浓胶水可能会使它损伤；于是，这一侧面生长受抑制，而对面未受伤害的一侧仍继续生长。这便可以解释尖端发生反向弯曲的原因。

曾经尽可能进行了多种试验，来确定胚根尖端所必须承受的刺激的性质和程度，以使其顶端生长部位好像要避开这个刺激来源似的发生背向它的弯曲。在前面编号的试验中，我们已经看到，粘贴到根尖的小方块较厚信纸引起了相当大的偏转，虽然比较慢。有几个例证，是用胶水将各种物体固定的，这些物体不久便由一层液体与顶尖分隔开，还有些试验只施用了几滴浓胶水，从这些例证判断，这种胶水从不引起弯曲。我们也在编号的试验中看到，用紫胶固定的窄片羽毛管和极薄的玻璃只引起少量的弯曲，这可能是由于紫胶本身所致。曾把非常薄的小方块大肠膜湿润，这样使它粘贴在两个胚根尖端的一侧：其中一个在24小时后没有效应；另一个在小方块卡片通常便起作用的8小时内，也无效，但是在24小时以后，有微小偏转。

一粒干硬的卵圆形紫胶小珠，或者可说是紫胶饼，1.01毫米长、0.63毫米宽，仅在6小时内便可引起胚根偏转近于直角；但是在23小时后，胚根几乎已使自己伸直。把极少量的溶解紫胶涂抹在一块卡片上，再将9个胚根尖端的侧面与它接触，只有2个胚根背向有干紫胶斑点的一侧发生微小偏转，此后它们便使自己伸直。把这两粒紫胶斑点取

[1] 《维尔茨堡植物研究所工作汇编》，第3卷，456页。

下，称重，总重不到0.01格令；因而不到0.005格令（0.32毫克）的重量便足够引起9个胚根中的两个发生运动。于是，我们这里显然已经得出了可起刺激作用的近于最低值的重量。

把一根普通粗细的鬃毛（在测量时发现已经稍被压扁，一根直径为0.33毫米，另一根直径为0.20毫米）切成长约0.05英寸的小段。把它们蘸上浓胶水后，粘贴到11个胚根的尖端上。其中有3个受到影响；一个在8小时15分钟内从垂直偏转近90°；第二个当在9小时后观察时偏转了同样角度，但是，从最初粘贴时间起经24小时后，偏转减少到只有19°；第三个在9小时后只有少量偏转，那时发现鬃毛没有和根尖接触，又把它重新放好，再过15小时，从垂直偏转的角度达26°。余下的8个胚根一点也没有受到小段鬃毛的影响，因而我们这里似乎是得到可对蚕豆胚根起作用的物体的近于最低值的尺寸。但是，值得注意的是，当小段鬃毛确实起作用的时候，它们已起的作用是多么快和有效。

当胚根尖端穿入地下时，必然受到各方面的压力，我们希望知道它能否辨别较硬、抵抗力较大的和较软的物体。将几乎硬如卡片的小方块砂纸和完全相同大小（为0.05英寸左右）的极薄的纸（薄到难于写字）用紫胶固定于12个悬垂的胚根尖端的两侧。砂纸的厚度为0.15～0.20毫米（或0.0059～0.0079英寸），薄纸的厚度仅为0.045毫米（或0.00176英寸）。在这12个例证中有8个胚根无疑地从贴附有砂纸的一侧偏转到有极薄纸片的一侧。在有些例证中，这种情况在9小时内发生；在另一些例证中，则直到过了24小时才出现。此外，4个失败例证中有几个很难看作是真正的失败：比如，有一个例证，其胚根一直保持很直，当将两块纸片取下时发现那块薄纸蘸了很厚的胶水，它几乎和卡片一样硬；在第二个例证中，胚根向上弯曲成半圆形，但是并不是从粘贴砂纸那一侧直接偏转的，而是因为两个小方块在一边粘在一起，形成一个坚硬的三角墙，胚根是从这个三角墙偏转的；在第三个例证中，方形砂纸片被错误地固定在根尖的前面，虽然有从这一面的偏转，这可能是由于萨氏弯曲；只有在第四个例证中，提不出理由解释胚根为什么根本不偏转。这些试验足以证明，胚根尖端具有分辨薄卡片和很薄纸片的非凡本领，并从抵抗力较大的或较硬的物体所压的那一侧偏转。

随即做了些试验，刺激根尖而不留下任何物体与它们接触。有9粒萌发蚕豆悬于水面上，它们的尖端用针摩擦过，每一例各6次，摩擦的力量足够震动整个蚕豆；温度适宜，即约为73℉。这里的7个例证没有产生任何效应；第八例中，胚根从被摩擦的一侧稍有偏转；第九例的胚根则转向被摩擦的一侧。但是这两个相反的弯曲可能是偶然性的，因为胚根并不总是完全笔直地向下生长。另外两例胚根的尖端以同样方式用一小圆杆摩擦15秒，又两例摩擦30秒，再两例1分钟，都没有产生任何效应。我们因而可以从这15例试验推断，胚根对暂时的接触不敏感，只有持久的、即使是很弱的压力才能对胚根起作用。

我们随后尝试了从根尖的一个斜面平行切除极薄一片的效应，因为我们想伤口会引起持久的刺激，这会使胚根弯向对面一侧，如同有粘贴的物体一样。先做了两个预备试验：第一个，从悬垂在潮湿空气中的6粒蚕豆的胚根上用剪刀削除切片，剪刀虽锐利，可能引起相当程度的挤压，以后没有弯曲。第二个，从同样悬垂的3个胚根尖端用剃刀斜削下薄片，44小时后，发现两个胚根明显地从切面弯曲；第三个胚根的整个尖端偶然被斜着切掉，它向上弯曲，越过蚕豆，但是没有明确地肯定胚根是否最初从切面弯曲。这些结果引起我们进行以下试验：取在潮湿空气中竖直生长的18个胚根，用剃刀从它们的圆锥形尖端削去一薄片。让这些尖端刚好进入瓶内的水面下，它们所处的温度为14～16℃(57～61℉)。观察是在不同时间进行的。对3个胚根在切片后12小时进行检查，都稍微从切面弯曲，再过12小时，弯曲度增加很大；有8个胚根在19小时以后检查；4个是在22小时30分钟以后；3个在25小时以后。最后的结果是，这样试验过的18个胚根中，有13个在上述时间间隔后，明显地从切面弯曲；另一个在又经过13小时30分钟后有这样的弯曲。因而在18个胚根中仅有4个没有受到切削的作用。这18个例证还应加上前面提到的3个。因此可以推断，用剃刀从胚根圆锥形尖端的一侧削去一薄片，也像黏附的物体一样，使胚根受到刺激，并引起从受伤面的弯曲。

最后，用硝酸银刺激根尖的一侧。如果胚根尖端的一侧或是其整个生长部分的一侧由于任何方法被杀死或受到严重伤害，另一侧仍继续生长，这便使这个部分朝向受伤的一侧弯曲[①]。但是在以下的几个试验中，我们设法(一般还是成功的)在一侧刺激根尖，而不使它受到严重伤害。方法是：先用吸水纸将根尖尽可能吸干，不过它还有些湿润，然后用很干燥的硝酸银去接触一下胚根尖端。这样处理了17个胚根，并把它们悬垂在水面上的潮湿空气中，温度为58℉，经21小时或24小时后，对它们进行检查。有两个胚根的尖端周围都变成黑色，已经无用，便丢弃掉，这样便剩下15个。其中10个从被接触的一侧弯曲，这一侧有褐色或淡黑色的小斑点。其余5个胚根中，有3个已经稍有偏转。将这5个胚根浸入玻璃瓶内的水中，再过27小时后(即施用硝酸银后48小时)重新检查，这时有4个成钩形，从变色的一侧弯曲，尖端指向天顶；第五个没有受到影响，仍旧直立。因而，15个胚根中有11个[②]受到硝酸银的作用。但是，上面刚叙述的4个，弯曲非常明显，单是这4个便足以证明蚕豆胚根从受到硝酸银的轻微刺激的顶端一侧弯曲。

刺激物对蚕豆胚根顶端的动力，与向地性的动力比较——我们知道，当将方形小卡片或其他物体固定于一竖直悬垂的胚根尖端一侧时，生长部位从这一侧弯曲，常形成一

① 奇斯尔斯基(Ciesielki)在用灼热的铂丝去烫伤胚根的一侧后，发现情况确是这样(《关于根的向下弯曲的研究》，1871年，28页)。我们在悬挂于水面上的7个胚根全长的一半上，纵向涂抹了一厚层油脂，这对生长部分很有害甚至致命，也得到这样的结果；因在48小时后，其中5个胚根朝向涂油脂的一侧弯曲，另两个仍旧直立。

② 11似为14之误。——译者注。

半圆形,抵抗向地性的作用,向地性的力量被粘贴物体的刺激效应所克服。因此,把胚根横向悬挂在潮湿空气中,保持在适当低温下以使它们有最高的敏感性,再将方形卡片用紫胶固定于其尖端的下侧,因而如果小方块起作用,顶端生长部位会向上弯曲。第一次,放置8粒蚕豆的方式是使它们横向伸长的幼嫩短胚根会同时受到向地性和萨氏弯曲的作用。若是后者起作用的话,在20小时内所有8个胚根都向下朝向地心弯曲,只有1个受到的作用轻微。其中两个仅在5小时内就有一些向下弯曲!因而固定于尖端下侧的卡片像是没有效应;向地性很容易克服这样引起的刺激的效应。第二次,取5个1.5英寸长的较老胚根,因而不如上述幼嫩胚根敏感,将它们同样放置并同样处理。根据许多其他情况下的观察,可以有把握地推断:如果它们是竖直悬挂,它们会从卡片弯曲;如果它们是横向放置,没有黏附卡片,它们会很快通过向地性竖直向下弯曲。但是,所得结果是:有两个胚根在23小时后仍呈水平位置;有两个只轻微弯曲;第五个弯到水平线下40°之多。第三次,将5粒蚕豆固定于软木盖,使其扁平面与盖平行,于是萨氏弯曲将不会使横向伸长的胚根向上或向下弯曲,再将方形小卡片像以前一样固定于其尖端的下侧。结果是,所有5个胚根都向下弯曲,或者说,向地心弯曲,这仅仅是在8小时20分钟之后。与此同时,并在同一些瓶内,将3个同龄的胚根竖直悬挂,其尖端的一侧上固定有小方块;在8小时20分钟后,它们从卡片偏转得相当大,因而是对抗着向地性而向上弯曲。在后面这几个例证中,从小方块卡片来的刺激克服了向地性;在前几个胚根呈水平伸展的例证中,向地性克服了刺激作用。因而在同一些瓶内,同一个时间,有些胚根向上弯曲,有些朝下——这些相反的运动要看当将小方块最初粘贴时,胚根是竖直向下,还是水平伸展。它们的行为上的这个区别最初看来是难以解释的,但是,我们相信,根据在上述两种情况下这两种力的初始动力之间的差异,结合刺激的后效应这个熟知原理,可以对它作简单的解释。当一幼嫩并敏感的胚根横向伸展时,其尖端下侧粘贴有小方块卡片,向地性对它于直角起作用,因而,如我们已看到的,比从小方块来的刺激就显然更有效;并且,向地性的动力在每个相继时期将由它以前的作用(即,由于它的后效)而加强起来。另一方面,将小方块卡片固定于一竖直悬垂的胚根上,尖端开始向上弯曲,这一运动将受到仅在一个很斜的角度起作用的向地性的抵抗,并且从卡片来的刺激将由它以前的作用所加强。我们因而可以推论,一刺激物对蚕豆胚根尖端的初始动力,比起于直角起作用的向地性的初始动力来较小,但是比起于斜角起作用的向地性的初始动力又较大。

蚕豆的次生胚根尖端对接触的敏感性——所有以上的观察都是关于主胚根或初生胚根。有些蚕豆悬垂于软木盖上,其胚根浸入水中,已发育出次生胚根或侧生胚根,此后将它们放置在很潮湿的空气中,并在合适的低温下以保存全部的敏感性。它们照常朝着近于水平的方向伸出，只有轻微地向下弯曲，并且保持这个位置几天之久。萨克斯曾证明[1]，这些次生根受到向地性的特殊方式的作用，因而如果改变它们的位置，它们还恢复原来的水平线下位置，并不像初生胚根那样竖直向下弯曲。用紫胶（有些例证中用浓胶水）将小方形硬砂纸固定于39个不同年龄的次生胚根尖端，一般是最上面的次生胚根。大部分小方块固定在根尖的下侧，如果它们起作用，胚根会向上弯曲，但是有些固定在侧面，少数在上侧。由于这些次生胚根非常纤细，很难将这些小方块固定在真正的尖端。或者是由于这个原因，或者是由于其他情况，只有9个小方块引起了弯曲。弯曲度数在几个例证中达到水平面上45°左右，有些达90°，于是其尖端指向天顶。在一例中，在8小时15分钟内便观察到明显的向上弯曲，但是一般要经过24小时以后。虽然39个胚根中只有9个受到影响，然而其中有几个弯曲得非常明显，以致使人确信，它们的尖端对轻微接触敏感，并且生长部位背向接触的物体弯曲。可能有些次生胚根比另一些更敏感，因为萨克斯曾证明[2]一件有趣的事，即每个单个的次生胚根有它自己的特殊结构。

蚕豆和豌豆（*Pisum sativum*）初生胚根顶端稍上部位对接触的敏感性——萨克斯[3]曾证明，在胚根顶端上方几毫米处的压力使得胚根像触须一样朝向接触物体弯曲，这便使得前例中提到的关于胚根顶端的敏感性，以及其上部随后发生背向接触物体或其他刺激来源的弯曲，更加值得注意。固定一些大头针，使它们压在竖直悬垂于潮湿空气中的蚕豆胚根上，我们便看到这种弯曲；但是用细枝或针摩擦这个部位几分钟，却没有效应。哈贝兰德特提出，[4]这些胚根在穿出种皮时，常要摩擦并压在破裂的边缘上，因而绕过边缘弯曲。鉴于用紫胶在根尖固定小方块卡片状纸，对引起胚根背向它们弯曲非常有效，便将同样的纸片（约0.05英寸见方，或更小），以同样方式粘贴于胚根的一侧，在顶端上方3～4毫米处。我们第一次试验了15个胚根，没有发生效应。第二次用同样数量的胚根做试验，有3个在24小时内变得突然朝向卡片弯曲（但是只有一个弯曲得较厉害）。我们可以从这些例证推论，用紫胶固定于尖端上方一侧的小方块卡片所给的压力，不是一个足够的刺激物；但是它偶尔引起胚根像触须一样朝向这一侧弯曲。

我们随后试验了用硝酸银于距尖端4毫米处摩擦胚根几秒的效应；虽然胚根已经擦干并且硝酸银棒是干的，然而受摩擦的部位仍然受到严重伤害并且留有一个轻微的永久凹陷。在这样的情况下，对面的一侧继续生长，胚根必弯向受伤的一侧。但是当距尖端4毫米处的一个点受到干硝酸银棒的短暂接触，它只略微变色，没有永久伤害。有几个胚根受到这样处理，它们在一两天内便使自己伸直，这便是它们没有受害的证据；然而它们

---

① 《维尔茨堡植物研究所工作汇编》，第4卷，1874年，605—617页。

② 《维尔茨堡植物研究所工作汇编》，第4卷，1874年，620页。

③ 出处同上，第3卷，1873年，437页。

④ 《实生苗发育时的保护措施》，1877年，25页。

最初是朝向被接触的一侧弯曲，好像在这一侧它们遭受到连续的轻微压力。这些例证值得注意，因为当胚根尖端的一侧用硝酸银触及时，胚根便向相反方向弯曲，就是说，背向被接触的一侧弯曲。

豌豆胚根顶端略上处对连续压力比蚕豆的同一部位更敏感，并朝向受压的一侧弯曲。[①] 我们用豌豆的一个变种（约克郡英雄，Yorkshire Hero）做试验，这种豌豆的种皮有很多皱纹，并且厚，对于包在内部的子叶来说也太大，以致有30粒豌豆浸水24小时后，并在湿砂上萌发，其中3粒的胚根竟不能穿出种皮，而是在其中以奇怪的形式盘卷起来，另外4个胚根则绕过它们曾挤压的破裂种皮的边缘急剧弯曲。在自然状况下发育并受到自然选择的类型中，这样的不正常情况大概绝不会出现，或是很少出现。上面提到的4个胚根中，有一个在向后折回时碰到了固定豌豆于软木盖上的大头针，现在它绕着大头针弯成直角，方向完全不同于因接触到破裂种皮而发生的第一次弯曲，因此，它提供了一个良好的实例，表明胚根顶端稍上部位有像卷须一样的敏感性。

此后，也像作蚕豆试验时那样，将小方块卡片状纸固定于豌豆胚根顶端上面4毫米处。在不同时刻这样处理了28个胚根，把它们竖直悬垂在水面上，其中有13个朝向卡片弯曲。最大的弯曲度达到与垂直线作62°角，但是这样大的角度只形成一次。有一例在5小时45分钟后便可察觉有轻微的弯曲，一般在14小时以后才明显。因而可以肯定的是，对豌豆来说，在胚根顶端上方的一侧粘贴小块卡片，它的刺激便足够引起弯曲。

在上述试验使用的同一些玻璃瓶中，把小方块卡片粘贴于11个胚根顶端的一侧，其中5个明显地、1个轻微地从这一侧弯开。其他类似的例证即将在下面叙述。这里提到这件事，是因为它是一个令人注目的现象，表示胚根的不同部位在敏感性上的差别，在同一瓶内看到一组胚根从顶端上的小方块卡片弯开，另一组弯向粘贴于顶端稍上部位的小方块卡片。此外，这两组例证中弯曲的性质也不同。粘贴于顶端稍上部位的小方块卡片使胚根有急弯，转弯的上部和下部都仍旧是近于笔直的，因而这里只有很小或是没有传递的效应。另一方面，粘贴于根尖的小方块影响胚根约4毫米甚至8毫米的一段长度，在大多数情况下引起对称的弯曲，因此，这里有些影响从顶端沿胚根传递了这段距离。

豌豆（约克郡英雄）：胚根顶端的敏感性——用紫胶将小方块卡片状纸固定（4月24日）于10个竖直悬垂的胚根顶端一侧；瓶底水温为60～61℉。在8小时30分钟内，大部分胚根受到影响：其中8个在24小时内已明显地从垂直线和从粘贴小方块的一侧偏转；有两个略微偏转。因此，它们都受到影响，但是这里只要叙述两个明显的例证：一个是24小时后胚根的顶端部分弯成直角（图66，A）；另一个（B）在这时变成钩形，顶端指向天顶。这里使用的两块小卡片是0.07英寸长，0.04英寸宽。另外两个胚根在8小时30分

① 萨克斯，《维尔茨堡植物研究所工作汇编》，第3卷，438页。

钟后呈适度偏转，在 24 小时以后又伸直。

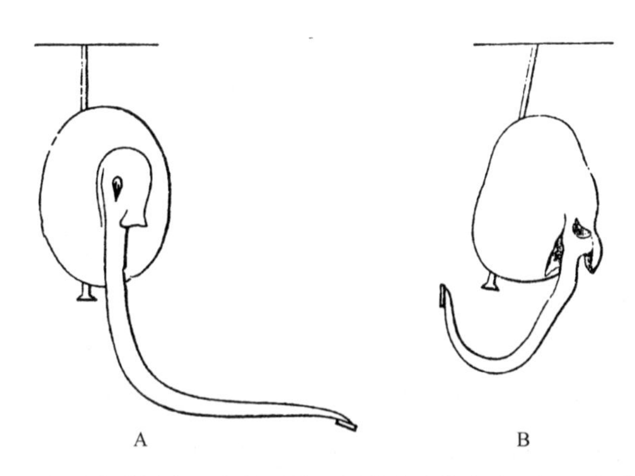

图 66　豌豆　由用紫胶固定于胚根顶端一侧的小方块卡片，在 24 小时内在竖直悬垂的胚根，在其生长中引起的偏转：A 弯成直角；B 弯成钩形。

另一个试验是以同样方法，用 15 个胚根做的。但是由于不值得解释的情况，只在 5 小时 30 分钟这段短时间后，粗略地检查一次，我们在笔记本上只记录下："几乎全部都轻微地从垂直线和从小方块弯开，在一两个例子中偏转达近于直角。"这两组例证，特别是前一组，证明胚根顶端对轻微接触敏感，并且它的上部从接触物体弯开。然而，在 6 月 1 日和 4 日，以同样方式试验了 8 个另外的胚根，温度为 58～60℉，在 24 小时后只有 1 个是肯定地从卡片弯开，4 个轻微地，2 个可疑，1 个一点也没有弯曲。弯曲度数特别小；但是所有那些发生弯曲的胚根，都是从卡片弯开。

我们现在用粘贴于胚根顶端的方形卡片，试验很不同的温度对于这些胚根的敏感性的效应。第一次，把 13 粒豌豆放在冰箱内，其中大多数有很短的幼胚根，冰箱温度在 3 天内，从 44℉升到 47℉。它们生长缓慢，但是 13 个胚根中有 10 个在 3 天内极轻微地从小方块弯开；另外 3 个没有受到影响，因此，这个温度对于任何高度的敏感性或是大量的运动都是太低了。其次将另外盛的 13 个胚根的瓶子放在壁炉架上，它们这里受到 68～72℉的温度，24 小时后，有 4 个胚根明显地从卡片弯开，2 个轻微地，7 个根本不弯曲，因此，这个温度又太高了。最后，把 12 个胚根放在变动于 72～85℉的温度下，没有一个胚根受到小方块的丝毫影响。上述几个试验，特别是第一次记录的，表明对豌豆胚根的敏感性最适合的温度约为 60℉。

按对蚕豆的试验方式，用干硝酸银接触一次 6 个竖直悬垂的胚根的尖端：24 小时后，其中 4 个从有小块黑斑的一侧弯开；在一例中，弯曲度在 38 小时后增大；另一例中，在 48 小时后增大，直到顶部几乎水平伸直；余下的两个胚根没有受到影响。

当蚕豆胚根在潮湿空气中水平伸直时，向地性的作用总是胜过粘贴在其尖端下侧的小方块卡片引起的刺激效应。用13个豌豆胚根做了同样试验：方块卡片用紫胶粘贴，温度为58～60℉。结果有些不同，因为这些胚根或者是受向地性较弱的作用，或者更可能的是对接触更敏感。过了一段时间以后，向地性总是占优势，但是它的作用常被推迟；在3个例证中，在向地性和由卡片引起的刺激之间，有非常奇特的斗争。13个胚根中有4个在6小时或8小时内有略微向下的弯曲，时间总是从最初粘贴小方块的时间计算；23小时后，其中3个垂直向下，第四个在水平面下作45°角。这四个胚根因而不像是受到粘贴的小方块的任何作用；另外4个胚根在前6小时或8小时内，没有受到向地性的作用，但是在23小时以后，则向下弯曲较大；另外两个在23小时内，几乎保持水平，但是以后受到向地性的作用。故此，在后面这6个例证中，向地性的作用拖延得很厉害。第11个胚根在8小时后稍微有些向下弯曲，但是在23小时以后再观察时，顶端部分竟向上弯曲；如果以后再观察，一定会看到尖端又向下弯曲，它便会形成一个环，像下面的例证那样。第12个胚根在6小时后稍微向下弯曲；但在21小时后再观察时，这个弯曲消失，尖端反而上指；30小时后，胚根形成钩，如A所示(图67)；在45小时后，它由钩变成环(B)。第13个胚根在6小时后稍微向下弯曲，但在21小时内向上弯曲相当大，然后又向下弯到水平面下45°角，此后又变成竖直。在后面这3个例证中，向地性和由粘贴的小方块引起的刺激以非常明显的方式交替地占优势，向地性是最后的胜利者。

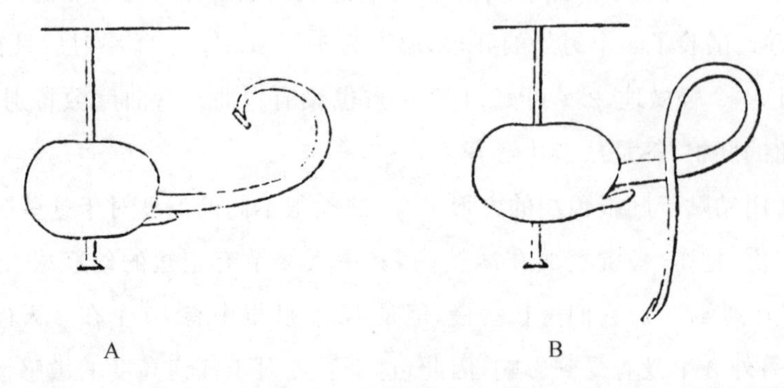

图67　豌豆　一胚根在潮湿空气中水平伸直，有小方块卡片固定于尖端的下侧，使它反抗向地性向上弯曲。胚根在21小时后的偏转示于A；同一胚根在45小时后的偏转示于B，现在形成一个环。

类似的试验并不总是像上述例证那样十分成功。在6月8日试验了6个胚根，是横向伸直的，并粘贴有小方块，温度适当，在7小时30分钟后，没有一个有一些向上弯曲，也没有一个有明显的向地性；而没有粘贴小方块的6个胚根，它们作为比较标准或是对照，在7小时30分钟内，有3个轻微地向下弯曲，3个几乎向地弯成直角；但是在23小时以后，两个组都一样地向地弯曲。在6月10日用6个横向伸直的胚根作了另外一个试验，它们的尖端下面以同样方式粘贴有小方块：7小时30分钟后，4个稍微向下弯曲，1

个保持水平，1 个反抗重力或向地性向上弯曲；最后 1 个胚根在 48 小时后形成一个环，像图 67 中 B 一样。

现在做了一个类似的试验，但是没有粘贴小方块卡片于根尖的下侧，而是用干硝酸银去接触一下。试验细节将在向地性一章中叙述，这里将只提到以下试验：有 10 粒豌豆，其胚根水平伸直，没有用硝酸银腐蚀，放在有潮湿而疏松的泥炭土上，上面也撒有这种泥炭土，这些豌豆用作标准或对照；另外还有 10 粒豌豆，在其根尖上侧曾用硝酸银接触过：全部豌豆在 24 小时内都强烈地向地弯曲。另外 9 个胚根，同样放置，其尖端的下侧曾用硝酸银接触过：24 小时后，3 个略微向地弯曲，2 个保持水平位置，其余 4 个却反抗重力与向地性而向上弯曲。这个向上的弯曲在尖端下侧被硝酸银腐蚀后 8 小时 45 分钟内便可清楚看到。

用紫胶将小方块卡片分两次固定于 22 个幼嫩并短小的次生胚根上，这些次生胚根是从生长于水中的初生胚根长出的，现在悬垂于潮湿空气中。除去很难将小方块卡片粘贴于像这些胚根那样尖细的物体以外，温度也太高，一次在 72～77℉之间变动，第二次几乎稳定于 78℉，这可能降低根尖的敏感性。结果是：经过 8 小时 30 分钟后，22 个胚根里有 6 个反抗重力的作用向上弯曲（其中一个弯得很厉害），两个侧向弯曲，其余 14 个没有受到影响。考虑到不利的环境，并且想到蚕豆的例证，这里的证据足够证明，豌豆的次生胚根尖端对轻微的刺激敏感。

红花菜豆：胚根顶端的敏感性——取 59 个胚根做试验，用紫胶固定大小不同的同种小方块卡片纸，也固定小片薄玻璃和粗煤渣于其顶端的一侧。还将相当大滴的溶解紫胶放在根尖上，让它凝固成硬珠。样品放在 62～72℉之间的不同温度下，更常放在后一温度左近。但是在这相当多的试株中，只有 5 个胚根明显地从粘贴的物体弯曲，另外 8 个有轻微，或者甚至是可疑的弯曲，其余 46 个完全不受影响。因此，这种菜豆的胚根尖端对接触的敏感性比蚕豆或豌豆差得多。我们推想，它们可能对较强的压力敏感，但是经过几次试验以后，我们设计不出任何方法可以向根尖一侧施加比另一侧更强的压力而同时不致使它的生长受到机械阻力。我们因此试验了其他刺激物。

13 个胚根的尖端，用吸水纸吸干后，在尖端一侧用干燥的硝酸银接触 3 次；或者只是摩擦，将它们摩擦 3 次，因为我们从以前的试验推想，它们根尖的敏感性不高。24 小时以后，发现根尖变黑很厉害：6 个周围同样地变黑，因而不能期望有向任何一侧的弯曲；有 6 个胚根的一侧长约 0.1 英寸的一段变黑厉害，这一段朝向变黑的表面弯成直角，在几例中弯曲度以后增加，直到形成小钩。显然，变黑的一侧受伤很严重，以致不能生长，而其相对的一侧仍继续生长着。这 13 个胚根里只有一个从变黑的一侧弯曲，弯曲延伸到顶端以上一段距离。

这样取得了经验以后，用干燥硝酸银接触一次 6 个近于干燥的胚根的顶端一侧，在

10 分钟后，让尖端伸入水中，水温保持在 65～67℉，结果是：过了 8 小时以后，在 5 个胚根顶端的一侧可以刚刚看出有微小的略黑斑点，它们都朝向对面一侧弯曲，有两个弯到 45°角左右，另外两个近于直角，第五个弯到大于直角，因而顶端略成钩形，这个胚根上的黑斑点要比另外几个大些。在施用硝酸银经 24 小时以后，其中 3 个胚根（包括弯成钩形的在内）的弯曲消失，第四个胚根未变，第五个弯曲增大，其尖端成钩状。前面已经提到，6 个胚根中有 5 个于 8 小时后在其尖端的一侧看到有黑斑点；在第六个胚根上，斑点非常小，是在真正的顶端上，因而是在中心，只有这一个顶端没有弯曲。因此，又用硝酸银接触它的一侧，在 15 小时 30 分钟后，它从垂直线背向变黑的一侧弯曲成 34°角；再过 9 个小时，再度增大到 54°角。

因此，可以肯定，这种菜豆的胚根尖端对硝酸银非常敏感，这方面比蚕豆更灵敏，不过蚕豆对压力则更敏感。在刚才提到的试验中，背向尖端受到硝酸银轻微接触的一侧的弯曲，沿胚根延伸近 10 毫米；而在第一组试验中，几个胚根尖端变黑很厉害并且在一侧受伤，于是它们的生长受阻，一段长不到 3 毫米的胚根朝向变黑很深的一侧弯曲，因为相对的一面还在继续生长。两种结果的这个差异很有意思，因为它表明，太强的刺激并不引起任何传递的效应，不使胚根相邻部位（即上部）的生长部位弯曲。我们用茅膏菜属做试验时，也有类似的情况，因为当使其脉体吸收了碳酸铵浓溶液，或是突然给它们施加过高的热量，或是把它们压碎，并不使其触毛的基部弯曲，而碳酸铵稀溶液，或是中等的热量，或是轻微的压力，却总是引起这样的弯曲。捕蝇草属和捕虫堇属植物方面，也曾观察到同样的结果。

随后用剃刀从 14 个幼嫩短胚根的圆锥形顶端的一侧削去一薄片，试验切割的效应。有 6 个胚根在切削后悬垂在潮湿空气中；另外 8 个也同样悬垂，但使其尖端伸入水内，水温约为 65℉，记录下每个例证中是哪个侧面被削去切片，当以后检查时，在查看记录之前，注意弯曲的方向。在潮湿空气中的 6 个胚根，有 3 个的尖端在 10 小时 15 分钟后直接从被切削的表面弯曲；另外三个没有受到影响，仍旧是伸直的；然而，其中一个再过 13 个小时后变得稍微从被切削的表面弯曲。尖端浸入水中的 8 个胚根，有 7 个在 10 小时 15 分钟后，明显地从被切削的表面弯曲；至于第八个，它仍旧很直，曾意外地削去很厚的一片，因而很难把它看作是一般结果的例外。从切削时间起，过了 23 小时以后，再观察这 17 个胚根时，发现有两个发生扭曲；4 个背向切削面从垂直线偏转约 70°角；有一个偏转近 90°，因而它几乎水平伸直，但是由于向地性的作用，它的顶尖当时开始向下弯曲。因此，明显的是，从这种菜豆的胚根圆锥形顶端的一侧切削一薄片，便通过刺激的传递效应，使其上部的生长部位背向切削表面弯曲。

旱金莲（*Tropaeolum majus*）：胚根尖端对接触的敏感性——用紫胶将小方卡片粘贴于 19 个胚根尖端的一侧，其中有些放在 78℉下，另一些放在更低的温度下。只有 3 个明显地从小方块弯曲，5 个轻微，4 个可疑，7 个根本没有弯曲。我们当时认为，这些种子已经陈旧，于是找到一批新鲜种子，所得结果便大不相同。以同样方式试验了 23 个胚根：5 个胚根上的小方块没有起作用，但是其中 3 个不是真正的例外，因为有两个的小方块滑动并与顶端平行，第三个上，紫胶用得太多，已经同样地布满于顶端的周围。有一个胚根只轻微地从垂直线背向卡片偏转；而 17 个有明显偏转。其中几个从垂直线偏转的角度在 40～65°之间，其中两个在 15 小时或 16 小时后达到 90°。有一例在 16 小时内几乎完成一个环。因此，可以肯定其顶端对轻微接触很敏感，并且胚根上部从接触的物体弯开。

草棉(*Gossypium herbaceum*)：胚根顶端的敏感性——用前述同样方法对胚根做试验，但是它们不适于我们的实验目的，因为当悬垂于潮湿空气内，它们不久就不健康了。这样悬垂了 38 个胚根，温度从 66°～69℉变动，尖端上粘贴有小方卡片：有 9 个胚根明显地从小方块和从垂直线弯曲，7 个轻微弯曲甚至可疑；22 个没有受到影响。我们推想可能是上述温度不够高，于是将粘贴有小方块的 19 个胚根也同样悬垂于潮湿空气中，温度是从 74°～79℉，但是没有一个受到影响，它们不久就变得不健康。最后，把 19 个胚根悬垂在温度为 70～75℉的水中，有小片玻璃或小方卡片固定于其尖端，是用加拿大香脂或沥青粘贴的，它们在水中贴附得比紫胶要好些。胚根保持康健时间不长。结果是：6 个明显地从粘贴物体和从垂直线偏转，2 个有可疑的偏转，11 个没有受到影响。因此，难于从上述结果得出结论。不过根据在适当温度下做的两组试验，可能是胚根对接触敏感，在有利条件下，可能会更敏感。

将已经在疏松泥炭土中萌发的 15 个胚根竖直悬垂于水面上：其中 7 个作为对照，它们在 24 小时内保持很直；另外 8 个胚根尖端的一侧，用干燥硝酸银刚刚接触一下。只在 5 小时 10 分钟后，其中 5 个便略微从垂直线背向有淡黑色小斑点的一侧弯曲；8 小时 40 分钟后，这 5 个胚根中有 4 个从垂直线偏转的角度在 15°～65°之间。另一方面，在 5 小时 10 分钟后，已略微弯曲的另一个胚根，现在已经伸直。24 小时后，有两个胚根的弯曲度增加很大；另外有四例也是如此，不过这几个胚根现在已经很扭曲，有的向上翻转，以致不再能确定它们是否从接触硝酸银的一侧弯曲，对照材料没有这样的不规则生长。这两组提供很明显的对比。曾受到硝酸银接触的 8 个胚根中，只有两个没有受到影响，硝酸银留在它们尖端上的斑点非常小。在所有例证中，这些斑点是卵圆形或是长椭圆形；曾测量过 3 个，它们的大小相近，长度为三分之二毫米。有了这个尺寸，那么胚根的弯曲部位的长度，即在 8 小时 40 分钟内从接触硝酸银的一侧偏转的那一部分，在三例中分别为 6、7 和 9 毫米，就值得注意了。

金瓜：胚根顶端的敏感性——其胚根尖端不适于粘贴卡片，因为它们非常细并且柔软。此外，由于下胚轴很快发育并变成拱形，整个胚根便很快被移动位置，于是引起混淆，不易判断。曾做了大量试验，但是没有得到明确的结果，只有两次试验除外：在 23 个胚根中，有 10 个从粘贴方形卡片的一侧偏转，13 个没有受到影响。较大的方块，虽然难于固定，看来比很小的卡片更有效。

用硝酸银时获得较大的成功。但是在我们的第一次试验中，15 个胚根受到的腐蚀太厉害，只有两个从变黑的一侧弯曲；其余的或是一侧被杀死，或是周围变黑程度相同。在我们的下一个试验中，11 个胚根的干燥尖端用干硝酸银短暂地触碰一下，几分钟后浸入水中。这样引起的长椭圆形斑点不会变黑，只是褐色，约为 0.5 毫米长，或者甚至更小。在用硝酸银接触后 4 小时 30 分钟内，其中 6 个明显地从有褐色斑点的一侧弯曲，4 个略微弯曲，1 个根本没有弯曲。这最后的一个胚根，已不健康，也没有生长；在 4 个略微弯曲的胚根中，有两个斑点特别小，有一个只能用放大镜才能辨认出来。同时在同一些瓶内做了对照试验，10 个对照胚根没有一个弯曲。在用硝酸银接触后 8 小时 40 分钟内，10 个（不健康的一个不计在内）胚根里有 5 个从垂直线背向有褐色斑点的一侧偏转约 90°，有 3 个偏转约 45°。24 小时后，所有 10 个胚根长度增加很多；其中 5 个的弯曲角度几乎相同，有两个角度增加，有 3 个减少。在 8 小时 40 分钟和 24 小时这两段时间之后，由 10 个对照提供的对比都非常明显；因为它们继续竖直向下生长，只有两个例外，它们由于某种未知的原因变得有些扭曲。

在向地性一章中，我们将看到这种植物的 10 个胚根横向放置在潮湿而疏松的泥炭土上面和下面，在这样的条件下它们生长得比在潮湿空气中更好更自然；它们的尖端曾用硝酸银在下侧轻微接触，这样引起的褐色斑点约为 0.5 毫米长。没有被硝酸银接触的样品也同样安放，它们通过向地性作用，在 5 小时或 6 小时内便向下弯曲很厉害。8 小时以后，被接触的胚根里只有 3 个向下弯曲，且也很轻微；4 个仍是水平位置；有 3 个却对抗向地性从有褐色斑点的一侧向上弯曲。有另外 10 个胚根的尖端同时并且同等程度地用硝酸银接触其上侧。这种处理，如果产生任何效果的话，将会增强向地性的作用；在 8 小时后，所有这些胚根都强烈地向下弯曲。根据上述几个事实，没有疑问的是，如果足够轻微地用硝酸银接触金瓜胚根尖端的一侧，便使整个生长部位向对面一侧弯曲。

萝卜(*Raphanus sativus*)：胚根尖端的敏感性——我们在这个试验中，无论是用方块形片，还是用硝酸银，都遇到很多困难。因为当种子被钉在软木盖上，很多没有受到任何处理的胚根，生长得很不规则，常常向上弯曲，好像被上面的潮湿表面所吸引；当将它们浸入水中，它们也常照样长得不规则。我们因而不敢相信用粘贴小方卡片的实验。虽然如此，有些试验似乎表明其尖端对接触敏感。用硝酸银的试验一般也失败，因为胚根极细，很难不严重伤害它们。在这样处置的 7 个胚根中，有一个在 22 小时后从垂直线背向受腐蚀的一侧弯曲 60°角，第二个弯曲 40°角，第三个很轻微。

欧洲七叶树：胚根顶端的敏感性——用紫胶或胶水将一小片玻璃和方形卡片固定于

这种植物的 12 个胚根的尖端；当这些物体脱落时，再重新固定；没有一个例证引起任何弯曲。这些粗大的胚根，其中一个长 2 英寸以上，基部的直径为 0.3 英寸，看来像对任何粘贴的小物体这样轻微的刺激不敏感。然而，当顶端在其向下的路程中遇到任何障碍物时，它的生长部位弯曲得均匀并且对称，以致它的外形表明不仅有机械性弯曲，而且由于顶端的刺激作用，沿着它整个凸起的侧面有增长。

根据硝酸银的更强烈的刺激效应，可以断定上述观点是正确的。这种胚根从受硝酸银处理的一侧弯曲，要比前面叙述的几种植物慢得多。可能值得说明一下我们的试验细节。

使种子在木屑中萌发，其胚根尖端的一侧用干硝酸银轻轻摩擦一次，过几分钟后将之浸入水中。它们处于相当变动的温度下，一般是在 52°～58℉之间。有些例证不值得记录，比如，整个胚根变黑，或是实生苗不久便显得不健康。

(1) 胚根在 1 天(即 24 小时)内便从受硝酸银腐蚀的一侧轻微偏转；在 3 天内与垂直线成 60°角；在 4 天内成 90°角；第五天它弯曲到水平线上约 40°。因而它在 5 天内已经偏转了 130°角，这是曾观察到的最大弯曲量。

(2) 胚根在 2 天内略微偏转；7 天后从垂直线背向被腐蚀的一侧偏转 69°；8 天后这个角度接近 90°。

(3) 1 天后有轻微偏转，但是腐蚀的斑点很淡，于是同一侧又用硝酸银接触。从第一次接触起第四天，偏转达 78°，再过一天增到 90°。

(4) 两天后有轻微偏转，此偏转经 3 天后确实增加，但是没有变得很大；胚根长得不好，在第八天死去。

(5) 两天后有很轻微的偏转；但是在第四天从垂直线背向受腐蚀的一侧的这个偏转角达 56°。

(6) 3 天后有可疑的偏转，但是 4 天后肯定从受腐蚀的一侧偏转。在第五天从垂直线的偏转角达 45°，在第七天增加到近 90°。

(7) 两天后轻微偏转；第三天这个从垂直线的偏转达 25°，但是它以后没有增加。

(8) 一天后偏转明确；第三天偏转角达 44°，第四天从垂直线背向受腐蚀的一侧偏转 72°。

(9) 两天后偏转轻微，然而明确；第三天，尖端又在同一侧用硝酸银接触，于是受到伤亡。

(10) 一天后偏转轻微，6 天后这个从垂直线背向受腐蚀的一侧的偏转增加到 50°。

(11) 一天后有明确偏转，6 天后从垂直线背向受腐蚀的一侧的偏转增加到 62°。

(12) 一天后有轻微偏转，第二天达 35°，第四天达 50°，第六天这个从垂直线背向受腐蚀的一侧的偏转达 63°。

(13) 整个尖端变黑，一侧比另一侧更深些。第四天轻微地从更深的一侧偏转，第六天偏转得更厉害，第九天从垂直线的偏转角达 90°。

(14) 整个尖端变黑的情况和上例相同。第二天肯定从更深的一侧偏转，在第七天这个偏转角增加到近 90°，次日，胚根显出不健康状态。

(15) 这里我们得到一个异常的例子，即胚根在第一天略微朝向受腐蚀的一侧弯曲，以后 3 天都继续如此，这时偏转达到与垂直线成 90°角。这样弯曲的原因像是由于胚根上部有像触须一样的敏感性，种皮的一个大三角形瓣的尖端以相当大的力量压在胚根上部，这个刺激显然克服了来自受腐蚀的顶端的刺激。

这些例证毫无疑问地证明，刺激胚根顶端的一侧，引起胚根上部缓慢地朝向相反一侧弯曲。在 5 粒被钉于玻璃瓶的软木盖上的一组种子，清楚地表现出这个现象：因为当在 6 天后将盖翻过来并直接从上面观察时，由硝酸银引起的小黑斑，都可在侧向弯曲的胚根尖端的上侧清楚地看到。

按照对蚕豆描述的方式，用剃刀从 22 个胚根尖端一侧削切一薄片，但是这种刺激并不是很有效：22 个胚根里只有 7 个在 3～5 天内适度地从被切削的表面偏转，另外几个生长得很不规则。因此，这个证据远不是决定性的。

英国栎：胚根顶端的敏感性——英国栎胚根尖端，也像我们曾检查过的任何植物的一样，对轻微接触十分敏感。它们在潮湿空气中保持康健 10 天，但是生长缓慢。用紫胶将方形卡片纸固定于 15 个胚根的尖端，其中 10 个明显地从垂直线背向小方块卡片弯曲；两个轻微弯曲，3 个完全没有弯曲。这 3 个没有弯曲的胚根中，有两个不是真正的例外，因为它们起初就很短小，以后也几乎没有生长。有些弯曲较显著的例证值得描述一下。胚根是在每天清晨检查，几乎于同一时间，也就是每隔 24 小时一次。

第 1 号　这个胚根遭受了一连串事故，有异常方式的行动，因为其尖端起初对接触不敏感，以后又敏感。第一个方形卡片是在 10 月 19 日粘贴的，到 21 日胚根还完全没有弯曲，而且小方块被偶然碰掉；22 日再固定卡片，胚根稍微从小方块弯曲；但是这个弯曲在 23 日消失，这时把小方块取下并再重新固定；没有弯曲发生，小方块又被偶然碰掉，再重新固定。在 27 日清晨，因根尖长到瓶底的水面，卡片被冲掉。再将小方块固定；到 29 日，即在第一个小方形卡片粘贴后 10 天，最后的卡片粘贴后两天，胚根已长到 3.2 英寸长，当时顶端生长部分已从方形卡片弯开成钩形(见图 68)。

第 2 号　小方卡片在 19 日粘贴；20 日胚根稍微从卡片一侧和从垂直线偏转；21 日偏转成近于直角，以后两天保持同样位置；但是到 25 日，由于向地性的作用，向上弯曲减小；到 26 日更加减小。

第 3 号　小方卡片在 19 日粘贴；21 日有从卡片弯曲的迹象，22 日弯曲达 40°，23 日达到与垂直线作 53°角。

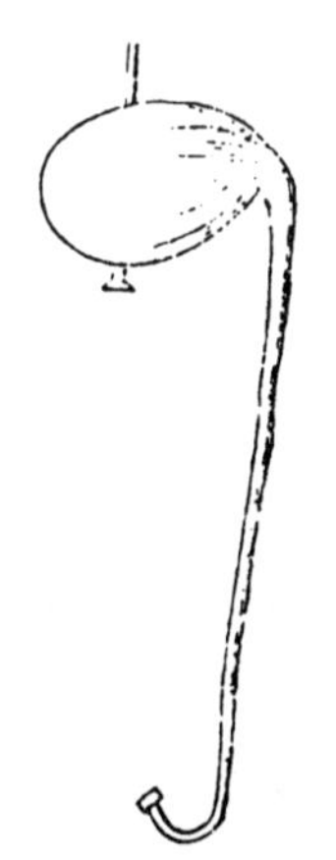

图 68 英国栎 胚根有方形卡片粘贴于顶端的一侧,使它变成钩形。(本图为原标度的一半)

第 4 号 小方卡片在 21 日粘贴;22 日有从卡片弯曲的迹象;23 日,胚根完全成为钩形,根尖指向天顶。3 天以后(即 26 日),弯曲已完全消失,尖端向下竖直。

第 5 号 小方卡片在 21 日粘贴;22 日有从卡片的明确但轻微的弯曲;23 日根尖弯到水平面以上;24 日弯成钩状,顶尖几乎指向天顶,和图 68 中一样。

第 6 号 小方卡片在 21 日粘贴;22 日稍微从卡片弯曲;23 日弯曲较大;25 日弯曲更大;27 日,所有弯曲消失,胚根当时向下竖直。

第 7 号 小方卡片在 21 日粘贴;22 日有从卡片弯曲的迹象,次日弯曲增大,24 日弯成直角。

因此,明显的是,英国栎胚根顶端对接触非常敏感,并且在几天之内保持它的敏感性。然而,这样引起的运动比前述的任何例证都缓慢,除去欧洲七叶树以外。有时也像蚕豆那样,顶端生长部位在弯曲后,通过向地性的作用使自己伸直,虽然尖端上仍旧粘贴着物体。

其次,也像对蚕豆例证那样,进行了同样值得注意的试验:就是把大小正好相同的卡片状砂纸和很薄的纸(其厚度已在蚕豆试验中提到),用紫胶粘贴于 13 个胚根尖端的两对面(尽可能粘贴得准确)。胚根悬垂于潮湿空气中,温度为 65～66℉。结果很明显,因为 13 个胚根里有 9 个明显地从厚纸片一侧弯向有薄纸片的一侧,一个很轻微地弯曲。这些例证中有两个根尖在两天后完全弯成钩形;在 4 个例证中,从垂直线背向有厚纸片的一侧的偏转在 2～4 天内达 90°、72°、60°和 49°,但在另外两个例证中只到 18°和 15°。然而,应当说明一下,偏转为 49°的一例中,两个小方块纸片偶然在尖端的一侧相遇,于是形成一个侧向的三角墙;偏转有一部分是这个三角墙的影响,有一部分是受厚纸片的影响。只在 3 个例子中,胚根没有受到粘贴于其尖端的两块纸片厚度差异的影响,因而没有从更硬的纸片一侧弯开。

玉蜀黍:胚根顶端对接触的敏感性——对这种植物做了大量试验,因为它是我们试验过的唯一的单子叶植物。写出结果的摘要,便已足够。首先,将 22 粒萌发种子钉在软木盖上,胚根上没有粘贴任何物体,有些放在 65～66℉的温度下,其余的放在 74～79°温度下:没有一个胚根发生弯曲,只有几个略微偏向一侧。选取少数种子,这些因曾在砂土上萌发,胚根有些弯曲;但是当悬于潮湿空气中,它们的顶端部分笔直向下生长。肯定了这个事实以后,用紫胶将小方卡片分几次固定于 68 个胚根的尖端。这些胚根中有 39 个的顶端生长部位在24小时内，就明显地从粘贴的小方卡片和从垂直线弯开；39个里有13个形成钩状，以其顶尖指向天顶，有8个形成环。此外，68个胚根中，有另外7个轻微地从卡片偏转，有两个发生可疑的偏转。还有20个胚根没有受到影响；但是其中10个不应计算在内，因为有一个染病，有两个在尖端周围涂满了紫胶，7个胚根上的小方块滑到和尖端平行，不是斜着黏附在根尖上。因此，68个胚根里，只有10个肯定是没有受到影响。用于试验的胚根，有些很幼嫩而且短小，大部是中等长度，有两三个胚根的长度超过3英寸。上述例证中的弯曲发生在24小时内，但是常在更短的时间内便已明显。例如，有一个胚根的顶端生长部位在8小时15分钟内，便向上弯成直角，另一个在9小时内。有一次试验中，钩形是在9小时内形成的。把一个盛9粒种子的玻璃瓶放在砂浴上，温度增加到76～82℉，当在15小时后第一次观察时，有6个胚根变成钩形，第7个形成一个完整的环。

图69有4粒萌发种子，试验表明：第一，胚根(图A)的尖端从粘贴的小方卡片弯曲得很大，以致形成钩形。第二(图B)，由于卡片的连续刺激，可能还有向地性的帮助，钩状胚根几乎变成一个完整的圆圈或环。根尖在形成环时，一般要与胚根的上部发生摩擦，这样便碰掉贴附的方形卡片；这个环于是便缩小或闭拢，但是不会消失；尖端以后竖直向下生长，不再受到任何粘贴的物体的刺激。这种情况经常发生，图C可为代表。上面提

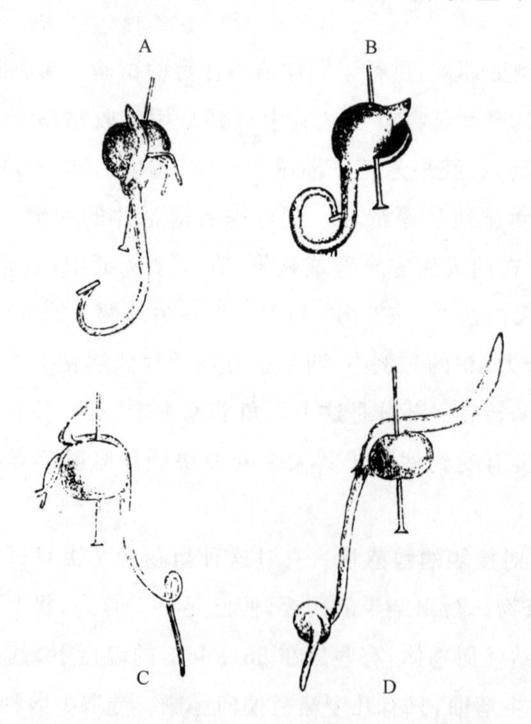

图69　玉蜀黍　胚根受到刺激，从粘贴于其尖端一侧的小方卡片弯开。

到的有 6 个钩状胚根的玻璃瓶和另一个玻璃瓶又保存了两天，为的是要观察这些钩形会再发生何种变化。其中大多数变成简单的环，如图 C 所示；但是有一例中，尖端没有与胚根上部发生摩擦而移去卡片；由于卡片的连续刺激，它因而形成两个完整的环，也就是一个双圈螺旋形；这两个环以后紧密地挤在一起。此后，向地性占了优势，使胚根尖端竖直向下生长。在另一个例证（示于图 D）中，尖端形成第二个圈时从最初开得很大的第一个环中通过，这样做的时候把卡片碰掉；它以后竖直向下生长，这样把自己捆成一个结，这个结不久后变紧！

玉蜀黍的次生根——初生胚根出现不久，其他胚根从种子伸出，而不是从初生胚根的侧面生长出来的。从这些斜着向下生长的次生胚根中，选取 10 个做试验，用紫胶将很小的方形卡片粘贴于根尖的下侧。因此，如果这些方形卡片起作用，胚根会抗拒向地性而向上弯曲。玻璃瓶（遮去光线）是放在砂浴上，温度在 76～82℉之间变动：仅仅过了 5 个小时，有一个次生胚根便略微从卡片偏转，在 20 小时后形成一个环；另外 4 个次生胚根在 20 小时后，也从卡片弯曲得相当大，其中 3 个成钩形，顶尖指向天顶，一个是在 29 小时后成钩形，另外有两个是在 44 小时以后。这个时候第六个次生胚根已从粘贴卡片的一侧弯成 90°。于是，10 个次生胚根里有 6 个受到影响，4 个没有反应。因此可以肯定，这些次生胚根的尖端对轻微接触敏感，并且当它们受到刺激时，它们使胚根的上部从接触物体弯曲，但是这种弯曲出现所需的时间与初生胚根比较起来一般要长些。

胚根尖端对潮湿空气的敏感性

几年以前，萨克斯作出重要的发现，就是有许多种实生苗的胚根朝向一个相邻的潮湿表面弯曲[①]。我们这里将尽力证明，这种特殊的敏感性类型位于它们的尖端。这种运动与前面所考虑的由刺激物激发的运动，在方向上正好相反，后一种运动是使胚根的生长部位从刺激来源弯开。在试验中，我们按照萨克斯的设计，把盛着在潮湿木屑中萌发的种子的筛子悬挂起来，使其底部倾斜，一般与水平面成 40°角。如果胚根只受到向地性的作用，它们便会从筛子底部伸出垂直向下生长；但是，因为它们受到邻近潮湿表面的吸引，它们便向此表面弯曲，于是从垂直线偏转了 50°。为了要确定是胚根尖端还是其整个生长部位对潮湿空气敏感，便在几个试验中，用橄榄油和油烟的混合物涂抹 1～2 毫米长的一段表面。配制这种混合物是为了要增加这种油的稠度，以致可以涂抹一厚层，这至少可以在很大程度上排除潮湿空气，并且容易看得清楚。若不是已经明确建立胚根尖端

① 《维尔茨堡植物研究所工作汇编》，第 1 卷，1872 年，209 页。

是对几种其他刺激敏感的部位，就需要进行更多的试验了。

红花菜豆——对29个没有做过任何处理从筛底长出的胚根，与尖端涂油的胚根同时观察一样长的时间。29个胚根中，有24个弯曲到与筛底紧密接触。主要的弯曲部位一般是在距尖端5毫米或6毫米处。有8个胚根的尖端涂油的一段长2毫米，另两个长1.5毫米，把它们放在15～16℃温度下。经过19～24小时以后，它们仍旧垂直或几乎垂直下悬，因为其中有几个已朝向邻近的潮湿表面偏转约10°。它们因而没有受到一侧较潮湿空气的影响，或者只受到轻微影响，虽然整个上部都暴露在外。48小时后，其中3个弯向筛底的角度相当大；另外几个没有弯曲，可能是因为没有很好生长。但是，应注意的是，在最初的19小时到24小时内，它们都生长得很好：其中2个在11小时内增长2毫米和3毫米；另外5个在19小时内增长5～8毫米；有两个最初长4毫米和6毫米，在24小时内增长到15毫米和20毫米。

取10个生长也同样良好的胚根，尖端仅长1毫米的一段涂油，现在结果有些不同：其中4个在21～24小时内弯向筛底，而另外6个则没有这种现象。这6个胚根中有5个又观察了一天，现在除去一个以外，都向筛底弯曲。

将5个胚根的尖端用硝酸银腐蚀，约有1毫米长的一段根尖便这样受害。对它们观察了11～24小时，发现生长良好：其中一个弯到与筛底接触；另一个正朝向筛子弯曲；余下的3个仍是垂直下悬。同时观察了7个没有受到腐蚀的胚根，它们都已与筛子接触。

用湿润的大肠膜将11个胚根的尖端保护起来，使其紧密贴附在尖端上，长度为1.5～2.5毫米：在22～24小时以后，其中6个清楚地朝向筛子弯曲，或是已与筛底接触；2个略微向这个方向弯曲；3个根本未动。都长得很好。同时观察的14个对照样品，除去一个以外，都已很接近筛底。从这些例证看来，大肠膜套抑制胚根向邻近的潮湿表面弯曲，虽然抑制程度不大。是否很薄一层的这种物质，当湿润时允许空气里的水汽通过，我们不得而知。有一个例证表明，这种套子有时比上述结果表现得更为有效：有一个胚根，在23小时以后，只稍稍弯向筛底；当把套子(长1.5毫米)除去时，在下一个15.5小时内，它便突然弯向水汽的来源，主要的弯曲部位在距根尖2～3毫米处。

蚕豆——13个胚根的尖端长2毫米的一段涂油，应记住这种植物的胚根的主要弯曲部位约在距根尖4毫米或5毫米处。22小时后检查了4个胚根：26小时后3个，36小时后6个，没有一个被筛子的潮湿下表面所吸引。在另一个试验中，同样处理了7个胚根：其中5个在11小时后仍然向下垂直，有两个稍微朝向筛底弯曲；由于意外的事，以后没有再观察它们。在这两个试验中，胚根长得都很好：其中7个，最初长4～11毫米，11小时后，为7～16毫米；3个最初长6～8毫米，26小时后长11.5～18毫米；最后，4个胚根最初长5～8毫米，46小时后长18～23毫米。对照或未涂油的胚根，并不是一定被筛底所吸引。但是有一次，13个胚根里有12个被这样吸引，对它们的观察时间是22～36小时。有另外两次试验加在一起,40 个胚根里有 38 个被同样吸引。另一次,14 个胚根中只有 7 个有这种表现;但是再过两天以后,弯曲的所占比例增到 23 个里的 17 个。最后一次,20 个胚根中只有 11 个被这样吸引。如果我们把这些数目加起来,我们得到 96 个对照样品有 78 个弯向筛底。根尖涂油的样品中,20 个里只有 2 个发生这样的弯曲(但是对其中 7 个观察的时间不够长)。因而我们几乎不怀疑,尖端长 2 毫米的一段是对潮湿大气敏感的部位,使其上部弯向水汽的来源。

15 个胚根的尖端用硝酸银腐蚀,它们生长得和上述尖端涂油的一样好:经过 24 小时以后,其中 9 个完全没有弯向筛底;有 2 个稍向筛底弯曲,与原来的垂直位置成 20°和 12°角,4 个与筛底密切接触。因此,使胚根尖端约 1 毫米的长度受到伤害,便阻止大部分胚根弯向邻近的潮湿表面。24 个对照样品中,有 23 个弯向筛底,第二次试验中是 16 个胚根中有 15 个程度不同地朝向筛底弯曲。这些对照试验都包括在上一段所提出的试验里。

燕麦——13 个胚根的尖端从筛底伸出 2～4 毫米,其中许多并不完全竖直向下,用黑色黏油涂抹其尖端长 1～1.5 毫米的一段。将筛子斜放,使之与水平面成 30°角。大部分胚根在 22 小时后检查,少部分在 25 小时以后。在这段时间内,它们已长得很快,长度增加几乎一倍。没有涂油的胚根,其弯曲的主要部位是距根尖不少于 3.5～5.5 毫米、不大于 7～10 毫米处。13 个根尖涂油的胚根里,有 4 个完全没有向筛底移动;6 个向筛底偏转,从垂直线的偏转角在 10～35°之间;有 3 个与筛底紧密接触。因此,初看起来,将胚根的尖端涂油,只稍微抑制它们弯向邻近的潮湿表面。但是有两次检查了筛子,给我们完全不同的印象:因为看到了尖端涂黑油的胚根都从筛底伸出;而尖端未涂油的胚根,至少有 40～50 个,却紧贴着筛底,便不可能再怀疑涂油已经起了很大作用。仔细检查时,只能找到一个未涂油的胚根没有弯向筛底。如果根尖有 2 毫米长涂油保护,而不是 1～1.5 毫米长,那么胚根便可能不会受到潮湿空气的影响,没有一个会变得弯曲。

小麦(*Triticum vulgare*)——对这种普通小麦的 8 个胚根作了类似的试验,将它们的尖端涂油所产生的效应远小于燕麦的例证。22 小时后,其中 5 个与筛底接触;2 个向筛底偏转的角度为 10°和 15°;只有一个仍旧垂直向下。很多没有涂油的胚根,没有一个未能与筛底紧密接触。这些试验是在 11 月 28 日进行的,当时的温度在上午 10 时只是 4.8℃。假如没有下述情况,我们一定很难想到这次试验值得注意。在 10 月初,当时温度还相当高,即 12～13℃,我们发现只有少数几个未涂油的胚根弯向筛底。这表明对空气中湿气的敏感性因低温而增高,正像我们曾看到的蚕豆胚根对粘贴于其尖端的物体的敏感性一样。但是在这次小麦试验中,两个不同试验时期内空气干燥程度不同,这可能会引起两个时期的结果的差异。

最后,上面提到的关于红花菜豆、蚕豆和燕麦的一些事实,据我们看来,可以证明,一层黏油涂抹在胚根尖端长1.5～2毫米的一段，或是用硝酸银损害根尖，大大降低或是消除胚根上部暴露部分弯向邻近湿气来源的本领。我们应当记住：弯曲最厉害的部分位于涂油或受腐蚀的尖端上面一些距离处；还有，这一部分的快速生长，证明它没有因尖端曾受到这样的处理而受害。在有些例证中，尖端涂油的胚根发生弯曲，可能是由于油层不够厚，不能完全隔绝湿气，或是保护的长度不够，或是用硝酸银时，根尖没有被损害。当把尖端涂油的胚根留在潮湿空气中生长几天，黏油就会拉成极细的网状丝和小滴，根尖表面上便出现了一些干净无油的狭窄部分。这样的部分可能会吸收湿气，因而可以理解为什么有几个尖端涂油的胚根在过了一两天后就会弯向筛底。总之，由此可以推论，对胚根两侧空气湿度差异的敏感性是位于根尖，根尖将某些影响传递到上部，使它朝湿气来源弯曲。因此，这个运动，和因粘贴于尖端一侧的物体，或因在尖端上削去一薄片，或因用硝酸银轻微腐蚀所引起的运动，在方向上正好相反。在下面一章中，将说明胚根对于地心引力的敏感性也位于尖端，因而是尖端激发了一水平伸展的胚根的相邻部位，使它朝向地心弯曲。

由于初生胚根的顶部损坏或受伤，次生胚根变成垂直向地

萨克斯已经证明，蚕豆，可能还有其他植物，其侧生或次生胚根以特殊方式受到向地性的作用，以致它们朝水平方向或稍微向下生长。他进一步证明[①]一件很有意思的事，即如果将初生胚根的尖端切去，最近的一个次生根便改变它的性质并且垂直向下生长，这样取代了初生胚根。我们重复了这个试验，把蚕豆胚根顶端切除后种植在疏松的泥炭土内，观察萨克斯叙述过的结果：但是，通常有两三个次生胚根垂直向下生长。我们还修改了这个试验，用粗铅丝做成U形夹，夹住幼嫩胚根尖端的稍上部位。夹住的部位因而被压扁，以后不能再长粗；5个切去顶端的胚根，用作对照或比较标准。将8个胚根这样夹住：其中两个夹得太紧，以致根端坏死而脱落；2个夹得不够紧，它们没有受到明显影响；其余的4个被适当夹紧，足够阻止顶端部分的生长，而没有出现另外的伤害。当在15天后取下U形夹时，铅丝下面的部分很细，容易断裂，而其上部则加粗。在这四例中，这时就在铅丝上部的加粗部分长出一个或多个次生胚根，它们已垂直向下生长。在最好的一例中，初生胚根(铅丝下面的部分长1.5英寸)有些扭曲，不到邻近的3个次生胚根的一半长，这3个次生胚根已竖直，或几乎竖直朝下生长。有些次生胚根紧贴在一起，或是已

① 《维尔茨堡植物研究所工作汇编》，第4卷，1874年，622页。

经汇合。我们从这4个例证了解到，为了使次生胚根获得初生胚根的特性，并不必须真正切除初生胚根。只要阻止汁液流入初生胚根内，因而使它进入邻近的次生胚根，便已足够，因为这似乎是将初生胚根夹在U形铅丝夹内的最明显结果。

萨克斯曾提到，次生胚根在特性上的这种变化，显然类似于树木枝条发生的情况，当主干受到伤害，以后便被侧枝取代，因为这枝侧枝现已直立生长而不再是斜立生长。但是在后一情况下，侧枝改成背地性，而胚根例证中，侧根改成向地性。我们自然便猜疑到，枝条和根方面，有着同样的原因在起作用，就是有更多的汁液流入侧生的枝条和根。我们用普通冷杉(*Abies communis*)和欧洲篦形冷杉(*A pectinata*)做一些试验，用铅丝夹住主干和侧枝，全部侧枝中只留下一个没有夹。但是我们相信，当试验时植株已经太老，有些夹得太厉害，有些又夹得不够紧。只有一个用冷杉的例证得到成功，主干没有致死，只是其生长受阻；在其基部有3个侧枝轮生，其中两个夹住，有一个这样致死；第三个枝条没有动。这些枝条在接受处理时(7月14日)，在水平面以上8°；到9月8日没有夹住的枝条已经上举35°；10月4日，它已上举46°；第二年1月26日，为48°，这个枝条这时已有些向内弯曲。在这个48°的角度中，有一部分是由于普通的生长，因为被夹的侧枝在同一时期内上举12°。于是，在1月26日，没有受夹的枝条位于水平面上56°，或是离开垂直线34°，因此，它显然已经快要取代被夹的缓慢生长的主干。虽然如此，我们对这个试验还有些疑问，因为以后曾观察过一些生长得相当不健康的冷杉，株顶附近的侧枝有时变得倾斜很厉害，而主干在外观上还是健壮的。

有一种很不同的原因并不罕见地引起那些原来是横向生长的枝条竖直生长。欧洲篦形冷杉的侧枝常受到一种真菌——沟繁缕锈孢锈菌(*Aecidium elatinum*)的感染，它使枝条胀大成一卵状瘤节，由硬材形成，一个瘤节内我们数到有24个生长环。按照巴里(De Bary)[1]的叙述，当菌丝穿入一个开始伸长的芽时，从这个芽发育的枝条就垂直向上生长。这样的直立枝条以后产生一些侧向的横向枝条，它们于是有一个奇特的外形，好像一株幼龄冷杉树已从围绕着这个枝条的一个黏土球长出来。这些直立的枝条显然已经改变了它们的习性，成为背地性的了；因为如果它们未曾受到锈孢菌的感染，它们便会像同一枝条上所有其他枝桠一样横向生长。这个改变大概不可能是由于汁液流入这一部分的数量增多的缘故；但是菌丝的存在将严重干扰它原来的结构。

根据米汉(Meehan)先生[2]的叙述，大戟属的3个种的茎和马齿苋(*Portulaca oleracea*)的茎是"正常是平卧的或平铺的"；但是当它们被锈孢锈菌侵入后，它们"获得一种直

① 见De Bary关于畸形生长的有价值的论文，刊载于《植物学报》，1876年，257页。在德国，称这种畸形生长为"扫帚魔术"。

② 《费城自然科学院院报》(*Proc. Acad. Nat. Sc. Philadelphia*)，6月16日，1874年和7月23日，1875年。

立的习性”。施塔尔(Stahl)博士告诉我们,他知道几个类似的例子,这些例子像是与冷杉属的例子有密切关系。多枝黑三棱(*Sparganium ramosum*)的根茎在土中横向生长得相当长,或者说是横向地性的;但是埃尔夫芬(F. Elfving)发现,把它们栽培在水中时,它们的尖端就向上弯曲,它们变成背地性的。当把植株的茎折弯直到使它断裂,或者只是弯曲得很厉害,也会得到同样结果①。

至今为止,还没有人尝试去解释上述的例证,即在切除初生胚根顶端后,侧生胚根便竖直向下生长,在切除主干顶端后,侧枝便垂直向上生长。我们相信,以下想法给我们提供线索。第一,任何干扰结构的原因②,都容易引起返祖现象,如两个不同种族的杂交,或者是条件的变化,像当家畜变成野生的。但是我们最关心的例证,是在茎的顶部,或是在花序的中央部分时常出现反常整齐花。大家认为,这些部位能得到最多的汁液,因为当一朵不整齐花变成完全整齐或是反常整齐花时,这可以是由于、至少是部分地由于恢复到一种原始的正常类型这个返祖现象。甚至是一粒种子在蒴果端部的位置,有时也给予从它发育出来的实生苗提供返祖的倾向。第二,返祖现象时常由于芽变而发生,与种子的繁殖无关,以致一个芽可以返回到很多芽-世代以前的状态的性状。至于动物,返祖现象可以在年龄高的个体内发生。第三,也是最后,胚根最初从种子伸出时,总是向地性的,胚芽或枝条几乎总是背地性的。如果这时有任何原因,像增加的液流或是菌丝侵入,干扰了一个侧枝或是一个次生胚根的结构,它便容易返回到它的原始状态:它便变成或是背地性的或是向地性的,视情况而定,并且因此或是垂直向上或是垂直向下生长。这种返祖倾向可能已经加强,这确实是可能的,甚至是像真实的,因为它显然对植物有利。

本章总结

植物的一个部位或者器官,当它能把所受到的刺激去激发邻近部位的运动时,便可以认为是敏感的。现在,本章内已经证明,蚕豆胚根的尖端在这个意义上说,对于用紫胶或胶水粘贴于其一侧的任何小物体的接触是敏感的;对于用干硝酸银轻轻碰触,以及对从一侧削去一薄片也是敏感的。豌豆的胚根上试验过粘贴的物体和硝酸银,二者都起作

① 参见F.埃尔夫芬一篇有意思的论文,刊载于《维尔茨堡植物研究所工作汇编》,第二卷,1880年,489页。卡尔·克劳斯(特里斯道夫)[Carl Kraus (Triesdorf)]以前曾观察到[《植物志》(*Flora*),1878年,324页],偃麦草(*Triticum repens*)的地上部分被切割后,以及当根茎被部分浸入水中时,它的地下分枝便弯成直立向上。

② 下述结论所根据的事实已发表在《动物和植物在家养下的变异》,第二版,1875年。关于导致返祖现象的原因,参见第2卷,第十二章和第十四章,59页。关于反常整齐花,见第十三章,32页;又见33页关于它们在植株上的位置。关于种子,见340页。关于芽变引起的返祖现象,见第1卷,第十一章,438页。

用。至于红花菜豆的胚根尖端，对于粘贴的小方形卡片很不敏感，但是对于硝酸银和对削去薄片则敏感。旱金莲属的胚根对接触非常敏感。还有，根据我们可能的判断，草棉的胚根也是这样，它们对硝酸银也肯定是敏感的。金瓜的胚根尖端也对硝酸银非常敏感，不过对于接触只是中等的敏感。萝卜的试验结果有些令人怀疑。七叶树的胚根尖端对于粘贴的物体毫无反应，但是对硝酸银敏感。英国栎和玉蜀黍的胚根尖端对接触非常敏感，后者的胚根对硝酸银也是如此。在这些例证中，有几种的胚根尖端对于接触和对于硝酸银的敏感性存在差异，我们认为，这只是表观的，因为棉属、萝卜属和南瓜属的胚根尖端很细而且柔软，因而很难把任何物体粘贴于它的一侧。七叶树属的胚根尖端对于它们侧面上的小物体毫不敏感；但是，并不能由此就推论，它们对于可能施加的较大的持久压力也不敏感。

我们这里考虑的这种特殊类型的敏感性，限于胚根尖端长 1～1.5 毫米的一段。当这一部分受到以下的刺激时，如用任何物体接触、用硝酸银，或削去一薄片，胚根的上面相邻部分长 6 毫米或 7 毫米甚至 12 毫米的一段便受到激发而从受刺激的一侧弯开。因此，必然有某种影响从尖端沿胚根传递了这段长度。这样引起的弯曲一般是对称的。弯曲最明显的部分符合生长最快的部分。尖端和基部都生长得很缓慢，它们的弯曲很小。

考虑到上述几属在植物序列中的位置相隔很远，我们可以下结论：所有植物，或是几乎所有植物的胚根尖端都同样敏感，并且能把一种影响传递到上部使它弯曲。至于次生胚根的尖端，只观察了蚕豆、豌豆和玉蜀黍的次生胚根，发现它们也同样敏感。

为了使这些运动适当地表现出来，看来必要的是，胚根应以正常速率生长。如果使胚根处于高温下并生长迅速，尖端像是失掉它们的敏感性，或者是上部丧失了弯曲的本领。如果它们由于不壮健，或是由于所处的温度太低而生长缓慢，它们也会如此；当它们被迫于冬季中期萌发时也是一样。

胚根的弯曲有时发生于尖端受刺激后 6～8 小时，几乎总是在 24 小时内，只有七叶树的粗大胚根是例外。弯曲常达到一直角，即顶部向上弯曲，直到弯曲很小的尖端几乎水平伸出。有时，尖端由于粘贴物体的不断刺激而连续弯曲，直到它形成钩状，尖端指向天顶，或是形成一个环，或者甚至形成一个螺旋。过了一段时间以后，胚根显然已习惯于刺激，像触须的情况那样，因为它又向下生长，虽然一小块卡片或是其他物体可能仍粘贴在它的尖端。

显然，粘贴于一竖直悬垂的胚根的自由顶尖的小物体，不能对胚根总的生长施加机械阻力，因为当胚根伸长时，这个物体被携带向下；当胚根向上弯曲时，它被携带向上。胚根尖端本身的生长也不可能受到用胶水粘贴的物体的机械阻力，这种胶水在整个试验时间内，始终很柔软。小物体的重量虽然很轻微，却与向上弯曲相反抗。我们因此可以下结论，认为是由于接触的刺激作用激发了这种运动。然而，这种接触必须是长时期的，因为15个胚根的尖端受到短时的摩擦，并没有发生弯曲。因此，我们这里有一个特化的敏感度的例证，像茅膏菜属的腺体的情况那样：因为这些腺体对最轻微的压力，只要时间延长，便异常敏感，但是对两三下猛烈的碰触则无反应。

当胚根尖端的一侧受到干燥硝酸银的轻微接触，所引起的伤害很轻微，它的邻近上部便从受腐蚀点弯开，这比在尖端一侧粘贴物体能更肯定地引起上部弯曲。这里显然不是单纯的接触，而是硝酸银所产生的效应，它引起尖端传递某种影响到相邻部位，使它弯离开。如果尖端的一侧受到硝酸银的严重伤害或致死，这一侧便停止生长，而相对的侧面仍继续生长；结果是尖端本身朝向受伤的一侧弯曲，而且时常变成完全的钩形。值得注意的是，在这种情况下，相邻的上部并没有弯曲。这种刺激太强烈，或是说，这个震动太大，以致没有适当的影响从尖端传递出去。在茅膏菜属、捕蝇草属和捕虫堇属的植物方面，有着非常相似的例证，太强的刺激并不能激发触毛弯曲，或是叶片闭合，或是叶的边缘向内卷曲。

至于胚根尖端在良好条件下对接触的敏感性程度方面，我们已经看到，用紫胶固定小方形信纸于蚕豆根尖，便足够引起它的弯曲运动；有一次只是用一小块潮湿的大肠膜，但是它起的作用很缓慢。用胶水固定小段中等粗度的猪鬃毛（前面已提供测量结果），在11个胚根里只有3个受到影响；使用重量在0.005格令以下的干紫胶小珠，在9例中只有两个胚根弯曲；因而我们这里已经几乎达到必需的刺激量最低值。胚根顶端因此对压力的敏感性，要远低于茅膏菜属植物的腺体，因为这些腺体可以受到远比小段猪鬃毛细的物体的影响，远比0.005格令轻的重量的影响。但是胚根尖端有精细的敏感性，一个最有意思的证据是，当把同等大小的方形卡片和很薄的纸片分别粘贴于根尖的对面两侧，根尖对这两种纸片有分辨的本领，在蚕豆和英国栎的胚根试验中便看到这种现象。

当将蚕豆胚根横向伸直，其尖端的下侧粘贴方形卡片时，这样引起的刺激总是被向地性克服，向地性这时是在对胚根成直角这个最适宜的条件下起作用的。但是当将物体粘贴于上述任一属中垂直下悬的胚根时，是刺激作用克服了向地性，向地性的动力最初是斜着对胚根起作用的；因此，来自粘贴物体的即时刺激，再有其后效的帮助，就占了优势并使胚根向上弯曲，有时直到根尖指向天顶。然而，我们必须假定，只在运动已被激发之后，一粘贴的小物体对根尖的刺激的后效应才起作用。豌豆胚根尖端对于接触，像是比蚕豆胚根尖端更为敏感，因为当把豌豆胚根横向放置，将方形小卡片粘贴于尖端的下侧时，有时便发生一种极奇特的斗争，有时是刺激的力量占优势，有时是向地性动力占优势，但是最后总是向地性获胜。虽然如此，在两个例证中，顶端部分向上弯曲得很厉害，以致以后形成圆圈形。因此，对豌豆来说，来自粘贴物体的刺激，和以直角对胚根起作用的向地性，是两个几乎平衡的力量。用金瓜的横向伸直的胚根，其尖端下侧用硝酸银轻微接触时，观察到极为相似的结果。

最后，使胚根完成其特有功能的几种协调的运动是非常完善的。不论初生胚根最初从种子伸出时是什么方向，向地性总是引导它垂直向下；受到重力引力作用的是胚根尖端。但是萨克斯曾证明[①]，次生胚根，或是说由初生胚根发育出来的小胚根，受到向地性作用时，只是斜着向下弯曲。如果它们受到像初生胚根一样的影响，那么所有的胚根就会密集成一束钻入土内。我们已经看到，如果将初生胚根末端切去，或是使它受伤，邻近的次生胚根便成为向地性的，并且竖直向下生长。当初生胚根被昆虫的幼虫、掘穴的动物，或是任何其他事故所伤害时，这种本领必然对植物有很大用处。三级胚根，或者说由次生胚根发育的小胚根，不受向地性的影响，至少蚕豆是如此，因而它们向各个方向自由生长。由于各种胚根的这种生长方式，它们便和它们的有吸收性能的根毛一起，分布于周围的土壤内，如萨克斯所说的，是以最有利的方式，因为整个土壤便是这样被仔细搜寻着。

上一章中已经表明，向地性激发初生胚根向下弯曲的力量极小，不足以钻入土内。这种钻土动作，是靠尖锐的顶端（由根冠保护）进行的，由于顶端坚硬部分的纵向膨胀或是生长，再加上它的横向膨胀，这两种力量起了强有力的作用将顶端向下压进土内。然而，种子最初必须是以某种方式被压制住。当种子是在光秃的地面上，它们是靠根毛附着于任何邻近物体上而被固定下来，这显然是由于它们的外表面转变成一种胶结物才实现的。但是很多种子由于各种偶然原因而被覆盖起来，或者是它们落入土缝或洞穴里。有些种子本身的重量已足够大，可以固定自己。

初生和次生胚根的顶端生长部分的转头运动很微弱，以致很难帮助胚根钻入土内，除非土壤表层很松软湿润。但是，当种子偶然斜着落入土缝内，或是掉进由蚯蚓或昆虫幼虫所掘的穴道内，那么这种转头运动就必定会对它们大有帮助。此外，这种运动，与根尖对接触的敏感性相结合，一定非常重要；因为当尖端经常在尽力向四周各方面弯曲时，它便压向各个方向，这样便能够分辨那些相邻的表面是较硬还是较软，和它分辨粘贴的小方形卡片和薄纸片的方式一样。它因而趋向于从较硬的土壤弯开，便这样追循着阻力最小的路线。当它在土壤里碰上一块石头或是另一株植物的根系，这种必然会不断发生的事，它便会避开。如果根尖不敏感，并且它不能激发根的上部弯离，那么，每当它以直角方向遇到土壤中的某种障碍物时，它会容易折叠起来成为扭曲的一团。但是，我们已经看到，当胚根沿着倾斜的玻璃板向下生长时，尖端刚一接触到横着胶粘在玻璃板上的一条木片时；整个顶端生长部分便弯转开，以致尖端不久后的位置和以前的方向成直角。当它遇到土壤内的障碍物时，在周围土壤压力允许的范围内，也会这样。我们也能明白，为什么像七叶树的那样粗壮的胚根所具有的敏感程度，比柔软的胚根差些，因为前者能

① 《维尔茨堡植物研究所工作汇编》，第 4 卷，1874 年，605—631 页。

够靠它生长的力量去克服任何轻微的障碍。

在胚根遇到石块或是树根而离开它的自然下降路线发生偏转时，并到达障碍物的边缘后，向地性将引导它再向下垂直生长，但是，我们知道向地性作用的力量很小，这里便有另一种卓越的适应性在起作用，萨克斯曾提过这点①。因为在根尖上面不远的胚根上部，像我们已经看到的，也有敏感性。这个敏感性使得胚根像触须一样弯向接触的物体，因而当它蹭过障碍物的边缘时，它将向下弯曲；并且这样引起的弯曲是陡峭的，在这方面不同于刺激根尖一侧所引起的弯曲。这个向下弯曲与因向地性所致的弯曲吻合，二者将使胚根恢复其原先的路线。

当胚根察觉到一侧的空气中有过多湿气时，便弯向这一侧，我们便可推论，胚根对于土壤中的湿气，也会采取同样的行动。对湿气的敏感性位于尖端，这决定上部的弯曲。这种本领大概可以部分地解释排水管常被根系堵塞的程度。

考虑到本章内所提到的几件事实，我们看到，一个根经过土壤的路程是由非常复杂和多样的行动所控制；受到向地性的控制，向地性对初生、次生和三级胚根的作用方式不同；受到对接触的敏感性的控制，在尖端和在尖端稍上部位的敏感性类型不同；显然受到对土壤不同部位的变动湿度的敏感性的控制。这几种对运动的刺激都比向地性在斜着对胚根起作用时更有力量，当胚根从它的垂直向下路线偏转时，便斜着受到向地性的作用。此外，大多数植物的根还受到光的激发而向光或背光弯曲；但是因为根部原来并不暴露于光下，这种敏感性对植物是否有用，还值得怀疑，它可能只是胚根对其他刺激非常敏感的必然结果。在根的每个相继的生长期，它的顶端所取的方向最终决定它的全部路程，因此，根尖从一开始便追寻最有利的方向，便非常重要。我们于是能够理解为什么对向地性、对接触和对湿气的敏感性都位于尖端，为什么是尖端决定上面生长部位弯离还是弯向刺激来源。可以把胚根比作一个掘穴的动物，如鼹鼠，它打算垂直向下打地洞。它靠着不断地从一侧到另一侧移动头部，或是说，靠着转头运动，便可感觉到任何一块石头或是其他障碍物，以及土壤硬度上的任何差异，它便会从那一侧转开；如果土壤在一侧的湿度比另一侧大，它便会转向那一侧作为更好的狩猎地点。在每次中断之后，它仍然可以靠对重力的感觉的引导，能够恢复它的向下路线并向更深的土层掘进。

---

① 《维尔茨堡植物研究所工作汇编》，第3卷，456页。

第四章

成熟植物几个部位的转头运动

The circumnutating movements of the several parts of mature plants

茎的转头运动：总结——匍匐茎的转头运动：这样便为在周围植物茎之间盘旋提供帮助——花梗的转头运动——双子叶植物叶子的转头运动——捕蝇草属叶子的特殊振荡运动——大麻属叶子夜间下垂——裸子植物叶子——单子叶植物叶子——隐花植物——关于叶子转头运动的总结：通常在傍晚上举和在清晨下垂。

N° 106

Pub. as the Act directs, Jan. 1. 1790. by W. Curtis. Botanic-Garden, Lambeth-Marsh.

我们在第一章已经看到，所有实生苗的茎，不论是下胚轴还是上胚轴，以及子叶和胚根，都在继续不断地进行转头运动，就是说，它们先在一侧生长，然后在另一侧生长，这种生长进行之前可能是细胞先增加膨压。因为植物未必随着年龄的增长而改变它们的生长方式，看来可能是各种年龄的所有植物的各个器官，只要它们在继续生长，总会在进行转头运动，不过其幅度可能非常小。去探寻事情真相，对我们很重要，我们便决定仔细观察相当数量的植物，它们正旺盛生长着，并且，还不了解它们以什么方式运动。我们从茎开始。这类观察工作相当烦琐，据我们看来，观察分属于极不相同的科并有各种原产地的大约 20 个属的茎似乎足够了。选择了几种植物，因为它们是木本，或者还有其他原因，看来很不可能有转头运动。观察和描图的方法已在绪论中介绍。将盆栽植物放在适当温度下，或放在黑暗中或只从上面微弱照光。它们是按茂特和德凯斯内合著的《植物分类学》中胡克采用的分类次序排列的。各属所归入的科的编号也予以注明，这有助于表明各种植物在系统中的位置。

1. 伞形屈曲花(*Iberis umbellata*)(十字花科，科号 14)——一棵幼株，高 4 英寸，有 4 个节间(下胚轴包括在内)，顶端还有一个大芽；描绘了它的茎在 24 小时内的运动，如图 70 所示。根据我们能做到的判断，只有最上面的 1 英寸茎作了转头运动，而且方式简单。运动很慢，在不同时间速率也很不相同。在它的一段线路中，有一个不规则的椭圆形，或者不如说是三角形，是在 6 小时 30 分钟内完成的。

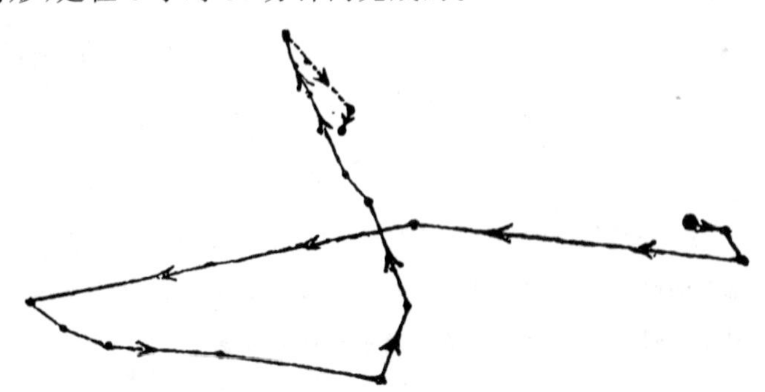

图 70　伞形屈曲花　幼株的茎的转头运动：从 9 月 13 日上午 8 时半到次日晨同一时间描绘。茎的顶端在平放玻璃板下面 7.6 英寸。(线图缩小到原大小的一半，这里所示的运动放大 4～5 倍)

2. 甘蓝(十字花科)——一株很幼小的植株，有 3 片叶子，其中最长的只有 0.75 英寸长，放在配有目镜测微计的显微镜下，看到这个最大叶片的尖端在经常运动着。它在 6

◀ 伞形屈曲花(*Iberis umbellata*)。

分 20 秒内跨过测微计的 5 个分格，即 0.01 英寸。几乎无可怀疑的是，茎在主要作着运动，因为叶尖并不很快离开焦点；若是运动限于这张叶片，它是在近于同一个垂直平面内作上下运动，那么叶尖很快便会离开焦点。

3. 亚麻(*Linum usitatissimum*)（亚麻科，科号 39）——弗里茨・米勒叙述过[《耶拿杂志》(*Jenaische Zeitschrift*)，第 5 卷，137 页]这种植物的茎在开花前不久能够旋转，或是说转头。

4. 马蹄纹天竺葵(*Pelargonium zonale*)（牻牛儿苗科，科号 47）——按通常方法观察一高 7.5 英寸的幼株，为了同时看到玻璃丝末端的小珠和在下面的标记，必须剪去一侧的三片叶。我们不知道是否由于这个原因，还是由于植物因向光性先向一侧弯曲，从 3 月 7 日清晨到 8 日晚 10 时 30 分却朝着大致相同的方向以曲折路线移动了相当一段距离。在 8 日夜间，它朝着与原来路线成直角的方向移动到一定距离处，次日(9 日)晨几乎直立不动一段时间。9 日中午又重新开始一次描绘（见图 71），一直继续到 11 日上午 8 时。自 9 日中午到 10 日下午 5 时(即在 29 个小时内)，这个茎描绘了一个圆圈，这个植物因而在转头，但是速率很慢，而且幅度也很小。

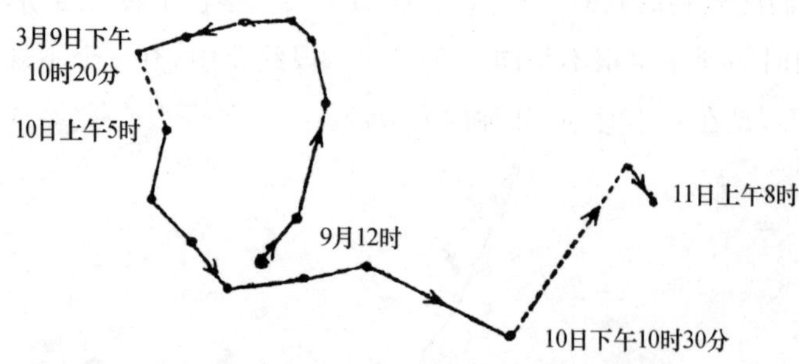

图 71　马蹄纹天竺葵　一株幼嫩植株的茎的转头运动：从上部微弱照光。（玻璃丝末端小珠的运动放大约 11 倍，从 3 月 9 日中午到 11 日上午 8 时在平放玻璃板上描绘）

5. 旱金莲(?)（矮株品种，叫作"大拇指汤姆"）（牻牛儿苗科，科号 47）——这个属的这一个种靠它们的敏感叶柄攀援，其中有些种也缠绕在支柱上，但是，即使是能缠绕的一些种，也不在年幼时开始以明显方式转头。这里所用的品种有相当粗的茎，并且也很矮，显然它不以任何方式攀援。我们因此想确定一幼株的茎是否进行转头运动，这一幼株有两个节间，株高总计 3.2 英寸。观察进行了 25 小时，我们在图 72 中看到，茎采取曲折路线移动，表明有转头运动。

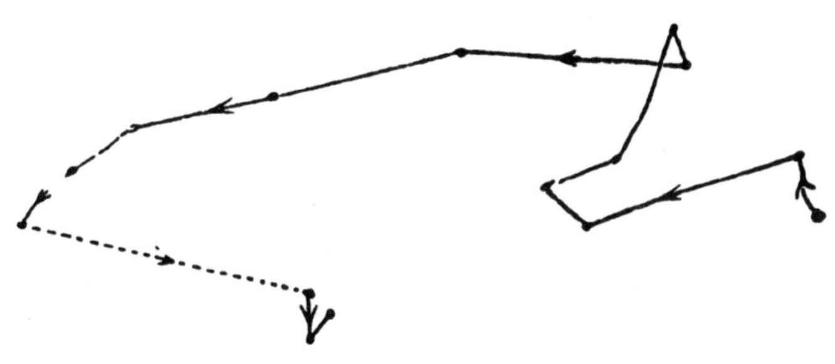

图 72 旱金莲(?) 幼龄植物茎的转头运动：从 12 月 26 日上午 9 时到 27 日上午 10 时，在平放玻璃板上描绘。（玻璃丝末端小珠的运动放大约 5 倍，这里缩小到原标度的一半）

6. 反曲车轴草（豆科，科号 75）——当讨论到植物的就眠时，我们将看到，豆科植物有几个属，例如岩黄芪属、含羞草属和草木樨属等，它们不是攀援植物，但是它们的茎以明显的方式转头。我们这里只举出一个例证（图 73），表示一大株反曲车轴草的茎的转头运动。在 7 小时内，这个茎很大地改变它的路线八次，完成不规则的圆或椭圆形三个。它因此是迅速地进行着转头运动。有几段路线彼此成直角。

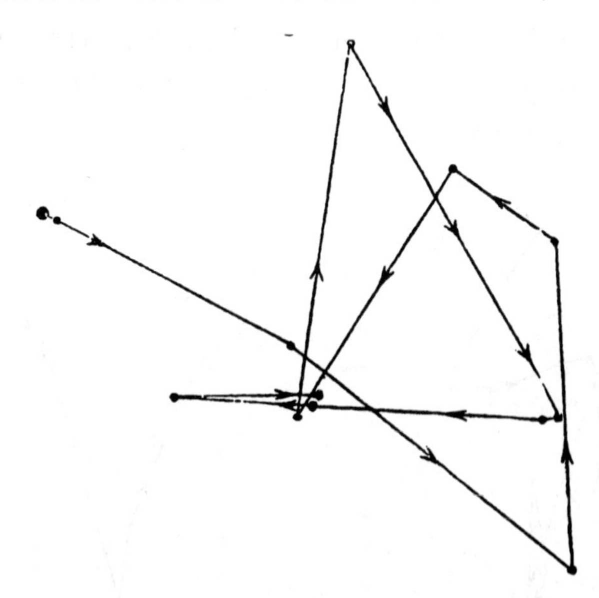

图 73 反曲车轴草 茎的转头运动：11 月 3 日从上午 9 时 30 分到下午 4 时 30 分在直立玻璃板上描绘。（描图放大不多，缩小到原图尺寸的一半；植株从顶上微弱照光）

7. 覆盆子（*Rubus idaeus*）（杂种，蔷薇科，科号 76）——我们碰巧有一棵幼龄植株，高 11 英寸，正在茁壮生长，它是用覆盆子和一种北美洲的悬钩子属植物杂交而培育出来的。按通常方法对它进行观察。3 月 14 日清晨，茎便几乎完成了一个圆圈，随后向右移动得很远；下午 4 时，它倒转方向，这时开始一次新的描图，连续描绘了 40.5 小时，见图 74 所示。我们这里看到清楚的转头运动。

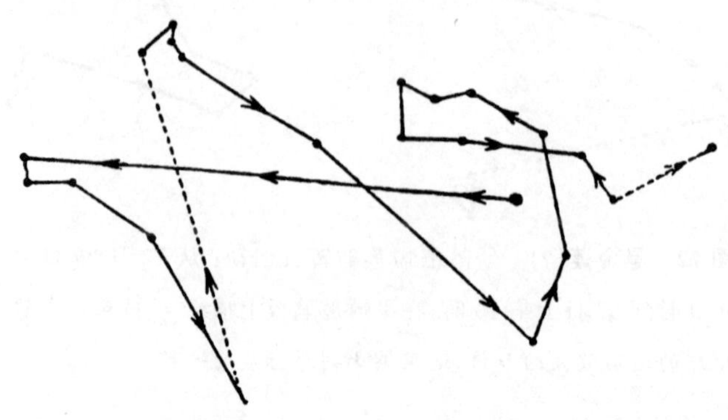

图 74　覆盆子(杂种)　茎的转头运动：从 3 月 14 日下午 4 时到 16 日上午 8 时 30 分在平放玻璃板上描绘。(描图放得很大，现图缩小一半；植株从顶上微弱照光)

8. 细瘦溲疏(*Deutzia gracilis*)(虎耳草科，科号 77)——观察了这种矮灌木的一个枝条，株高 18 英寸。在 10 小时 30 分钟内，玻璃丝末端小珠的路线有 11 次很大的改变(图 75)，因此，它的茎有转头运动是毫无疑问的。

9. 倒挂金钟(*Fuchsia*，温室栽培种，开大花，可能是杂种)(柳叶菜科，科号 100)——对一高 15 英寸的幼龄植株观察了近 48 小时。附图(图 76)提供出必要的细节，并且表明茎进行了转头运动，不过相当慢。

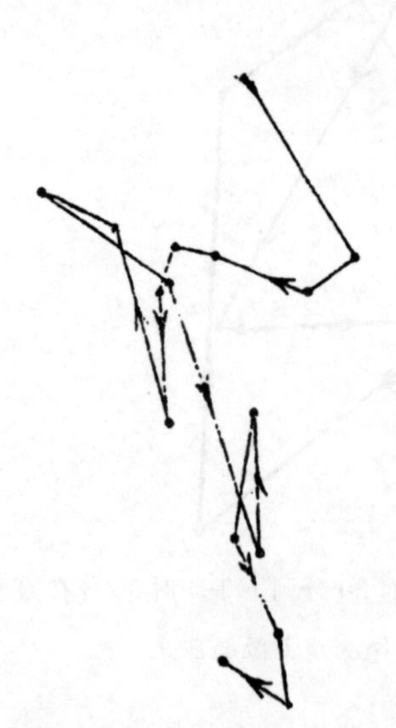

图 75　细瘦溲疏　茎的转头运动：放置在黑暗处，3 月 20 日从上午 8 时 30 分到下午 7 时在平放玻璃板上描绘。(玻璃丝末端小珠的运动原来放大约 20 倍，这里缩小一半)

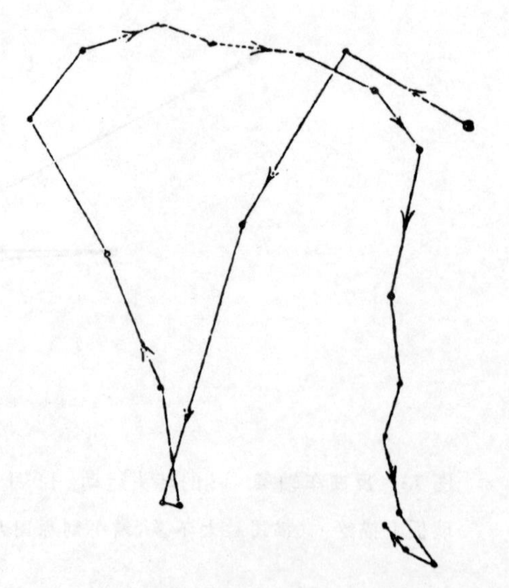

图 76　倒挂金钟(庭园栽培种)　茎的转头运动：放在黑暗处，3 月 20 日从上午 8 时 30 分到下午 7 时在平放玻璃板上描绘。(小珠的运动原来放大约 40 倍，这里缩小一半)

10. 极美山影掌(***Cereus speciocissimus***),庭园栽培种,有时称作多花令箭荷花(*Phyllocactus multiflorus*)(仙人掌科,科号 109)——因为这种植物的茎好像不可能作转头运动,我们就特别感兴趣地观察了一棵植株。这株植物在前几天从温室移到暖房,正在茁壮生长。枝条扁平,或呈扇状;但是有些枝条的切面是三角形的,它的 3 个边向内凹陷。选作用于观察的是后一种形状的枝条,长 9 英寸,直径 1.5 英寸,它比扇状枝条更不可能转头。将玻璃丝固定于枝条顶端,玻璃丝末端小珠的运动,于 11 月 23 日上午 9 时 23 分至下午 4 时半描绘(图 77A),它的路线在这段时间内有 6 次重大改变;在 24 日另外描绘一次(见 B 图),在这一天,小珠改变路线的次数更多,在 8 小时内做了 4 个可看作椭圆的运动,它们的长轴指向不同方向。在这个图中,也表示了第二天清晨茎的位置和它的开始路线。这个枝条虽然显得十分坚硬,无可怀疑的是,它作了转头运动,但是在这段时间内,它的最大运动量还是很小,可能不到 0.05 英寸。

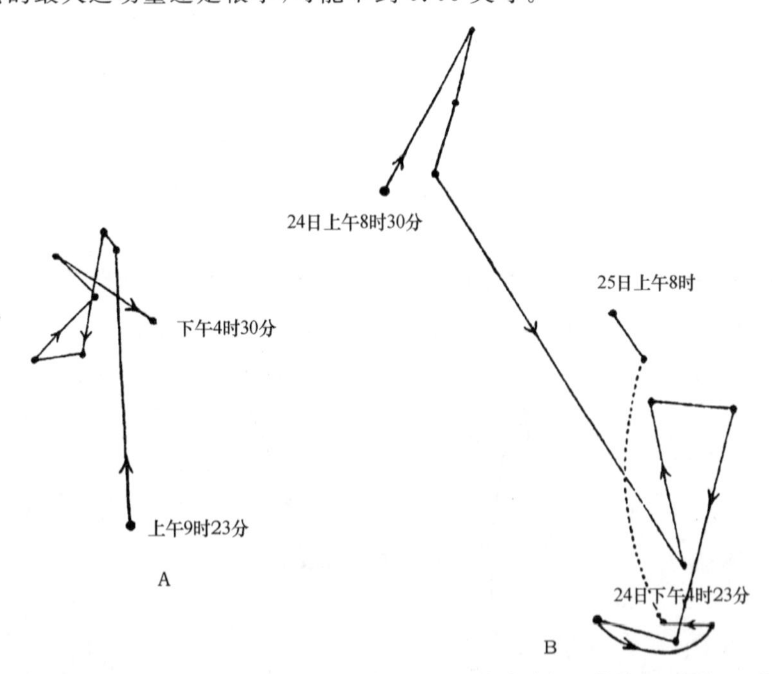

图 77 极美山影掌 茎的转头运动:从顶上照光,在一平放玻璃板上描绘,A 中从 11 月 23 日上午 9 时到下午 4 时 30 分,B 中从 24 日上午 8 时半到 25 日上午 8 时。(B 中小珠的运动放大 38 倍)

11. 洋常春藤(***Hedera helix***)(五加科,科号 114)——这个种的茎已知是背光性的,有几株在温室中盆栽的实生苗,在夏季中期,背向光弯曲成直角。在 9 月 2 日将几个茎捆缚使它们竖直站立,并放在一东北窗前;但是,令我们惊奇的是,它们现在肯定是向光性的,因在 4 天内它们向光弯曲,它们的路线描绘在一平放玻璃板上,非常曲折。在以后 6 天内,它们以缓慢速率在同一狭小空间内转头,它们有转头运动是无可置疑的。这些植株仍放在窗前相同位置上,过了 15 天以后,又对茎观察两天,并描绘了它们的运动,发现它们仍在转头，但是幅度很小。

12. 勋章花(*Gazania rigens*)(菊科，科号 122)——一个幼株，其高度量到最高叶片的尖端为 7 英寸。描绘了它的茎在 23 小时内的转头运动，如图 78 所示。可以看到有两条主要路线与另外两条主要路线几乎相交成直角，但是路线中途有几个小环出现。

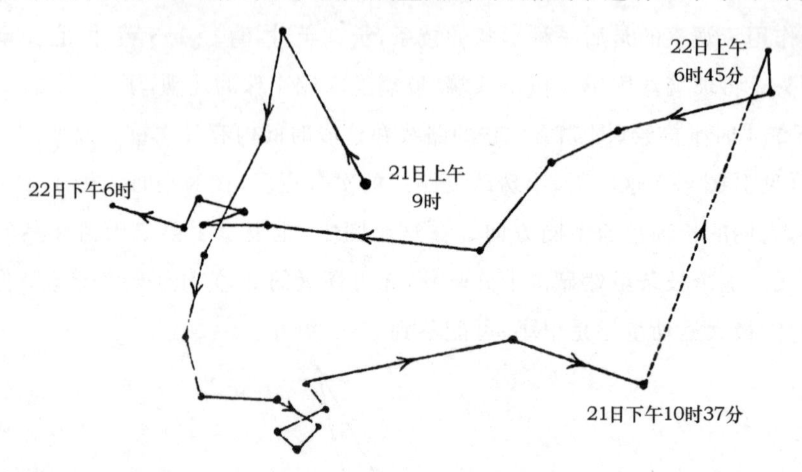

图 78　勋章花　茎的转头运动：从 3 月 21 日上午 9 时到 22 日下午 6 时描绘；植株放在暗处。(小珠的运动到观察结束时放大 34 倍，这里缩小到原标度的一半)

13. 杜鹃花(*Azalea Indica*)(杜鹃花科，科号 128)——选用了一株高 21 英寸的矮灌木进行观察。对其主枝的转头运动描绘了 26 小时 40 分钟，示于图 79。

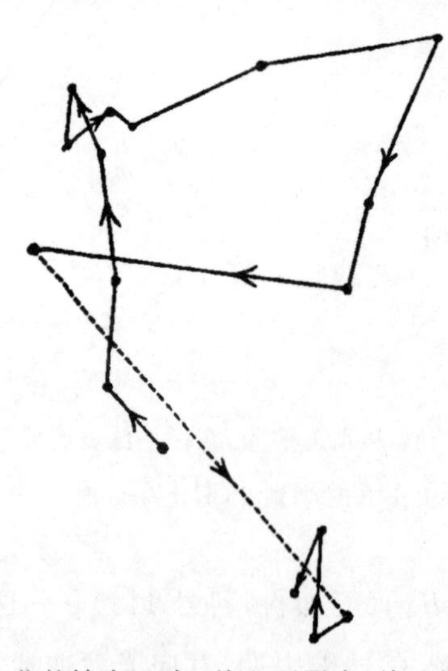

图 79　杜鹃花　茎的转头运动：从上面照光，从 3 月 9 日上午 9 时半到 10 日下午 12 时 10 分描绘在平放玻璃板上。但是 10 日上午，从 8 时半到下午 12 时 10 分，一共只记了四个点，因而这段路线图不能完全表达这个时期的转头运动。(小珠的运动放大约 30 倍)

14. 蓝茉莉(*Plumbago Capensis*)(白花丹科，科号 134)——从一茂盛生长的高大灌木伸出的小侧枝，在水平面上的倾角为 35°，予以选用进行观察。在最初 11 小时内，它向一侧移动了一段近于直线的相当长的距离，可能是由于事先在温室内受到光照的影响而偏转的缘故。在 3 月 7 日下午 7 时 20 分开始作新的描图，继续到第二天，共 43 小时 40 分钟(见图 80)。在最初 2 小时内，它仍按原来的方向运动，随后稍微改变；夜间它运动的方向与以前的路线几乎成直角。第二天(8 日)，它曲折得很厉害。9 日连续围绕着一个小圆空间作着不规则的运动；9 日下午 3 时，图形已变得很复杂，以致无法再加上标记。但是在 9 日傍晚、10 日整天和 11 日清晨，这个枝条继续在同一个小空间上转头，这块空间的直径只有 $\frac{1}{26}$ 英寸(0.97 毫米)。虽然这个枝条转头的幅度很小，然而它在频繁地改变自己的路线。这个枝条的运动应当多放大些倍数。

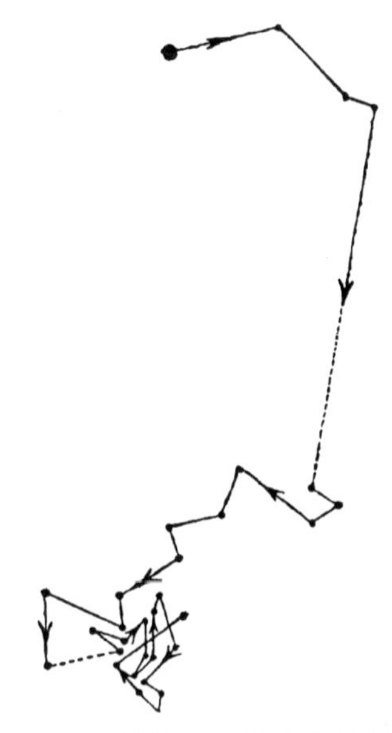

图 80　蓝茉莉　一侧枝尖端的转头运动：从 3 月 7 日下午 7 时 20 分到 9 日下午 3 时在平放玻璃板上描绘。(小珠的运动放大 13 倍，植物从上面微弱照光)

15. 柠檬香奥罗斯(*Aloysia citriodora*)(马鞭草科，科号 173)——图 81 提供了一个枝条在 31 小时 40 分钟内的运动，并表明它作了转头运动，所用灌木高 15 英寸。

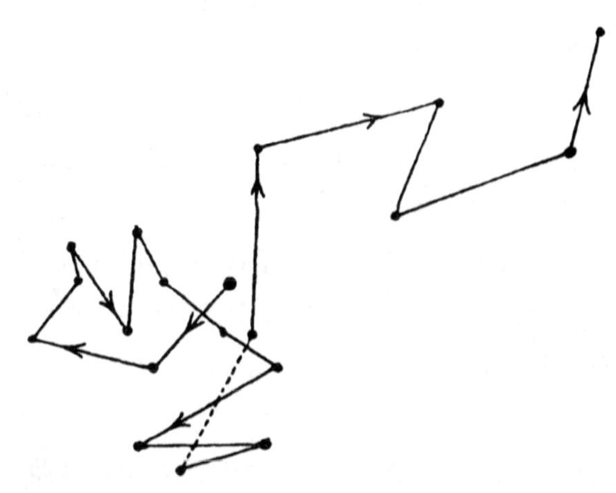

图 81　柠檬香奥罗斯　茎的转头运动：从 3 月植物 22 日上午 8 时 20 分到 23 日下午 4 时描绘。放在黑暗中。(运动放大约 40 倍)

16. 猩红花马鞭草(*Verbena melindres*? 一个有猩红色花的草本种)(马鞭草科)——为了观察背地性，将一个高 8 英寸的枝条平放，它的顶端部分长 1.5 英寸的一段已垂直向上生长。将末端有小珠的玻璃丝直立固定于这个枝条的顶端，它在 41 小时 30 分钟内的运动描绘于一直立玻璃板上(图 82)。在这样的情况下，主要表示的是侧向运动；因为从一侧到另一侧的路线不是在同一水平面上，这个枝条必然曾在垂直于侧向运动的平面内移动过，就是说，它必然已经作了转头运动。第二天(6 日)，枝条在 16 小时内向右和向左各移动 4 次；这段路线里显然有 4 个椭圆形成，因而每个是在 4 小时内完成的。

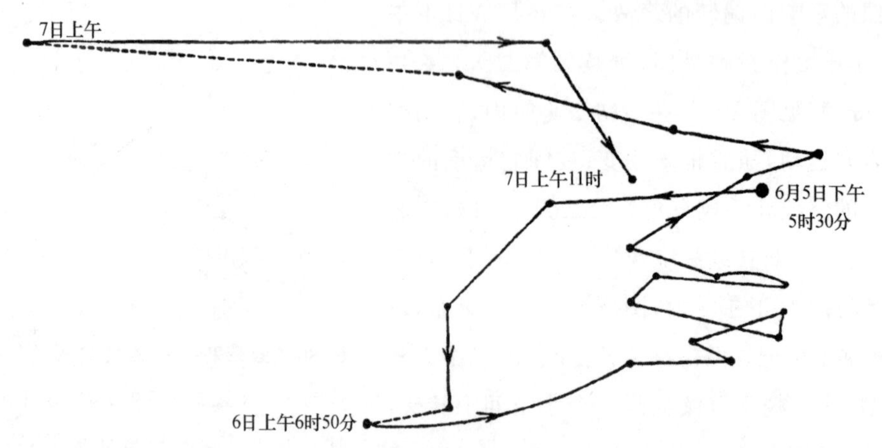

图 82　猩红花马鞭草　茎在黑暗中的转头运动：从 6 月 5 日下午 5 时 30 分到 7 日上午 11 时在一直立玻璃板上描绘。(小珠的运动放大 9 倍)

17. 金鱼藻(*Ceratophyllum demersum*)(金鱼藻科，科号 220)——罗迪埃(M. E. Rodier)[①]曾经发表了一篇关于这种水生植物的茎的运动方面很有意思的报告。运动限于幼嫩的节间，茎的部位越低，其运动变得越来越少；并且在幅度上，它们是非凡的。茎有时在 6 小时内移动过的角度大于 200°，在一例中于 3 小时内移动 220°。它们一般在上午从右向左弯曲，下午弯曲的方向相反，但是运动会暂时反向或是完全停顿。它不受光的影响。看来罗迪埃并没有做过水平面上的任何线图来表示茎尖走过的真正路线，但是他谈到“枝条围绕着自己的生长轴作着一种扭转运动”。根据上面提供的细节，再回忆缠绕植物和卷须的例证，很难不将它们向圆周各点弯曲错认为是真正的扭转。这使我们相信这种金鱼藻的茎是在转头，可能是窄椭圆的形式，每个椭圆形在 26 小时内完成。然而，下面一段叙述似乎表示有些现象不同于普通的转头运动，但是我们不能完全理解这段的意义。M. 罗迪埃说：“因此容易看到，弯曲运动首先发生在上部的节间，然后就传递开来，从上面到下面逐渐减弱；至于重新上举的运动，则相反地从下面开始到上部；有时在完全重新上举之前的短时间内，和纵轴相交成极小的锐角。”

① 《法国科学院纪要》(*Comptes Rendus*)，4 月 30 日，1877 年。还有第二篇报告，另外在波尔多城于 11 月 12 日，1877 年发表。

18. 松柏类植物——马克斯韦尔·马斯特斯(Maxwell Masters)博士说(《林奈植物学会会志》1879年12月2日),很多种松柏类植物的顶枝,在它们活跃的生长季节,表现出非常引人注意的旋转转头运动,就是说,它们作转头运动。我们认为,侧枝在生长时也会表现出同样的运动,如果仔细观察的话。

19. 天香百合(*Lilium auratum*)(百合科)——一植株高24英寸,其茎的转头运动示于图83。

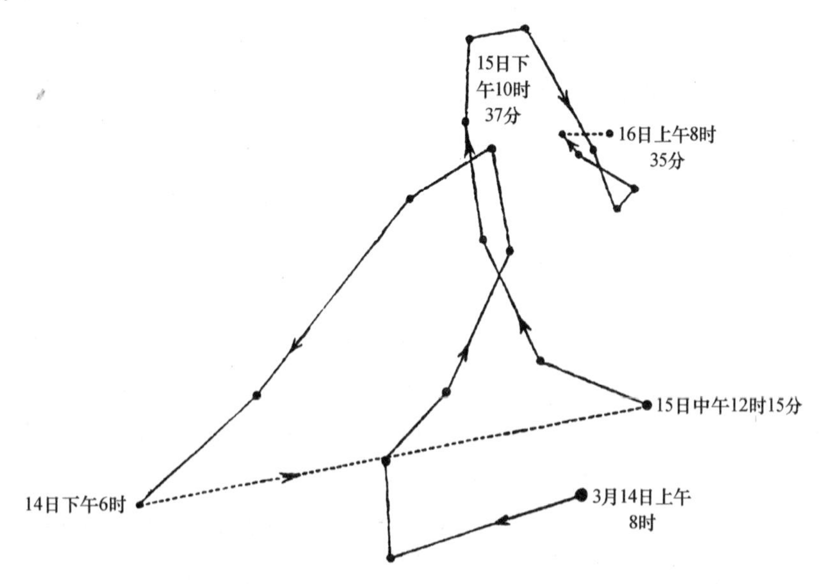

图83 天香百合 茎在黑暗中的转头运动:从3月14日上午8时到16日上午8时35分在一平放玻璃板上描绘。但是应当注意,我们的观察在14日下午6时到15日中午12时15分中断,在这18个小时15分钟一段时间的运动用虚线表示。(现图缩小到原标度的一半)

20. 伞莎草(*Cyperus alternifolius*)(莎草科)——末端有小珠的玻璃丝,固定于一个10英寸高的幼茎顶端,紧靠在已伸长的叶冠下。在3月8日,于下午12时20分到7时20分之间,这个幼茎描绘了一个椭圆,一端开口。第二天重新开始描绘(图84),此图明显表示这个茎在2.5小时15分钟内完成了3个不规则的图形。

关于茎的转头运动的总结——任何人如果愿意检查一下前面提供的运动路线图,并且注意到所述植物在分类系统中所占的非常分散的位置——还记得我们是有很好的根据相信所有实生苗的下胚轴和上胚轴都能转头——也没有忘记分布在靠一种类似运动而攀援的几个最独特的科中的植物的种数——可能便会承认,如果仔细观察所有植物的生长茎,将会发现它们都在或大或小的程度上进行转头运动。在后面讨论植物的就眠和其他运动时,还将附带提出另一些茎转头的例证。察看曲线图时,我们应当记住,这些茎总是在生长着,因而在每个例证中,转着头的茎随着自己的增长,将描绘出某种螺旋。通常是每隔一小时或一个半小时,在玻璃板上作标点,然后再用直线将标点连接起来。如

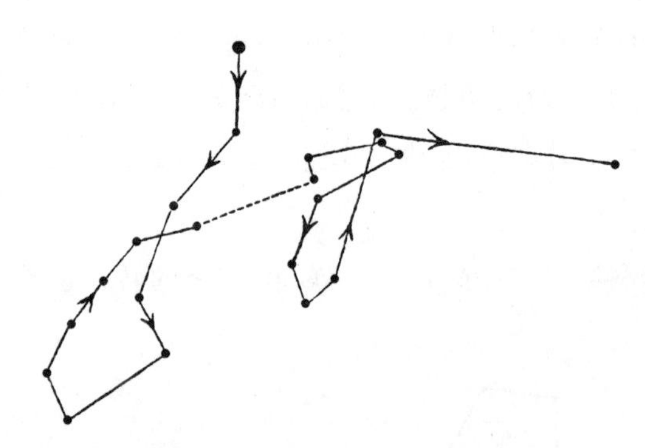

图 84　伞莎草　茎的转头运动：从上面照光，从 3 月 9 日上午 9 时 45 分到 10 日下午 9 时在平放玻璃板上描绘。（观察时，茎的生长很迅速，以致不可能估计描绘的图中运动放大的倍数）

果是每隔 2～3 分数记点，连接线将会更近于曲线，像实生苗的转头胚根尖端在熏烟玻璃板上留下的踪迹那样。这些曲线图在形式上一般近于一系列多少有些不规则的椭圆形或卵圆形，它们的长轴在同一天或连续几天内指向圆周的各点。因此，这些茎或早或晚要向所有方向弯曲；但是，在一个茎已向任一方向弯曲之后，它一般是在最初便以近于相反、虽不是完全相反的方向弯曲回去，这便有趋势形成椭圆形，一般是狭窄的椭圆形，可是没有匍匐茎和叶子所描绘的那样狭窄。另一方面，图形有时近于圆形。不论图形可能是什么形式，所经过的路线经常穿插着曲折线、小三角形、环形或椭圆形。一个茎有一天可以描绘出一单个大椭圆形，第二天可能描绘两个。对不同植物来说，运动的复杂性、速率和数量相差很大。例如，屈曲花属和杜鹃花属的茎在 24 小时内，只描绘一单个大椭圆形；而溲疏属的茎在 11.5 小时内，就作了四五个很曲折的线条或是狭窄的椭圆形，车轴草属的茎却在 7 小时内作了 3 个三角形或四边形。

匍匐茎或长匐茎的转头运动

匍匐茎是由许多细长而柔韧的枝条组成，这些枝条沿着地面伸展，距亲本植株一段距离处形成根，它们因而有着像茎一样的同源特性。下面的三个例证可以补充到上述的 20 个例证中去。

草莓(*Fragaria*，庭园栽培品种)(蔷薇科)——盆栽的一株草莓已长出一条长匍匐茎，用一根细棍将它支撑起来，使它向水平方向伸出几英寸长的一段。把一根带有两个小纸三角的玻璃丝固定在它的顶芽上，这个顶芽有些向上翘起。描绘了它在 21 小时内的运动路线，如图 85 所示。在最初 12 小时内，它以稍曲折的路线向上和向下运动各两次，在夜晚它无疑以同样方式移动。第二天清晨，在过了 20 小时以后，顶端的位置略高于最初的，这表明这条匍匐茎在这段时间内没有受到向地性的作用[①]，而且它本身的重量也没有使它向下弯曲。

---

① 弗兰克(A. B. Frank)博士讲到[《植物器官的天然水平方向》，1870 年，20 页]，这种植物的匍匐茎受到向地性的作用，但是只在相当长的一段时间之后。

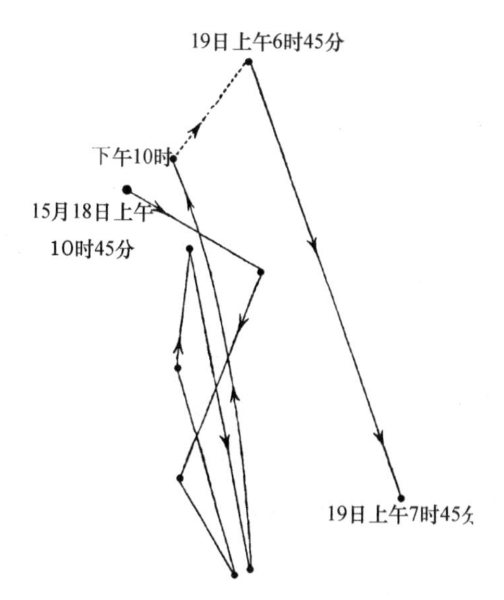

图 85 草莓 匍匐茎的转头运动：放置在黑暗处，从 5 月 18 日上午 10 时 45 分到 19 日上午 7 时 45 分在一直立玻璃板上描绘。

第二天（19 日）清晨，取下玻璃丝，重新固定在紧靠顶芽的后面，因为顶芽和其邻近的匍匐茎部分的转头运动有可能不同。当时描绘了连续两天的运动（图 86）：在第一天，玻璃丝在 14 小时 30 分钟内向上移动 5 次，向下移动四次，还有一些侧向运动。20 日，运动路线甚至更要复杂，难以在图中看出；但是玻璃丝在 16 小时内至少向上运动 5 次，向下运动 5 次，侧向偏转很小。在这次绘图的第二天，第一个和最后一个点，就是上午 7 时和晚上 11 时的点，很靠近，表明匍匐茎没有下垂，也没有上举。然而，比较 19 日和 21 日清晨的位置时，可看到匍匐茎显然已下垂，这可能是由于它本身的重量或是由于向地性而缓慢向下弯曲。

在 20 日的一部分时间内，将一立方木块贴在直立玻璃板上，并使匍匐茎顶端在各相继时期与木块的一边成一条直线，这样做了正交的描图，每次在玻璃板上记下标点。这个描图因而很近似地代表了顶端的实际运动量。在 9 小时内，两个相隔最大的点之间的距离为 0.45 英寸。用同样方

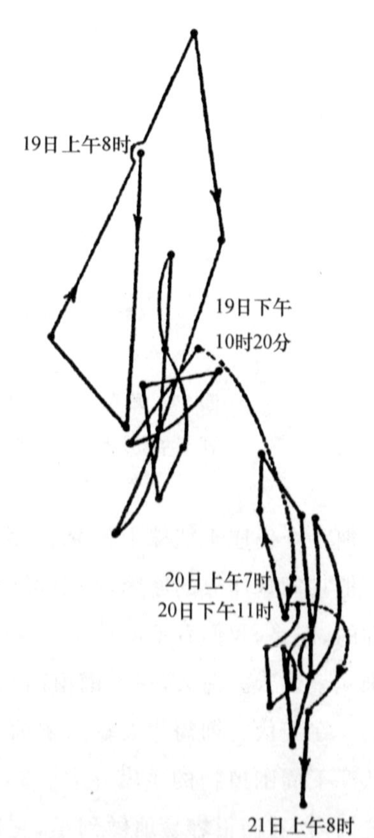

图 86 草莓 上图的同一匍匐茎的转头运动：以同样方式观察，从 5 月 19 日上午 8 时到 21 日上午 8 时描绘。

法确定,从 20 日上午 7 时到 21 日上午 8 时,顶端移动了 0.82 英寸的距离。

用小棍支撑另一个较幼嫩较短的匍匐茎,使它向水平线上约 45°伸出,用同样的正交法描绘它的运动。在第一天,顶端不久就上举到视野以上。次日清晨它已下垂,当时描绘了顶端在 14 小时 30 分钟内所经过的路线(图 87)。从一侧到另一侧的运动量,几乎和上下运动量相同。这方面却和前例的运动有明显区别。在这一天的下半天,即从下午 3 时到晚 10 时 30 分,顶端经过的实际距离达 1.15 英寸。在一整天内,至少达 2.67 英寸,这样的运动量几乎可与某些攀援植物的运动量相比。第二天又观察了这个匍匐茎,它的运动方式要比前一天稍简单一些,在距直立平面不远的平面内运动。最大的实际运动量,在一个方向为 1.55 英寸,在另一个成直角的方向为 0.6 英寸。在这两天内,匍匐茎都没有因向地性或是它本身的重量向下弯曲。

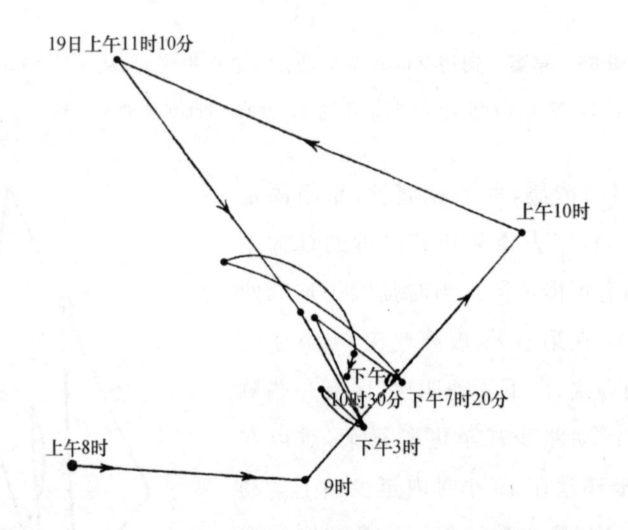

图 87　草莓　另一个较幼嫩的匍匐茎的转头运动:从上午 8 时到下午 10 时 30 分描绘。(图形缩小到原标度的一半)

把 4 个仍连于植株上的匍匐茎放在屋内后面潮湿砂土上,使它们的尖端朝向东北窗。把它们这样放的原因,是根据德·弗里斯[①]的说法,即当它们受到日光照射时,是背光性的,但是,我们看不出从上面来的微弱光照有任何影响。想补充的是,另有一次,在夏末一个多云的白天,在西南窗前几个直立放置的匍匐茎,明显地向光弯曲,因而是向光性的。在俯伏的匍匐茎尖端的紧前方,把大量很细的棍和干草茎秆插进沙土中,代表自然状况下周围植物的茂密茎丛。这样做是为了观察正在生长的匍匐茎如何穿过它们。在 6 天内,它们很容易地做到了,它们的转头运动显然使它们易于通过这些障碍。当匍

① 《维尔茨堡植物研究所工作汇编》,1872 年,434 页。

匐茎尖端遇到密集在一起的小棍，以致不能从中穿过时，它们便向上举起，从上面超越。在这4个匍匐茎通过以后，便拔掉这些小棍和干草，发现有两个匍匐茎已经有永久性的曲折形状；另外两个仍是伸直的。在下面虎耳草属的例证中，我们还要回到这个问题。

虎耳草(*Saxifraga Sarmentosa*)(虎耳草科)——栽种在一悬挂花盆里的一株虎耳草，已经长出已分枝的长匍匐茎，像线一样垂吊在花盆周围。将两个匍匐茎捆在一起，使它们直立向上，此后它们的上端逐渐向下弯曲，但是在几天的时间内进行很缓慢，因而这个弯曲可能是由于它们的重量而不是由于向地性而发生的。把一根有小纸三角的玻璃丝固定在其中一条匍匐茎的顶端，这个茎长15.7英寸，已经下弯得很厉害，但是仍旧向水平面以上相当大的倾角方向伸出。它只稍微地作侧向运动3次，然后向上；第二天，运动更少。因为这个匍匐茎很长，我们以为它的生长已经近于结束，于是另外试验了一个较粗较短的，它的长度为10.25英寸。它做了大量运动：主要是向上，并在一天内改变路线5次；在夜间，它抵抗着重力的作用向上弯曲得很厉害，以致不再能于一直立玻璃板上描绘它的运动，不得不用一平放的玻璃板。在以后的25小时内，描绘了它的运动，如图88所示。最初15小时内，它几乎完成了3个不规则的椭圆形，其长轴所指方向有些不同。这个匍匐茎尖端在25小时内的最大实际运动量为0.75英寸。

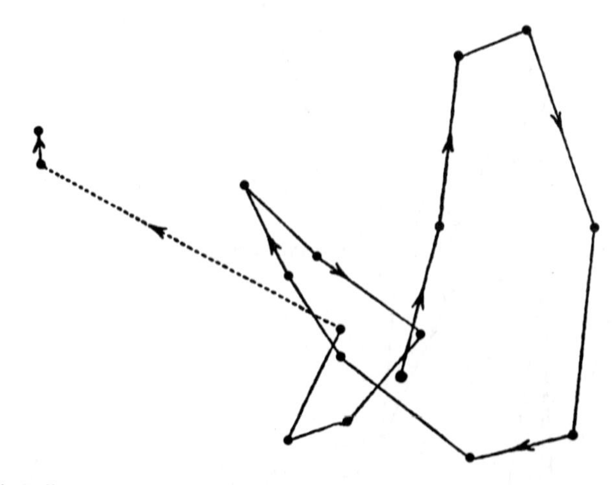

图88　虎耳草　一倾斜的匍匐茎的转头运动：从4月18日上午7时45分到19日上午9时在黑暗中一平放玻璃板上描绘。(匍匐茎顶端的运动放大2.2倍)

把几个匍匐茎放在潮湿砂土的平坦表面上，和试验草莓的方法一样。砂土的摩擦力并不影响它们的转头运动；我们也未能检查出它们对接触敏感的任何证据。为了要知道它们在自然情况下，当遇到地面上一块石头或其他障碍物时如何行动，便在两个细侧枝的前方沙土中直立插入一些高1英寸的短片熏烟玻璃。它们的尖端以各种方向刮过熏烟玻璃：一个做了三条向上和两条向下的路线，还有一条近于水平的线；另一个弯离玻璃很远；但是最后，这两个匍匐茎都越过玻璃，并且遵循它们的原来路线。第三个粗匍匐茎的顶端以曲线形式向上扫过玻璃，退却回来，再与玻璃接触；随后它向右移动，并在上举以后，又垂直向下；最后它绕过玻璃的一侧过去，没有从玻璃顶上越过。

再将很多长针相当密集地插入上述两个细侧枝前方的砂土中，它们很容易蜿蜒通过这一堆针前进。一个粗匍匐茎在通过时拖延了很长时间：有一处它被迫转向与以前路线成直角的方向；另一处它不能通过这些针，它的后部变得躬弯起来。它随后向上弯曲，并且通过了几根针上部偶然分开形成的一条孔道，它然后下垂，最后穿出了这堆针。这个匍匐茎被弄得有永久性的轻微曲折，在曲折部分比其他部分更粗，这显然是由于它的纵向生长受到抑制的缘故。

脐状瓦松(*Cotyledon umbilicus*)(景天科)——生长在一盆潮湿苔藓中的植株，已经长出两个匍匐茎，长度为 20 英寸和 22 英寸。将其中一个支撑起来，使得长 4.5 英寸的一段以笔直的水平线伸出，把顶端的运动描绘下来。第一个点是在上午 9 时 10 分做的；它的顶端部分不久便开始下弯，并且继续如此直到中午。因而在玻璃板上首先便描绘出一条直线，几乎和这里所附的整个图形(图 89)一样长，但是这条直线的上部没有在图中复

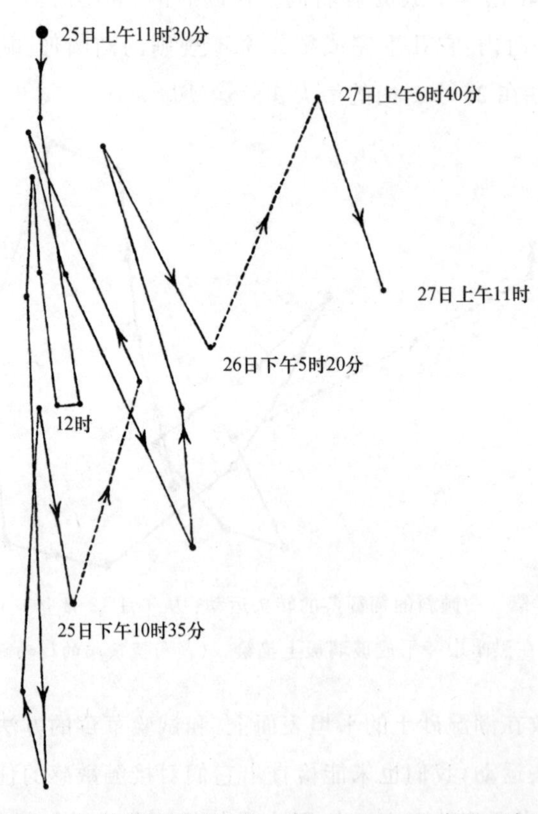

图 89　脐状瓦松　匍匐茎的转头运动：从 8 月 25 日上午 11 时 15 分到 27 日上午 11 时描绘。从顶上将植株照明。顶端节间长 0.25 英寸，次末节间长 2.25 英寸，第三节间长 3.0 英寸。(匍匐茎顶端距直立玻璃板 5.75 英寸；但是不可能确定描图放大的倍数，因为不知道有多长一段节间在转头)

印。弯曲发生在次末节间的中部；主要弯曲点距顶端 1.25 英寸；看来是由于顶端部分的重量作用于节间较柔软部分，而不是由于向地性。顶端部分从上午 9 时 10 分这样弯曲到中午以后，稍微移向左方；它然后上举并且在近于垂直的平面内转头，直到晚上 10 时 35 分。第二天（26 日），从上午 6 时 40 分观察到下午 5 时 20 分，在这段时间内，它向上运动两次，向下两次。27 日清晨，顶端位置的高度和 25 日上午 11 时 30 分一样。28 日它仍未下垂，而是在同一个地方继续转头运动。

在相同两天内观察了另外一个匍匐茎，这个匍匐茎在几乎每一方面都是与上述的相同，但是顶端部分只有两英寸长的一段可以自由横向伸展。25 日它从上午 9 时 10 分继续不断地向下弯曲，直到下午 1 时 30 分，这显然是由于本身的重量（图 90）；但是在这以后，直到晚上 10 时 35 分，它作着曲折运动。这件事值得注意，因为我们这里看到的可能是因重量向下弯曲和转头运动的联合作用。但是，这个匍匐茎在起初开始下弯的时候并没有转头，可以在这个图中观察到，在上个例证中更明显，那个匍匐茎有更长的一段可以自由伸展。次日（26 日），这个匍匐茎向上向下移动各两次，但是仍在下垂；傍晚和夜里，不知什么原因，它向倾斜方向运动。

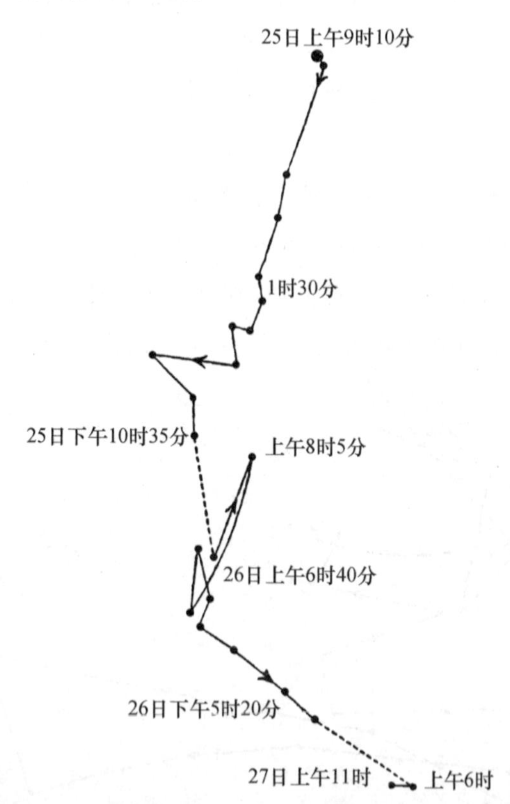

图 90　脐状瓦松　另一葡萄茎的转头和向下运动：从 8 月 25 日上午 9 时 10 分到 27 日上午 11 时在一直立玻璃板上描绘。（顶端靠近玻璃板，因而图形只稍微放大，这里缩小到原标度的三分之二）

我们从上述三种植物的例证中看到,匍匐茎或长匍茎以很复杂的方式转头。运动路线通常在一直立平面内延伸,这可能是由于匍匐茎没有受到支撑的顶端部分重量的作用;但是,总是有一些侧向运动,有时很明显。转头的幅度很大,几乎可以与攀援植物的相比。上述观察结果几乎可以使我们肯定,匍匐茎便是借助于转头运动越过障碍物,并且蜿蜒穿过周围植物的茎丛。如果它们没有转头,它们的顶端在路途中遇到障碍物时,便很容易折叠起来,折叠的次数会和遇到的障碍物一样多。可是,事实是它们很容易避开障碍物。这种转头运动一定相当有利于植物从其亲本蔓延开,但是我们远远不是推测匍匐茎便是为了这个目的而获得了这个本领,因为转头运动似乎是所有生长部位普遍存在的现象,不过,这种运动的幅度很可能是为这个目的而特别增大的。

花梗的转头运动

我们以为没有必要去专门观察花梗的转头运动,花梗像茎或匍匐茎一样,都是中轴性质;可是在进行其他课题时,附带做了一些,这里将简单叙述。另外,有些植物学工作者也做了少量观察。这些资料放在一起,便足以说明可能一切花梗和亚花梗在生长时都会进行转头运动。

肉质酢浆草(*Oxalis carnosa*)——从这种植物的粗壮木质茎长出的花梗有 3 个或 4 个亚花梗。将有两个小纸三角的玻璃丝固定在一直立的花萼内,观察了它在 48 小时内的运动。在这段时间的前一半,这朵花充分开放,在后一半凋谢。这里的附图(图 91)有 8 个或 9 个椭圆形。虽然主花梗作了转头运动,并在 24 小时内描绘了一个大椭圆形和两

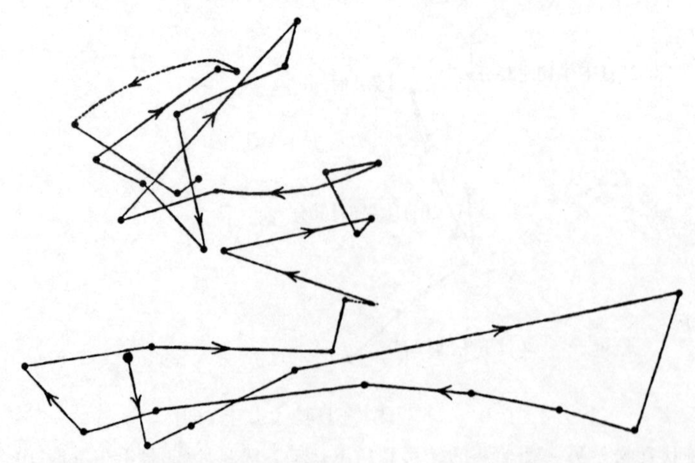

图 91　肉质酢浆草　花梗,从上面微弱照光,从 4 月 13 日上午 9 时到 15 日上午 9 时描绘了它的转头运动。花的顶端在平放玻璃板之下 8 英寸。(运动可能放大 6 倍左右)

个较小的椭圆形，然而运动的主要部位却是在亚花梗，这些亚花梗最后垂直向下弯曲，将在以后叙述。白花酢浆草(*O. acetosella*)的花梗也向下弯曲，以后，当荚果将近成熟的时候，又向上弯曲，这是靠转头运动实现的。

从图 91 可以看出，肉质酢浆草在两天内约在同一地点转头。另一方面，敏感酢浆草的花梗当存放在适当温度下，它的位置每天经历非常明显的周期性变化。在白天中午，它垂直向上直立，或是有很大的角度；下午它下垂；傍晚时横向或几乎横向伸展；夜间再开始上举。这种运动从花还在花芽中开始，继续到我们认为是荚果成熟的时候。这种运动可能应包括在植物的就眠运动里。没有作描图，但是在整个一天的几个相继时期，测量了角度。这些测量结果表明，运动不是连续进行的，而是花梗有上下振荡。我们因此可以下结论说，花梗有转头运动。在花梗的基部，有一群小细胞，形成一个发育良好的叶枕，它的外表呈紫色并且多毛。据我们所知，没有别的属花梗是具有叶枕的。奥特吉氏酢浆草(*O. Ortegesii*)的花梗运动，和敏感酢浆草表现的不同，它在中午高于水平面的角度，要小于清晨或黄昏时的角度。晚上 10 时 20 分，它已上举很高。在中午左右，它多次上下振荡。

地下车轴草——选用一个幼嫩直立头状花序的花梗(这株植物的茎已经捆在支棍上)，将一玻璃丝固定于此花梗的最上部位，描绘了它在 36 小时内的运动。在这段时间内，它描出的图形(见图 92)有 4 个椭圆形；但是在后一段时间，花梗开始向下弯曲，在 24 日下午 10 时 30 分以后，它很快下弯，以致到 25 日上午 6 时 45 分，它在水平面上只有

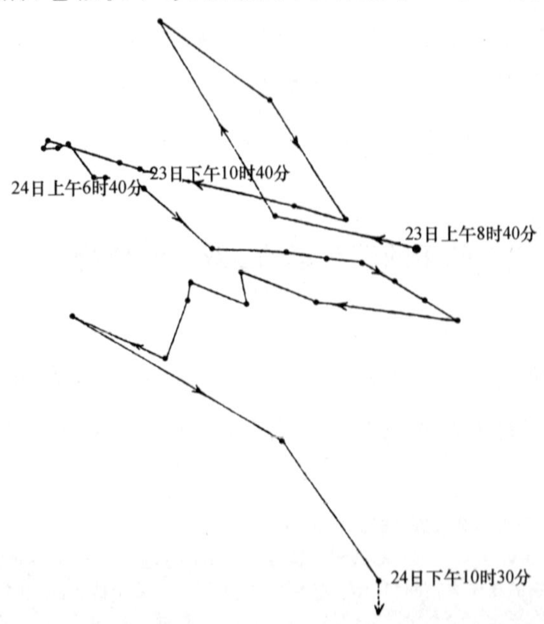

图 92　地下车轴草　主花梗，从顶上照光，从 7 月 23 日上午 8 时 40 分到 24 日晚 10 时 30 分在一平放玻璃板上描绘。

19°。它在近于相同位置内继续转头两天，甚至在头状花序已将自己埋在土内，它们仍在转头，以后将予以证明。在下一章内，也将看到白车轴草(*Trifolium repens*)单性花的亚花梗以复杂的路线转头几天。补充提一下，落花生(*Arachis hypogaea*)的雌蕊柄，外表上极像一个花梗，在垂直向下生长时作着转头运动，为了将幼荚果埋进土内。

关于仙客来花的运动，没有观察过。但是在它正形成荚果时，花梗增加很长，并且靠着转头运动将自身向下弯曲。曾仔细观察了多花毛籽草(*Maurandia semperflorens*)长1.5英寸的幼嫩花梗一整天，它作了4个半狭窄、直立、不规则的小椭圆形，每个的平均速率约为2小时25分钟。一个邻近的花梗在同样时间内描绘了相似的椭圆形，只是数目稍少些。[①] 根据萨克斯[②]的叙述，很多种植物的花梗，例如蔓青(*Brassica napus*)，在生长期间都在进行转头运动；韭葱(*Allium porrum*)的花梗从一侧向另一侧弯曲，如果将这个运动描绘在一平放玻璃板上，必会形成椭圆形。F.米勒已经描述过[③]泽泻属(*Alisma*)的一种植物的花梗有自发的转头运动，他将这种运动比作攀援植物的运动。

我们没有观察过花的不同部位的运动。然而，莫兰(Morren)曾观察到，[④]黑三棱属和仙影拳属的雄蕊有一种“自发的运动”，可猜测这便是转头运动。加德(Gad)[⑤]曾描述过花柱草属的合蕊柱的转头运动，非常引人注目，这显然有助于花的传粉。这种合蕊柱在自发运动时，便与黏质的唇瓣相接触，并贴附在唇瓣上，直到这些部位的张力增加，或是受到碰撞才分开。

我们已经看到，像十字花科、酢浆草科、豆科、报春科、玄参科、泽泻科和百合科这一些差异很大的科，其所属植物的花梗都有转头运动，并且在另外许多科中也有这种运动的迹象。我们面前有了这些事实，回想到不少植物的卷须是由修饰的花梗构成，我们可以没有多大疑问，承认一切正在生长的花梗都有转头运动。

叶子的转头运动：双子叶植物

几位著名的植物学家，霍夫麦斯特、萨克斯、普费弗、德·弗里斯、巴塔林(Batalin)、米亚尔代(Millardet)等都曾观察过叶子的周期性运动，其中有几位观察得非常仔细；但

---

① 《攀援植物的运动和习性》，第二版，1875年，68页。

② 《植物学教程》1875年，766页。林奈和特雷维拉努斯(Linnaeus和Treviranus)(根据普费弗所著《运动的周期性》，162页)说过，很多植物的花梗在夜间和白天所处的位置不同。在关于植物的就眠一章中，将看到这是指转头运动。

③ 《耶拿杂志》，第5卷，133页。

④ 《布鲁塞尔科学院备忘录》(*N. Mem. de I'Acad. R. de Bruxelles*)，第14卷，3页。

⑤ 《勃兰登堡州植物学会会议报告》(*Sitzunglericht des Bot. Vereins der P. Brandenburg*)，第21卷，84页。

是他们主要注意那些运动很明显并且通常说是在夜间就眠的植物，虽不是完全如此。出于以后将提到的一些考虑，这里将不包括这类性质的植物，以后将另外讨论。因为我们希望确定是否所有正在生长的幼嫩叶子都有转头运动，我们想，如果我们观察植物系统中分布广泛的属 30～40 个，同时选择几个特殊的类型和几种木本植物，就足够了。所选用的植物都壮健，是盆栽的。它们受到从顶上来的光照，但是光线可能不是总有足够的亮度，因为很多植株是在装有毛玻璃的天窗下观察的。除去少数特殊情况外，都是把一根带有两个小纸三角的细玻璃丝固定在叶子上，将它们的运动按前述方法在一直立玻璃板上（当没有提到相反情况时）描绘。我重复一下，虚线代表夜间的路线，茎总是紧搏在支棍上，支棍紧靠在所观察的叶子的基部。种名的排列和所附的科号，都和前面关于茎的例证相同。

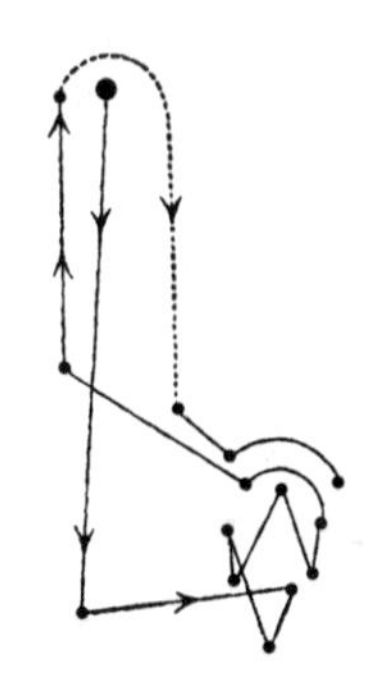

图 93　紫瓶子草　幼嫩瓶状叶的转头运动：从 7 月 3 日上午 8 时到 4 日上午 10 时 15 分描绘。温度 17—18℃；瓶状叶的叶尖距玻璃板 20 英寸，因而运动是放大了很多倍。

1. 紫瓶子草（*Sarracenia purpurea*）（瓶子草科，科号 11）——一片幼嫩叶，即瓶状叶，高 8.5 英寸，泡囊已膨胀，但瓣盖还没有张开；在它的叶尖上横着固定一玻璃丝，观察了 48 小时。在此全部时间内，它以几乎类似的方式转头，只是幅度很小。附图（图 93）只是前 26 小时的运动路线。

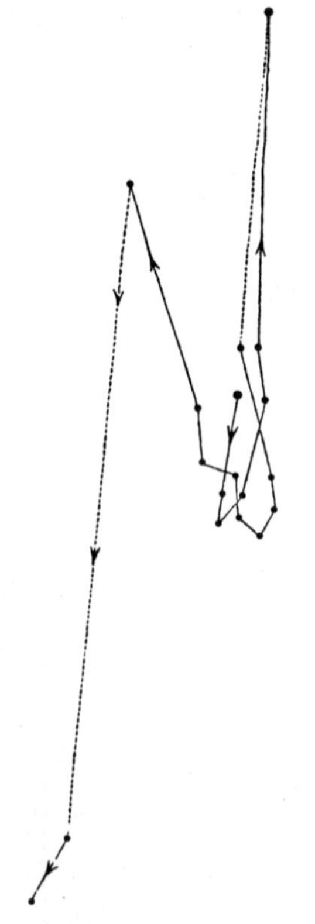

图 94　金黄海罂粟　一幼嫩叶的转头运动：从 6 月 14 日上午 9 时 30 分到 16 日上午 8 时 30 分描绘。（描图放大不多，因叶尖只距玻璃板 5.5 英寸）

2. 金黄海罂粟（*Glaucium luteum*）（罂粟科，科号 12）——取一幼嫩植株，只有 8 片叶，将一根玻璃丝固定在第二个最幼嫩的叶子上，这片叶包括叶柄共长 3 英寸。转头运动描绘了 47 小时。在这两天内，叶子从上午 7 时以前下垂，直到上午 11 时左右，随后，在白天的其余时间和上半夜内，它稍微上举；在后半夜，它下垂很厉害。在第二天没有像在第二天上举得那么高，在第二夜又比第一夜下垂得低得多。这种差异可能是由于在两天的观察时间内顶上的照光不足所致。它在这两天内的路线见图 94。

3. 海两节荠(*Crambe maritima*)(十字花科,科号 14)——最初观察了一株生长不旺盛的植株上的一片叶,叶长 9.5 英寸。它的顶端经常在运动,但是很难描绘,因为幅度很小。然而,叶尖在 14 小时内肯定改变路线至少 6 次。随后选用一株较壮健的幼嫩植株,它仅有 4 片叶,将一玻璃丝固定在从基部数起的第三片叶上,叶片与叶柄共长 5 英寸。这片叶近于直立,只是叶尖有些偏斜,因而玻璃丝几乎是横向伸出,它的运动在一直立玻璃板上描绘了 48 小时,如图 95 所示。我们这里清楚地看到,叶子在连续不断地转头;植株只受到顶上双层天窗来的弱光照射,叶子运动的正常周期便受到干扰。我们所以这样推断,是因为室外生长的植株上有两片叶,它们在中午和相继两夜晚 9 点到 10 点左右在水平面上的角度曾测量过,发现它们在晚上比中午位置平均高 9°;到次日清晨,它们下垂到原先的位置。现在从曲线图上可以看出,叶子在第二个夜晚向上举起,以致它在清晨 6 时 40 分的位置高于前一夜 10 时 20 分的位置。这可能是由于叶子已使自己适应于完全从顶上来的弱光。

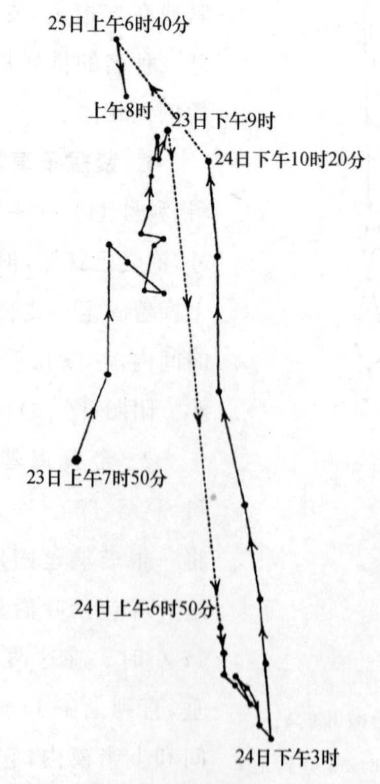

图 95 海两节荠 叶子的转头运动:由于顶上照光不足而受到干扰,从 6 月 23 日上午 7 时 50 分到 25 日上午 8 时描绘。(叶尖距直立玻璃板 15.25 英寸,因此描图放大很多倍,这里缩小到原标度的四分之一)

4. 甘蓝(十字花科)——霍夫麦斯特和巴塔林[①]说过,甘蓝的叶子在夜间上举,白天下垂。我们选用一株有8片叶的幼龄植株,把它罩在大钟罩下,放在和它长期所处的光照条件相同的位置,将一玻璃丝固定于一幼叶尖端下0.4英寸处,此叶长近4英寸。然后描绘它的运动3天,但是这个描图不值得提供。叶子在整个上午下垂,黄昏和上半夜上举。上举和下垂路线不吻合,因而每24小时形成一个不规则的椭圆形。中脉的基部没有运动,这是靠测量它在各相继时期与水平面所作的角度确定的,因而运动是限于叶子的顶端部分,它在24小时内移动了11°角,叶尖上下运动所经过的距离在0.8~0.9英寸之间。

为了确定黑暗的影响,将一根玻璃丝固定于一片长5.5英寸的叶子上,长着这片叶的植株在形成一个叶球以后,已长出一个茎来。叶子倾斜,在水平面上44°,每小时借助于一极细蜡烛,将它的运动描绘在一直立玻璃板上。在第一天,叶子从上午8时到晚上10时40分上举,路线稍有曲折,叶尖经过的实际距离为0.67英寸。夜间,叶子下垂,这时它应已上举;次日晨7时,它已下垂0.23英寸,并继续下垂到上午9时40分。随后它上举,直到晚10时50分,但是这次上举被一个相当大的振荡所中断,即下垂再上举。在第二个夜晚,它又下垂,只是距离很短;次日晨再上举,距离也很短。因而叶子的正常运动路线,由于缺乏光照,已受到很大干扰,或者宁可说被完全颠倒了,运动幅度也大为减小。

我们可以补充一下,按照斯蒂芬·威尔逊(A. Stephen Wilson)先生[②]的叙述,瑞典芜菁(是甘蓝和芜菁 Brassica rapa 的杂种)的幼叶,在傍晚靠拢得很近,"以致其横向宽度减少了白天宽度的30%左右。"因此,叶子必然在夜间上举得很厉害。

5. 麝香石竹(*Dianthus caryophyllus*)(石竹科,科号26)——选用一株生长很旺盛的幼株,对其顶枝进行观察。幼叶最初垂直站立并且靠在一起,但是它们不久就向外向下弯曲,以致变成水平位置,时常同时稍向一侧倾斜。将一根玻璃丝固定在一片幼叶的尖端,当时幼叶的倾角还很高,第一个点是在6月13日上午8时30分,在一直立玻璃板上记下的,但是叶子很快下弯;到第二天清晨,它只略微高于水平面。图96没有画出代表这一快速下垂的长而稍微曲折的路线,它有些向左倾斜。但是此图表示了在以后两天半内所经过的曲折得很厉害的路线,还有几个小环。由于叶子总是向左侧移动,显然这个曲折路线代表着许多次转头运动。

---

① 《植物志》(*Flora*),1873年,437页。

② 《爱丁堡植物学会会报》(*Trans. Bot. Soc. Edinburgh*),第13卷,32页。关于瑞典芜菁的起源,参见达尔文著的《动物和植物在家养下的变异》第二版,第1卷,344页。

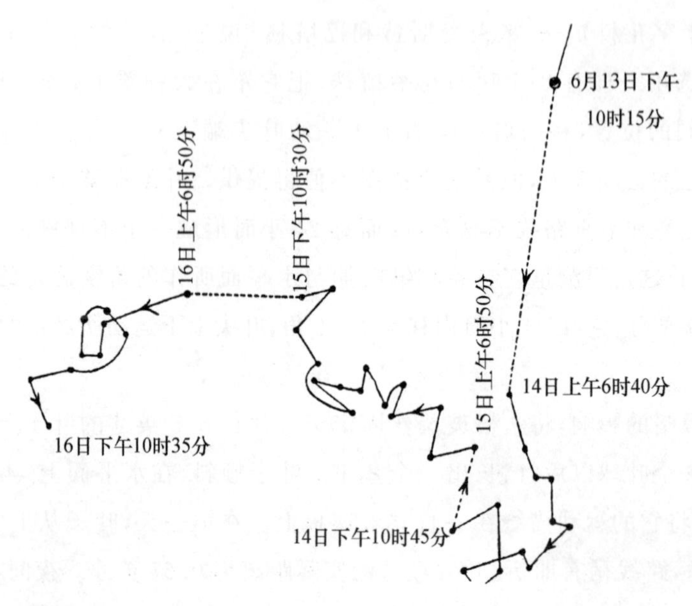

图 96　麝香石竹　幼叶的转头运动：从 6 月 13 日下午 10 时 15 分到 16 日下午 10 时 35 分描绘。观察结束时，叶尖距直立玻璃板 8.75 英寸，因而描图放大的倍数不多。叶片长 5.25 英寸。温度 15.5～17.5℃。

6. 山茶(*Camellia Japoniea*)(山茶科，科号 32)——选用一稍幼叶片，它连叶柄一起共长 2.75 英寸，是从一高灌木上的侧枝长出的，在其顶端上固定一玻璃丝。这个叶片以水平面下 40°角向下倾斜。因为它很厚并且坚硬，它的叶柄又很短，不能期望它能作多大的运动。然而，叶尖在 11.5 小时内竟 7 次完全改变路线，不过移动的距离很短。次日，将叶尖的运动描绘了 26 小时 20 分钟(如图 97 所示)，运动情况和前一天的性质差不多，只是远没有那么复杂。运动像是有周期性，因为在这两天内，叶子在上午转头，下午下垂(第一天在下午 3 时到 4 时之间，第二天直到下午 6 时)，以后上举，在夜间或清晨再下垂。

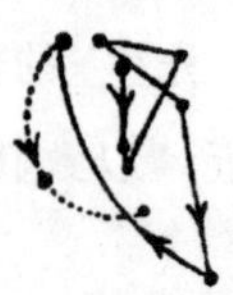

图 97　山茶　叶子的转头运动：从 6 月 14 日上午 6 时 40 分到 15 日上午 6 日 50 分描绘。叶尖距直立玻璃板 12 英寸，因而图形放大相当的倍数。温度 16～16.5℃。

在植物的就眠运动一章中，我们将看到，锦葵科的几个属中，叶子在夜间下垂。因为它们那时的位置常不是垂直的，特别是在白天照光不够的时候，因此，其中几个例证是否不应当包括在这一章内，还有疑问。

7. 马蹄纹天竺葵(牻牛儿苗科，科号 47)——选用一幼龄植株上的幼叶，宽 1.25 英寸，连叶柄长 1 英寸，按通常方法观察 61 小时。其运动路线示于图 98。在第一天日夜，叶子向下运动，但在上午 10 时和下午 4 时半之间转头。第二天，它下降后再上举，但在上午 10 时到下午 4 时之间，它以极小的幅度转头。第三天，转头运动比较明显。

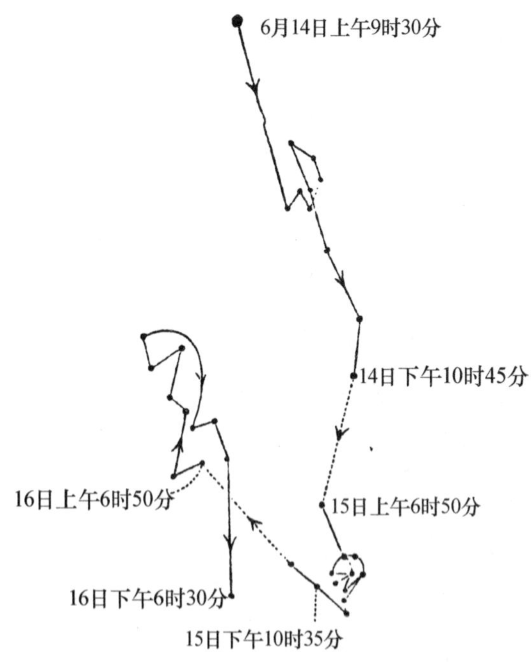

图 98　马蹄纹天竺葵　幼叶的转头和向下运动：从 6 月 14 日上午 9 时 30 分到 16 日下午 6 时 30 分描绘。温度 15～16.5℃。（叶尖距直立玻璃板 9.25 英寸，因此图形适度放大）

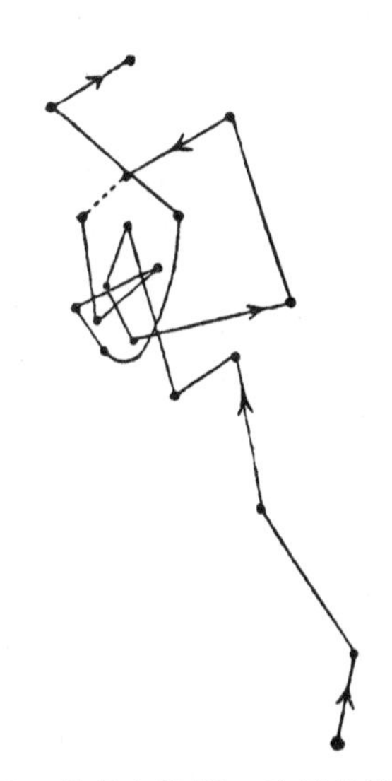

图 99　异色白粉藤　叶子的转头运动：从 5 月 28 日上午 10 时 35 分到 29 日下午 6 时描绘。（叶尖距直立玻璃板 8.75 英寸）

8. 异色白粉藤(*Cissus discolor*)（葡萄科，科号 67）——一棵砍倒的植株上的枝条，从其尖端下数第三片没有完全长成的叶片，用于观察 31 小时 30 分钟（见图 99）。这一天很冷（15～16℃），虽然转头运动已够清楚，但是如果在温室内观察，这种运动将会更加明显。

9. 蚕豆（豆科，科号 75）——取一片幼叶，自叶柄基部到小叶顶端的长度为 3.1 英寸，将一玻璃丝固定于顶端一对小叶之一的中脉上，描绘其运动计 51.5 小时。玻璃丝在整个上午（7 月 2 日）下垂，直到下午 3 时；随后上举很厉害，直到晚 10 时 35 分。但是这一天的上举，和以后发生的相比，要大得多，这可能是部分由于植株从顶上照光。在下图（图 100）中只绘出了在 7 月 2 日的后半段路线。次日（7 月 3 日），叶子又在上午下垂，然后很明显地转头，直到深夜才上举；但是在下午 7 时 15 分以后没有再描绘这个运动，因为玻璃丝指向玻璃板的上缘。在后半夜或清晨，它又下降，和以前的情况一样。

因为叶子在傍晚的上举和清晨的下垂幅度都非常大，故在这两个时期内测量了叶柄

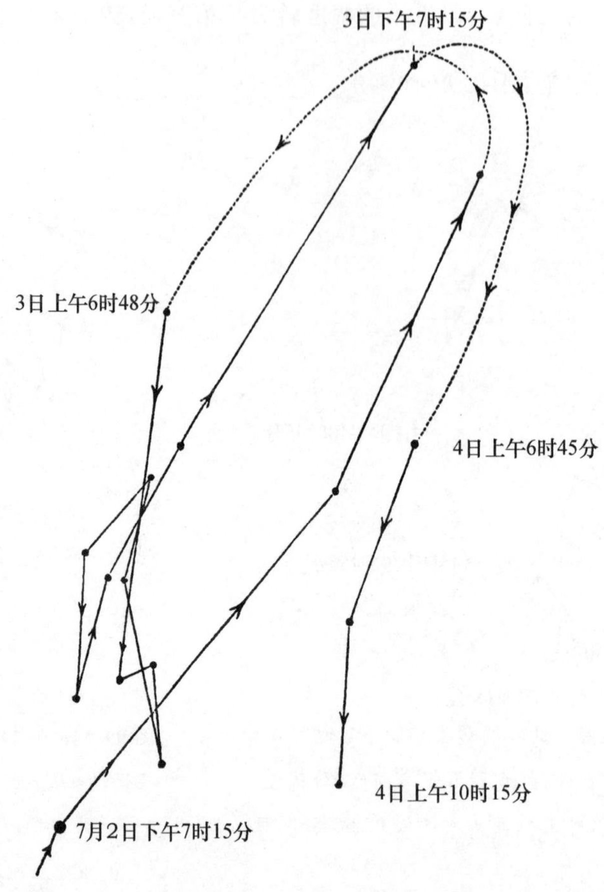

图 100　蚕豆　叶子的转头运动：从 7 月 2 日下午 7 时 15 分到 4 日上午 10 时 15 分描绘。二顶端小叶距直立玻璃板 7.25 英寸，温度 17～18℃。（这里的图形缩小到原标度的三分之二）

高于水平面的角度，看到在下午 12 时 20 分到晚上 10 时 45 分之间，叶子上举 19°，在晚 10 时 45 分到次日晨 10 时 20 分之间下垂 23°30′。

将主叶柄捆缚在靠近顶端两小叶基部的小棍上，小叶长 1.4 英寸，其中一个小叶的运动描绘了 48 小时（见图 101）。它的路线和整个复叶的路线很相似。在第二天从上午 8 时半到下午 3 时之间的曲折线代表 5 个很小的椭圆形，其长轴指向不同方向。从这些观察看来，整个复叶和顶端小叶每天都有明显的周期性运动，傍晚上举，后半夜或清晨下垂；而在白天中午前后，它们一般围绕同一个小空间进行转头运动。

10. 树胶相思树（*Acacia retinoides*）（豆科）——一幼嫩叶状叶柄，长 2.375 英寸，位置倾斜，与水平面作相当角度。它的运动描绘了 48 小时 30 分钟，但是所附图（图 102）中，只表示它在 21 小时 30 分钟内的转头运动。其中有一部分时间（即 14 小时 30 分），叶状叶柄描绘了代表 5 个或 6 个小椭圆的图形。在垂直方向上的实际运动量为

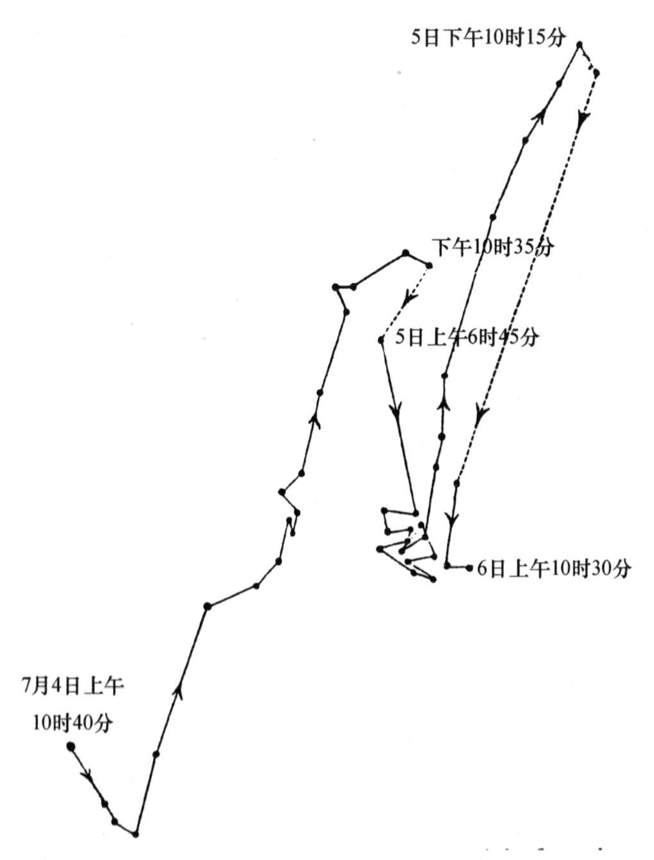

图 101　蚕豆　顶端二小叶片之一的转头运动：主叶柄已捆牢，从 7 月 4 日上午 10 时 40 分到 6 日上午 10 时半描绘；温度 16～18℃。（小叶片尖端距直立玻璃板 6.625 英寸，这里的描绘缩小到原标度的一半）

0.3 英寸。此叶状叶柄在下午 1 时半到 4 时之间上举很高，但是在这两天内都未见到有规律的周期性运动。

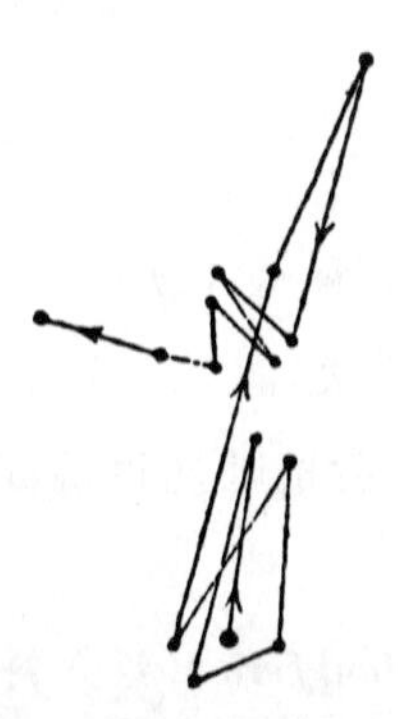

图 102　树胶相思树　幼嫩叶状叶柄的转头运动：从 7 月 18 日上午 10 时 45 分到 19 日上午 8 时 15 分描绘，温度 16.5～17.5℃。（叶状叶柄尖端距直立玻璃板 9 英寸）

11. 美丽羽扇豆(*Lupinus speciosus*)(豆科)——植株是用购买来的种子培育的,这是当时的商品名称。这是羽扇豆这个大属里的一个种,它们的叶子在夜间不就眠。叶柄从地面直接上举,长 5～7 英寸。将一玻璃丝固定于一片较长小叶的中脉上,追踪整个叶子的运动,如图 103 所示。

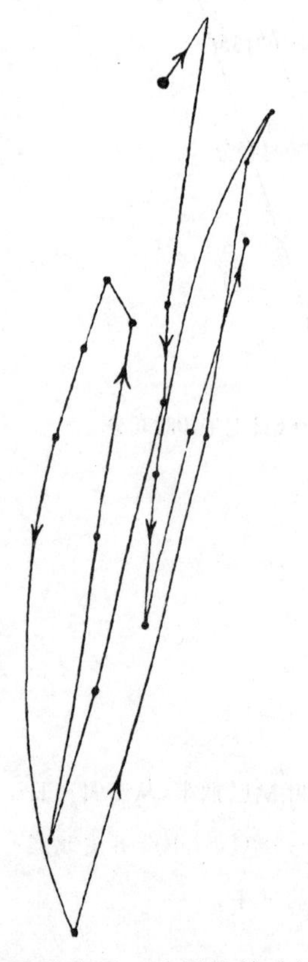

图 103　美丽羽扇豆　叶子的转头运动:从上午 10 时 15 分到下午 5 时 45 分在直立玻璃板上描绘,描绘时间为 6 小时 30 分钟。

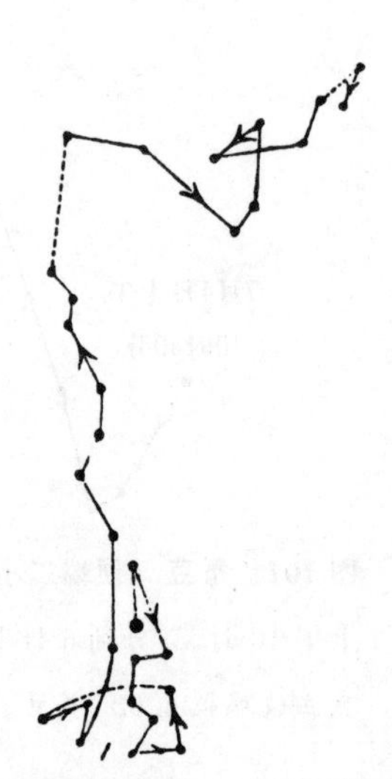

图 104　匍匐拟石莲花　叶子的转头运动:从 6 月 25 日上午 8 时 20 分到 28 日上午 8 时 45 分描绘。温度 23～24.5℃。(叶尖距玻璃板 12.25 英寸,因此运动放大了很多倍)

在 6 小时 30 分钟内,玻璃丝向上移动 4 次,向下 3 次。然后开始新描图(这里未画出),在 12.5 小时内,叶子向上运动 8 次,向下 7 次,因而它在这段时间内描绘了 7.5 个椭圆形,这是一个异常的运动速率。随后把叶柄顶端固定在一根小棍上,观察到单个的小叶还在继续进行转头运动。

12. 匍匐拟石莲花(*Echeveria stolonifera*)(景天科,科号 84)——这种植物的较老叶子很肥厚并且肉质,幼叶短而宽,看来很不可能检查出有任何转头运动。将一根玻璃丝固定于一片向上倾斜的幼叶上,它长 7.5 英寸、宽 0.28 英寸,位于由一生长旺盛的植株长出的顶端莲座的外围。它的运动被描绘了 3 天,如图 104 所示。路线主要是向上的,这可能是叶子因生长而伸长；但是我们看到，线条非常曲折，并且有时有清楚的转头运动，不过幅度很小。

13. 大萼落地生根（*Bryophyllum calycinum*）（景天科）——迪瓦尔-儒弗（Duval-Jouve）（《法国植物学会公报》，2月14日，1868年）测量了这种植物上部一对叶子二顶尖间的距离，结果见下表。应当注意，12月2日的测量是在另一对叶子上做的：

	上午8时	下午2时	下午7时
11月16日	15毫米	25毫米	（?）
11月19日	48毫米	60毫米	48毫米
12月2日	22毫米	43毫米	28毫米

从上表可以看出，两叶尖的距离，在下午2时比上午8时或下午7时都更远些。这表明它们在傍晚稍微上举，在午前下垂或张开。

14. 毛毡苔（*Drosera rotundifolia*）（茅膏菜科，科号85）——一片幼叶，有长叶柄，但是触毛（或有腺体的毛）还没有伸展，描绘其运动47小时15分钟。附图（图105）表明，它转头的幅度很大，主要在竖直方向，每天做两个椭圆。在这两天内，叶子在12点或1点以后开始下垂，整夜都继续如此，虽然两天移动的距离不同。我们因而推测，这种运动是周期性的；但是，在连续几个白天和夜晚观察了另外3片叶子以后，我们发现这是错误的。提出这个例子来只是作为诫鉴。在第三天清晨，上述叶片所占据的位置几乎和第一天清晨相同，这时触毛已充分伸展，与叶片或叶盘成直角伸出。

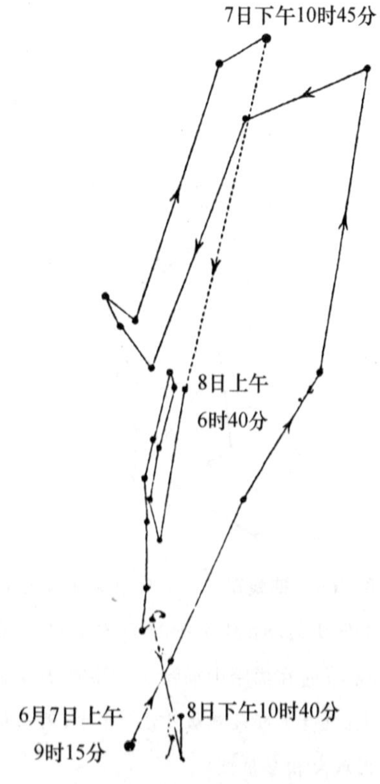

图105 毛毡苔 幼叶的转头运动：玻璃丝固定在叶片背面，从6月7日上午9时15分到8日下午10时40分描绘。（本图缩小到原标度的一半）

当叶子长得越老时，一般是越来越下垂。一片老叶，它的腺体仍能大量分泌。对它的运动描绘了24小时，在这段时期内，它继续以稍微曲折的路线下降一些。第二天清晨7时，将1滴碳酸铵溶液（2克溶于1盎司水中）滴到叶盘上，这使腺体变黑，并引起许多触毛弯曲。液滴的重量最初使叶子稍微下垂；但是它很快便以稍微曲折的路线上举，并且继续这样直到下午3时。它然后约在同一位置作幅度很小的转头运动达21小时；在下一个21小时，它以曲折路线下垂，接近于最初加碳酸铵溶液时所处的等高线位置。这时触毛已经再展开，腺体恢复了原来的颜色。我们由此知道，老叶转头的幅度小，至少在吸收碳酸铵时是如此。还有可能是，这种吸收可能刺激生长，于是再激发转头运动。还不能肯定，固定于叶子背面的玻璃丝的上举，是由于叶子边缘稍稍内卷（通常发生这种现象），还是由于叶柄上举。

为了要知道触毛（也即腺毛）是否转头，用紫胶将一片幼叶背面牢固地粘贴在一根扁棍上，此棍插入坚实而湿润的黏质砂土内；叶子最内层的触毛还是向内卷曲着。将植物放在显微镜下，显微镜台已经取下，并且配上测微计，测微计上每小格等于$\frac{1}{500}$英寸。应当提一下，当叶子长老，外围几列触毛便向外向下弯曲，以致最后偏转到水平面以下相当大的角度。选取了从边缘向内第二列的一根触毛进行观察，发现它向外运动，速率是在20分钟内移动$\frac{1}{500}$英寸，或是在1小时40分钟内移动$\frac{1}{100}$英寸；但是，因为它也从一侧移向另一侧，其幅度在$\frac{1}{500}$英寸以上，这个运动可能是一种修饰的转头运动。随后，用同样方法观察了一片老叶上的触毛。放在显微镜下15分钟后，它已经移动了大约$\frac{1}{1000}$英寸。在随后的7.5小时内，曾对它重复观察过，在整个这段时间内，它只又移动了$\frac{1}{1000}$英寸；而且这个小量移动还可能是由于潮湿砂土（植株位于其上）下沉的结果，虽然已将砂土紧密压实过。我们因此可以下结论说，触毛在年老时不再转头；然而这个触毛还是很敏感，当用一小块生肉只去碰触它的腺体，23秒后它便开始向内卷曲。这个事实有些重要，因为它显然表明，触毛因为受到所吸收的动物性物质的刺激（也无疑因受到与任何物体接触的刺激）而发生的卷曲，不是由于修饰的转头运动。

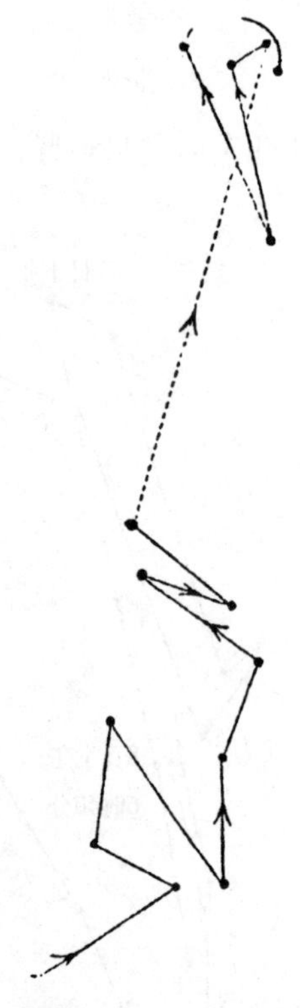

图106　捕蝇草　一片正在展开的幼叶的转头运动：从9月24日中午到25日晚10时在黑暗中描绘于一平放玻璃板上。（叶尖距玻璃板13.5英寸，因而描图放大相当倍数）

15. 捕蝇草（*Dionaea muscipula*）（茅膏菜科）——应当预先提一下，在早期发育阶段，这种植物的叶子的两片裂片是紧密闭合在一起的。它们最初是向后指向植株的中心；但是它们逐渐上举，不久便与叶柄成直角，最后与叶柄近于成一直线。选用一片幼叶，它与叶柄一起仅长1.2英寸，将一玻璃丝从外面沿着仍旧闭合的裂片的中脉固定，二裂片与叶柄成直角伸出。傍晚，这片叶在2小时内完成了一个椭圆形。第二天（9月25日），它的运动被描绘了22小时。我们从图106看出，它以大致相同的方向运动，这是由于叶子本身在伸直，不过路线非常曲折。这个运动路线代表几个拉长的或修饰的椭圆形。因此，这片幼叶作了转头运动，这是毫无疑问的。

下一次观察了一片叶龄相当大、已横向展开的叶子 7 小时，一玻璃丝沿中脉下面接触。它难得移动，但是当它的一根敏感触毛被触及时，叶片便闭合，不过不很快。这时在玻璃板上记录一个新的标点，但是在 14 小时 20 分钟内，玻璃丝的位置几乎没有改变。因此可以推断，一片只中等程度敏感的老叶不作明显的转头运动；但是我们不久将看到，这并不是说这样的一片叶绝对不运动。我们还可进一步推断，来自接触的刺激并不再激发单纯的转头运动。

在一片已完全长成的叶子上，将一玻璃丝从外面沿中脉的一侧固定，使它和中脉平行，当裂片闭合时，玻璃丝会移动。应当先提一下，虽然接触一片壮健叶子的一根敏感触毛使它很快、时常是立即闭合，然而把小块湿肉或是几滴碳酸铵溶液放在裂片上，它们闭合得很慢，一般需要 24 小时才能完成这个动作。对上述叶子先观察了 2 小时 30 分钟，它没有转头，但是应当对它再多观察一段时间；不过，我们已经看到，一片幼叶在 2 小时内完成了一个相当大的椭圆形。然后把一滴生肉浸出液滴到叶片上：玻璃丝在 2 小时内略微上举，这意味着裂片已经开始闭合，可能是叶柄上举。它非常缓慢地继续上举 8 小时 30 分钟，随后(9 月 24 日下午 4 时 15 分)稍微改变一下花盆位置，并且再加一滴上述浸出液，重新开始一次描图(图 107)。到晚 10 时 50 分，玻璃丝只上举一点，它在夜间下垂。第二天清晨，裂片闭合得更快些；到下午 5 时，已从外表上看出它们已相当闭合；到晚上 8 时 45 分，就更明显；到 10 时 45 分，叶子边缘的刚毛已相互锁合。叶子在夜间下垂一些；次日(25 日)清晨 7 时，两裂片完全关闭。所经过的路线，我们可从图上看出，是非常曲折的，这表明裂片的闭合是与整个叶子的转头运动联合进行的；考虑到叶子在接受浸出液之前的 2 小时 30 分钟内静止不动，那么便不能怀疑，吸收动物性物质激发叶子进行转头运动。在以后四天，有时观察一下这片叶，但是我们把它放在过冷的地方；虽然如此，它继续作小规模的转头运动，并且两裂片保持闭合。

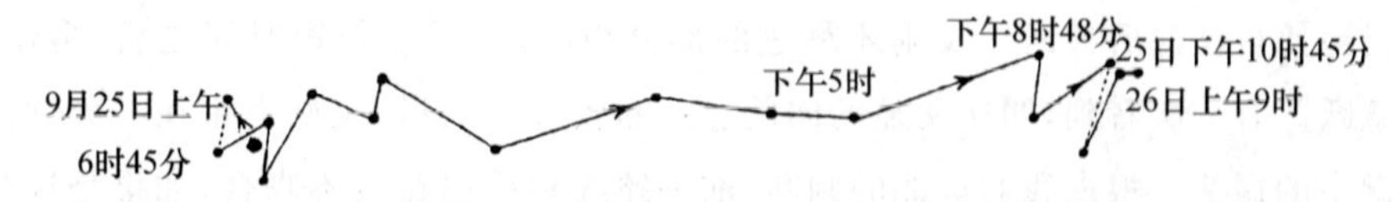

图 107 捕蝇草 一片完全长成的叶子的裂片闭合和转头运动：这时在吸收生肉浸出液，从 9 月 24 日上午 7 时 15 分到 26 日上午 9 时在黑暗中描绘。(叶尖距直立玻璃板 8.5 英寸，现图缩小到原标度的三分之二)

在一些植物学著作中，有时说裂片在夜间闭合或就眠，但是这是错误的。为了检验这种说法，把很长的玻璃丝分别固定于三片叶的两裂片内侧，并在中午和晚上测量它们的尖端之间的距离，但是没有检查出差异来。

前面的观察是关于整个叶子的运动，但是裂片的运动与叶柄没有关系，看来是在连续不断地作着幅度很小的张开和闭合动作。有一片近于完全长成的叶子(以后证明对接触非常敏感)，几乎是水平位置，于是把一根细长针穿过靠近叶片处的叶状叶柄，使它静止不动。将一个小纸三角固定于叶边缘的一根刚毛上，再把这株植物放在显微镜下，用目镜测微计，每小格等于$\frac{1}{500}$英寸。这时可以看到小纸三角的顶点在不断作着轻微运动；因在4小时内，它跨过9个小格，或是$\frac{9}{500}$英寸；再过10小时，它向回运动，以相反方向跨过$\frac{5}{500}$英寸。植物是放在有些过冷的地方，第二天，它移动得更少，即在3小时内移动$\frac{1}{500}$英寸，在下一个6小时以相反方向移动$\frac{2}{500}$英寸。因此，这两个裂片像是经常在关闭和张开，虽然移动的距离很小。我们必须记得，固定有纸三角的边缘刚毛增加了它的长度，这便将运动有些夸大了。又对一片健壮叶进行观察，很不同的是，叶柄可自由运动，并且植株是放在高温下；另外，叶龄已经很老，以致重复接触它的敏感触毛时它不闭合，不过按其他例证判断，如用动物性物质刺激它，它会缓慢闭合的。纸三角的顶端几乎、虽不是完全、处于不断运动中，有时向一个方向，有时向相反方向，它在30分钟内三次跨过测微计上的五小格(即$\frac{1}{100}$英寸)。这样小幅度的运动很难与正常转头相比；但是它或者可能与曲折线和小环相比，其他植物作较大的椭圆时常有这类曲折线和小环出现。

在本书的第一章中，已经描述过甘蓝的正在转头的下胚轴有显著的振荡运动。捕蝇草的叶子也有同样现象，当放在低倍显微镜下(2英寸物镜)，附目镜测微计，其每一小格($\frac{1}{500}$英寸)显出相当宽广的空间，便可看到奇妙的运动景象。选用一幼嫩的未展开叶子，前面已经描绘过它的转头运动(图106)，将一根玻璃丝竖直固定在它上面；放在温室内(温度84～86℉)，只让光线从顶上射入，并且排除任何侧面来的气流，这样观察它的顶端的运动。顶端有时以难以察觉的缓慢速率跨过测微计上一两个小格，但是一般是以快速跳跃或急跳方式向前移动$\frac{2}{1000}$或$\frac{3}{1000}$英寸，有一次达$\frac{4}{1000}$英寸。在每次向前跳跃后，顶端又较慢地使自己向后移回一段刚才跳过的部分距离；然后在很短时间之后，再作另一次向前急跃。有一次看到，四次明显的向前急跃和较慢的后撤，正好发生在一分钟内，还附带着微小的振荡。根据我们可能的判断，前进路线和后退路线不吻合，如果是这样的话，每次便描绘出非常小的椭圆形。有时顶端在短时间内完全停止不动。它在几个小时的观察时间内的一般路线是进退两个相反方向，因而叶子可能是在转头。

下一次以同样方法观察了一片较老的叶子，裂片已充分展开，以后证明对接触非常敏感，这次不同的是植株是放在温度较低的屋内。顶端也和前面一样的方式向前向后振荡；但是向前急跃的程度较小，约$\frac{1}{1000}$；并且有较长的停止不动的时期。因为看来可能是气流引起了这种运动，于是在一次停止不动的时期，将一支小蜡烛拿到这片叶子左近，但并没有由此引起振荡。然而在10分钟后，便开始了剧烈的振荡，可能是由于植株受了蜡烛加热的刺激。随即挪开蜡烛，不久振荡也就停止。虽然如此，当过了一个半小时后再观察时，它又在振荡。把植物放回到温室内，次日晨看到它在振荡，不过不很猛烈。另外，也在温室内观察了两天另一片老而壮健的叶片，这片叶对接触已经一点也不敏感，黏附的玻璃丝作了多次向前的小急跃，每次大约$\frac{2}{1000}$或是只$\frac{1}{1000}$英寸。

最后，为了确定裂片是否与叶柄无关地振荡，将一老叶的叶柄用紫胶粘牢在靠近叶片处插入土中的一根小棍的顶端。但是在胶粘之前，观察叶子，发现它在强烈振荡或急跃；在将它粘牢在小棍上之后，它仍在继续着约$\frac{2}{1000}$英寸的振荡。第二天，将少量生肉浸出液放到叶子上，这使裂片在两天内很慢地闭合起来；在这整个时间内和以后的两天，振荡一直继续着。再过九天，叶子开始张开，它的边缘有些向外翻转，当时玻璃丝顶端在长时期内保持不动，以后又缓慢地向后和向前运动，每次距离约为$\frac{1}{1000}$英寸，没有任何急跃动作。虽然如此，将一蜡烛放在叶子附近使之加热，急跃运动便重新开始。

在两个半月以前，已经观察过这片叶子，当时看到它在振荡或急跃。我们因此可以推断，这类运动在很长一段时期内日夜进行着；不论是幼嫩未展开的叶子，或是已经丧失对接触的敏感性的老叶，不过它仍能吸收含氮物质，都有这种运动。当这种现象很好表现时，如上面刚叙述的幼叶，是非常有趣的。它常使我们联想到这是一种奋斗，或是一只小动物正在拼命逃避某种敌害。

16. 树胶桉(*Eucalyptus resinifera*)(桃金娘科，科号94)——用通常方法观察了一片幼叶，它和叶柄一起共长2英寸，是从一棵砍倒的树的侧枝上长出的。叶片还没有取得它的竖直位置。在6月7日，只对它作了几次观察，所描的图仅表示叶子曾向上向下运动各3次。第二天，观察的次数较多，作了两个描图(见图108A和B)，因为一个图会显得过于复杂。叶尖在16小时内改变路线13次，主要是向上和向下，但有些侧向运动。在任何一个方向的实际运动量都很小。

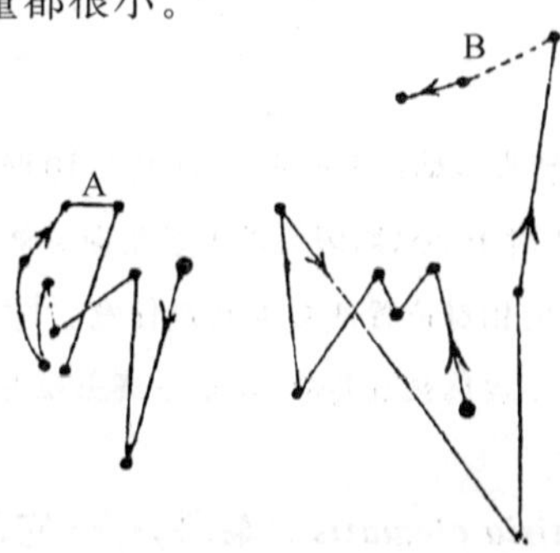

图108　树胶桉　叶子的转头运动：A. 6月8日从上午6时40分到下午1时描绘；B. 从8日下午1时到9日上午8时半描绘。
(叶尖距平放玻璃板14.5英寸，因而描图放大多倍)

17. 大丽花(*Dahlia*)(庭园品种,菊科,科号 122)——一棵高 2 英尺的幼龄植株,在大花盆里茁壮生长着。选取它的一片美观的幼叶观察,叶长 5.75 英寸,伸向水平线下约 45°角。6 月 18 日叶子从上午 10 时到 11 时 35 分下垂(见图 109),它然后上举得很高直到下午 6 时,这次上举可能是由于光仅从顶上照射。在下午 6 时到晚 10 时 35 分,它曲折运动,夜里稍微上举。应当提出的是,这个曲线图较低部位的竖直距离被夸大得很厉害,因为叶子最初便偏转到水平线以下,并且在它下垂以后,玻璃丝以很斜的线指向玻璃板。次日,叶子从上午 8 时 20 分下垂,直到下午 7 时 15 分,以后有曲折运动,在夜间上举得很多。20 日清晨,叶子可能正开始下垂,虽然线图中的短线是水平方向。叶尖经过的实际距离相当大,但是不能有把握地计算。第二天,植株已经适应了从顶上来的光照,那么根据这一天的路线,叶子每天做着周期性运动,白天下垂,夜间上举,便没有什么疑问了。

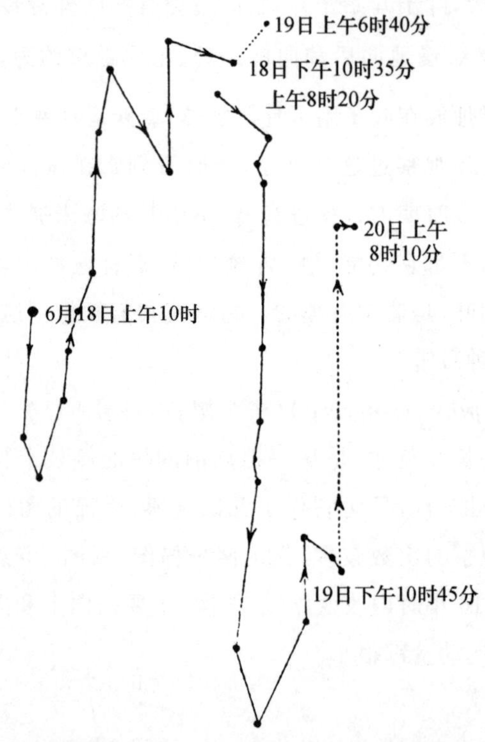

图 109 大丽花 叶子的转头运动:从 6 月 18 日上午 10 时到 20 日上午 8 时 10 分,但是在 19 日晨中断了 1 小时 40 分钟,因为玻璃丝指向一侧太厉害,不得不移动一下花盆,因此,这两部分描图的相对位置便多少有点任意。(现图缩小到原标度的五分之一;在其倾角线上,叶尖距玻璃板 9 英寸,在水平线上距离 4.75 英寸)

18. 铁线莲状帚菊木(*Mutisia clematis*)(菊科)——它的叶子末端成为卷须,并且像其他有卷须的植物的叶子一样转头;但是在这里提到这种植物,是由于已经发表过一个错误报道[①],就是,它的叶子在夜间下垂,在白天上举。有这种表现的叶子已经存放在北屋里几天,并且没有得到充分光照。因此,把一棵植株留在温室内未予扰动,在中午和晚10时测量它三片叶的角度。所有三片叶都在中午倾斜到水平面稍下一些,但是在晚上都比中午的角度高,第一片叶高 2°,第二片叶高 21°,第三片叶高 10°。因此,叶子在夜间不是下垂,而是略微上举。

19. 仙客来(报春科,科号 135)——从一老根状茎长出的幼叶,连叶柄一起共长 1.8 英寸,用来按通常方法观察了 3 天(图 110)。第一天,叶子比以后下垂得多些,这显然是由于使自己适应于顶上来的光照。在所有 3 天内,它从清晨起下垂,直到下午 7 时左右,从这时起一夜都上举,路线稍微曲折。因此,它的运动有严格的周期性。应当注意的是,如果玻璃丝在下午 5 时到 6 时之间没有落到花盆边上的话,叶子每天傍晚还会下垂得更低些。运动量相当大。因为,如果我们假定整个叶子到叶柄基部都弯曲,那么描图的放

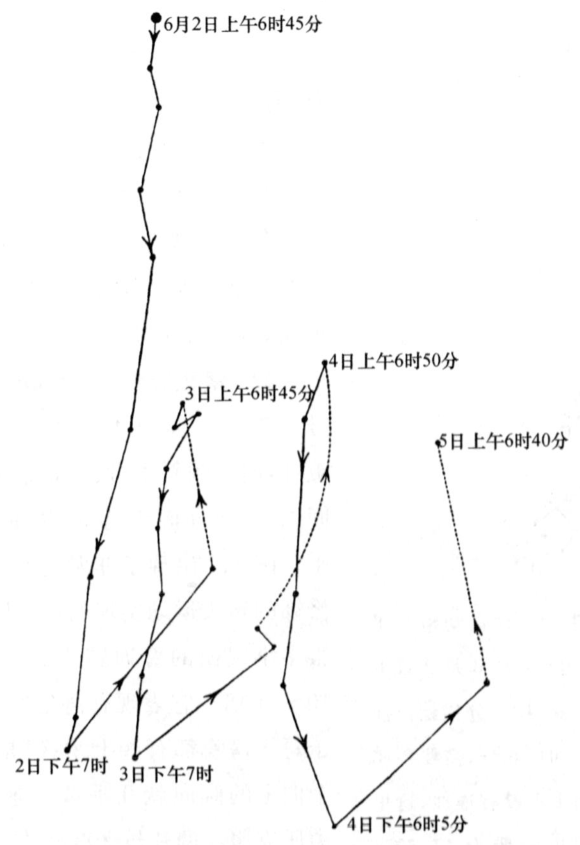

图 110 仙客来 叶子的转头运动:从 6 月 2 日上午 6 时 45 分到 5 日上午 6 时 40 分描绘。(叶尖距直立玻璃板 7 英寸)

---

① 《攀援植物的运动和习性》,1875 年,118 页。(中译本中该植物名用音译,即“摩天菊”。)

大倍数便会小于5倍，这会使叶尖上举和下垂的距离达半英寸，同时还有些侧向运动。可是，如果没有描图或是某种测量的帮助，这个运动量是不会引人注意的。

20. 肖特氏黄蝉花(*Allamanda Schottii*)(夹竹桃科，科号144)——这种灌木的幼叶是伸长的，叶片成弓形向下弯曲很厉害，几乎形成半圆。一片幼叶，弦(就是从叶尖到叶柄基部所画的线)长4.75英寸，在12月5日下午2时50分位于水平面下13°，但是到晚上9时半，叶片本身已经伸直很多，这表示叶尖上举。现在弦的位置已在水平面之上37°，因此已经上举了50°。第二天，对同一叶子作了同样的角度测量；在中午，弦在水平面下36°，晚9时半，在水平面上3.5°，可见上举了39.5°。上举运动的主要原因在于叶片的伸直，但是短叶柄上举4°～5°。第三天夜间，弦位于水平面上35°，如果叶子在中午的位置和前一天相同，那么它已上举71°。较老的叶子则检查不出这样的弯曲度变化。随后将植物移进室内，放在一间东北向的屋内，但是这些幼叶在夜间没有弯曲度变化；因此，以前的强光照射，对于叶片弯曲度的周期性变化以及叶柄的少量上举，显然是必要的。

21. 威根(*Wigandia*)(田基麻科，科号140)——普费弗教授告诉我们，这种植物的叶子在傍晚上举。但是我们不知道它的上举是否很大，这个种可能应当归入就眠植物。

22. 紫花矮牵牛(*Petunia violacea*)(茄科，科号157)——选一片很幼嫩的叶子，它仅长0.75英寸，向上倾斜很厉害，观察了4天。在这全部时间内，它向外向下弯曲，因而变得越来越近于水平。图111出现了非常曲折的路线，表示这是靠修饰的转头运动实现的；并且在后一段时间内，有很多小规模的普通转头运动。线图中运动放大10～11倍。它表现有清楚的周期性迹象，因为叶子每天傍晚都有些上举；但是，当叶子越老时，这个向上的倾向就几乎被它越来越朝向水平的努力所克服。两片较老叶子在一起形成的角度，连续三天在傍晚和中午左近测量，这个角度每夜都减少一些，虽然减少得没有规律。

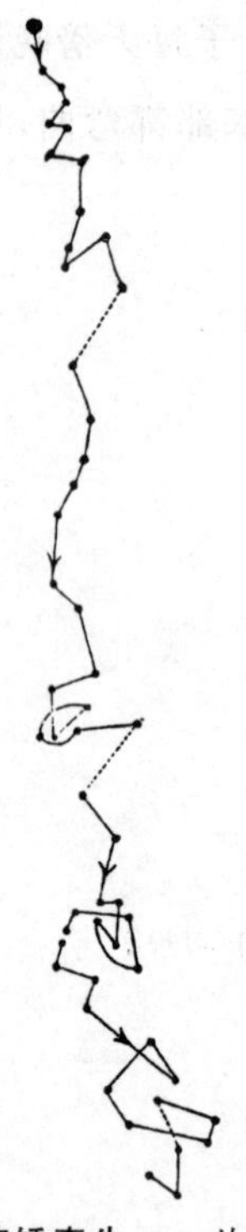

图111　紫花矮牵牛　一片很幼嫩叶子的向下运动和转头运动：从6月2日上午10时到6日上午9时20分描绘。注意——在5日上午6时40分，需要稍稍移动花盆，图中有两个点没有连线，这里开始新的描绘。温度一般为17.5℃。(叶尖距直立玻璃板7英寸)

23. 茛艻花(*Acanthus mollis*)(爵床科，科号168)——对一实生苗长出的两片叶中较幼嫩的一片观察了47小时，这片叶连叶柄一起共长2.25英寸。在这三个清晨，叶尖下垂，在两天下午观察时，它都继续下垂，直到下午3时。下午3时以后，它上举得相当高，第二夜它继续上举直到清晨。但是在第一天夜里，它没有上举，反而下垂，我们认为没有什么可疑的是，由于叶子太幼嫩，它因偏上生长而越来越成水平位置；因为可从图112中看出，叶子在第一天的位置，比第二天更高一些。同属的另一个种（刺老鼠簕，*Aspinosus*）的叶子，每天夜间一定上举。有一次测量到从中午到晚10时15分的上举为10°。这个上举主要或是完全由于叶片的伸直，不是由于叶柄的运动。我们因此可以下结论说，老鼠簕属的叶子有周期性的转头运动，清晨下垂，下午和夜间上举。

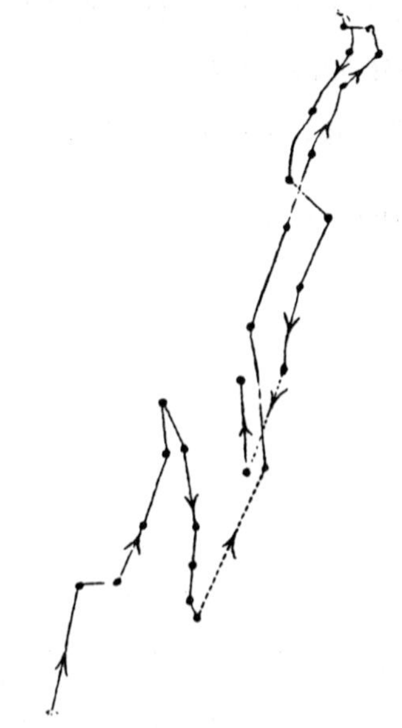

图112 莨芳花 幼叶的转头运动：从6月14日上午9时20分到16日上午8时半描绘。温度15～16.5℃。（叶尖距直立玻璃板11英寸，因而运动放大倍数较多。本图缩小到原标度的一半）

24. 大麻(*Cannabis sativa*)（大麻科，科号195）——这里有一个罕见的例证，就是叶子在傍晚下垂，但是没有达到足够称为就眠的程度①。在清晨，或是后半夜，它们向上运动。例如，5月29日上午8时，有几个茎的顶端附近的所有幼叶，几乎都是水平位置；而在晚上10时半，则下倾得相当厉害。第二天下午2时，两片叶的位置是水平面下20°和12°；而在晚上10时，则在水平面下38°。在一较幼嫩的植株上另外两片叶，下午2时是水平位置，晚10时下垂到水平面下36°。关于这些叶子的向下运动，克劳斯认为是由于它们偏上生长的结果。

① 卡尔·克劳斯(Carl Kraus)博士的文章《叶子的运动生长知识的补充报道》《植物志》1879年，66页，引导我们去观察这种植物。遗憾的是，我们不能完全了解这篇文章的有些部分。

他补充说，不论在晴天和雨天，这些叶子总是白天松弛，夜间紧张。

25. 南欧海松（松柏科，科号 223）——顶端枝条顶上的一些叶子。最初成为一束几乎向上直立，但是它们不久便分散开，最后变成近于水平位置。有一片近 1 英寸长的幼叶，生长在仅 3 英寸高的实生苗的顶端，从 6 月 2 日清晨到 7 日傍晚描绘了它的运动。在这 5 天内，这片叶弯开，它的尖端最初几乎是呈直线下垂；但是在后两天，它曲折得很厉害，显然它是在转头。当这株实生苗长到 5 英寸高时，又对它观察了 4 天，把一根玻璃丝横着固定于一片长 1 英寸的叶子顶端，它已经从它原来的直立位置外弯得很大。它继续外弯（见图 113A），从 7 月 31 日上午 11 时 45 分一直下降到 8 月 1 日上午 6 时 40 分。8 月 1 日，它在同一个小范围内转头，夜间又下垂。次日晨，把花盆向右挪动近 1 英寸，开始一新描图（图 113B）。从这时起，即 8 月 2 日上午 7 时，直到 4 日上午 8 时 20 分，

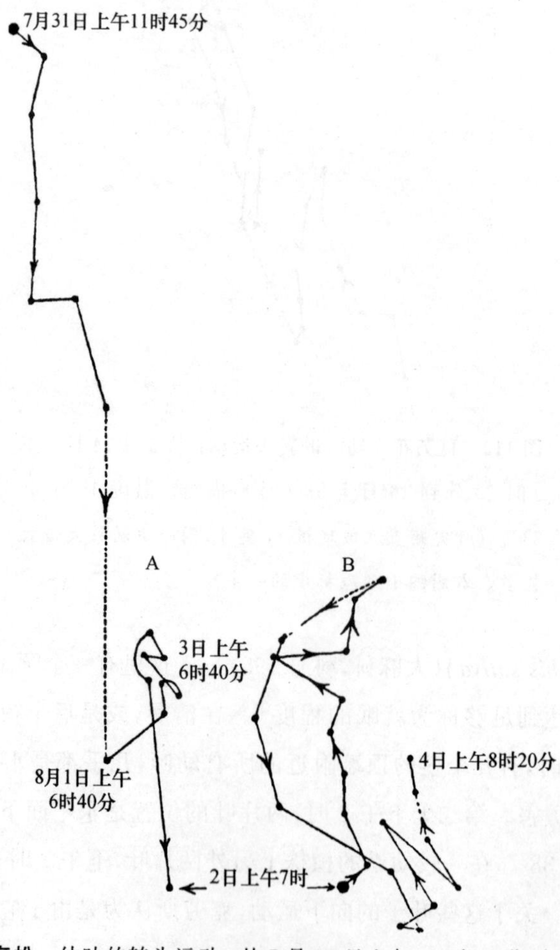

图 113　南欧海松　幼叶的转头运动：从 7 月 31 日上午 11 时 45 分到 8 月 4 日上午 8 时 20 分描绘。在 8 月 2 日上午 7 时，将花盆向一侧挪动 1 英寸，因而这个描图分成两个线路图。（叶尖距直立玻璃板 14.5 英寸，因此运动放大很多倍数）

这片叶明显地进行转头运动。从这个描图看不出叶子有周期性运动，因为在最初两个夜间的下降路线显然是由于偏上生长，而且在我们观察结束时，叶子还没有达到它最后会有的近于水平位置。

26. 奥地利松(*Pinus austriaca*)——选两片 3 英寸长，但是没有完全长大的叶子，是在 3 英尺高的幼树上一侧枝长出的，观察了 29 小时(7 月 31 日)。观察方法同用于前一种的叶子。这两片叶确实都作了转头运动，在上述时间内描绘了两个或两个半不规则的小椭圆形。

27. 篦齿苏铁(*Cycas pectinata*)(苏铁科，科号 224)——选一片长 11.5 英寸的幼叶，它的小叶只在不久前展开，对它观察了 47 小时 30 分钟。将主叶柄紧系在位于顶端一对小叶基部的小棍上，把一玻璃丝固定于其中一片小叶，这片小叶长 3.75 英寸。小叶下弯得很厉害，但是因为顶端部分向上仰，玻璃丝几乎横向伸出。小叶运动的幅度很大，并且有周期性(见图 114)，因为它下垂直到下午 7 时左近；夜间上举，次日晨 6 时 40 分以后又下垂。下降路线曲折得很明显，如果整个夜晚都描绘的话，上升路线可能也会如此。

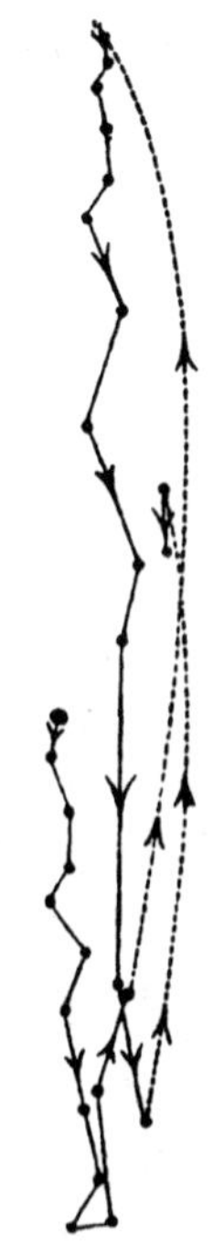

图 114 篦齿苏铁 一顶端小叶的转头运动：从 6 月 22 日上午 8 时半到 24 日上午 8 时描绘。温度 19～21℃。(叶尖距直立玻璃板 7.75 英寸，因而放大倍数不多，这里缩小到原标度的三分之一)

叶子的转头运动：单子叶植物

28. 紫叶美人蕉(美人蕉科，科号 2)——选一壮健幼株长出的叶，长 8 英寸，宽 3.5 英寸，对其运动观察了 45 小时 50 分钟，如图 115A，B 所示，因为一个图会显得太复杂，故在 11 日清晨将花盆向右滑动约 1 英寸(图 115B)，但是两图在时间上是连续的。运动是周期性的，因为叶子从清晨直到下午 5 时左右下垂，傍晚其余时间和上半夜上举。在 11 日傍晚，它围绕同一地点作了小规模的转头运动。

29. 黄菖蒲(*Iris pseudo-acorus*)(鸢尾科，科号 10)——描绘了一片幼叶 27 小时 30 分钟的运动(见图 116)，这片叶长出植株生长处的水面 13 英寸。它有明显的转头运动，虽然幅度不大。第二天清晨 6 时 40 分和下午 2 时之间(在后一时间描图结束)，叶尖改变路线5次。在此后8小时40分钟内，它曲折得很厉害，并且下降到图形中的最低点，在这段路程中作了两个很小的椭圆形；如果把这些线段都加到这个曲线图中，它会显得过于复杂。

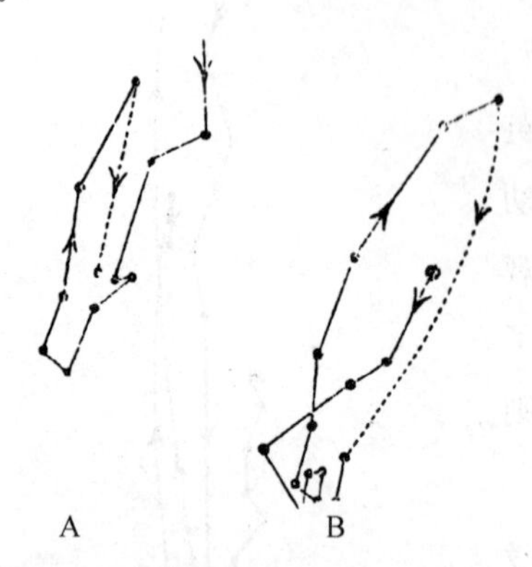

图115　紫叶美人蕉　叶子的转头运动：A. 从6月10日上午11时30分到11日上午6时40分描绘；B. 从11日上午6时40分到12日上午8时40分描绘。（叶尖距直立玻璃板9英寸）

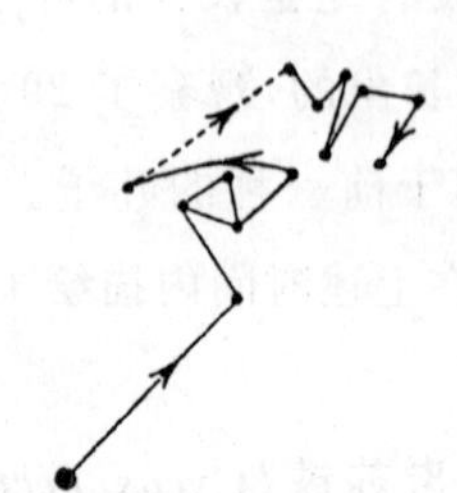

图116　黄菖蒲　叶子的转头运动：从5月28日上午10时30分到29日下午2时描绘。描图继续到晚11时，但是没有在这里复制。温度15～16℃。（叶尖在平放玻璃板下12英寸，因而图形放大很多倍）

30. 好望角文珠兰(*Crinum Capense*)（石蒜科，科号11）——这种植物的叶子特别长而窄，曾测量过一片，其长度达53英寸，基部仅宽1.4英寸。还很幼嫩时，它们几乎垂直站立，高达1英尺左右；此后，它们的尖端开始弯过去，随后向下悬垂直，这样继续生长着。选取一片较幼嫩的叶子，它下垂的削尖部分还只长5.5英寸，向上直立的基部高20英寸，不过这部分由于更加弯过去会最后变得较短。用一个大玻璃钟罩罩住植物，钟罩一侧作一黑色标点；使叶子的悬垂顶尖与这个标点对准成一线，在钟罩的另一侧追踪它在两天半内的运动路线，如图117所示。在第一天(22日)，叶尖向左侧移动了很远，可能是由于植物受到干扰，这里只绘出这一天晚上10时半记的最后一个点。我们可以从图中看出，这片叶的顶端确实作了转头运动。

与此同时，将带小纸三角的玻璃丝固定在一片更幼嫩叶子的尖端，它还竖直站立没有弯曲。描绘了它从5月22日下午3时到25日上午10时15分的运动。这片叶生长很快，在这段时间内，叶尖上移的距离很大；因为它曲折得很厉害，它显然在作着转头运动，并且它有每天形成一个椭圆形的明显趋势。夜间描绘的路线要比白天的竖直得多，这表示，如果叶子长得没有这样快的话，那么这个描图便会表现出一次夜间上举和一次白日下垂。过了六天(5月31日)以后，这时叶尖已经向外弯曲成水平位置，因而它已朝着变成悬垂的形式走出第一步，借助于立方木块成正交地描绘了叶运动（方法已在前面解

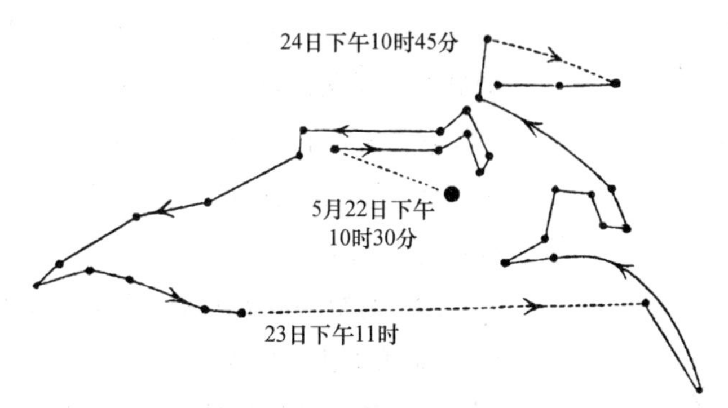

图 117 好望角文殊兰 幼叶下垂尖端的转头运动：从 5 月 22 日下午 10 时 30 分到 25 日上午 10 时 15 分在玻璃钟罩上描绘。（图形放大不多）

释）；由此确定的结果是，叶尖由于转头所经过的实际距离，在 20.5 小时内为 $3\frac{1}{8}$ 英寸。在以后 24 小时内，它走过 2.5 英寸。因此，这片幼叶的转头运动非常明显。

31. 滨海全能花（*Pancratcicon littorale*）（石蒜科）——选一片叶，长 9 英寸，位倾斜，在水平面上成 45°角，描绘它的运动两天，描图放大很多倍。第一天，它完全改变它的路线，向上和向下，以及向两侧，在 12 小时内共 9 次；所描绘的图形显然代表 5 个椭圆形。第二天，观察的次数较少，因而没有看到它改变路线的次数有那么多，只有 6 次，但是复杂情况如前。运动的幅度很小，但是叶子有转头运动是没有疑问的。

32. 君子兰（*Imatophyllum* 或 *Clivia*）[种名（?），石蒜科]——把一根长玻璃丝固定于一叶片上，在连续 3 天内偶尔测量了它和水平面所作的角度。它每天清晨下垂，直到下午 3～4 时为止，在夜间上举。在任何时间的最小角度为水平面上 48°，最大角度为 50°，因而它在夜间仅上举 2°；但是这是每天都观察到的，并且在另一植株上的一片叶每晚作了相同的观察，没有疑问的是，叶子有周期性运动，虽然幅度很小。顶端的位置，最高点比最低点高 0.8 英寸。

33. 大藻（*Pistia stratiotes*）（天南星科，科号 30）——霍夫迈斯特提到，这种漂浮水生植物的叶子在夜间上倾的角度比白天更高[①]。我们因此将一细玻璃丝固定于一片较幼嫩叶子的中脉上，并且在 9 月 19 日从上午 9 时到下午 11 时 50 分之间，测量了它与水平面所作的角度 14 次。温室的温度在两天的观察时间内在 18.5°和 23.5℃之间变动。在上午 9 时，玻璃丝位于水平面上 32°；在下午 3 时 34 分为 10°，晚 11 时 50 分为 55°。后面的两个角度是一天内观察到的最高倾角和最低倾角，表明有 45°的差异。在下午 5～6 时以前，上举还不明显。在第二天，叶子在上午 8 时 25 分在水平面上的位置只有 10°，它约保持在 15°直到过了下午 3 时；在下午 5 时 40 分为 23°，在晚 9 时 30 分为 58°。因而这个傍

① 《植物细胞学》，1867 年，327 页。

图 118　海寿(种名?)　叶子的转头运动：从7月2日下午4时50分到4日上午10时15分描绘。温度约为17℃，相当低。(叶尖距直立玻璃板16.5英寸，因而描图放大很多倍)

晚的上举比上一个晚上更突然，角度差达48°。这个运动显然有周期性，因叶子在第一天晚上是在水平面上55°，第二天晚上是58°，它看来是很陡峭地倾斜着。这个例证，我们将在以后一章中看到，可能应当包括在就眠植物一章中。

34. 海寿(*Pontederia*，种名？来自巴西的圣凯瑟琳纳高原)(雨久花科，科号46)——将一玻璃丝固定于7.5英寸长的较幼嫩叶子尖端，描绘它的运动42.5小时(见图118)。在第一天傍晚，叶子下垂很厉害。次日清晨，它以极其曲折的路线上举，在傍晚和夜间又下垂。因此，它的运动看来是周期性的，但是这个结论还有些可疑处，因为另一片叶，高8英寸，看来较老，并且倾角更大，表现情况则不同。在最初12小时内，它在一个小范围内转头，但是在夜间和第二天整天，它朝着大致相同的方向上举；上举是靠着重复发生的明显上下振荡而实现的。

隐花植物

35. 柔曲金纷草(蕨科，科号1)——把一根玻璃丝固定在这种蕨类植物的幼叶顶端左近处，幼叶长17英寸，还没有完全展开。描绘它24小时的运动。在图119中看到，它在明显地转头。运动的放大倍数不多，因为幼叶是在直立玻璃板附近，如果天气更暖一些，运动可能会有更大的幅度，更快的速率。因为这个植株是从温暖的花房取出的，并且是在天窗下观察，这里的温度是在15～16℃之间。我们已在第一章中看到，这种蕨类植物的叶子，当时还只有很小的裂片，叶轴也只0.23英寸长，已在明显地进行转头运动。[①]

在植物的就眠运动一章中，将叙述四叶苹(*Marsilia quadrifoliata*)(苹科，科号4)的

① 卢米斯(Loomis)先生和阿萨·格雷教授曾描述过(《植物学报》*Botanical Gazette*)，1880年，27页，43页)蕨叶运动的一个非常奇怪的例证，但是只在铁角蕨(*Asplenium trichomanes*)有子实体的叶子中才出现。它们运动得几乎像舞草(*Desmodium gyrans*)的小叶一样快速，在与叶面成直角的平面内，交替地向前向后转动20°到40°角。蕨叶的顶端描绘了"一个长而很窄的椭圆形"，因而它是在转头。但是它的这种运动和普通转头运动不同，因它只是当植株受到光照时才发生，甚至人工光照也"足以激发它作几分钟的运动"。

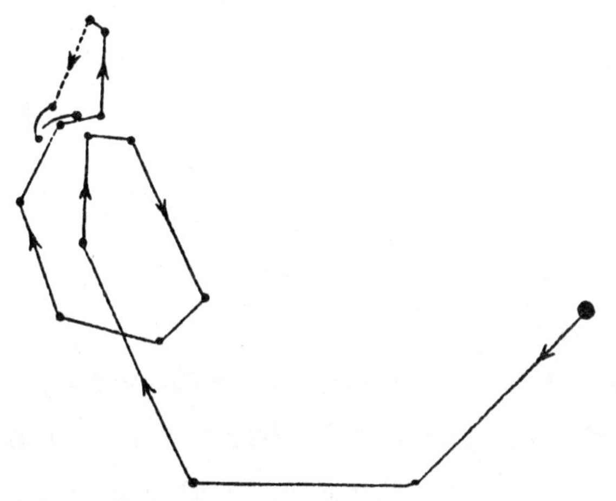

图 119　柔曲金纷草　叶轴的转头运动：从 5 月 28 日上午 9 时 15 分到 29 日上午 9 时描绘（现图是原标度的三分之二）

显著的转头运动。

第一章内也曾表明，一株很幼嫩的卷柏（石松科，科号 6），只有 0.4 英寸高，明显地在转头。我们因而可以下结论说，较老的植株，还在生长时，会作同样的转头运动。

36. 半月苔（*Lunularia vulgaris*）（苔科，科号 11）——这种植物带有胞芽，布满在一只旧花盆的泥土表面。观察时选取了一株倾斜很厉害的植物体，它高出土面 0.3 英寸，宽 0.4 英寸。将一根长 0.75 英寸、末端涂白的极细玻璃丝用紫胶粘贴在这个植物体上，与其宽度成直角；紧靠在玻璃丝末端的后面，将一根涂小黑点的白棍插入土中。可使白色末端与黑点准确地对成一线，这样便可在前面放置的直立玻璃板上陆续记上标点。植物体的任何运动当然便会展现出来并且由这根长玻璃丝放大；小黑点是放在玻璃丝末端后面很近的地方，和到前面玻璃板的距离比较而言，因而使玻璃丝末端的运动放大约 40 倍。虽然如此，我们确信，我们的描图相当确切地代表这个植物体的运动。在每次观察的间

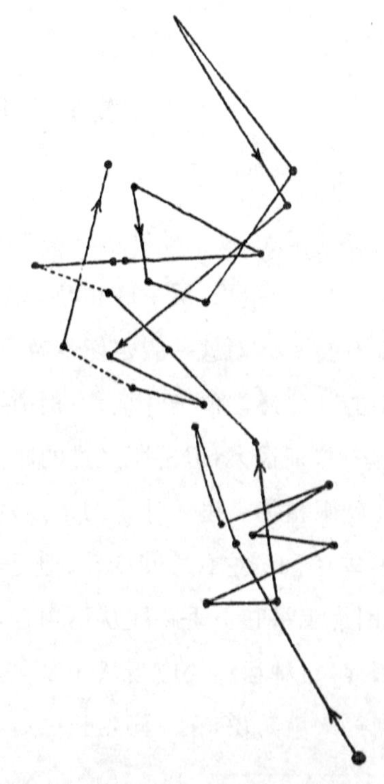

图 120　半月苔　一植物体的转头运动：从 10 月 25 日上午 9 时到 27 日上午 8 时描绘。

隔内，用小玻璃钟罩将植株罩上。已经提到，这个植物体倾斜度很大，并且花盆是放在一东北窗前。在前5天内，植物体向下移动，或倾斜度减小；描绘的长路线非常曲折，有时形成或几乎形成小环，这表明有转头运动。植物体向下移动究竟是由于偏上生长，还是由于背光性，我们不清楚。在第5天，植物体下沉很少，便在第6天(10月25日)开始一次新描图，并继续47小时，见图120。27日，又作了另一描图。发现植物体仍在转头，因为在14小时30分钟内，它完全改变路线(小的变化不计)10次。又偶然对它多观察两天，看到它在继续运动着。

植物分类系统中最低等的成员，原植体植物，显然有转头运动。如果在显微镜下观察一株颤藻属植物，可以看到它大约每40秒便描绘一个圆。在它弯向一侧以后，叶尖先开始向对面一侧弯回去，随后整个丝状体向同一方向弯曲过去。霍夫迈斯特[①]曾细致地描述了水绵属的经常但有些不规则的奇妙运动：在2.5小时内，丝状体向左侧运动4次，向右侧3次，并且他提到一种和上述成直角的运动。尖端运动的速率约为每5分钟0.1毫米。他将这种运动与高等植物的转头运动[②]相比。我们以后将看到，向光性运动是由修饰的转头运动形成的，因为单细胞霉菌向光弯曲，我们可以推断说，它们也有转头运动。

关于叶子转头运动的总结

现已叙述了33属的幼叶的转头运动。这33个属，分属于25个科，广泛分布于普通和裸子的，双子叶植物，单子叶植物，还有几种隐花植物。因此，提出所有植物的正生长的叶子都有转头运动这一假定便不致太轻率，我们在子叶的例证中已看到这样总结的原因。运动的部位通常位于叶柄，有时在叶柄和叶片两处，或者只在叶片。运动的程度在不同植物中差别很大；但是所经过的距离从来不大，大薸属植物是例外，这种植物可能应当包括在就眠植物类里。叶子的角运动只偶尔测量，它一般在仅仅2°(在有些例证中可能还要小些)到10°左右之间变动；但是在蚕豆中，它达到23°。这种运动主要在竖直平面内，但是因为上举和下垂路线从不吻合，总是有些侧向运动，于是便形成一些不规则的椭圆形。因此，这种运动便应当认为是一种转头运动，因为所有的转头器官都有描绘椭圆形的趋向——就是说，在一侧生长之后，随之是在近于相反而不是完全相反的一侧生长。

---

① 《王水绵(*Spirogyra princeps*)丝状体的运动》，刊载于《维尔茨堡全国自然科学协会年报》，1874年，221页。

② 朱卡尔(Zukal)也讲到[《皇家显微镜术学会会志》(*Journal R. Microscop. Soc.*)，第3卷，1880年，320页中引用]颤藻科的一属，即螺旋藻属的运动，与正生长的枝条和卷须的熟知转头运动非常类似。

这些椭圆形,或是代表拉长了的椭圆形的那些曲折线,一般都很狭窄。可是山茶叶子描出的椭圆形,其短轴等于长轴的一半;桉树叶子描出的椭圆形,其短轴要比长轴的一半更长些;在白粉藤的例证中,图形里有些部分已不像椭圆形,更近于圆形。侧向运动的数量因此有时相当大。此外,陆续形成的椭圆形的长轴(如菜豆、白粉藤和海甘蓝),以及几个例证中代表椭圆形的曲折线,在同一天内或是在第二天,都是向很不同的方向伸出。所经过的路线成曲线或直线,或是轻微或是强烈曲折,并且常有小环或三角形形成。同一植株的叶子可以在一天内描绘单个不规则的大椭圆形,在下一天内描绘两个较小的椭圆形。茅膏菜的叶子每天描绘两个,而羽扇豆、桉树和海边全能花的叶子每天则形成几个椭圆形。

捕蝇草属叶子的振荡和急跃运动,与甘蓝下胚轴的相类似,放在显微镜下观察时,非常显著。它们日夜继续着达几个月之久,而可以由幼嫩未展开的叶子,由已对接触丧失敏感性、但在吸收动物性物质后能闭合裂片的老叶表现出来。我们以后将在有些禾本科植物的关节处遇到同类的运动。对于许多种还在转头的植物来说,这种运动可能是共有的。因此,令人奇怪的是,在毛颤苔的触毛里却检查不出这样的运动,虽然它与捕蝇草属是属于同一科的植物;而所观察的那根触毛又非常敏感,它在受到一小块生肉接触后 23 秒内便开始向内卷曲。

叶子转头运动方面一个最有意思的事便是叶运动的周期性,因为它们时常,甚至一般都在傍晚和前半夜稍微上举,在第二天清晨又下垂。在子叶的例证中,观察到恰好相同的现象。所观察的 33 个属中,有 16 个属的叶子有这样的习性,另外两个属可能有。不应认为其余的 15 个属中叶子的运动便没有周期性:因为其中 6 个属的观察时间太短促,不能在这方面作出判断;有 3 个属用于观察的叶子太幼嫩,它们的偏上生长使它们下垂到水平位置,压制了其他各种运动。只有一个属,即大麻属,叶子在傍晚确实下垂,而克劳斯把这种运动归因于偏上生长的优势。这种周期性决定于每天光照和黑暗的交替,这大概没有疑问,以后将予以证明。食虫植物,就它们的运动来说,受光的影响很小;因而可能是它们的叶子不作周期性的运动,至少是瓶子草属、茅膏菜属和捕蝇草属例证中的叶子是如此。傍晚的向上运动最初是很缓慢的,而且不同植物开始的时间很不相同——海罂粟可以早在上午 11 时开始,一般是在下午 3 时至 5 时之间,有时可晚到下午 7 时。应当注意的是,本章内描述的叶子,没有一种(我们相信,只有美丽羽扇豆的叶子除外)具有叶枕;因为有叶枕的叶子的周期性运动通常已被扩大为所谓就眠运动,这不是这里要讨论的。叶子和子叶,时常或者甚至一般是在傍晚稍微上举和在清晨下垂,这个事实有它的意义,因为它为很多种不具备叶枕的叶子和子叶发展出来的特化的就眠运动提供基础。任何人当考虑到叶子和子叶在白天当受到从上面来的光照时所采取的水平位置这个问题,都应牢记上面提到的周期性。

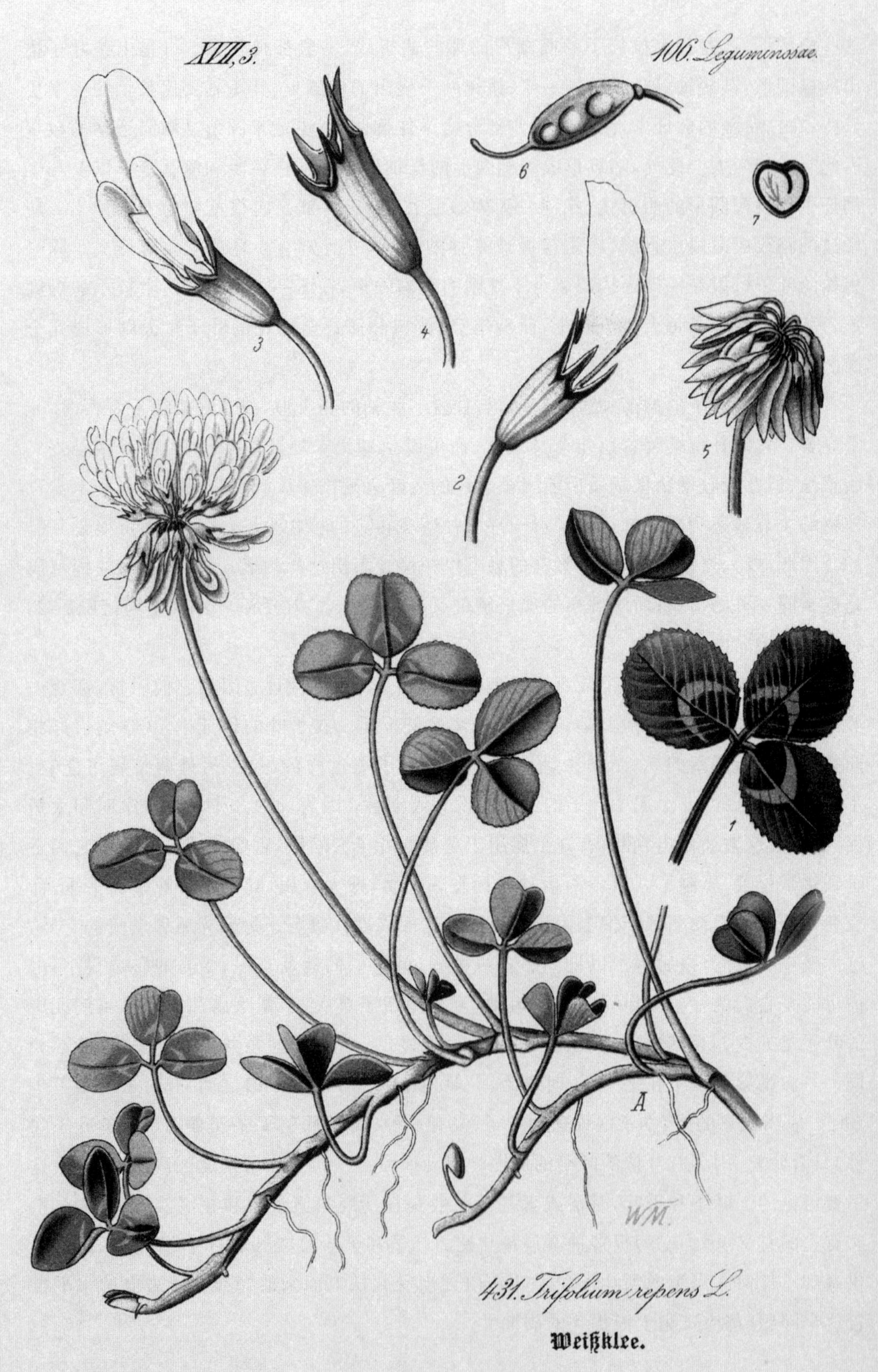

白车轴草（*Trifolium repens*）

第五章

修饰的转头运动：攀援植物；偏上生长和偏下生长运动

Modified circumnutation: climbing plants; epinastic and hyponastic movements

转头运动通过内在原因或通过外界条件的作用而修饰——内在原因——攀援植物；它们的运动和普通植物的运动的相似性；增大的幅度；偶然的差异——幼叶的偏上生长——实生苗的下胚轴和上胚轴的偏下生长——攀援植物和其他植物由于修饰的转头运动而形成的钩形尖端——三尖蛇葡萄——冯地膜包豆——尖端由于偏下生长而伸直——白车轴草和肉质酢浆草的花梗的偏上生长和转头运动。

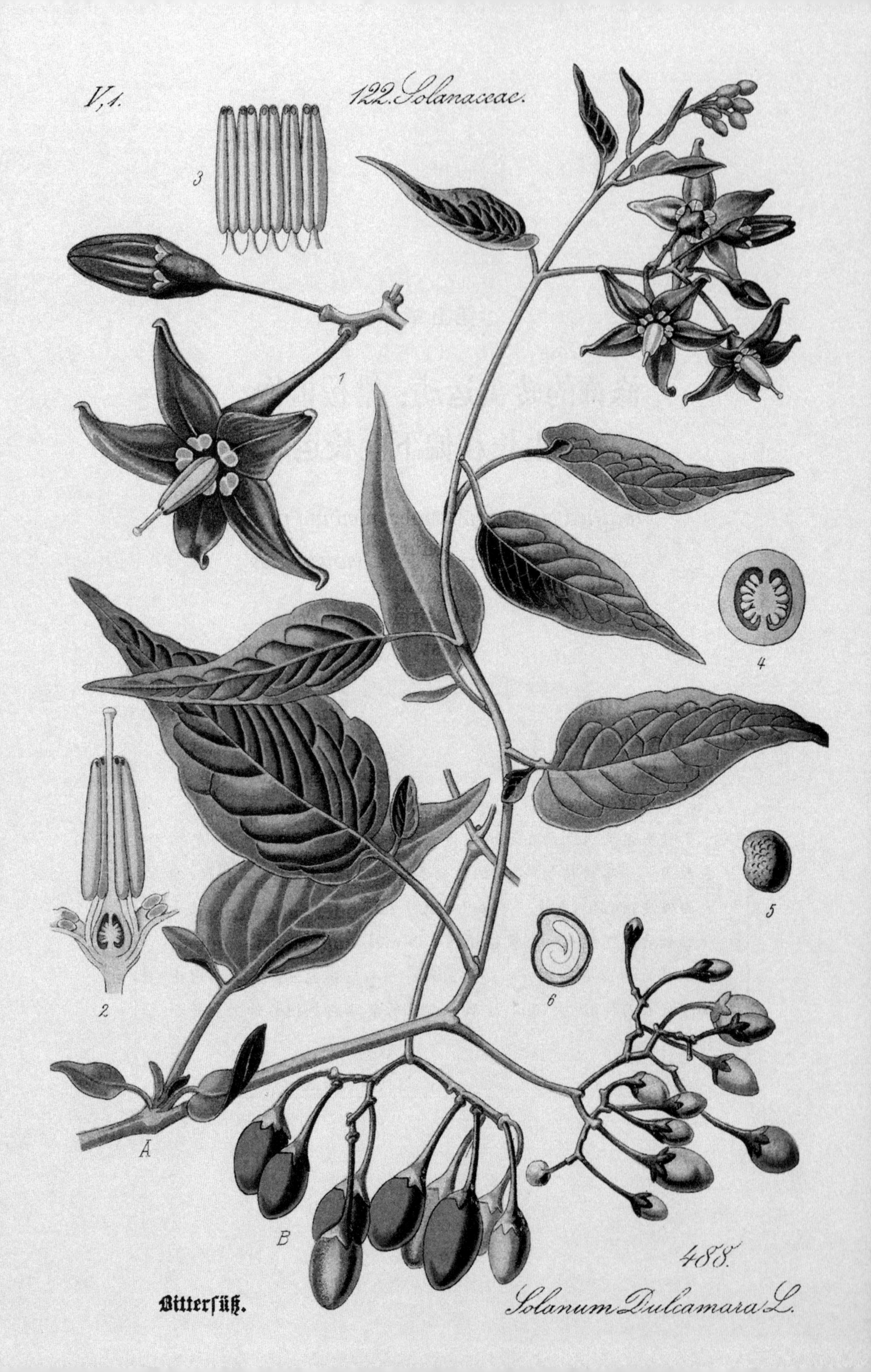
V,1.
122. Solanaceae.
3
1
4
2
5
6
A
B
488.
Bittersüß.
Solanum Dulcamara L.

实生苗的胚根、下胚轴和上胚轴，甚至在它们出土以前，以后还有子叶，都在继续不断地进行转头运动。年龄较大的植物的茎、匍匐茎、花梗和叶子也是如此。我们因此可以相当有把握推论，所有植物的所有生长部位都在转头。虽然这种运动，以其普通状态即非修饰状态，在有些例证中显示出对植物直接或者间接有利——例如，胚根的转头运动帮助钻入土中，或是拱形下胚轴和上胚轴的转头运动帮助破土——然而转头运动是这样普通，或者不如说是这样普遍的一种现象，以致我们不能把它看作是为着任何特殊目的而被植物获得的。我们必须相信，它是以某种未知的途径随着植物组织的生长方式而出现的现象。

我们现在要考虑许多例证，其转头运动已经是为了各种各样的特殊目的而被修饰；这就是，已经在进行的一种运动暂时在某一个方向上加强，并且暂时在另一些方向上减弱或是完全停止。这些例证可以划分为两类：其中第一类，修饰是靠遗传的或结构上的原因，与外界条件没有关系，除去生长需要的条件必须具备以外；第二类，修饰在很大的程度上依靠外界条件，如每天光照和黑暗的交替，或是只靠光照、温度或是重力引力。第一类将在本章内讨论，第二类留待本书的其余几章。

攀援植物的转头运动

修饰的转头运动的最简单例证，就是攀援植物的转头，但是那些靠不动的钩或小根来攀援的植物不在此列，因为这种修饰主要在于大大增加的运动幅度。这种运动的起因，或者是由于运动器官一小段长度上大大加速的生长，或者更可能的是由于遍布运动器官相当长度上适当加速的生长，在这之前有膨压的增强，并且相继对各侧面起作用。攀援植物的转头要比普通植物的更有规律，但是，在几乎所有其他方面，这两类植物的运动是很相似的。就是说，它们都倾向于相继指向于罗盘上各点而描绘出椭圆形——它们的运动路线中都常插入曲折线段、三角形、环形或小椭圆形——在它们的运动速率方面，以及在不同种中在同一段时间内旋转一次或几次方面。在同一节间内，运动都是先在下部停止，然后缓慢向上逐渐停止。在这两类植物中，它们的运动都以极其类似的方式被向地性和被向光性修饰；固然不多的攀援植物有向光性。还可以举出其他一些相似处来。

◀ 欧白英（*Solanum dulcamara*）。

攀援植物的运动是由幅度增加而修饰的普通转头运动所构成，这在植物还很幼小的时候便很清楚地表现出来。因为在这个幼龄时期，它们像其他实生苗一样运动着，但是当年龄增加，它们的运动便逐渐加大，不发生任何其他变化。很明显，这种本领是遗传的，不为任何外界因素所激发，除去生长和活力所必要的以外。没有人怀疑，攀援植物获得了这种本领，可以上升到高处，从而到达有阳光的位置。这是靠两种很不同的方法实现的：第一种方法是靠茎成螺旋状缠绕在一根支持物上，但是它们的茎必须又长又柔韧；第二种方法是叶子攀援植物和有卷须的植物所采取的，是靠使叶子或卷须与一支持物接触，然后借敏感性的帮助将这支持物抓住。这里可以提一下，根据我们可能的判断，后一种运动与转头没有关系。在另外一些例证中，卷须尖端和支持物接触以后，便发育成小吸盘，牢固地附着在支持物上。

我们已经提过，攀援植物的转头与普通植物的主要不同处在于它有较大的幅度。但是大多数植物的叶子在一个差不多是垂直的平面内转头，因而描绘很狭窄的椭圆；而由变态叶子构成的多种卷须能作出宽得多的椭圆或是近于圆的图形，于是它们便有更多的机会抓住任何一侧的支持物。攀援植物的运动还以另外少数几种特殊方式被修饰。例如欧白英(*Solanum dulcamara*)，其转头茎只能缠绕在细而柔软得像根绳或线一样的支持物上。有几种英国植物的缠绕茎不能够缠绕直径超过少数几英寸的支持物；而在热带森林中，有些攀援植物却能够环抱粗大的树干。[①] 缠绕本领的这种极大差异，与它们的转头方式有某种未知的差异有关系。我们曾经观察过的这种运动的最明显的特殊修饰型，便是裂叶刺瓜(*Echinocystis lobata*)的卷须的运动。这些卷须通常倾斜，在水平面上约成45°角；但是在它们的圆形运动的一部分路程中，它们僵立并使自己伸直，于是向上笔直站立，这时它们接近并且不得不越过它们从之生长的枝条顶端。如果它们没有具备并且没有运用这种奇妙的本领，它们必然会撞到枝条顶端，在它们行进的途中受阻。这种有3个分枝的卷须，只要有一个卷须开始僵立并且竖直上举，旋转运动就立即变得更加迅速起来；而且当它一越过难关，其动作便与它自身重量引起的动作一致，使它下降到原先的倾斜位置，它下降很快，以致可以看出其顶端像是一个巨大时钟的指针一样在走动。

大量普通植物的叶子和小叶以及少数花梗都具备叶枕，现在已知的卷须没有一个是如此。这种区别的原因，可能是由于如下事实：叶枕的主要职务是使有叶枕的那一部位在生长停止以后还能延长它的运动；而卷须或其他攀援器官只在植物增加高度或生长时有用，使它们的运动延长的叶枕就毫无用处了。

在上一章已经提到，有些植物的匍匐茎或长匐茎能做大量的转头运动，以帮助自身在邻近植物的拥挤茎丛中寻找通路。如果能够证明，它们的运动是为了这个特殊目的而

---

① 《攀援植物的运动和习性》，36页(中译本，20页)。

被修饰和增大幅度的，那么便应当把它们包括在本章内；但是，它们的旋转幅度与普通植物的差别并不明显，不像攀援植物那样，我们在这方面便没有证据。有些植物把它们的荚埋在土中，我们对这种情况也发生同样的疑问。这种埋藏过程一定受到花梗转头运动的帮助，但是我们不知道它的幅度是否已经因为这个特殊目的而加大了。

偏上生长-偏下生长

偏上生长这个名词是由德·弗里斯[①]用来表示一个部位的上表面比下表面有更快的纵向生长，因而引起这个部位向下弯曲；而偏下生长是用于相反的情况，由此使这个部位向上弯曲。这两种运动经常发生，因此使用上述两个名词非常方便。这样引起的运动起因于转头运动的一种修饰形式。我们即将谈到，这是因为一个器官在偏上生长影响下一般不向下作直线运动，或是在偏下生长影响下的器官一般不向上作直线运动，而是上下振荡，加上些侧向运动；然而，它还是偏重于朝向一个方向运动。这表明，这个部位的所有侧面都有着某种程度的生长，只是在有偏上生长的情况下，上表面的生长比其他各面快些；在有偏下生长的情况下，下表面比其他各面快些。与此同时，如德·弗里斯所坚持的，还可以加上由于向地性而引起的在一侧的加速生长，和由于向光性而引起的在另一侧的加速生长，于是偏上生长或偏下生长的效应便因此或者加强或者减弱。

任何人，只要他愿意，都可以说普通的转头运动是与偏上生长、偏下生长、万有引力和光等的效应联合起来。但是，我们认为，更准确的说法是，转头运动是被这几种因素所修饰，所根据的理由将在以后提到。因此，不如这样表述：总是在进行中的转头运动，是被偏上生长、偏下生长、向地性或其他因素，不论是遗传的或是外来的因素，所修饰。

偏上生长的最普通和最简单的例证是叶子提供的，叶子在幼嫩时簇集在芽的周围，它们长大时便分散开。萨克斯首先提到，这是由于叶柄和叶片的上表面的加速生长。德·弗里斯现已更详细地证明，这种运动就是这样引起的，稍微受到叶子重量的帮助，并且，他还认为，受到背地性的抵抗，至少是在叶子有些分散开来以后。在我们对叶子转头运动的观察中，有些选用的叶子太幼嫩，因而在描绘其运动时，它们在继续分散开或下垂。从代表马蹄纹天竺葵和莨菪花幼叶转头运动的曲线图（见图 98 和 112）可以看出这点。茅膏菜属方面，也观察到类似的情况。紫花矮牵牛的一片只 0.75 英寸长的幼叶，它的运动描绘了四天，提供了一个更好的例证（图 111），因为它在整个这段时间内，以一种

① 《维尔茨堡植物研究所工作汇编》，第 2 卷，223 页。上面两个名词最初是希姆波尔（Shimper）使用的，德·弗里斯稍加修改它们的意义（252 页），萨克斯也采用了这个观点。

奇特的曲折路线分散开，曲折路线里有些夹角非常尖锐，并且在以后几天里它明显作着转头运动。曾把一株这种矮牵牛横放，使另一株仍旧直立，都放在完全黑暗中，两株上年龄相同的幼叶都以同样方式分散了 48 小时，显然没有受到背地性的影响；不过，它们的茎都是处于高张力状态，因为当把它们从捆在一起的棍松开时，它们立即向上弯曲。

康乃馨（麝香石竹）主枝上的叶子，在很幼嫩的时候，向上倾斜很厉害或者是直立的；如果这株植物生长旺盛，它们便很快分散开，以致它们在一天内就变得近于水平。但是它们是以相当倾斜的路线向下运动，并且在以后一段时间继续朝着同一方向运动。我们推测，这是和它们在茎上的螺旋形排列有关系的。一片幼叶在这样斜着下降时所经过的路线被描绘下来，路线有清楚的曲折，然而曲折不强烈；相继线段间所形成的较大角度只达 135°、154°和 163°。以后的侧向运动（如图 96 所示）则曲折得很厉害，偶然有转头。这种植物的幼叶的分散和下垂，似乎极少受到向地性或向光性的影响；有一株植物，它的叶子生长得较为缓慢（根据测量确定），将其横放，它的对生幼叶仍按通常方式对称地相互分散开来，丝毫没有万有引力的方向内或者向光翻转过去。

南欧海松的针状叶在幼嫩时集合成一束，此后它们缓慢地分散开，以致那些在直立枝条上的针叶达到水平位置。描绘过一个这样的幼叶的运动 4.5 天，这里所附的描图（图 121）表明，它最初呈近于直线下降，但是以后有曲折，形成一个或两个小环。也描绘了一片相当老的松针的分散和下垂运动（见图 113）：它在第一个白天和夜晚以稍微曲折的路线下垂；它然后环绕着一小块空间转头并且再下垂；这时，这片叶子已经几乎取得了它的最后位置，现在明显地在转头。和康乃馨的例证一样，叶子在幼嫩时，不像会受到向地性或向光性的很大影响，因为将一幼株横放，一株仍使直立，这两株植物都放在黑暗处，它们的针叶都按通常方式继续分散，不向任何一侧弯曲。

电灯花（*Cobaea scandens*）的幼叶，当它们从弯向一侧的主枝陆续分散开时，向上举起以致达到竖直地位，而且它们保持这个位置一段时间，这时卷须在旋转着。这样一片叶的叶柄，其散开和上举运动，在天窗下于一直立玻璃板上描绘，所经过的路线有大部分是近于直线的，但是在两处有明显曲折（其中一处形成 112°角），表明是转头运动。

捕蝇草幼叶的仍闭合的裂片与叶柄成直角，在作着缓慢上举的动作。将一玻璃丝粘贴在其中脉下侧，在一直立玻璃板上描绘下它的运动。它在傍晚时转头一次，第二天上举，正如已叙述过的（见图 106），有一些非常曲折的线段，性质上很接近椭圆形。这种运动毫无疑问的是由于偏上生长，还有背地性的帮助；因为一株已横放的植物上的一片很幼嫩的叶子，它的闭合的裂片几乎移动到叶柄的同一直线内，好像植物曾是向上直立一样；但是，裂片同时却从侧面向上弯曲，这样便占据了一种不自然的位置，斜对着叶状叶柄的平面。

因为有些植物的下胚轴和上胚轴以拱状形式伸出种皮，使人怀疑这些部位的成拱过程在破土时也经常发生，是否总是应该归因于偏上生长，但是它们起初是伸直的，以后才成为拱形，像时常发生的那样，那么这个成拱过程肯定是由于偏上生长。只要拱形体被紧密的土壤包围，它必然保持这种形式；但是一旦它伸出地面，或者甚至在这个时期以前当人为地解除它周围的压力，它便开始使自己伸直，这无疑主要是由于偏下生长。拱形体上半部和下半部以及拱冠的运动都偶尔描绘过，它们的运动路线都是多少有些曲折，表明是修饰的转头运动。

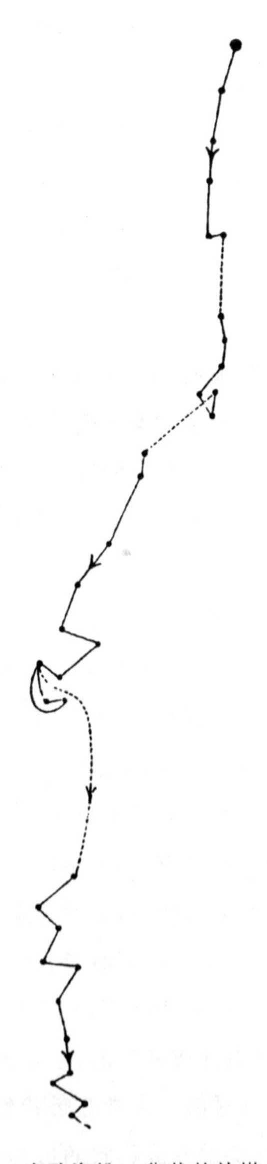

图 121　南欧海松　盆栽的幼嫩植株长出的幼叶，因偏上生长而发生的向下运动；从6月2日上午6时45分到6日下午10时40分在天窗下于一直立玻璃板上描绘。

还有不少的植物，尤其是攀援植物，它们的枝条顶端成钩状，以致其尖端竖直朝下。7个属的缠绕植物[1]里，尖端的成钩过程，萨克斯称之为尖端的转头运动，主要是由于一种夸大形式的转头。就是说，枝条一侧的生长，增加得很厉害，以致使这个枝条完全弯向相反的一侧，于是形成一个弯钩；以后生长的纵线或称生长区环绕着枝条稍向侧方转移，弯钩也指向略微不同的方向，这样继续下去直到弯钩完全翻转过来；最后，它又回到开始的地方。曾用墨汁在几个弯钩的凸面上绘细线来肯定这种情况；看到这条细线最初缓慢地转到侧面，随后出现在凹面上，最后又回到凸面。在短柄忍冬(*Lonira braehypoda*)的例证中，其旋转枝条的钩形顶部周期性地使自己伸直，但是永远不会翻转；就是说，弯钩凹面周期性的加速生长，只能达到使它伸直，不够使它翻向相反一面。尖端成为钩形，对缠绕植物有利，能帮助它们去抓住一个支持物，并且随后可使这个部分很紧地环抱着这个支持物，比在最初用其他方法所能做到的紧密得多，于是防止它被强风刮走，我们时常观察到这种现象。缠绕植物这样获得的便利，是否能够说明它们顶部经常弯成钩形的原因，我们不知道，因为这种结构对于不攀援

[1] 《攀援植物的运动和习性》，第二版，13页。

的植物也不是少见的,并且对有些攀援植物(如葡萄属、蛇葡萄属、白粉藤属等),它们又丝毫不能帮助攀援。

至于像刚才提到的那些属,其尖端总是向同一侧弯曲或弯成钩形,最明显的解释就是这种弯曲是由于沿着凸面有连续的过度生长。然而,威斯纳却坚持说[①],在所有例证中,尖端弯成钩形都是它的可塑性和重量的结果——根据我们从几种攀援植物已经看到的情况,这个结论肯定是错误的。虽然如此,我们完全承认,这个部位的重量以及向地性等,有时也起作用。

三尖蛇葡萄(*Amepelosis tricuspidata*)——这种植物靠有黏着性的卷须攀援,其枝条的钩形尖端似乎对攀援毫无帮助。根据我们可能做到的判断,弯钩的形成主要是由于尖端受到偏上生长和向地性的影响;下部的较老部位通过偏下生长和背地性而使自己不断伸直。我们相信,顶端的重量不是一个重要因素,因为在横向或斜向枝条上,弯钩常是横向伸长或者甚至是朝向上方。此外,枝条常形成环状而不是钩形。在这种情况下,顶端部分便不是向下垂直,好像重量是有效起因时那样,而是横向伸展,或者甚至是指向上方。曾将一个顶端有较大开口的弯钩的枝条捆缚于非常向下倾斜的位置,使它的凹面朝上,结果是顶端最初向上弯曲。这显然是由于偏上生长,而不是由于背地性,因为顶端在通过垂直线后不久,就很快向下弯曲,以致我们不能怀疑这种运动至少是受到向地性的帮助。经过不多的几个小时,这个弯钩就这样变成环圈,枝条的顶端直指下方。环圈的长轴最初是水平方向,但是以后变成垂直的。与此同时,钩(也是后来的环)的基部缓慢地将自己向上弯曲,这必然完全是由于背地性对抗偏下生长的结果。随后将环圈倒着捆缚,使它的基部半段同时受到偏下生长(如果存在的话)和背地性的作用:它只在 4 小时内便使自己向上弯曲很厉害,因而很难再怀疑是这两种力量在共同起着作用。与此同时,这个环圈变成开口的,于是再恢复成弯钩状,这显然是由于顶端的向地性运动对抗偏上生长而造成的。在常春藤状蛇葡萄(*Ampelopsis hederacea*)的例证中,按我们所能作的判断,在尖端弯成钩状的过程里,重量起了更重要的作用。

为了确定三尖蛇葡萄的枝条在偏下生长和背地性的联合作用下使自己伸直时,是作简单的直线运动,还是在转头,将玻璃丝固定在 4 个处于自然位置的钩状尖端的冠上,玻璃丝的运动在一直立玻璃板上描绘下来。所有四个描图都大致相似;我们这里只提供一个(见图 122)。玻璃丝先上升,这表明弯钩正使自己伸直;它随后曲折行动,从上午 9 时 25 分到晚 9 时略向左移。在这一天(13 日)的以后时间到第二天(14 日)上午 10 时 50 分,弯钩继续伸直自己,然后向右走了一小段曲折线。但是在 14 日下午 1 时到 10 时 40 分,运动路线倒转,枝条弯成钩形更厉害。夜间,在晚上 10 时 40 分以后到 15 日上午 8 时

① 《科学院会议报告》,维也纳,6 月,1880 年,16 页。

15分，弯钩又张开使自己伸直。这时玻璃丝已倾斜得很厉害，以致不再能准确地描绘它的运动；并且在这同一天下午1时30分，原先的拱或钩的冠部已经变得完全伸直，并且是竖直站立。因此，毫无疑问的是，这株植物的钩形枝条伸直的原因，是由于拱状部分的转头运动，就是说，是由于上表面和下表面之间的交替生长，但是主要是在下表面，还有少量的侧向运动。

我们又描绘了另一个正在伸长的枝条的运动，描绘的时期更长一些(由于它生长较慢，并且是放置在距直立玻璃板更远的地方)，即从7月13日清晨到16日很晚。在14日整个白天，弯钩使自己伸直很少，而是作曲折运动并且围绕着差不多同一地点作明显转头。到16日，它已经近于伸直，并且描图已不再准确，然而明显的是，还有相当幅度的向上、向下和侧向运动；因为弯钩的冠部在伸直时，又偶然在短时间内变得更加弯曲，使得玻璃丝在这一天内下降两次。

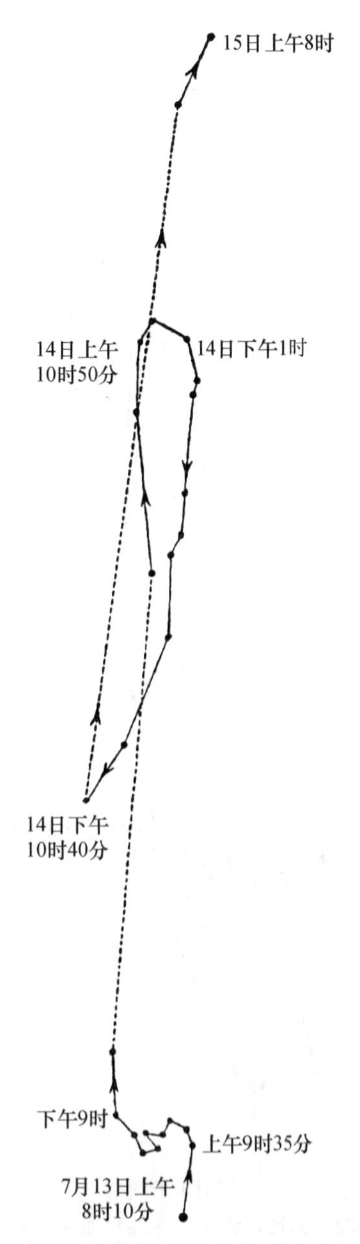

图122　三尖蛇葡萄　主枝的钩状尖端的偏下生长运动：从7月13日上午8时10分到15日上午8时描绘。枝条顶端距直立玻璃板5.5英寸。植株受到通过天窗的光照。温度17.5～19℃。(此图缩小到原标度的三分之一)

冯地膜苞豆——这种非洲产的豆科水生植物有坚韧的顶枝，这些顶生枝条伸出和下面的茎构成直角；但是，这种情况只在植株生长旺盛时才发生，因为当放在寒冷地方，茎的顶部变成直立，像它们在生长季结束时那样。成直角弯曲部分的方向与主要光源无关。但是，我们曾经观察过把植物放在黑暗处的效应，有几个枝条在两三天内就变得向上直立或近于直立；此后当又放回到光下，它们又成直角弯曲。我们因此相信，这种弯曲的原因，有一部分是由于背光性，显然也受到背地性的一些对抗。另一方面，当把一个枝条向下捆缚，使直角朝向上方，观察这样处理的效应时，又使我们相信这种弯曲的部分原因是偏上生长。当一直立茎的直角弯

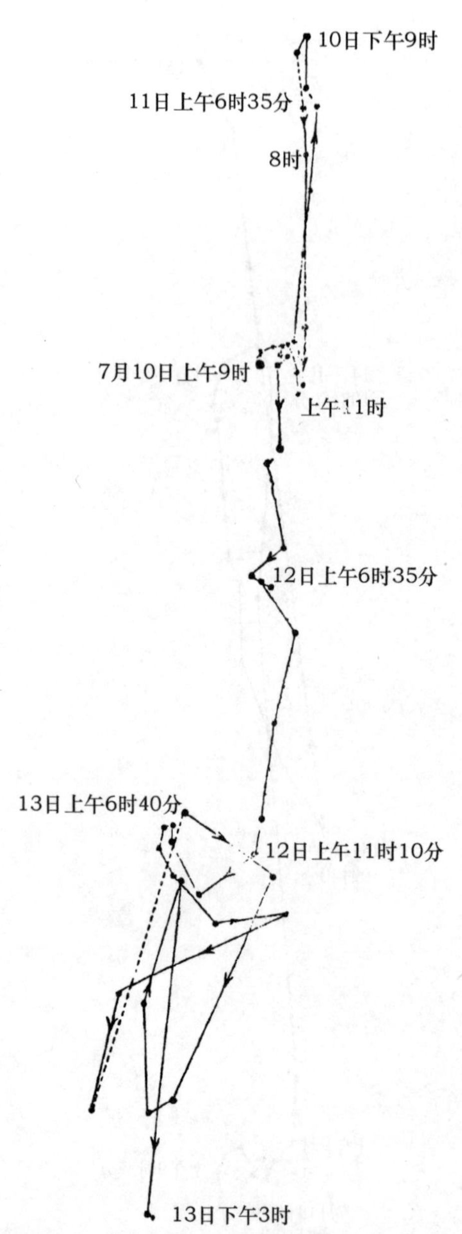

图 123　冯地膜苞豆　茎的弯曲顶部在伸直时的偏下生长运动：从 7 月 10 日上午 9 时到 13 日下午 3 时描绘。顶端距直立玻璃板 9.5 英寸。植株通过天窗照明，温度 17.5～19℃。(描图缩小到原标度的五分之一)

曲部分年龄较大时，它的下部使自己伸直，这是通过偏下生长实现的。如阅读过萨克斯最近一篇关于植物各部的垂直和倾斜位置[①]的论文，就会了解这个课题有多么困难，对我们在这个或是其他类似的例子中，不确切地表达我们自己，也将不会感到奇怪了。

将一株高 20 英寸的植株捆缚在弯曲顶部紧下面的小棍上，这个顶部与下面的茎所作的角度，要比直角小得多。这个枝条所指的方向背对观察者，将一指向直立玻璃板的玻璃丝固定在弯曲部分的顶端，在此玻璃板上绘图，因此，描图上的下降线段代表弯曲部分在长大时的伸直运动。描图(图 123)在 7 月 10 日上午 9 时开始：玻璃丝最初移动了很小一段曲折路线；但是到下午 2 时，它开始上举并且继续到下午 9 时，这证明顶端部分更向下弯曲。10 日下午 9 时以后，开始了方向相反的运动，并且弯曲部分开始使自己伸直，一直继续到 12 日上午 11 时 10 分，但是中途有些小的振荡和曲折线，表示还作了朝向不同方向的运动。12 日上午 11 时 10 分以后，茎的这一部分仍旧相当弯曲，以明显方式转头，直到 13 日下午近 3 时。但是在这整个期间，玻璃丝的下降运动占优势，这是由于茎的不断伸直引起的。到 13 日下午，这个原来从垂直线已偏转了大于直角的顶部，已经长到近于直立，以致不再能于直立玻璃板上继续描绘。因此，毫无疑问的是，这株植物正生长着的茎的陡峭弯曲部分，它的伸

① 《植物部分的正向性和偏向性》见《维尔茨堡植物研究所工作汇编》，第 2 卷，1879 年，226 页。

直看来像是完全由于偏下生长，却是修饰的转头运动的结果。我们将只作如下补充：将一玻璃丝以不同方式固定于另一植株的弯曲顶部上面，也观察到同样情况的运动。

白车轴草——在车轴草属的许多种但不是全部种中，当单性小花凋谢时，次花梗便向下弯曲，直到悬垂下来与主花梗上部平行。地下车轴草的主花梗向下弯曲以埋藏它的蒴果，在这个种中，单性花的次花梗向上弯曲，以致它们所占据的相对于主花梗上部的位置，和白车轴草的相同。单是这个事实，就表示白车轴草中次花梗的运动可能与向地性无关。虽然如此，为了确证起见，把几个头状花序倒转向下捆缚在小棍上，把另外一些捆缚成水平位置；可是，它们的亚花梗都由于向光性的作用很快向上弯曲。因此，我们把几个同样捆缚于小棍上的头状花序遮光，虽然其中有几个腐烂了，但是有很多次花梗从它们倒立位置或是水平位置缓慢地翻转到与主花梗上部相平行的正常位置。这些事实表明，这种运动与向地性或背光性无关，因此，它必然应归于偏上生长，可是又受到向光性的抑制，至少是这些花在年龄幼小时是如此。上面提到的大部分花，由于隔绝了蜜蜂始终没有受粉，它们因而凋谢得很缓慢，次花梗的运动也同样大大延缓下来。

为了确定次花梗在向下弯曲时的运动性质，将一根玻璃丝横着固定于一朵没有完全开放几乎直立的花的萼片顶端，这朵花位于花序中央附近。将主花梗捆缚在紧靠在花序下面的小棍上。为了看清楚玻璃丝上的标记，不得不剪去花序下部的几朵花。所观察的花最初稍微偏离它原来直立的位置，于是便占据了因除去相邻的几朵花所空出的位置。这需要两天，此后便开始作新的描图（图 124）：在 A 中，我们看到，从 8 月 26 日上午 11 时 30 分到 30 日上午 7 时，它作了复杂的转头运动；此后，将花盆稍向右方移动，描图（B）没有间断地从 8 月 30 日上午 7 时继续到 9 月 8 日下午 6 时以后。应当注意的是，在观察期内的大部分日子里，只在每天早晨同一时间内作一单个标记。每当仔细观察这朵花时，如在 8 月 30 日、9 月 5 日和 6 日，都看到它在一个小空间上转头。最后，在 9 月 7 日，它开始向下弯曲，并且一直继续到 8 日下午 6 时以后。实际上到 9 日清晨还是这样，这时它的运动已经不再能于直立玻璃板上描绘下来。在 8 日一整天内，对它作了仔细观察，到晚上 10 时 30 分，它已经下降到低于这里给出的图形长的度三分之二；但是，由于地方不够，描图在 B 中复制时只到下午 6 时稍后一些。9 日清晨，这朵花凋谢了，次花梗这时位于水平面下 57°角。如果这朵花受过粉，它会很早凋谢，并且会运动得快得多。我们因而看到，亚花梗在它的整个偏上生长向下运动中，在上下振荡，或是说在进行转头运动。

肉质酢浆草的受过粉并凋谢的花的亚花梗也由于偏上生长而向下弯曲，这将在以后一章中谈到。它们的向下运动路线非常曲折，表明有转头运动。

有几种器官的运动，是通过偏上生长或偏下生长，时常还有其他力量联合起作用，以达到多种多样的目的，这类实例为数众多，不胜枚举。从这里已经提出的几个例证看来，我们可以有把握地推断，这样的运动应归于修饰的转头运动。

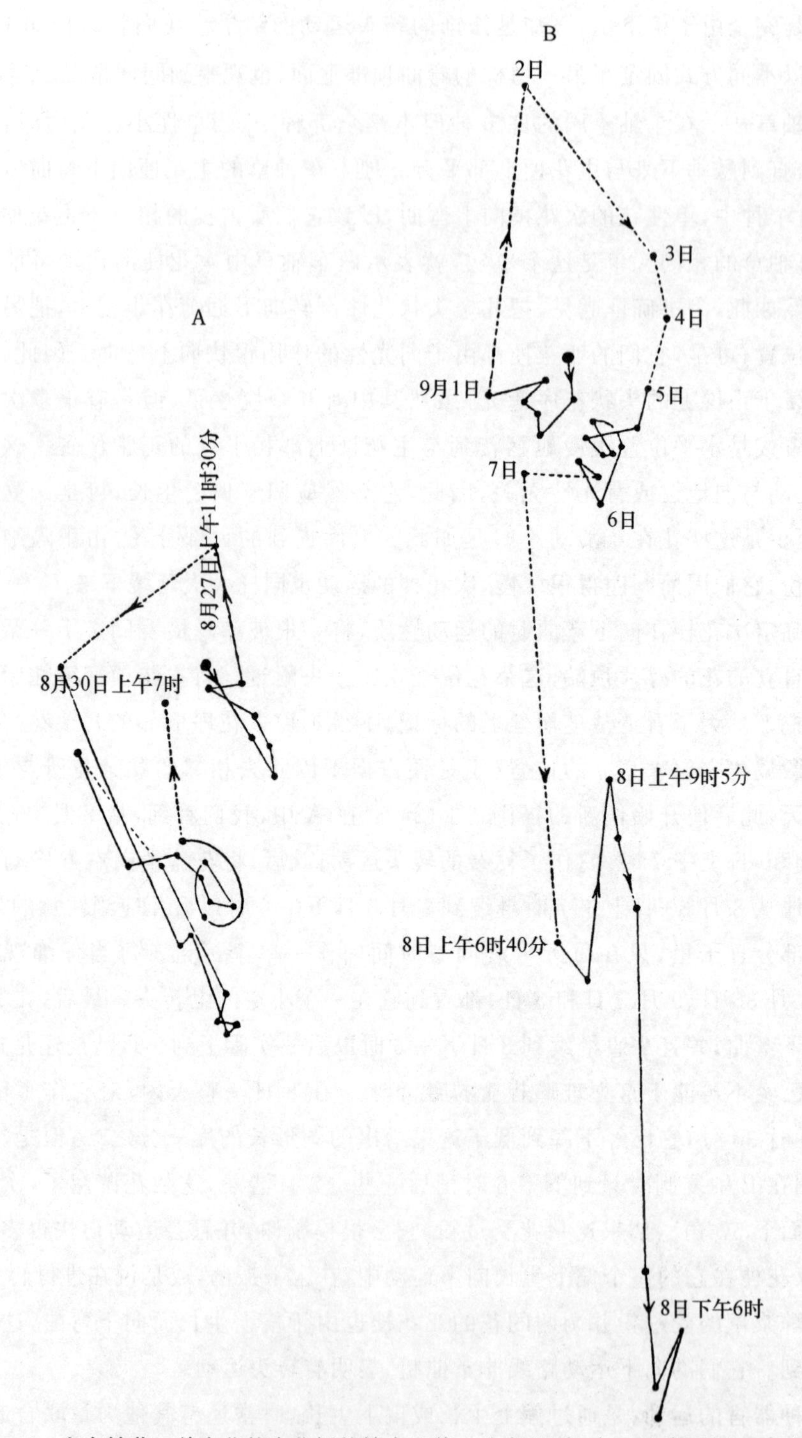

图 124　白车轴草　单个花的次花梗的转头和偏上生长运动，在一天窗下于一直立玻璃板上描绘：A. 从 8 月 27 日上午 11 时 30 分到 30 日上午 7 时；B. 从 8 月 30 日上午 7 时到 9 月 8 日下午 6 时稍后一些。

第六章

修饰的转头运动：就眠或感夜运动，它们的用途：子叶的就眠

Modified circumnutation: sleep or nyctitropic movements, their use: sleep of cotyledons

叶子的就眠或感夜运动的初步概述——叶枕的存在——减少辐射是感夜运动的最终目标——对酢浆草属、落花生属、决明属、草木樨属、百脉根属和苹属的叶子和对含羞草属的子叶的烦琐的试验方法——关于从叶子辐射的总结——条件中的微小差异使得结果大不相同——各种植物子叶的感夜位置和感夜运动的描述——种名表——总结——同种植物的叶子和子叶的感夜运动彼此无关——认为感夜运动是为一特殊目的而获得的理由。

所谓的叶子就眠是一种很引人注目的现象，以致早在普利尼(Pliny)[①]时代便已被观察到，而且自从林奈发表了他的著名论文《植物的就眠》(*Somnus Plantarum*)以来，它曾是几个研究报告的课题。很多种花在夜间闭合，这也同样叫作就眠。可是，我们这里不讨论它们的运动，因为它们虽然是通过和幼叶相同的机理而实现的，也就是由于相对两侧的不相等生长(为普费弗首先证明)，然而它们的根本区别在于，主要是由于温度变化所诱发，而不是由于光照变化；并且，根据我们所能做到的判断，它们是为另一种目的而实现的。几乎没有人会设想动物的睡眠和植物的就眠[②]有任何真正的相似处，不论是叶子或是花。因此，给植物的所谓就眠运动起一个独特的名称看来是可取的。这些就眠运动也容易与第四章中曾叙述过的，称为“周期性运动”的叶子每天略微上举和下垂运动相混淆；这便更使人希望给就眠运动另外起个名称。感夜性，也就是夜间弯曲，可用于叶子和花，我们有时便使用这个名词；但是，这个名词最好还是限于用在叶子上。有少数植物的叶子，当受到强烈的日光照射时，就做着或者向上或者向下的运动，这种运动有时称为日间就眠；但是，我们认为，它和夜间运动在性质上很不相同。在以后的章节中将扼要谈到。

叶子的就眠或感夜性是一个庞大的课题，我们以为最方便的计划是先扼要叙述叶子在夜间所采取的位置，以及它们因而明显取得的便利；随后将详细叙述一些比较显著的例证：本章内是关于子叶方面；下一章关于叶子方面；最后将证明，这些运动是起因于转头运动，因昼夜或光暗的交替而受到很大程度的修饰与调节，但是，它们也是在一定程度上遗传的。

叶子当行将就眠的时候，或者向上运动，或者向下运动，复叶的小叶就眠时，或者向前朝着复叶的顶端运动，或者向后朝着复叶的基部运动；还有，它们可以在自己的轴上旋转，既不向上、也不向下运动。但是，几乎在每个例子中，叶片的平面在夜间的位置都是近于垂直或是完全垂直的。因此，叶子的顶端，或是基部，或是任一侧边，可能是指向天顶。此外，每片叶的上表面，特别是每片小叶的上表面，时常是和对生叶片或小叶片的上表面紧贴在一起，这有时要靠非常复杂的运动实现。这个事实意味着上表面比下表面需要更多的保护。例如，车轴草属的顶端小叶，在夜间上仰达到垂直位置以后，常常继续弯

◀ 林奈(Carl Linaeus，1707—1778)。

---

① 普费弗在他的《叶器官的周期性运动》(1875年，163页)中，对这个课题的历史作了清楚而有趣的概述。

② 然而，罗耶(Ch. Royer)是例外；参见《自然科学纪事》(*Annales des Sc. Nat.*)(第5组)，《植物》，第9卷，1868年，378页。

曲过去，直到上表面朝向地面而下表面完全朝向天空为止，这样便在两片侧生小叶上面形成一个拱形顶，这两片侧生小叶的上表面是紧紧贴在一起的。这里，我们看到了一个少见的例证，即有个别小叶在夜间并不直立，或者不是近于直立。

叶子在取得自己的就眠位置时，常要转过90°角，这种运动在傍晚进行很快。有些例证中，我们即将在下一章中看到，这种运动异常复杂：有些实生苗，已长大到可形成真叶，子叶在夜间竖直上举，而小叶却同时竖直下垂；在同一属内，有些种的叶子或子叶向上运动，而另一些种的叶子或子叶却向下运动——考虑到上述和其他类似事实时，便会深信不疑地认为，植物必然以这样卓越的运动本领取得了某种巨大的利益。

叶子和子叶的感夜运动，是以两种方式[①]实现的：第一种是靠叶枕，普费弗曾证明，叶枕的相对两侧交替地增大膨压；第二种是靠沿叶柄或中脉的一侧增强生长，然后再在另一侧，这最早是由巴塔林证明的。[②] 但是德·弗里斯已经证明，[③]，在后一种方式中，增强生长之前先有细胞膨压的增加，因而上述两种运动方式的差别就大大缩小，主要的区别在于一个充分发育的叶枕细胞膨压增大之后，没有生长。当比较有叶枕和没有叶枕的叶子和子叶的运动时，可看到它们很相似，并且显然是为了同一目的而实现的。因此，按我们的观点看来，将上述两组例证划分为两种断然不同的类型，不很恰当。然而，在它们之间有一个重要区别，就是，靠两侧面交替生长而实现的运动限于正在生长的幼嫩叶子，而靠叶枕实现的运动可以持续很长时间。子叶以及叶子都有后一种情况的明显例证，普费弗和我们自己都曾经观察过。由叶枕的帮助而实现的感夜运动能长期持续，这表明除去已经提出的根据以外，这种运动对植物有功能上的意义。在这两组例证之间，还有另外一个区别，就是除去有叶枕存在时以外，[④]叶子从来没有过或是很少有任何扭转现象；但是，这种说法只适用于周期性运动或感夜运动，这可以从弗兰克[⑤]所提供的其他例证推测出来。

很多种植物的叶子在夜间所采取的位置，与它们在白天的位置很不相同，但是它们有一个共同点，即它们的上表面在夜间都避免朝向天顶；还有一附加现象，即两片对生的叶子或小叶都紧密贴合在一起。据我们看来，以上事实清楚表明，所达到的目的是保护上表面，以免在夜间因辐射而受到冻害。上表面比下表面更需要保护，这没有什么不可信的，因为上下表面的结构和功能都有差异。所有园艺工作者都知道，植物因辐射受害。

---

① 这种区分方法首先是由达生(Dassen)在1837年提出的(根据普费弗所著的《叶器官的周期性运动》，1875年，161页)。

② 《植物志》，1873年，433页。

③ 《植物学报》，1879年，12月19日，830页。

④ 普费弗《叶器官的周期性运动》，1875年，159页。

⑤ 《植物各部分的天然水平方向》，1870年，52页。

南欧的农民为他们的油橄榄所担心的，正是这种夜间辐射，而不是冷风。[①] 常用一层很薄的干草覆盖实生苗，以防止辐射；靠墙生长的果树靠用少量冷杉树枝，甚至用渔网悬挂在上面。有一种醋栗，[②]它在长叶之前先形成花，因而花没有叶子保护以防止辐射，以致常不能结实。一位优秀的观察者[③]曾提出过，有一种樱桃，它的花瓣向后反卷，在一次严寒侵袭之后，所有的柱头都冻死；而与此同时，另一个品种，它的花瓣向内卷曲，柱头没有受到丝毫伤害。

要是在林奈时代已经发现了辐射原理，林奈会毫无疑问地想到，叶子的就眠保护了它们不致受到夜间辐射的冻害；因为他在《植物的就眠》一书中很多地方都提出，叶子在夜间的位置保护着幼茎和芽，也常保护着幼嫩花序，防御冷风侵袭。我们毫不怀疑，这样还可以得到一个附加的利益。我们已经观察过几种植物，例如舞草，当其叶片在夜间竖直下垂时，其叶柄上举，于是叶片为取得其竖直位置，就必须比叶柄不上举时转动更大的角度；但是，所得的结果却是同株植物上的所有叶子都聚拢在一起，好像是为了相互保护。

我们最初怀疑过，辐射会不会相当严重地影响像很多种子叶和叶子这样薄的物体，特别是会不会对它们的上表面和下表面有不同的影响。因为当它们的上表面自由地暴露于晴空时，其温度固然会下降，然而我们想，它们会靠传导很快达到周围空气的温度，以致不论是成水平位置而向晴空辐射，或是成垂直位置而主要向侧面邻近植物和其他物体辐射，都不致对它们有多大区别。我们因而力图明确这个问题，所用的方法是，防止几种植物的叶子就眠，并且当气温在冰点以下时，将这样的叶子以及同株上已经取得夜间垂直位置的其他叶子都暴露于晴空下。我们的试验表明，这样被迫在夜间仍保持水平位置的叶子，比那些允许取得正常垂直位置的叶子，受到更严重的霜害。然而，可以提一下，从这样的观察所得的结论，不适用于不发生霜冻的地区的就眠植物。可是，每个地区在所有季节，叶子必然要通过辐射而暴露于夜寒下，这种夜寒可能对它们有某种程度的损害，它们可以靠取得竖直位置而避免。

在我们的试验中，防止叶子取得它们的就眠位置的方法，一般是用最细的昆虫针（它们对叶子没有可察觉的损害），将叶子固定在由小棍支撑的薄片软木上。但是在几个例证里，是用窄条卡片将叶子向下固定住；在另一些例证中，是使它们的叶柄穿过软木中的窄缝。最初是将叶子靠近软木固定，因为软木是个不良导体，并且叶子暴露的时间不长，我们想，这个曾保存在室内的软木会使叶片稍微变暖，因而，如果它们受霜冻的程度比自由竖直的叶子大些，水平位置对叶子有害的证据便更强些。但是，我们发现，当结果中有任何微小差异时——这样的结果仅能偶然察觉到——向下紧紧固定的叶子，比那些用细

---

① 马丹斯(Martins)的文章，载于《法国植物学会公报》，第19卷，1872年。韦尔斯(Wells)在他的名著《论露》一文中提到，当高空中有一朵轻云飘浮过时，室外的温度计度数立即上升。

② 《伦敦园艺者杂志》(*London's Gardener's Mag.*)，第4卷，1828年，112页。

③ 里弗斯(Rivers)先生的文章，载于《园艺学者纪事》(*Gardener's Chron.*)，1866年，732页。

长的针固定、因而高出软木 0.5～0.75 英寸的叶子，受伤更严重。结果中的这个差异，本身便很奇妙，因它可表明，条件中多么微小的差别便影响所致伤害的程度；受害程度有差异的原因，我们认为，可能是由于在紧紧扣住的叶子下面周围较暖的空气不能自由地环流，因而使叶子略微增温所致。以后还将提出一些类似的事实来证实这个结论。

我们现在将详细地叙述已经做过的一些试验。这些试验的困难在于，我们不能预知一些种的叶子耐寒的程度。许多种植物的所有叶子全部冻死，这包括使保持水平位置的，也包括允许就眠的，也就是允许竖直上举或下垂的。另外一些植物又没有一片受害，这些植物就不得不再暴露，或是经过更长的时间，或是更低的温度。

白花酢浆草——很大一盆植物，有 300～400 片叶子茂密地覆盖着，整个冬季放在温室内。用针将 7 片叶子钉于水平张开位置，在 3 月 16 日暴露于晴空下 2 小时，周围草地上的温度为－4℃(24～25℉)。次日晨发现这 7 片叶子全部冻死，许多片原已就眠的叶子也是一样；摘除掉约 100 片叶子，它们或是冻死，或是变褐并受伤害。有些叶子在第二天整天没有展开，表示它们受到轻微的伤害，不过后来又恢复正常。因为所有被固定于张开位置的叶子受冻致死，而其余叶子只有三分之一或四分之一冻死或受伤，我们便有少量证据证明，未能取得竖直位置的叶子受伤更严重。

第二天(17 日)夜间，天空无云，几乎一样寒冷(草地上为－3～－4℃)，再将这盆植物放在室外，但是这次只放 30 分钟。当时有 8 片叶子被钉住张开状态，到早晨有两片死去，在这么多植物上没有另外一片叶受到伤害。

在 23 日，再将这盆植物放在室外 1 小时 30 分钟，草地上的温度仅为－2℃，没有一片叶受伤害；然而，钉住的张开叶片都位于软木之上 0.5～0.75 英寸处。

24 日，又把这盆植物放在室外地面上，暴露于晴空下 35～40 分钟。当时将温度计误放在近处一个 3 英尺高的日晷上，而不是放在草地上；它记录下 25°到 26℉(－3.3°到－3.8℃)，但是在 1 小时后观察时，它已降到 22℉(－5.5℃)，因而，这盆植物所处的温度可能比前两次更低。有 8 片叶子被钉住张开状态，有几片紧靠软木，有几片高于软木，到第二天清晨，其中 5 片(即 63%)冻死。我们数了一部分叶子，估计约有 250 片允许就眠，其中有 20 片左右(即仅为 8%)冻死，约有 30 片受到伤害。

考虑一下这些例子，可以无疑地相信，这种酢浆草的叶子，如果允许在夜间取得正常的竖直悬垂位置，受伤害的程度就比使它们的上表面暴露于天顶的植株(其数目为 23)轻得多。

肉质酢浆草——把这个智利种的一个植株暴露于晴空下 30 分钟，草地上的温度计稳定于－2℃，有些叶子钉住张开状态，整个茂密的植株上没有一片叶受到丝毫伤害。3 月 16 日，将另一植株同样放置 30 分钟，当时草地上的温度只略低一些，即－3～－4℃。有 6 片叶子被张开钉住，次日晨其中 5 个变褐很厉害。这株植物很大，其他自由叶片，即已就眠并竖直悬垂的，没有一片变褐，只有 4 片很幼嫩的是例外。但是有 3 片叶，虽然没有变褐，却处于相当松软的状态，并在第二日整天全保持夜间位置。这个例证中，明显的是，横向暴露于天顶的叶子受伤害较严重。这盆植物以后又在一稍冷的夜晚暴露 35～40 分钟，每一个叶片，既有被钉住张开位置的，又有自由就眠的，都受冻致死。补充提一下，将两盆酢浆草(深紫品种)放在晴空下 2 小时和 3 小时，草地上的温度为－2℃，没有一片叶子受到伤害，不论是自由就眠的，还是钉住张开状态的。

落花生——将一花盆中的几株植物在夜间置于晴空下 30 分钟，周围草地上的温度为－2℃；在以后两个晚上又把它们放在同一温度下，但是这次是 1 小时 30 分钟。任一情况下，没有一片叶，不论是张开钉住的，还是自由就眠的受到伤害。这使我们感到很奇怪，因它的原产地是热带非洲。此后(3 月 16 日)将两株植物放在晴空下 30 分钟，周围草地上的温度更低些，即－3℃和－4℃，所有 4 片张开钉住的叶子都冻死并变黑。这两株植物还有另外 22 片自由叶子(除去几片很幼嫩的芽状叶以外)，其中只有两片冻死，3 片多少有些受害；就是有 23%或是冻死或是受害，而所有 4 片被钉住张开状态的叶子全部死去。

另一天夜间，把种了几株植物的两个花盆放置在晴空下 35～40 分钟，可能温度更低些，左近一高 3 英尺的日晷上，温度计的读数为－3.3℃到－3.8℃。一盆内有 3 片叶钉住张开状态，都受伤很严重；44 片自由就眠的叶子，有 26 片受害，就是 59%。另一盆内有 3 片叶钉于张开状态，全部死去；另 4 片叶用窄条硬纸横着粘贴防止就眠，它们也全部死去；24 片自由就眠的叶子有 10 片冻死，2 片受伤严重，12 片未受害，就是说，自由叶子有 50%或是冻死或是受伤严重。把两盆放在一起来看，我们可以说，就眠的自由叶子中，有一多半或者冻死或者受害，而全部 10 片防止就眠的水平展开叶子或是冻死或受严重伤害。

多花决明(*Cassia floribunda*)——在夜间将一丛植株放置在晴空下 40 分钟，周围草地上的温度为－2℃，没有一片叶受伤害。[①] 另一夜晚又将这丛植株放在室外 1 小时，草地温度为－4℃。在一大丛上的所有叶子，不论是钉住平放张开状态的，还是自由就眠的，全被冻死、变黑枯萎；只有位于下部一小枝上的叶子是例外，它们稍微受到上面枝条上的叶子的保护。另外一丛高大植株，它的 4 片大复叶被钉于水平位置，以后放置在室外(周围草地温度完全一样，即－4℃)，但是只放置 30 分钟。次日清晨，这 4 片复叶上的每一片小叶都死去，上表面和下表面都完全变黑。这丛植株上的许多自由叶子，只有 7 片变黑，其中只有一片(它比任一钉成水平位置的叶子都更幼小和柔嫩)复叶的小叶上下表面都变黑。这方面的对比情况由一片自由叶子清楚地表明，它位于两片钉住的叶子之间，钉住的叶子的小叶，其下表面像墨水那样黑，而在中间的自由叶子，虽然受伤很厉害，但其小叶的下表面仍然保留清楚的绿色。这丛植株明显地表现出阻止叶子在夜间取得正常的悬垂位置的有害影响，因为如果所有叶子都被阻止这样做，那么把这丛植物放置室外只要 30 分钟，就会使每个叶片冻死。叶子在黄昏下垂时发生扭转，使上表面转向内

---

① 把光叶决明(*Claevigata*)放在晴空下 35 分钟，一圭亚那种美花决明(*Ccalliantha*)放 30 分钟，周围草地温度为－2℃，它们的叶子都没有受到丝毫伤害。但是，当把光叶决明放置 1 小时，周围草地温度为－3～－4℃，每一片叶都冻死。

侧，这样便比转向外侧的下表面得到更多的保护。虽然如此，当上下表面受害程度有任何可察觉的差异时，总是上表面比下表面变得更黑一些。这究竟是由于上表面附近的细胞更为脆弱，或只是由于它们含有较多的叶绿素，我们还不知道。

黄香(药用)草木樨(*Melilotus officinalis*)——一个大花盆内种了许多植株，冬季时放在温室内，有一晚将它放置室外的轻霜和晴空下5小时。已有4片叶钉于水平位置，这几片叶在几天后死去，许多自由叶子也一样。因此，从这次的试验推断不出什么确切的结果。不过它表明，水平伸展的叶子受害更严重。下一次把另外一个种了许多植株的大花盆放在室外1小时，周围草地的温度更低些，为－3℃～－4℃，有10片叶被钉住，结果很明显，因为第二天清晨发现所有这10片叶都受伤严重或死去，而这几个植株上的许多自由叶子，没有一片受到任何伤害，只有两三片很幼嫩的叶子是可疑的例外。

意大利草木樨(*Melilotus Italica*)——将6片叶钉于水平位置，3片上表面朝上，3片下表面朝上。将植株放在晴空下5小时，地面温度约为－1℃。次日清晨，这6片钉住张开状态的叶子所受的伤害，比在同一些枝条上较幼嫩的自由叶子更严重。然而，这次放置室外的时间过长，因为过了几天以后，许多自由就眠的叶子看来和被钉住的叶子的情况一样坏。不可能断定哪种叶子受害更严重，是上表面朝上的叶子，还是下表面朝上的叶子。

草木樨(*Melilotus suaveolens*)——将几株植物放置室外晴空下2小时，有8片叶钉住张开状态，周围草地上的温度为－2℃。次日清晨，8片叶中有6片萎蔫。植株上约有150片自由叶子，除去两三片很幼嫩的以外，没有一片受害。但是，把这些植枝放回温室内两天以后，这6片钉住的叶子全都恢复。

克里木草木樨(*Melilotus Taurica*)——有两个晚上将几株植物放在晴空和微霜下5小时，当时还有风；5片被钉住的叶子，比同一些枝条上上边的和下边的已就眠的叶子，受害更严重。另外一盆植株，原来也同样是放在温室内，移到晴空下35～40分钟，周围草地温度在－3～－4℃之间。有9片叶被钉住，全部都冻死。在同一些植株上，有210片允许就眠的自由叶子，其中有80片左右冻死，仅占38%。

彼替皮伦草木樨(*Melilotus Petipierreana*)——将几株植物放在室外晴空下35～40分钟，周围草地温度为－3～－4℃，有6片叶钉于软木之上约0.5英寸，4片叶紧靠软木钉住。这10片叶都冻死，但是紧靠软木的受害更重些，因钉于软木之上的6片叶，有4片还保留些绿色斑点。自由叶子中有相当的数量，但远远不是全部，受冻致死或是受害严重，而所有被钉住的叶子全部冻死。

大根草木樨(*Melilotus macrorrhiza*)——将植株放置室外，和上面的例证一样。有6片叶钉于水平位置，其中5片冻死，即占83%。我们估计植株上有200片自由叶子，其中50片冻死，20片受害严重，因而自由叶子约有35%冻死或受害。

具芒百脉根(*Lotus aristata*)——将6株植物放在晴空下近5小时，周围草地上温度为－1.5℃。有6片叶被钉于水平位置，其中两片比同一些植条上位于上部和下部允许就眠的叶子受害更严重。一件值得注意的事是：圣詹姆斯氏百脉根原产于佛得角群岛这个炎热地区，有一夜将这种植物放在室外晴空下，周围草地上温度为－2℃，第二夜放30分钟，草地上温度在－3～－4℃之间。没有一片叶，或是钉住张开的，或是自由就眠的，受到丝毫伤害。

四叶苹（*Marsilea quadrifoliata*）——这个种是隐花植物中已知的唯一能就眠的植物。将一大株植物上的几片叶钉住张开状态，放置此植株于晴空下1小时35分钟，周围地面上的温度为－2℃，没有一片叶子受冻害。过了几天以后，再将此植株放在晴空下1小时，周围地面上的温度较低，为－4℃。有6片叶被钉于水平位置，它们全部都冻死。这个植株上已长出一些蔓延的长茎，用毯子将这些茎包围，以保护它们不致受冻土的影响和防止辐射；但是还有很多叶子留在外面，它们已经就眠。这些叶子里，只有12片冻死。再过一段时间以后，将这株植物再放到室外晴空下1小时，地面温度仍为－4℃，植株上有9片叶钉住，其中6片叶冻死，有一片叶最初看来不像受害，以后出现褐色条纹。蔓延在结冻地面上的枝条，有一半或四分之三的叶子冻死，但是植株上的许多其他叶子（只有这些尚可和钉住的叶子相比），初看起来像没有一片冻死，但是经过仔细检查，发现有12片叶是处于这种状态。再过一段时间，将这个植株又放在晴空下35～40分钟，温度几乎相同，可能更低一些（偶然将温度计放在近处的日晷上），有9片叶钉于张开状态，结果有8片叶冻死。自由叶子中（未计入蔓延枝条上的叶子），有很多冻死，但是与没有受害的叶子比较起来，数量还是不大。最后，将3次试验合计起来，共有24片钉于水平位置的叶子，它们是暴露于晴空下和没有阻挡的辐射，其中有20片冻死，1片受害；而允许就眠的叶子，其小叶竖直悬垂，只有很小的比例冻死或受害。

准备好几种植物的子叶做试验，但是天气温和，我们只有一次做到将适当苗龄的实生苗在夜间放在寒冷的晴空下。将6株含羞草实生苗的子叶在软木上钉住呈张开状态，放置于晴空下1小时45分钟，周围地面温度为－1.7℃（29℉），其中有3株的子叶冻死。另外两株实生苗，在它们的子叶已上举和闭合后，将它们弯过来并固定于水平位置，一片子叶的下表面完全朝向天顶，两株实生苗都冻死。因此，所试过的8株实生苗中，有5个，即半数以上冻死。另外有7株实生苗，它们的子叶处于正常夜间位置，即竖直站立并闭合，同时放在晴空下，其中只有2株冻死①。因而，从这少数几个试验的结果看来，含羞草子叶在夜间的竖直位置在一定程度上保护它们防止辐射和寒冷的危害。

对叶子在夜间辐射的总结——我们有两次在夏季将红车轴草（*Trifolium pratense*）和紫花酢浆草（*Oxalis purpurea*）放置在晴空下，前者的叶子在夜间正常是上举，后者的叶子在夜间正常是下垂（生长在户外的植株）。已分别将这两种植物的几片小叶钉于张开状态，在叶子取得日间位置后，对它们连续观察几个清晨。在钉于张开位置的和曾就

---

① 含羞草这种热带植物的实生苗能够这样好地暴露于晴空下1小时45分钟，周围地面温度为－1.7℃（29℉），使我们惊奇。还补充一下，把印度产的柔毛决明的实生苗放在晴空下1小时30分钟，周围地面温度为－2℃，它们没有受到丝毫伤害。

眠的小叶上的露水量一般有明显差异;后者有时十分干燥,而曾处于水平位置的小叶上则有一层很大的露珠。这表明,完全暴露朝向天顶的小叶在夜间变冷的程度,必然比竖直站立,或是向上或是向下的小叶厉害得多。

从上面提出的几个例证看来,可以无疑地认为,叶子在夜间的位置通过辐射影响叶子温度的程度很大,以致当有霜冻时暴露于晴空下,便有生死存亡的问题。看到它们的夜间位置是这样好地适应于减少辐射,我们因而认为,它们如此复杂的就眠运动所达到的目的,很可能是去减少它们在夜间受冻的程度。应当注意的是,特别是上表面受到这样的保护,因为上表面在夜间从不朝向天顶,并且常与对生叶或对生小叶的上表面紧贴在一起。

我们未能得到充分的证据,确定上表面得到较好的保护,究竟是由于它比下表面更容易受伤害,还是由于它的伤害是植株的更大灾难。下例可表明,在这两层表面之间有些结构上的差异。在一有严霜的夜晚,将多花决明放置在晴空下,有几片已经取得夜间悬垂位置的小叶,其下表面转向外侧,可斜向天顶,然而这些下表面比转向内侧并与对生小叶紧密闭合的上表面变黑的程度更轻微些。还有一花盆长满了反曲车轴草,曾放在温室内 3 天,在一放晴并且几乎有霜的夜晚(9 月 21 日),将它放置室外。次日清晨,在显微镜下按不透明物体检查 10 片顶端小叶,这些小叶在就眠时,或是转到竖直上举,或者更普遍是略微弯过侧生小叶,使它们的下表面比上表面更多地朝向天顶。然而,这 10 片小叶里有 6 片的上表面,比更暴露的下表面要明显地黄些;其余 4 片小叶的结果没有这样清楚。但是,可以肯定,不论有什么区别,靠近上表面一侧的总是受害得更厉害。

前面已经提到,有些用作试验的小叶,是紧靠软木固定的;另一些则在高于软木之上 0.5 到 0.75 英寸处固定。当把它们暴露于霜冻之后,只要可以检查出它们的状态上有任何区别,总是紧靠软木的那些小叶受害更重。我们把这种差别归因于没有因辐射而致冷的空气,在紧贴软木固定的小叶下面被阻止自由对流。有一次试验清楚地表明,用这两种方法处理的叶子,在温度上确实有差别:有一盆细齿草木樨(*Melilotus dentata*)在室外晴空下(周围草地上的温度为−2℃)放置 2 小时之后,可以明显看到,在紧贴软木固定的小叶上,要比稍高于软木呈水平位置的小叶上,有更多的露水凝聚成白霜。还有少数曾被紧贴软木钉住的叶子,其尖端略微伸过软木的边缘,因而空气可以环绕它们自由地对流。有白花酢浆草的 6 片小叶便是这种情况,它们的尖端比同一些小叶的其余部分受害较轻;因为到第二天清晨它们仍呈淡绿色。曾用黄香(药用)草木樨的小叶做过两次试验,使它们略微伸出软木边缘,得到同样的结果,甚至更清楚些;在另外两个试验中,几片紧靠软木钉住的小叶受到伤害,而同一些叶子上的其他自由小叶,它们没有转动的空间以取得它们的适当竖直位置,没有受到丝毫伤害。

另外一件类似的事情值得注意,我们有几次观察到,有些枝条上的叶子被钉牢于软木上,致使整个枝条不能运动,在这样的枝条上的自由叶片,受害的数量要比其他枝条上的多些。彼替皮伦草木樨的这种情况很明显,只是在这个实例中没有准确数清楚受害的叶数。落花生的一个幼株，7个茎上有22片自由叶子，其中5片受到霜害，这5片叶全着生在两个茎上，它们有4片叶被钉于软木支持物上。肉质酢浆草的例证中，7片自由叶受霜害，它们每片所属的叶丛都有几片叶子被钉于软木。我们只能作如下假设来解释这些情况，即完全自由的枝条曾受到风吹而略微摆动，它们的叶子就这样被周围较暖的空气稍稍增温。如果我们把双手放在一堆热火前静止不动，然后再甩动两手，便可立即感到解除炙热，这显然是一个类似的例子，只是相反而已。这几件事实，即关于紧贴软木钉住的或稍高于软木支撑物的叶子，关于叶尖伸过软木边缘的，关于静止不动的枝条上的叶子，都使我们感到稀奇，因为它们表明，一种差别，表观上看起来很微小，竟可确定叶子受害程度的大小。我们甚至可以推论，有霜害时，一株植物上叶子受害程度的轻重，常常可能取决于它们的叶柄以及其着生的枝条的柔韧程度的大小。

子叶的就眠运动

我们现在要谈到本工作的叙述部分，将先从子叶开始，在下一章再转到叶子。我们只见过两篇关于子叶就眠的简要报道。霍夫迈斯特[①]在谈到所有观察过的石竹科（拟漆姑草属和蝇子草属）实生苗的子叶在夜间向上弯曲（但是他没有提弯到什么角度）以后说，繁缕（*Stellaria media*）的子叶上举到彼此接触，因而可以有把握地说它们是在就眠。第二个报道是，根据雷米（Ramey）的文献[②]，含羞草和丹皮尔氏耀花豆（*Clianthus Dampieri*）的子叶在夜间上举到近于垂直位置并且彼此紧密靠近。在以前一章中曾提到，大量植物的子叶在夜间略微向上弯曲，我们这里不得不面对这个难题，即它们的多大倾角弯曲才可以算是就眠呢？根据我们坚持的观点，除非是为了减少辐射而获得的运动，其他都不配称为就眠运动。但是为了弄清楚这一点，只有进行一系列试验，证明每种植物的叶子如果被阻止就眠，就会遭受辐射的危害。我们因此必须采用一种任意的界限。如果一片子叶或叶的倾角是在水平线以上或以下60°，它便约有一半面积朝向天顶，因而与保持水平的子叶或叶比较起来，它辐射的强度将会减少一半。减少辐射到这种程度肯定会对结构上柔嫩的植物造成很大差异。我们因而说，一片子叶，以后说一片叶是在就眠，只能是指它在夜间上举到水平线上的60°角或是更大的角度，或者是指其下垂到水平线下同样数量的角度。除非是较小的辐射减少量可能对植物有利，譬如曼陀罗（*Datura stramonium*）的子叶在夜间从中午的水平线上33°上举到55°。根据A. S. 威尔逊（Wilson）先

---

① 《植物细胞学教科书》，1867年，327页。

② *Adansonia*，3月10日，1869年（*Adansonia* 系猴面包树属的学名，是典型的壶形植物——译者注）。

生的估计，瑞典芜菁的叶子面积在夜间减少约30%时，这种植物便获得益处；不过，在这个例证中，没有观察叶子上举的角度。另一方面，当子叶或叶上举的角度很小时，如少于30°，辐射的减少量便很少，以致对植物在辐射方面不起什么作用。例如，凹瓣老鹳草(*Geranium Ibericum*)的子叶在夜间上举到水平线上27°，这只会减少辐射11%；伯兰德氏亚麻(*Linum Berendieri*)的子叶上举到33°，会减少辐射16%。

然而，关于子叶就眠方面，还有其他疑点。有些例子中，子叶在幼嫩时白天分离的程度很小，因而夜间少量的上举(我们知道这是很多植物的子叶都发生的现象)必然会使它们在夜间处于竖直或是几乎竖直的位置。在这种情况下便断定这种运动是为任何特殊目的而实现的，似乎太草率了。由于这个缘故，我们为了是否应把几种葫芦科植物列入下面的表中踌躇很久；但是由于即将提到的一些理由，我们想，至少暂时把它们包括在内较为妥当。这种同样的可疑之处，也见于另外少数例子中。因在我们观察开始时期，我们没有经常去充分注意子叶在中午的位置是否近于水平方向：有几种实生苗，其子叶在它们非常短促的生活期内采取夜间倾角很大的位置，自然使人怀疑这种习性是否对植物有任何用处。虽然如此，下页表中所列举的大多数例证中，它们的子叶也像任何植物的叶子一样，可以确定地说是在就眠。有两个例子，即甘蓝和萝卜，它们的子叶在其一生的最初几个夜晚上举到几乎直立的位置，曾经把幼嫩的实生苗放在回转器内，确定了这种上举运动不是由于背地性。

附表中按照前面采用的同样分类系统列出了一些植物，它们的子叶在夜间与水平线所成的角度至少为60°。还加上科号，豆科有族号，以表明有关植物在双子叶系中分布有多么广泛。还需对表中许多种植物进行简短叙述。这样做的时候，不严格按照任何分类系统比较方便，而是在最后谈到酢浆草科和豆科；因为在这两个科里，子叶一般都附有叶枕，它们的运动比表中其他植物持久得多。

甘蓝(十字花科)——在第一章内曾提到过，普通甘蓝的子叶在傍晚时上举，夜间竖直站立，以叶柄相接触。但是两子叶的高矮不同，它们因而时常稍微干扰彼此的运动，较短的常不能很直站立。清晨，它们觉醒得很早，于是在11月27日上午6时45分，天仍然黑暗的时候，在前一晚曾经直立并且相接触的子叶，便反折下来，于是有很不同的外貌。应当注意的是，在适宜季节萌发的幼苗，于清晨这个时间不会遇到黑暗。子叶的上述运动量只是短暂的，放在温室内的植物持续4到6天；生长在室外的植物可持续多久，我们不知道。

萝卜——在中午，10株实生苗的子叶叶片与其下胚轴成直角，它们的叶柄稍微分离；在夜间，叶片直立，其基部相接触，叶柄相平行。次日清晨6时45分，还很黑暗，叶片呈水平方向。随后的夜晚，它们上举很高，但是站立得不够直到就眠程度。在第三个夜晚，程度更差一些。因此，这种(保存在温室的)植物的子叶的就眠时间比甘蓝的还短。对另外13株也培养在温室的实生苗作了同样观察，但是只经一天一晚，得到相同结果。

实生苗子叶在夜间上举或下垂到水平线上或下至少60°角的植物种名表

甘蓝（Brassica oleracea） 十字花科（科 14）
蔓菁（Brassica napus） 根据普费弗教授
萝卜（Raphanus sativus） 十字花科
野生麦仙翁（Githago segetum） 石竹科（科 26）
繁缕（Stellaria media） 石竹科——根据霍夫迈斯特，已引用
赖蒂氏阿诺达草（Anoda Wrightii） 锦葵科（科 36）
棉（Gossypium）（南京品种） 锦葵科
红花酢浆草（Oxalis rosea） 酢浆草科（科 14）
多花酢浆草（O. floribunda Dampieri） 豆科（族 5）——根据 M. 雷米
有节酢浆草（O. articulata）
智利酢浆草（O. Valdiviana）
敏感酢浆草（O. sensitiva）
圆叶老鹳草（Geranium rotundifolium） 牻牛儿苗科（科 47）
地下车轴草（Trifolium subterraneum） 豆科（科 75，族 3）
直立车轴草（T. strietum）
白花车轴草（T. leueanthemum）
鸟爪百脉根（Lotuo ornithopopoides） 豆科（族 4）
外来百脉根（L. peregrinus）
圣詹姆斯氏百脉根（L. Jacobaeus）
丹皮尔氏耀花豆（Clianthus） 豆科（族 20）
膜苞豆（Smithia sensitva） 豆科（族 6）
采木（Haematoxylon campeohiamum）
沟酸浆属（*Mlimulus*）（种?） 玄参科（科 159）——据普费弗教授
紫茉莉（*Mirabilis jalapa*） 紫茉莉科（科 177）
长筒紫茉莉（*M. longiflora*）
豆科（族 13） 根据林奇（R. L. Lynch）先生
山扁豆（*Cassia mimosoides*） 豆科（族 14）
粉叶决明（*C. glauca*）
佛罗里达决明（*C. florida*）
伞房花序决明（*C. corymbosa*）
柔毛决明（*C. pubescens*）
决明（*C. tora*）
巴西疏决明（*C. neglecta*）
决明属另外三个未命名的巴西种
羊蹄甲属（*Bauhinia*）（种?） 豆科（族 15）
采用假含羞草（*Neptunia oleracea*） 豆科（族 20）
含羞草（*Mimosa pudica*） 豆科（族 21）
白花含羞草（*M. albida*）
金瓜（*Cucurbita ovifera*） 葫芦科（科 106）
圆南瓜（*C. aurantia*）
葫芦（*Lagenaria valgaris*） 葫芦科
囊甜瓜（*Cucumis dudaim*） 葫芦科
岩生芹（*Apium petroselinum*） 伞形科（科 113）
芹菜（*A. graveolens*）
萵苣（*Laetuea scariola*） 菊科（科 122）
向日葵（*Helianthus annuus*）（?） 菊科
牵牛（*Ipomoea caerulea*） 旋花科（科 151）
圆叶牵牛（*I. purpurca*）
月光花（*I. bona-nox*）
洋红牵牛（*I. coccinea*）
番茄（*Solanum lycopercicum*） 茄科（科 157）
甜菜（*Beta vulgaris*） 藜科（科 179）
尾穗谷（*Amaranthus caudatus*） 苋科（科 180）
大麻（*Cannabis sativa*） 大麻科（科 195）

11 株黑欧白芥（Sinapsis nigra）幼嫩实生苗的子叶叶柄在中午时稍微分离，叶片与下胚轴成直角；在夜间叶柄密切接触，叶片上举很大角度，其基部相接触，但是只有少数几株的子叶足够直立到可以说是就眠。次日清晨，在天亮之前叶柄便分离。下胚轴稍微有些敏感，如果用针摩擦，它便弯向被摩擦的一侧。至于独行菜（Lepidium sativum），其幼嫩实生苗的子叶叶柄在白天分开，在夜间聚合以致彼此相接触，这样便使这种三深裂的叶片基部相接触，但是叶片上举不大，不能说是就眠。还观察了另外几种十字花科植物

的子叶，它们夜间上举不多，都不能说是就眠。

野生麦仙翁(石竹科)——子叶突破种皮后的第一天，中午时它们的位置是水平线上75°角；夜间它们向上运动，每个移过15°角，因而站得很直，并彼此相接触。第二天中午，它们位于水平线上59°，夜间又完全闭合，每个子叶上举了31°。在第四天，子叶在夜间没有完全闭合。第一对和以下几对真叶表现完全相同。我们想，这一例中的运动可以称作是就眠的，虽然它们弯过的角度很小。子叶对光很敏感，如果暴露于非常微弱的光下，它将不展开。

赖蒂氏阿诺达草(锦葵科)——子叶还相当幼嫩的时候，直径只有0.2～0.3英寸，黄昏时从它们中午的水平位置下垂到水平线下35°左右。但是，当同一些实生苗长大，并且已形成几片真叶，几乎是正圆形的子叶，现在的直径已是0.55英寸，在夜间移动到竖直朝下。这件事使我们猜想，它们的下垂可能只是由于它们的重量；但是它们一点也不萎蔫，当被举起的时候又通过弹性跃回到以前的下垂位置。一花盆中种有几株较老实生苗，在下午当夜间下垂运动开始之前，将之翻转倒置，子叶在夜间所取的位置是竖直向上，这是与它们本身的重量(并与向地性的作用)相对抗的。当花盆是在傍晚下垂运动已经开始之后被同样倒置，下垂运动表现出受到一些干扰的迹象；但是它们所有的运动都有时发生变化，没有任何明显的原因。后一事实，以及幼嫩子叶下垂的角度不如较老的大，都值得注意。虽然子叶的运动持续相当长的时间，从外表上看不出有叶枕，但是它们的生长可继续很长一段时间。子叶只稍微有些向光性，而下胚轴的向光性却很强。

树棉(?)(亚洲棉南京品种)(锦葵科)——其子叶的运动方向与阿诺达草几乎相同。6月15日，两株实生苗的子叶长0.65英寸，中午时是水平位置；晚上10时，它们仍处于同样位置，根本没有下垂。6月23日，其中一株实生苗的子叶长达1.1英寸，晚上10时它们已从水平位置下垂到水平线下62°。另一实生苗的子叶长1.3英寸，并且已形成一小片真叶；晚上10时它们已下垂到水平线下70°。6月25日，这一株的真叶长0.9英寸，子叶在夜间处于几乎相同的位置。7月9日，子叶已衰老并且表现出枯萎的迹象；但是它们在中午几乎是水平位置，晚10时竖直下垂。

草棉——值得注意的是，这一种的子叶表现得和前一种的不同。从它们最初发育起直到长得很大(仍表现鲜润和绿色)，即宽达2.5英寸，观察了6个星期。这时已经形成一片真叶，连叶柄共长2英寸。在这整个6周内，子叶没有在夜间下垂；可是当苗龄增大时，它们的重量相当大，并且叶柄也伸长很多。从那不勒斯送来的种子培育出的实生苗，行为也相同。在亚拉巴马培育的一种以及海岛棉也都一样。后三类属于什么种，我们不知道。我们不明白那不勒斯棉的子叶在夜间的位置为什么有些受土壤干燥的影响；我们已注意不使它们因过干而萎蔫。亚拉巴马和海岛的棉种有大子叶，其重量使它们有些下垂，这是当将培植它们的花盆倒置一段时间的现象。然而，应当注意的是，这三种棉是在冬季中期培育的，这有时会对叶子和子叶的正常就眠运动有很大干扰。

葫芦科——圆南瓜和金瓜以及葫芦的子叶在生活的第一天到第三天，位于水平线上60°左右，但是在夜间上举到竖直站立并且彼此密切接触。囊甜瓜中午时在水平线上45°，夜间闭合。然而，所有这些种的子叶尖端都反转过来，于是这一部分便完全暴露于夜间天顶之下。认为这种运动是与就眠植物的运动有相同性质的想法，便与上述事实相违背。在头两三天以后，子叶在白天分离得更厉害，夜间不再闭合。蛇瓜的子叶有些厚并且肉质，夜间不上举，可能很难期待它们这样做。另一方面，纳拉瓜(*Acanthosicyos horrida*)[①]的子叶在外表上没有像前种植物那样有反抗它们的夜间运动的表现，然而它们没有以任何明显的方式上举。这个事实使人们认为，上述几个种的夜间运动是为某种特殊目的而获得的，可能是为保护胚芽使不致受到辐射伤害，这是靠两片子叶的基部密切闭合而达到的。

圆叶老鹳草(牻牛儿苗科)——花盆里偶然长出一株实生苗，它的子叶在中午时成水平位置，连续几个夜里它们竖直向下。它长出一棵很好的植株，但在开花前死去。将它送到邱园植物园，确认肯定是老鹳草属，很可能便是上述种。这个例证值得注意，因为曾对灰老鹳草(*G. cinereum*)、恩德瑞氏老鹳草(*G. Endressii*)、高加索老鹳草、理查逊氏老鹳草(*G. Richardsonni*)和稍具茎老鹳草(*G. subcaulescens*)的子叶在冬季观察过几周，它们并不下垂，而高加索老鹳草的子叶在夜间反而上举27°。

岩生芹(伞形科)——一株实生苗的子叶在白天(11月22日)几乎完全展开；傍晚8时半已上举很高，晚10时半几乎闭合，它们的尖端仅分开0.08英寸。次日(23日)晨，尖端分开0.58英寸，是原来的7倍以上。次日晚，子叶所占的位置和以前一样。24日清晨，它们成水平位置，夜晚在水平线上60°；25日夜间也是如此。但是在4天以后(29日)，当时实生苗的苗龄为一周，子叶不再于夜间上举到任何明显的角度。

旱芹菜——子叶在中午成水平位置，夜晚10时在水平线上61°。

莴苣(菊科)——子叶在幼嫩的时候白天位于水平线下，夜间上举到几乎竖直，有些很竖直并且闭合；但是过了11天之后，当它们已经长大并且衰老，这种运动便不再进行。

向日葵(菊科)——这个例证的结果很不明确：子叶于夜间上举，有一次它们位于水平线上73°，以致可以说是已经就眠。

牵牛(旋花科)——这个种的子叶，表现的情况和阿诺达草、南京棉的子叶几乎相同，并且也和它们一样长得很大。还很幼小的时候，其叶片沿中线量到中心凹槽的基部长0.5～0.6英寸，它们在中午和夜间都维持水平位置。当它们的体积增大，便开始在傍晚

① 这种从南非洲达玛拉陆地来的植物值得注意，因它是这个科里已知的一种非攀援植物；在《林奈学会会报》27卷，30页上有关于它的叙述。

和前半夜越来越下垂；长到 1～1.25 英寸（按前述方法测量）时，它们下垂到水平线下 55°～70°之间。然而它们只在白天受到很好光照时才这样运动。虽然下胚轴有很强的向光性，子叶却不能朝向侧光弯曲或是只能微弱弯曲。它们没有叶枕，可是能继续生长一段很长的时期。

圆叶牵牛——其子叶的表现在各方面都像牵牛的子叶。一实生苗的子叶长 0.75 英寸（测量方法同前），宽 1.65 英寸，已有一小片真叶长出，在下午 5 时半放在一暗箱内的回转器上，因而重量和向地性都不能对它们起作用。晚上 10 时，一片子叶位于水平线下 77°，另一片 82°。放在回转器之前，它们位于水平线下 15°和 29°。夜间位置主要依靠叶片附近叶柄的弯曲度，但是整个叶柄变得稍微向下弯曲。值得注意的是，这个种和上一种的实生苗都是在 2 月末培育的，在 3 月中旬培育了另一批材料。两种情况下子叶都没有表现任何感夜性运动。

月光花——几天大的子叶便长到很大体积，一幼嫩实生苗的子叶已宽达 3.25 英寸。中午，它们水平伸展，晚 10 时在水平线下 63°。5 天以后，它们宽 4.5 英寸，夜间，一片子叶在水平线下 64°，另一片 48°。虽然叶片很薄，可是它们的体积大且叶柄长，我们猜想它们在夜间的下垂可能是由于重量；但是当将花盆横放，它们弯向下胚轴，这个运动根本不可能靠重量的帮助，与此同时它们还通过背地性有些向上扭转。尽管如此，子叶的重量还是很有影响的，在另一个晚上将花盆倒置，它们便不能上举，因而不能取得正常的夜间位置。

洋红牵牛——子叶在幼嫩的时候夜间并不下垂，但是当稍一长大，叶长还仍只 0.4 英寸（测量如前），叶宽 0.82 英寸，它们便下垂很厉害。有一个例证，它们在中午呈水平位置；晚 10 时，一片子叶位于水平线下 64°，另一片 47°。叶片很薄，在夜间向下弯曲很大的叶柄又很短，因而重量在这里很难产生什么效应。所有上述的各种牵牛，当在同一实生苗上的两片子叶在夜间有不相等的下垂时，这像是与它们在白天对光所取的位置有关系。

番茄（茄科）——子叶在夜间上举很厉害以致几乎相接触。巴力那桑茄的子叶在中午呈水平位置，晚 10 时只上举 27°30′；但是次日清晨天亮之前，它位于水平线上 59°，同日下午又呈水平状。这个种的子叶的行为因而是异常的。

紫茉莉和长筒紫茉莉（紫茉莉科）——两子叶的大小不一，白天呈水平位置，夜间上举，彼此紧密接触。但是，长筒紫茉莉的这种运动只持续头三个晚上。

甜菜（蓼科）——三次观察了大量实生苗。子叶在白天有时在水平线之下，但是多半在水平线上 50°左右，在头两三个夜晚它们竖直上举以致完全闭合。在随后的一两个夜晚，它们只略微上举。此后根本不上举。

尾穗谷（苋科）——很多刚萌发的实生苗的子叶，中午时位于水平线上 45°。晚上 10

时 15 分，有些几乎闭合，有些完全闭合。次日清晨，它们又充分展开。

大麻（大麻科）——我们很怀疑这种植物是否应当包括在这里。大量实生苗的子叶，在白天受到很好光照之后，夜间向下弯曲，以致有些子叶的尖端指向地面，但是子叶基部一点也不像是下垂。次日清晨它们又展开成水平方向。另外很多实生苗的子叶在此同时没有受到任何影响。因此，这个情况看来与普通就眠很不相同，可能是属于偏上性。根据克劳斯的观点，这种植物的叶子便是这样。子叶有向光性，下胚轴的向光性更强。

酢浆草属——我们现在要谈到带叶枕的子叶，引人注意的是它们夜间运动可持续几天，甚至几个星期，显然是在生长停止之后。玫瑰红酢浆草、多花酢浆草和有节酢浆草的子叶在夜间竖直下垂，抱住下胚轴的上部。而智利酢浆草和敏感酢浆草的子叶则相反，它们向上竖举，以致其上表面紧密接触；在幼叶发育出来之后，它们便被子叶抱住。在白天它们是水平位置，甚至有些弯向水平线之下，因而它们在傍晚时至少转动了 90°。它们在白天的复杂转头运动曾在第一章描述过。这个试验是多余的，因为玫瑰红酢浆草和多花酢浆草实生苗的花盆曾被倒置，这是在子叶刚开始表现出任何就眠迹象的时候，这对它们的运动没有影响。

豆科——可以从我们的表中看出，在这一科里广泛分布的九个属中的几个种，其子叶在夜间就眠，可能很多其他属种也是如此。所有这些种的子叶都具备叶枕，它们的运动都可继续许多天或许多周。表中决明属里 10 个种的子叶在夜间竖直上举，彼此紧密接触。我们观察到佛罗里达决明的子叶在清晨张开的时间晚于粉叶决明和柔毛决明的子叶。山扁豆子叶的运动和其他种的完全一样，固然它以后发育的叶子以另一种方式就眠。第十一种的子叶，即节果决明的，既厚又肉质，在夜间不上举。决明在白天的转头运动曾在第一章叙述。虽然膜苞豆的子叶从中午的水平位置上举到夜间的竖直位置，冯地膜苞豆的子叶，既厚又肉质，并不就眠。当含羞草和白花含羞草在白天放置在充分的高温下，子叶在夜间便紧密接触，否则它们几乎竖直上举。含羞草子叶的转头运动已经叙述过。来自巴西的圣卡萨林娜的一种羊蹄甲，其子叶在白天位于水平线上 50°，夜晚上举到 77°，但是，如果这些实生苗曾存放在较暖的地方，它们可能会完全闭合。

百脉根属——百脉根属的 3 个种中观察到子叶有就眠现象。圣詹姆斯氏百脉根的子叶情况特殊，在生活的头五六天，子叶并不以任何明显的方式上举，这一时期叶枕还没有很好发育。此后，就眠运动便充分表现出来，固然程度有变动，并且可长时期地继续下去。我们随后将看到黄花稔（*Sida rhombifolia*）的子叶有几乎相同的情况。杰别利百脉根（*Lotuo Gebelii*）的子叶在夜间只稍微上举，在这方面与表中所列的 3 个种区别很大。

车轴草属——观察了 21 个种的萌发情况。在大多数种中，子叶在夜间几乎不上举，或只稍微上举；但是团集车轴草（*Trifolium glomeratum*）、条纹车轴草和绛车轴草（*T. incarnatum*）的子叶上举到水平线上 45°到 55°。而地下车轴草、白花车轴草和直立车轴草的子叶则竖直站立；并且，我们将看到，直立车轴草子叶的上举运动还伴随着另一种运动，这使我们相信上举运动是真正就眠性的。我们没有仔细检查所有这些种的子叶是否有叶枕，但是这个器官明显存在于地下车轴草和直立车轴草的子叶中；而有些种，例如反曲车轴草，便没有叶枕的痕迹，其子叶夜间不上举。

地下车轴草——在萌发后的第一天（11 月 21 日），子叶的叶片还没有完全展开，位于水平线上 35°倾角；夜晚，它们上举到 75°。两天之后，叶片在午间呈水平位置，而叶柄向上倾斜很厉害；值得注意的是，夜间运动几乎完全局限于叶片，是由基部的叶枕实现的，而叶柄则日夜保持差不多相同的倾斜度。在这一天（23 日）晚上，和以后少数几天晚上，叶片从一水平位置上举到一竖直位置，然后又向内弯曲平均约 10°，于是它们便已弯过一个 100°角。它们的尖端几乎彼此相互接触，它们的基部稍微有些分离。于是这两个叶片便在实生苗的主轴之上形成一个高度倾斜的盖。这个运动和车轴草属许多种的三深裂叶的顶端小叶的运动一样。过了 8 天（11 月 29 日）以后，叶片在白天呈水平位置，夜间竖立，它们现在不再向内弯曲。它们以同样方式继续运动两个月，这时它们的体积已增加很大，叶柄不短于 0.8 英寸，并且这时已发育出两片真叶。

直立车轴草——萌发后的第一天，具叶枕的子叶，中午时呈水平状，夜间只上举到水平线上约 45°。4 天以后，又在夜间观察了实生苗，这时叶片竖直站立并且相互接触，除去叶尖以外；叶尖偏转很厉害，以致它们朝向天顶。在这个叶龄上，叶柄向上弯曲，在晚间当两叶片基部相接触时，两叶柄一起形成一个竖立的环围绕着胚芽。子叶从萌发起继续以几乎同样的方式运动 8 或 10 天；但是，这时叶柄已经变直，并且增长了很多。在 12～14 天以后，形成第一片真叶，并在以后的两周内，重复出现一种异常的运动。如图 125 中Ⅰ，我们看到一个约两周大的实生苗草图，是在中午描绘的：两片子叶，其中 *Rc* 是右片，*Lc* 是左片，彼此正好相对站立，第一片真叶（*F*）与它们成直角伸出。在夜间（见Ⅱ和Ⅲ），右片子叶（*Rc*）上举很厉害，但是在其他方面没有改变位置。左片子叶（*Lc*）也一样上举，但是它还扭转，以致它的叶片不再是正好面对另一片子叶，而是与它几乎成直角。这个夜间的扭转运动不是靠叶枕发生的，而是靠叶柄整个长度的扭转，这可以从它的凹形上表面的曲线看出。与此同时，真叶（*F*）上举，以致可竖直站立，或者它甚至超过竖直而有些向内侧倾斜。它也有些扭转，这样，它的上表面便面对已扭转的左片子叶的上表面，并且几乎与它相接触。这看来像是这些奇妙运动所达到的目的。在连续几个夜晚一共检查了 20 株实生苗，其中 19 株里都是只有左片子叶发生扭转，其真叶总是扭转到使其上表面密切接近并面对左片子叶的上表面。只在一例中是右片子叶扭转，真叶朝向它扭转；但是这株实生苗是处于不正常的状况，因其左片子叶没有在夜间适当地上举。这个全部情况是值得注意的，因为我们已看到的植物里，没有另一种植物的子叶有任何夜间运动，竖直向上或向下运动除外。它更值得注意的是，因为我们将在一相近的草木樨属的叶子运动中遇到类似的情况，其顶端小叶在夜间转动以致使一边朝向天顶，并且同时弯向一侧以致使其上表面与当时竖立的两侧生小叶之一相接触。

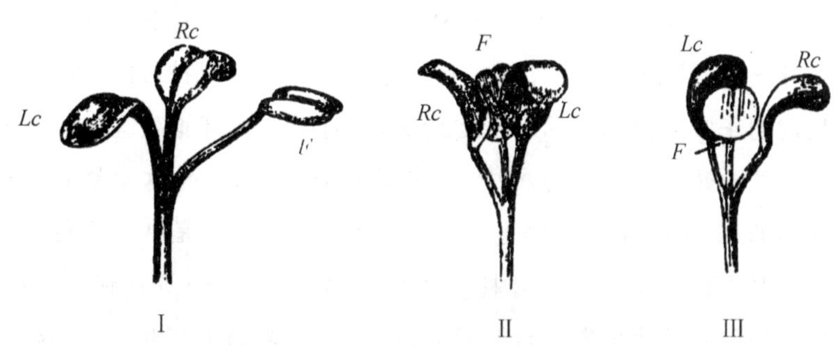

图 125　直立车轴草　两片子叶和第一片真叶的日间及夜间位置：Ⅰ. 白天从斜上方观察的实生苗：*Rc* 右片子叶；*Lc* 左片子叶；*F* 第一片真叶。Ⅱ. 夜间观察的一株较幼嫩的实生苗；*Rc* 右片子叶上举，但是它的位置没有发生另外的变化；*Lc* 左片子叶上举并且发生侧向扭转；*F* 第一片真叶上举并且扭转；以致面对已扭转的左片子叶。Ⅲ. 同一实生苗，从对面一侧在夜间观察。这里表示的是第一片叶，*F* 的背面，而不是图Ⅱ中的前面。

子叶的就眠运动的总结——子叶的就眠（虽然这是一个很少受到注意的课题）看来像是比叶子就眠更为普遍的现象。我们观察了 153 属植物的子叶昼夜所处的位置，这些属是广泛分布于双子叶植物系统，但是在其他方面几乎是随机选择的；其中 26 个属里有一个或更多的种，在夜间使子叶竖直或几乎竖直站立，一般要转过至少 60°的角度。如果我们把子叶特别容易就眠的豆科植物放在一边，还有 140 属；在这些属里，有 19 个属里至少有一个种的子叶就眠。现在如果我们随机选择豆科除外的 140 个属，并在夜间观察它们的叶子，肯定不会找到有近于 19 个那么多的属，包括有就眠的种。我们这里完全是指我们自己观察过的植物。

在我们的整个实生苗名录中，有 30 个属，属于 16 个科，它们有些种的子叶在傍晚或初夜上举或下垂，以至位于水平线上或下至少 60°。这些属中的大部分，即 24 个属，有上举运动；于是在这些感夜运动中占优势的方向，和在第二章中描述过的周期性较差的运动方向相同。只在 6 个属中，子叶在初夜向下运动。在其中一个属，即大麻属，尖端下弯可能是由于偏上性，如克劳斯认为叶子的情况便是如此。下垂运动量达 90°肯定出现于智利酢浆草和敏感酢浆草以及圆叶老鹳草。值得注意的是，棉属的一个种、赖蒂氏阿诺达草和甘薯属的至少 3 个种，子叶在幼嫩和重量轻微时，夜间下垂很少或是根本不下垂；一旦它们长大并增重，这个下垂运动便很明显。在所研究的几个例证里，即赖蒂氏阿诺达草、圆叶牵牛和月光花，以及洋红牵牛，下垂运动虽然不能归因于子叶的重量，然而我们记得子叶是在不断地进行着转头运动，一个微小的原因可能在一开始便已决定这个大幅度的夜间运动是应当向上还是向下了。我们因而猜疑，在有关的几个属的一些当地种中，是子叶的重量最初决定下垂方向。关于这些种的子叶在幼嫩和柔弱时下垂不厉害这个事实，好像与如下看法有矛盾，即当子叶长大时的较大运动是为保护它们防御夜间辐射而获得的。但是我们应当记住，有很多种植物，它们的叶子就眠，而子叶不就眠；如果在有些例证中叶子受到防御夜寒的保护，而子叶却没有得到保护，那么在另外一些种中，差不多充分长成的子叶应比幼嫩的子叶受到更好的保护，便可能对这个种更为重要了。

我们观察过的酢浆草属的所有种中，子叶都具有叶枕；但是这个器官在酢浆草中已变得多少是残留的，其子叶在夜间的上举运动量变化很大，但是从来不够称为就眠。我们忽略了确定圆叶老鹳草是否具有叶枕。豆科植物里，就我们所看到的，所有就眠的子叶都具备叶枕。但是对圣詹姆斯氏百脉根来说，在实生苗的最初几天，叶枕发育不充分，子叶于是在夜间上举不多。至于直立车轴草，子叶的叶片在夜间上举是靠其叶枕的帮助；而一片子叶的叶柄与此同时扭转半圈，却与其叶枕无关。

一般来说，具有叶枕的子叶持续在夜间上举或下垂的时间，远长于不具备这个器官的子叶。在后一种情况下，运动无疑是靠叶柄，或叶片，或是二者的上下表面交替的较大量生长，可能在这之前先有生长细胞的膨压增大。这样的运动一般只持续很短的时期——例如，芸薹属和麦仙翁属 4 夜或 5 夜，甜菜属 2 夜或 3 夜，萝卜属仅 1 个夜晚。然而，这个规律有些肯定的例外，如棉属、阿诺达草属和甘薯属的子叶不具备叶枕，可是它们继续运动和生长一段长时间。我们最初想，当运动只持续 2 个或 3 个晚上，它对植物很难有什么帮助，不值得称为就眠；但是，因很多种快速生长的叶子只就眠少数几夜，并因子叶的发育很快，不久便完成它们的生长，这种怀疑眼下看来根据不足，特别是这种运动在有些例证中是非常显著的。我们这里可以提一下就眠叶子和就眠子叶之间的另一点相似处，即有些种的子叶（如决明属和麦仙翁属的子叶）容易受到缺光的影响，它们随后或是闭合，或是如果已闭合便不再张开；而其他种的（如酢浆草属的子叶）则受光的影响很小。下一章内将提到子叶和叶子的就眠运动都是由转头运动的一种修饰形式所构成。

因为在豆科和酢浆草科里，同种植物的叶子和子叶一般都就眠，我们最初自然便想到，子叶的就眠只是较大年龄的一种特有习性的早期发育。虽然在叶子就眠和子叶就眠这两种情况之间，可以估计到像是有某种联系，但是不能承认这样的解释。因为很多种植物的叶子就眠，而它们的子叶并不如此——舞草便提供一个很好的例证，我们观察的烟草属的 3 个种也是一样；还有黄花稔、达尔文氏苘麻（*Abutilon Darwinii*）和藜（*Chenopodium album*）。另一方面，有些植物的子叶就眠，而叶子不就眠，如我们名单中列出的甜菜属、芸薹属、老鹳草属、芹属、茄属和紫茉莉属的一些种。更明显的是，在同一属中，有些种或是所有种的叶子就眠，而只是其中某些种的子叶就眠，如车轴草属、百脉根属、棉属以及酢浆草属的一部分种。还有，当同一种植物的子叶和叶子都就眠时，它们的运动可能有很不相同的性质：如决明属，其子叶在夜间竖直上举，而它们的叶子下垂并且扭转以致将下表面转向朝外。智利酢浆草实生苗已有2片或3片充分发育的叶子，它的每片小叶都向内卷曲而且竖直悬垂；而与此同时，并且在同一植株上，子叶却竖直上举。夜晚观察时，真是一幅奇观。

这些事实表明，同一植株上以及同属的植物上的叶子和子叶，其夜间运动是相互独立的。这使我们相信，子叶是为了某种特殊目的而获得它们运动本领的。其他一些事实都导致同样的结论，如有叶枕的存在，夜间运动靠着叶枕的帮助可继续几个星期。酢浆草属中，有些种的子叶在夜间竖直上举，另一些种却竖直下垂；但是在同一自然属中的这个巨大差异，并不像初看起来那样令人惊奇，因为所有的种的子叶都在白天不断地上下振荡，以致一个微小的原因便可决定它们在夜晚应当上举或下垂。还有，直立车轴草的左片子叶和第一片真叶联合起来的特殊夜间运动。最后，有子叶就眠的植物广泛分布于双子叶植物系统。考虑到这些事实，我们的如下结论看来是正确的——子叶的感夜运动，使子叶叶片在夜间或竖直或几乎竖直上举或下垂，至少在大多数情况下，是为着某种特殊目的而获得的。我们也不能怀疑，这个目的便是为了保护叶片的上表面以防止夜间辐射的危害，可能还包括中心芽或胚芽在内。

达尔文氏苘(qǐng)麻

第七章

修饰的转头运动：叶子的感夜或就眠运动

Modified circumnutation: nyctitropic or sleep movements of leaves

这些运动所必需的条件——包括就眠植物的科属名单——关于几个属中运动现象的描述——酢浆草属：小叶在夜间合拢——阳桃属：小叶的快速运动——波里尔属：当植物很干燥时小叶闭合——旱金莲属：叶子除非在白天充分照光才就眠——羽扇豆属：各种就眠形式——草木樨属：顶端小叶的奇异运动——车轴草属——山蚂蝗属：残留侧生小叶，它的运动，在幼嫩植株上尚未发育，其叶枕的状态——决明属：小叶的复杂运动——羊蹄甲属：叶子在夜间合拢——含羞草：叶子的复合运动，黑暗的效应——白花含羞草，其退化小叶——施兰克亚木属：复叶的下垂运动——苹属：已知可就眠的唯一隐花植物——结束语及总结——感夜运动由修饰的转头运动构成，受光暗交替的调节——最初几片真叶的形状。

M & N Hanhart imp

MARANTA ARUNDINACEA, *Linn.*

我们现在谈到叶子的感夜或就眠运动。应当记得，我们把这个名词所限用的一些叶子，是将叶片在夜间放置于竖直位置或是与垂直线作不大于30°角——也就是至少在水平线上或线下60°。在少数例证中，这是靠叶片的转动实现的，叶柄并没有任何明显的上举或下垂。与垂直线作30°角的限度显然是人为的，选择这个限度的原因前面已经提过，就是当叶片这样近地接近垂直线时，在夜间暴露于天顶和自由辐射的表面只有当叶片呈水平时的一半大。虽然如此，有少数例，叶子像是由于结构上的原因而被阻止运动到水平线上或线下60°这样大的程度，也被包括在就眠植物内。

应当提出一个前提，叶子的感夜运动容易受到植物所处的条件的影响。如果土地过于干燥，运动便会推迟很厉害或是不能进行。根据达生(Dassen)的研究，[①]甚至当空气很干燥，凤仙花属和锦葵属的叶子都不能运动。卡尔·克劳斯最近[②]也坚持关于所吸收的水量对叶子的周期性运动有重大影响。他并且相信，其起因主要决定卷茎蓼(*Polyrgonum convolvulus*)叶子在夜间下垂的可变量，如果是这样的话，它们的运动便不是我们所理解的严格地感夜性的了。植物达到就眠之前必须经历过适当的温度：鸡冠刺桐(*Erythrina crista-galli*)，放在室外并靠墙固定住，像是还壮健，但是小叶不就眠；而另一存放在温室内的植株，其小叶在夜间都竖直下垂。种植于一菜园内的菜豆，其小叶在初夏不就眠。Ch.罗耶说，[③]当温度低于5℃或41℉时，它们不就眠，我推测是指法国的当地植物。有些种的就眠植物，即旱金莲属、羽扇豆属、甘薯属、苘麻属、豨莶属，可能还有其他属的种，叶子必须在白天受到很好的光照才能在夜间达到竖直位置。可能就是由于这个原因，我们在冬季中期培育的藜和豨莶(*Siegesbeckia orientalis*)实生苗，虽然是放置在一适当温度下，并不就眠。最后，一阵强风使竹芋(*Maranta arundinacea*)叶子猛烈震动几分钟(此植物原先在温室内未受过干扰)，便阻止它们在以后两夜就眠。

我们现在将提出我们对就眠植物的观察，观察方法已在绪论中叙述。植株的茎总是固定在即将观察运动的叶子基部(当没有提出相反的意见时)，以阻止茎的转头运动。因为描图是在植株前方的一片竖立玻璃板上做的，当叶子在黄昏时变得很明显地向上或向下倾斜时，显然便不可能追踪它的行程；因而必须理解，图中代表傍晚和夜间进程的虚线总是应当比图中所表达的要延长更大的距离，或是向上或是向下。可以从我们的观察推

◀ 竹芋(*Maranta arundinacea*)。

---

① 达生(*Tijdschrife vol. Naturlijkc Gesch. en Physiologie*，第4卷，1837年，106页。也见Ch.罗耶关于细胞的适当膨压状态的重要性，载于《植物学纪事》(*Annal. des Sc. Nat. Bot*)(第5辑)，第9卷，1868年，345页。

② 在《植物志》1879年，42、43、67等页中《运动知识文集》。

③ 《植物学纪事》(第5辑)，第9卷，1868年，366页。

导的结论将于本章末提供。

下表中列出我们所知的包括有就眠植物的所有的属，安排方法和以前的表相同，并附注科号。这个表有值得注意处，因它表明就眠的习性在整个维管植物系中是少数植物所共有的。表中大部分属曾为我们自己多多少少仔细观察过；但是有些属是根据别人的观察（他们的名字在表中附列于后）提供的，关于这些属我们没有更多的话要说。毫无疑问，这个表很不完善，可以从林奈所著的《植物的就眠》一书中找到几个属补充进去；但是我们不能判断，他的有些例证中的叶片在夜间是否为近于竖直位置。他认为有些植物是就眠的，例如，香豌豆（*Lathyrus odoratus*）和蚕豆，在这两种植物中我们没有看到值得称作就眠的运动，因为没有人能够怀疑林奈的准确性，我们还没有把握。

包括有叶子就眠的植物种的科属名表

纲Ⅰ　双子叶植物

亚纲Ⅰ　被子植物

属	科
麦仙翁属	石竹科(26)
繁缕属(巴塔林)	石竹科(26)
马齿苋属(Ch. 罗耶)	马齿苋科(27)
黄花稔属	锦葵科(36)
苘麻属	锦葵科(36)
锦葵属(林奈和普费弗)	锦葵科(36)
木槿属(林奈)	锦葵科(36)
阿诺达草属	锦葵科(36)
棉属	锦葵科(36)
爱尼亚属(*Ayenia*)(林奈)	梧桐科(37)
刺蒴麻属(林奈)	椴科(38)
亚麻属(巴塔林)	亚麻科(39)
酢浆草属	酢浆草科(41)
阳桃属	酢浆草科(41)
波里尔属	蒺藜科(45)
愈疮木属	蒺藜科(45)
凤仙花属(林奈、普费弗、巴塔林)	凤仙花科(48)
旱金莲属	旱金莲科(49)
野百合属(猪屎豆属)(西塞尔顿·戴尔)	豆科(75)，族Ⅱ
羽扇豆属	豆科(75)，族Ⅱ
金雀花属	豆科(75)，族Ⅱ
胡卢巴属	豆科(75)，族Ⅲ
苜蓿属	豆科(75)，族Ⅲ
草木樨属	豆科(75)，族Ⅲ
车轴草属	豆科(75)，族Ⅲ
叶萩属	豆科(75)，族Ⅳ
百脉根属	豆科(75)，族Ⅳ
补骨脂属	豆科(75)，族Ⅴ

紫穗槐属(迪夏特尔,Duchartre)	豆科(75),族V
戴尔亚草属	豆科(75),族V
木蓝属	豆科(75),族V
灰毛豆属	豆科(75),族V
紫藤属	豆科(75),族V
洋槐属	豆科(75),族V
苦马豆属	豆科(75),族V
膀胱豆属	豆科(75),族V
黄芪属(紫云英属)	豆科(75),族V
甘草属	豆科(75),族V
小冠花属	豆科(75),族VI
岩黄蓍属	豆科(75),族VI
驴豆属	豆科(75),族VI
膜苞豆属	豆科(75),族VI
落花生属	豆科(75),族VI
山蚂蝗属	豆科(75),族VI
兔尾草属	豆科(75),族VI
蚕豆属	豆科(75),族VII
距瓣豆属	豆科(75),族VIII
两型豆属	豆科(75),族VIII
大豆属	豆科(75),族VIII
刺桐属	豆科(75),族VIII
甜芹属	豆科(75),族VIII
菜豆属	豆科(75),族VIII
槐属	豆科(75),族X
云实属	豆科(75),族XIII
采木属	豆科(75),族XIII
皂荚属(迪夏特尔)	豆科(75),族XIII
黄蝴蝶属	豆科(75),族XIII
决明属	豆科(75),族XIV
羊蹄甲属	豆科(75),族XV
酸豆属	豆科(75),族XVI
海红豆属	豆科(75),族XX
牧豆树属	豆科(75),族XX
假含羞草属	豆科(75),族XX
含羞草属	豆科(75),族XX
施兰克亚木属	豆科(75),族XX
金合欢属	豆科(75),族XXII
合欢属	豆科(75),族XXIII
白千层属(布歇)	桃金娘科(94)
月见草属(林奈)	柳叶菜科(100)
西番莲属	西番莲科(105)
豨莶草属	菊科(122)
甘薯属	旋花科(151)
烟草属	茄科(157)
紫茉莉属	紫茉莉科(177)
蓼属(巴塔林)	蓼科(179)

苋属	苋科(180)
藜属	藜科(181)
稻花属(布歇,Bouché)	瑞香科(188)
大戟属	大戟科(202)
叶下珠属	大戟科(202)

亚纲Ⅱ　裸子植物

冷杉属(查汀,Chatin)

纲Ⅱ　单子叶植物

再力花属	美人蕉科(21)
竹芋属	美人蕉科(21)
芋属	天南星科(30)
峨利禾属	禾本科(55)

纲Ⅲ　无子叶植物

苹属	苹科(4)

野生麦仙翁(石竹科)——幼嫩实生苗形成的最初几片叶子在夜晚上举并且合拢在一起。一株相当老的实生苗,其两片幼叶在中午时位于水平线上55°,夜晚为86°,因而每一片已上举31°。可是在有些情况下上举的角度较小。对几乎成熟的植株的幼叶(因较老的叶子运动很小)偶然也做过同样的观察。巴塔林说(《植物志》10月1日,1873年,437页),繁缕属的幼叶在夜间完全闭合,以致它们一起形成一些大型的芽。

黄花稔属(锦葵科)——这一属中叶子的感夜运动在有些方面值得注意。巴塔林告诉我们(《植物志》10月1日,1873年,437页),林谷黄花稔(*Sida napaea*)的叶子夜晚下垂,但是下垂到什么角度,他记忆不起。黄花稔和微凹黄花稔(*S. retusa*)的叶子却竖直上举,并压在茎上。我们这里因而在同一个属里有完全相反的运动。黄花稔的叶子有叶枕,它是由一群缺乏叶绿素的小细胞组成的,其长轴垂直于叶柄轴。沿叶柄轴测量,这些细胞的长度仅为叶柄细胞长度的$\frac{1}{5}$;但是它们不像大多数植物内叶枕与叶柄的较大细胞截然划分的一般情况那样,而是逐渐过渡到后者的大小。另一方面,根据巴塔林所说,林谷黄花稔则没有叶枕,并且告诉我们,可以在这个属里的几个种中找到这两种叶柄状态的过渡形式。黄花稔还有另一个特点,我们没有在任何其他有就眠叶子的例证中看到过:很幼嫩的植株的叶子,虽然在傍晚时略有上举,但是不就眠,我们在几个场合下都观察到这个现象;而较老植株的叶子却很明显地就眠。例如,一株高2英寸的很幼嫩实生苗的叶子(长0.85英寸),中午时位于水平线上9°,晚10时为28°,因而它只上举19°;在一同样高的实生苗上另一片叶(长1.4英寸),在上述同样时间为7°和32°,因而曾上举

25°。移动这样小的这些叶子，具有发育相当好的叶枕。过了几个星期，当同一些实生苗的高度为2.5英寸和3英寸时，有些幼叶在夜间上举得很竖直，其他一些高度倾斜。已成熟并且正开花的灌木也是如此。

从5月28日上午9时15分到30日上午8时30分追踪了一片叶的运动。温度太低（15～16℃），光照不够充足，因而叶子在夜间的倾斜程度就不如它们以前曾达到的，也不如以后在暖室中的高度；但是运动没有出现另外的干扰。在第一天，叶子下垂直到下午5时15分；然后它很快大幅度上举，直到晚10时5分；夜晚以后的时间内，它仅稍微上举（图126）。次日（29日）清晨，它以轻微曲折的路线迅速下垂，直到上午9时，此时它已几乎到达前一天清晨所处的位置。随后它缓慢下垂，并向侧方曲折运动。傍晚的上举开始于下午4时，方式同前，次日清晨它又迅速下垂。上升线和下降线没有吻合，可从图中看出。30日，在一放得相当大的标度上绘制了一个新描的图（这里没有提供），叶尖现在距竖立玻璃板9英寸。为了仔细观察日间下垂改变到夜晚上举这段时间内所经过的路线，从下午4时到晚上10时半，每半小时记点。这便使傍晚时的侧向曲折运动比已提供的描图中更为明显，但是它和图中表示的性质相同。给我们的印象是，叶子在付出过多的运动，因而夜晚的大幅度上举不致在过早的时间出现。

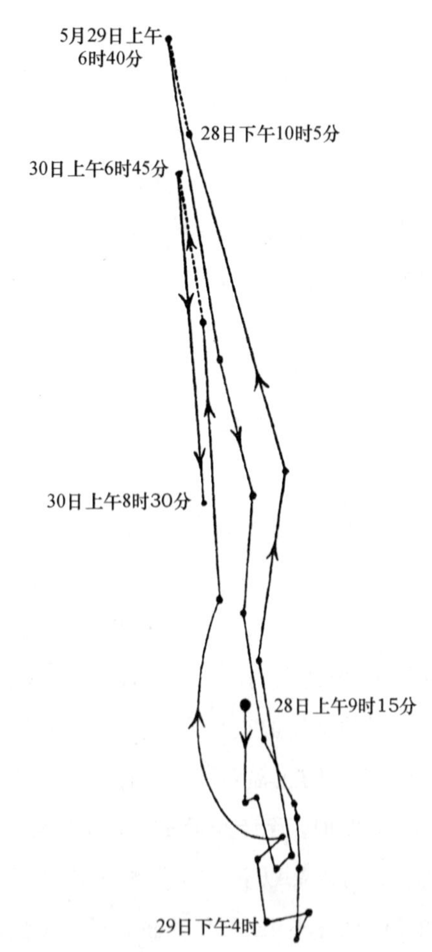

图126 黄花稔 一高9.5英寸的幼嫩植株上一片叶的转头和感夜（就眠）运动：玻璃丝固定于一长$2\frac{3}{8}$英寸几乎完全长成的叶片的中脉；运动在天窗下描绘。（叶尖距竖立玻璃板$5\frac{5}{8}$英寸，因此图像放大不多）

达尔文氏苘麻（锦葵科）——很幼嫩植株上的叶子在白天呈水平位置，夜间竖直下垂。在一间只从屋顶照明的大厅内，存放着非常漂亮的几株植物，它们在夜间没有就眠，因为叶子在就眠之前必须在白天受到很好光照。子叶不就眠。林奈说，他的苘麻黄花稔（*Sida abutilon*）的叶子在夜间竖直下垂，虽然叶柄上举。普费弗教授告诉我们，一种与锦葵（*Malva sylvestris*）相近的植物，叶子在夜间上举很高。这个属，以及木槿属，都被林奈包括在其就眠植物名单内。

赖蒂氏阿诺达(锦葵科)——很幼嫩的植株所形成的叶子,当长到中等大小时,夜间或是竖直下垂或是下垂到水平线下约45°角;夜间下垂的角度有相当大的变动,一部分原因是根据它们在白天受到光照的程度。但是叶子在很幼嫩的时候,在夜间不下垂,这是一个很不寻常的情况。与叶片相连处的叶柄顶端,发育成叶枕,这在不就眠的很幼嫩的叶子里便已存在,只是它不像在较老的叶内那样明显。

棉属(南京棉品种,锦葵科)——两株高为6英寸和7.5英寸的实生苗所形成的长1~2英寸的叶子,在7月8日和9日中午,或是呈水平位置或是上举到稍微高于水平线;但是到晚上10时,它们已下垂到水平线下68°~90°之间。当这两株实生苗长到上述高度的两倍时,它们的叶子在夜间下垂到几乎或完全垂直。几大株滨海棉(*G. maritimum*)和巴西棉(*G. Brazilense*),存放在光照很差的温室内,只偶然在夜间下垂得很多,不过很难达到可称为就眠的程度。

酢浆草属(酢浆草科)——这个大属里的大部分种,3片小叶在夜间竖直下垂;但是它们的亚叶柄很短,叶片由于缺乏空间便不能取得这个位置,除非它们以某种方式变得窄些,这是靠它们多多少少合拢起来达到的(图127)。同一片小叶的两半所形成的角度,随几个种的不同个体在92°~150°之间变动;芳香酢浆草(*Oxalis fragrans*)的3片折叠最好的小叶,这个角度为76°、74°和54°。同一片叶子的3个小叶中,角度也常不同。当小叶在夜间下垂并且合拢起来,便使它们的下表面彼此靠近(见B),或者甚至紧密接触;从这个情况看,可以设想折叠的目的是保护它们的下表面。如果是这样的话,它便会成为以下规律的一个非常明显的例外,即为防止辐射伤害在保护叶子两个表面的程度上有什么区别的话,总是上表面受到最好的保护。至于小叶的合拢,以及它们的下表面随之相互接近,只是帮助它们能竖直下垂。这可以从以下事实推测出来,即当小叶不是从一个共有的叶柄顶端辐射的时候,或是当亚叶柄并不很短,有足够空间的时候,小叶下垂时并不合拢。敏感酢浆草、普勒密氏酢浆草(*Oxalis Plumierii*)和紫叶酢浆草(*O. bupleurifolia*)的小叶便是如此。

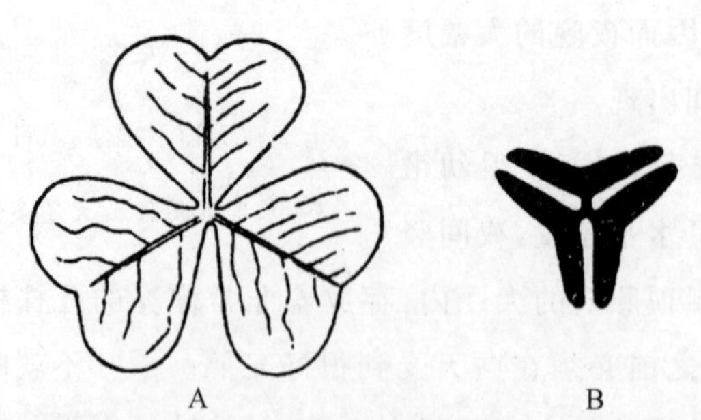

图127 白花酢浆草 A. 叶子从竖直上方观察;B. 就眠叶子的图式,也是从竖直上方观察。

以上述方式就眠的种很多，列出一个长名单没有什么用处。凡是叶子相当肉质化的，如纺锤根酢浆草；或是有大叶的，如奥特吉氏酢浆草（*O. Ortegesii*）；或是有4片小叶的，如多变酢浆草（*O. variabilis*）都是如此。然而，还有几个种没有就眠现象，即五叶酢浆草（*O. pentaphylla*）、九叶酢浆草（*O. enneaphylla*）、硬毛酢浆草（*O. hirta*）和红色酢浆草（*O. rubella*）。我们现在将描述几个种的运动性质。

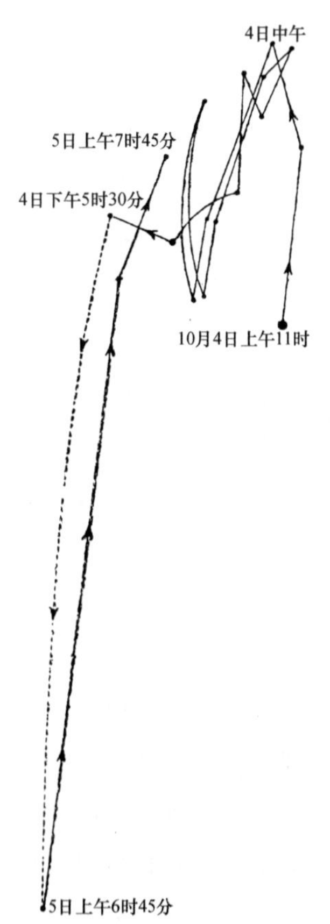

图128 白花酢浆草 一片几乎充分长成的叶子的转头与感夜运动：玻璃丝连接在一片小叶的中脉上，在一竖直玻璃板上追踪20小时45分钟。

白花酢浆草——一片小叶的运动，和主叶柄的运动一起，如图128所示，这是自10月4日上午11时到5日上午7时45分描绘的。4日下午5时30分以后，小叶下垂很快，在傍晚7时便竖直下垂。在它取得这个竖直位置以前有一段时间，当然便已不再可能在竖直玻璃板上追踪它的运动，在这个种以及所有其他例证中，图中虚线应当向下延长很远。次日清晨6时45分，它已上举很多，在下一小时内还继续上举；但是，从其他观察判断，它不久便会开始重新下垂。从上午11时到下午5时30分，小叶在夜间大幅度下垂开始之前，至少向上运动4次，向下4次；在中午时它达到它的最高点。对另外两片小叶作了同样观察，得到几乎相同的结果。萨克斯和普费弗也曾扼要地[①]描述了这种植物叶子的自发运动。

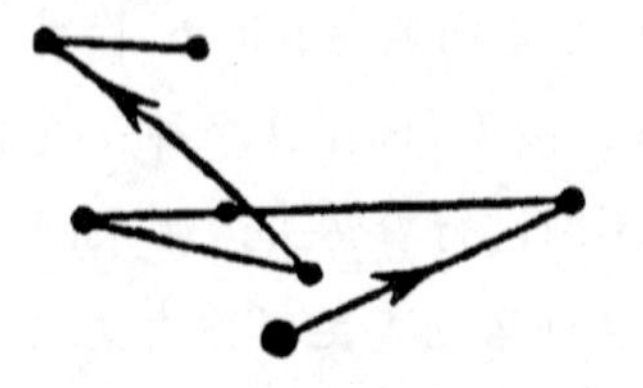
图129 白花酢浆草 小叶就眠时的转头运动：在一竖直玻璃板上追踪3小时40分钟。

另外一次试验中，将叶柄固定于紧靠在小叶下方的小棍上，并将末端黏结有一滴封蜡小珠的玻璃丝固定于一片小叶的中脉，紧靠着它的后面放置标记。下午7时，当小叶就眠时，玻璃丝竖直下垂，小珠的运动随后追踪到夜晚10时40分，如图129所示。我们这里看到，

① 萨克斯，在《植物志》，1863年，470页等；普费弗，在《周期性，运动》，1875年，53页等。

小叶在就眠时，做少量的从一侧到另一侧的运动和少量的上下运动。

智利酢浆草——叶子与上一种的相似，两片小叶（其主叶柄都被固定）的运动跟踪了两天；但是没有提出追踪图，因为它与白花酢浆草的图形相像，只是上下振荡在白天没有那么频繁，并且有更多的侧向运动，因而画出了更宽的椭圆形。叶子在清晨觉醒得很早，因为在6月12日和13日早上6时45分，它们不仅已经举到全高度，并且已经开始下垂，就是说，它们正在进行转头运动。我们在上一章已看到，子叶在夜间是竖直上举，而不是下垂。

奥特吉氏酢浆草——这种植物的大叶就眠情况和前几种的相同。主叶柄很长，一幼叶的主叶柄自中午到晚10时上举20°，而一较老叶的叶柄只上举13°。由于叶柄这样上举，以及大型的小叶竖直下垂，叶子在夜间便拥挤在一起，整株植物暴露于辐射的表面便比白天小得多。

普勒密氏酢浆草——这种植物的3片小叶并不是围绕着叶柄的顶端，而是顶端小叶沿着叶柄的方向伸出，叶柄两侧各有一片侧生小叶。它们都是靠向下竖直弯曲而就眠，但是一点也不合拢。叶柄相当长，将其固定于小棍上，在一竖立玻璃板上追踪顶端小叶的运动45小时。它以一种很简单的方式运动，下午5时以后很快下垂，次日清晨很快上举。在一天的中间时间，它缓慢地运动并且有些侧向。因此，上举线和下垂线并不吻合，每天作出一单个很大的椭圆形，没有转头运动的其他证据。这件事值得注意，我们以后还要谈到。

敏感酢浆草——和前一种植物一样，小叶在夜间向下垂直弯曲，没有折叠合拢。伸得很长的叶柄在傍晚时上举得相当高，但是有些很幼嫩的植物里，上举直到夜间很晚才开始。我们已经看到，子叶在夜间是竖直上举，而不是像小叶那样下垂。

紫叶酢浆草——这种植物的叶柄为叶状，像很多种金合欢属植物的叶状叶柄，于是引起注意。小叶较小，与叶状叶柄比较起来绿色更淡，质地更柔软。所观察的小叶长0.55英寸，其叶柄长2英寸，宽0.3英寸。可能会怀疑小叶是走向败育或消失，像另一个巴西种假叶树状酢浆草（*O. rusciformis*）真正发生的那样。然而，现在这个种完善地表现了感夜运动。先观察了叶状叶柄48小时，发现它是在不断进行着转头运动，如图130所示。在白天和前半夜上举，在后半夜和清晨下垂；但是这种运动不足以称为就眠。上升路线和下降路线不吻合，于是每天形成一个椭圆形。只有少量曲折；如果玻璃丝曾是纵向固定的，我们可能看到有比图中表现的更多的侧向运动。

随即观察了另一片叶的顶端小叶（将叶柄固定），其运动如图131所示。在白天小叶水平伸展，夜晚竖直下垂；因叶柄在白天上举，小叶在傍晚便不得不向下弯曲90°以上，才能取得夜间竖直位置。在第一天，小叶只简单地上下运动；第二天，它从上午8时到下午4时半有明显的转头运动。此后便开始傍晚的大幅度下垂。

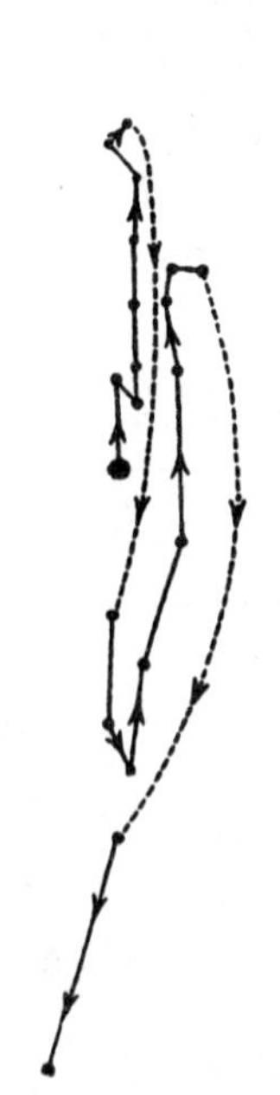

图 130 紫叶酢浆草 叶状叶柄的转头运动：玻璃丝斜着跨叶柄底端固定；从 6 月 26 日上午 9 时到 28 日上午 8 时 50 分，在一竖立玻璃板上描绘其运动。植株高 9 英寸，从上部照明，温度为 23.5～24.5℃。（小叶尖端距玻璃板 4.5 英寸，因此运动放大不多）

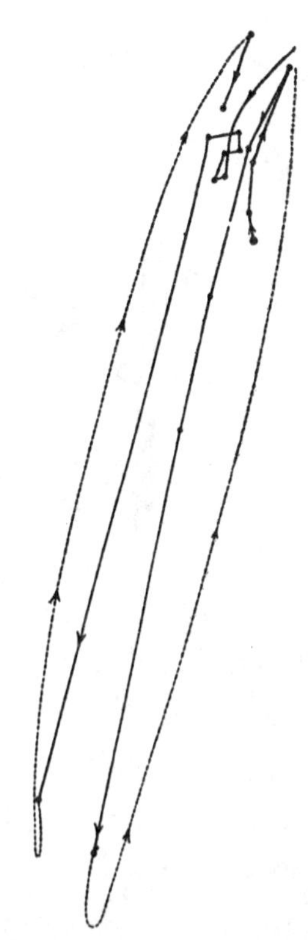

图 131 紫叶酢浆草 顶端小叶的转头和感夜运动：玻璃丝沿中脉固定；从 6 月 26 日上午 9 时到 28 日上午 8 时 45 分，在一竖立玻璃板上描绘。条件同前。

三捻(***Averrhoa bilimbi***)(酢浆草科)——早已知道[①]：第一，这一属的小叶就眠；第二，它们在白天自发地运动；第三，它们对接触敏感。但是在这些方面，它们和酢浆草属的种都没有什么重要区别。然而，R. L. 林奇先生[②]近来指出过，它们的不同之处在于它们的自发运动很明显。在一暖和的晴天，观察三捻的小叶一个跟着一个很快地下垂，再缓慢地上举，真是一个奇观。它们的运动可以和舞草的媲美。夜间，小叶竖直下垂；现在它们不动，这可能由于相对的小叶彼此紧贴在一起(图 132)。主叶柄在白天不断地运动，但是没有对它做过仔细观察。以下的几个曲线图表示一给定小叶与垂直线所作的角度的变动。观察是按以下方式进行的：将生长在花盆中的植株维持于高温下，要观察的叶子的叶柄直对观察者，中间隔着一层竖立玻璃板。将叶柄固定，以致使一片侧生小叶的基部关节，或叶枕，位于紧放在小叶后面的一个有刻度的弧的中央。将一细玻璃丝固定

---

① 见布鲁斯(Bruce)博士，《哲学会报》(*Philosophical Trans.*)，1785 年，356 页。

② 《林奈学会会志》，第 16 卷，1877 年，231 页。

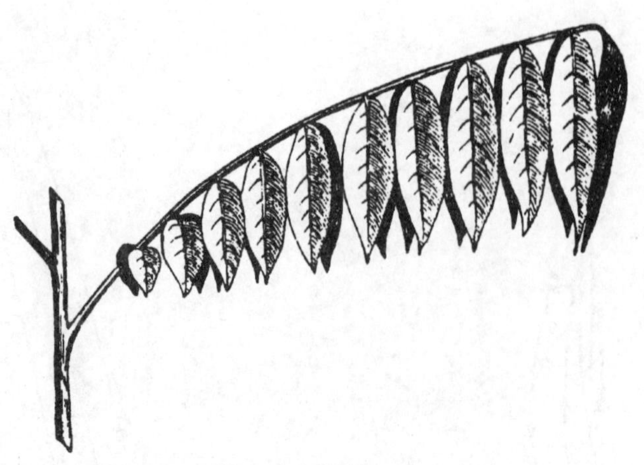

图 132　三捻　叶在就眠。(图形有缩小)

到叶子上,使它像中脉的延长物那样伸出。这根玻璃丝的作用有如一个指标:当叶子升降,在其基部关节转动时,可以靠在短时间间隔读出玻璃丝在有刻度的弧上的位置,记录下它的角运动来。为了避免视觉的误差,所有的读数都是通过漆在竖立玻璃板上的一个小环观察,小环与小叶关节和有刻度的弧的中央成一直线。在以下图解中,纵坐标代表小叶在相继时刻与①垂直线所作的角度。于是,曲线中的下降代表叶子的真正下垂,零度线代表竖直悬垂位置。图 133 代表小叶在傍晚刚一开始取得夜间位置时所发生的运动

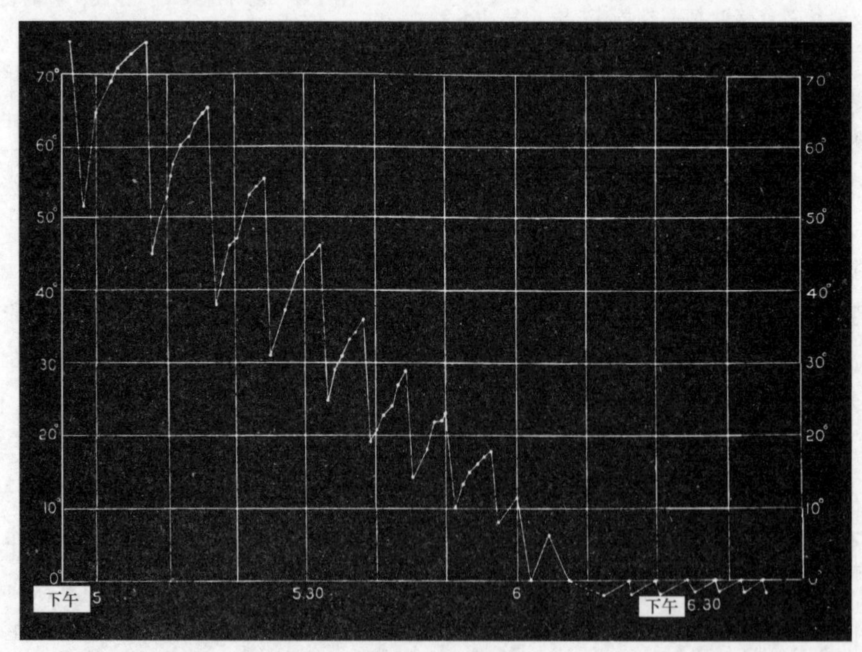

图 133　三捻　小叶在傍晚下垂进入就眠时的角运动:温度 78～81℉。

① 在所有曲线图解中,横坐标中每毫米代表一分钟的时间,纵坐标中每毫米代表一度角运动。在图 133 和图 134 中,温度在坐标(纵坐标)中表示,每 0.1℃相当于 1 毫米。图 135 中,每毫米等于 0.2℉。

的性质。下午 4 时 55 分，小叶与垂直线作 85°角，或是只在水平线下 5°；但是，为了使这个图载入我们的篇幅，只表示小叶从 75°下降而不是 85°。下午 6 时后不久，它竖直下垂，已达到它的夜间位置。在下午 6 时 10 分到 6 时 35 分之间，它表现了几个小振荡，每个约 2°，所占周期为 4 分钟或 5 分钟。小叶随后的完全休息状态没有在图解中表示出来。明显的是，每个振荡包括一个逐渐上升，随之一个突然下降。小叶每次下降都比上一次降落更接近夜间位置。振荡的振幅在减小，这时振荡的周期变得更短。

在明亮的光照下，小叶采取非常倾斜的悬垂位置。观察了漫射光下的小叶上举 25 分钟。随即将百叶窗拉起，使植物受到明亮的光照（图 134 中 BR），在 1 分钟内它便开始下降，最后下降了 47°，如图中所示。这次下降是由六个下降步骤完成的，这些步骤与实现夜间下垂的恰恰相似。随后将植物重新遮阴（SH），便发生一个长时间的缓慢上升；直到再让太阳进来时，即于 BR′处，开始了另一系列下降。在这个试验中，当拉起百叶窗的同时，可开窗使冷空气进入，因而虽然太阳照射到植株上，温度并没有增高。

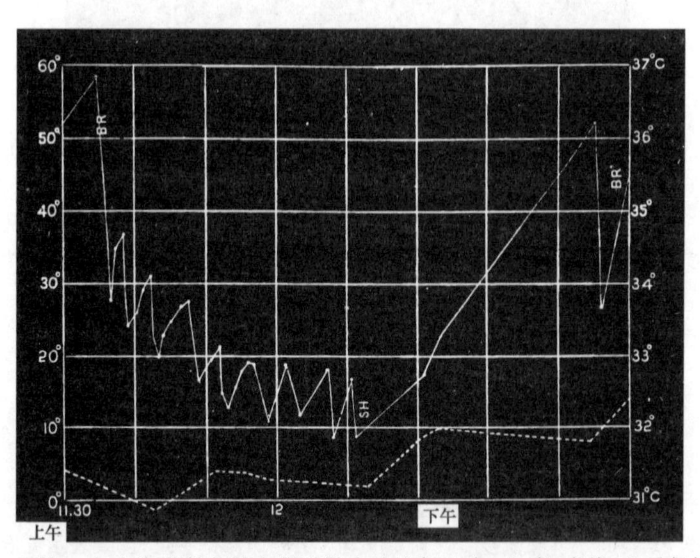

图 134　**三捻**　小叶从明亮光照改变到阴暗时的角运动：温度（虚线）几乎保持相同。

在漫射光下温度增加的效应示于图 135。温度在上午 11 时 35 分开始上升（由于点火的结果），但是到 12 时 42 分发生了明显的降低。可从图解中看出，当温度最高时，有小幅度的快速振荡，这时小叶的平均位置与垂直线较近。当温度开始降低，振荡变得慢些且大些，叶子的平均位置又接近水平线。振荡速率有时比上图中表示得更快。于是，当温度在 31～32℃之间，在 19 分钟内便发生了 14 次几度的振荡。另一方面，振荡可能慢得多，例如，曾观察到一小叶（在温度 25℃下）上举 40 分钟后才下降并完成它的振荡。

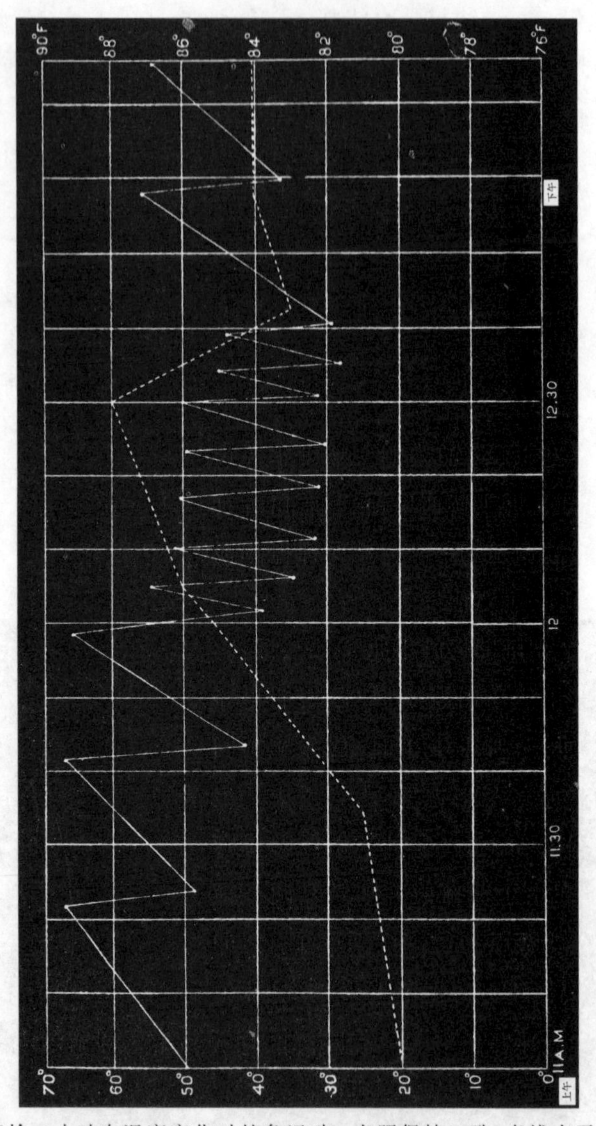

图 135　三捻　小叶在温度变化时的角运动：光照保持一致，虚线表示温度变化。

Porlieria hygrometra（蒺藜科）——这种植物（智利型）的叶子长 1～1.5 英寸，两侧可长出 16 或 17 片小叶之多，它们互不对生。叶片到叶柄、叶柄到枝条都由叶枕连接。我们必须先提出，在这同一个种名下显然混有两种类型：一种是邱园植物园送给我们的，来自智利的灌木，它的叶子有许多小叶；另一种是维尔茨堡植物园的，只生长 8 或 9 对小叶；并且两种灌木的所有特性都有些不同。我们还将看到，它们在生理特性上也有明显区别。在智利种植株的直立枝条上，幼叶的叶柄在白天为水平方向，夜间竖直下垂以致与下面的枝条平行并靠拢。较老叶子的叶柄在夜间没有下垂到竖直位置，只是倾斜很厉害。在一例中，我们找到一个垂直向下生长的枝条，它上面的叶柄以上述相对于枝条的

同一方向运动，因而是向上运动。在水平枝条上，较幼嫩的叶柄在夜间也按同于以前的方向运动，即朝向枝条，因而是水平伸展。但是值得注意的是，在同一枝条上的较老叶柄，虽然向相同方向移动少许，也向下弯曲；它们于是和直立枝条上的叶柄比较起来，所占据的相对于地心和相对于枝条的位置，都有些不同。至于小叶，它们在夜间朝向叶柄顶端运动，直到它们的中脉几乎与它平行，它们于是很整齐地依次重叠。因而每片小叶上表面的一半与紧前一片小叶下表面的一半紧密接触，并且所有的小叶，只有最下面的除外，都使它们的全部上表面和一半下表面很好地保护起来。同一叶柄上相对两侧的小叶，并不像许多豆科植物的小叶那样，在夜间紧密接触，而是被一个开口的沟相隔开，它们也不能准确地吻合，因为它们是互生的。

一直立枝条上的一片叶长 0.75 英寸，其叶柄的转头运动观察了 36 小时，结果示于图 136。在第一天早上，叶子先稍微下垂，随后上举直到下午 1 时。这可能是由于它当时是通过上面的天窗照明的，然后它在很小的规模上围绕着同一地点进行转头运动直到下午 4 时，这时大幅度的傍晚下垂开始。在后半夜或次晨很早，叶子又上举。第二日早晨，它一直下垂，直到下午 1 时，这毫无疑问是它的正常习性。从下午 1 时到 4 时，它以曲折线上举，不久之后开始大幅度的傍晚下垂动作。这样，它在 24 小时内完成了一个双振荡。

图 136　*Porlieria hygrometra*　叶柄的转头和感夜运动：从 7 月 7 日上午 9 时 35 分到 8 日午夜左右描绘。叶尖距竖立玻璃板 7.5 英寸。温度为 19.5～20.5℃。

由鲁伊斯(Ruiz)和佩万(Pavon)给这种植物所起的这个种名表示，在它的干燥原产地，它是以某种方式受到大气干燥度和湿度[①]的影响。在维尔茨堡植物园，有一个植株种在室外花盆里，每天浇水；另一株种在地里，从未浇过水。在一段干热气候之后，这两株植物的小叶在状态上有很大区别：在开阔地里没有浇过水的植株上的小叶，在白天保持半合拢，甚至完全合拢。但是从这个灌木上切下的枝条，使其底端浸入水内，或全部浸水，或存放在玻璃钟罩下的潮湿空气内，虽然暴露于炎热的阳光下仍将叶子开放；而在地里的植株上仍旧闭合。这同一植株上的叶子，在大雨之后，保持开放两天；

① 《秘鲁与智利的植物分类》，第 1 卷，1798 年，95 页。我们不能理解作者们关于这种植物在其原产地的行为的叙述。其中谈到很多关于它预报气象变化的本领，看来好像主要是天空的亮度决定小叶的张开和闭合。

然后它们变得半闭合两天，再过一天后便完全闭合。这个植株现在充分浇水，次日清晨小叶完全展开。另一株生长在花盆内的植物，在浇过大雨之后，放置在试验室内窗前，其小叶展开，在48小时内在白天它们保持不变，但是再过一天后便半闭合。随后给这个植株浇水，在以后两天内小叶继续张开。在第三天它们又半闭合，但是再浇水后又保持开放两天。从这几个事实我们可以下结论：这种植株很快感觉到缺水。一旦发生这种情况，它便将小叶半闭合或完全闭合，这些小叶在重叠状态只有少量表面暴露蒸发。因此，这种在土壤干燥时发生的类似就眠的运动，可能是对防止水分损失的一种适应。

一株灌木约高4英尺，原产于智利，长满叶子，行为很不相同，因在白天它从不闭合它的小叶。在6月6日，它生长的小花盆中的土壤显得非常干燥，便浇了很少量水。21天和22天以后(即27日和28日)，在这整个时期内，植物没有得到一滴水，叶子开始蔫萎，但是它们没有在白天闭合的迹象。除去肉质植物以外，任何植物能够在像路上尘土那样干燥的土壤中维持生存，几乎难以置信。在29日，当摇动这灌木时，有些叶子脱落，留下的叶子不能在夜间就眠。因而在傍晚给它适当浇水，并用喷水器冲洗。次日(30日)清晨，这株灌木像过去一样新鲜，叶子在夜间就眠。可以补充提一下，生长在这株灌木上的一个小枝条，曾用一膀胱罩封在盛有半瓶石灰的大瓶里13天，里面的空气必然非常干燥；然而这个枝条上的叶子一点也没有受害，在最热的几天也根本没有闭合。另一个试验是在8月2日和6日(在这后一天土壤看来极为干燥)用同一株灌木做的，因为它在整天内暴露于室外风下，但是小叶没有闭合的迹象。智利型因而与乌兹堡的有很大区别，它在受到缺水灾害时不闭合小叶，并且它在没有水时能生活一段令人惊奇的长时间。

旱金莲(?，栽培种)(旱金莲科)——花盆中的几株植物放在温室内，面对前面光线的叶片在白天高度倾斜，在夜间竖直；而在花盆背面的植株，虽然也经屋顶照明，在夜间不呈竖直位置。最初我们想，它们在位置上的差异是由于受到向光性某种方式的影响，因为叶子的向光性很强。然而，确实的解释是：除非它们在白天至少有一部分时间很好照光，否则它们在夜间便不就眠，并且在照光程度上的微小差别便决定它们是否在夜间呈竖立状态。我们还没有看到过像这样明显的例证，表明以前的照光对感夜运动的影响。这种植物的叶子在它们于清晨上举或觉醒的习性上也表现了另一种特殊性，即比夜间下垂或就眠的习性更强地固定或遗传下来。这个运动是由于长0.5～1.0英寸的叶柄上部的弯曲所致；但是紧靠叶片那部分长约$\frac{1}{4}$英寸的叶柄并不弯曲，总是保持与叶片成直角。叶柄的弯曲部分与其余部分比较起来，在结构上没有任何外部和内部差异。我们现在将提出上述结论所根据的实验。

将种有几株植物的大花盆在9月3日清晨从温室移出，放在一东北窗前，尽可能使它在光的方面保持和以前相同的位置。在植株的前方，有24片叶用线做了记号，其中有些叶子的叶片是横向伸展的，但是大多数是倾斜于水平线下约45°；在夜间，它们全部无一例外地都成为竖直状。次日(4日)清晨，它们恢复原来的位置，夜间又变成竖直。在5日清晨6时15分打开百叶窗，到上午8时18分，在叶子已被照射2小时3分钟并取得它们在白天的位置之后，将植株放在一黑暗食橱内。白天观察它们两次，傍晚3次，最后一次在10时半，没有一片叶变成竖直状。次日(6日)清晨8时，它们仍保持同样的日间位置，现在将它们再放回到东北窗前。夜间，所有曾面对光照的叶子，叶柄弯曲，叶片竖直；而在植物后方的叶子，虽然它们受到室内漫射光的适度照射，却没有一片是竖直的。现在将它们在夜间放在同一暗橱内；次日(7日)上午9时，所有曾就眠的叶子已恢复它们的日间位置。随即将花盆放在阳光下3小时以刺激植物，在中午将它们放在同一扇东北窗前，叶子在夜间按一般方式就眠，并在次日清晨觉醒。这一天(8日)中午，在植物曾留在东北窗前5小时45分钟照光后(虽然并不明亮，因在整个时间内天空有云)，再将花盆放到暗橱内；下午3时，叶子的位置如有所改变的话，也是很小，因而它们不是很快便受到黑暗的影响；但是到晚上10时15分，所有曾在5小时45分钟照光时间内面对东北窗的叶子都竖直站立，而在植物背面的叶子则保持日间位置。次日(9日)清晨，叶子像前两次在黑暗中的情况那样觉醒，把它们整天存放在黑暗中；夜间，很少几片叶子成为竖立，这是我们观察到的这种植物中有适当时间就眠的任何遗传趋向或习性的一例。这同一些叶子于次日(10日)晨在仍存放于黑暗中的情况下，便恢复了它们的日间位置，这证明是真正的就眠。

花盆在存放于黑暗中36小时后，又(10日上午9时45分)被重放在东北窗前；到了夜间，所有叶子的叶片(除去少数在植株背面的以外)都明显地变成竖直站立。

11日早6时45分，在植物像以前一样于同一侧仅照光25分钟以后，将花盆转动，使曾朝向光的叶子现在朝向室内，没有一片叶在夜间就眠；而有不多几片叶子，原来是面对屋子后方的，从来没有很好照光或就眠，现在于夜间取得竖直位置。次日(12日)，把植株转到原来位置，使同一些叶子像以前一样朝向光，这些叶子现在按通常方式就眠。我们只补充一点，有些存放在温室内的幼嫩实生苗，第一对真叶的叶片(子叶是地下生的)在白天几乎呈水平位置，夜间几乎竖直站立。

随后对3片朝向东北窗的叶子的转头运动作了少量观察，但是没有提出描图，因叶子有些移向光源。然而，明显的是，它们在白天上升和下降多于一次，上升和下降路线有些部分是非常曲折的。夜间下垂约于傍晚7时开始，次日清晨6时45分，叶子已上举很高。

豆科植物——这个科包括有就眠植物种的属，多于所有其他各科加在一起。每个属所属的族号，按照本瑟姆(Bentham)和胡克(Hooker)的安排，已经加上。

野百合属(猪屎豆属)(种?)(族2)——这种植物是单叶，我们从T.西塞尔顿·戴尔先生得知，叶子在夜间竖直上举并紧贴在茎上。

羽扇豆属(族 2)——这个大属里的种有掌状叶或指状叶，它们以 3 种方式就眠。最简单的一种是，所有的小叶在白天水平伸展，夜间向下倾斜得很厉害。这种运动如图 137 所示。图中为疏柔毛羽扇豆(*L. pilosas*)的一片叶，白天从竖直上方观察，另一片叶就眠，其小叶向下倾斜。在这个位置上它们挤在一起，它们又不像酢浆草属的小叶合拢起来，它们因而不能占据一个竖直悬垂位置，但是它们常倾斜到水平线下 50°角。在这个种中，小叶下垂时，叶柄上举，在两例中，上举角度测量到 23°。得克萨斯羽扇豆(*L.* sub. *carnosus*)和乔木状羽扇豆(*L. arboreus*)的小叶，白天水平伸展，夜间以同样方式下垂，前一种下垂到水平线下 38°，后一种到 36°，但是它们的叶柄没有任何可明显察觉的运动。然而，如果对上述 3 个种以及以下一些种的大量植株在所有季节加以观察，很可能就会发现有些叶子以不同方式就眠，我们即将看到。

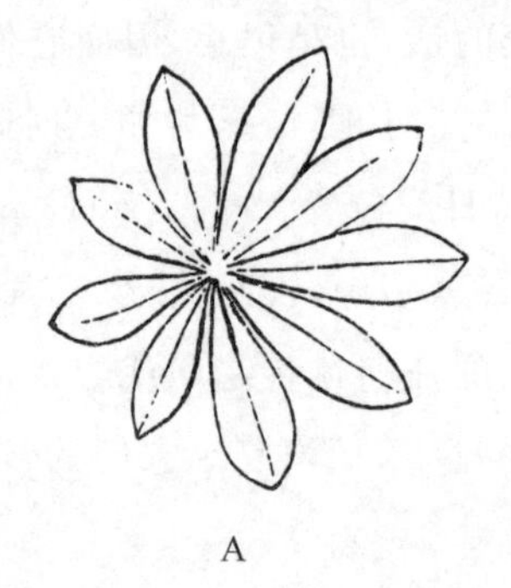
A

B

图 137 疏柔毛羽扇豆 A. 白天从竖直上方观察叶子；B. 叶就眠，夜间从一侧观察。

在以下两个种中，小叶在夜间上举而不是向下运动。哈特威格氏羽扇豆(*L. Hartwegii*)的小叶中午时的位置为水平线上 36°平均角，夜间为 51°，于是形成一个中空的圆锥形，侧面相当陡峭，一片叶的叶柄夜间上举 14°，另一片叶 11°。黄花羽扇豆的一片小叶在夜间从中午时的水平线上 47°上举到 65°，在另一片叶上的小叶从 45°上举到 69°。可是叶柄在夜间稍有下垂，在 3 例中下垂的角度为 2°、6°和 9°30′。由于叶柄的这种运动，外部较长的小叶不得不比内部较短的弯得稍多一些，以使所有小叶在夜间都对称地站立。我们即将看到，在同一些黄花羽扇豆植株上，有些叶子以很不同的方式就眠。

我们现在要谈到叶子就眠时的特殊位置，这对几种羽扇豆是共有的现象。在同一片叶上，较短的小叶，它们一般面向植株的中心，在夜间下垂，而在对面一侧的较长小叶则上举；中等长短的侧生小叶只在它们自己的轴上扭转。至于哪一片小叶上举或下垂，有一些变动。可以从这种多样而复杂的运动估计到，每片小叶的基部发育成(至少在黄花羽扇豆例证中)叶枕。其结果是，同一片叶的所有小叶在夜间都高度倾斜站立，甚至是很竖直的，这便形成一个竖立星状。以柔毛羽扇豆(*L. pubescens*)名义购进的一种的叶子便是这样：在图138中我们看到A为叶子在白天位置；B为同一植株的上面两片叶的小叶在夜间几乎竖直；C图为另一片叶，从侧面观察，小叶颇为竖直。主要是或完全是最幼嫩的叶子在夜间形成竖立星状。但是在同一植株上叶子在夜间所处的位置有很大变动：有些叶子的小叶保持近水平位置，有些形成非常倾斜成竖立的星状，有些叶子的全部小叶向下倾斜，就像我们第一类的例证那样。还有一个值得注意的现象，即虽然从同一组种子形成的植株在外形上都一样，可是有些个体的所有叶子的小叶都安排得形成高度倾斜的星状；另一些个体的所有小叶都向下倾斜，从不形成星状；还有另一些则或者保持水平位置，或者将它们稍微上举。

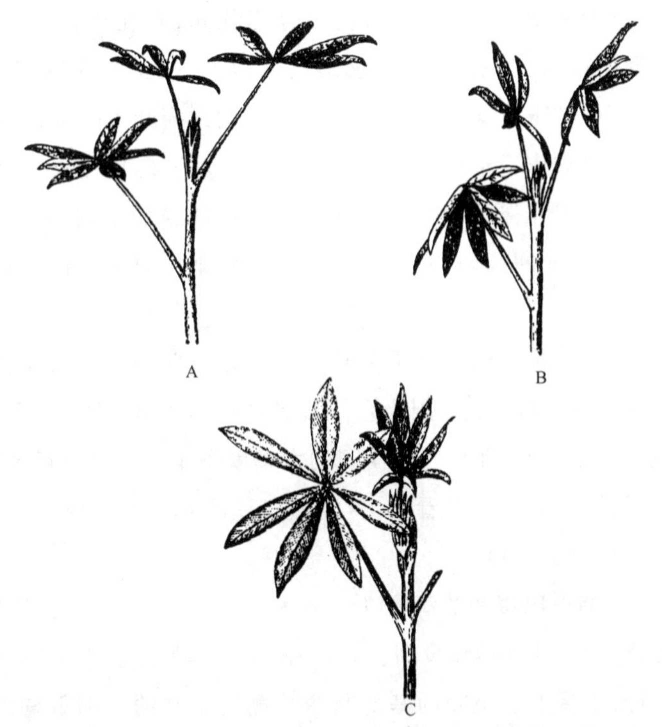

图138 柔毛羽扇豆 A. 叶子在白天从侧面观察；B. 同一片叶，在夜间；C. 另一片叶，小叶在夜间形成一竖立星状，图形缩小。

我们只提到柔毛羽扇豆的小叶在夜间的不同位置，但是叶柄也一样在运动上有所区别。夜间形成一高度倾斜星状的一片幼叶，其叶柄在中午时在水平线上42°，夜间为72°，因此曾上举30°。另一片叶的叶柄只上举6°，它的小叶夜间所占的位置和上片叶相同。另一方面，有一片叶的小叶在夜晚都向下斜立，它的叶柄这次下垂4°。随后观察了两片较老叶子的叶柄：它们白天所成的角度恰好相同，即水平线上50°；在夜间，一个上举7°～8°，另一个下垂3°～4°。

我们遇到另外几个种像柔毛羽扇豆的情况。一株南美羽扇豆（*L. mutabilis*）上一些叶子，白天水平位置，夜间形成高度倾斜的星状，有一叶柄上举 7°。其他叶子在白天也成水平位置，夜间所有小叶都向下倾斜到水平线下 46°，但是它们的叶柄几乎没有动。还有，黄花羽扇豆提供一个更值得注意的现象，有两片叶，其小叶在中午时位于水平线上 45°左右，夜间上举到 65°和 69°，于是它们形成了周边很陡的中空锥体。同一植株上有 4 片叶，其小叶在中午时为水平位置，夜间形成竖立星状；另外 3 片叶中午时也一样是水平位置，夜间所有小叶都向下倾斜。于是，这一株植物上的叶子在夜间有 3 种不同位置。我们虽然不能解释这个事实，但是能看出，这样一个原种可以容易地产生出有很不同感夜习性的种来。

关于羽扇豆属的种中就眠情况，只需稍微补充几句；有几个种，即多叶羽扇豆（*L. polyphyllus*）、矮羽扇豆（*L. nanus*）、密花羽扇豆（*L. Menziesii*）、美丽羽扇豆和白叶羽扇豆（*L. albifrons*），已在室外和温室内观察过，它们夜间改变叶子的位置不够大，不足以称为就眠。对两种就眠植物作了观察，看来它们和旱金莲一样，叶子必须在白天得到很好光照才能在夜间就眠。把几株植物整天放在有东北窗的起居室内，它们夜间不就眠；但是次日把花盆放在室外，夜间取回，它们按一般方式就眠。第二天的日夜重复了这个实验，得到相同结果。

对黄花羽扇豆和乔木状羽扇豆叶子的转头运动作了些观察。只需提一下后者的小叶在 24 小时内表现出一个双振荡：因为它们从清晨起下垂到上午 10 时 15 分，随后上举并有很大曲折，直到下午 4 时，此后开始夜间的大幅度下垂。次日清晨 8 时，小叶已上举到原来的高度。我们已在第四章中看到，美丽羽扇豆的叶子并不就眠，它们的转头运动范围很大，在一天内作很多椭圆形。

金雀花属（族 2）、**胡卢巴属和苜蓿属**（族 3）——对这 3 个属只作了很少观察。一株幼嫩香金雀花，约 1 英尺高，其叶柄在夜间上举，一次为 23°，另一次为 33°。3 片小叶也向上弯曲，同时互相接近，于是中心小叶的基部与两片侧生小叶的基部重叠。它们上弯得很厉害，以致紧压在茎上；从竖直上方向下观察这种幼嫩植物时，可以看到小叶的下表面。于是它们的上表面，正符合于一般规律，是受到最好的保护以防辐射。幼嫩植株上的叶子有如上的表现，而在盛花期的一株老灌木的叶子在夜间并不就眠。

克瑞梯卡氏胡卢巴（*Trigonella Cretica*）的就眠情况像草木樨属，下面即将叙述。根据 M. 罗耶[①]，斑点苜蓿（*Medicago maculata*）的叶子夜间上举，并且“将自己翻转过来，使下表面斜向天顶”。这里提供海边苜蓿（*M. marina*）叶子觉醒和就眠的绘图（图 139），差不多适合于芳香金雀花的这两种状态。

---

① 《植物学纪事》（第 5 辑），第 9 卷，1868 年，368 页。

图 139 海边苜蓿 A. 叶子在白天；B. 叶子夜间就眠。

草木樨属（族 3）——这个属里的种以异常方式就眠。每片叶的 3 个小叶都扭转 90°角，以致其叶片在夜间竖直站立，并有一侧边朝向天顶（图 140）。如果我们想象，我们拿着叶子使其顶端小叶的尖端总是指向北方，我们将可更好地理解其他更复杂的运动。小叶在夜间变得竖立时，当然能够扭转，于是它们的上表面将朝向任一侧面；但是两个侧生小叶总是扭转得使其上表面趋向朝北，可是它们同时朝向顶端小叶运动，于是一侧生小

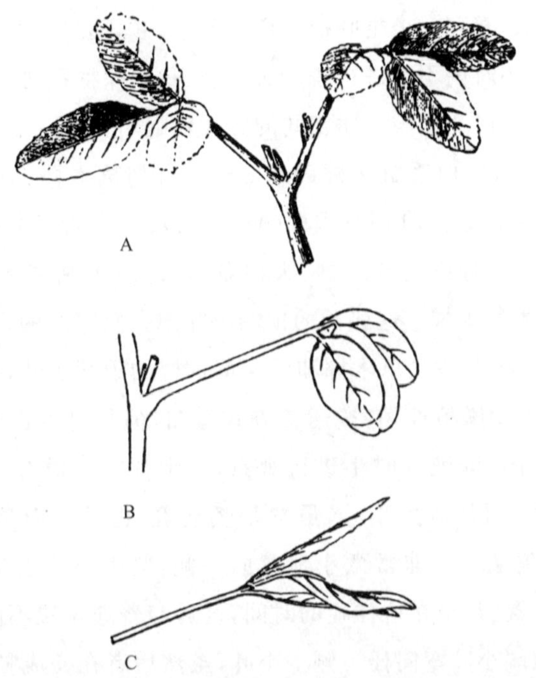

图 140 黄香（药用）草木樨 A. 叶子在白天的状态；B. 另一叶在就眠；C. 一叶就眠，从竖直上方观察。但是在此例中顶端小叶没有像通常那样与侧生小叶紧密接触。

叶的上表面是朝向北-北-西，另一小叶的上表面是朝向北-北-东。顶端小叶的表现不同，因它可向任一侧扭转，上表面有时朝东，有时朝西，普通多是朝西。顶端小叶还以另一种更奇怪的方式运动，因当其叶片正在扭转并变成竖立时，整个小叶向一侧弯曲，并且总是朝向上表面指向的一侧；如果上表面朝向西方，整个小叶就向西弯曲，直到它与西侧小叶的竖立上表面接触为止。于是顶端小叶的上表面和两个侧生小叶之一的上表面便得到很好的保护。

顶端小叶可向任一侧扭转，然后向这同一侧弯曲，这个事实使我们觉得非常值得注意，我们尽力想找出原因。我们推测，在运动开始时，它可能决定于小叶的一半比另一半稍重一些。因此，将小片木材用胶粘贴在几片小叶的一侧，但是没有发生影响；它们继续按它们原先的方向扭转。为了要看出同一小叶是否总是朝向同一方向扭转，将黑线系在20片叶子上，它们的顶端小叶扭转的方向是使上表面朝西；将白线系于14片扭向东的小叶。14天内有时对它们观察，看到它们继续向同一方向扭转并弯曲，只有一个例外：有一片小叶，原来是朝向东的，在9天后看到朝西。扭转和弯曲运动的部位是在亚叶柄的叶枕内。

我们相信，这些小叶，特别是两片侧生的，在进行上述复杂运动时，一般稍微向下弯曲。但是我们对此不能肯定，因为，就主叶柄来说，它的感夜运动主要决定于叶子在白天碰巧所处的位置。例如，看到一个主叶柄在夜间上举59°，而另外3个只上举7°和9°。叶柄和亚叶柄在整个24小时内不断进行着转头运动，我们即将看到。

以下15个种的叶子以几乎与上述相同的方式就眠，它们是：黄香草木樨、草木樨、小花草木樨(*M. parviflora*)、白香草木樨(*M. alba*)、有伤草木樨(*M. infesta*)、细齿草木樨、纤细草木樨(*M. gracilis*)、具槽草木樨(*M. sulcata*)、雅致草木樨(*M. elegans*)、蓝花草木樨(*M. caerulea*)、彼替皮伦草木樨、大根草木樨、意大利草木樨、侧花草木樨(*M. secundiflora*)和克里木草木樨。这些种的顶端小叶向一侧弯曲的运动不容易发生，除非植株正壮健生长。至于彼替皮伦草木樨和侧花草木樨的顶端小叶，很少看到它们向一侧弯曲。意大利草木樨的幼嫩植株，它按通常方式弯曲，但是对生长在同一花盆内盛花期的较老植株，在同一时间，即晚8时半进行观察，几十片叶上没有一片顶端小叶弯向一侧，虽然它们竖直站立；两片侧生小叶，虽然是竖立着，也没有向顶端小叶运动。晚10时，又在午夜后1时，顶端小叶非常微小地弯向一侧，侧生小叶也少量地向顶端小叶运动，以致这些小叶的位置，甚至在这样晚的时间，远远与普通位置不同。还有克里木草木樨，从未看到过它的顶端小叶弯向任一侧生小叶，虽然后者在变成竖立时，已弯向顶端小叶。这个种的顶端小叶的亚叶柄很长，如果这片小叶弯向一侧，它的上表面仅能与任一侧生小叶的尖端接触。这可能是侧向运动丧失的意义。

这个属的子叶夜间不就眠。第一片叶为一单片圆形小叶，它在夜间扭转使叶片竖立。克里木草木樨有个值得注意的现象，大根草木樨和彼替皮伦草木樨也有，但是程度差些，就是，从砍倒的植株的枝条于早春在温室内长出的许多幼小叶子就眠的方式与正常不同：3个小叶片，不再在自己的轴上扭转以使其侧边指向天顶，而是向上转动并且竖直站立，以它们的尖端指向天顶。它们这样取得的位置很近于近缘的车轴草属。和动物界中胚胎特性可显示遗传系统的原理一样，草木樨属的上述3个种中小叶的运动可能表示这个属是一种与车轴草属亲缘很近并且就眠方式与之相似的形式的后代。此外，还有一种，墨塞尼亚草木樨(*M. messanensis*)，在高2～3英尺的长成植株上的叶子，就眠情况和前几种的小型叶以及车轴草叶子一样。这使我们很惊奇，直到检查了花和果实，我们还以为是错将车轴草种子当成草木樨种子播种了。因此，看来有可能是墨塞尼亚草木樨或是保留了或是恢复了一种原始的习性。

追踪了黄香草木樨一片叶的转头运动，它的茎听任自由运动，顶端小叶尖端从上午8时到下午4时描绘了三个斜向伸展的椭圆形；下午4时以后，夜晚的扭转运动开始。以后知道，上述运动还混合有茎的小规模转头运动、运动最大的主叶柄的转头运动以及顶端小叶亚叶柄的转头运动。将一叶的主叶柄固定于木棍上，木棍紧靠着顶端小叶亚叶柄的基部，顶端小叶从上午10时半到下午2时描绘了两个小椭圆。晚上7时15分，在这个小叶(以及其他小叶)将自己扭转到竖直的夜间位置以后，它们开始缓慢上举，并继续到晚上10时35分。此后没有再观察它们。

因墨塞尼亚草木樨以异常的方式就眠，与这个属里的任何其他种都不一样，于是对一顶端小叶的转头运动，追踪了两天其茎的固定。每天清晨，小叶下垂，直到中午，随后开始缓慢上举；但是在第一天，上举运动在下午1～3时，因形成一个侧向伸展的椭圆而中断；第二天，在同一段时间内，因形成两个较小的椭圆而中断。上举运动随即重新开始，并在黄昏较晚时刻变得快起来，这时小叶开始就眠。在这两天清晨6时45分觉醒或下垂运动已经开始。

车轴草属(族3)——观察了这个属11个种的感夜运动，发现它们都很近似。我们选择了白车轴草的一片有直立叶柄的叶子，它的3片小叶水平展开，傍晚时可看到两片侧生小叶扭转并彼此接近，直到它们的上表面接触。与此同时，它们在与原来位置的平面成直角的平面内向下弯曲，直到它们的中脉与叶柄的上部形成约45°的角度。位置的这种特殊变化需要叶枕内有很大的扭力。顶端小叶仅仅是上举，没有任何扭转，并且弯曲过来直到落在现在是竖立并且相连的两片侧生小叶的边缘上，并形成一个盖。于是顶端小叶总是要转过至少是90°的角度，一般是130°或140°，180°也不少见，地下车轴草便常看到有这样大的角度。在白车轴草例证中，顶端小叶在夜间水平站立(如图141)，其下表面完全暴露于天顶。在同一种的不同个体内，除去顶端小叶在夜晚站立的角度有区别以外，侧生小叶相互接近的程度也不同。

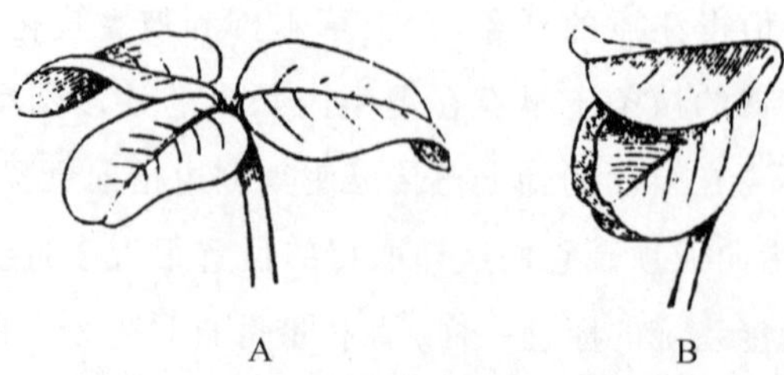

图 141　白车轴草　A. 叶子在白天的位置；B. 叶子于夜晚就眠。

我们已看到有些种的子叶夜间竖直上举，而另一些种的子叶不是如此。第一片真叶一般是单叶和圆形的，它在夜间总是上举，或是竖直站立或更通常的是弯过去一些，以使下表面斜着暴露于天顶，像成熟叶的顶端小叶那样。但是它并不像草木樨属的相应第一片单叶那样扭转自己。匈牙利车轴草(*T. Pannonicum*)的第一片真叶一般是单叶，但有时具 3 叶，有时又是部分裂开，处于一种中间状态。

转头运动——萨克斯在 1863 年[①]描述了肉色车轴草小叶的自发上下运动，这时植株是存放在黑暗中。普费弗对红车轴草[②]的类似运动作过很多观察。他说，这个种的顶端小叶在不同时间观察时，于 1.5～4 个小时内转动过 30°～120°的角度。我们观察过地下车轴草、反曲车轴草和白车轴草的运动。

地下车轴草——将叶柄在紧靠三片小叶的基部处固定，追踪其顶端小叶在 26.5 小时内的运动，如图 142 所示。

在上午 6 时 45 分到下午 6 时之间，叶尖向上运动 3 次，向下运动 3 次，在 11 小时 15 分钟内完成了 3 个椭圆形。上升线和下降线的距离比大多数植物的更近，然而仍有些侧向运动。下午 6 时开始了大幅度的夜晚上举运动，次日清晨小叶的下垂继续到上午 8 时半，此后它按刚才叙述的方式进行转头运动。图中，大幅度的夜晚上举和清晨下垂已大大缩减，由于版面所限，只用一短曲线代表。当小叶位于图中部稍下的一点处，它呈水平位置；因而在白天，它几乎是相等地在水平位置上下振荡。上午 8 时半，它位于水平线下 48°，到上午 11 时半，它已上举到水平线上 50°，因而它在 3 小时内移过了 98°。靠这次追踪的帮助，我们确定这片小叶叶尖在 3 小时内移动的距离为 1.03 英寸。假如我们注意这个图，并且在我们的想象中向上延长代表夜间路程的弯曲短虚线，我们看到夜间上举运动仅是白天椭圆形的夸大或延长。同一片小叶曾在前一天观察过，当时的行进路线几乎和这里叙述的完全相同。

反曲车轴草——将一株听任自由运动的植株放在一东北窗前，放置的位置是使其顶

---

① 《植物志》，1863 年，497 页。

② 《运动的周期性》，1875 年，35 页、52 页。

端小叶伸展方向与光源成直角，天空整天有均匀云层。对这片小叶的运动追踪了两天，这两天的情况很相似。第二天完成的运动如图 143 所示。这几条线很倾斜，部分原因是观察小叶的方式，部分原因是它已做了稍微朝向光源的运动。从上午 7 时 50 分到 8 时 40 分，小叶下垂，即在继续其觉醒运动。它然后上举，并稍微偏向光源。在 12 时半，它向后退回，于下午 2 时半恢复它原来的路线。这样便在一天的中间时间完成了一个小椭圆。傍晚它上举很快，次日清晨 8 时它已正好返回到前一天清晨所处的同一地点。代表夜晚路程的线应该向上延长很多，这里缩简成一条短的弯曲虚线。因此，这个种的顶端小叶在白天仅描绘一单个附加的椭圆形，不像地下车轴草那样描绘两个。但是我们应记得在第四章内已证明茎有转头运动，没有疑问主叶柄和亚叶柄也有；故此，图 143 所表示的是一个复合的运动。我们试着去观察一片叶在白天存放在黑暗中的运动；但是它在 2 小时 15 分钟后就开始就眠，在 4 小时 30 分钟后就眠已很明显。

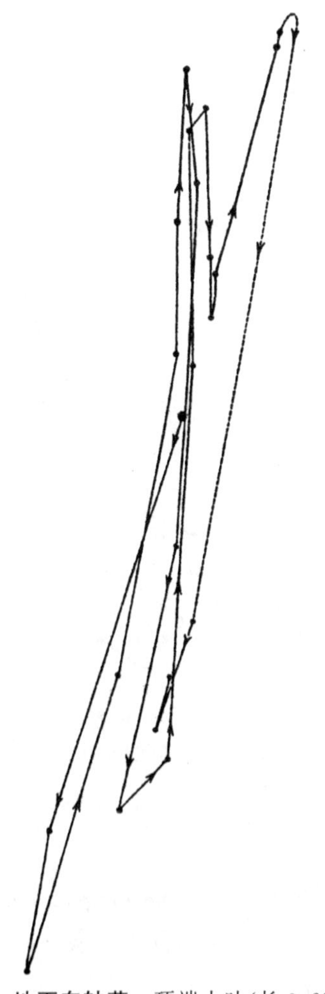

图 142　地下车轴草　顶端小叶(长 0.68 英寸)的转头运动和感夜运动：从 7 月 4 日上午 6 时 45 分到 5 日上午 9 时 15 分描绘。植物从上面照光；温度为 16～17℃。(叶尖距竖直玻璃板 3 $\frac{7}{8}$ 英寸，这里所示的运动放大 5 $\frac{1}{4}$ 倍，原标度缩小一半)

白车轴草——将茎固定于一片中龄叶的基部，观察顶端小叶的运动两天。这个例证引人注意只是由于运动很简单，和前两个种不同。在第一天小叶从上午 8 时到下午 3 时下垂，在第二天从上午 7 时到下午 1 时下垂。这两天的下降路线都有些曲折，但其明显代表前两个种在白天中间时间的转头运动。10 月 1 日，下午 1 时(图 144)以后，小叶开始上举，但是在这两天内，在这个钟点之前和以后，直到下午 4 时，运动都是很缓慢的。随即开始了傍晚和夜间快速上举运动。因而这个种的 24 小时的路程由一单个大椭圆组成；反曲车轴草有两个，其中一个包括夜间运动，并要延长很多；地下车轴草有三个椭圆形，其中的夜间一个也很长。

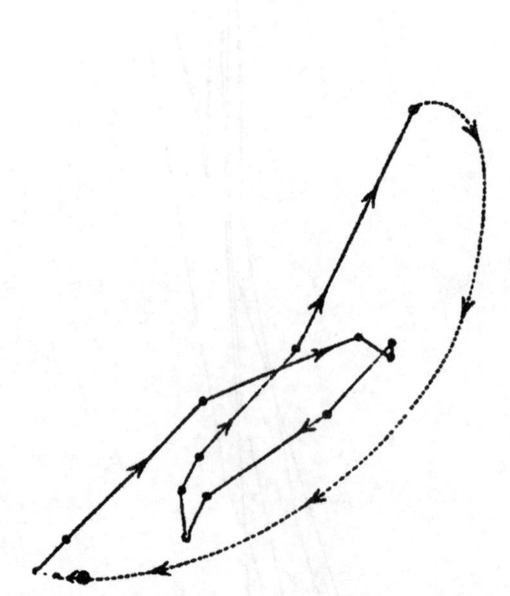

图 143　反曲车轴草　顶端小叶在 24 小时内的转头运动和感夜运动。

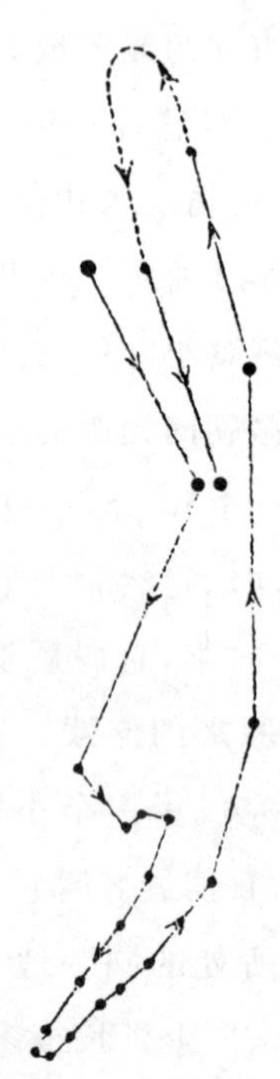

图 144　白车轴草　一片接近完全长成的顶端小叶的转头与感夜运动：从 9 月 30 日上午 7 时到 10 月 1 日上午 8 时在一竖直玻璃板上描绘。夜间路线由虚线代表，缩简很多。

小冠花叶一叶荻(*Securigera coronilla*)(族 4)——很多对生的小叶在夜晚上举，紧密靠拢，并且以中等角度向后弯向叶柄基部。

百脉根属(族 4)——观察了这一属内 10 个种的感夜运动，发现它们都相似。主叶柄夜晚稍微上举，3 片小叶上举到它们都变得竖直站立，同时彼此接近。上举得很厉害，以致紧贴在茎上，它们变得有些向内倾斜使其下表面斜着暴露于天顶，这种情况并不少见。大百脉根(*Lotus major*)便是很清楚的一例，因它的叶柄特别长，小叶于是能够更向内弯曲。茎顶端的幼叶在夜间合拢得很厉害，常像个大芽。托叶状小叶，常常体积较大，像其他小叶一样上举并贴于茎上(图 145)。可能还有杰别利氏百脉根，这在圣詹姆斯氏百脉根最明显，它的小叶几乎是长条形的。在大多数种中，小叶其他种，其全部小叶都在基部有明显的叶枕，黄色，由小细胞构成。对外来百脉根(*Lotus perigrinus*)顶端小叶的转头运动(茎固定)曾追踪了两天，但是运动太简单，不值得提供绘图。从清晨直到下午 1 时左右，小叶缓慢下垂；它然后上举，开始时逐渐上举，到傍晚时则很快。在白天它有时站立不动约 20 分钟，有时稍微曲折一些。一片基部的托叶状小叶的运动也于同时以同样方式追踪，其路程与顶端小叶的很相似。

图 145　克里蒂克斯百脉根　A. 茎上的叶子在白天觉醒；B. 叶在夜间就眠(S 为 托叶状小叶)

在本瑟姆和胡克的族 5 中，我们和其他工作者曾观察了 12 个属中一些种的就眠运动，但是只对洋槐属观察得比较仔细。无茎补骨脂(*Psoralea acaulis*)在夜间举起它的 3 片小叶；而紫穗槐(*Amorpha fruticosa*)[①]、戴尔亚草(*Dalea alepecuroides*)和木蓝(*Indigofera tinetoria*)将下垂。迪夏特尔(Duchastre)说，[②]加勒比群岛灰叶(*Tephrosia caribaea*)是唯一的一例使“其小叶向下匍匐于其长叶柄的基部”，但是有同样的运动发生，如我们已经看到的，并且还将在其他例中看到。中国紫藤(*Wistesia Sinensis*)，根据罗耶观察，[③]将小叶下垂，小叶以奇特的方式在同一叶片上排列，上部小叶朝天，下部小叶朝向共同叶柄的基部。但是我们在温室内观察的一幼株的小叶仅在夜间竖直下垂。苦马豆(*Sphaerophysa salsola*)、鱼鳔槐(*Colutea arborea*，膀胱豆)和湿地生黄芪(*Astragalus uliginosus*)的小叶上举，而甘草属中各种的小叶，按照林奈的看法，则下垂。洋槐(*Robinia pseudo-aeacia*)的小叶也在夜间竖直下垂，但是叶柄略微上举，一例中为 3°，另一例中为 4°。对一片较老叶片的顶端小叶的转头运动，追踪了两天，运动很简单：从上午 8 时到下午 5 时，小叶缓慢地下降，路线稍微有些曲折，随后很快下降；次晨 7 时，它已上升到它日间的位置。它的运动里只有一个特殊的地方——在这两天上午从 8 时半到 10

① 见迪夏特尔《植物学基础》，1867 年，349 页。

② 见迪夏特尔《植物学基础》，1867 年，347 页。

③ 《植物学纪事》(第 5 辑)，第 9 卷，1868 年。

时都各有一个小而明显的上下振荡，如果叶子更年幼些，这个振荡可能会表现得更强烈。

红小冠花(*Coronilla rosea*)(族 6)——叶子有 9 对或 10 对对生叶，在白天水平站立，其中脉与叶柄成直角。夜间它们上举，以致对生小叶几乎接触，幼嫩叶的小叶密切接触。与此同时，它们向后朝着叶柄基部弯曲，直到它们的中脉与叶柄在垂直平面上形成 40°～50°的角度，如图 146 所示。可是有时小叶向后弯曲得很厉害，以致它们的中脉与叶柄相平行并且平躺在叶柄上面。这个种的小叶于是占据一个和几种豆科植物小叶相反的位置，例如含羞草；但是，由于这个种的小叶相距得较远，它们没有像在含羞草那样相互叠盖。主叶柄在白天稍微向下弯曲一些，但在夜间伸直。在三个例中，它从中午的水平线上 3°上升到晚上 10 时的 9°；从 11°～33°和从 5°～33°——在后一例中角运动量达 28°。小冠花属中的其他几个种，小叶仅表现出同样类型的微弱运动。

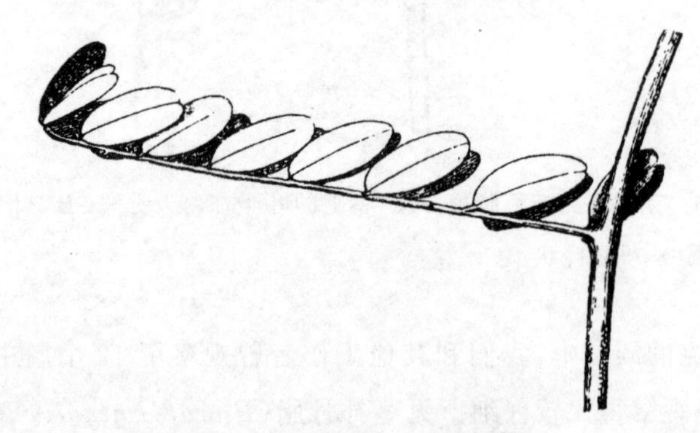

图 146　红小冠花　叶在就眠。

冠状岩黄芪(*Hedysarum coronarium*)(族 6)——生长在户外的植株上的小侧生小叶，在夜间竖直上举，但是大的顶端小叶只中等程度地倾斜。叶柄显而易见地根本不上举。

冯地膜苞豆(族 6)——小叶竖直上举，主叶柄也举得很高。

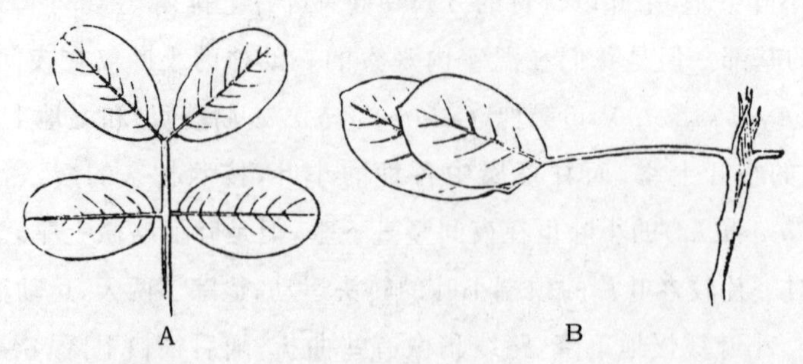

图 147　落花生　A. 叶片在白天情况，从垂直上方观察；B. 叶在就眠，从侧方观察，从一相片复制。(图形缩小很多)

落花生(族 6)——图 147 中的 A 绘出一片叶的形状，它有两对小叶；图 B 为一片就眠的叶，从一相片(借助于铝光)描绘。两片顶端小叶在夜间扭转，直到它们的叶片竖直站立，并彼此接近直到相遇，同时它们稍微向上和向后运动。两片侧生小叶以同样方式彼此相遇，但是向前运动的程度更大，也就是和两片顶端小叶的方向相反，将后者部分抱住。这样，所有 4 片小叶在一起形成一个袋子，边缘朝向天顶，下表面转向外侧。在生长不健壮的植株上，合拢的小叶便显得过重，叶柄难于支持它们于竖直位置，因而每个晚上叶柄变得扭转过来，所有的袋子都水平伸展，一侧小叶的下表面以极不寻常的方式指向天顶。提到这件事只是作为一种告诫，因为它使我们很吃惊，直到我们发现它是个异常现象。叶柄在白天向上倾斜，但在夜间下垂，约与茎成直角。只有一次测量了下垂角度为 39°。将叶柄固定于两片顶端小叶基部的木棍上，其中一片小叶的转头运动，从上午 6 时 40 分追踪到下午 10 时 40 分，植物从上面照明。温度为 17～17.5℃，因而过低一些。在这 16 小时内，小叶向上运动 3 次，向下 3 次，由于上升线和下降线不相吻合，便形成了 3 个椭圆形。

舞草(族 6)——图 148 为这种植物的一片完全长成的大叶，这种植物因其两片小的侧生小叶的自发运动而著名。大的顶端小叶就眠时竖直下垂，而叶柄上举。子叶不就眠，但是最初形成的叶子就眠的情况和较老的一样好。就眠枝条和在白天的枝条外观是从两张照片临摹下来的，如图 149 中 A 和 B，我们看到在夜间叶子因叶柄的上举如何拥挤在一起，好像是为了相互保护。靠枝条顶端的较幼嫩叶子的叶柄在夜间举起，以致竖直站立并与茎相平行；而在四周的 4 个叶柄各自从它们白天所处的倾斜位置上举 46.5°、36°、20° 和 19.5°。例如，第一个叶柄在白天为水平线上 23°，夜晚为 69.5°。在傍晚小叶向下竖直下垂之前叶柄的上举已几乎完成。

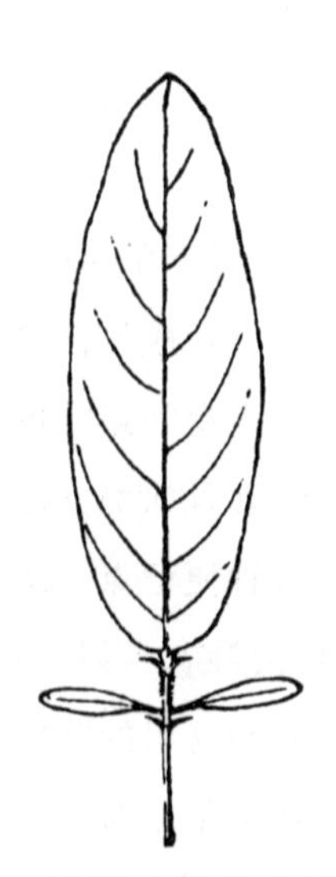

图 148　舞草　叶从上面观察。(缩小到正常大小的一半。微小的托叶特别大)

转头运动——对四个幼嫩枝条的转头运动观察了 5 小时 15 分钟，它们每一个在这个时间内完成了一个很小的卵形。主叶柄进行转头运动也很快，因为在 31 分钟的行程内(温度 91℉，32.8℃)，它以大到直角的角度改变路线六次，描绘的图形明显代表两个椭圆形。顶端小叶靠它的亚叶柄或叶枕的运动也和主叶柄的一样快，或者甚至更快，并且幅度也大得多。普费弗[①]曾看到这些小叶在 10～30 秒内移动了 8°。

① 《运动的周期性》，35 页。

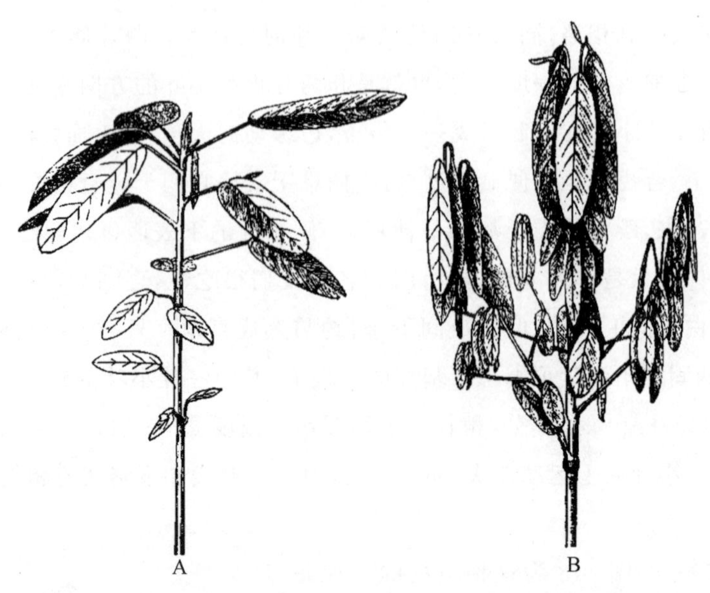

图 149　舞草　A. 枝条在白天；B. 枝条上叶子在就眠。（图形缩小）

从 6 月 22 日上午 8 时半到 6 月 24 日上午 8 时，观察了一株高 8 英寸的幼嫩植株上一片几乎已完全长成的良好叶子，将茎固定于叶子基部处的一只棍上。在图 150 中，在底部的两条代表夜间路线的弯曲虚线，应当向下延伸很远。在第一天，小叶向下运动 3 次，向上 3 次，并且向侧方运动了相当距离，路线也非常扭曲。一般每小时记点一次；如果是很少几分钟便记点一次的话，那么全部路线将会曲折到非凡的程度，各处有环形成。我们所以这样推断，是因为在 31 分钟内（从 12 时 34 分到下午 1 时 5 分）记了 5 个点，便在图的上部看到这里的路线有多么扭曲；假如只连第一个点和最末一点，我们便会得到一条直线。在下午 2 时 24 分到 3 时之间的路线里，可看到恰好同样的情况，这里记了 6 个居间点；在 4 时 46 分到 4 时 50 分之间也是如此。但是在下午 6 时之后，也就是在夜间的大幅度下降已经开始之后，结果便很不相同：因为虽然在 32 分钟内记了 9 个点，将它们连接时（见图）所形成的线几乎是直线。因此，小叶在下午时开始以曲折路线下降，但是当下降一旦转快，它们的全部能量便投入这样的运动，它们的路线变成直线。在小叶完全就眠以后，它们运动很少，或是根本不动。

如果上述植物是处于比 67～70℉ 高些的温度下，顶端小叶的运动和图中所示的比较起来，甚至可能会更快些、幅度更大些；因为放置在温室内 92～93℉ 一些时间的一株植物，在 35 分钟内，它的一片小叶的顶端下降两次，上升一次，移动过竖直方向为 1.2 英寸、水平方向为 0.82 英寸的一片空间。小叶当这样运动的时候，也在它自己的轴上转动（这是以前没有注意到的一点），因为叶片的平面在仅过了几分钟之后便有了 41°的差异。小叶也偶然在很短时间内停止不动。没有急跃运动，这种运动是小的侧生小叶所特有的。温度的突然大量下降使顶端小叶下垂；将一切下垂的叶子浸在95℉的水内，使水温慢慢升到103℉，以后再使之下降到70℉，顶端小叶的亚叶柄便向下弯曲。随后使水温升到120℉，亚叶柄伸直。将叶子沉入水内进行同样的试验两次，结果几乎相同。应当补充的是，甚至升到122℉的水温并不很快将叶片杀死。在上午8时37分，将一株植物放在黑暗中，到下午2时（即过了5小时23分钟后），虽然小叶已下垂很厉害，它们并没有取得它们的夜间竖直下垂位置。另一方面，普费弗说[①]，他看到这个现象在0.75～2小时内发生。我们的结果不同，可能是由于我们试验的植物是一株很幼嫩并且健壮的实生苗。

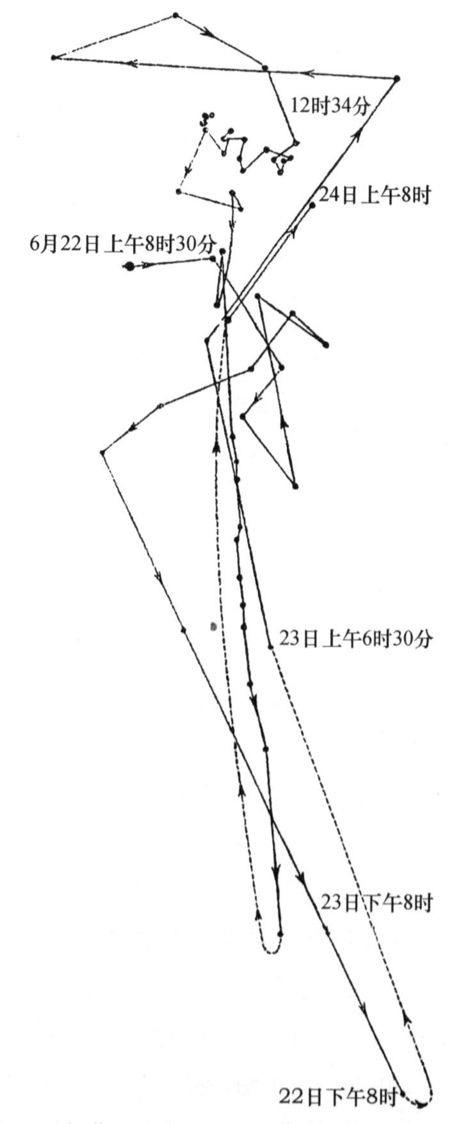

图150　舞草　叶子（长3.75英寸，叶柄包括在内）在48小时内的转头运动和感夜运动：玻璃丝固定于顶端小叶的中脉，其顶端距竖直玻璃板6英寸。温度19～20℃。（图形缩小至原来标度的三分之一。植株从上方照明）

小侧生小叶的运动——这种运动常被描述，我们将尽可能扼要地提供几个新的事实和结论。这种小叶有时很快改变它们的位置，几乎达到180°角；它们的亚叶柄当时可看到变得很弯曲。它们在自己的轴上转动，因而其上表面可以指向罗盘上的各点，叶尖所描绘的图形是一个不规则的卵形或椭圆形。它们有时停止不动一段时间。侧生小叶的运动在这些方面，和大的顶端小叶在作大振荡时所进行的较少的运动比较起来，除去在速度和幅度上，没有什么区别。侧生小叶的运动，我们已经都知道，受温度的影响很大。把小叶静止不动的叶子浸在冷水内，将冷水缓

① 《运动的周期性》，39页。

慢增温到103℉,小叶于是运动很快,在40分钟内约描绘了一打不规则的小圈。这时水已变冷得很多,运动就变得较慢或者几乎停顿;随即将水温增到100℉,小叶又开始快速运动。另一次,将一簇小叶浸在53℉的水中,小叶当然不动。将水温增到99℉,小叶不久便开始运动;水温增到105℉,运动变快得多;每个小圈或卵形在1分钟30秒到1分钟45秒内便可完成。然而,没有急跃,这可能是由于水的阻力的缘故。

萨克斯说,小叶直到周围空气高达71～72℉才运动,这与我们对完全长成的,或几乎完全长成的植株所作的实验符合。但是幼嫩实生苗的小叶在低得多的温度下表现出一种急跃运动:将一株实生苗存放(4月16日)在室温稳定于64℉的室内半天,它产生的一片小叶不断在急跃,只是没有像在温室内那样快。傍晚时将花盆拿到卧室内,那里的温度整夜都维持在62℉;在晚上10时和11时,在清晨1时,小叶仍在快速急跃;在清晨3时半,没有看到它急跃,但是只观察了很短的时间。然而,它当时倾斜的角度比在清晨1时低得多。在早6时半(温度61℉),倾斜程度比以前更少,在上午6时45分,倾斜度更少;到上午7时40分它已上举,在上午8时半,又看到它急跃。小叶因而整夜都在运动,靠急跃进行运动直到半夜1时(可能更晚),又在上午8时半急跃,虽然温度只是61～62℉。我们因而必须下结论说:幼嫩植株产生的侧生小叶在结构上和较老植株上的有些不同。

在山蚂蝗这个大属里,绝大部分种都是有3小叶;但是有些种是单叶,甚至在同一个植株上可以形成具有一小叶和3小叶的叶子。在大部分种里,侧生小叶只比顶端的稍小一些,因此舞草的侧生小叶(见前图148)应当看作是几乎残存的了。它们在功能上也是残存的,如果可以这样表达的话;因为它们确实不像全尺寸的顶端小叶那样就眠。然而,小叶在夜半1时到清晨6时45分之间下垂,像上面叙述的,这可能代表就眠。我们已经都知道,小叶在前半夜不停地急跃;但是我的园林工人在(10月13日)清晨5时到5时半观察了温室内的一株植物,温室温度增到82℉,他发现所有的小叶都倾斜着,他直到清晨6时55分才看到有急跃运动,这时顶端小叶已经上举觉醒。两天以后(10月15日),他观察了同一株植物,在清晨4时47分(温度77℉),他发现大的顶端小叶已觉醒,只是还不是完全呈水平位置。我们为这个不正常的觉醒可找出的唯一原因,便是这株植物曾为了试验目的在前一天存放在异常的高温下;在这个时间小的侧生小叶也在急跃,但是在这种运动和顶端小叶的水平线下位置之间是否有什么联系,我们不知道。无论如何,可以肯定的是,侧生小叶不像顶端小叶那样就眠;在这一点上它们可以说是处于功能上残存的状态。在感应性方面,它们是处于相似的状态;因为如摇动或冲洗一株植物,顶端小叶就下垂到水平线下45°左右;但是我们从未检查到这样的影响发生在侧生小叶上。然而我们并不肯定摩擦或刺扎叶枕没有效应。

像大多数残存器官的情况那样,侧生小叶的大小有变动:它们常离开它们正常的位置，并不彼此相对站立；两个里的一个时常不在。缺少一个小叶在有些植物中出现，但不是所有的都如此，这是由于这片小叶与主叶柄完全汇合，这可以从主叶柄上沿其上部边缘有一条细长的脊，以及从导管的路线推断出来。在一例中，在脊的远端有小叶的痕迹，形状为一微小的点。一个或是两个残存小叶的经常突然和完全消失，是一件很异常的事；但是，实生苗最初发育的叶子不具备侧生小叶，则更是令人惊奇的事。例如，在一株实生苗上，子叶上方第七叶是第一片有侧生小叶的，也只有一个。在另一实生苗上，第11片叶最先形成一片侧生小叶；随后的9片叶有5片形成一单个侧生小叶，4片根本没有；最后有一片叶，是在子叶上方的第21片叶，具有两片残存的侧生小叶。根据动物界中一个流行的类推法，可能会期望在很幼嫩的植株上这些残存小叶会比在较老植株上更好地发育和更有规律地出现。但是，当想到，第一，早已失去的特征有时在生命晚期重新出现，第二，山蚂蝗属的种一般有3小叶，但是有些是单小叶的，于是便怀疑舞草是一种单小叶种的后裔，而这个种又是一个三小叶种的后裔。因为在这个例证中，小的侧生小叶在很幼嫩的实生苗上消失以及它们以后的重新出现，可能由于多少是返回到远祖的现象①。

没有人设想舞草的侧生小叶的快速运动对这种植物有什么用处，也完全不知道它们为什么有这样的表现。我们推测，它们的运动本领可能与它们的残存状态有某种关系，因而观察了敏感白花含羞草几乎残存的小叶(其绘图将于图159中提供)；但是它们没有表现出特别的运动，并且在夜晚它们像正常大小的小叶那样去就眠。然而，在这两个例证中有这样一个明显的区别；即在舞草中，残存小叶的叶枕长度没有按照叶片缩小程度那样缩短，没有到这种含羞草中出现的同等程度；并且叶枕的长度和弯曲度是叶片运动量所依赖的。例如，舞草的大顶端小叶内叶枕的平均长度为3毫米，而残存小叶的为2.86毫米；因而它们在长度上只相差很少。但是在直径上它们的差异很大，小侧生小叶叶枕的直径为0.3～0.4毫米，而顶端小叶的为1.33毫米。现在我们转到这种含羞草，我们发现，几乎残存的小叶的叶枕，平均长度仅为0.466毫米，或是比正常大小的小叶叶枕长度即1.66毫米的四分之一稍长一些。舞草残存小叶叶枕在长度上缩减得这样少，显然便是它们的大量快速转头运动的近因，这与这种含羞草几乎残存小叶叶枕形成对照。叶片的体积和重量都小，空气对其运动的阻力也小，这些毫无疑问都起作用；因为我们已经看到这些小叶如果是浸在水中，那时的阻力会大得多，便被阻止向前急跃。在舞草的侧生小叶缩小的时候，或是在它们重新出现的时候(如果它们是起源于返祖现象)，为什么叶枕受到的影响比叶片少得多，而这种含羞草的叶枕却也大大缩小，我们不知道。尽管如此，值得注意的是，在这两个属中小叶的缩小显然是由于不同过程并且为了不同目

① 蝙蝠山蚂蝗(*Desmodium vespertilionis*)与舞草关系很近，它看来只偶然有残存的侧生小叶。迪夏特尔，《植物学基础》，1867年，353页。

的而实现的：因为在含羞草方面，内部和基部小叶缩小成为必要是由于缺乏空间；但是舞草没有这种需要，其侧生小叶缩小像是由于补偿的原理，由于顶端小叶体积很大的缘故。

兔尾草属（族 6）和**距瓣豆属**（族 8）——兔尾草（*Uraria lagopus*）的小叶和来自巴西的距瓣豆（*Centrosema*）的叶子都在夜间竖直下垂。后一种植物中，叶柄在此同时上举 16.5°。

同株两型豆（*Amphicarpaea monoica*）（族 8）——小叶在夜间竖直下垂，叶柄也有相当下降。仔细观察了一个叶柄，它在白天是在水平线上 25°，夜间在水平线下 32°，它因此下降了 57°。将一根玻璃丝横着固定于一幼叶（长 2.25 英寸，包括叶柄）的顶端小叶上，整个叶子的运动在一竖直玻璃板上追踪。在有些方面这个设计不好，因为小叶有旋转运动，这与它的升起和下降无关，使玻璃丝举起和下垂；但是我们的特殊目的是观察叶子在进入就眠后是否还有很大运动量，这还是最好的设计。植株已紧紧地缠绕在一根细棍上，因此茎的转头运动便被阻止。叶的运动是自 7 月 10 日上午 9 时到 7 月 12 日上午 9 时追踪了 48 小时。从图 151 可以看到，它在两天内的路线有多么复杂：在第二天它很大地改变路线 13 次。小叶在稍晚于下午 6 时后开始去就眠，到 7 时 15 分竖直下垂，已完全就眠。但是在这两个晚上它们从下午 7 时 15 分到晚上 10 时 40 分和 50 分在继续运动，像在白天那样，这是我们希望肯定的一点。我们从图中看出，在黄昏较晚时候，大幅度的下垂运动和白天的转头运动没有什么重要区别。

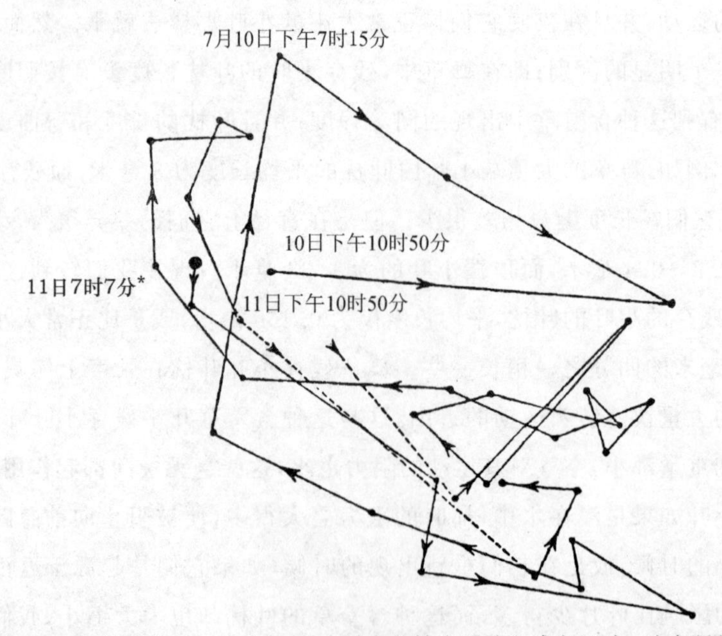

图 151　同株两型豆　叶子在 48 小时内的转头运动和感夜运动：叶尖距竖直玻璃板 9 英寸。植株从上方照明；温度为 17.5～18.5℃。[图形缩小到原来标度的三分之一。(＊原图中并未说出上午或下午)]

具硬毛大豆(*Glycine hispida*)(族 8)——三片小叶在夜间竖直下垂。

刺桐属(族 8)——观察了 5 个种,它们的小叶都在夜间竖直下垂;其中卡佛尔刺桐(*Erylhrina caffra*)和第二个未命名的种,叶柄同时稍微上举。鸡冠刺桐顶端小叶的运动(主叶柄捆在一棍上)是从 6 月 8 日上午 6 时 40 分到 10 日上午 8 时追踪的。为了观察这种植物的感夜运动,必须将它培养在温暖的花房内,因为在室外我们这里的气候下它不就眠。从图 152 中看到,小叶从清晨到中午之间上下振荡两次;它随后下降很厉害,此后上升直到下午 3 时。在这个时间,大幅度的夜间下降开始。第二天(其描图没有提供)中午之前有完全同样的两次振荡,但是在下午只有一次很小的振荡。第三天清晨,小叶向侧方运动,这是由于它开始取得一个倾斜位置,这个种的小叶在长老时总是这样。这两个夜晚,小叶在就眠并竖直下垂之后,它们继续进行小量的上下运动和两侧运动。

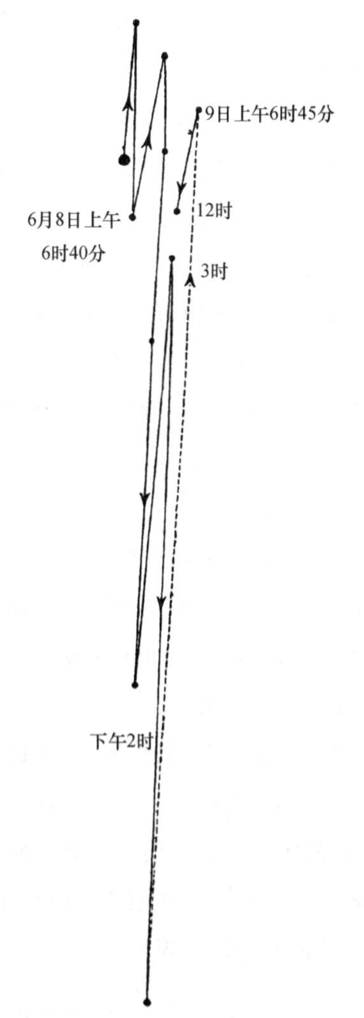

图 152　鸡冠刺桐　长 3.75 英寸的顶端小叶的转头和就眠运动:在 25 小时内追踪;叶尖距竖直玻璃板 3.5 英寸。植物从上方照明;温度为 17.5～18.5℃。(图形缩小到原来标度的一半)

卡佛尔刺桐——将一根玻璃丝横着固定于顶端小叶上,因为我们希望观察它在就眠时的运动。6 月 10 日清晨将植物放在天窗下,那里的光不明亮。我们不知道是不是由于这个原因还是由于植物受到了干扰,小叶整天竖直下垂。虽然如此,它在这个位置上作了转头运动,描绘的图形代表两个不规则的椭圆形。第二天,它作的转头运动幅度更大些,描绘了 4 个不规则的椭圆形,下午 3 时,已上举到水平位置。晚上 7 时 15 分,它已就眠,并竖直下垂;但是直到晚上 11 时,我们还在观察的时候,它一直在继续着转头运动。

龙牙花(*Erythrina corallodendron*)——追踪了顶端小叶的运动。在第二天,从上午 8 时到下午 4 时它向上振荡 4 次,向下 4 次,在这以后开始了大幅度的夜间下降。第三天,运动在幅度上还一样大,但是非常简单,因为小叶从上午 6 时 50 分到下午 3 时以几乎是理想的直线上举,随后以一样的直线下降,直到竖直悬垂并就眠。

块茎甜芹(*Apios tuberosa*)(族 8)——小叶在夜间竖直下垂。

菜豆(族 8)——小叶也在夜间竖直下垂。在温室内,幼叶的叶柄在晚间上举 16°,较老叶子的叶柄上举 10°。生长在室外的植物,其小叶显然直到稍晚的季节才就眠,因为在 7 月 11 日和 12 日的夜晚,没有一片小叶就眠;而在 8 月 15 日晚,同样一些植物的很大部分小叶都竖直下垂并就眠。饭豆和哈南德西氏菜豆,其具单小叶的初生叶和具 3 小叶的次生叶的小叶在夜间竖直下垂。罗克斯博氏菜豆的具 3 小叶的次生叶也是如此,但是值得注意的是,它那伸得很长的具单小叶的初生叶在夜间从水平线上 20°上举到 60°。然而对较老的实生苗来说,已有刚刚发育的次生叶,它们的初生叶在中午左右呈水平位置,或是偏离到水平线下一些。在一例中,初生叶从中午时的水平线下 26°上举到晚 10 时的水平线上 20°,这时,次生叶的小叶竖直下垂。因而,我们这里有一个特殊的例证,即同一植物上的初生叶和次生叶在同一时间内向相反方向运动。

现在已经看到,我们观察过的豆科植物的 6 个属中,小叶(罗克斯博氏菜豆的初生叶除外)都以竖直下垂的同样方式就眠。叶柄的运动仅在三个属中观察过。在距瓣豆属和菜豆属中叶柄上举,两型豆属中叶柄下垂。

黄叶槐(*Sophora chrysophylla*)(族 10)——小叶于夜间上举,并且同时指向叶子尖端,和在含羞草中的一样。

云实属、采木属、皂荚属、黄蝴蝶属——云实属(族 13)的两个种的小叶夜晚上举。采木(*Haematoxylon campechianum*,族 13)的小叶夜晚向前运动,致使它们的中脉与叶柄平行,它们现在是竖立的下表面转向外侧(图 153)。叶柄下垂少许。皂荚属中,如果我们是正确理解迪夏特尔的描述,和在乐园黄蝴蝶(*Poinciana Gilliesii*)中(二者都属于族 13),叶子都有一样表现。

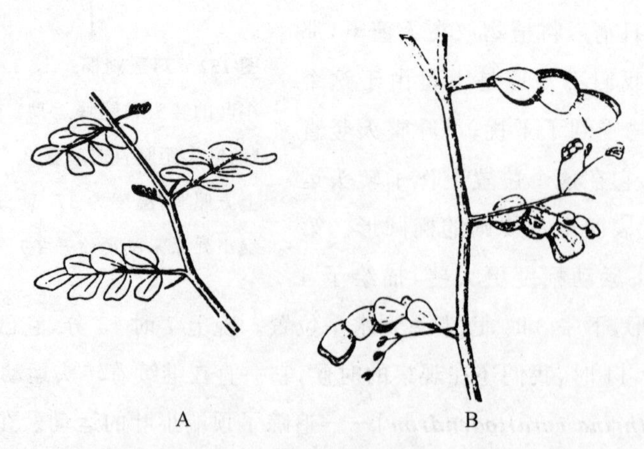

图 153　采木　A. 枝条在白天;B. 枝条的叶子就眠。(缩小到自然大小的 2/3)

决明属(族 14)——这个属里很多种的叶子的感夜运动很相似,都是非常复杂。它们最初是由林奈描述的，以后是迪夏特尔。我们主要观察了多花决明[1]和伞房花序决明，但是也偶然观察了其他几个种。水平伸展的小叶在夜间竖直下垂；但是不是简单地下垂，像许多其他属中那样，因为每片小叶还在自己的轴上转动，使其下表面朝向外侧。对生小叶的上表面便这样被转到彼此接触，位于叶柄下，被很好地保护起来（图 154）。

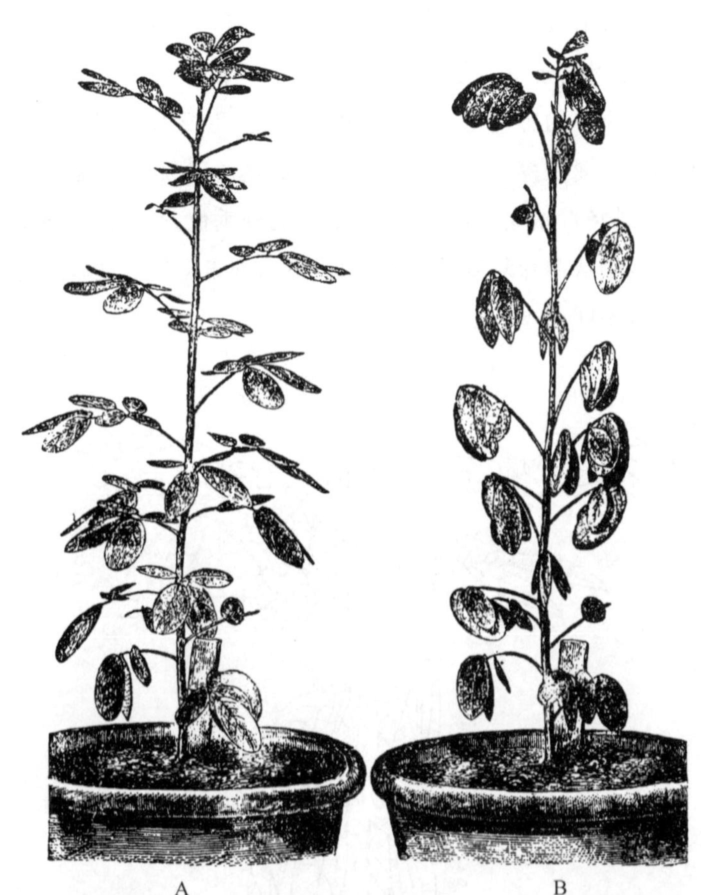

图 154　伞房花序决明　A. 植物在白天的状态；B. 同一植株在夜间的状态。

（两图皆从照片复制）

转动和其他运动都是靠位于每片小叶基部的发育良好的叶枕实现的，当在白天沿叶枕画一条很窄的黑色直线，便可清楚地看出它的作用。两片顶端小叶在白天所夹的角远小于一直角；但是当它们下垂并转动时，它们分叉的程度增加很大，以致它们在夜间侧向站立，如图中看到的那样。此外，它们还多少有些向后移动，于是指向叶柄的基部。在一例中，我们看到顶端小叶的主脉和自叶柄一端竖直下垂的线，在夜间形成 30°角。第二对小

① 戴尔（Dyer）先生告诉我，本瑟姆认为多花决明（一种普通的温室矮灌木）是在法国培育的一个新种，它与光叶决明很近。它无疑是和林德利（Lindley）[《植物名录》（*Bot. Reg.*），表 1422]描述为赫伯希纳决明（*C. Herbertiana*）的形态相同。

叶也向后移动一些，但是比顶端的一对少；第三对则向下竖直运动，或者甚至略微向前。于是在这些仅形成 3 或 4 对小叶的种里，所有小叶都有形成一单个袋子的趋势，它们的上表面相接触，下表面转向外侧。最后，主叶柄在夜间上举，但是不同叶龄的叶子上举的程度不同，如有些只上举 12°，另一些可高到 41°。

美花决明——叶子形成许多小叶，它们几乎按上述方式在夜间运动；但是叶柄不上举，有一个经仔细观察过的还肯定是下垂了 3°。

柔毛决明——这个种的感夜运动，与前两种相比，主要的不同处在于小叶不转动那么多，因此，它们的下表面在夜间只略微朝外。叶柄在白天只稍微倾斜于水平线之上，但夜间明显上举，几乎是竖直站立。这一点，和小叶的悬垂位置一起，使整株植物在夜间奇妙地紧凑。在下面两个从照片复制的图中，同一植株处于觉醒和就眠状态（图 155），我们可看到其外貌有多么不同。

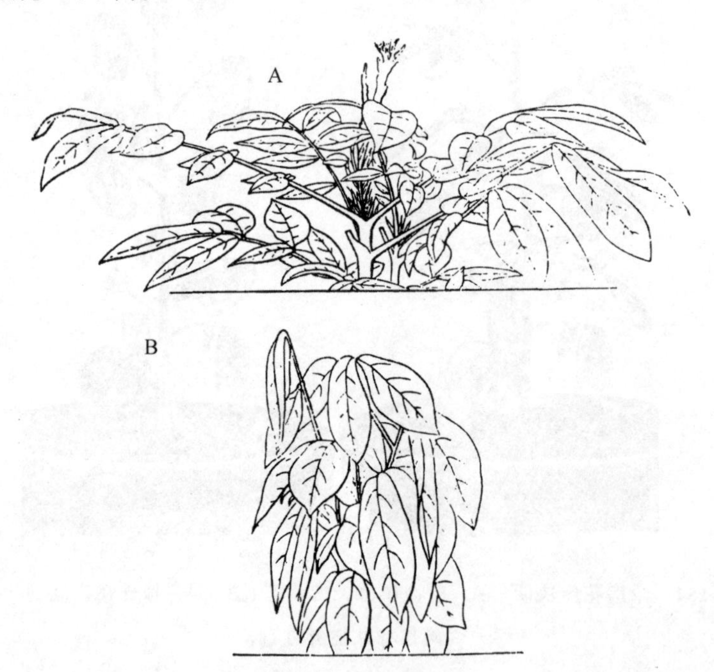

图 155　柔毛决明　A. 植物上部在白天的状态；B. 同一植株在夜间。

（图形从照片缩小）

含羞草决明——夜间，每片叶上的众多小叶都在它们自己的轴上转动，它们的尖端朝向叶的顶端转移；它们便这样变成鳞状叠盖起来，以下表面指向上方，中脉几乎与叶柄平行。因而，这个种与我们看过的所有其他种不同，除去下一个特点以外，即其小叶在夜间不下垂。测量了一个叶柄的运动，它在夜间上举 8°。

巴克莱亚娜氏决明（*C. Barclayana*）——这个澳大利亚种的小叶众多，很窄，几乎呈线形。它们在夜晚稍微上举，并且也向叶的顶端运动。例如，两片对生小叶在白天彼此分开成 104°角，夜间只分开 72°，因而每片各上举到白天位置之上 16°。一片幼嫩叶的叶柄夜间上举 34°，一片较老叶的叶柄上举 19°。由于小叶的微量运动和叶柄的相当大的运动，这种矮灌木在夜间的外貌便与白天的不同，然而很难说叶子在就眠。

对多花决明、美花决明和柔毛决明叶子的转头运动，各观察了 3～4 天。它们基本上是一样的，最后的一种最简单。将多花决明的叶柄捆缚于二顶端小叶基部处的棍上，一根玻璃丝沿一片顶端小叶的中脉固定。从 8 月 13 日下午 1 时到 17 日上午 8 时半追踪了它的运动，只将最后两小时的运动示于图 156。每天从上午 8 时(这时叶子已经呈现白天位置)到下午 2 时或 3 时，它在几乎相同的小空间内或者作曲折运动或者作转头运动；在下午 2 时到 3 时之间开始大幅度的傍晚下降。代表这个下降和清晨上举的路线是斜线，这是由于小叶就眠时的特殊方式，已经叙述过。在小叶于傍晚 6 时就眠以后，当玻璃丝竖直下悬的时候，追踪叶尖的运动到晚 10 时半。在这整个时间内，它从一侧摇摆到另一侧，完成多于一个的椭圆形。

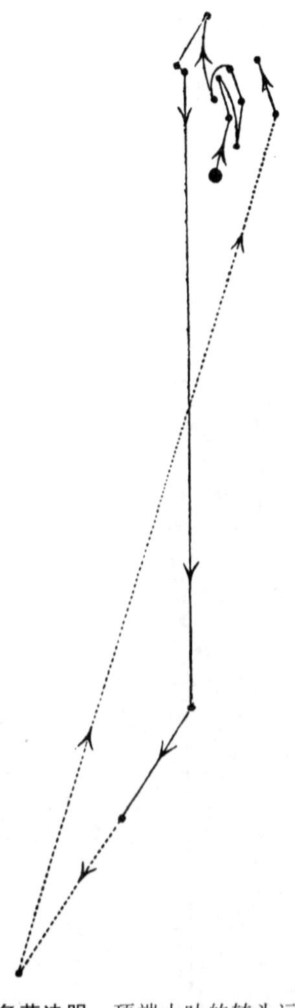

图 156　多花决明　顶端小叶的转头运动和感夜运动：从上午 8 时半追踪到次日晨同一时间。小叶(长 $1\frac{5}{6}$ 英寸)的尖端距竖立玻璃板 5.5 英寸。主叶柄长 $3\frac{3}{4}$ 英寸。温度 16～17.5℃。

(图形缩小到原标度的一半)

羊蹄甲属(族 15)——4 个种的感夜运动都相同，并且非常特殊。弗里茨·米勒从巴西南部送给我们些种子，我们特别观察了从中长出的一株植物，叶子大，并且在其尖端有深缺刻。在夜间，两半片叶上举并且完全闭合在一起，像很多种豆科植物的对生小叶那样。很幼嫩的植物的叶柄，与此同时上举相当高；有一株在中午时的倾角是在水平线上 45°，夜晚为 75°。它因而上举了 30°，另一个上举了 34°。当叶的两半在合拢时，中脉先是竖直下垂，以后弯向后方，因而它经过的路线紧沿着它自己向上倾斜的叶柄的一侧；中脉便这样指向茎或是植物的主轴。在一例中，测量了中脉与水平线在不同时间所作的角度：中午时，它呈水平位置；傍晚它竖直悬垂；然后上举到对面一侧，在晚 10 时 15 分仅位于水平线下 27°，这时指向茎。它因而已移动了 153°。由于这个运动——叶子合拢——以及叶柄上举，整株植物在夜间比白天紧凑得多，好像帚状的钻天杨与任何其他种白杨相比。值得注意的是，当植物再长大一些，即长到高达 2 或 3 英尺时，叶柄在夜间不上举，合拢叶片的叶脉不再沿叶柄一侧向后弯曲。我们已注意到，另外有些属中，很幼嫩植物的叶柄在夜间上举的角度比较老植株的高得多。

罗望子(*Tamarindus Indica*)(族 16)——小叶在夜间彼此接近或相遇，并且都指向叶子的尖端。它们因而成为覆瓦状，它们的中脉与叶柄相平行。这种运动与采木属(见前图 153)的极其相似，只是因小叶数目更多而显得更引人注目。

海红豆属、牧豆树属和假含羞草属(族 20)——海红豆(*Adenanthera pavonia*)的小叶在夜晚以边缘向外翻转并且下垂。牧豆树属中，小叶向上运动。假含羞草的同一羽状叶的对生小叶在夜晚相接触并且指向前方。羽叶本身向下运动，与此同时向后或朝向植株的茎运动，主叶柄上举。

含羞草(族 20)——这种植物曾被大量观察过，但是还有些与我们的课题有关系的细节没有受到足够的注意。在夜间，已经都知道，对生小叶相互接触并向指向叶尖；它们因而成为覆瓦状，其上表面得到很好保护。4 片羽片也相互靠拢，整个叶子因而非常紧凑。主叶柄在白天下垂直到夜幕降临，再上举直到天光初亮。茎一直以很快的速率不断进行转头运动，只是幅度不大。对几株放在黑暗中的幼嫩植株观察了两天，虽然当时的温度相当低，57～59℉，有一株的茎在 12 小时内描画了 4 个小椭圆形。我们即将看到主叶柄也一样在不断进行转头运动，每片羽片和每片小叶也都是如此。因此，如果要追踪任一小叶尖端的运动，所描绘的路线将会是 4 个分别部分的运动的综合。

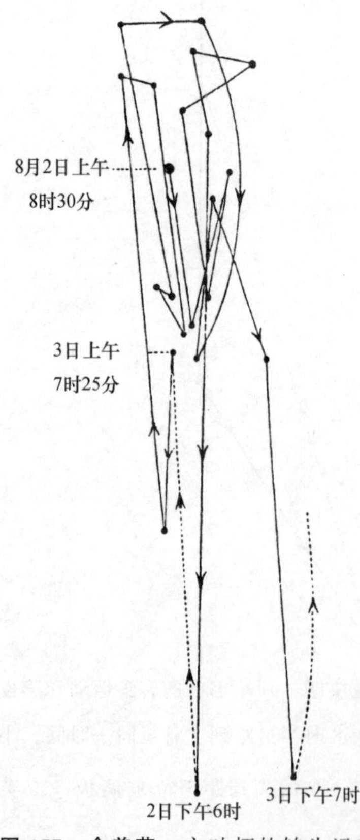

图 157　含羞草　主叶柄的转头运动和感夜运动：追踪了 34 小时 30 分钟。

将一根玻璃丝在前一天傍晚纵向固定于一几乎已充分长大、非常灵敏的叶子(长 4 英寸)的主叶柄上，茎已捆绑在其基部的一根木棍上；在暖室内高温下在一竖直玻璃板上描绘其运动。所示图(图 157)中，第一个小点是在 8 月 2 日上午 8 时半记下的，最后一个小点在3日下午7时。在第一天的12小时内，叶柄向下运动3次向上2次。在第二天同长的时间内，它向下运动5次，向上4次。因向上和向下路线不吻合，叶柄在明显地进行转头运动；大幅度的傍晚下垂和日间上举是一次转头运动的夸大。然而，应当注意到，叶柄在傍晚下垂的程度比能在竖直玻璃板上看到的或图上表示的要大得多。在3日下午7时以后（当时图157中的最后小点已经记过），将花盆移入一卧室内，发现叶柄在夜里12时50分（刚过午夜）几乎直立，比晚上10时40分的倾斜程度大得多。当在清晨4时再观察时，它已开始下垂，并且继续下降直到早上6时15分，在这以后它便弯弯曲曲又进行转头运动。对另一叶柄作了类似观察，结果几乎相同。

在另外两例中，每2分钟或3分钟观察主叶柄的运动，植株存放在相当高的温度下，即在第一例中为77～81℉，玻璃丝在69分钟内描画了两个半椭圆形。在第二例中，温度为81～86℉，它在67分钟内作了3个以上椭圆形。因此，图157虽然现在已经够复杂，如果不是每小时或每半小时记点，而是每2分钟或3分钟记点，就会无比复杂。主叶柄虽然在白天是不断并迅速描绘着小椭圆形，然而在大幅度的夜晚上举运动已开始之后，如果在晚9时半到10时半（温度84℉）之间是每2分钟或3分钟记点，而不是每小时，然后将各点连接起来，结果得到一条几乎是笔直的直线。

为证明叶柄的运动很可能是由于叶枕的变动的膨压，而不是由于生长（按照普费弗的结论），选择了一片很老的叶子观察，它有些小叶已发黄，并且很难说还敏感，这个植株是存放在非常适宜的温度下，即80℉。叶柄从上午8时到10时15分下垂，它随后以有些曲折的路线稍微上举，常常停住不动，直到下午5时，这时大幅度的傍晚下垂开始，这至少要继续到晚10时。次日清晨7时，它已上举到前一天清晨的同一水平，随后以曲折路线下垂。但是从上午10时半直到下午4时15分，它几乎保持不动，所有的运动本领现在已经失去。这片必然早已停止生长的非常老的叶子，其叶柄有周期性运动。但是它不是在白天进行转头运动好几次，只是在24小时内向下运动两次向上两次，上升路线和下降路线不相吻合。

已经提到过羽叶的运动与主叶柄无关。将叶柄固定于一软木支持物上，紧靠在4片羽片分散开的部位；将一根短而细的玻璃丝纵向粘贴在两片顶端羽叶的任一片上，在其紧下方放置一有刻度的半圆。垂直向下观察，可以准确测量其角运动或侧向运动。在中午和下午4时15分之间，这片羽片向一侧移动仅7°。但不是连续朝向同一方向，因它向一侧运动4次，向反方向3次，在一例中可达16°。这片羽片因而进行了转头运动。以后在傍晚，4片羽片相互接近，所观察的一片在中午到下午6时45分之间向内移动了59°。在下午4时25分到6时45分之间，两小时20分钟的过程内作了10次观察（平均间隔14分钟）；这时叶子正去就眠，它不再左右摇摆，只有稳恒的向内运动。这里因而和主叶柄的情况一样，转头运动在傍晚时同样转变成向一个方向的稳恒运动。

也曾提到过，每个单片小叶有转头运动。将一根小木棍紧靠在一对小叶，下方牢固地打入地下，将一片羽叶用紫胶粘接在这根小木棍的顶端，两片小叶的中脉上各连接极细的玻璃丝。这个处理没有伤害小叶，因为它们按通常方式就眠，并且长期保持着灵敏性。一片小叶的运动追踪了 49 小时，如图 158 所示。在第一天，小叶下垂直到上午 11 时半，随后以曲折路线上举直到很晚，表明有转头运动。在第二天，小叶更适应它的新状况，它在 24 小时内振荡，两次向上，两次向下。这株植物是处于相当低的温度下，即 62～64℉；如果使它更暖和些，小叶的运动无疑会更快并更复杂。从图上可以看出上升线和下降线并不吻合；但在傍晚时的大幅度侧向运动是小叶进入就眠时向叶尖弯曲的结果。偶然观察了另一片小叶，发现它在同样长的一段时间内不断地进行转头运动。

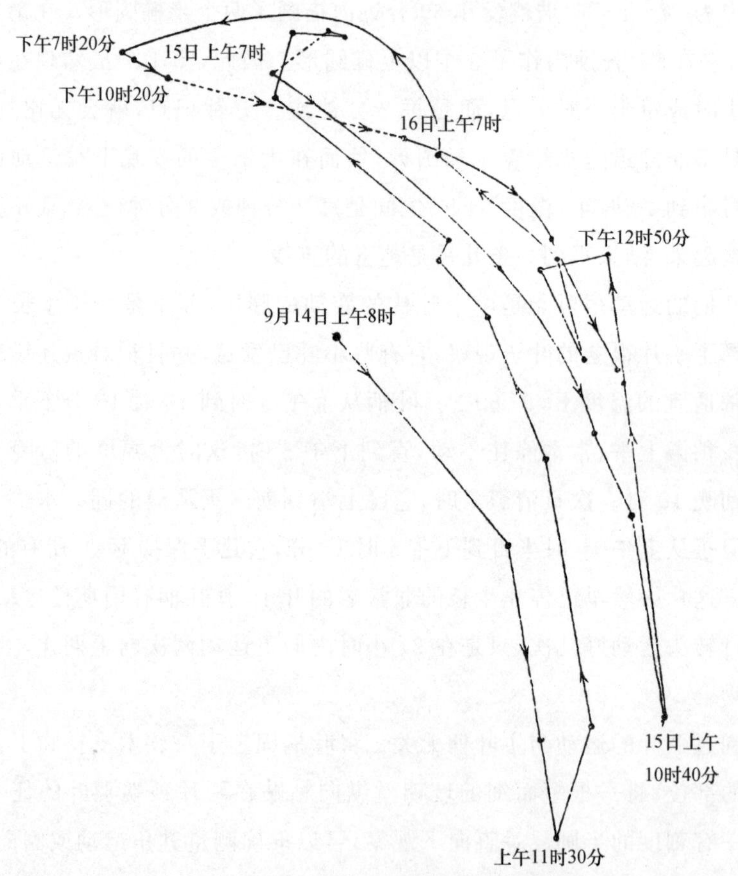

图 158　含羞草　一片小叶（羽片固定）的转头和感夜运动：在一竖立玻璃板上描绘，从 9 月 14 日上午 8 时到 16 日上午 9 时。

叶子的转头运动并不因为它们处于相当长时期的连续黑暗而被消除；但是它们的运动的固有周期性却丧失了。几株很幼嫩的实生苗存放在黑暗中（温度 57～59℉）两天，只在偶然观察它们的茎的转头运动时除外；在第二天傍晚，小叶的就眠便不完全并且不正常。随后将花盆放在一暗橱内3天，在几乎同样的温度下，这段时期结束时小叶没有表现出就眠的迹象，并且只稍对触动敏感。次日将茎粘贴于一木棍上，两片叶的运动在一竖直玻璃板上描绘了72小时。植株仍存放在黑暗中，每次观察时除外，观察时需3分钟或4分钟，用两根蜡烛照明。在第三天，小叶的敏感性受到强烈抑制但仍有微迹表现，但是它们在傍晚没有就眠的迹象。虽然如此，它们的叶柄继续有明显的转头运动，只是与昼夜有关的运动的正常程序是完全丧失了。因而，有一片叶在前两个晚上(即在晚上10时到次晨7时)下垂而不是上举，在第三个晚上它主要作侧向运动。第二片叶的行为也一样的不正常，它在第一晚向侧方运动，第二晚下垂很厉害，而第三个夜晚上举到异常的高度。

对存放在高温并暴露于光下的植物，观察了一片叶，其叶尖的最快转头运动达到每秒钟$\frac{1}{500}$英寸；如果叶子不是有时停止不动，这会等于每分钟内$\frac{1}{8}$英寸。叶尖走过的实际距离(用放在靠近叶处的一种量具确定)在一例中为15分钟内于竖直方向近于$\frac{3}{4}$英寸；在另一例中为60分钟内$\frac{1}{8}$英寸；但是还有些侧向运动。

白花含羞草[①]——这种植物的叶子有些有意思的特征，这里描绘的一片叶(图159)缩小到自然大小的$\frac{2}{3}$。它有一长叶柄，叶柄上仅有两羽叶(这里表示的两羽叶比平常分得更开些)，每个羽叶有两对小叶。但是内部的基部小叶在体积上大大缩小，可能是由于缺乏它们充分发育所需的空间，因而它们可以看作是近于残留的。它们的大小有些变动，有时两片都消失，或是仅一片消失。虽然如此，它们在功能上丝毫没有残留的迹象，因为它们敏感，有强向光性，转头的速率几乎和充分发育的小叶一样，并且就眠时的位置正好相同。对含羞草来说，在基部的和在羽叶之间的内部小叶也一样缩短得很多并且是斜着截短；这种情况可以很清楚地在有些含羞草实生苗中看出来，在其子叶上部的第三片叶仅有两个羽叶，每个羽叶有3对或4对小叶，内部的基部小叶比其相对的小叶的一半还短；因而整片叶很像白花含羞草的叶子。在后一种中，主叶柄的顶端为一小尖状物，在其两侧各有一对扁平针状小突起，边缘上有毛，在叶子充分发育之后不久，这些突起便脱落消失。这些小突起几乎无疑是每片羽叶的一对附加小叶的最后和短暂代表；因为外部的小叶比内部的宽两倍，也稍长一些，即为1英寸的$\frac{7}{100}$，而内部的仅长$\frac{5}{100}$～$\frac{6}{100}$英寸。如果现存叶子的基部一对小叶会变成残留的，我们应该料到这种残留结构仍然会表现出它们现下的大小上有很大差距的一些踪迹。白花含羞草亲本类型的羽叶至少具有3对小叶，而不是像现在这样只有两对，这个结论是根据第一片真叶的结构得出的；因为这片真叶有一单个叶柄，其上常生长着3对小叶。这个情况，以及有残留结构存在都导致如下结

① 西塞尔顿·戴尔先生告诉我们这种秘鲁植物(从邱园植物园送给我们)，本瑟姆先生认为(《林奈学会会报》，第30卷，390页)是“最能代表我们植物园的敏感含羞草(*M. sensitiva*)的品种或变种”。

论，即白花含羞草是从一种类型——其叶子的小叶超过两对——传下来的。在子叶上方的第二片叶在各方面都和充分发育的植株上的叶子一样。

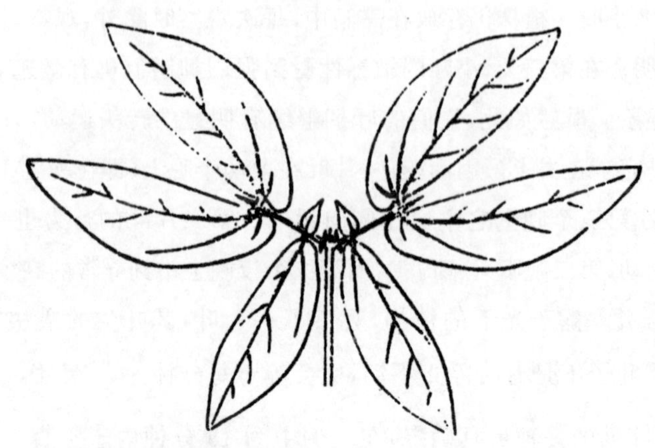

图 159　白花含羞草　从垂直上方观察一片叶。

当叶子就眠时，每片小叶扭转半圈，使其边缘指向天顶，并与其相对的小叶密切接触。两羽片也彼此紧密接近，于是这 4 片顶端小叶聚在一起。大的基部小叶（与其相对的残留小叶相接触）向内和向前运动，以致包围着聚拢起来的顶端小叶的外部，于是所有 8 片小叶（包括残留小叶）一起形成一单个竖直的袋状物。两片羽片在彼此靠近的同时下垂，因而并不是像在白天那样与主叶柄在同一条线上水平延伸，在夜间它们下垂到水平线下约 45°，或者甚至更大的角度。主叶柄的运动看来很容易变动；我们曾看到它在傍晚时比白天低 27°；但是有时又几乎处于同样位置。虽然如此，在傍晚时有下垂运动以及在夜间有上举运动，可能是正常的进程，因为这在最初形成的真叶的叶柄上很明显。

对一片嫩叶的主叶柄的转头运动描绘了 $2\frac{3}{4}$ 天，运动幅度相当大，但是不像含羞草那么复杂。它的运动比转头叶子通常的情况更侧向得多，这是它表现的唯一特点。在显微镜下看到顶端小叶的顶端在 3 分钟内走过了 $\frac{1}{50}$ 英寸。

具边缘含羞草（*Mimosa marginata*）——对生小叶在夜间上举并且彼此接近，但是并不密切接触，只有在壮健枝条上的很幼嫩的小叶是例外。完全长成的小叶在白天缓慢进行转头运动，并且幅度也很小。

猫爪施兰克亚木（*Schrankia uncinata*）（族 20）——一片叶有二或三对羽片，每片羽片有很多小型小叶。当植物就眠时，这些小叶指向前方并变成覆瓦状。两片顶端羽片之间的角度在夜间减少，在一例中减少 15°，并且它们几乎竖直下垂。后面一对羽片也下垂，但是不相靠近，就是说，它们向叶尖的方向运动。主叶柄并不下垂，至少在傍晚时是如此。在这方面以及羽片的下垂，是这种植物和含羞草在就眠运动上很不同的地方。然而，应当补充的是，我们的样本不是处于很壮健的状态。皮刺施兰克亚木（*S. aculeata*）

的羽片也在夜间下垂。

金合欢(*Acacia farnesiana*)(族 22)——这种灌木在就眠和觉醒时的不同外貌是很奇妙的。处于这两种状态的同一片叶如图 160 所示。小叶朝向羽叶顶端移动，并变成覆瓦状，羽叶像摇晃地悬挂着的小段绳子。下面的陈述和测量并不完全适用于这里描绘的小型叶。羽片向前运动而且同时下垂，而主叶柄上举相当高。至于运动的程度：一个样品的两片顶端羽片在白天共同形成的角度为 100°，而在夜间仅为 38°，因而每片向前移动 31°。次末级羽片在白天共同形成 180°角，也就是它们彼此相对站立在一条直线上，在夜间每片羽片向前移动 65°。基部一对羽片在白天各自指向后方 21°，夜间向前 38°，因而每片已向前移动了 59°。但是羽片与此同时下垂得很厉害，有时几乎是竖直悬垂着。另一方面，主叶柄上举很高；到晚上 8 时半，有一叶柄比中午的位置高 34°，到次日晨 6 时 40 分，它还高 10°；在这个时间以后不久，白天的下垂运动开始。对一几乎充分长成的叶片的进程跟踪了 14 小时：它非常曲折，明显地代表 5 个椭圆形，它们的长轴指向不同方向。

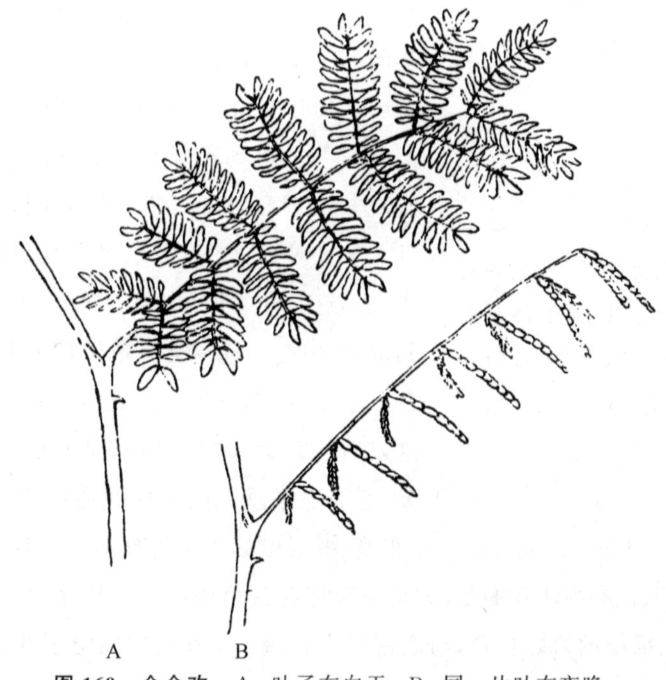

图 160　金合欢　A. 叶子在白天；B. 同一片叶在夜晚。

鸡冠合欢(*Albizzia lophantha*)(族 23)——小叶在夜间相互接触，而且指向羽片的顶端。羽片相互靠拢，但是仍位于白天的同一平面上；在这方面它们和上述的施克兰亚木属和金合欢属很不相同。子叶上方最初形成的叶子每边有 11 片小叶，这些小叶和以后形成的叶子的小叶就眠情况一样；但是这第一片叶的叶柄在白天向下弯曲，在夜间伸直，因而它所画的弧的弦比在白天高 16°。

欧石南叶白千层(*Melaleuca ericaefqolia*)(桃金娘科)——根据布歇(Bouché,《植物学报》,1874 年,359 页),叶子在夜间就眠的情况和皮梅尔属(*Pimelia*)的有些种几乎一样。

密柔毛月见草(*Oenothera mollissima*)(柳叶菜科)——根据林奈(《植物的就眠》),叶子在夜间竖直上举。

纤细西番莲(*Passifcora gracilis*)(西番莲科)——幼叶就眠时将它们的叶片竖直下垂,叶柄的整个长度变得有些向下弯曲。从外表上看不到叶枕的踪迹。一幼嫩枝条上最上面一片叶的叶柄在上午 10 时 45 分位于水平线上 33°;晚上 10 时半,当叶片竖直下悬时,只为 15°,因而叶柄下垂了 18°。下一片较老叶子的叶柄下垂 7°。由于一些未知的原因,叶子并不是总能正常就眠。一株植物曾放在东北窗前一段时间,将其茎系牢在位于一幼叶基部的木棍上,此幼叶的叶片倾斜于水平线下 40°。由于这片叶的位置,必须斜着观察它,因此它的竖直上升和下垂运动在描绘时就像是斜的。在第一天(10 月 12 日),叶子以曲折路线下降直到很晚;在 13 日上午 8 时 15 分,叶子已经上举到前一天清晨同一水平。这时开始描绘(图 161)。这片叶继续上举直到上午 8 时 50 分,随即稍微向右移动,然后下垂。在上午 11 时到下午 5 时之间,它进行转头运动,在这以后便开始大幅度的夜间下垂。在下午 7 时 15 分,它竖直下垂。图中虚线还应当延长得更低。次日(14 日)清晨 6 时 50 分,此叶已上举很高,并且继续上举直到上午 7 时 50 分,在这个时间之后,它再下垂。应当注意的是,如果没有把花盆稍微向左方移动,第二天清晨描绘的路线便会与以前描绘的恰好相合,与之混淆。傍晚(14 日),在固定于叶尖的玻璃丝后面放一个标记,对这片叶的运动从下午 5 时到 10 时 15 分仔细作了描绘。在下午 5 时到 7 时 15 分之间,叶子以直线下垂,在后一时刻它像是竖直悬垂。但是在晚上 7 时 15 分到 10 时 15 分之间,行动路线有一系列步骤。我们不了解这种动作的原因,不管怎样,显而易见,它的运动不再是一种简单的下垂。

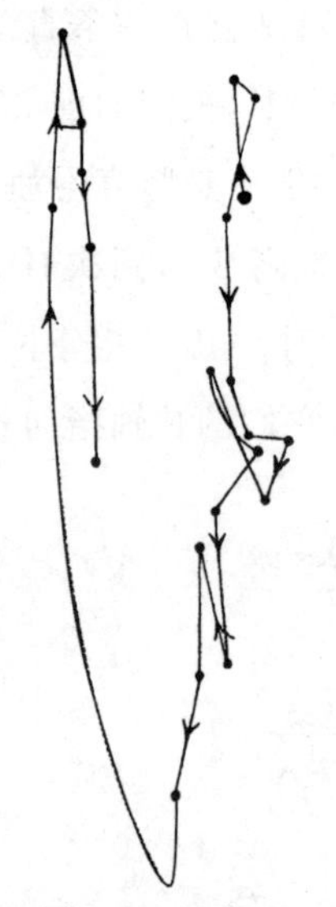

图 161　纤细西番莲　叶子的转头运动和感夜运动:从 10 月 13 日上午 8 时 20 分到 14 日上午 10 时在一竖立玻璃板上描绘。(图形缩小到原标度的三分之二)

豨莶(菊科)——在冬季中期培养了些实生苗,存放在暖房内;它们开了花,但是生长不好,并且它们的叶子从来没有表现过任何就眠的迹象。在 5 月份培育的实生苗的叶子在中午时(6 月 22 日)呈水平位置,晚上 10 时下垂到水平线下相当大的角度。在 4 例幼叶中，它们的长度是2～2.5英寸，下垂角度分别为50°、56°、60°和65°。在8月末，当时植物已长到10至11英寸高，较嫩的叶子在夜间向下弯得很厉害，以致可以说是就眠。这是必须在白天很好照光才能就眠的植物种之一，因为有两次当植物整天被放在有东北窗的室内，叶子在夜间就不就眠。这同一原因可能解释在隆冬季节培育的实生苗的叶子为什么不就眠。普费弗教授告诉我们，另一种豨莶(*S. Jorullensis*?)的叶子在夜间竖直下垂。

牵牛和圆叶牵牛(旋花科)——2英尺高的幼嫩植株，其叶子在夜间下垂到水平线下68°到80°，有些下垂得很竖直；次日清晨它们再上举到水平位置。叶柄在夜间变得向下弯曲，这或者是通过整个长度，或者只是上部；这明显使得叶片下垂。叶子看来必须在白天很好照光才能就眠，因为有些植物位于东北窗前一株植物的后面，便不能就眠。

烟草(*Nicotiana tabacum*)(弗吉尼亚种)和**粉蓝烟草(*N. glauca*)**(茄科)——这两个种的幼叶就眠时向上竖直弯曲。粉蓝烟草的两个枝条，其一觉醒，另一就眠，示于图162。拍照的一个枝条偶然地弯向一侧。

图162 粉蓝烟草 叶子在白天展开和夜间就眠的枝条。

(图从照片临摹并缩小)

烟草叶柄的基部，靠外侧，有一团小细胞，体积比别处的小，它们长轴的方向和薄壁细胞的不同，因而可以看作是形成一种叶枕。选定一幼株烟草，对其子叶上方的第五片叶的转头运动观察了3天。在第一天早晨(7月10日)，叶子从上午9到10时下垂，这是正常的过程，但是这一天的其余时间都上举。这无疑是由于它只受到上面的光照；因为正常情况下，傍晚的上举运动直到下午3时或4时才开始。在图163中，第一个标点是在下午3时记的，追踪继续了65小时。当叶子指向标明下午3时上面的一个点时，它呈水平位置。这个描图值得注意的地方,仅仅是它的图形简单并且路线笔直。叶子每天描绘一单个大椭圆形,应能看出这是由于上升路线和下降路线并不吻合。在 11 日傍晚,叶子不像平常垂得那么低,现在它有一些曲折。白天的下垂运动在每天清晨 7 时已经开始。图上部的虚线,代表叶子在夜间的竖直位置,还应更向上延长很多。

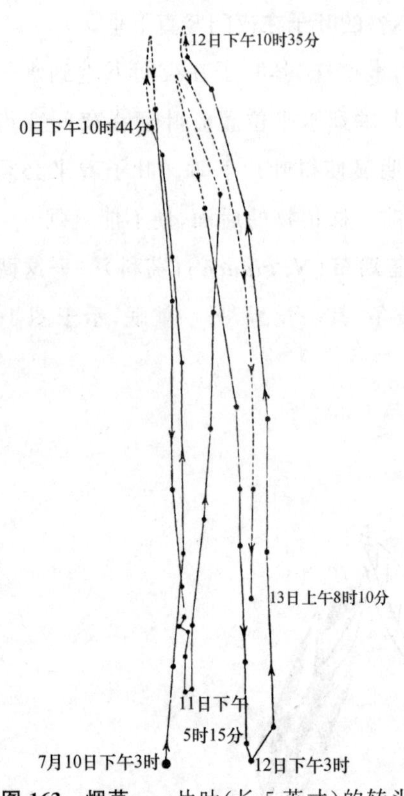

图 163　烟草　一片叶(长 5 英寸)的转头运动和就眠运动:从 7 月 10 日下午 3 时到 13 日上午 8 时 10 分在一竖立玻璃板上描绘。叶尖距玻璃板 4 英寸。温度为 17.5～18.5℃。(图形缩小到原标度的一半)

长筒紫茉莉和**紫茉莉**(紫茉莉科)——这两种实生苗的子叶上方第一对叶子,在白天分开的角度很大,晚上竖直站立,彼此紧密接触。较老实生苗上的上部两片叶,在白天几乎呈水平状,夜间竖直站立,但是不密切接触,这是由于受到中心芽的抵制。

萹蓄(*Polygonum aviculare*)(蓼科)——巴塔林教授告诉我们,幼叶在夜间竖直上举。苋属(苋科)的几个种,按照林奈的意见,也是如此。我们看到这个属的一种植物有这种就眠运动。还有,藜(藜科)的实生苗,约 4 英寸高,其上部幼叶在白天呈水平或水平下位置,在 3 月 7 日晚 10 时是竖直或是几乎竖直的。冬季(1 月 28 日)在温室内培育的实生苗,曾日夜观察过,没有看到叶子的位置有什么差别。根据布歇报道(《植物学报》,1874 年,359 页),亚麻状皮梅尔(*Pimelia linoides*)和壮丽皮梅尔(*P. spectabilis*,瑞香科)的叶子在夜间就眠。

朱羽花(*Euphorbia jacquiniaeflora*)(大戟科)——林奈先生提醒我们注意,这种植物的幼叶就眠时是竖直下垂。自顶端向下的第三片叶(3 月 11 日)在白天倾斜到水平线下 30°,晚间竖直下悬,更幼嫩的叶子也是这样。次日清晨它上举到原先的位置。顶下第四和第五片叶在白天水平站立,夜间只下垂 38°。第六片叶没有明显地改变位置。下垂运动是由于叶柄的向下弯曲,叶柄上没有一处表现有像叶枕的任何结构。6 月 7 日清晨很早,将一玻璃丝纵向固定于一幼叶上(顶端下第三片,$2\frac{5}{8}$ 英寸长),将其运动描绘于一竖立玻璃板上 72 小时,植物从上部天窗照明。每天从上午 7 时到下午 5 时,这片叶几乎以直线下垂,此后它向下倾斜很厉害,以致不再能追踪它的运动。在每晚后半夜,或是在天光初亮,叶子上举。它因而以极简单的方式进行转头运动,每 24 小时作一单个大椭圆形,因为上升和下降路线没有吻合。在相继的每天清晨,它站立的高度总比前一天低,这可能是由于叶龄在逐增，还有照光不足，因为，虽然叶子只有很弱的向光性，然而按照林奈先生的意见和我们的观察，它们在白天的倾斜度决定于光强度。在第三天，这时下垂运动的程度已经减少很多，所描绘的路线明显地比以前任一天都更曲折，看来好像有一部分运动动力便这样消耗了。6 月 7 日晚 10 时，那时叶子竖直下垂，靠放在它后面的一个标记观察它的运动，看到固定的玻璃丝的末端在缓慢地并且轻微地振荡，从一侧到另一侧，以及向上和向下。

霸贝菜(*Phyllanthus Niruri*)(大戟科)——普费弗描述过[①]，这种植物的小叶以异常方式就眠，明显像决明属的小叶那样，因为它们在夜间下垂而且扭转，使它们的下表面转向外侧。从这种复杂的运动可以估计到，它们具有叶枕。

裸子植物

诺得曼松(*Pinus Nordmaniana*)(松柏科)——查汀(M. Chatin)说[②]，叶子在白天呈水平位置，夜间上举，所取的位置几乎与它们从之长出的枝条相垂直。我们推测他这里指的是一水平枝条。他补充说："同时，上举还伴随着叶片茎部的扭转运动，经常可以形成 90°的弓形轨迹。"叶子的下表面是白色的，而其上表面呈深绿色，树在白天和夜晚便有很不同的外貌。种在花盆里的一小株树的叶子没有表现任何感夜运动。我们在前一章里已提到，南欧海松和奥地利松的叶子不断地进行转头运动。

单子叶植物

白粉再力花(*Thalia dealbata*)(美人蕉科)——这种植物的叶子就眠时转到竖直向上，它们具备发育良好的叶枕。这是我们知道的极大型叶子就眠的唯一例证。一幼叶的叶片，只 13.5 英寸长，6.5 英寸宽，在中午时与其高大叶柄所作的角度为 121°，夜间竖直站立，与叶柄在一条线上，因而它上举了 59°。另一大叶的叶尖自上午 7 时半到晚 10 时所经过的真正距离(用正交追踪测量)为 10.5 英寸。在此植物基部较高的叶子之间有两片幼嫩的矮叶，对其转头运动在一竖立玻璃板上追踪了两天。在第一天，一片叶的叶尖，在第二天，另一片叶的叶尖，都从上午 6 时 40 分到下午 4 时描绘了两个椭圆形，其长轴所指的方向与代表白天的大幅度下垂和夜间的大幅度上举的路线很不相同。

竹芋(美人蕉科)——有叶枕的叶片在白天呈水平位置或在水平线上 10°～20°之间；在

---

① 《运动的周期》，159 页。

② 《法国科学院纪要》，1876 年 1 月，171 页。

夜间竖直向上，它们因而在夜晚上举了70°～90°。中午将植物放在暖房内黑暗处，次日追踪叶子的运动。在上午8时40分到10时半之间，它们上举，随后下垂很厉害，直到下午1时37分；但是到下午3时，它们又稍微上举，而且在整个午后和晚上继续上举；次日清晨它们站立在和前一天相同的水平上。因而，一天半的黑暗并没有干扰它们的运动的周期性。在一个温暖但有暴风雨的黄昏，将植物移往室内的时候，叶子被猛烈晃动，在夜间没有一片叶就眠。次日清晨，将植物移到温室，晚上叶子又没有就眠；但是在下一个晚上，它们按通常方式上举了70°～80°。这件事与我们在攀援植物看到的相似，即很大的震动使它们的转头本领停顿一段时间；但是在这个例证中，这种效应更明显并且拖延得更长。

野芋(*Colocasia antiquorum*)、(可食山芋 *Caladium esculentum* 园艺品种)(天南星科)——这种植物就眠时使叶片在黄昏时下垂，以致很倾斜地站立着，或者甚至很竖直地以叶尖指向地面。它们没有叶枕。一叶的叶片在中午时位于水平线下1°，下午4时20分为20°，下午6时为43°，下午7时20分为69°，下午8时半为68°。可见它已开始上举，晚10时15分为65°；次日清晨位于水平线下11°。另一幼叶(其叶柄仅长$3\frac{1}{4}$英寸，叶片长4英寸)的转头运动追踪于一竖立玻璃板上48小时；经一天窗的照明微弱，这像是干扰了正常的运动周期。虽然如此，这两个下午，叶子都下垂得很厉害，直到傍晚7时10分或是晚9时，这时它稍微上举并有侧向运动。在两个清晨的很早时间，它已恢复它的日间位置。在前半夜，有一段短时间的明显侧向运动，这是它表现的唯一使人感兴趣的事，因为这使得上升路线和下降路线不相吻合，与转头器官的一般规律是一致的。这种植物叶子的运动因而属于最简单的一种，其踪迹不值得提供。我们已看到，天南星科的另一属，即大藻属，叶子在夜间上举很高以致几乎可以说是就眠。

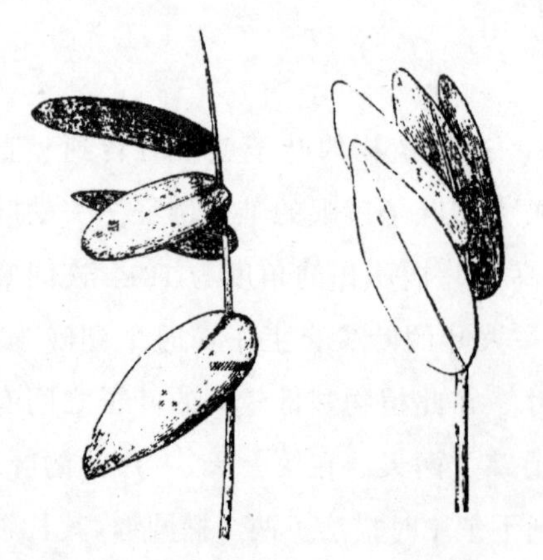

图164　多花峨利禾　杆上叶子在白天状态和在夜间就眠时。(图形缩小)

多花峨利禾(*Strephium floribundum*)[①](禾本科)——卵形叶具有叶枕，叶子在白天横向延伸或稍微倾斜于水平线之下。在直立杆上的叶子仅仅在夜间竖直上举，因而它们的尖端指向天顶(图164)。从倾斜很厉害或是近于水平的秆长出的横向伸展的叶子，在夜间的运动使它们的尖端指向杆的顶端，一个侧边指向天顶。为了取得这个位置，叶子不得不在它们自己的轴上扭转近于90°的角

① 布隆尼亚尔(A. Brongniart)最早观察到这种植物以及苹属的叶子就眠；见《法国植物学公报》第7卷，1860年，470页。

度，于是叶片的表面总是竖直站立，不论中脉或是整个叶子的位置如何。

一片幼叶（长 2.3 英寸）的转头运动追踪了 48 小时（图 165）。它的运动异常简单：叶子在上午 6 时 40 分以前便下垂，直到下午 2 时或 2 时 50 分，随后上举，约在下午 6 时竖直站立，夜间较晚时候或者在刚刚清晨再下垂。第二天，下垂路线稍微有些曲折。和通常情况一样，上升和下降路线不相吻合。在另一个例中，当温度稍高一些，即 24～26.5℃，从上午 8 时 50 分到中午 12 时 16 分，对一叶观察了 17 次：在这段 3 小时 26 分钟的时间内，它改变它的运动方向多达 6 个矩形，并且描绘了两个半不规则的三角形。因而在这个场合，叶子是以复杂的方式，迅速进行转头运动。

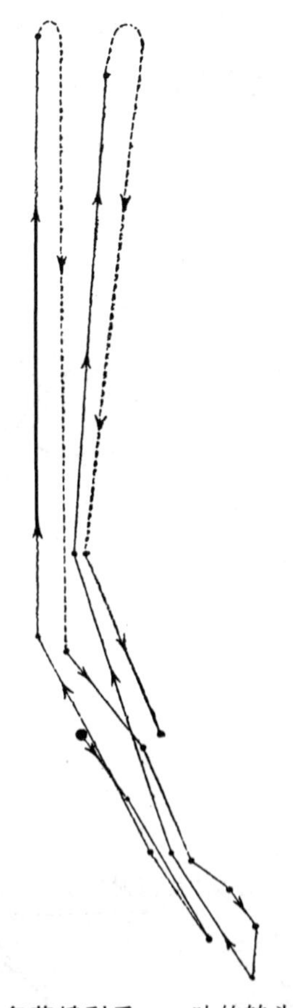

图 165 多花峨利禾 一叶的转头运动和感夜运动：从 6 月 26 日上午 9 时到 27 日上午 8 时 45 分描绘；玻璃丝沿中脉固定。叶尖距竖立玻璃板 8 $\frac{1}{4}$ 英寸；植物从上方照明。温度 23.5～24.5℃。

无子叶植物

四叶苹（苹科）——叶子在白天横向伸展，其形状示于图 166A。每片小叶都具有发育良好的叶枕。当叶子就眠时，两片顶端小叶上举，扭转半圈并彼此接触（图 B），以后被两片下部小叶拥抱（图 C）；因而四片小叶以下表面朝外形成一竖立的袋状物。叶柄顶端的曲度表示就眠，这只是偶然的。将植物移入室内，室内温度仅比 60℉稍高一些，对一片小叶的运动（其叶柄已固定）追踪了 24 小时（图 167）。这片小叶从清晨起下垂，直到下午 1 时 50 分，随后上举直到下午 6 时，这时它就眠。将一竖直悬垂的玻璃丝固定于一片顶端内部小叶；图 167 中下午 6 时以后的部分描图表示它继续下垂，作一曲折路线，直到晚 10 时 40 分。次日清晨 6 时 45 分，叶子正在觉醒，玻璃丝指向竖立玻璃板之上，但是到上午 8 时 25 分，它处于图中所示的位置。这个线图在外形上与前面提供的很不相同，这是由于小叶在靠近它的对生小叶并与之相互接触时有扭转和侧向运动。另一片叶在就眠时的运动，从下午 6 时追踪到晚 10 时 35 分，它明显有转头运动，因为它继续下垂两小时，随后上举，以后又下垂直到比它在下午 6 时的位置还低。从图 167 可以看出，当植物处于室内相当低的温度下，小叶在白天中部时间以曲折路线上举和下垂；但是当从上午 9 时到下午 3 时存放在温室内，在一相当高但有变动的温度下（即在 72～83℉之间），小叶（其叶柄固定）迅速进行转头运动，因为它在 6 小时内作了 3 个大的竖直椭圆形。根据布隆尼亚尔，柔毛苹（*M. pubescens*）像这个种一样就眠。这两种植物是已知可就眠的仅有的隐花植物。

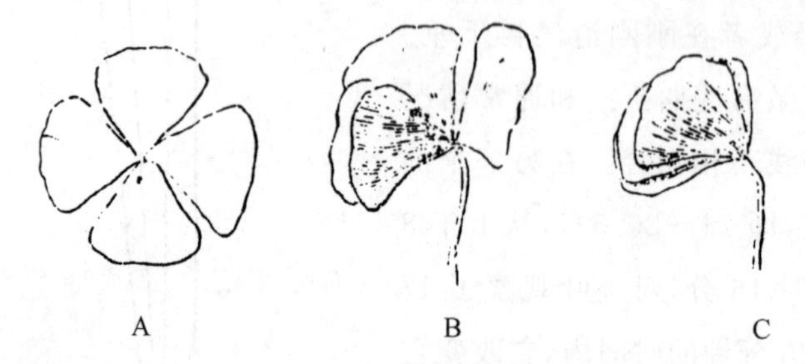

图 166　四叶苹　A. 叶子在白天，从竖直上方观察；B. 叶子开始进入就眠，从侧方观察；C. 同一片叶在就眠。（图形缩小到自然尺度的一半）

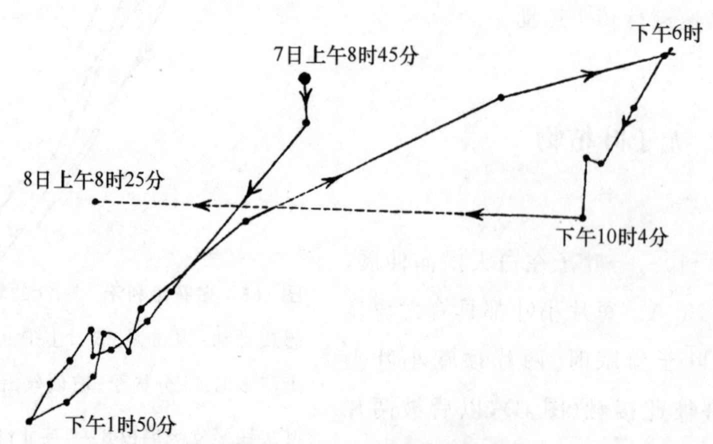

图 167　四叶苹　小叶的转头与就眠运动：描绘于竖立玻璃板上，约 24 小时；植物存放在相当低的温度下。（图形缩小到原来标度的 2/3）

叶子的感夜或就眠运动的摘要和结束语——这类运动对于表现它们的植物来说，是以某种方式起着重要作用，曾观察过这类运动的人们很少争辩它们有时是多么复杂。例如决明属在白天呈水平位置的小叶，在夜晚不仅竖直向下弯曲，顶端一对小叶还明显地指向后方，它们也在自己的轴上旋转，以致它们的下表面朝外。草木樨属的顶端小叶同样地旋转，靠这个运动使它的一个侧边指向上方，与此同时它或者向左或者向右移动，直到其上表面与同一侧的侧生小叶上表面相接触，这片侧生小叶已同样在其自己的轴上旋转。落花生属中，所有 4 片小叶在夜间一起形成一个竖立口袋；为实现这点，前面的两片小叶必须向上移动，后面的两片向前移动，另外它们都在自己的轴上扭动。黄花稔属中，有些种的叶子在夜间向上移动90°角，另一些种的叶子向下移动同样的角度。我们曾看到，酢浆草属中子叶的感夜运动有同样的差异。羽扇豆属中，小叶又是或向上运动或向下运动。有些种里，如黄花羽扇豆，星状叶一侧的小叶向上运动，相对一侧的向下运动；中间的在它们自己的轴上旋转。靠这些各种各样的运动，整个叶子在夜间形成一个竖立的星，而不是白天那样横向的星。有些叶子和小叶，除去向上和向下运动外，在夜间还多少有些对折，如羊蹄甲属和酢浆草属的有些种。叶子在就眠时所处的位置确实是几乎无穷的多样化：它们可以竖直朝上或者朝下；在小叶的情况下，或者朝向叶尖或者朝向叶基，或是在任何中间位置。它们常在它们自己的轴上转动，至少有90°之多。同一植株上直立的、横向的或是很倾斜的枝条长出的叶子，在少数几例中以不同方式运动，如波里尔属和峨利禾属。很多种植物的整个外貌在夜间奇妙地改变了，这可在酢浆草属中看到，在含羞草属中更清楚。一丛金合欢在夜间像是覆盖着摇晃的小段线绳而不是叶子。除去我们自己没有看过的少数属，关于这些我们拿不准。也除去另外少数属，其小叶在夜间旋转，上举或下垂不多；有37个属的叶子或小叶上举，小叶常在同时转向叶尖或是转向叶基；有32个属的叶子或小叶在夜间下垂。

叶子、小叶和叶柄的感夜运动是以两种不同方式实现的：第一种，在它们的相对两侧轮流地加速生长，在这之前细胞先增大膨压；第二种是靠叶枕或一团小细胞，一般不含叶绿素，在差不多相对的两侧轮流地变得有较大的膨压，并且在膨压增大之后并不随着有生长，只在植物幼小时除外。叶枕像是由一群在很幼龄时便停止生长的细胞形成的（前面已提到），因而与周围组织没有什么重要区别。车轴草属有些种的子叶具有叶枕，其他种没有，黄花稔属中的叶子也是如此。我们在这同一个属中也可看到叶枕发育状态的几个阶段，在烟草属中的叶枕可能是处于开始发育的阶段。运动的性质很近似，不论叶枕是否存在，这可以从本章中提供的许多曲线图看出来。值得注意的是，当有叶枕时，上升路线和下降路线难得吻合，因而有叶枕的叶子经常是描绘着椭圆形，不论是幼叶，还是已完全停止生长的老叶。描绘椭圆形这件事，表示轮流增大的细胞膨压并不是发生在叶枕的恰好相对两侧。即使没有叶枕的叶子发生运动的轮流加速生长也是如此。有叶枕存在时，感夜运动继续的时期比没有叶枕时长得多。这已在子叶的例证中充分证明，普费弗已提出有关对叶子同样结果的观察。我们曾看到，含羞草的一片叶，继续以通常方式运动，只稍微简单些，直到它蔫萎和死亡。补充提一下，红车轴草的有些小叶在张开的状态被钉住10天，在它们被松开的第一天傍晚，它们便上举，并按通常方式就眠。当运动是靠叶枕的帮助实现的时候，除去运动可长期继续（这像是它发育的最终目的）以外，还在夜晚有一种扭转运动。普费弗曾提到，这种运动几乎是局限于有叶枕的叶子。

第一片真叶，虽然在形状上和成熟植株上的叶子可能有些不同，然而其就眠的方式相同,这是很一般的规律。并且不论是子叶本身是否就眠,或是它们是否以相同方式就眠,上述现象都照常发生。但是罗克斯伯基氏菜豆的第一片单叶在夜间上举得很高,可以说是就眠,而具3小叶的次生叶的小叶却在夜间竖直下垂。在仅几英寸高的黄花稔幼株上,叶子不就眠,可是在较老植株上它们在夜间竖直上举。另一方面,香金雀花很幼嫩植株上的叶子以明显方式就眠,而在温室内的一株茂盛的老丛上的叶子并没有表现出任何明显的感夜运动。百脉根属内,基部像托叶的小叶夜间竖直上举,它们具备叶枕。

已经提到过,当叶子或小叶在夜间改变位置很大并且是靠复杂的运动,几乎不能怀疑这些必然以某种方式对该植物有益。如果是这样的话,我们必须将同样的结论延伸到大量就眠植物,因为最复杂的和最简单的感夜运动是由一些最细的等级联系在一起的。但是由于本章开始时提出的一些原因,在少数例证中还不可能确定有些运动是否应该称为感夜运动。一般来说,叶子在夜间所处的位置足够清楚地表明,这样所得到的益处是保护上表面防止辐射到开放的天空,而且在很多例证中靠各部分紧密靠拢来相互保护以防御寒害。在上一章内已经证明,被迫在夜间保持水平伸展的叶子,比起允许取得它们正常的竖直位置的叶子,受辐射危害的程度要厉害得多。

有几种植物的叶子除非在白天受到充足的光照才能就眠,这个事实使我们有一段时间怀疑,保护上表面防止辐射是否为它们明显的感夜运动在所有情况下的最终目的。但是,我们没有理由去猜想,从开放天空的照明,甚至在最多云的日子,为叶子就眠是不够充分的;并且我们应当考虑到,位于植物下部因而被遮阴的叶子,而且它们有时不就眠,在夜间也一样受到防止大量辐射的保护。虽然如此,我们并不想要否认,可能存在一些例证,叶子在夜间改变位置相当大,却没有从这样的运动取得任何益处。

对于就眠植物来说,叶片几乎总是在夜间取得竖直或近于竖直的位置,不论是叶尖、或是叶基,或是一个侧边指向天顶,都完全没有关系。每当叶子和小叶的上下表面之间在暴露于辐射的程度上有任何差别的时候,总是上表面暴露得最少,这是一个有广泛普遍性的规律,可以在百脉根属、金雀花属、车轴草属以及其他属中看到。羽扇豆属有几个种,小叶显然是由于它们的结构不能在夜间将它们自己竖直放置,因而它们虽然倾斜很厉害,上表面却比下表面暴露得更多,这是我们的规律的一个例外。但是这个属里的一些其他种,小叶做到了把自己竖直放置;可是,这是靠一种很不寻常的运动实现的,就是,靠同一叶的相对两侧的小叶向相反方向运动。

还有一个很普遍的规律,即当小叶彼此密切接触时,它们是通过其上表面做到的,上表面便这样受到最好的保护。在有些例证中,这可能是它们竖直上举的直接结果。但是决明属的小叶在下垂时以非常奇异的方式转动,以及草木樨属的顶端小叶转动并向一侧运动直到它与这一侧的侧生小叶相遇,这显然是为了保护上表面。当对生叶或对生小叶没有任何扭转而竖直下垂时，它们的下表面彼此靠近，有时相互接触，这是它们的位置引起的直接必然结果。酢浆草属里有许多种，其相邻小叶的下表面紧贴在一起，这样便比上表面受到较好的保护；但是这仅仅是依靠每片小叶在夜晚折叠起来，以便能够竖直下垂。在这么多例证中发生的叶子和小叶的扭转或转动，显然总是使它们的上表面彼此密切接近，或是与这个植株的其他部位接近，达到相互保护。我们在落花生属、白花含羞草、和苹属的一些例证中，可以看得最清楚：它们的所有小叶在夜间一起形成一单个竖立的袋状物。如果含羞草的对生小叶仅仅是向上运动，它们的上表面便会相互接触并且很好保护起来。但是事实是：它们都逐次地朝向叶尖运动，这样不仅使它们的上表面得到保护，而且相继的各对小叶成为覆瓦状，彼此以及叶柄都得到相互保护。就眠植物的小叶成为覆瓦状是一个普遍现象。

叶片的感夜运动一般是靠叶柄最上部分的弯曲而实现的，这一部分常被修饰成叶枕，或者当整个叶柄当短小时可能被这样修饰。但是叶片本身有时弯曲或者运动，羊蹄甲属提供一个显著的例证，叶片的两半在夜晚上举并且达到密切接触，或者叶片和叶柄上部二者可能都运动。此外，整个叶柄一般在夜间或上举或下垂。这个运动有时很大：如柔毛决明的叶柄在白天只稍高于水平一线，到夜间上举到几乎或完全竖立。舞草幼叶的叶柄也在夜间竖直上举。另一方面，两型豆属里，有些叶子的叶柄在夜间下垂多达57°；落花生的叶柄下垂39°，于是与茎成直角站立。一般来说，当测量同一植株上几个叶柄的上举或下垂时，数量差异很大。这主要取决于叶子的年龄：例如，舞草的一片中等老叶的叶柄只上举46°，而幼叶的叶柄则竖直上举；多花决明幼叶的叶柄上举41°，而较老叶子的叶柄只上举12°。一件更奇怪的事是，植株的年龄有时对运动量影响很大：如一种羊蹄甲的几株幼嫩实生苗，其叶柄在夜间上举到30°和34°；而同一些植株当长到2或3英尺高时，几乎不运动。叶子在植株上的位置，好像也影响叶柄的运动量，这与光有关系：如黄香草木樨有些叶子的叶柄在夜间上举到59°，而另一些只有7°和9°。为什么如此，没有其他明显的原因。

有很多种植物，其叶柄在夜间向一个方向运动，而小叶却朝向正相反的方向运动。如菜豆科[①]的3个属中，小叶在夜间向下竖直运动，其中两个属的叶柄上举，第三个属的叶柄又下垂。同一属中的不同种在它们叶柄的运动方面常有很大差异。甚至在同一株柔毛羽扇豆中，有些叶柄夜间上举30°，别的一些仅6°，而另外一些又下垂4°。巴克莱亚娜决明的小叶在夜间移动得很小，以致不能说是就眠，然而有些幼叶的叶柄可上举到34°。这些事实明显表示，叶柄的运动不是为了任何特殊目的而实现的。固然，这样的结

① 此处使用的菜豆科(Phaseolaleae)，现称豆科，此系当年习惯用法，但又与前表不符，现按原文译出——译者注。

论一般来说有些轻率。当小叶在夜间竖直下垂并且叶柄上举，像常发生的那样，可以肯定的是，后者的上举不能帮助小叶将它们自己放在夜间的适当位置，因为小叶要比在另一种情况下移过更大的角度。

无论刚才怎么说，还是很令人猜疑，有些例证中叶柄的上举，当幅度相当大时，确实对植物有利，因为这样可大大缩小夜间暴露于辐射的面积。如果读者比较一下从照片临摹的柔毛决明的两个绘图(图 155)，将可看到植株在夜间的直径约为它在白天的三分之一，因而暴露于辐射的表面便少到近于九分之一。从舞草的一个枝条在觉醒和就眠时的绘图(图 149)可导出同样的结论。羊蹄甲属的幼嫩植物和奥特吉氏酢浆草都以非常显著的方式表明这点。

关于有些羽状叶的次生叶柄的运动，我们得出类似的结论。含羞草的羽片在夜间会聚起来：每单片羽片上成覆瓦状并且闭合的小叶都聚拢成单个一束，相互保护着，暴露于辐射的面积便多少要少些。鸡冠合欢的羽片以同样方式合拢在一起。金合欢的羽片虽然聚集不厉害，但是它们下垂。假含羞草的羽片也向下运动，而且还向后朝向叶的基部，而主叶柄上举。施兰克亚木属的羽片也在夜间下垂。在这后三例中，虽然羽片没有在夜间相互保护，然而在下垂后，和悬垂的就眠叶子一样，它们暴露于天顶和辐射的面积要比它们保持水平小得多。

从来没有连续观察过一就眠植物的任何人，自然会设想，叶子仅在傍晚进入就眠时和在清晨当觉醒时才运动。但是他弄错了，因为我们毫无例外地发现，就眠的叶子在整个 24 小时内都在连续运动；然而当其进入就眠时和觉醒时，它们运动得比其他时间更快些。它们在白天不是停止不动的，可以由已提供的所有曲线图证明，也可以由更多的描图证明。在午夜观察叶子的运动有些麻烦，但是在少数例证中做到这点。在酢浆草属、两型豆属、刺桐属的两个种、一种决明、西番莲、大戟和苹的例证中，都在前半夜对运动作了追踪，发现叶子在进入就眠之后，还在不断运动。然而，当对生小叶在夜间彼此已密切接触，或是与茎接触，我们想，它们是否因受到机械阻碍而不能运动，但是对这一点还没有充分研究过。

当就眠叶子的运动予以追踪 24 小时的时候，上升路线和下降路线并不吻合，除去偶然地和意外地有一小段以外，因而很多种植物都在每 24 小时描绘出一单个大椭圆形。这样的椭圆形一般都很狭窄而且是垂直方向，因为侧向运动量很小。有些侧向运动存在便是由上升线和下降线不相吻合得到证明的，它有时非常明显，如舞草和白粉再力花。草木樨属的例证中，顶端小叶在白天描绘的椭圆形是侧向伸展的，不是像一般那样竖直伸展。这件事显然与顶端小叶进入就眠时向侧方运动有关系。对大多数植物来说，叶子在 24 小时内上下振荡不止一次，因而在 24 小时内常常描绘两个椭圆形，一个中等大小，一个很大。这个大椭圆形包括就眠运动。例如，在夜间竖直站立的一片叶子，将在清晨下垂，然后举得相当高，在下午又下垂，黄昏时再上举而且采取竖立的夜间位置。因而它在 24 小时的时程内将描绘两个不等大小的椭圆形。另一些植物在同一时间内描绘 3 个、4 个或 5 个椭圆形。有时几个椭圆形的长轴向不同方向伸展，金合欢便是一个很好的例证。以下的例证将提供关于运动速率的概念：白花酢浆草以每个椭圆形需时 1 小时 25 分钟的速率完成两个；四叶苹的速率为 2 小时；地下车轴草为 3 小时 30 分钟完成一个；落花生为 4 小时 50 分钟。但是在一给定时间内描绘的椭圆形数目主要依赖于植株的状态和它经受的条件。常会发生的是，有一天可能描绘一单个椭圆形，次日又描绘两个。龙芽花在观察的第一天作了 4 个椭圆形，第三天只有一个，显然是由于光照不足，并且可能温度不够高。但是在同属的不同种中，也像有一种内在倾向性使在 24 小时内作出不同数目的椭圆形：白车轴草的小叶只作 1 个；反曲车轴草的小叶作 2 个；地下车轴草在这个时间内作 3 个。还有，普勒姆西里氏酢浆草的小叶作一个椭圆形；柴胡叶酢浆草的小叶作 2 个；智利酢浆草的小叶作 2 个或 3 个；白花酢浆草的小叶在 24 小时内至少作 5 个。

叶子或小叶在白天描绘一个或更多的椭圆形时，其尖端走过的常是曲折路线，或是在整个路程内或是仅在清晨和傍晚；洋槐属提供曲折运动限于在清晨的例证，黄花稔属的一个曲线图(图 126)表示在黄昏时有类似的运动。曲折运动的数量与植物是否存放在非常适宜的条件有密切关系。但是在很适宜的条件下，如果标记叶尖地位的圆点是间隔相当长的时间记下的，随后将圆点连接起来，所走过的路线仍会表现得比较简单，固然椭圆形的数目将要有所增加；但是如果每 2 或 3 分钟记点，将小点连接所得的结果常是所有的线条都非常曲折，也形成许多小圈、三角形和其他图形。这种情况示于舞草运动的线图(图 150)的两个部分内。在高温下观察的多花峨利禾，作几个小三角形，速率为每个 43 分钟。同样观察的含羞草，在 67 分钟内描绘 3 个小椭圆形；一片小叶的尖端在 1 秒内跨过$\frac{1}{500}$英寸，或是 1 分钟内 0.12 英寸。阳桃属的小叶当温度高而且阳光照耀时，会作无数的小振荡。曲折运动在所有情况下都可看作是形成小圈的尝试，这些小圈被在某一个方向占优势的运动拉长。舞草的小侧生小叶的快速旋转属于同一类型的运动，只在速度上和幅度上更夸大一些。在显微镜下观察的甘蓝下胚轴和捕蝇草叶子的急跃，有一小步向前和更小的一步后退，表面上不是确切地属于同一种类型，都可能是归入同一项目之下。我们可以设想，这里看到的是，组织中进行的连续不断的化学变化所释放的能量转换成为运动。最后，应当注意，小叶和可能有些叶子在描绘椭圆形的时候，常轻微地在它们的轴上转动；因而叶子的平面先朝向一侧，然后又朝向另一侧。可以清楚看出山蚂蝗属、刺桐属和两型豆属的大顶端小叶便是这种情况，具有叶枕的所有小叶都可能有这种现象。

至于就眠叶子的运动的周期性，普费弗[①]已经清楚证明，这与每天的光暗交替有关系，在这方面无须多说了。但是我们可以回忆一下含羞草属在北方太阳不落的地区的行为以及靠人工光照和黑暗将每日运动完全颠倒的情况。我们也曾证明，虽然叶子受到相当长时间的黑暗处理后可继续进行转头运动，然而它们的运动周期性很快便受到很大干扰，或是完全消失。光的存在与否不能认为是运动的直接起因，因为甚至是同一叶子的小叶的运动都非常多样，可是它们都是处于同样曝光条件下。运动是依靠内在的原因，并且有适应的性质。光和暗的交替只是通知叶子某种形式运动的时期已经来临。有几种植物（旱金莲属、羽扇豆属等），除非它们在白天受到很好光照，否则不就眠；我们可以从这个事实推论，激发叶子去修饰它们平常转头运动方式的不是傍晚时光线的实际减少量，而是这个时间和上半天光量的对比。

大多数植物的叶子在清晨便取得它们在白天的适当位置，尽管排除了光线，并且有些植物的叶子继续在黑暗中按正常方式运动至少一整天，我们因而可以下结论说，它们的运动的周期性在一定程度上是遗传的。[②] 这样的遗传性的强度在不同种中有很大差别，好像从来不是很严格的。因为从世界各地都引种了植物到我们的花园和温室，如果它们的运动与昼夜交替的关系是严格地固定的，它们就会在这个国家于很不同的时间就眠，而情况并非如此。此外，曾观察到就眠植物在它们的原产地随着换季而改变它们的就眠时间。[③]

我们现在可以转到分类表（186～188 页）。这个表包括了我们知道的所有就眠植物的名录，当然毫无疑问它是很不完全的。可以假定，作为一个一般的规律，同属中所有的种几乎以同样的方式就眠。但是有些例外，在包括有许多就眠的种的几个大属（例如酢浆草属）中，有些种不就眠。草木樨属的一个种像车轴草属一样就眠，因而便和它的同属植物很不一样。决明属的一个种也是如此。黄花稔属中，叶子在夜晚或者上举或者下垂。羽扇豆属中，它们以 3 种不同方式就眠。回到这个表，首先让我们惊奇的是，豆科里的属（在豆科的几乎每一个族内）比其他科里的加在一起还多。这便启发我们将这件事与这个科里茎叶的灵活性联系起来，这可以从这个科里包括有很多种攀援植物得到证明。仅次于豆科植物的是锦葵科，还有一些密切相关的科。但是表中最重要的一点是，在显花植物系的所有大分类单位中以及在一种隐花植物中，我们在 28 个科里找到就眠

① 《叶器官运动的周期性》，1875 年，30 页以及其他处。

② 普费弗否认这种遗传性。他将周期性在黑暗中延长一两天这个现象归为光暗的后效（《运动的周期性》，30—56 页）。但是我们跟不上他的推理。举例来说，比起冬小麦和春小麦在不同季节生长得最好这个遗传习性来，看来没有任何更多的理由将这种运动归于这个原因。因为这种习性在几年以后丧失，像叶子的运动在黑暗中几天之后丧失一样。毫无疑问，亲本植株在不同气候下长期继续栽培必然对种子产生某种影响，但是可能没有人会称这个为气候的后效。

③ 普费弗，出处同上，46 页。

植物。现在，虽然有可能豆科植物的就眠倾向是从一个或少数几个祖先遗传下来的，锦葵科和藜科的所属单位中可能也是如此，然而明显的是，其他科中几个属必定是完全相互独立地获得这种倾向。因而自然出现的问题是，这是怎样成为可能的？并且答案是，我们不能怀疑，叶子的就眠运动应该归功于它们的转头运动习性，这种转头运动习性是所有植物所共有的，处处准备着作任何有利的发展或修饰。

在前几章里已经证明，所有植物的叶子和子叶是在不断作着上下运动，一般幅度微小，但有时候幅度相当大，并且它们在24小时内描绘一个或几个椭圆形。它们也深受昼夜交替的影响，以致它们一般，至少是常常在较小的程度上作着周期性运动，这里我们就有了发展成较大的感夜运动的基础。不就眠的叶子和子叶的运动隶属于转头运动类里，这是无可怀疑的，因为它们与下胚轴、上胚轴、成熟植物的茎和各种其他器官的运动非常相似。现在，如果我们举一个最简单的就眠叶子的例证，我们看到它在24小时内作一个椭圆形，这与一个非就眠叶子所描绘的椭圆形在各个方面都很相像，只是它更大些。在这两个例证中所走过的路线常常都是曲折的。因所有不就眠的叶子不断进行转头运动，我们必须下结论：就眠叶的上下运动中至少有一部分是由于普通的转头运动，看来全然没有理由将运动的其余部分列入完全另外一个项目之下。对大量攀援植物来说，它们所描绘的椭圆形曾因另外一个目的而增加很大，那就是，抓住一个支持物。这些攀援植物的各种转头器官对光的关系已被修饰得很厉害，以致与所有普通植物不一样，它们不向光弯曲。至于就眠植物，叶运动的速率和幅度在与光的关系方面曾被修饰得很多，以致它们随着傍晚时转暗的光和清晨时逐增的光而向一定方向运动，比在其他时间更快，幅度更大。

但是很多不就眠植物的叶子和子叶的运动比刚才提到的一些例证复杂得多，因为它们在一天的时间内描绘2个、3个或者更多的椭圆形。现在，如果这样一株植物转变成一株就眠的，那么每片叶每天描绘的几个椭圆形之一的一边，便会在黄昏时大大加长，直到叶子竖直站立，这时它会在这同一地点的附近继续进行着转头运动。在次日清晨，另一个椭圆形的一边会不得不同样加长，以致使这片叶再回到它的白天位置，这时它会再进行转头运动直到傍晚。如果读者看一下，例如，描绘地下车轴草顶端小叶的就眠运动的曲线图（图142），记住在上部的虚线应当向上延长很多，便可看到在黄昏时的大幅度上举和在清晨时的大幅度下降共同形成一个大椭圆形，和白天所描绘的一样，只是在大小上有区别。或者，看一看美丽羽扇豆的一片叶在6小时35分钟的时程内所描绘的3.5椭圆形曲线图（图103），这是这个属里不就眠的种之一；将可看到只向上延长在傍晚已经上升的线，并使之在次日清晨再下降，这个线图便可代表一就眠植物的运动。

有些就眠植物在白天描绘几个椭圆形，并且以很曲折的路线行动，常在它们的路程中作些小圈、三角形等等，如果所绘的一个椭圆形在黄昏刚开始大大增加体积时，便每2

分钟或3分钟记点，并将它们连接起来，这时描绘的路线几乎是严格的直线，与白天所绘的路线很不相同。舞草和含羞草都看到有这个现象。此外，后一种植物的羽片在黄昏时靠一种稳定的运动聚拢起来，而在白天它们以轻微的程度在不断聚合和散开。在所有这样的例证中，看到白天和黄昏时运动的差异，便几乎不可能不相信，在黄昏时植物是靠不作侧向运动来节约力量的消耗，并且它的全部能量现在是靠一条直接路线消耗在很快取得它的适当夜间位置。在另外几个例证中，例如，当一片叶在白天描绘过一个或更多的相当规模的椭圆形之后，在黄昏时曲折得很厉害，好像正在消耗能量以使黄昏时的大幅度上举或下垂能恰好配合对此运动适合的时间。

就眠植物做到的最复杂的运动是，当叶子或小叶在白天描绘了几个竖直方向的椭圆形之后，黄昏时在它们的轴上旋转很厉害，由于这种扭转运动它们在夜晚占据的位置便完全不同于白天。例如，决明属的顶端小叶在黄昏时不仅竖直向下运动，并且扭转过来，使它们的下表面朝外。这样的运动完全或是几乎完全限于有叶枕的小叶，但是这种扭转并不是只为就眠这个目的而引入的一种新形式的运动。因为已经证明过，有些小叶在白天描绘它们的普通椭圆形时也稍微旋转，使它们的叶片先朝向一侧，随后又朝向另一侧。虽然我们能够看出叶子在一竖直平面内的微小周期性运动如何容易地转换成较大然而简单的就眠运动，我们目下还不知道由叶枕的扭力所实现的更复杂的运动是经过什么分级步骤而获得的。只有在严密地研究了运动的所有相联系的形式，才能给每种情况提出一个可能的解释。

从现下提出的事实和考虑，我们可以下结论说，叶子和子叶的感夜性或就眠运动只是它们的普通转头运动的一种修饰，由光暗的交替调节它的周期和幅度。所达到的目的是保护叶子的上表面，减少夜间辐射，还时常结合着几个部位靠密切接近而达到的相互保护。在如下例证中，如决明属的小叶、草木樨属的顶端小叶、落花生属、苹属等所有小叶的运动，我们看到普通的转头运动修饰到任一大类修饰的转头运动中我们知道的极端程度。根据感夜性运动起源的这个观点，我们便能了解，广泛分布于维管束系的少数植物是怎样才能获得将它们叶子的叶片在夜间放在竖直位置（也就是就眠位置）的习性——这个事实否则就难以说明了。

有些植物的叶子在白天运动的方式，曾不适当地称为日间就眠，因为当太阳明亮地照射它们时，它们以边缘朝向太阳。在下面向光性一章中，我们还要重新提到这样的例证。已经证明，一种类型的湿度计波里尔在供水不足时，它的小叶在白天闭合，和就眠的方式一样，这显然有助于控制蒸发。我们另外知道的唯一类似例证，是有一种禾本科植物，当它们暴露于日光和干旱大气时，将它们窄叶的边缘内卷，迪瓦尔-儒弗（Duval-

Jouve)①曾这样描述过。我们也看到欧滨麦(*Elymus arenareus*)有同样现象。

还有另外一种运动，自林奈时代起便一般称作睡眠，那就是许多种花的花瓣在夜间闭合。这类运动曾被普费弗很好地研究过，他证明(如霍夫迈斯特最早观察到的那样)，它们的起因和调节受温度的影响大于光暗交替。虽然它们不能不保护繁殖器官，防止夜间辐射，这看来不像是它们的主要功能，而是保护这些器官防御冷风，特别是白天的雨水。后一项像是可能的，因克纳(Kerner)②曾证明，一种很不同的运动，即花序梗的上部向下弯曲，在很多例证中达到同样目的。花的关闭也可以排除可能不适于它们传粉的夜间昆虫，并且在温度不利于传粉的时候排除传粉的昆虫。花瓣的这些运动是否可能由修饰的转头运动构成，我们不知道。

叶的胚胎学——在本章内曾附带提到有关可称为叶的胚胎学的少数几件事。对大多植物来说，在子叶之后发育的第一片叶很像成熟植株形成的叶，但是并不总是这样。茅膏菜属有些种，形成的第一片叶便与成熟植株产生的叶子在形状上很不相同，例如好望角毛毡苔(*Drosera capensis*)。曼彻斯特的威廉森(Williamson)教授对我们说过，它的第一片叶与毛颤苔的叶子很相似。荆豆属植物的第一片叶并不像较老叶那样狭窄和多刺。另一方面，很多种豆科植物，例如决明属、冠状花相思树(*Acacia lophantha*)等，第一片叶具有的特征基本上与较老叶子相同，只是它形成的小叶较少。车轴草属中，第一片叶一般只形成一片小叶而不是3片，而且这片小叶在形状上与较老叶子上的相应小叶有些不同。至于匈牙利车轴草，有些实生苗上的第一片真叶是单叶，另一些实生苗上完全是3叶；在这两个极端状态之间有各种等级，有些实生苗形成的单片小叶在一侧或双侧多少有些深缺刻，有些实生苗形成另外一片完全的侧生小叶。我们这里于是有一个少有的机会来观察，一种适于较大年龄的结构正在逐渐侵占并且代替一种较早期的或是胚胎的状态。

草木樨属是车轴草属的近缘属，它的第一片真叶只形成单片小叶，这片小叶夜间在它的轴上转动，使其一侧朝向天顶，因而它像一成熟植株的顶端小叶那样就眠。这已在15个种中观察到，与车轴草属的相应小叶完全不同，后者的小叶只向上弯曲。这15个种中有一个种，即克里木草木樨(和程度较差的另外两种)，冬季将其植株砍下，种在花盆里存放在花房内，这样的植株长出嫩条，嫩条上长出的叶子像车轴草属的叶子那样就眠；而在同一些植株上成长枝条长出的叶子以后正常就眠，像草木樨属的叶子那样，这因而是很奇怪的事。如果从地里长出的嫩条可以看作是株新个体，在一定程度上带有实生苗的特性，那么它们的叶子的特殊就眠方式便可考虑为一种胚胎习性，可能是草木樨属是像车轴草属那样就眠的某种类型后裔的结果。这个观点得到部分支持，即另一种植物——

① 《自然科学纪事》(植物)，第1卷，1875年，326—329页。

② 《花粉的保护方法》，1873年，30—39页。

墨塞尼亚草木樨（*M. messanensis*）（不包括在上述 15 种之内），其嫩枝和老枝上的叶子总是像车轴草属植株的叶子那样就眠。

白花含羞草的第一片真叶有一个单叶柄，常长出 3 对小叶，全部小叶大小几乎相等并且形状相同；第二片真叶很不同于第一片，它像成熟植株上的叶子（见图 159），因为它包括 2 个羽片，每个羽片长出两对小叶，其中靠内部的基部小叶非常小。但是在每个羽片的基部有一对针状小突起，这显然是小叶的残留物，因为它们的大小不同，像那两片相邻的小叶那样。这些残留物在一个意义上说是胚胎的，因为它们只在叶子幼嫩时存在，待叶子一旦长成便脱落消失。

舞草的两片侧生小叶比起这个大属里大部分种的相应小叶来小得多，它们也在位置上和大小上有变动，一个或是两个有时都不存在；并且它们不像充分发育的小叶那样就眠。它们因而可以看作几乎是残留的。按照胚胎学的一般原理，它们在很幼嫩的植株上要比在老株上发育得更稳定，更完全。但是情况并不是这样，因为在有些幼嫩实生苗上，它们完全不存在，而且直到形成了 10～20 片叶才出现。这个事实使我们推测舞草是通过一种单小叶类型（有些这样的类型存在）从一种三小叶种传下来的，这对小型侧生小叶通过返祖再现。无论如何，这些小型小叶的叶枕或运动器官没有像它们的叶片那样缩小那么多——以大的顶端小叶作为比较标准——这件有趣味的事可能为我们提供它们的特殊旋转本领的最近似的原因。

第八章

修饰的转头运动：光激发的运动

· *Modified circumnutation: movements excited by light* ·

向光性和光对叶运动周期性效应之间的区别——甜菜属、茄属、玉蜀黍属和燕麦属的向光性运动——甜芹属、芸薹属、繭草属、旱金莲属和决明属中植物对一昏暗光的向光性运动——喇叭花藤属的卷须的背光性运动——关于仙客来属的花序梗——掩埋荚果——向光性和背光性是转头运动的修饰形式——一种运动转变成另一种的步骤——横向光性，受偏上性，这部分的重量和背地性的影响——背地性在一天中间被横向光性克服——子叶叶片重量的效应——所谓日间就眠——叶绿素被强光损害——避开强光的运动。

N501

萨克斯首先清楚地指出，光在修饰叶子周期性运动中的作用和在引起它们弯向光源中的作用之间有重要区别。[①] 向光性运动决定于光的方向，而周期性运动则受光强度变化的影响，与光的方向没有关系。转头运动的周期性常在黑暗中持续一些时候，我们在上一章内已经看到，而向光性弯曲在缺光时很快停止。然而，由于长期持续的黑暗已停止周期性运动的植物，如果再暴露于光下，按照萨克斯的意见，仍有向光性。

背光性，或者按常用的称呼“负向光性”，其意思是，一株植物当在两侧受到不相等的光照时，背离光而弯曲，不是像上述亚类的例证那样朝向光弯曲；但是背光性比较少见，至少明显的背光性少见。还有第三个大亚类例证，就是弗兰克的“横向光性”：在光的这种影响下，植物的一部分将自己放在多少是横对着光放射的方向，于是便被充分照光。就关系到运动的最终起因而言，还有第四亚类：有些植物的叶子当暴露于强烈而有害的光量时，靠着上举或下垂或转动，使自己受到较不强烈的照射。这样的运动有时被称为日间就眠。如果认为合适，可称它们为异向光性(paraheliotropism)，这个名词与我们的其他名词一致。

在本章内将说明，包括在这四个亚类里的所有运动，都是由修饰的转头运动构成的。我们并不妄求去说，如果仍在生长的植株一部分，没有进行转头运动——虽然这样一个假定是最不可能的——它便不能向光弯曲；但是，事实上，向光性运动像总是由修饰的转头运动构成的。正在进行转头运动或相继向所有方向弯曲的每个部位，显然将对任何种类与光有关的运动有很大促进；一个已经存在的运动只需在某一方向上增强，在另一些方向上减弱或者停止，便可使它成为向光的、背光的，等等，视情况而定。下一章将提供有关植物对光的敏感性、它们向光弯曲的速率以及它们指向光源的准确性等方面的观察结果。随后将证明——我们特别感兴趣的一点——对光的敏感性有时是限于植物的一小部分；而且这一部分当受到光的刺激时，将影响传到远方部位，激发它们弯曲。

向光性——当一向光性很强的植物(各个种在这方面差别很大)暴露于一明亮的侧光时，它很快向光弯曲，茎所进行的路线是条直线或者近似直线。但是，如果光线暗得多，或者有时中断，或者只从稍斜的方向照射，所取的路线便多少有些曲折。我们已经看到并且还将看到，这样的曲折运动是由一些椭圆形、环形等的伸长或是拉长而形成的，这些图形是在植物受到从上面来的光照绘出的。这件事在几个场合下给我们的印象很深，当时我们正在观察很敏感的实生苗的转头运动，这些实生苗被无意地用相当斜的光照

◀ 喇叭花藤(*Bignonia capreolata*)，也称为号叫藤。

① 《植物生理学》(法译本)，1868年，42页、517页等。

射，或只是在相隔一段时间相继照射。

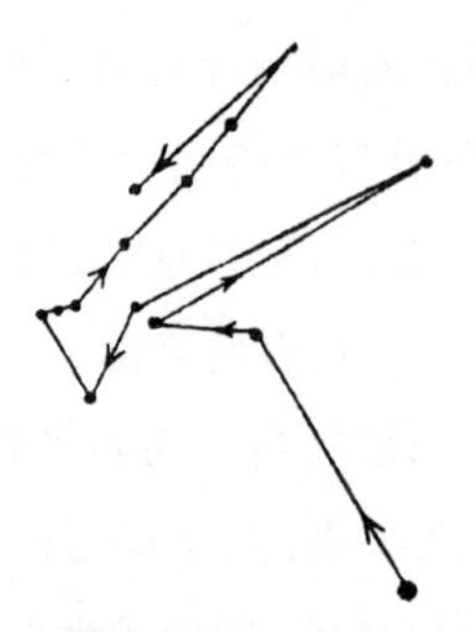

图 168　甜菜　下胚轴的转头运动：稍侧的光使之偏斜，从上午 8 时半到下午 5 时半在一横放玻璃板上描绘。用于照明的烛光的方向，可用连接第一个点和倒数第二个点的线表明。（图形缩小到原来标度的三分之一）

例如，将两株甜菜幼嫩实生苗放在有东北窗的房间中部，并将它们遮盖，只在每次长仅一二分钟的观察时间除外；但是，所得结果是，它们的下胚轴向光线偶然射入的一侧弯曲，路线只稍微有些曲折。虽然没有一个椭圆形甚至是接近于形成，我们从这条曲折路线推断——并且，证明是正确的——它们的下胚轴是在进行转头运动，因为第二天将同一些实生苗放在一间完全黑暗的室内，每次观察时借助于一个小蜡烛举到几乎正好在实生苗上面，并将它们的运动描绘在上面横放的玻璃板上；这时，它们的下胚轴在明确地进行转头运动（图 168 和图 39）；然而它们向举起蜡烛的一侧走一段短路。如果我们观察这些曲线图，并且设想蜡烛曾被举到更斜向一侧，仍在进行转头运动的下胚轴在这同一时间内便使自己更多的弯向光源，显然便会得到长曲折线。

还有，两株番茄实生苗从上面照明，但是偶然在一侧有比其他任一侧稍多一些的光射入，它们的下胚轴变得稍微向较亮的一侧弯曲，它们以曲折路线移动，在进程中描绘了两个小三角形，可在图 37 中看出，还有另外一个描图没有付印。玉蜀黍的鞘状子叶在几乎相似的情况下，表现的方式也几乎相似，如在第一章内所描述的，因为它们使自己在整天内弯向一侧，然而在它们的路程内做了几个明显的弯曲。在我们知道普通的转头运动可被一个侧光大大修饰以前，将几株燕麦实生苗放在东北窗前，其子叶已相当衰老因而不是很敏感，它们整天以非常曲折的路线向窗弯曲。第二日它们继续向同一方向弯曲（图 169），但是曲折程度减弱得很多。天空在下午 12 时 40 分到 2 时 35 分变得昏暗，有特别黑的雷雨云，值得注意的是，在这段时间内子叶很明显地在进行转头运动。

前面的观察是有些价值的，由于是在我们还没有注意到向光性的时候所做。这些观察引导我们试验几种实生苗，使它们暴露于一暗淡的侧光，以便观察普通转头运动和向光性之间的各等级。将花盆中的实生苗放在一东北窗前约 1 码远的地方，在花盆的两侧和上面放置黑色木板，花盆在后面受到室内漫射光的照射，这间屋还有第二个东北窗和一个西北窗。在放置实生苗的窗前悬挂一层或两层窗帘，这样便很容易使光减弱，使这一侧进入的光比接受漫射光的相反一侧稍微多一些。傍晚时将窗帘陆续拉开，由于植物在白天曾受到很微弱的光，它们在更晚的时候继续向光弯曲，否则便不会如此。选择的大部分实生苗是由于知道它们对光非常敏感，有一些是由于它们的敏感度很小，或是因长老而变得如此。它们的运动按一般方式描绘于一横放玻璃盖板上，带有小纸三角的细玻璃丝以竖直位置粘牢于下胚轴上。当茎或下胚轴向光弯曲的程度很大时，其路程的后一部分不得不描绘在一竖立的玻璃板上，此玻璃板与窗平行，与横放的玻璃盖板成直角。

甜芹(*Apios gcaveolens*)——下胚轴在几个小时内便成直角弯向一明亮的侧光。为了确定当它在一侧受到相当好的光照时它会进行多么直的路线，在一云雨的清晨先将实生苗放在一西南窗前，追踪了两个实生苗的运动 3 小时，在这段时间内它们向光弯曲很厉害。追踪图之一示于图 170，可看出路线几乎是直线。但是这个场合下的光量是有富裕的，因为有两株实生苗是放在东北窗前，窗上有一层亚麻布和两层细布窗帘防护，然而它们的下胚轴只以稍微曲折的路线朝向这样相当微弱的光弯曲；但是在下午 4 时以后，当光线暗淡下来，路线才变得有明显的曲折。此外，这两个实生苗之一在下午描绘了一个相当大的椭圆形，其长轴指向窗户。

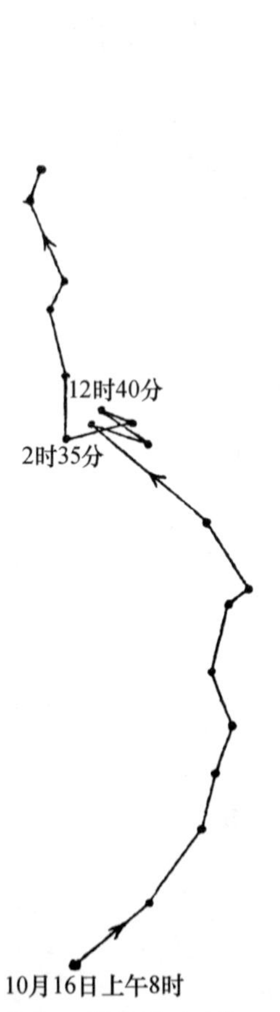

图 169　燕麦　鞘状子叶(高 1.5 英寸)的向光性运动和转头运动：从 10 月 16 日上午 8 时到晚 10 时 25 分在一横放玻璃板上描绘。

图 170　甜芹　下胚轴(高 0.45 英寸)朝向一中等强度的侧光的向光性运动：9 月 18 日上午 8 时半到 11 时半在一横放玻璃板上描绘。(图形缩小到原标度的三分之二)

我们当时决定，应当使光足够暗淡，于是我们将几株实生苗放在一东北窗前，窗上有一层亚麻布窗帘、三层细布窗帘和一条毛巾防护。但是进入的光很少，以致一支铅笔在一白卡片纸上投不出可察觉的影像，下胚轴根本没有朝向窗户弯曲。在这段时间内，从上午 8 时 15 分到 10 时 50 分，下胚轴在同一地点附近曲折盘旋着或是说在做转头运动，这可以从图 171A 看出。因而在上午 10 时 50 分将毛巾取走，换上两层细布窗帘，现在光线要经过一层普通亚麻布和四层细布窗帘。当握住一支铅笔竖立在实生苗左近的一张卡片上，它投下只刚刚能觉察出的影像(背向窗户)。然而这个在一侧只稍多一点的光便足够使所有实生苗的下胚轴立即开始以曲折路线向窗弯曲。一条路线示于图 171A：从上午 10 时 50 分到下午 12 时 48 分它朝向窗户运动，此后背窗弯曲，随之又以一几乎是平

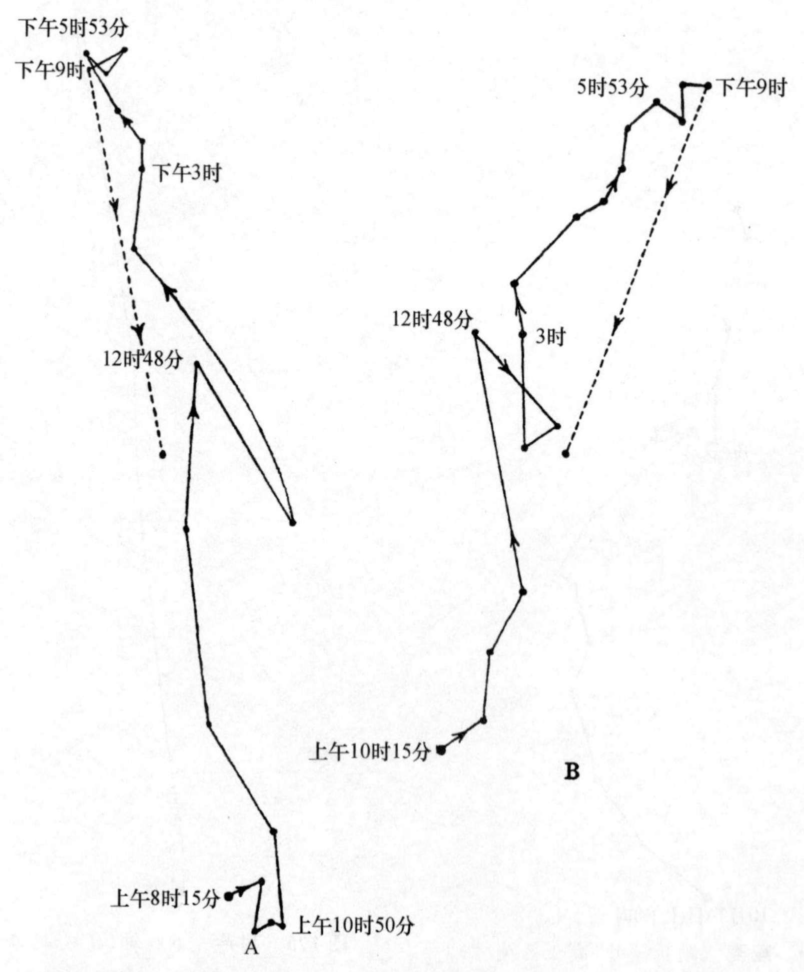

图 171　甜芹　两个实生苗的下胚轴的向光性运动和转头运动：在白天描绘于一横放玻璃板上。虚线表示它们夜间返回的路线。A. 下胚轴高 0.5 英寸；B. 下胚轴高 5.5 英寸。(图形缩小到原来标度的一半)

行的路线返回，就是说，在下午12时48分到2时之间它几乎完成了一个窄椭圆形。傍晚，当光线暗淡下来，下胚轴停止向窗弯曲，它在同一地点周围做小规模的转头运动；在夜晚它相当大地向后运动，就是说，变得更直立，这是通过背地性的作用。B图是另一株实生苗从移去毛巾的时间（上午10时50分）开始的运动描图，它在所有重要方面都和前图相似。在这两个例证中，毫无疑问下胚轴的普通转头运动是被修饰并且成为向光性的。

甘蓝——这种甘蓝的下胚轴当没有受到单侧光的干扰时，几乎在同一空间上面做复杂形式的转头运动，这里复制出前面已给过的一个图形（图172）。如果使下胚轴暴露于一相当强的单侧光，它很快便向这侧运动，走过一条直线或是近似直线；但是当侧向光很暗淡，它的路程便非常曲折，显然是由修饰的转头运动构成。将实生苗放在一东北窗前，窗上有一层亚麻布和一层细布窗帘和一毛巾防护。天空有云，每当云变得稍淡，便暂时再挂上一层细布窗帘。从窗射进的光线因而便很昏暗，以致用肉眼判断，实生苗像是从屋子内部得到比窗户更多的光线；但是实际上并非如此，可由一支铅笔在一卡片纸上投出很微弱的影像证明。虽然如此，这个在一侧有非常少的多余光线使得在清晨曾直立的下胚轴成直角弯向窗户，以致在黄昏时（在下午4时23分以后）它们的路线不得不在一与窗平行的竖立玻璃板上追踪。应当提一下，在下午3时半，天色变暗，便将毛巾取下换上又一层细布窗帘，这层窗帘于下午4时取下，留下另外两层窗帘悬挂。图173内表示一个下胚轴处于这种情况下从上午8时9分到下午7时10分所追随的路线。可以看出，在最初16分钟内下胚轴斜着从光源离开，这无疑是由于它当时正向这个方向进行转头

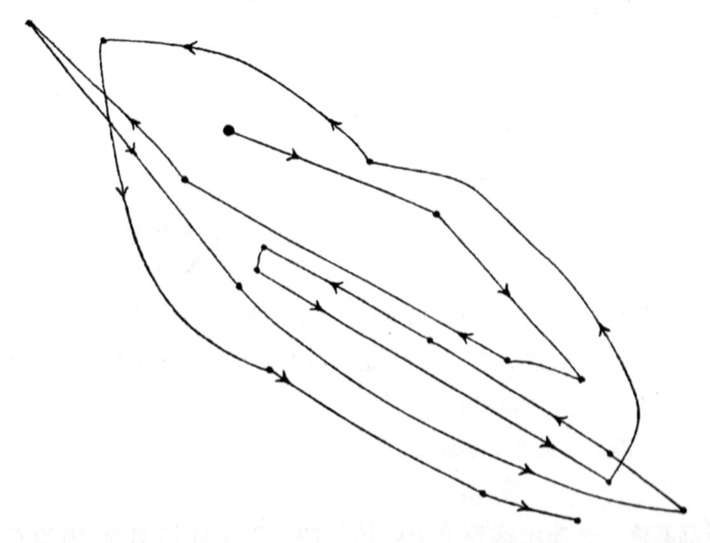

图172 甘蓝 一实生苗下胚轴的普通转头运动。

运动。类似的情况曾重复观察到,一暗淡的光在一刻钟到三刻钟过去以前很少或是从不发生任何效应。下午 5 时 15 分,光变得昏暗,此后下胚轴开始在同一地点附近进行转头运动。这两个图(图 172 和图 173)如果原来画在同样标度上,而且相等地缩小,它们之间的差别就会更显著。但是图 172 中表示的运动开始时放大得较多,并且只缩小到原标度的一半;而图 173 中的最初放大就比较小,又缩小到三分之一。与此同时对第二个下胚轴的最后的运动作了绘图,其外形很相似,但是它向光弯曲的程度较差,并且它的转头运动更明显。

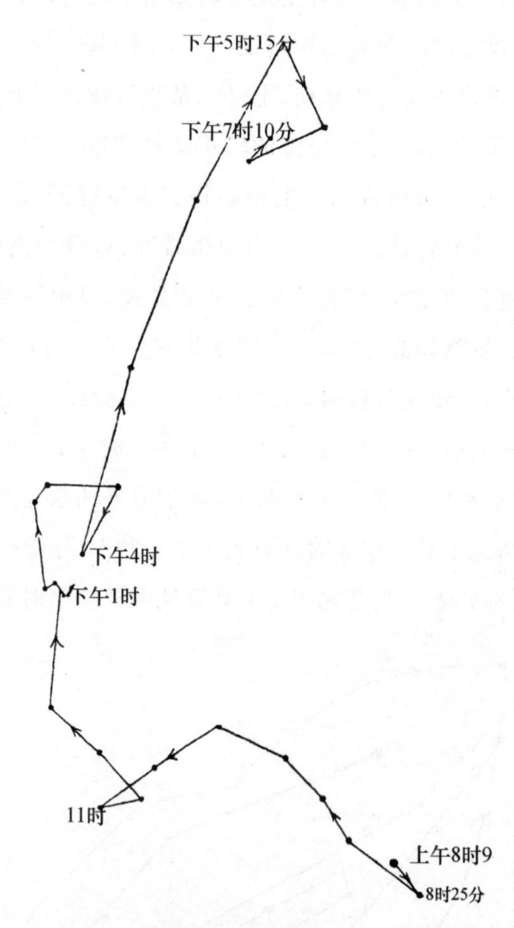

图 173 甘蓝 一下胚轴朝向一很弱的侧光的向光性运动和转头运动:描绘了 11 小时,清晨时在一横放玻璃板上,傍晚时在一竖立玻璃板上。

(图形缩小到原标度的三分之一)

加那利群岛虉草——选用这种单子叶植物的鞘形子叶做实验,因为它们对光很敏感而且能很好地进行转头运动,这在前面已经证明(见图 49)。虽然我们对结果没有感到怀疑,最初还是把几株实生苗在一相当明亮的清晨放在一西南窗前,描绘了一株的运动。

它在前 45 分钟像平常一样以曲折路线运动，然后感受到光的强烈影响，在紧接着的两个半小时内几乎成直线朝向光弯去。没有将此图付印，因它与甜芹属在类似环境下的图形(图 170)很相似。到中午它已将自己弯到最大程度，然后围绕同一地点回旋转头而且描绘两个椭圆形；到下午 5 时，通过背地性的作用，它已从光退却相当远。做了几次预备试验来确定合适的昏暗程度以后，将几株实生苗放在一东北窗前(9 月 16 日)，光线经一层普通亚麻布和三层细布窗帘透入。靠近花盆放的一支铅笔当时在一白色卡片纸上投射一很微弱的影像，背向窗户。在下午 4 时半，又在 6 时正，拉开一些窗帘。图 174 中我们看到一个相当老的并且不很敏感的子叶，高 1.9 英寸，在这样的环境下所走过的路线。它弯得很厉害，但是从没有成直角弯向光源。从上午 11 时起，当时天气变得相当阴暗，直到傍晚 6 时 30 分，曲折很明显，这显然是由拉长的椭圆形构成的。傍晚 6 时 30 分以后，以及在夜间，它以曲扭的路线从窗户退却。另一株较幼嫩的实生苗在此同时运动快得多而且远得多，只以稍微曲折的路线朝向光源；到上午 11 时，它几乎成直角朝这个方向弯曲，这时它围绕这同一地点进行转头运动。

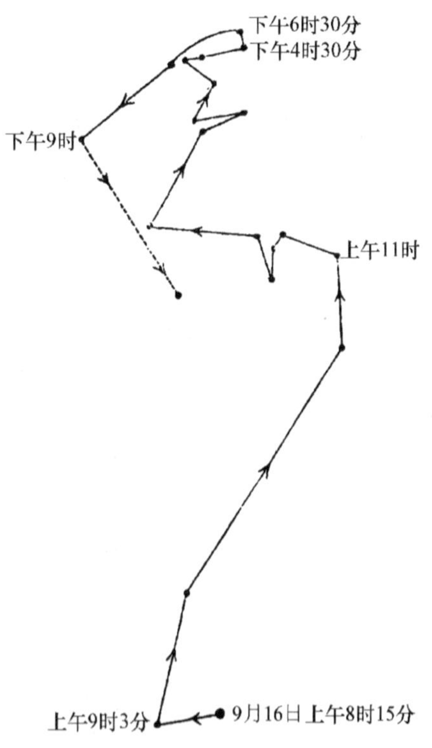

图 174　加那利群岛虉草　一个相当老的子叶朝向一昏暗的侧光的向光性运动和转头运动：从 9 月 16 日上午 8 时 15 分到 17 日上午 7 时 45 分在一横放玻璃板上描绘。

(图形缩小到原标度的三分之一)

旱金莲——首先在一没有任何窗帘的东北窗前试验了几株很幼嫩的实生苗，它们只长出两片叶，因而还没有达到生长的上升阶段。上胚轴很快弯向光线，3 个小时稍多一点，它们的尖端便成直角指向光源，所追踪的路线或者近于直线，或者稍微曲折。在后一情况下我们看到，甚至在中等明亮光线的影响下，还保留了转头运动的痕迹。当这些上胚轴正弯向窗户的时候，有两次每 5 分钟或 6 分钟记点，为了检查有没有侧向运动的任何迹象，但是几乎没有；将这些点连接起来的线几乎是直线，或者只有很轻度的曲折，这个图形的其他部分也是如此。上胚轴在已充分弯向光线以后，又以通常方式描绘相当大的椭圆形。

在观察了上胚轴如何向中等明亮的光线运动以后，在(9 月 7 日)上午 7 时 48 分将实生苗放在一东北窗前，窗上有一毛巾覆盖，不久以后又加一层普通亚麻布窗帘，但是上胚轴仍旧朝向窗户运动。在上午 9 时 13 分悬挂了另外两层细布窗帘，以使实生苗从窗户接受的光只比从房屋内部的多一点。天空的亮度有变化，这些实生苗有时在短时间内从窗户接受的光少于从对面一侧接受的（由投射的影像确定），于是便暂时去掉一层窗帘，在黄昏时，窗帘一层层取走。一个上胚轴在这些情况下所经过的路线示于图 175。在整个白天，直到下午 6 时 45 分，它明显地使本身弯向光线，尖端移过了相当大的距离。下午 6 时 45 分以后，它向后运动，或是说离开窗户，直到晚 10 时 40 分，这时记了最后一个点。于是我们这里有一个清楚的向光性运动，靠 6 个指向光的伸长的图形（如果间隔少数几分钟记点，这些图形就会多多少少是椭圆形的）实现的，每个相继的椭圆形的顶点比前一个距窗更近。如果当时的光线只稍微更明亮一些，上胚轴就会向光弯曲得更多一些，我们可以从以前的试验有把握地作出这样的结论；侧向运动也会少些，椭圆形或是其他图形会拉长成非常明显的曲折线，可能还形成一两个小环。如果光线更亮一些，我们应当有一条稍微曲折的路线，或是相当直的路线，因为在向光的方向上将会有更多的运动，侧向运动便少得多。

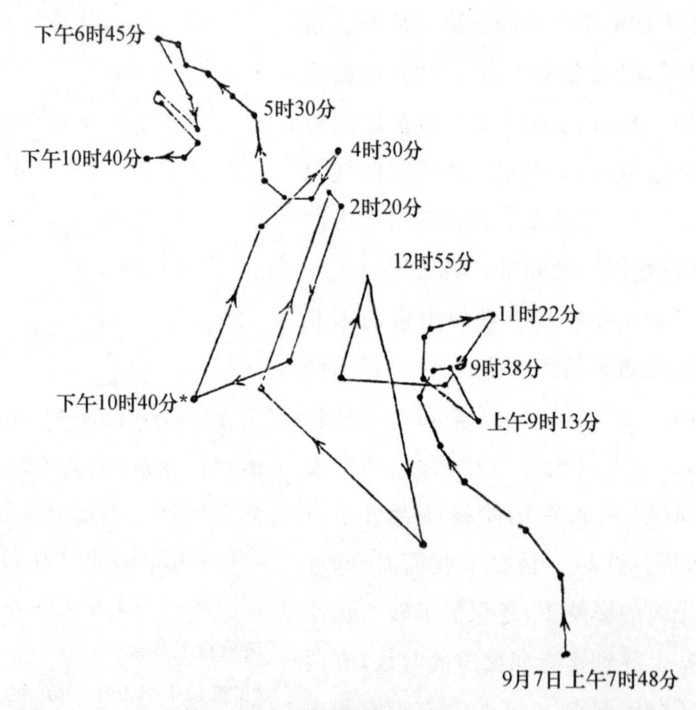

图 175　旱金莲　一株幼嫩实生苗的上胚轴朝向一昏暗的侧光的向光性运动和转头运动：从上午 8 时 48 分到晚 10 时 40 分在一横放玻璃板上描绘。（图形缩小到原来标度的一半，原图 * 的数字可能有误——译者注）

萨克斯说这种旱金莲的较老节间有背光性。我们因而将一株高 11.75 英寸的植物放在一个内部黑暗的匣内，但是在一侧敞开，这一侧是在没有任何窗帘的东北窗前。将一玻璃丝固定于一株植物顶端下第三节间，另一株的第四节间。或者这些节间不够老，或者光线不够亮，不能引起背光性，因为在四天内两株植物都缓慢地向光弯曲，而不是背光弯曲。最先提到的节间在两天内经过的路线示于图 176，我们看到它或者进行小规模的转头运动，或者以曲折路线移向光源。我们曾这样想，一植株的节间在幼嫩时对光非常敏感，而在较老时向光性很弱，这个例证是值得提出的。

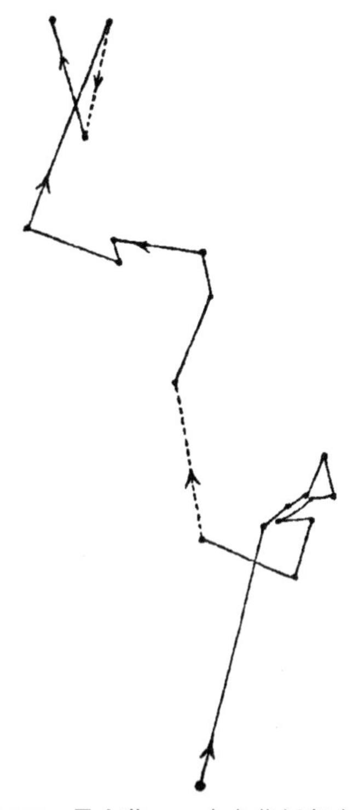

图 176　旱金莲　一个老节间朝向一侧光的向光性运动和转头运动：从 11 月 2 日上午 8 时到 11 月 4 日上午 10 时 20 分在一横放玻璃板上描绘。虚线表示夜间路线。

决明——我们常惊奇地看到，这种植物的子叶对光非常敏感，而其下胚轴却比大多数其他实生苗的敏感性差得多，因而看来值得追踪它们的运动。将它们暴露于一东北窗的侧光下，这扇窗最初只有一层细布窗帘覆盖，但是在上午 11 时左右天空更明亮时，再悬挂一层亚麻布窗帘。下午 4 时以后，将两层窗帘一个个陆续撤去。这些实生苗在每一侧和上方都有隔光保护，只在后面通向屋内的漫射光。直立的玻璃丝固定于两株实生苗的下胚轴上，这两个下胚轴在清晨竖直站立着。图 177 表示其中一个在两天内所经过的路线。但是应当特别注意的是，在第二天将幼苗放在黑暗中，它们便围绕着几乎是同一小空间做转头运动。在第一天（10 月 7 日），下胚轴从上午 8 时到中午 12 时 23 分以曲折线向光运动，随后突然转向左方，以后描绘了一个小椭圆形。另一个不规则的椭圆形是在下午 3 时到 5 时半左右之间完成的，下胚轴这时仍向光弯曲。此下胚轴在清晨时是挺直而竖立的，到下午 6 时它的上半段向光弯曲，这样形成的弧形的弦与垂直线形成 20°角。在下午 6 时以后，通过背地性的作用，它的路线逆转，它在夜间继续背离窗户弯曲，如虚线所示。次日将它放置在黑暗中（除去借助于烛光做观察时以外），从 8 日上午 7 时到 9 日上午 7 时 45 分所经过的路线也同样在这里表示。这个图（图 177）的两部分，即 7 日白天描绘的，当时暴露于相当昏暗的侧光，和 8 日在黑暗中描绘的，其间的差异很显著。这个差异在于第一天的路线是朝着光的方向拖长。在同样情况下追踪的另一株实生苗的运动与此很近似。

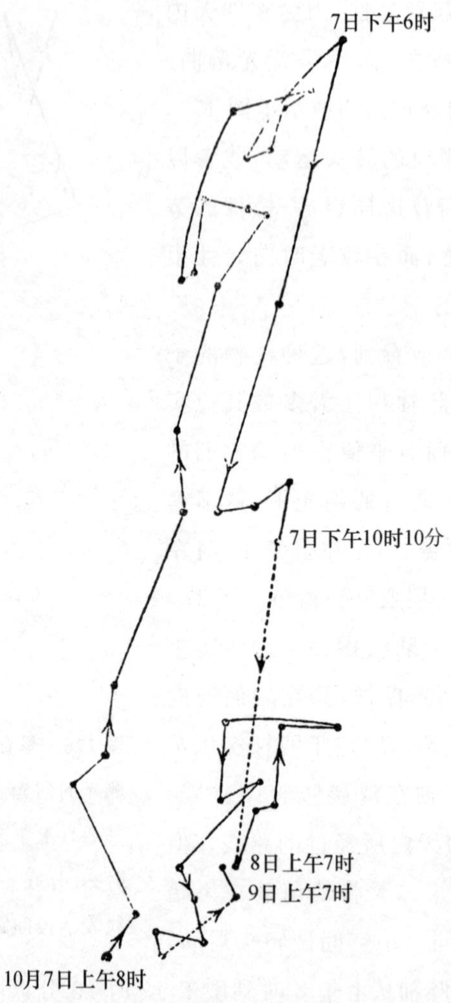

图 177 决明 高 1.5 英寸的下胚轴的向光性运动和转头运动：10 月 7 日从上午 8 时到晚 10 时 10 分在一横放玻璃板上描绘。还有它在黑暗中的转头运动，从 10 月 8 日上午 7 时到 10 月 9 日上午 7 时 45 分。

背光性——我们仅能观察到两例背光性，因为这是有点少见的。这种运动一般很缓慢，以致难于追踪。

喇叭花藤(*Bignonia capreolata*)——就我们所看到的，没有任何植物的器官像这种植物的卷须那样快速地背向光线弯曲。它们的转头运动比大多数其他植物的卷须不规律得多，常常保持静止不动，这也值得注意，它们靠背光性与树干接触①。将一幼嫩植株的茎捆缚于一根位于一对细卷须基部的木棍上，这对卷须几乎竖直向上伸出；将它放在一东北窗前，在所有其他方面，都有防光的设备。第一个点是在上午 6 时 45 分记下的，

① 《攀援植物的运动与习性》，1875 年，97 页。

到上午7时35分两个卷须都感受到光的充分影响，因为它们径直从光避开直到上午9时20分，这时它们进行转头运动一段时间，仍然从光移走，不过移动的距离很小(见图178，左方卷须)。下午3时以后，它们又很快地以曲折路线背离光源。在黄昏较晚时刻，它们都已走得好远，以致指向从光来的直线上。夜间它们以近于相反的方向稍微返回。次日清晨，它们又从光移走并且会聚在一起，以致傍晚时它们已变得连接起来，仍然指向背光的方向。右侧的卷须在会聚的时候，比图中的一个曲折得更厉害。两个描图都表示背光性运动是转头运动的一种修饰形式。

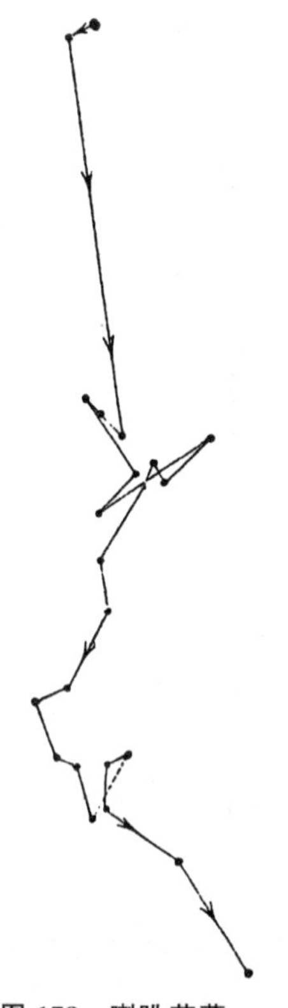

图178 喇叭花藤 一卷须的背光性运动：从7月19日上午6时45分到20日上午10时在一横放玻璃板上描绘。(运动像原来描绘的那样，稍微放大一些，这里缩小到原标度的三分之二)

仙客来——这种植物开花时，花序梗竖直挺立，然而它们的最上部分呈钩状以致花本身向下悬垂。一旦当荚开始膨胀，花序梗增长很多而且缓慢地向下弯曲，但是上部短钩状部分却将自己伸直。最后荚到达地面，如果地面上覆盖有藓类或枯叶，它们便将自己埋藏起来。我们常看到在潮湿沙地或是木屑里由荚形成的盘形凹陷，有一个荚(直径为0.3英寸)将自己的四分之三长度埋在木屑里。[①] 以后我们还有机会来考虑由这个埋藏过程所达到的目的。花序梗能够改变它们弯曲的方向，因为如果将一个种有几株植物的花盆横放，植物的花序梗已经向下弯曲，它们便缓慢地从以前方向成直角弯向地心。我们因而最初将这个运动归于向地性。但是将一原已横放的花盆倒转过来，其中的荚原来都已指向地面，现在花盆仍保持横放，不过荚径直指向上方；然后将花盆放在暗纸匣内，四昼夜后荚仍旧指向上方；再将花盆放回光照下，它仍处于同样位置，两天后花序梗有些向下弯曲，第四天有两个花序梗指向地心，其余的再过一两天后也都是如此。另一植株的花盆总是直立放置，将它放在暗纸匣内6日，它形成3个花序梗，只有一个在这些天内向下弯曲，这还是可疑的。因此，荚的重量便不是向下弯曲的原因。随后将这个花盆放回到光下，3天之后花序梗都向下弯曲很多。我们因而推断，向下弯曲是由于背光性，当然还应做更多的试验。

① 仙客来的几个其他种的花序梗将自己扭成螺旋，并且根据伊拉兹莫斯·达尔文(Erasmus Darwin)(《植物园》，Canto.，第3卷，126页)，荚有力地穿透地面。也见格雷内尔(Grenier)和戈德隆(Godron)，《法国植物志》，第2卷，459页。

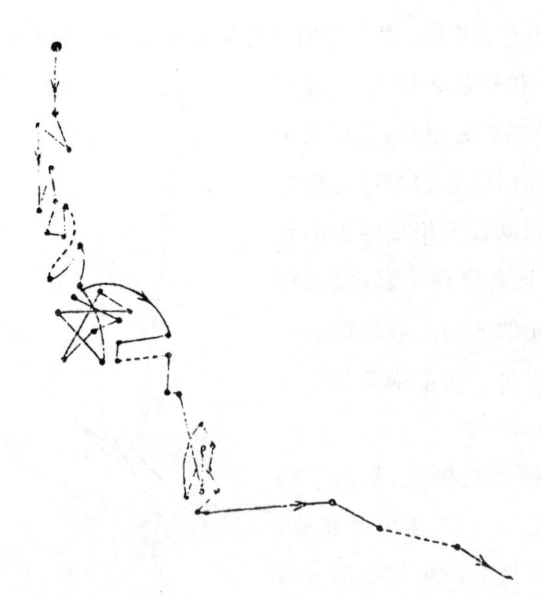

图 179　仙客来　一花序梗的向下背光性运动：放大很多倍(约 47 倍?)，从 2 月 18 日下午 1 时到 21 日上午 8 时在一横置玻璃板上描绘。

为了观察这种运动的性质，将已经有一到达地面的大荚的花序梗稍微抬起并捆缚在一木棍上。将一根玻璃丝横着固定于这个荚上，玻璃丝下方有一标记，它的运动，经过放大很多倍，追踪于一横放玻璃板上 67 小时之久。植物在白天从上面照明。描图的复本见图 179。毫无疑问，这种下垂运动是一种修饰的转头运动，只是规模非常小。这样的观察在另一个荚上重复过，后者已将自己部分地埋于木屑中，被抬到木屑表面上方 0.25 英寸。它在 24 小时内描绘了 3 个很小的圆。考虑到花序梗既长又细，荚又很轻，我们可以下结论说，它们不可能在沙子或木屑里挖出盘状凹陷，或是将自己埋藏于藓类等物内，除非它们靠它们的连续摇动或是转头运动的帮助。

转头运动和向光性之间的关系——任何人只要看一下前面的一些线图，它们表示各种植物的茎朝向一昏暗侧光的运动，便会不得不承认普通的转头运动和向光性是彼此转换的。当一株植物暴露于一昏暗的侧光而且在整个白天向它弯曲，在黄昏很晚时候退却，这个运动毫无疑问是向光性运动。在旱金莲例证中(图 175)，茎或上胚轴显然整天都在进行转头运动，然而它与此同时继续做着向光性运动。这后一种运动是由每一个相继的拉长图形或椭圆形的尖端，比前一个更接近光源而实现的。决明例证(图 177)中，比较其下胚轴当暴露于一昏暗侧光和黑暗时的运动，很有启发性；甘蓝实生苗(图 172、图 173)或虉草实生苗的普通转头运动，和它们朝向一个遮有窗帘的窗户的向光性运动之间的情况也是如此。在这两个例证中，还有很多其他例证，注意一下在黄昏光变暗淡时，茎是如何逐渐开始进行转头运动，很有意思。我们因而有很多种等级，从一种朝向光的运动，这应当看作是一种很轻微修饰的转头运动，而且仍由椭圆形或是圆形组成——经过一种多少非常曲折、偶然形成环或椭圆形的运动——到一近于笔直的，或者甚至是很直的向光性路程。

当一株植物暴露于一侧光时，虽然光可能明亮，它一般先以曲折线运动，或者甚至是径直离开光源。这毫无疑问，是由于它在这个时候的转头运动的方向或是背向光源，或是多多少少横向光源。然而，一旦转头运动的方向几乎和光射入的方向吻合，并且光线明亮，植物便以笔直路线向光弯曲。随着光的明亮程度，这个路线显示出越来越快而且成为直线——首先，是靠植物在光线保持很昏暗时，一直继续描绘的椭圆形的长轴多多少少准确地指向光源，以及靠每个相继的椭圆形更接近光源。其次，如果光只稍微昏暗，便靠朝向光源的运动的加速和扩大，和靠背光运动的减速或停顿，一些侧向运动还保留着，因为光对与其方向成直角的运动的干扰，较少于对其本身方向内的运动。[①] 结果是，路线或多或少还有些曲折，而且在速率上不均匀。最后，当光非常明亮，所有的侧向运动都消失；植物的全部能量消耗于使转头运动只在一个方向上，即朝向光源的方向上，成直线地快速进行。

一般的观点像是：向光性是一种与转头运动很不相同的运动；并且可能竭力主张，在以前一些曲线图中我们看到的是向光性只与转头运动结合起来或是与之相重叠。但是，如果是这样的话，便必须假设一明亮的侧光完全停止转头运动，因为植物在这样的光下以直线向光源运动，不再描绘任何椭圆形或圆形。如果光有些昏暗，虽然它已足够使植物向它弯曲，我们还多少有些明显证据，证明转头运动仍在继续。还必须进一步假设，只有侧光才有这种使转头运动停顿的特殊本领，因为我们知道，前面试验过的几种植物以及我们观察过的所有植物，不论光线多么明亮，如果它是来自上方，在生长时都在继续进行着转头运动。也不应当忘记，在每一植物的生活史中，转头运动出现于向光性运动之前，因为下胚轴、上胚轴和叶柄在它们破土和感受到光的影响之前，便进行转头运动。

因此，看来我们有充分理由相信，每当光从侧方射入，是转头运动引起或是转变成向光性和背光性的。根据这个观点，我们无须违背所有的类推去假设侧光使转头运动完全停顿，侧光只激发植物以有益的方式暂时修饰它的运动。在朝向一侧光的笔直路线和由一系列环或椭圆形组成的路线之间，有各种可能的等级存在，便完全可以理解。最后，转头运动转变成向光性或背光性的过程，与就眠植物所发生的情况非常相似：就眠植物在白天描绘一个或多个椭圆形，常以曲折路线移动并且形成小环；它们在傍晚开始就眠时，同样将它们的全部能量用于使它们的路线成为直线并且快速进行。在就眠运动的情况下，激发或调节的起因是在 24 小时内，不同时期来自上方的光线强度的差异；至于向光性和背光性运动，则是植物两侧光线强度的差异。

弗兰克[②]的横向光性——叶子将自己放置在多少有些横向光线的位置，以上表面直接朝向光，这个现象的起因，曾是近来有争论的课题。我们这里不是指这个运动的目的，这无疑是使它们的上表面充分照光，而是指取得这个位置的办法。很多种实生苗的子叶

---

① 萨克斯在他的论文《关于植物部分的正向性与偏向性》（《维尔茨堡植物研究所工作汇编》第 2 卷，第 2 期，1879 年）中，曾讨论到向地性和向光性因植物器官与入射力方向所作角度有差异而受到的影响。

② 《植物部分的天然水平方向》，1870 年。也见同一作者的有趣论文，“关于横向地性和向光性问题”，《植物学报》，1873 年，17 页及以后。

横向伸展，很难提供比它们更好或更简单的横向光性例证了。当它们最初冲破种皮时，它们彼此接触并且以各种位置站立，常是竖直向上；它们不久后便分开，是靠偏上性实现的。我们已经看到，偏上性是转头运动的一种修饰形式。它们在充分分开以后，便保持差不多同样的位置，虽然整天都从上面受到明亮光照，其下表面接近地面，于是遮阴很厉害。因而它们上下表面的照光程度有很大差别，如果它们有向光性，便会很快向上弯曲。然而，不应当设想，这样的子叶是不移动地固定于水平位置的。当将实生苗放在窗前，向光性很强的下胚轴很快向窗弯曲，子叶的上表面仍然保持以直角向光暴露；但是如果将下胚轴固定使它不能弯曲，则子叶本身便要改变位置。如果这两片子叶是放在入射光的路线内，离光较远的一片上举，离光较近的常下垂；如果将它们横对着光，它们便稍微向侧方扭转，于是在每一种情况下它们都力图使自己的上表面与光成直角。钉在墙上的、或是在窗前培养的植物的叶子都已熟知是如此。中等强度的光线便足够引起这样的运动，只需要光线稳定地从斜的方向照射植物。关于上述的子叶扭转运动方面，弗兰克曾提供许多更引人注目的有关叶子的实例，将枝条固定于各种位置，或是使其上下倒置，枝条上的叶子便表现出这样的运动。

在对实生苗子叶的观察中，我们对于它们在白天坚持水平位置常感到惊奇，我们在读到弗兰克的论文以前已经确信，这需要一些特殊解释。德·弗里斯曾指出，[①]叶子或多或少的水平位置，在大多数情况下是受偏上性、它们本身的重量和背地性的影响。一幼小子叶或叶子在绽开自由以后，便由偏上性使它处于它的适当位置，这已经提到过。这种偏上性，按照德·弗里斯的意见，长期继续对中脉和叶柄起作用。重量在子叶的情况下很难有影响，除去就要提到的少数几例以外，但是对于大而厚的叶子则必然有效。至于背地性，德·弗里斯坚持它一般起作用，关于这件事，我们即将提出一些间接证据。但是在这些和其他经常存在的力量之上，我们相信在很多情况下，我们没有说在全部情况下，在叶子和子叶中有一种占优势的倾向，使它们将自己放置于或多或少对光横向的位置。

在上面提到的暴露于一侧光的实生苗，其下胚轴固定的例证中，偏上性、重量和背地性，或是相对抗或是联合起来，都不可能是一个子叶上举、另一个下垂的原因，因为上述力量对两个子叶都相等地起作用；又由于偏上性、重量和背地性都在一竖直平面上起作用，它们不能引起叶柄的扭转，而这种扭转是在上述照光条件下在实生苗内发生的。所有这些运动显然都以某种方式与光线的斜向有关系，但是不能称作向光性，因为这意味着向光弯曲；而距光最近的子叶却向相反方向或向下弯曲，两个子叶将自己摆在与光尽可能地成直角的位置上。这种运动，因而值得有一个另外的名称。由于子叶和叶子在继

① 《维尔茨堡植物研究所工作汇编》，第2期，1872年，223—277页。

续不断地上下振荡，可是又在整个白天保持它们的适当位置使其上表面横对着光，并且如果被移动又重新恢复这个位置，横向光性便应当看作是转头运动的一种修饰形式。当追踪站立在一窗前的子叶的运动时，这种情况常很明显。我们在就眠叶子或子叶的例证中，看到一些类似现象，它们在整天上下振荡之后，傍晚上举到一竖直位置，次日清晨又下垂到它们的水平或横向光性位置，直接与向光性对抗。恢复到它们白天的位置，常需要 90°的角运动，是与被移位枝条上的叶子恢复它们原来位置时的运动相似的。值得注意的是，受到像背地性这种力的白天作大幅度振荡的叶子或子叶，在不同位置上，将以不同程度的动力起作用，[①]可是它们仍恢复它们的水平或横向光性位置。

我们因而可以下结论说，横向光性运动不能完全由光、万有引力、重量等的直接作用来解释，和子叶以及叶子的就眠运动一样。在后一情况下它们使自己所取的位置使它们的上表面在夜间尽可能地少向开放空间辐射，使对生小叶的上表面时常相互接触。这些运动有时非常复杂，是由光暗的交替调节的，虽不是由后者直接引起。至于横向光性，子叶和叶子所处的位置是使它们的上表面可暴露于光下，而且这个运动是由光行进的方向调节的，虽不是由后者直接引起。在这两种情况下，运动都是由转头运动构成，被内在的或本质上的原因修饰。和攀援植物的方式一样，攀援植物的转头运动在幅度上增大而且更呈圆形；或是还和很幼嫩的子叶和叶子的方式一样，这些子叶和叶子便这样由偏上性放倒于水平位置上。

我们到目前为止只提到那些持久处于水平位置的叶子和子叶；但是还有很多种叶子和子叶或多或少是斜着站立的，有少数是直立的。在位置上有这些差异的原因还不知道；但是根据威斯纳的看法，这在以后将提到，有些叶子和子叶如果与光成直角站立受到充分照射，它们可能会受到伤害。

我们在第二章和第四章中已经看到，那些在夜间改变的位置不足以称为就眠的子叶和叶子，一般在黄昏时稍微上举，次日晨又下垂，因而它们在夜间站立的位置比白天中午时有更大的倾角。上举 2°或 3°，或者甚至 10°或 20°的运动，能对植物有什么益处，以致为此特别获得这种习性，这是不可思议的。这必然是它们所处的条件中某种周期性变化的结果，这无疑是指每天的光暗交替。德·弗里斯在前面提到的论文中说明，大多数叶柄和主脉是背地性的[②]。背地性可以解释前述的上举运动，这是许多很不同的种所共有的

---

① 见前注，参考萨克斯对此问题的评论。

② 根据弗兰克(《植物部分的天然水平方向》，1870 年，46 页)，放置在黑暗中的很多种植物的根-叶向上举起并且成为竖立的；有些例证中枝条也是如此。[见劳文赫夫(Rauwenhoff)，《荷兰集刊》(*Archives Neèrlandaises*)，第 12 卷，32 页]这些运动表明背地性；但是当器官曾被长时间地存放在黑暗中，它们所含有的水量和矿物质量改变很大，它们的正常生长受到很大干扰，从它们的运动便推断在正常条件下会发生什么，可能有些草率。戈德留斯基(见 Godlewski，《植物学报》，2 月 14 日，1879 年)

现象，要是我们假设它在一天的中间被横向光性克服，那么在对植物有利的时候，子叶和叶子便应一直充分暴露于光下。它们在下午开始向上稍微弯曲的准确时间，以及运动的幅度，将依赖于它们对万有引力的敏感程度以及它们在白天抵抗它的作用的能力，也依赖于它们平常的转头运动的幅度。由于这些特性在不同种中差异很大，我们可以预计它们在下午开始上举的时间便会在不同种中很不相同，情况正是这样。然而，除去背地性外，还有些其他力量也必然在这个上举运动中直接或间接起作用。于是将生长在一小花盆内的幼嫩蚕豆放在窗前一回转器内；夜间叶子稍微上举，固然背地性的作用已经完全消除。虽然如此，它们并没有像在受背地性作用时在夜间上举得那么高。叶子和子叶曾在无数世代中通过背地性的作用在黄昏时上举，那么它们有没有可能，或者甚至有希望继承这种运动的倾向呢？我们已经看到，几种豆科植物的下胚轴从一遥远时期便继承了使自己成拱形的倾向；并且我们知道，叶子的就眠运动在一定程度上是继承的，与光暗的交替没有关系。

我们观察那些在夜间不就眠的子叶和叶子的转头运动时，几乎没有遇到过傍晚时稍微下垂、清晨又上举，即与刚才讨论的正相反的运动的任何明确例证。我们不怀疑有这样的例证存在，因为很多种植物的叶子是靠竖直下垂而就眠的。如何解释曾观察到的少数几个例证，只有留下成为疑问了。大麻的幼叶在夜间下垂到水平线下 30°到 40°之间；克劳斯将这个现象归于偏上性结合水分吸收。每当偏上生长强烈时，它可能克服傍晚时的横向光性，这个时候保持叶子水平方向对植物不重要。赖带氏阿诺达草、一种棉和几种牵牛花的子叶在它们很幼嫩时在傍晚保持水平，当它们稍长大一些，它们稍微向下弯曲，当既大又重时，它们下垂得很厉害，以致可归入就眠的定义内。阿诺达草和几种牵牛花的例证中，已证明这个下垂运动不是靠子叶的重量，但是由于这种运动在子叶长大而且增重之后的确是更显著得多。我们可以怀疑它们的重量在确定转头运动应向朝下方向修饰的过程中，很早便起到了某种作用。

所谓的叶子日间就眠或异向光性——这是另外一种与光的作用有关的运动，它在某种程度上为如下信念提供证据，即前面叙述的运动只是间接由于它的作用。我们是指叶子和子叶被中等程度照光时的横向光性运动，但是当太阳明亮照射它们时，它们便改变位置使其边缘朝向光源。这种运动有时曾被称为日间就眠，但是它们所达到的目的与那些适合称为就眠的完全不同。有些情况下白天所占据的位置与夜间的相反。

早已知道[①]，当太阳明亮地照射于洋槐属的小叶时，它们上举并且将其边缘朝向光；而它们在夜间的位置是竖直向下的。当太阳明亮地照射澳洲金合欢的小叶时，我们看到同样的运动。同株两型豆将小叶边缘转向太阳。白花含羞草的几乎不发育的基部小叶

① 普费弗在他的《运动的周期性》，1875 年，62 页中提出几位老作家的姓名和时期。

的类似运动，有一次快到可以清楚地经过透镜看到。罗克斯伯基氏菜豆的伸长的单叶初叶在上午 7 时站立于水平线上 20°，它们无疑以后还下垂一些。中午，在暴露于明亮的日光下约 2 小时之后，它们位于水平线上 56°；它们便这样受到保护防止太阳光线曝晒，但是还从上面得到很好照明，30 分钟以后，它们已下垂了 40°，因而它们现在只位于水平线上 16°。汉南德氏菜豆几幼株曾暴露于同样明亮的日光下，它们的宽形、单叶初叶当时几乎或完全竖直站立，和具 3 叶的次生叶上的小叶一样；但是有些小叶已在它们自己的轴上扭转到多达 90°，而不上举，使它们的边缘朝向太阳。在同一叶上的小叶有时表现出这两种不同的方式，但是总有着少受强烈照光的效果。这些植物于是便受到保护不致受到太阳曝晒，在 1.5 小时后观察时，所有的叶子和小叶已经恢复它们平常的水平线下位置。含羞草决明有些实生苗的铜色子叶清晨时呈水平状，在受到太阳照射之后，每片上举到水平线上 45.5°。这几种情况下的运动不能与含羞草小叶的突然合拢混淆起来。含羞草的这种运动有时可以在一曾放在昏暗地方的植株忽然暴露于阳光下看出来，因为在这种情况下光好像是一个接触那样起作用。

从威斯纳教授的有趣观察来看，有可能是上述运动曾是为一特殊目的而获得的。叶内的叶绿素常被过强的光所破坏，威斯纳教授[①]相信，它是由很不同的方式保护起来，如毛、有色物质的存在，等等，在其他方式中还有将其边缘朝向太阳，这样叶片便可吸收较少的光线。他用洋槐属的幼嫩小叶做试验，将它们固定于一种位置使之不能逃避太阳的强烈照射，而允许其他小叶将自己斜放；在两天的时间内，前一种便开始受到光的伤害。

上述例证中，小叶或者上举，或者向侧方扭转，使它们的边缘朝向日光的方向。但是科恩(Cohn)在很久以前观察到，酢浆草属的小叶当完全暴露于日光下时弯曲向下。我们看到这种运动的一个显著例证，即奥特吉氏酢浆草的大型小叶。常看到三捻(属于酢浆草科)的小叶有同样的运动，这里描绘了一片受到日光照射的叶子(图 180)。上一章内提供了一个简图(图 134)，代表一片小叶在这些环境下迅速下降时的振荡，可看出这个运动与它恢复它的夜间位置时的运动(图 133)很相似。有一件与我们目前课题有关的有趣事——巴塔林教授在 1879 年 2 月的来信中告诉我们，白花酢浆草的小叶可以每天暴露于日光几个星期之久，如果允许它们使自己下垂，它们便不受害；但是如果这个运动受到阻碍，它们在两三天内便失去颜色而且枯萎。然而当只受到漫射光照射时，叶子的生存期约为两个月。在这种情况下小叶从不在白天下垂。

① 《保护叶绿素的天然设施》等，1876 年。普林斯海姆(Pringsheim)最近曾在显微镜下观察叶绿素在有氧气存在下，受到集中的太阳光线的作用在几分钟内便遭到破坏。也见施塔尔(Stall)关于保护叶绿素防止强光照射，《植物学报》，1880 年。

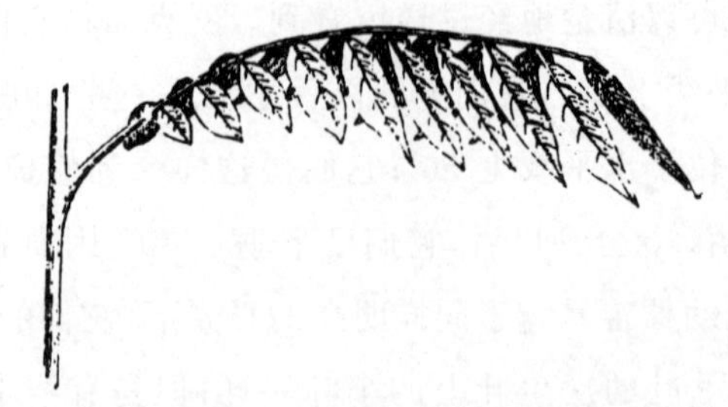

图 180　三捻　带小叶的叶片在暴露于日光后下垂；但是小叶有时比这里表示的下垂更厉害。(图形大大缩小)

已证明洋槐属小叶的向上运动、柞浆属小叶的向下运动，对这些植物在受到明亮阳光照射时非常有利，看来这些运动是为避免过强的照射这个特殊目的而获得的。由于在所有上述例证中非常难于等候一个适当的机会并且追踪叶子当充分暴露于日光时的运动，我们没有确定侧向光性是否总是由修饰的转头运动构成；但是三捻确实如此，可能还有其他种植物，因为它们的叶子是在不断进行着转头运动。

世界各国发行的达尔文题材相关的邮票和纪念钱币等蔚为壮观，尤其是在达尔文诞辰200周年、《物种起源》出版150周年等重要的时刻，世界各地都举行了大规模的纪念活动，全球知名刊物也都纷纷刊出专题纪念达尔文。

▲ 1982年，安提瓜和巴布达为纪念达尔文逝世100周年发行的邮票。邮票上的头像是72岁时的达尔文。

▶ 塞尔维亚发行的纪念达尔文邮票。

▲ 2009年，葡萄牙为纪念达尔文诞辰200周年而发行的邮票。邮票上有达尔文的肖像和他研究的兰科植物。

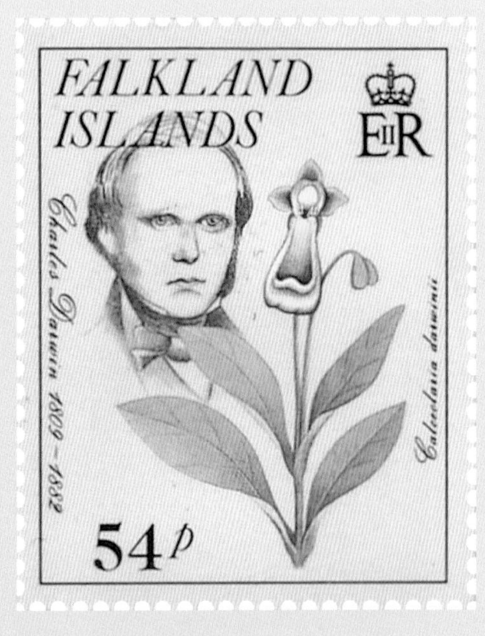

◀ 1833年3月1日和1834年3月16日，达尔文乘坐的“贝格尔”舰两次停泊在福克兰群岛（马尔维纳斯群岛）的伯克利湾。图为纪念达尔文到访此地150周年而发行的邮票。

▼ 2009年，加拉帕戈斯群岛国家公园50周年暨纪念达尔文诞生200周年小全张：从中间开始顺时针依次为：长颈陆龟、苍鹭、岩马齿花、鲣鸟、弱翅鸬鹚、海豹、鲸鲨、玫色鬣蜥、火烈鸟。

▲ 这是迄今枚数最多的一组达尔文题材邮票，由蒙古发行的千禧年系列小全张《千年探索——达尔文》，边纸上载有达尔文的简历。邮票按从左到右、从上到下的顺序为：①达尔文老年肖像，②海螺标本，③皇家测量舰“贝格尔”号，④雄孔雀，⑤恐龙，⑥攀援植物铁线莲，⑦兰花，⑧巨型陆龟，⑨猎蝽科甲虫（过桥票图：达尔文的老书房、蝴蝶），⑩达尔文纪念馆，⑪红嘴鸥，⑫《物种起源》封面，⑬黑猩猩，⑭吐绶鸡，⑮马，⑯公羚羊（阿蒙羊），⑰浣熊。

英国皇家植物园（The Royal Botanic Gardens，Kew），又称邱园，是英国最大的植物园，位于伦敦西部，成立于1759年，主园加卫星园共有360公顷。邱园在植物科研、园艺、植物收集保育以及科普教育等方面一直领先，因而备受各国植物园的推崇。2003年邱园成为联合国认定的世界文化遗产。可以说，邱园不仅是一座园艺植物园，更是人类与自然关系进化史的浓缩。

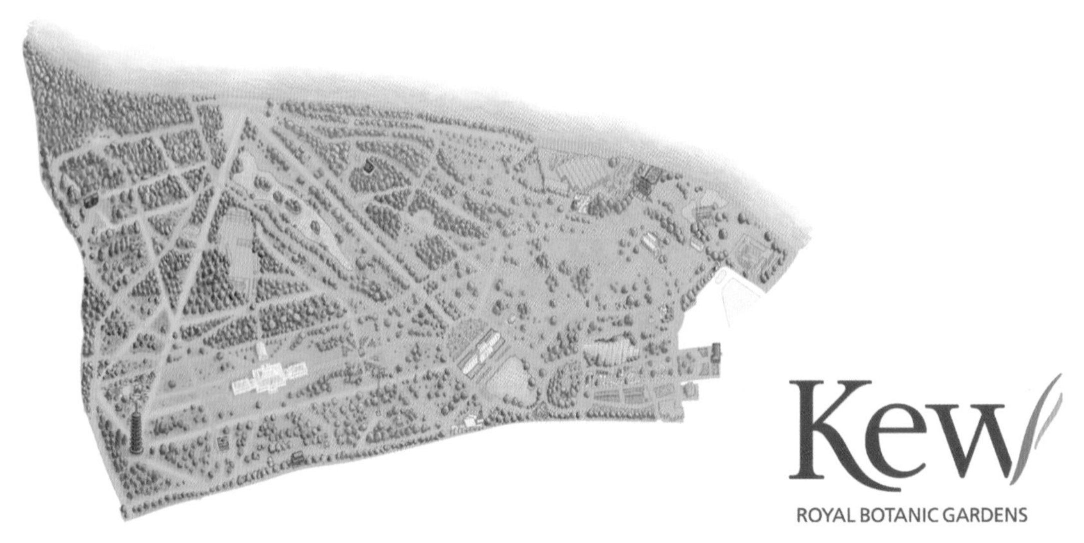

▲ 邱园区划图。园内建有26个专业花园：水生花园、杜鹃园、竹园、玫瑰园、草园、柏园等；还有与植物学科密切相关的建筑，如标本馆、经济植物博物馆、植物艺术展览馆和进行专业研究的实验室。邱园还附设学制为3年的园艺学校，招收来自世界各国的学生。

▲ 邱园的Logo

▼ 棕榈室是邱园的标志性建筑。在19世纪中叶建造这样的大型温室，是建筑史上的一大创举。自建成后仅在20世纪50年代和80年代有过两次整修。从外形上看，它还完全保留着当年的模样。邱园历史上第一个全职植物猎人弗兰西斯•马松（Francis Masson，1741—1805）于1775年从好望角收集回来的一株非洲铁树，至今依然在这个棕榈温室里健康地生长着。

▶ 邱园的每个温室都有不同的主题，除著名的棕榈室外，还有建于1852年（完工于1899年）的面积达4880平方米的睡莲温室。

◀ 邱园的睡莲温室拥有很多珍奇品种。这里已经有150年的王莲种植历史。王莲叶子的直径多在1米以上，可以承受一个婴儿的重量。每当王莲盛开的季节，无论是王公贵族还是平民百姓都喜欢到这里赏花。

▶ 邱园的标本馆里拥有700多万份压制和干化处理过的植物标本。在第二次世界大战期间，它们全部被送往乡下保管，战争结束后才重返邱园。

◀ 2000年，邱园在沃克哈斯特（Wakehurst）卫星植物园内建成的千年种子库（The Millennium Seed Bank）作为世界上最宏伟的植物保护库，不仅储存英国本土的植物种子，还收集保存了全球24 000份重要和濒危的种子。

▶ 邱园的千年种子库是一项宏伟的植物保护项目，这些种子占到世界已发现植物的10%。到2020年，将会有25%的植物种子储存于此。

▲ 邱园的真菌标本馆收集了超过120万份的真菌标本。

◀ 邱园收集了约80000份经济植物标本。各种各样的标本包括来自植物的手工制品和原始的植物材料（例如木材样品），以及它们的使用范围（从食品、药品和用具到社会活动和服装等）。

▶ 邱园图书馆包含世界上最重要的植物学收藏，超过75万本图书和期刊，以及20万幅植物艺术画。图为著名植物画家梅里安（Maria Sibylla Merian，1647—1717）的画作展示。

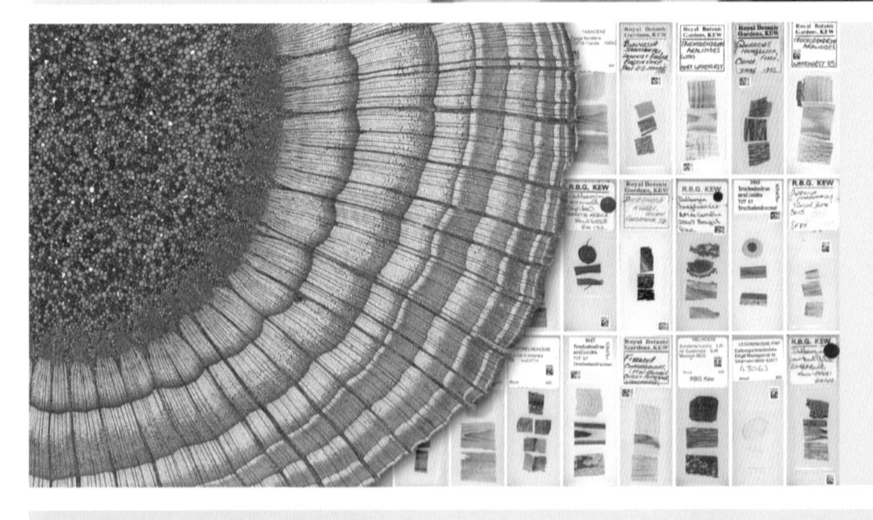

◀ 邱园利用DNA分析和计算机技术正在筹建大型植物数据库，收录了植物学名、别名、特征、遗传特性等生物学信息，为植物学相关领域研究提供了大量基础数据和丰富的全球共享资源。

▲ 邱园给每一位到访者以震撼，不仅是因为它漂亮的景致，也不仅是它拥有世界上最丰富的植物品种，而是它如此生动地浓缩和保存了植物改变世界的能力、植物和人类密切相关的历史。正如曾任邱园园长的威廉·戴尔（William Thistleton Dyer，1843—1928）所说："我们身在邱园，切身感受到对于整个英国而言，它的分量甚至比唐宁街更重。"

▲ 达尔文在回忆录里曾写道："在伦敦居住的后期，我同胡克很接近，他后来成为我一生的挚友之一。他是我非常喜爱的知己，对人极其慈爱，从头到脚都是高尚优雅的。是我从未见过的最不知疲累的科学工作者。"达尔文提到的胡克（J.D.Hooke, 1817—1911），曾任英国皇家植物园（邱园）的主任，他积极拥护进化论，给达尔文提供了大量研究素材。图为胡克和妻子在邱园的照片及其出版的作品《喜马拉雅植物》等。

▼ 1865年11月，胡克接替了父亲的爵士之位，成为邱园的主管。胡克对植物学的贡献是巨大的，被称为19世纪最重要的植物学家。胡克掌管邱园期间，真正确立了邱园作为世界首要植物学研究中心的地位。图中画像截取自一幅想象的关于胡克在喜马拉雅地区探险的肖像画，土著人向胡克敬献各种神奇的杜鹃花。图中的工具是胡克终身不离的显微镜等。

第九章

植物对光的敏感性：它的传递效应

· Sensitiveness of plants to light: its transmitted effects ·

向光性的用途——食虫植物和攀援植物不是向光性的——同一器官在一个年龄上有向光性，另一年龄上则无向光性——有些植物对光有特别高的敏感性——光的效应并不与它的强度一致——预先照明的效应——光起作用所需的时间——光的后效——光一中断，背地性就起作用——植物向光弯曲的准确度——这依赖于将这个部位的整个一侧照明——局部化的对光敏感性和其传递效应——虉草的子叶，弯曲的方式——从它们的尖端排除光的结果——在地表下的传递效应——侧面照射顶端决定基部弯曲的方向——燕麦的子叶，基部的弯曲由于上部的照明——芸薹和甜菜的下胚轴有相似的结果——欧白芥的胚根是背光性的，由于它们的尖端有敏感性——这一章的结束语和摘要——转头运动被转变为向光性或背光性的运动方式。

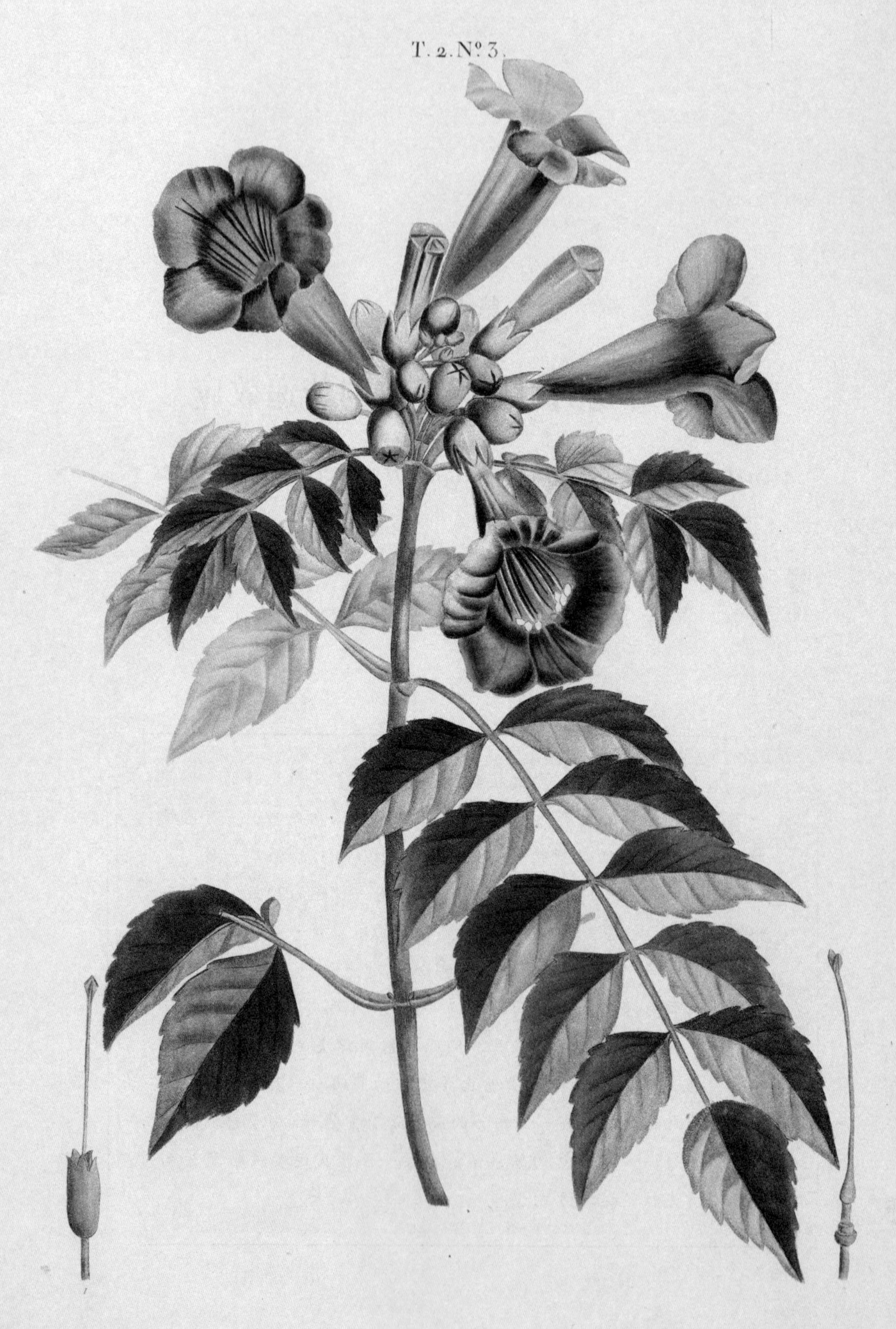

TECOMA radicans　　TECOMA de Virginie. Pag. 9

P. J. Redouté pinx.　　Mixelle l'aîné Sculp.

当看到河岸上或一茂密森林边缘上生长的植物，没有人会怀疑这些幼茎和叶是将自己摆在叶子可以得到很好照明的位置。这样便使它们能够分解碳酸。但是有些禾本科植物，如虉草，其鞘状子叶，不是绿色而且含有很少淀粉。从这个事实我们可以推断它们分解很少碳酸或者不分解碳酸。虽然如此，它们是非常向光的，这可能以另外一种方式对它们有用，就是作为一个向导，将它们从埋藏的种子经过地面的裂缝或是经过压在上面的大量植被进入光和空气中。这个观点为以下事实所巩固，即虉草和燕麦的第一片真叶是亮绿的，无疑可分解碳酸，它几乎不表现向光性的迹象。很多其他实生苗的向光性运动可能以相似方式帮助它们出土，因为背地性靠它自己会盲目地将它们向上引导，抵抗任何压在上面的障碍。

向光性在高等植物中非常普遍，只有非常少的几种，它们的某些部分，或是茎、花序梗、叶柄，或是叶子，不朝向一侧光弯曲。毛毡苔便是这些少有的植物之一，它的叶子表现不出向光性的迹象。捕蝇草属中也没有看到有任何向光性，虽然这类植物没有很仔细地观察过。J. 胡克爵士将瓶子草属的瓶状体暴露于侧光下一段时间，它们并没有向光弯曲。[①] 我们能够理解这些食虫植物为什么不该是向光性的，因为它们不是主要靠分解碳酸为生；与它们的叶子应充分照光相比，对它们重要得多的是它们应当占据为捕捉昆虫的最好位置。

莫勒早就提到，缠绕植物的由叶或其他器官修饰形成的卷须以及茎很少是向光性的。这里我们又能理解为什么是这样的原因，因为如果它们向一侧光运动，便会被拖离它们的支持物。但是有些卷须是背光的，例如喇叭花藤和穗菝葜（*Smilax aspera*）的卷须；有些靠小根攀援的植物的茎，如常春藤和美国凌霄花（*Tecoma radicans*）的茎，它们也是背光性的，它们这样找到了支持物。另一方面，大多数攀援植物的叶子则是向光性的；但是在铁线莲帚菊木的叶中我们不能检查出任何这样的运动的迹象。

因为向光性是这样普遍，并且因为缠绕植物是分布遍及整个维管束植物系，它们的茎中明显缺乏任何向光弯曲的倾向，看来是这样奇怪的一件事，值得进一步研究，因为它意味着向光性可以很容易被消除，当缠绕植物暴露于一侧光下，它们的茎继续围绕着同一地点绕转或转头，没有任何朝向光的明显偏转。但是我们想，我们可能在茎的相继旋

◀ 美国凌霄花（*Tecoma radicans*）。

---

① 根据库尔茨（F. Kurtz）（《勃兰登堡植物协会讨论会》，第 20 卷，1878 年），加州大林顿尼草（*Darlingtonia Californica*）的叶子或瓶状体有很强的背光性。我们在我们短时拥有的一株植物中没有能检查出这种运动。

转中比较茎移向光和从光移走的平均速率,以检查出向光性的某些踪迹。[1] 3 株牵牛幼株和 4 株圆叶牵牛(约 1 英尺高)生长在各自的花盆内,在一个晴天被放在一东北窗前,屋内其他部分是黑暗的,它们的旋转茎的尖端朝向窗户。当每株植物的尖端背向窗户,和当再朝向它,这个时间便记录下来。这在 6 月 17 日从上午 6 时 45 分继续到稍晚于下午 2 时。在几次观察之后,我们下的结论是,我们能够有把握地估计每个半圆所需的时间,误差的极限最多为 5 分钟。虽然在同一绕转内的不同部分,运动速率变动很大,然而完成了 22 个朝向光的半圈,每个半圈平均为 73.95 分钟;22 个背向光的半圈平均每个为 73.5 分钟。因而可以说,它们移向光和离开光的平均速率正好一样;不过,这个结果的准确性可能有一部分是偶然的。傍晚时茎一点也不朝向窗户偏转。虽然如此,像是有向光性的痕迹存在,因为 7 株植物里有 6 株,在它们于夜间曾处于黑暗中之后,因而可能更敏感,在清晨描绘的第一个背向光的半圆需要的时间比平均数要多一些,第一个朝向光的半圆比平均数少得多。这样,将 7 株植物放在一起,清晨第一个背离光的半圆的平均时间是 76.8 分钟,而不是 73.5 分钟,这是在白天背离光的所有半圆的平均值;第一个朝向光的半圆仅为 63.1 分钟,而不是 73.95 分钟,这是在白天朝向光的所有半圆的平均值。

对中国紫藤作了同样的观察,背离光的 9 个半圆平均值为 117 分钟,朝向光的 7 个半圆平均值为 122 分钟,这个差异不超过概然误差限度。在曝光的 3 天内,枝条根本没有弯向它前面的窗户。在这个例证中,每天清晨第一个背离光的半圆所需的时间,要少于第一个朝向光的半圆。这个结果如果不是偶然的,像是表示这种植物的枝条保留着原先的背光性倾向的痕迹。短柄忍冬背离光和朝向光描绘的半圆所需时间差别相当大:因为 5 个背离光的半圆平均需要 202.4 分钟;4 个朝向光的,需要 229.5 分钟。但是枝条运动得很不规则,在这些情况下,观察便太少了。

值得注意的是,同一植物的同一部分在不同年龄以很不同的方式受到光的影响,在不同季节也是如此。牵牛和圆叶牵牛的下胚轴茎向光性很强;而较老植株的茎,仅约 1 英尺高,像我们刚看到的,对光几乎完全不敏感。萨克斯说(我们曾观察到同样的事),洋常春藤的下胚轴是稍微向光的;而长到几英寸高的植物茎变得有很强的背光性,它们背离光弯成直角。虽然如此,有些在初夏有这种表现的幼株,在 9 月初又变得有明显的向光性;当它们的茎缓慢地朝向一东北窗弯曲时,其曲折路线追踪了 10 天。旱金莲幼株的茎有很强的向光性;而较老植株的茎,根据萨克斯的意见,是稍微背光的。在所有这些例证中,很幼嫩的茎的向光性帮助使子叶曝光,或者当子叶是地下生的,则帮助最初的真叶

[1] 在《攀援植物的运动和习性》,1875 年,28、32、40 页和 53 页中,对这个课题不适当地提出了一些错误的陈述,结论是从数目不足的观察得出的,因为我们那时不知道攀援植物的茎和卷须在同一个绕转的不同部位移动时有多么不同的速率。

完全曝光于光下；较老的茎丧失掉这种本领，或者变成背光的，是与它们的攀援习性有联系的。

大多数实生苗都有很强的向光性，在它们为生存的斗争中，为了取得碳素要尽可能快而完全地将子叶暴露于光下，这无疑对它们有很大好处。在第一章内已经证明，多数实生苗回旋转头的幅度很大并且快速；并且由于向光性是由修饰的转头运动构成，这诱使我们将实生苗中这两种本领的高度发展看作是密切联系的。是否有任何植物进行转头运动很慢并且幅度小，然而有很强的向光性，我们不知道；却有几种植物，这件事没有什么出人意料的，它们大量地进行转头运动，而根本不是或只是微弱向光的。这类情况里，毛毡苔提供了一个极佳的实例。草莓的匍匐茎回旋转头几乎像攀援植物的茎，并且它们根本不受中等强度光线的影响；但是如果在夏末曝光于稍明亮一些的光线时，它们有轻微的向光性；在日光下，按照德·弗里斯的意见，它们是背光的。攀援植物比任何其他种植物进行的转头运动宽阔得多，然而它们根本不向光。

虽然大多数实生苗的茎向光性很强，却有少数只有微弱的向光性，我们找不出任何原因。决明的下胚轴便是这种情况，还有些其他实生苗，例如，香木樨草(*Reseda odorata*)的下胚轴有同样现象。至于较敏感的种类里的敏感程度，在上一章已证明，有几个种的实生苗，当放在遮有几层窗帘的东北窗前，在后面曝光于室内的漫射光，以无误差的肯定性向窗运动，虽然已不可能判断哪一侧进入的光较多，除非靠放在白卡片纸上的一直立铅笔的投影，因而在一侧超额的光量必然非常小。

将种有几株加那利群岛虉草实生苗的花盆放在一完全黑暗的房子内，距一很小的灯12英尺远，这些实生苗曾在黑暗中培育。在3小时以后，子叶可疑地向光弯曲，在最初曝光之后7小时40分钟，它们都清楚地向灯光弯曲，虽然程度轻微。至于在这个12英尺距离处，光线非常昏暗，以致我们不能看清楚实生苗本身，也不能在一白色钟表面上读出罗马字，看不到纸上的铅笔道，但是能刚分辨出用墨水画的线。更使人惊奇的是，竖直放在一白色卡片上的铅笔没有投出可见的影像来，因而这些实生苗受到人眼不能分辨的两侧照明度的差异的作用。在另一情况下，甚至一更弱的光可起作用，因为虉草的几个子叶向一距离20英尺远的同一个小灯稍微弯曲。在这个距离，我们不能看出用墨水在白纸上画的直径为2.29毫米(0.09英寸)的圆点，不过能刚刚看出直径为3.56毫米(0.14英寸)的圆点；可是前一个大小的点在光下看来已显得大了。[①]

我们紧接着实验了多么小的光束会起作用。当实生苗从有裂缝和堵塞的土壤中出现的时候，光束的大小和作为实生苗向导的光有关。在种有虉草实生苗的花盆上覆盖一

① 施特拉斯布格(Strasburger)说(《光对游动孢子的作用》，1878年，52页)，红球虫(*Haematococcus*)孢子可向刚刚能够读出中号字体的光运动。

个锡制的器皿，在其一侧有个圆洞，直径为1.23毫米（稍小于$\frac{1}{20}$英寸）。这个箱子放在一煤油灯前，有一次放在窗前，在这两种情况下实生苗都在几小时后明显地弯向小洞。

我们随即作了更为严格的实验：用很薄的小玻璃管，在上端堵塞并涂上黑漆，套在虉草的子叶（在黑暗中萌发）上，并且正好合适。事先在一侧刮掉几窄条漆，光只能从这些窄缝透入，窄缝的尺寸以后在显微镜下测量。作为对照实验，试用未涂漆的透明试管，它们不妨碍子叶向光弯曲。将两个子叶放在一西南窗前，其中一个被漆中仅0.004英寸（0.1毫米）宽和0.16英寸（0.4毫米）长的条纹照明；另一个被0.008英寸宽和0.06英寸长的条纹照明。在曝光7小时40分钟后检查实生苗，发现它们都明显地向光弯曲。与此同时同样处理了另外几个子叶，只是这些小条纹不是朝向天空，而是使它们只接受室内的漫射光，这些子叶根本不弯曲。7个另外的子叶经漆中刮干净的窄而比较长的条纹照明，宽度在0.01～0.26英寸之间，长度在0.15～0.3英寸之间。所有都弯向光通过条纹进入的一侧，不论它们是朝向天空或是朝向室内的一侧。通过宽仅0.004英寸、长0.16英寸的孔的光能够诱导出弯曲来，使我们惊奇。

在我们知道虉草子叶对光有多么敏感之前，我们试图用一小蜡烛在黑暗中追踪它们的转头运动，每次观察时将蜡烛放在描绘用的竖立玻璃板前稍靠左侧这同一位置1～2分钟。在一天内这样观察了实生苗17次，每次间隔半小时到45分钟；到傍晚，我们惊奇地发现所有29个子叶都弯曲得很厉害，并且指向竖立的玻璃板，稍靠左一点放蜡烛的地方。描绘的图形表明，它们以曲折路线移动。因此，以上面提到的间隔曝光于一微弱光线很短的时间，便足够诱导出明显的向光性。在番茄的下胚轴看到有类似的情况。我们最初把这个结果归于每种情况下光的后效；但是自读到威斯纳的观察[①]以来，这在最末一章将要提到，我们不能怀疑，一个间歇光比一连续光更有效，因为植物对于光量中的差别特别敏感。

虉草的子叶向一很昏暗的光弯曲，比向一明亮光慢得多。因而，在一个实验中，将实生苗放在暗室内，距一个很小的灯12英尺：在3小时后它们的向光弯曲只刚可察觉而且可疑；而4小时后只稍弯，但肯定；在8小时40分钟之后，它们的弧线的弦与竖直线偏转的角度平均只为16°。如果光线很明亮，它们在一两小时内便会弯得很多。我们曾将实生苗放在暗室内距一小灯的不同距离处做过几次实验，但是我们将只提出一个实验。将6个花盆放置在灯前2英尺、4英尺、8英尺、12英尺、16英尺和20英尺处4小时。因光是以几何比率减少的，第2个盆内的实生苗接受了第1个盆或是最近的一盆所接受的光的$\frac{1}{4}$，第3个盆内的实生苗是其$\frac{1}{16}$，第4个盆内的实生苗是其$\frac{1}{32}$，第5个盆内的是其

① 《科学院会议报告》（维也纳），1880年1月，12页。

$\frac{1}{64}$，第 6 个盆内的是其$\frac{1}{100}$。因此，可能会预期这几个盆内的实生苗在向光弯曲程度上会有很大差别；距灯最近的和最远的盆内实生苗是有很明显的差异，但是在每对相邻的盆内则差别极小。为了避免偏见，我们请 3 个人将花盆按子叶弯曲程度排列，他们不知道我们实验的内容。第一个人将它们按适当顺序排列，但是在距 12 英尺和距 16 英尺的花盆之间怀疑良久；而这两盆接受光的比例为 32∶64。第二个人也将它们适当排列，只在距 8 英尺和距 12 英尺的盆之间迟疑过，这两盆接受光的比例为 16∶32。第三个人把次序排错，对 4 个盆有疑问。这个证据肯定地表明，在相邻盆内实生苗的弯曲度差别有多么小，而它们接受的光量的差别却很大。应当注意的是，并没有过量的多余光，因为甚至在最近的一盆内，子叶也是少量并缓慢弯曲的。在第 6 个盆附近，距灯 20 英尺处，光线只允许我们刚刚分辨出在白纸上用墨水画的直径为 3.56 毫米(0.14 英寸)的点，却分辨不出直径为 2.29 毫米(0.09 英寸)的点。

虉草子叶在一定时间内的弯曲程度，不仅依赖于它们当时可接受的侧面的光量，也依赖于它们以前从上面和各方面曾接受的光量。在植物的就眠和周期性运动方面，曾有类似的事实提出过。有两盆种有虉草实生苗的花盆，虉草曾在黑暗中萌发，一盆仍留在黑暗中，另一盆(在 9 月 26 日)在一有云天气和第二天明亮的清晨暴露于温室内的光下。在这天清晨(27 日)上午 10 时半，将两个花盆都放在一个箱子内，箱内涂黑，前面敞开，在一东北窗前，窗上有一亚麻布和细布窗帘和一毛巾遮盖，因而虽然天很明亮，却只有很少的光射入，每当观察花盆时，都要做得尽可能快，而且使子叶横对着光，因而它们的弯曲度不能由此增加或减少。在 50 分钟后，以前曾放置在黑暗中的实生苗可能弯曲，在 70 分钟后它们肯定向窗弯曲，不过很轻微。85 分钟后，以前曾照光的实生苗，有些受到轻微影响。在 100 分钟后，有几株幼嫩的实生苗肯定稍微弯曲。这个时候(即 100 分钟后)，两个盆内实生苗的弯曲度有明显差别。2 小时 12 分钟后，测量了每个盆内 4 个弯曲最厉害的实生苗的弧的弦，以前存放在黑暗中的与竖直线形成的角度平均为 19°，以前曾被照光的仅为 7°。再过 2 小时，这个差别没有减少。作为检查，两个盆的实生苗随后放在完全黑暗中 2 小时，为的是背地性对它们起作用：弯曲很少的那一盆实生苗这时变得几乎完全直立，而另一盆内弯曲较大的实生苗仍旧保持明显的弯曲状态。

两天以后重复了这个实验，唯一的区别是让甚至是更少的光从窗射入，因为窗被一层亚麻布和细布窗帘和两层毛巾遮盖，此外，天空的亮度也差些。结果和以前一样，只是一切都发生得更慢些。原来放在黑暗中的实生苗在 54 分钟后一点也没有弯曲，但是在 70 分钟之后弯曲了。以前曾照过光的实生苗直到 130 分钟过去以后才受到影响，也只是轻微地。145 分钟以后，后一盆内有几株实生苗确实向光弯曲；当时在两个盆之间有明显的差异。3 小时 45 分钟后，测量了每个盆内 3 株实生苗的弧的弦与竖直线作的平均角：

以前保存在黑暗中的一盆的实生苗为 16°，以前曾照光的实生苗仅为 5°。

虉草子叶向一侧光的弯曲度因而肯定受到它们以前照明程度的影响。我们即将看到，光对它们弯曲的影响在光熄灭以后还继续一段短暂时期。这些事实，以及弯曲度并不以近于相同的比例随着它们所接受的光量而增加或减少，如在放于灯前的植株的实验所证明的，都表示光对植物的作用有如一个刺激，作用方式和对动物神经系统的方式有些类似，而不是以直接的方式作用于细胞或细胞壁，靠它们的收缩或是膨胀引起弯曲。

已经附带地证明过，虉草子叶弯向一很暗淡的光有多么慢；但是，当将它们放在一明亮的煤油灯前，它们的顶端在 2 小时 20 分钟内便都向光弯成直角。番茄的下胚轴在清晨曾朝向一东北窗弯成直角。下午 1 时（10 月 21 日）将花盆转过来，使实生苗指向背光方向；但是到下午 5 时，它们已将它们的弯曲翻转，又指向光源。它们因而在 4 小时内已转过了 180°，而且先已经在清晨弯过了约 90°角。但是前半段弯曲的翻转要受到背地性的帮助。类似的情况曾在其他实生苗上观察到，例如欧白芥。

我们试图去确定光作用于虉草子叶的时间有多么短，但是由于它们的快速转头运动，便有一定困难，此外，它们随着年龄在敏感度上有着很大的变化。不过，我们的观察结果中有一些还是值得提出的。种有实生苗的花盆放在显微镜下，显微镜附有目镜测微计，每一个小格等于 1 英寸的$\frac{1}{500}$（0.051 毫米）；它们最初由通过重铬酸钾溶液的煤油灯光照明，这种光不诱导向光性。于是，子叶进行转头运动的方向可以与光的任何作用无关地观察到；当取走溶液时，可立即转动花盆使它们横对着照射的光进行转头运动。由于转头运动的方向可在任一时刻改变，于是植物可朝向光源弯曲，或是背向光源弯曲，与光的作用无关，这便给结果带来一个不肯定的因素。在取走溶液后，5 株横对光转头的实生苗开始移向光源，所需时间各为 6 分钟、4 分钟、7.5 分钟、6 分钟和 9 分钟。其中一例中，子叶顶端在 3 分钟内向着光跨过了测微计的 5 个小格（即$\frac{1}{100}$英寸，或 0.254 毫米）。有两株实生苗在撤走溶液时正径直背着光运动，一株在 13 分钟内开始向光源运动，另一株在 15 分钟内。对后一株实生苗观察了一个多小时，它继续移向光源，它曾在 2 分钟 30 秒内跨过测微计的 5 个小格。在所有这些实例中，向光运动的速率很不相同，子叶常几乎保持不动几分钟之久，有两个向后退了一些。另一株实生苗正横对着光进行转头运动，在取走溶液后 4 分钟内移向光源；它随后几乎停止不动有 10 分钟之久；随后在 6 分钟内跨过测微计的 5 小格；又于 11 分钟跨过 8 小格。这种不均衡的运动速率，间有停顿中断，最初还偶然有些后退，都很好地符合我们关于向光性是由修饰的转头运动构成的这一结论。

为了观察光的后效持续多少时间，将在黑暗中萌发的一盆虉草实生苗于上午 10 时 40 分放在一东北窗前，所有其他方向都遮光；将一个子叶的运动在一横放玻璃板上描绘。在前 24 分钟内它大致在同一地点转头，随后的 1 小时 33 分钟，它很快做向光性运动。当即(即在 1 小时 57 分钟后)将光完全排除，但是子叶继续向以前的方向弯曲，肯定持续了 15 分钟以上，可能约有 27 分钟。这个怀疑来源于不能常常观察这些实生苗，观察时便将它们曝光，虽然是短暂的。这同一株实生苗便放在黑暗中，直到下午 2 时 18 分，这时它通过背地性已经重新取得它原来的直立位置，再将它暴露于有云天气的光下。到下午 3 时，它向光移动了很短距离，但是在以后 45 分钟内它向光运动很快。在这次暴露于相当阴暗的天气下 1 小时 27 分钟后，又将光完全排除，但是子叶继续向以前一样的方向弯曲 14 分钟，误差范围很小。再将它放回黑暗中，它现在向后运动，以致在 1 小时 7 分钟后它又站立在下午 2 时 18 分开始运动处的附近。这些观察证明，虉草的子叶在曾暴露于一侧光以后，继续向同一方向弯曲达一刻钟到半小时。

在刚提到的两个实验里，子叶在受到黑暗处理之后不久，向后或背离窗户运动；当追踪曝光于一侧光的各种实生苗的转头运动时，我们反复观察到，在黄昏较晚时候，当光消逝时，它们背光运动。在上一章的有些曲线图里便已证明有这个现象。我们因而希望知道，这是否完全由于背地性，还是一器官在向光弯曲后，一旦缺光时，便由于任何其他原因倾向于背光弯曲。因此，将两盆虉草实生苗和一盆芸薹属实生苗在一煤油灯前曝光 8 小时，这时前者的子叶和后者的下胚轴都向光弯成直角。当时很快将花盆横放，使 9 个实生苗的子叶上部和下胚轴上部都竖直向上伸出，这是用一铅垂线证明的。在这个位置上它们不能受到背地性的作用，如果它们具有任何使自己伸直或是背向以前的向光弯曲度而弯曲的倾向，这便会表现出来，因为它最初会受到背地性的很轻微的反抗。将它们放置在黑暗中 4 小时，在这期间观察它们两次，但是未能检查出与它们以前的向光弯曲相反的均匀弯曲。我们说均匀弯曲，因为它们在它们的新位置上进行转头运动，在 2 小时后便以不同方向(在 4°～11°之间)从竖直线倾斜。再过 2 个小时它们的方向又在变化，次日清晨仍在改变。我们因而可以得出结论，即当光变得昏暗或是熄灭，植物的背离光的弯曲完全是由于背地性。[①]

在我们的种种实验中，实生苗指向光的准确性，即使光柱很细小，给我们很深的印象。为了测验这点，将许多曾在一个几英尺长的狭窄暗箱内萌发的虉草实生苗放置在暗室中，在有一小圆柱形灯芯的灯前附近。在箱内两端和中间部位的实生苗因而不得不以很不同的方向弯曲才能指向光源。在它们弯成直角以后，由两个人拉着一根长白线，在一个子叶的紧上面并且与之平行，然后再在另一个子叶上面，发现几乎在每次试验中白线都竟然准确地与当时已熄灭的灯的小圆形灯芯相交。尽我们可能判断，误差从没有超过一两度。这种极端的准确性初看起来令人吃惊。但是并非真正如此：因为一个直立的

① 在威斯纳的一个文献(《节间的波荡形转头运动》,7 页)中提到，图尔高(Thurgan)的 H. 米勒发现，正在向光弯曲的茎，同时通过背地性，力图使自己举成竖直位置。

圆柱形茎，不论它与光的相对位置如何，会有正好一半的圆周照光，另一半在暗影中；因两侧照明的差异是激发向光性的原因，一个圆柱体便自然会很准确地弯向光源。虉草子叶却不是圆柱形的，切面是卵形；长轴和短轴之比（我们测量的一个）为 100：70。虽然如此，在它们弯曲的准确性上没有检查出差异，不论它们是以宽边或是窄边对着光站立，或是在任何中间位置；燕麦的子叶也是如此，它们的切面也是卵形的。稍微思考一下便可看出，不论子叶站立于什么位置，在光的正前方有一条照明度最大的线，在这条线的两侧将可得到同等的光量，但是，如果卵圆形斜对着光站立，中线一侧的光将比另一侧漫射过较宽阔的表面。我们因而可以推断，相等的光量，不论是漫射过较宽阔的表面或是集中在较小的表面上，产生正好同样的效应，因为在这个窄长箱内的子叶以各种位置对着光站立，然而都真正地指向光源。

子叶对光的弯曲与整个一侧的照光或是与整个对面一侧的遮暗有关系，而与光路内一狭窄纵向区域受到的影响无关，这可由 5 个虉草子叶的一半用墨汁纵向涂黑的效应证明。然后将这些实生苗放在一西南窗左近的桌上，涂黑的一半或是朝右或是朝左。结果是，它们不再成直线弯向窗户，而是从窗偏转而且朝向未涂黑的一半，偏转角为 35°、83°、31°、43°和 39°。应当注意的是，很难准确地将一半涂黑，或是将这些切面为卵圆形的子叶都放在相对于光来说的相同位置，这便可解释偏转角间的差异。也以同样方式将燕麦的 5 个子叶涂黑，只是更小心些。它们从来自窗户的直线向侧方偏转，朝向未涂黑的一侧，偏转角为 44°、44°、55°、51°和 57°。子叶从窗户的这种偏转是可以理解的，因为整个未涂黑的一侧必然曾接受了一些光，而对面涂黑的一侧则没有受到。但是未涂黑的一侧上直接位于窗前的一窄条区域，将接受最多的光，所有后面的部分（切面为半个卵圆形）接受的光在不同程度上越来越少。我们可以得出如下结论，即偏转角是光对于整个未涂黑一侧的作用的合量。

应当提出的前提是，用墨汁涂色不伤害植物，至少在几小时内是如此；它只能靠停止呼吸使它们受害。为了确定是否会这样快引起伤害，将 8 个燕麦子叶的上半部厚厚地涂上透明物质——4 个用树胶，4 个用明胶；在清晨将它们放在窗前，傍晚时它们都正常地向光弯曲，虽然覆盖物现在已是树胶和明胶的干壳。此外，如果用墨汁纵向涂过的实生苗是在被涂过的一侧受害，对面一侧便会继续生长，它们便因此而向涂墨汁的一侧弯曲；而弯曲总是向着相反方向，如我们已经看到的，向着暴露于光下未涂墨汁的一侧。我们看到过纵向伤害燕麦和虉草子叶一侧的效应；在我们知道油脂对它们非常有害之前，用油和灯烟混合物涂抹了几个子叶的一侧，再将它们放置窗前；另外有些同样处理的以后在黑暗中试验。这些子叶不久便明显地弯向涂黑的一侧，显然是由于这一侧的油脂控制了它们的生长，而对面一侧的生长继续进行。但是值得注意的是，这种弯曲与光引起的不同，它们最后变得很陡峭接近地面。这些实生苗以后没有死去，只是受伤很严重，生长不良。

对光的局部敏感性及其传递效应

加那利群岛虉草——当观察这种植物的子叶弯向一个小灯光的准确性时，使我们有了如下的概念，即其最上面的部位决定下部弯曲的方向。当将子叶暴露于一侧光时，上部先弯曲，这个弯曲随后逐渐向下延伸到基部，并且，我们即将看到，甚至到地面之下一些。这对于高不到 0.1 英寸(有一个子叶观察到这种行动时仅高 0.03 英寸)到约 0.5 英寸的子叶有效；但是当它们已生长到近 1 英寸高时，地面上长 0.15～0.2 英寸的一段基部便停止弯曲。至于幼嫩子叶，在其上部已朝向一侧光充分弯曲以后，下部继续弯曲，顶端最后会指向地面而不是指向光，如果弯下部分的凸形上表面所接受的光一旦超过凹形下表面时，子叶上部没有翻转它的弯曲并使它自己伸直的话。幼嫩直立的子叶曝光于从上面经窗户斜射进来的光下，最后采取的位置示于图 181，这里可以看到整个上部已经变得几乎很直了。当子叶曝光于一明亮的灯前，灯和子叶位于同一水平面上，上部最初向光弯得很厉害，以后变得笔直并与花盆内土壤表面平行；基部现在弯成直角。所有这种大量的弯曲度以及上部以后的伸直，时常在几小时内实现。

图 181　加那利群岛虉草　子叶在西南窗前一个一侧打开的匣内曝光 8 小时后：对朝向光的弯曲度作了准确描绘。短横线指地平面。

在最上部位已向光稍弯后，其悬垂的重量必然有增加下部弯曲度的趋势，但是任何这样的效应已用几种方法证明是很微不足道的。当将锡箔做的小帽(以后将描述)放在子叶的顶端，虽然这必定使它们的重量增加很多，弯曲的速率或数量并没有因此而增加。但是最好的证据是由下面实验提供的，即将种有虉草实生苗的花盆放在一灯前，花盆的位置是使子叶横向伸展并与光的路线成直角。在 5.5 小时内，它们指向光源，以其基部弯成直角；这个陡峭的弯曲丝毫不能受到上部重量的帮助，重量起作用的方向与弯曲平面成直角。

将要证明的是，当将虉草和燕麦子叶的上半部罩在锡箔或是涂黑的玻璃小管内，这样便可机械地阻止上部弯曲。当暴露于侧光时，下半没有罩住的部位并不弯曲。我们想到这个事实可能不是由于上部被遮光，而是由于弯曲必须逐渐沿子叶向下移，因而除非上部先弯曲，下部不论受到多大刺激，它不能弯曲。为了我们的课题，有必要弄清楚这个看法是否正确，结果证明是错误的；因为有几株子叶的下部向光弯曲，虽然其上半部是罩在小玻璃管内(未涂黑),就我们所能判断的,玻璃管阻止它们弯曲。不过,由于管内部分有可能稍微弯曲一些,便将细玻璃棒或薄玻璃片用紫胶黏合到15个子叶上部的一侧;在6例中又将它们用线捆绑,这样它们便被迫保持完全直立。结果是所有子叶的下部都向光弯曲,但是在程度上一般不如同一些盆内自由子叶的相应部分。这可能是由于有相当大的表面用紫胶涂抹引起某种程度的轻微伤害所致。补充提一下,当虉草和燕麦的子叶受到背地性作用时,是上部先开始弯曲;当这一部分用上述方式使不易弯曲时,基部的向上弯曲并没有受到妨碍。

为测试我们的信念,即虉草子叶的上部当暴露于一侧光时调节了下部的弯曲,做了很多实验。不过,我们大多数初步尝试都由于各种各样原因证明无效,不值得详细叙述。将7个子叶的顶端切除,切除部分长度在0.1~0.16英寸之间,将这些子叶整天暴露于一侧光下,它们仍旧直立。另一组7个子叶,顶端切除部分仅长0.05英寸(1.27毫米)左右,这些后来向光弯曲,不过没有像同一些盆内许多其他实生苗弯曲那么多。后一情况表示切除顶端本身并没有严重伤害植物到阻止向光性运动的程度。但是我们当时想,当切除更长一段时可能出现伤害,像第一组实验那样。因而,这类试验便没有再多做,我们现在却后悔。我们以后发现,当将3个子叶顶端各切除0.2英寸,另外4个分别切除0.14英寸、0.12英寸、0.1英寸和0.07英寸,并将它们横放,去顶这个操作,丝毫没有干扰它们通过背地性的作用向上竖直弯曲,像未经切除的样品那样。所以,切除长0.1~0.14英寸一段顶端便会由于所致伤害而阻止下部向光弯曲,是极不可能的。

其次我们试验了用不透光的小帽将虉草子叶上部覆盖的效应:整个下部完全曝光在一西南窗前或是一明亮的煤油灯前。有几个小帽是用非常薄的锡箔做的,里面涂黑;这种小帽的不利处是有时过重,虽较少见,特别是当折成两层时更是如此。底部的边可压紧与子叶密切接触;只是这又需要注意防止伤害它们。不过所致的任何伤害可以靠将帽子取掉,并试验子叶是否还对光敏感检查出来。其他小帽是用最薄的玻璃管做的,将它涂黑时很适用,它的一个最大不便处就是底端不能闭合。但是使用了几乎严密配合子叶的玻璃管,并且在每个子叶周围土壤上放置黑纸,防止从土壤向上反光。这样的玻璃管有一方面比锡箔做的帽子好得多。因可能同时用透明的和不透明的玻璃管罩住一些子叶,这样我们的实验便有了对照。应当记住的是,要选用幼嫩子叶做实验,并且这些子叶当未受到干扰时可向光下弯到地面。

我们将从玻璃管开始。取高度稍有差异的9个子叶,将其顶端不到一半长度的一段罩在无色或透明的玻璃管内,在一明朗天气将它们暴露于一西南窗前8小时。它们都向光弯曲很厉害,弯曲程度和同一些花盆内许多其他未处理的实生苗相同,因而玻璃管肯定没有阻止子叶向光弯曲。另外19个子叶与此同时同样地罩在厚涂墨汁的玻璃管内。出乎意料的是,在5个玻璃管上面的涂料在曝光于日光后收缩,形成一些很窄的裂缝,少量光可经过这些裂缝进入，这 5 个便丢弃掉。余下的 14 个子叶，其下部在整个时间内都充分曝光，有 7 个仍旧很直立，1 个相当大地向光弯曲，6 个稍微弯曲，但是它们大部分的曝光的基部几乎或是完全笔直的。可能有些光曾从土壤向上反射并射进这 7 个玻璃管的底部以内，因太阳明亮照射，尽管有涂黑的纸片放在它们周围土壤上。虽然如此，这 7 个稍弯的子叶和 7 个直立的一起，与同一些花盆内许多其他没有受到处理的实生苗在外貌上形成明显对比。随即从 10 个这类实生苗上取走涂黑的玻璃管，将它们于灯光前曝光 8 小时：其中 9 个向光弯曲很大，1 个弯曲程度中等，证明其基部原先没有弯曲，或是只有少量弯曲，是由于从上部排除了光线。

对 12 个更幼嫩的子叶作了同样观察，它们的上半部罩在涂过黑漆的玻璃管内，下半部完全暴露于明亮阳光照射下。在这些更幼嫩的实生苗里，敏感区域似乎是向下伸展得更低一些，像在一些另外情况下所看到的，有两个向光弯曲的程度几乎和自由实生苗一样；其余的 10 个稍微弯曲，虽然其中有几个的基部几乎没有弯曲迹象，而基部通常比任何其他部位弯曲得更多。这 12 个实生苗加在一起在它们的弯曲程度上与同一些花盆内的所有许多其他实生苗相比差别很大。

涂黑玻璃管的功效的更好证据偶然由即将提出的一些实验提供，在一个实验里，将 14 个子叶的上半部罩在玻璃管内，管上的黑漆曾刮去极窄的一条。这些刮干净的条纹不是朝向窗户，而是斜着朝向室内一侧，以致只有很少量的光可以作用于子叶的上半部。这 14 个实生苗在一有雾天气曝光于一西南窗前八小时，它们仍旧很直立；而在同一些花盆内的所有其他自由实生苗都向光弯曲很厉害。

我们现在将转到用很薄的锡箔做的帽子所做的实验。在不同时间将这些帽子放在 24 个子叶的顶端，小帽向下伸出的长度在 0.15～0.2 英寸之间。实生苗暴露于侧光的时间在 6 小时 30 分钟到 7 小时 45 分钟之间变动，这个时间已足够引起同一些盆内所有其他实生苗几乎成直角弯向光源。它们的高度在 0.04～1.15 英寸之间，但是大多数是在 0.75 英寸左右。顶端这样遮盖的 24 个子叶中，有 3 个弯得很大，但是不是在光的方向内，并且在下一个夜晚它们没有通过背地性使自己伸直，或者是帽子太重，或者是植物本身处于衰弱状态。这 3 例可以排除，余下可以考虑的有 21 个子叶：其中 17 个在所有时间内都保持很直立；另外 4 个变得稍微向光弯曲，但是程度上远不及同一些花盆内的许多其他实生苗。因玻璃管当未涂黑的时候，并不妨碍子叶发生很大弯曲，便不能设想很薄的锡箔帽便会有妨碍，除去通过排除光以外。为证明植物未曾受到伤害，从 6 个直立的实生苗上取掉小帽，并将它们在一煤油灯前曝光和以前一样的时间，现在它们都变得向光弯曲很厉害。

因深为 0.15～0.2 英寸的小帽便这样被证明对防止子叶向光弯曲非常有效，用深仅为 0.06～0.12 英寸的小帽罩在另外 8 个子叶上：其中有 2 个保持直立，一个弯曲很大，5

个稍微向光弯曲,但是比起同一些花盆中的自由实生苗来少得多。

另一个试验是以不同方式做的,即将宽约0.2英寸的锡箔条包扎8个中等幼嫩实生苗的上部,但是不包括真正的顶端,实生苗高为半英寸稍多一些。留下顶端和基部以一侧光照射8小时,上部中间区域受到保护。有四个实生苗的顶端曝光了长0.05英寸的一段,其中两个的这一部分弯得向光弯曲,但是整个下部仍旧很直立;而另外两个实生苗的全部长度都变得稍微向光弯曲。另外4个实生苗的顶端暴露了长0.04英寸的一段,其中一个保持几乎直立,而另外3个变得向光弯得相当多。同一些花盆内的许多自由实生苗都向光弯得很厉害。

从这几组实验,包括用玻璃管的和切除顶端的,我们可以推断,从虉草子叶的上部排除光防止下部变得弯曲,尽管它充分暴露于一侧光下。顶端长0.04~0.05英寸的一段,虽然它本身敏感而且向光弯曲,使下部弯曲的本领却很小。从长为0.1英寸的顶端排除光,对下部弯曲也没有强烈的影响。另一方面,排除长0.15~0.20英寸一段的光,或是排除整个上半部的光,明显地防止充分照光的下部以当一自由子叶在一侧光曝光时总是发生的方式(见图181)弯曲。很幼小的实生苗中,敏感区域似乎比较老实生苗中向下伸展得更低些,相对于它们的高度来说。我们因此必然可得出如下结论,即当实生苗自由暴露一侧光时,有些影响从上部传递到下部,使后者弯曲。

这个结论由在小规模上发生的现象所支持,特别是幼小子叶,没有任何人为的排除光线的处理;因为它们在地表下弯曲,那里没有光能进入。虉草种子为一层0.25英寸厚的很细的沙子所覆盖,沙子由外包氧化铁的极细颗粒的硅石组成。一层这样的沙,湿润到和在种子上的同样程度,撒在一块玻璃板上;这层沙当为0.05英寸厚(仔细测量过)时,晴空的光也未能看到穿过它,除非是通过一个涂黑的长试管观察,这时可检查出微量的光,但是可能太弱不致影响植物。0.1英寸厚的一层已很不透光,可靠肉眼借助于玻璃管判断。值得补充提一下,这层沙当干燥的时候,仍旧一样不透光。这种沙子在保持湿润时屈服于很轻的压力,在这种状态下一点也不收缩或裂开。在最初的实验中,将长到中等高度的子叶在一煤油灯前暴露8小时,它们变得弯曲很大。在它们的基部背光阴暗处,有明确的月牙形开口的小沟形成,它们宽为0.02~0.03英寸(在显微镜下用测微计测量),这些小沟显然是由于子叶埋在沙中的基部向光弯曲所留下的。在光的一侧,子叶与沙密切接触,沙子有一点堆起。用一把尖刀移开子叶朝光一侧的沙,发现弯曲部分和开口的小沟向下伸到约0.1英寸的深度,这里没有光能进来。在4例内,埋藏的短弧的弦与竖直线所作的角度各为11°、13°、15°和18°。到次日清晨,这些短的弓形部分已经通过背地性使自己伸直。

下一个实验里,同样处理了更幼小的子叶,只是使暴露于相当昏暗的侧光下。在几小时以后,一个高0.3英寸而已弯曲的子叶,在背光的阴暗侧有一个开口小沟,宽0.04

英寸；另外一个高仅 0.13 英寸的子叶，留下一个宽 0.02 英寸的沟。最稀奇的一例是，一个刚伸出地面的子叶，高仅 0.03 英寸，发现向光的方向弯到土表下 0.2 英寸的深度。据我们知道的关于这种沙子对光的不透性，在这些例中，照光的上部必然决定下面埋藏部位的弯曲。但是可以提一下一个明显的可疑点，因子叶在不断进行转头运动，它们趋向于在它们的基部周围形成微小的缝或沟，这便会允许少量光从各方面进入；不过当它们受到一侧的光照时，这种现象便不会发生，因为我们知道它们很快弯向侧光，它们于是紧压在向光一侧的沙上以致使其起皱，这便有效地排除了这一侧的光。对面阴暗的一侧，有开口的小沟形成，任何进入的光会抵抗朝向灯光或其他光源的弯曲。可以补充提一下，使用很容易屈服于压力的湿润细沙，在上述试验中是不可少的；因为在普通土壤中培养的实生苗，土壤没有保持特别湿润，暴露于强烈侧光下 9 小时 30 分钟，没有在背阴一侧它们的基部处形成开口的小沟，也没有在地表下弯曲。

证明虉草子叶当受到一侧照射时，其上部对下部的作用的最显著证据，可能是用涂黑的玻璃管（前面提到过）得到的，玻璃管上很窄条的漆已从一侧刮去，少量光可经过这些窄条进入，这些窄条的宽度变动于 0.01～0.02 英寸（0.25～0.51 毫米）之间。上半部罩在这样的玻璃管里的子叶，被放置在一西南窗前，放置的位置是使刮净的窄条不直接面对窗户，而是斜向着一侧。实生苗曝光 8 小时，在这段时间快结束时，同一些花盆内许多自由实生苗已向窗户弯曲很厉害。在这些条件下，顶端罩在玻璃管内的子叶，其下半部完全曝光于天空的光照下，而其上半部完全或主要从室内接受漫射光，而这只是通过在一侧的极窄缝隙。如果下部的弯曲曾决定于这部分照光的话，那么所有子叶便肯定会朝向窗户弯曲，但是事情远非如此。刚才描述的那种玻璃管有几次放在 27 个子叶的上半部：其中 14 个在整个时间内都保持十分直立，因而经过窄缝进入的漫射光不足以产生无论什么效应，它们表现的情况有如它们的上半部曾罩在完全涂黑的玻璃管内；另外 13 个子叶的下半部变得不是径直朝窗弯曲，而是斜着向它弯曲，一个仅偏 18°角，其余 12 个从向窗直线偏转的角度变动在 45°～62°之间。在实验开始时，曾将大头针放在土壤上朝向漆中窄缝面对的方向，只在这个方向有少量漫射光进入。实验结束时，7 个弯曲的子叶正好指向大头针的直线内，6 个指向大头针和窗户的方向之间。这个中间位置是可以理解的，因为经窄缝斜着进入的来自天空的光总会比径直经窄缝进入的漫射光有效得多。在曝光 8 小时之后，这 13 个子叶和同一些花盆内许多其他实生苗在外形上的区别非常明显，这些实生苗（除去上述的 14 个竖直的以外）都以平行直线弯向窗户很厉害。因此可以肯定，照射虉草子叶上半部的少量弱光，在决定下半部的弯曲方向方面，要远比后者在整个曝光时间的充分照射更有效。

为肯定上述结果，用墨汁很厚地涂黑虉草 3 个子叶上部的一侧，从它们的顶端起长 0.2 英寸一段，所产生的效果是值得提一下的。将它们放的位置是使未涂黑的表面不是朝向窗户，而是稍微偏向一侧；它们都变得弯向未涂黑的一侧，与向窗直线偏转的角度达31°、35°和83°。这个方向的弯曲下延到它们的基部，虽然整个下部完全暴露于从窗射进的光线下。

最后，虽然关于虉草子叶上部照光对下部弯曲的本领和方式影响很大，已毫无疑问。然而从有些观察看来，下部同时照光对它的显著弯曲可能很有利，或者几乎是必须的；但是我们的实验并不是确定性的，因为很难从下半部排除光而不机械地妨碍它们的弯曲。

燕麦——这种植物的子叶很快弯向一侧光，和虉草子叶完全一样。尝试了和以前相似的一些实验，我们将尽量扼要地提出所得结果。它们比虉草例证的肯定性稍差，这可能是由于敏感区在延伸上有变动，这是一个经长期栽培且有变异的像普通燕麦的种。选用稍矮于0.75英寸高的子叶进行实验，将六个子叶的顶端用锡箔帽遮光，帽的深度为0.25英寸，另外两个用0.3英寸深的帽。这8个子叶中，有5个在8小时的曝光时间内保持直立，虽然它们的下部在所有时间都充分曝光；2个柱轻微地弯向光，一个弯曲相当大。深仅0.2英寸或0.22英寸的小帽放在另外4个子叶上，现在只有一个仍旧直立，一个稍微弯向光，两个弯得相当大。在这个以及以下的诸例中，同一些盆内的所有自由实生苗都向光弯曲很厉害。

我们的下一个实验是用小段薄而相当透明的羽毛管，因为罩子叶用直径足够的玻璃管便太重了。最初，13个子叶的顶端套在未涂黑的毛管内，其中11个向光弯曲很厉害，两个稍微弯曲；因而只套管这个操作本身并没有妨碍下部弯曲。第二，11个子叶的顶端套上长0.3英寸的羽毛管，羽毛管涂黑使它不透光：其中7个根本没有向光弯曲；但是有3个稍微弯曲，对光的方向来说多少有些横向，这几个可以完全排除在外；只有一个稍微向光弯曲。长0.25英寸、涂黑的羽毛管套在另外4个子叶的顶端：其中只有一个保持直立，第二个稍微弯曲，另外2个像同一些花盆内的自由实生苗向光弯得那么多。考虑到小帽长度为0.25英寸，后两种情况便难于理解了。

最后，8个子叶的顶端套上柔韧而非常透明的金箔匠使用的牛大肠膜，都变得像自由实生苗那样向光弯曲。另外9个子叶也同样套上牛大肠膜，随即将后者涂漆到0.25~0.3英寸深，使它不透光：其中5个仍旧直立，4个向光弯曲得很好，几乎和自由实生苗一样。这4例以及上一段落中的两例，是这个规律——上部的照光决定下部的弯曲——的强有力的例外。虽然如此，这9个子叶里的5个仍旧很直立，即使它们的下半部在全部时间内都充分照光。找到5个自由实生苗在暴露于一侧光几小时后还竖直站立，这几乎会是奇迹了。

燕麦的子叶和虉草的一样，当生长在柔软、湿润的细沙内时，在向一侧光弯曲以后，在背光的阴暗面留下开口的月牙形小沟。它们在土表下面，我们知道，光不能透入的深度弯曲。在两例中，埋藏的弯曲部分所做弧形的弦，与竖直线形成的角度为20°和21°；在4例中，在阴暗面的开口小沟的宽度为0.008英寸、0.016英寸、0.024英寸和0.024英寸。

甘蓝(普通红)——这里将证明，甘蓝下胚轴的上部，当受到侧光照射时，决定下部的弯曲。必须在高约半英寸或更小的幼小实生苗上做实验，因为当长到1英寸和以上，基部便停止弯曲。我们先试验了用墨汁涂下胚轴，或者切割不同长度的顶端；但是这些实验不值得提出，虽然它们肯定了以下实验的结果，尽它们的可信程度而言。这些实验是用金箔匠的牛大肠膜，将幼小下胚轴的上半部围上一圈，用墨汁或用黑油厚厚地涂上。作为对照实验，用同样的透明大肠膜，未曾涂抹过，围绕12个下胚轴的上半部；它们都向光弯得很厉害，只有一个例外，它只中等程度地弯曲。另外26个幼小下胚轴的上半部用涂黑的膜包裹，而它们的下半部完全没有覆盖。这些实生苗随即放在一西南窗或一煤油灯前的匣内，匣内部涂黑前面敞开，曝光一般约7～8小时。这样曝光已经足够，这可由同一些盆内所有自由实生苗的非常明显的向光性证明。虽然如此，还留下一些使曝光更长的时间。这样处理的20个下胚轴，14个保持很直立，4个稍微向光弯曲；后面几例中有两个不是真正的例外，因为当取走肠膜时发现涂黑不均匀，在向光的一侧有很多透明的空白。此外，在另外两例中涂黑的肠膜没有伸展到下胚轴的中部。总的来说，在这几个花盆里，这20个下胚轴和许多其他自由实生苗之间有奇妙的对比，自由实生苗都向光的方向弯曲得很厉害，有些几乎倒在地上。

任一天的最成功的实验(包括在前述结果内)都值得仔细叙述。选择6个幼小实生苗，它们的下胚轴近于0.45英寸高，只有一个高0.6英寸，高度是从叶柄基部量到地面。它们的上半部，靠肉眼尽可能准确判断，用牛大肠膜围绕一圈，并且用墨汁厚厚地涂黑。将它们放在暗室内一明亮的煤油灯前，灯是和种植实生苗的两个花盆位于同一水平面上。过了5小时10分钟之后，作了第一次观察：上半部遮光的下胚轴中有5个还很直立，第六个有极少的向光弯曲，而这两个花盆内还有很多实生苗，它们全部向光弯曲很厉害。又。连续曝光20小时35分钟后再检查它们：现在这两组的对比惊人地悬殊，因自由实生苗的下胚轴几乎向光的方向横向伸展，并且下弯到地面；而上半部有涂黑大肠膜保护、下半部充分照光的下胚轴仍旧保持很直立，那一个例外保留了和以前一样的稍微向光倾斜的角度。这一个实生苗发现涂得很不好，因为面对光的一侧可以经过涂料辨别出下胚轴的红色。

我们接着实验了9个较老的实生苗，其下胚轴高度在1～1.6英寸之间。它们上部包围的牛大肠膜用黑油只涂到0.3英寸深度，即不到它们总高度的三分之一到四分之一或五分之一。使它们曝光7小时15分钟。结果表明：决定下部弯曲的全部敏感区域，没有受到防止光作用的保护；因为9个全都向光弯曲，其中4个很轻微，3个中等，2个弯得几乎和自由实生苗一样多。不过，整个9个加在一起在它们的弯曲程度上与许多自由实生苗和用来涂黑的肠膜包裹的有些实生苗的差别还是很大，这些实生苗都一起生长在两个花盆里。

用在虉草实验中描述过的细沙将种子覆盖，沙约0.25英寸厚；当下胚轴长到0.4～

0.55 英寸高时，将它们放在一煤油灯前曝光 9 小时，它们的基部最初是被湿沙严密包围。它们都变得弯到地面，以致其上部的位置距地表很近并且几乎与之平行。在有光的一侧，它们的基部与沙严密接触，这里有一点堆起；在对面阴暗的一侧，有开口的月牙形裂缝或沟，其宽度比 0.01 英寸稍大；但是它们没有像虉草和燕麦做的那样轮廓鲜明和整齐，因而不容易在显微镜下测量。当将一侧的沙挖开，发现下胚轴在土表下弯曲，有 3 例至少在土表下 0.1 英寸，第四例 0.11 英寸，第五例 0.15 英寸。埋藏的短而弯曲部分所作的弧的弦，与竖直线形成的角度在 11°～15°之间。我们已经知道这种沙子不透光，那么下胚轴的弯曲肯定是伸展到没有光进入的深度，这种弯曲必然是从上面照光部分传递的一种影响所引起的。

5 个幼小下胚轴的下半部由未涂黑的牛大肠膜所包围，在一煤油灯前曝光 8 小时后，都变得和自由实生苗一样向光弯曲。另外 10 个幼小下胚轴的下半部，同样用肠膜包围，膜上用墨汁厚厚地涂抹。它们的上半未遮光部分，都变得向光弯曲很好，但是下半遮光部分都保持直立，只有一个例外，这一例中涂料层有曝光处。这个结果好像证明，从上部传递下来的影响不足以引起下部弯曲，除非下部与此同时被照明；但是，和虉草的情况一样，仍然可疑的是，膜上覆盖的相当厚的干墨汁外壳是否机械地妨碍它们的弯曲。

甜菜——对这种植物做了少数几个类似的实验，这种植物不很适合这个目的，因其下胚轴在长到超过半英寸高以后，在侧光下曝光时，其下部便弯曲不多。4 个下胚轴在紧靠叶柄下面用宽为 0.2 英寸的薄锡箔条包围，放在一煤油灯前，它们整天保持直立；另外两个用宽 0.15 英寸的锡箔条包围，其中一个仍旧直立，另一个变得弯曲；另外两例用宽仅 0.1 英寸的包扎物，这两个都向光弯曲，只是一个弯得很少。同一些盆内的自由实生苗都向光弯曲得相当好，在下一个夜晚变得几乎直立。现在将花盆转过来放在窗前，使实生苗的对面一侧照光，在 7 小时期间，所有未遮光的实生苗都变得弯曲。有锡箔包扎的 8 个实生苗里：7 个保持直立，只有包扎条宽为 0.1 英寸的，变得向光弯曲。另一回，7 个下胚轴的上半部用牛大肠膜包围：其中 4 个保持直立，3 个稍微向光源弯曲；与此同时，用未涂黑的肠膜包围的另外 4 个实生苗，以及同一些花盆内的自由实生苗，都在它们曾曝光 22 小时的灯前弯曲。

欧白芥的胚根——有些植物的胚根对光的作用不起反应，这是就弯曲而言；而有一些向光弯曲，另一些背光弯曲。[①] 这些运动是否对植物有用，很可疑，至少在地下根的情况下，它们可能是因胚根对接触、湿度、和万有引力敏感才发生的，胚根于是对在自然情况下从未遇到过的刺激物也敏感。欧白芥的胚根当浸入水中并暴露于一侧光时，有背光性，或背光弯曲。它们变得弯曲的一段从根尖计长约 4 毫米。为确定这种运动一般是否

① 萨克斯，《植物生理学》，1868 年，44 页。

发生，将在湿木屑里萌发的41个胚根浸在水中并曝光于一侧光下，除去两个可疑的例外，它们都变得背光弯曲。与此同时，使另外54个胚根的尖端刚一接触硝酸盐，也同样曝光。它们有长0.05～0.07毫米的一段变黑，可能被杀死。但是应注意到，这并没有实质上阻碍上部的生长，因为测量的几个在仅8～9小时内便增加长度5～7毫米。这54个腐蚀过的胚根，有一例可疑，25个以正常方式使自己背光弯曲，28个，或说超过半数，一点也不表现背光性。在近4月底和在9月中进行的一些实验里，结果中有相当差异，我们不能解释。在前一段时期里，将15个胚根（上述54个的一部分）蘸一下硝酸银并暴露于阳光下，其中12个没有背光性，2个仍然背光弯曲，1个可疑。在9月里，39个腐蚀过的胚根曝光于一背光下，保持适当温度：当时有23个仍旧按正常方式背光弯曲，只有16个没有表现背光性。看一下这两段时期的合计结果，没有疑问的是，伤害尖端少于1毫米长的一段便破坏了半数以上胚根的背光运动的本领。可能的是，如果使根尖腐蚀整1毫米长，背光性的所有迹象都会消失。可以认为，虽然施用腐蚀剂没有使生长停顿，然而可能有足够数量被吸收使上部运动本领遭到破坏。但是这个想法必须放弃掉，因为我们已经看到并且还将看到，腐蚀各种胚根尖端的一侧，实际上激发了运动。不可避免的结论似乎是：对光的敏感性位于欧白芥胚根的尖端，尖端受到这样的刺激时传递某种影响到上部，使之弯曲。这个例证在这方面是与几种植物胚根的情况类似的，它们的尖端对于接触和其他刺激物敏感，并且对万有引力敏感，这将在第十一章内提到。

本章的结束语和摘要

我们不知道，上部照光决定下部的弯曲是否为实生苗的一般规律。但是，因这发生在我们检查过的4个种里，分属于性质截然不同的这样一些科中，如禾本科、十字花科和藜科，它可能是通常的事。它不会对实生苗没有用处，可帮助它们寻找从被埋藏的种子到光的最短途径，和大多数低等爬行的动物眼睛位于它们身体的前端有几乎相同的原理。非常可疑的是，对充分发育的植物来说，一部分照光是否会影响另一部分弯曲。将5株幼嫩石刁柏（高度在1.1～2.7英寸之间，包括有几个短节间）的顶端用深达0.3～0.35英寸的锡箔小帽遮盖，其下面未遮盖部分向一侧光弯曲的程度和同一些花盆内的自由实生苗一样。同种植物的其他实生苗，其顶端用墨汁涂黑，有同样的负结果。将染黑的纸片粘在几幼株旱金莲和榕莨一些叶片的边缘和叶片上面，再将它们放在窗前的一个匣内，遮光叶子的叶柄变得向光弯曲，和未遮光叶的叶柄弯曲程度一样。

关于实生苗的前述各种情况已经详细描述，不仅因为从光传递任何效应是一种新的生理现象，还因为我们希望这有助于稍微修改关于向光性运动的现代看法。直到不久前还认为这种运动只是由于背光一侧加速生长的结果，现在一般承认[①]在背阴一侧的弱光增加细胞膨压，或是细胞壁的伸长率，或是二者一起，随后便是加速的生长。但是普费弗曾证明，叶枕（即一团在早期已停止生长的小细胞）两侧膨压的差异是由两侧吸收的光量的差异所激发的，运动便这样引起，在膨压更大的一侧随后并没有发生加速的生长。[②] 所有的观察者们显然都相信光直接作用于弯曲部位，但是我们从上面叙述的实生苗看到，情况并非如此。它们的下半部受到明亮光照几小时之久，然而丝毫没有向光弯曲，虽然这是在通常情况下弯得最大的那一部分。还更令人惊奇的是，虉草子叶上部一侧上一窄条的微弱光照，便决定下部弯曲的方向，以致下部并不朝向它曾被充分照射的明亮光线弯曲，而是斜着朝向仅有少量光进入的一侧弯曲。这些结果像是暗示在上部有某种物质存在，它受到光的作用并将其效应传递到下部。已经证明，这种传递与上部敏感部位的弯曲无关。在毛毡苔属里有一个类似的传递情况：当一腺体受到刺激时，是触毛的基部弯曲，而不是其上部或中部；捕蝇草属柔韧和敏感的刚毛同样传递刺激，本身并不弯曲。含羞草属的茎也是如此。

光对大部分植物组织施加了有力的影响，毫无疑问的是，它一般抑制它们的生长。但是当一植株的两侧受到稍有差异的照射时，随后并不一定会发生朝向照明一侧的弯曲，那种因组织内发生导致黑暗中生长加速的同样性质的变化所引起的弯曲。我们知道至少有一个部位可能背光弯曲，然而光可能对它的生长不利。欧白芥的胚根就是如此，它有明显的背光性。不过，它们在黑暗中生长得比在光下更快。[③] 根据威斯纳观察，[④]很多种气生根也是如此；可是也有另外一些相反的情况。因此，看来光并不是以任何一致的方式决定背光部位的生长。

我们应当记住的是，向光弯曲的本领对大多数植物十分有利。因而这个本领曾被特殊获得，不是不可能的事。在几个方面，光对植物的作用方式几乎和它对动物依靠神经系统的方式一样。[⑤] 对实生苗，我们已经看到，这个效应是从一部分传递到另一部分。一只动物可能被很少量的光所激发而运动。已经证明，虉草子叶两侧在照明上不能为人眼

---

① 埃米尔·戈德留斯基（Emil Godlewski）曾提出（《植物学报》，1879年，6—9号）这个问题下进展的极佳报道（120页）。也见瓦因斯在《维尔茨堡植物研究所工作汇编》，1878年，B. 114—147页。雨果·德·弗里斯（Hugo de Vries）近来发表了一篇关于这个问题的更重要报告：《植物学报》，12月19日和26日，1879年。

② 《叶器官的周期性运动》，1875年，7、63、123页等。弗兰克也曾坚持（《植物部分的天然水平方向》，1870年，53页）复叶小叶的叶枕在将小叶放在对光适当的位置上起了重要作用。这点对攀援植物的叶子特别适用，它们被放置在各种不适于光起作用的位置上。

③ 弗朗西斯·达尔文，《关于根的负向光性的生长》，《维尔茨堡植物研究所工作汇编》，B. Ⅱ. 第3期，1880年，521页。

④ 《科学院会议报告》（维也纳），1880年，12页。

⑤ 萨克斯在关于激发植物运动的各种刺激方面曾做了有同样意见的引人注目的评论。见他的论文《关于植物部分的正向性和偏向性》，《维尔茨堡植物研究所工作汇编》，1879年，B. Ⅱ. 282页。

所分辨的差异，便足够使得它们弯曲。也曾证明，在对植物起作用的曝光和其弯曲程度之间没有密切的平行现象。有些虉草实生苗受到的光照虽很微弱，但是又比另一些所受到的明亮得多，可是在它们的弯曲度上确实很难分辨出任何差异。视网膜在受到一亮光的刺激后，感受到这种效应需要一段时间；虉草朝向曾受到照射的一侧弯曲继续约半小时之久。视网膜在受到一亮光的照射后不能察觉一微弱的光；曾在前一天和早晨放置在日光下的植物，朝向一昏暗侧光的运动，不如像曾放在完全黑暗中的植物那么快。

即使光对于植物生长部位的作用方式确实总是激发它们的朝向更明亮的一侧弯曲的倾向——与前述关于实生苗的实验以及与所有背光性器官相矛盾的一种假定——然而这种倾向随不同种而有很大区别，并且在同种的不同个体中在程度上也有差异，这可以在几乎任何一盆有长期栽培史的植物的实生苗中看出来。[①] 因而有将这种倾向修饰到几乎任何有利程度的基础。我们在很多例证中看到这种倾向曾被修饰：例如，对食虫植物来说，将它们的叶子放置于为捕捉昆虫最有利的位置，比将它们的叶子转向光更为重要，它们没有这种向光的本领。如果缠绕植物的茎是向光弯曲，它们便会被拖离支持物，我们已看到它们并不这样弯曲。因大多数其他植物的茎是向光的，几乎可以肯定的是，分布遍及整个维管系统的缠绕植物已经丧失掉它们的非攀援祖先具有的一种本领。此外，牵牛属，可能所有其他缠绕植物，其幼株的茎在开始缠绕之前有很强的向光性，显然是为了将子叶或前几片真叶充分曝光。常春藤实生苗的茎有中等程度的向光性，而同株的茎在稍长大时便有背光性。由叶——在所有通常情况下有很强的横向光性的器官——修饰形成的卷须被变成背光性的，其尖端蔓延进入任何黑暗的缝隙内。

即使是通常的向光性运动，很难相信它们是直接由于光的作用而没有任何特殊适应性。我们可以用植物的吸湿运动说明我们的意思：如果器官一侧的组织允许有快速蒸发，它们将很快干燥并收缩，使这个部位弯向这一侧。至于尖塔形红门兰（*Orchis pyramidalis*）花粉块的奇妙复杂运动，它们靠此运动扣住一蛾的喙，以后改变它们的位置以将花粉块放在双柱头上——或许又是扭转运动，有些种的种子靠这种运动将自己埋藏在土壤内[②]——这是由有关部位变干而引起的；然而，没有人会设想已获得的这些结果没有特殊适应性。当我们看到一实生苗含有叶绿素的下胚轴向光弯曲时，同样会使我们相信有适应性：因为虽然下胚轴现在由它自己的子叶遮阴便受到较少的光，它将子叶——这

---

① 斯特拉斯布格曾在他的有趣的著作《光……对游动孢子的作用》中证明，各种低等结构的植物，其游动孢子对一侧光的运动受到它们的发育阶段、它们所处的温度、培育它们时的光照程度，以及其他未知原因的影响；以至同种的游动孢子可跨过显微镜视野做向光或背光运动。此外，有些个体像是对光中立；不同种个体的行为很不相同。光越明亮，它们的路线越直。它们也短期表现出光的后效。在所有这些方面，它们类似高等植物。也见施塔尔，《关于光对游动孢子运动现象的影响》，（维尔茨堡物理-医学学会讨论会），B. 12，1878 年。

② 弗朗西斯·达尔文，《关于吸湿机理》等，《林奈学会会报》，系列Ⅱ，第 1 卷，1876 年，149 页。

个更重要的器官——放在充分照光的最好位置上，因而可以说下胚轴为了子叶的利益，或者更确切地说，为了整株植物的利益而牺牲自己。但是，如果它被阻止弯曲，像生长在一堆相互缠绕的植被里的实生苗有时必然发生的那样，子叶本身以弯曲朝向光，较远的一个上举，距光最近的下垂，或者是两个作侧向扭转。[①] 我们也可以猜想，禾本科植物鞘状子叶上部对光的极大敏感性以及它们将其效应传递到下部的本领，都是为寻找到达光的最短途径的一些特化部署。生长在岸边的植物，或是被风吹倒的植物，它们的叶子的运动方式是个很引人注目的现象，它们甚至在自己的轴上转动，以使它们的上表面可以再度朝向光源。这样的一些事实更令人惊奇，是当我们记起太强的光损坏叶绿素，以及几种豆科植物的小叶当暴露于强光时便向上弯曲，以其边缘举向太阳，来避免伤害。另一方面，阳桃属和酢浆草属植物的小叶，当同样暴露于强光下时，向下弯曲。

上一章内已说明，向光性是转头运动的一种修饰形式，因每个植物的每个生长部位都或多或少地进行转头运动，我们便能理解为什么遍及植物界这样大量的植物都曾获得向光弯曲的本领。一个转头运动——就是由一系列不规则的椭圆形或环形组成的运动——逐渐转变成朝向光的直线路程的方式，已经解释过。首先，我们有一系列椭圆形，其长轴指向光源，每一个描绘得与光源越来越近；然后环形被拉长成非常明显的曲折线，各处仍有小环形成。与此同时，朝向光的运动在程度上增大并且加速；反方向的运动减少并受阻，最后停止；向任一侧的曲折运动也同样逐渐减少，于是路线最后变成直线。因而，在相当明亮的光的刺激下，便没有力的无效消耗。

由于植物的每种性状都多少是可变的，看来便没有多大困难来相信，它们的转头运动可以靠变异着的个体的保持以任何有利方式被增大或者修饰。习惯性运动的遗传对于这个选择过程或是最适者生存而言，是个必需的事件。我们已经看到，有很好的理由相信习惯性运动是被植物承继的。就缠绕植物来说，转头运动曾在幅度上被增大并使变得更圆，这里的刺激是内部的或是内生性的。就眠植物的这种运动曾在幅度上被增大并常被改变方向，这里的刺激是光和暗的交替，不过有遗传的帮助。至于向光性，刺激是植物两侧的不均等光照，如在前述例证中提到的，这决定转头运动的修饰方式是使这个器官向光弯曲。曾靠上述办法成为向光性的植物，一旦这种习性成为无用或者有害，可以很容易丧失掉这种倾向，这可以从已经提供的例证判断出来。一个已经不再是向光性的种，也可以靠有些个体的保持而成为背光性的，这些个体趋向于在多少是相反于光来的方向进行转头运动（不过这种变异和大多数其他变异的原因还不知道）。以相似的方式，植物可以成为横向光的。

---

① 威斯纳曾对叶子作出同样的评论：《节间的波荡形转头运动》，第 6 页，摘自《维也纳科学院会议报告》，B. Ixxvii(1878)。

第十章

修饰的转头运动：由万有引力激发的运动

· *Modified circumnutation: movements excited by gravitation* ·

观察方法——背地性——金雀花属——马鞭草属——甜菜属——在悬钩子属、百合属、藨草属、燕麦属和芸薹属中转头运动逐渐转变成背地性——背地性受向光性阻碍——靠关节或叶枕实现——酢浆草属花序梗的运动——对背地性的一般评论——向地性——胚根的运动——种子—蒴果的埋藏——过程的用途——地下车轴草——两型豆属——横向地性——结论。

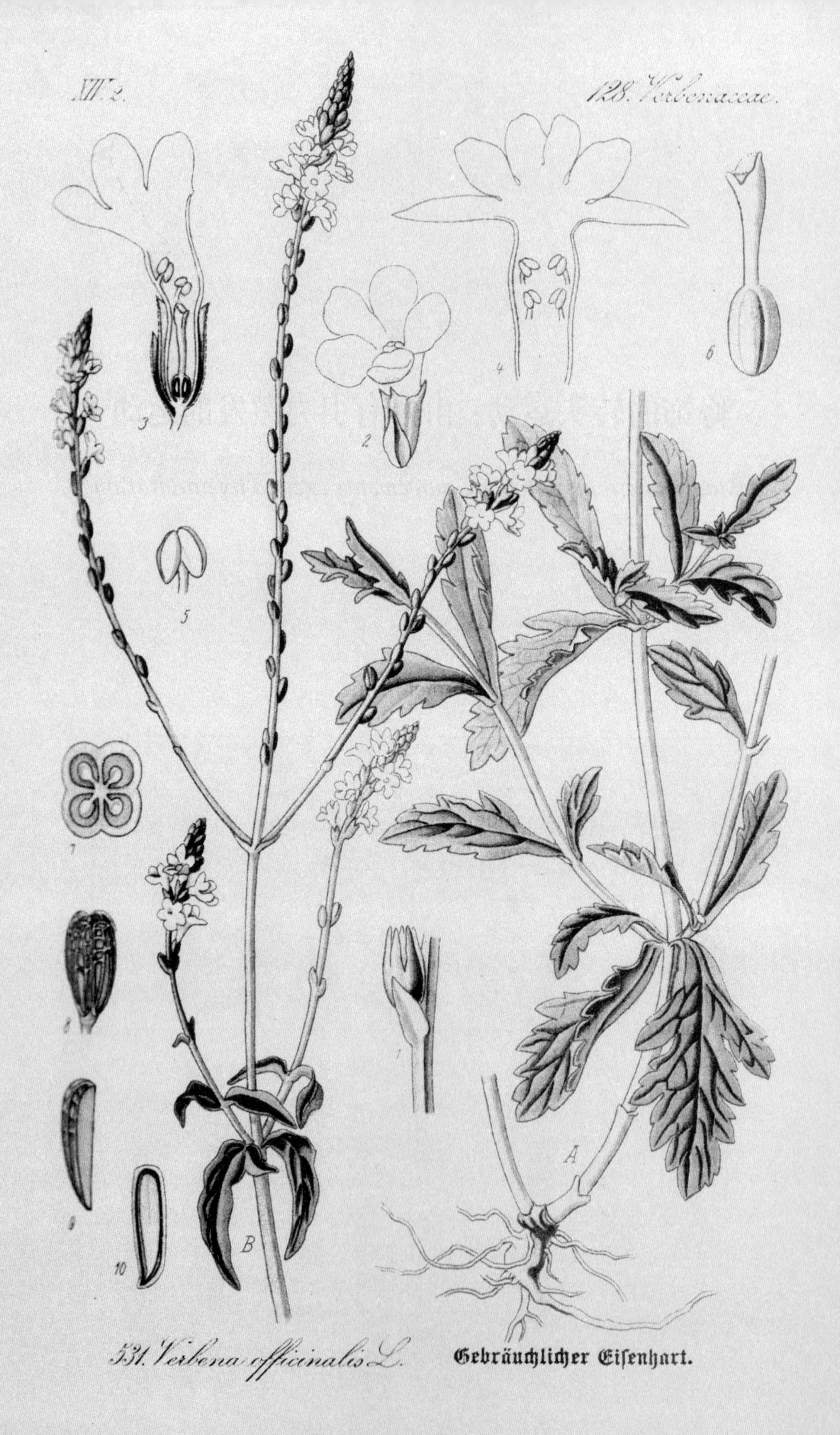
XIV. 2.
128. Verbenaceae.
3
2
4
6
5
7
8
9
10
1
A
B
531. Verbena officinalis L.
Gebräuchlicher Eisenhart.

本章的目的是想证明向地性、背地性和横向地性都是转头运动的修饰形式。将粘贴有两个小纸三角的极细玻璃丝固定于幼茎顶端，常常是固定于实生苗下胚轴、花序梗、胚根等，然后将这些部位的运动按已经叙述过的方式描绘于竖立或横向玻璃板上。应当记住的：当茎或其他部位变得对玻璃板越来越斜的时候，在玻璃板上描绘的图形便必然越来越放大。将植物遮光，除去在每次做观察的时候，那时总是使用很微弱的光，以尽可能少地干扰正在进行的运动；我们没有检查出有这样的干扰的任何证据。

当观察转头运动和向光性之间的等级时，很有利的条件是能够将光减弱；但是在向地性方面，类似的实验当然是不可能的。不过我们可以观察最初位置仅是稍微偏离垂直线的茎的运动。在这种情况下向地性所起的作用，比起当将茎横放与此力成直角时，动力要低一些。还可选择一些植物只有微弱的向地性或背地性，或是由于已经长大而变得如此。另一种方案是把茎最初放置在指向水平线下30°或40°的位置，那么在使茎直立以前，背地性有大量工作要做。在这种情况下通常的转头运动常不能完全消除。另一种方案是在傍晚观察一些植物，它们在白天已经有很大的向光性弯曲；因为它们的茎在逐渐暗淡的光线下，会通过背地性的作用很缓慢地变得直立。在这种情况下修饰的转头运动有时表现得很明显。

背地性——几乎是靠机会选择植物进行观察的，只是从很不同的科中取用。如果一植物的茎对背地性甚至是中等敏感，在被水平放置时，其上部生长部位很快向上弯曲，以致变成竖直；连接在玻璃板上相继画出的点所描绘的线，一般近于直线。例如，一幼株香金雀花，12英寸高，放置的位置是其茎在水平线下10°，描绘它在72小时内的路程。最初它稍微向下弯曲（图182），毋庸置疑，这是由于茎的重量，因大多数其他观察植物都发生过这样的现象，不过，因它们当然是在进行着转头运动，向下的短线常常是倾斜的。在45分钟以后，茎便开始向上弯曲：在前两个小时很快，但是在下午和晚上，及在下一天便慢得多。第二天晚上，它下降一些，次日它在转头；但是它也向右侧移动一短段距离，这是由于有少量光偶然从这一侧射入。茎现在位于水平线上60°，因而已上举70°。时间允许的话，它可能会变成直立，并且无疑会继续转头运动。这里所示的描图里唯一值得注意的特点是所追踪的路线的直线性。然而，茎并不是以一稳定的速率向上运动，它有时几乎或完全不动。这样的时期可能代表朝向与背地性相反的方向进行转头的尝试。

马鞭草（*Verbena officinalis*）的草质茎横卧，在7小时内它上举很高，以致不再能在立于植物前方的竖直玻璃板上观察到。所描绘的长线几乎是绝对直线。在7小时以后，它仍在继续上举，但是现在有些轻微转头运动。次日，它竖直站立，并有规律地进行转头运动，如第四章中图82所示。另外几种对背地性非常敏感的植物，其茎几乎以

◀ 马鞭草（*Verbena officinalis*）。

直线上举，然后突然开始转头运动。一株部分黄化并有苗龄稍大的甘蓝实生苗（高 $2\frac{3}{4}$ 英寸）下胚轴，对背地性非常敏感，当放在与竖直线仅作 23°角时，它在 33 分钟内便已直立。在上述稍微倾斜的位置上，它不能受到背地性的强烈作用，我们估计它已经在进行转头运动，或者至少是以曲折路线运动。因而便每 3 分钟记点一次；但是，将这些点连接时，线路几乎是直线。在这个下胚轴已直立以后，它仍以大致相同方向向前运动半小时之久，但是方式有些曲折。在随后的 9 小时内，它有规律地进行转头，并描绘了 3 个大椭圆形。在这个例证中，背地性虽然在一个极不适宜的角度起作用，它完全克服了通常的转头运动。

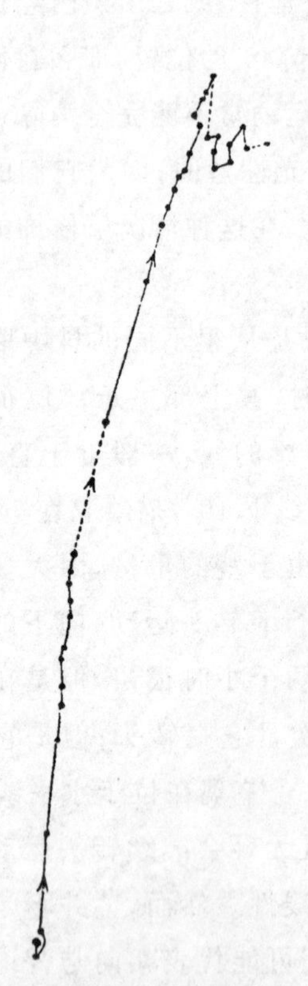

图 182　香金雀花　从水平线下 10°到水平线上 60°的茎的背地性运动：从 3 月 12 日上午 8 时 30 分到 13 日下午 10 时 30 分在竖立玻璃板上描绘，随后的转头运动也同样表示，直到 15 日上午 6 时 45 分。夜间路程像通常一样用虚线代表。（运动放大不多，描图缩小到原标度的三分之二）

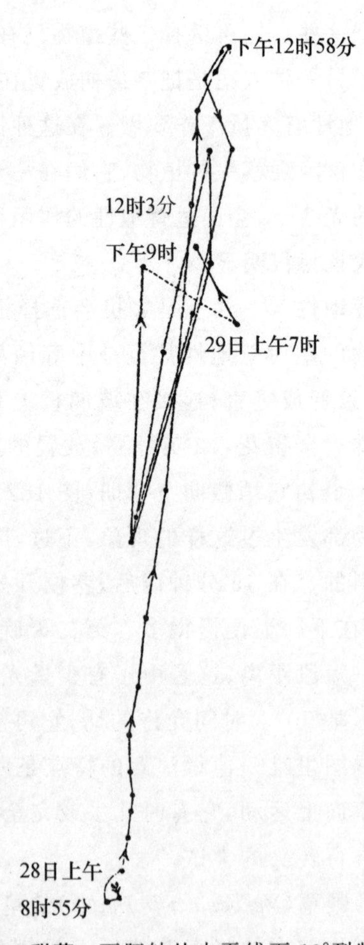

图 183　甜菜　下胚轴从水平线下 19°到竖直位置的背地性运动：以及随后的转头运动，从 9 月 28 日上午 8 时 28 分到 29 日上午 8 时 40 分在一竖立和一横放玻璃板上描绘。（图形缩小到原标度的三分之一）

甜菜的下胚轴对背地性非常敏感。将一个下胚轴倾斜放置于水平线下 19°；它先有少量下垂(见图 183)，无疑是由于它的重量；但是因它正在回旋转头，路线有些倾斜。在随后的 3 小时 8 分钟内，它差不多是直线上举，经过一个 109°角，随后(下午 12 时 58 分)直立。它以大致相同方向在竖直线那边继续运动 55 分钟，但是路线曲折；它也以曲折路线返回，然后有规律地进行转头运动。在这一天的余下时间内描绘了 3 个大椭圆形。应当注意到该图中的椭圆形，相对于向上直线的长度来说，在大小上是有些夸大的，这是由于竖立和横放玻璃板的位置的缘故。另外一个稍老的下胚轴，放置在与竖直线仅成 31°角站立，在这个位置上背地性对它起作用的力量不大，它的路线因而稍微有些曲折。

加那利群岛虉草的鞘状子叶对背地性非常敏感。将其斜放在水平线下 40°。虽然它已相当老并且高 1.3 英寸，它在 4 小时 30 分钟内已经直立，以近似直线跨过 130°角。它然后突然开始按通常方式转头。在第一片叶已开始伸出以后，这种植物的子叶只稍微有些背地性，不过它们仍然继续转头。将在这个发育阶段的幼株横放，甚至在 13 小时以后它仍未直立，它的路线稍微曲折。一相当老的决明($1\frac{1}{4}$英寸高)下胚轴需要 28 小时才变成直立，其路线有明显曲折，而较幼嫩的下胚轴运动快得多并且差不多是直线。

当一个横放的茎或其他器官以曲折路线上举时，我们可以从前几章内提供的许多例证推断，这是一种修饰形式的转头运动；但是当路程为直线时，便没有转头运动的证据，任何人都可以坚持后一种运动曾被完全不同的一种运动所代替。当有关部位(如芸薹属和甜菜属的下胚轴、南瓜属的茎、虉草属的子叶有时发生)在以直线路程向上弯曲以后，突然开始以通常方式并且很大程度地进行转头，这种观点似乎更有可能。这种突然变化——即从一几乎是直线的向上运动改变成转头运动——的一个相当好的例证示于图 183；但是更引人注目的例证有时可在甜菜、芸苔和虉草属的植物中观察到。

我们将描述少数几例，从中可看出在每例中所指定的情况下转头运动是如何逐渐转变成背地性的。

覆盆子(杂种)——将生长在花盆内的高 11 英寸的幼株横放，追踪其向上运动约 70 小时。但是，这种植物虽然生长旺盛，对背地性却不很敏感，或者是它不能很快运动，因为它在上述时间内只上举 67°。我们可在图 184 中看出，在第一天的 12 小时内，它以近似直线上举。当将其横放的时候，它明显地正在进行转头运动，因为它最初上举一些，尽管有茎的重量，然后下垂，所以它直到过了 1 小时 25 分钟以后，才开始它持久的向上路程。在第二天，它已经上举得很多，这时背地性起作用的动力差一些，它在 15.5 小时内的路程有明显曲折，上举运动的速率不稳定。在第三天，也是 15.5 小时，这时背地性起作用的动力更小，茎在明显地进行转头运动，因为它在这一天向上运动 3 次，向下 2 次，向左 4 次，向右 4 次。但是路线很复杂，以致难于在玻璃板上描绘。不过，我们能够看出相继形成的椭圆形上举得越来越高。在第四日清晨，背地性继续在起作用，因为茎还在上举，尽管它现在站立的位置仅与垂直线成 23°角。在这个图中可以注意到有几个阶段：一个几乎是直线向上的背地性路程先变成曲折，然后改变成转头运动，其相继形成的大部分不规则椭圆形指向上方。

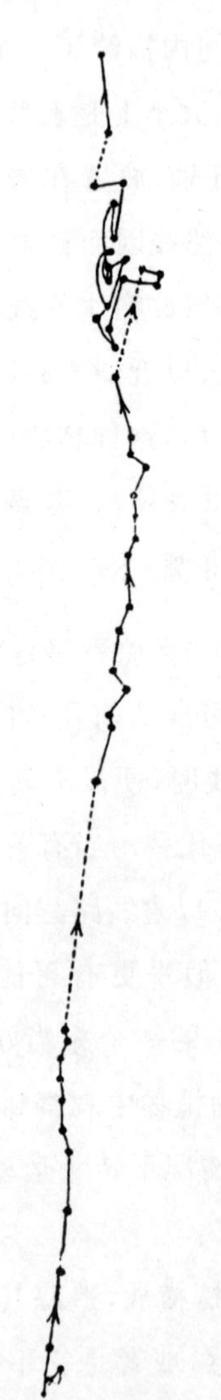

图 184 覆盆子(杂种) 茎的背地性运动：从 3 月 18 日上午 8 时 40 分到 21 日上午 8 时，三天三夜内在一竖立玻璃板上描绘。(图形缩小到原标度的二分之一)

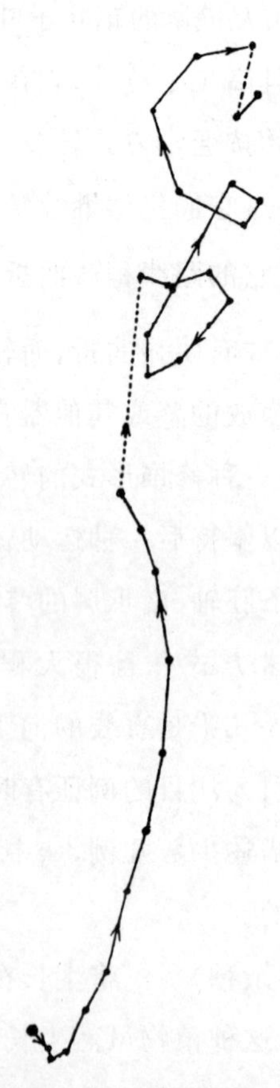

图 185 天香百合 茎的背地性运动：从 3 月 18 日上午 10 时 40 分到 20 日上午 8 时两天两夜内在一竖立玻璃板上描绘。(图形缩小到原标度的一半)

天香百合——将一 23 英寸高的植株横放，上部茎在 46 小时内上举 58°，上举方式示于图 185。我们这里清楚地看到在整个第二天的 15.5 小时内，茎在通过背地性作用向上弯曲的同时，有明显的转头运动。它还要上举很多，因为在记下图中的最后一点时，它与直立位置呈 32°角。

加那利群岛虉草——已经描述过一个高 1.3 英寸的子叶，在 4 小时 30 分钟内从水平线下 40°上举到竖直位置，几乎以直线经过 130°角，然后突然开始转头运动。另一株同高的植物（但是还没有伸出真叶）的较老子叶也一直放置在水平线下 40°。在最初 4 小时内，它几乎以直线上举（图 186），因而到下午 1 时 10 分，它已高度倾斜，现在背地性对它起作用的动力远小于以前，它开始弯弯曲曲行动。到下午 4 时 15 分（即从开始计的 7 小时内），它竖直站立，以后按通常方式围绕同一点继续回旋转头。于是我们这里有一个从直线向上的背地性路线到转头运动的逐渐转变过程，而不是像前一例那样的突然变化。

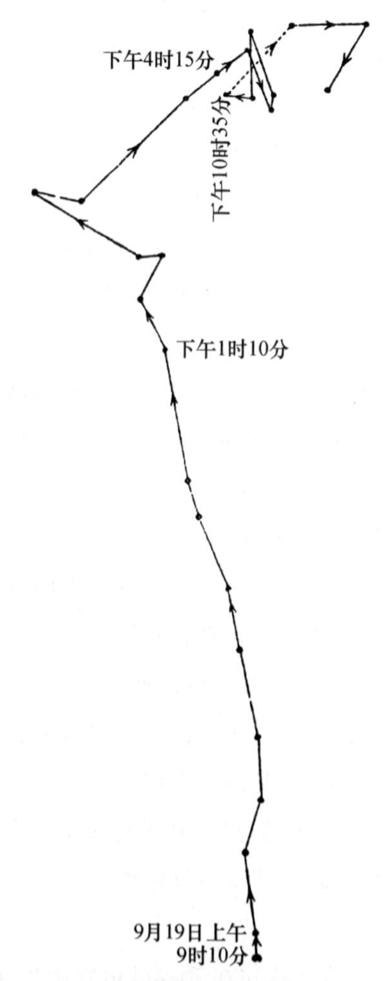

图 186　加那利群岛虉草　子叶的背地性运动：从 9 月 19 日上午 9 时 10 分到 20 日上午 9 时在一竖立和横放玻璃板上描绘。（这里的图形缩小到原椭圆标度的五分之一）

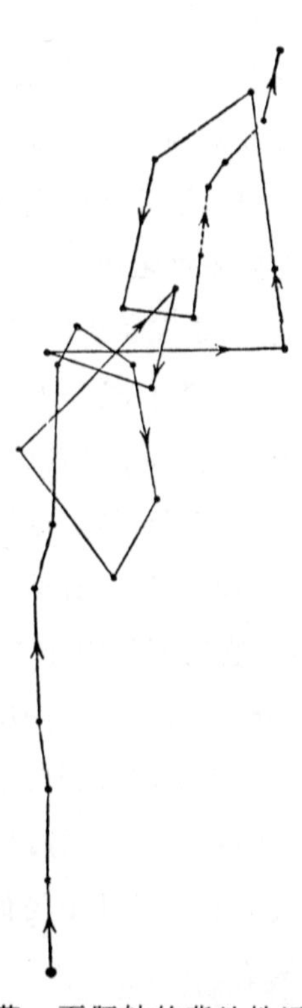

例 187　甘蓝　下胚轴的背地性运动：从 9 月 12 日 9 时 20 分到 13 日上午 8 时 30 分在一竖立玻璃板上描绘。图形上部比下部放大较多。如果描绘全过程，向上直线会长得多。（图形在这里缩小到原标度的三分之二）

燕麦——鞘状子叶在幼嫩时有很强的背地性：有些放置在水平线下45°的子叶在7小时或8小时内以几乎绝对直线上举90°。一个老子叶，对它作以下观察时开始从中伸出第一片叶，放置在水平线下10°，它在24小时内仅上举59°。它的行为与我们观察过的任何其他植物有些不同，因为在最初4.5小时内它上举的路线近于直线，随后的6.5小时它进行转头运动，就是说，它以非常明显的曲折路线下降又上升；然后以相当直的路线恢复它的向上运动，时间允许的话，它无疑会变成直立的。这个例证中，在最初的4.5小时以后，通常的转头运动几乎完全克服了背地性一段时间。

甘蓝——将几株幼嫩实生苗的下胚轴横放，它们在6小时或7小时内以近于直线的路程竖直上举。一株实生苗曾在黑暗中生长到$2\frac{1}{4}$英寸高，因而相当老并且不是很敏感，将它的下胚轴放置在水平线下30°～40°之间。只有上部向上弯曲，在最初的3小时10分钟内，以近似直线上举（图187）；但是不可能在竖立玻璃板上描绘前1小时10分钟的向上运动，因而图中的近似直线应当更长些。在随后的11小时内，下胚轴回旋转头，描绘了些不规则的椭圆形，每一个都比前面形成的一个稍微高些。在夜间和次日清晨，它继续以曲折路线上举，因而背地性仍然在起作用。我们观察结束时，即在23小时（由图中最高一个点代表）之后，下胚轴仍距垂直线23°。没有疑问，它会靠描绘更多的不规则图形，一个比一个高，最后变成直立。

背地性受向光性阻碍——当任何植物的茎在白天朝向一侧光弯曲时，这种运动受到背地性的反抗；但是在黄昏时当光逐渐减弱，后一种动力缓慢地取得上风，并将茎拉回成一竖直位置。于是我们这里有一个很好的机会来观察背地性被一反抗的力很近于平衡时如何起作用。例如，旱金莲的胚芽（见图175）以稍微曲折的路线，朝向暗淡的黄昏光运动直到下午6时45分，然后返回直到晚10时40分，在这段时间内它曲折行进而且描绘了一个相当大的椭圆形。甘蓝的下胚轴（见图173）以直线向光运动直到下午5时15分，然后背离光，在它的回程中作了一个大直角弯转，再朝向以前的光源返回一短段距离；在下午7时10分以后没有再作观察，但是在夜晚它恢复它的竖直位置。决明的下胚轴在黄昏时以稍微曲折的路线朝向渐暗的光运动直到下午6时，现在从垂直线弯离20°；它然后返回原路，在晚10时30分以前作了4个很大的近于直角的弯转，几乎完成了一个椭圆形。还偶然观察到另外几个类似的例证，在所有这些例证中可看出背地性运动是由修饰的转头运动构成。

背地性运动由关节或叶枕之助而实现——这类运动已熟知在禾本科植物中发生，并且是靠它们具鞘的叶子的加厚基部而实现的；里面的茎在这一部分比其他部分更细[①]。

---

① 这个结构近来由德·弗里斯在一有趣的论文中描述过，该论文为《关于倒伏的谷类作物的直立过程》，刊于《农业年鉴》(*Landwrithschaftliche Jahrbiicher*)，1880年，473页。

根据所有其他叶枕的情况类推，在相邻部位已停止生长之后，这样的关节应该持续进行转头运动一段长时期。我们因而希望确定禾本科植物是不是这种情况，因为如果是如此的话，当它们的茎横伸或匍匐时，其向上弯曲便可按照我们的观点解释，即背地性产生于修饰的转头运动。在这些关节向上弯曲以后，它们便被沿其下侧的加速生长而固定于它们的新位置上。

黑麦草(*Lolium perenne*)——选用观察的是一高 7 英寸的幼茎，有 3 个节间，花序还没有伸出。将一根很细的长玻璃丝横向黏接于茎上，在第二个关节的紧上方，地表之上 3 英寸。以后证明这个关节是处于活跃状态，因在将茎秆固定于水平位置 24 小时后，其下侧通过背地性的作用(按德·弗里斯所描述的方式)胀大很厉害。放置花盆的位置，是使玻璃丝的末端位于显微镜的 2 英寸物镜之下，显微镜附目镜测微计，它的每个小格等于 $\frac{1}{500}$ 英寸。重复观察玻璃丝的末端 6 小时之久，看到它在不断运动中：它在 2 小时内跨过测微计 5 小格($\frac{1}{100}$ 英寸)；它偶然靠急跃前移，有些急跃动作可以达$\frac{1}{1000}$英寸，然后缓慢地退回一些，以后又向前急跃。这些振荡非常像芸苔和捕蝇草的动作，但是它们只偶然发生。我们因而可以下结论说，这个有些老的关节是在不断进行小规模的转头运动。

大看麦娘(*Alopecurus pratensis*)——选用的幼株高 11 英寸，头状花序已伸出，但是小花尚未开放，将一玻璃丝固定于第二个关节的紧上方，距地面仅 2 英寸高。将 2 英寸长的基部节间固定于一木棍上，防止它转头的任何可能性。玻璃丝的末端朝水平线上约 50°伸出，按上述方法经常观察 24 小时。每次观察时，它总在运动，在 3.5 小时内跨过测微计上 30 小格($\frac{3}{50}$ 英寸)；但是它有时以较慢速率运动，因有一次它在 1.5 小时内跨过 5 格。有时要将花盆移动，因玻璃丝的末端移到视野之外；但是尽我们能做到的判断，它在白天走过的是一个半圆形路线，确实是在按互成直角的两个不同方向移动。它有时按前一种植物那样振荡，有些向前的急跃可达$\frac{1}{1000}$英寸远。我们因而可以下结论说，这种和上一种禾本科植物的关节长期继续着转头运动，因而当茎被斜放或横放时，这种运动便很容易转变成背地性运动。

肉质酢浆草的花序梗由于背地性和其他力量的运动——这种植物的主花序梗的运动，以及每个主花序梗所具有的 3 个或 4 个亚花序梗的运动非常复杂，这是由几种不同的原因所决定的。当花开放时，这两种花序梗都围绕同一地点进行转头运动，我们在第四章内(图 91)已经看到。但是在花开始枯萎后不久，亚花序梗便向下弯曲。这是由于偏上性，因为有两次当将花盆横放时，亚花序梗相对于主花序梗的位置，和它们保持直立时一样，就是，每个亚花序梗与主花序梗作约 40°的角度。如果它们受到向地性或背光性(因为植物是从上面照明)的作用，它们便会使自己朝向地心。将一主花序梗以直立位置固定于一木棍上，看到一个直立的亚花序梗在花开放时曾在进行转头运动，还继续这样作至少 24 小时，直到花枯萎以后。它然后开始向下弯曲，在 36 小时后略微指向水平线下一些。现在开始一个新图形(图 188A)，从 19 日下午 7 时 20 分到 22 日上午 9 时，描绘这个亚花梗的运动，它以曲折路线下垂。它现在几乎竖直指向下方，不得不移开玻璃丝并将它横跨幼嫩蒴果的基部固定。我们期望这个亚花序梗会在它的新位置上不动；但是它继续缓慢左右摆动，像个钟摆，就是说，现在摆动的平面与它曾下垂的平面成直角。这个转头运动是从 22 日上午 9 时观察到 24 日上午 9 时，如图中的 B。我们没有能再观察这个特定的花序梗，但是它肯定会继续转头直到蒴果接近成熟(这只需要很短时间)，它然后会向上运动。

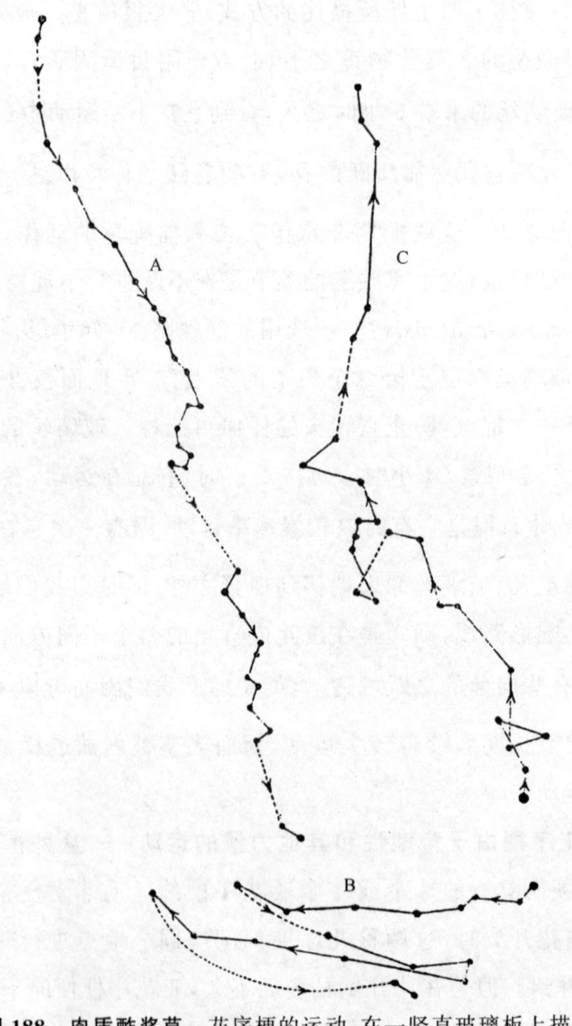

图 188　肉质酢浆草　花序梗的运动，在一竖直玻璃板上描绘：

A. 偏上性向下运动；B. 竖立垂悬时的转头运动；

C. 以后的向上运动，由于联合的背地性和偏下性。

这种向上运动(图 188C)有一部分是靠整个亚花序梗实现的，它按以前通过偏上性下垂的同样方式上举——即在与主花序梗连接的关节处。因为放在黑暗中的植物以及主花序梗被固定于任何位置的植物都发生这种向上运动，它不可能是由向光性背地性所引起的，而是靠偏下性。除去这种在关节处的运动外，还有另一种很不同的运动，因亚花序梗在其中部向上弯曲。如果副花序梗在这个时候碰巧向下弯得很低，这个向上弯曲很大以致整个花序梗形成一个钩状物。结着蒴果的上部便总是这样把自己放在直立位置，因这可在黑暗中发生，而且不论主花序梗被固定于何种位置，于是这个向上弯曲不能是由于向光性或是偏下性，而是由于背地性。

为了追踪这个向上运动，将一玻璃丝固定于一亚花序梗上，梗上结有一个几乎成熟的蒴果，这个亚花序梗正开始靠前述的两种方法向上弯曲。对它的路线跟踪了 53 个小时(见图 188C)，这时它已变成差不多直立。可看到它的路线非常曲折，还有几个小环。我们因而可以下结论：这个运动是由修饰的转头运动构成的。

酢浆草属里有几个种可能靠亚花序梗先向下和随后向上的弯曲以下述方式获得益处。已知它们是靠蒴果的爆裂而散布种子，蒴果的壁极薄，像银纸，它们会很容易被雨水浸透。但是当花瓣一旦枯萎，萼片便上举并包围了幼嫩蒴果，当亚花序梗一旦将自己向下弯曲，这些萼片便在蒴果上形成了一个完好的盖。靠其随后的上举运动，蒴果成熟时站立在地面上的高度，比其下垂时高出亚花序梗长度的两倍，于是它便能将种子散布到更大的距离。子房还幼嫩时包围它的萼片，在种子成熟时很宽地展开，这又提供了一个附加的适应，不致干扰种子的散布。白花酢浆草的蒴果，据说有时将自己埋于地面上的疏松枯叶或藓类植物之下，但是这对于肉质酢浆草是不可能的，因其木质茎太高了。

白花酢浆草——花序梗在中部有一关节，于是下部相当于肉质酢浆草的主花序梗，上部相当于一个亚花序梗。在花开始枯萎以后，上部向下弯曲，整个花序梗形成一钩状物；我们可以从肉质酢浆草花序梗的情况推断，这个弯曲是由于偏上性。当荚接近成熟时，上部将自己伸直变成直立；这是由于偏下性或背地性，或是二者都有，而不是由于向光性，因它可在黑暗中发生。这种闭花受精的花序梗短钩状部分，结有一接近成熟的果荚，在黑暗中对它观察了 3 天。荚的顶端最初是竖直朝下，但在 3 天过程内它上举 90°，因而它现在横伸。它在后两天的路线示于图 189。可以看出，花序梗在上举时转头的幅度有多么大，主要的运动路线与原来弯成钩状部分的平面成直角。没有再继续描绘；但是又过了两天，花序梗和它的荚果已变直而且挺直站立。

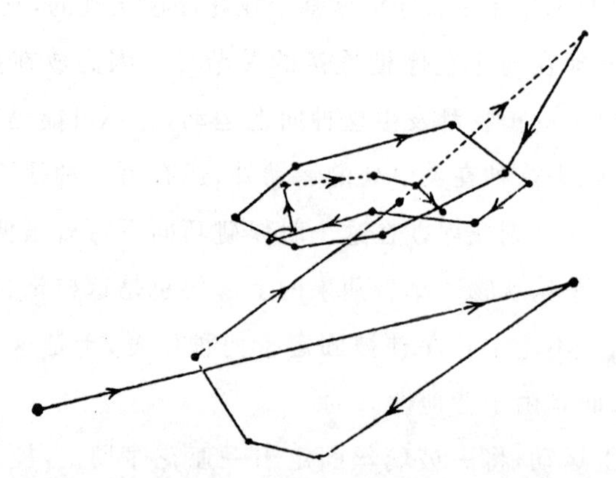

图 189　白花酢浆草　花序梗上部在上举时所进行的路线：从 6 月 1 日上午 11 时到 3 日上午 9 时描绘。（图形缩小到原标度的一半）

关于背地性的结束语——当背地性是由于任何原因而力量减弱时，它的作用是，如在以前几个例证中表明过的，使总是存在着的转头运动在与重力相反的方向上增大，在朝向重力和向任何一侧的方向上减小。这个向上运动因而变得在速率上不均等，有时为静止不动的时期所中断。当有不规则的椭圆形或环形还在形成的时候，其长轴几乎总是指向重力线，像在向光性运动中发生的关于光的情况相似。当背地性越来越有力地起作用时，椭圆形或环形不再形成，行动路线最初变得很曲折，以后则越来越不曲折，最后成为直线。由于运动性质里的这种等级，特别是由于单独受到背地性作用的所有生长部位（除去有叶枕存在时），在继续进行转头运动，我们可以得出如下结论：甚至一直线路程也仅是转头运动的一种极端修饰形式。值得注意的是，对背地性非常敏感的一个茎或是其他器官，它已经将自己很快以直线上弯，常常被带过超越垂直线，好像是由于动量的缘故。它然后稍微向后弯曲到一点，最后它围绕此点回旋转头。从甜菜的下胚轴观察到这样的两例，其中一个示于图 183，从甘蓝的下胚轴看到另外两例。这种像动量的运动可能是由于背地性的累积效应。为了观察这样的后效可持续多长时间，将一盆甜菜实生苗横放在黑暗中，其下胚轴在 3 小时 15 分钟内便上倾很厉害。把还在黑暗中的花盆直立放置，并描绘两个下胚轴的运动：一个继续按以前的方向弯曲，现在是与背地性相抗，约 37 分钟，可能 48 分钟，但是在 61 分钟后它向相反方向运动；另一个下胚轴在被直立放置以后继续按以前的方向运动，至少有 37 分钟。

不同的种和同种的不同部位受到背地性作用的程度很不相同。幼嫩实生苗，它们大多数都转头得很快并且很大，向上弯曲并且变成直立所需的时间，远短于我们观察过的任何较老的植株；但这是由于它们对背地性有更大的敏感性，或只是由于它们有较大的灵活性，我们不知道。甜菜的一个下胚轴在 3 小时 8 分钟内旅行过 109°的角度，藨草的一片子叶在4小时30分钟内经过130°角。另一方面，草本植物马鞭草在约24小时内上举90°；悬钩子的茎在70小时内上举67°；金雀花的茎在72小时内上举70°。一株幼小美国栎的茎在72小时内仅上举37°；一株幼小伞莎草的茎在96小时内只上举11°，其弯曲部分限于基部附近。虽然藕草的鞘状子叶对背地性非常敏感，从中伸出的第一片真叶却只表现有这种作用的微迹。一种蕨类植物，柔曲金纷草的两片叶，都很幼小，一个的尖端还向内卷曲着，放在水平位置46小时，在这段时间内，它们上举很少，以致是否有任何真正的背地性运动都可怀疑。

同一器官的不同部位在对万有引力的敏感度上有差异，因而在背地性运动上有差异，我们知道的最奇妙的例证是灌丛牵牛子叶的叶柄。与未发育的下胚轴和胚根连接的基部一短段有很强的向地性，而整个上部却有很强的背地性。但是接近子叶叶片的一部分在受到偏上性的作用一段时间后向下弯曲，这样可以呈拱状形式露出土面；它随后使自己伸直，又再受到背地性的作用。

金瓜的一个枝条被横向放置，它在7小时内以直线向上运动，直到它位于水平线上40°；它然后开始转头，好像由于它的蔓生性质，它没有举得更高的趋势。另一个直立的枝条在紧靠卷须基部处固定于一木棍上，然后将花盆横放在黑暗中。在这个位置上卷须在转头并且在14小时内做了几个大椭圆形，它在次日也这样行动；但是在整个时间内它一点也没有受到背地性的作用。另一方面，另一种葫芦科植物，裂叶刺瓜，当将其枝条在黑暗中固定，使其卷须悬垂在水平线下，这些卷须立即开始向上弯曲，在这样运动的时候，它们不再以任何明显方式进行转头运动；但是当它们一旦变成水平时，它们又开始明显地旋转[①]。纤细西番莲的卷须也同样有背地性。将两个枝条向下固定使它们的卷须指向水平线下很多度。一个观察了8小时，在此时间内它上举，描绘了两个圆，一个高于一个。另一个卷须在最初4小时内以适度的直线上举，然而在路程中做了一个小环；它然后站立于水平线上45°左右，在其余的8小时观察时间内，它便在这里做转头运动。

一个部位或是器官在幼嫩时对背地性非常敏感，当它长老时便不再如此。值得注意的是，以下事实可证明这种敏感性和转头运动的相互独立性，即在背离地心弯曲的全部本领丧失以后，转头运动有时还继续一段时间。例如，橙的一株实生苗，仅长出3片幼叶，有一相当硬的茎，当横放时，24小时内一点也没有上弯；然而它在全部时间内都在一小块空间上转头。一株幼嫩决明实生苗的下胚轴同样横放的时候，在12小时内便弯成直立；一株较老实生苗(高$1\frac{1}{4}$英寸)的下胚轴，在28小时内弯成这样；另一株更老的(高1.5英寸)实生苗的下胚轴，保持水平两天，但是在整个时间内它明显地进行转头运动。

---

① 详细情况见《攀援植物的运动和习性》，1875年，131页。

当藕草或燕麦子叶被横放时，最上面的部位先向上弯曲，随后是下部；在下部已向上弯曲很多以后，上部便被迫以相反方向向后弯曲，以使自己伸直并竖直站立。这后一个伸直过程也一样是由于背地性。将8个藕草子叶的上部黏接于细玻璃棒上使它们坚硬，因而这部分丝毫不能弯曲；虽然如此，基部的向上弯曲并未受到阻碍。通过背地性向上弯曲的茎或其他器官要用相当大的力；它自己的重量自然不得不举起，几乎在每个例证中，这足以使这个部位首先稍微向下弯曲；但是，同时的转头运动常使这个向下路程斜向。横放的燕麦子叶，除去举起它们本身的重量外，还能犁开它们上面的软沙，使得在其基部的下侧露出小月牙形的空间。这是所用的力的极好证明。

因藕草和燕麦子叶的尖端通过背地性的作用先于基部向上弯曲，并且同一些尖端当受到一侧光的刺激时将某种影响传递到下部，使它弯曲，我们认为同一规律可能适用于背地性。因此，切去7个藕草子叶的尖端，3例中切去0.2英寸长，另外4例中切去0.14、0.12、0.1和0.07英寸。将这些子叶横放时，它们将自己向上弯曲得和花盆中未去顶的样品一样有效，这表明对万有引力的敏感性并不局限于尖端。

向 地 性

这种运动与背地性正好相反。许多器官通过偏上性或背光性或由于它们自己的重量向下弯曲；但是，我们在气生器官中遇到极少的几例，向下运动是由于向地性。我们将在下节中提出一个很好的例证，如地下车轴草，可能还有落花生。

另一方面，所有穿透土壤的根系(包括加州麦加齐和灌丛牵牛的修饰的根状叶柄)是由向地性引导它们的向下路程的。很多气生根也是如此，而常春藤的气生根似乎与向地性的作用无关。在我们的第一章中，曾描述了几种实生苗胚根的运动。我们可以在那里看到(图1)，甘蓝的胚根当竖直指向上方，以致很少受到向地性的作用时，是怎样进行转头运动的；另外一个甘蓝胚根(图2)，它最初是被放在倾斜位置，是如何使自己以曲折路线向下弯曲，有时短期保持静止不动。另外两个甘蓝胚根几乎以直线向下运动。直立放置的一个蚕豆胚根(图20)作一个大扫动并且曲折行动；但是当它下落并受到向地性更强的作用时，它几乎以直线运动。金瓜的胚根，指向上方(图26)，最初也做曲折运动并描绘些小环，它然后以直线运动。玉米的胚根也观察到几乎同样的结果。但是转头运动与向地性之间的密切关系的最好例证是由菜豆、蚕豆和栎属植物的胚根提供的，较差的例证有玉米和七叶树的胚根(见图18、19、21、41和52)；因为当迫使它们在熏烟玻璃板的非常倾斜的表面上生长和下滑时，它们留下清楚的蜿蜒行迹。

种子-蒴果的埋藏：地下车轴草——这种植物的头状花序值得注意的地方是只形成3

个或4个处于外围的完全花。所有另外很多花都败育，并被修饰成坚硬的尖端，其中心有一束导管通过。过些时候以后，在花的顶端发育出5个有弹性的爪状长突出物，代表分裂的萼片。当完全花一旦枯萎时，它们便向下弯曲，假定花序梗是直立的，那么它们便紧密围绕着它的上部。这个运动是由于偏上性，和白车轴草花的情况一样。中央的不完全花最后一个跟着一个经过同样的过程。当完全花这样下弯的时候，整个花序梗向下弯曲并增长得很长，直到头状花序到达地面。沃歇(Vaucher)认为，[①]当将植物放置的位置使头状花序不能很快到达地面，花序梗便长到6～9英寸这个特殊长度。不论将枝条放在什么位置，花序梗上部最初总是通过向光性竖直向上弯曲；但是花一旦开始枯萎，整个花序梗的向下弯曲开始。因后一种运动可在完全黑暗中发生，并且长在直立枝条和倾斜枝条上的花序梗都是如此，它不能因背光性或偏上性所引起，必应归因于向地性。将生长在温暖花房中的植物上各种位置的枝条所形成的19个直立头状花序用线标记，24小时后其中6个竖直下垂，这些花序因而在这段时间内转过了180°。10个伸展于水平线下，这些移动过约90°。有3个很幼小的花序梗只稍微向下运动，但是再过24小时以后，它们便倾斜很厉害。

当头状花序到达地面的时候，中央较幼嫩的不完全花还紧紧密集在一起，形成一个圆锥形突起物；而外侧的完全花和不完全花向上翻转，紧密围绕着花序梗。它们便这样适应于提供情况所允许的最小的阻力穿入土内，固然头状花序的直径还是相当大的。实现这种穿入土壤的方式即将描述。头状花序能够将自己埋藏在花园普通的松软泥土里，也容易埋藏在砂土里或是压得相当紧实的筛过的细炉渣里，它们穿入的深度，从土表到头状花序的基部测量，是在$\frac{1}{4}$～$\frac{1}{2}$英寸之间，有一例超过0.6英寸。存放在室内的一株植物，一头状花序在6小时内将它自己部分埋藏在沙内；3天后仅看到反折的萼片尖端，6天后整个都不见了。但是生长在室外的植物，我们根据偶然的观察相信，它们可在短得多的时间便将自己埋藏起来。

在头状花序将自己埋藏以后，中央败育的花在长度和坚硬度上增加很多，并且变得脱色。它们逐渐向上朝着花序梗弯曲，一个跟着一个，和完全花最初的方式一样。在这样运动的时候，它们顶端的长爪状物携带着一些土壤。因而一个曾埋藏了足够时间的头状花序，形成了一个相当大的球体，这包括败育花，它们各自为土壤所分隔，并且包围着小荚(完全花的产物)，它们位于花序梗上部紧周围。完全花和不完全花的萼片上覆有简单的多细胞毛，它们有吸收的本领；因为当放在碳酸铵的稀溶液(2格令到1盎司水)[②]内，它们的原生质内含物立即变得聚集起来并且以后表现出通常的缓慢运动。这种车轴草

① 《欧洲植物生理学史》，第2卷，1841年，106页。

② 1格令(grain)＝64.799毫克；1盎司(ounce)＝28.3495克——译者注

一般生长在干旱土壤中,但是埋藏的头状花序上这种毛的吸收本领是否对它们重要,我们不知道。由于位置关系不能到达地面并埋藏自己的头状花序中仅有少数产生种子,而埋藏的从未失败过。尽我们的观察,它们产生的种子和已有的完全花一样多。

我们现在将考虑花序梗弯向地面时的运动。我们已在第四章图 92 中看到,一直立的幼嫩头状花序在明显地进行转头运动,而且这种运动在花序梗已开始向下弯曲以后还继续。对同一个花序梗进行了观察,它那时的倾角是水平线上 19°,它回旋转头了两天。另一个花序梗已弯到水平线下 36°,从 7 月 22 日上午 11 时到 27 日对它进行观察,在后一日期它已竖直下垂。它在最初 12 小时内的路程示于图 190,图上还有它在以后 3 个清晨的位置,直到 25 日,这时它已近于直立。在第一天花序梗清楚地进行转头运动,因为它向下运动 4 次,向上运动 3 次;在随后的每一天,当它下沉时,继续同样的运动,但是这只偶然观察到而且表现得较不明显。应当提出的是,这些花序梗是在室内一个双层天窗下观察的,它们一般比生长在室外或温室内植物的花序梗向下运动得缓慢得多。

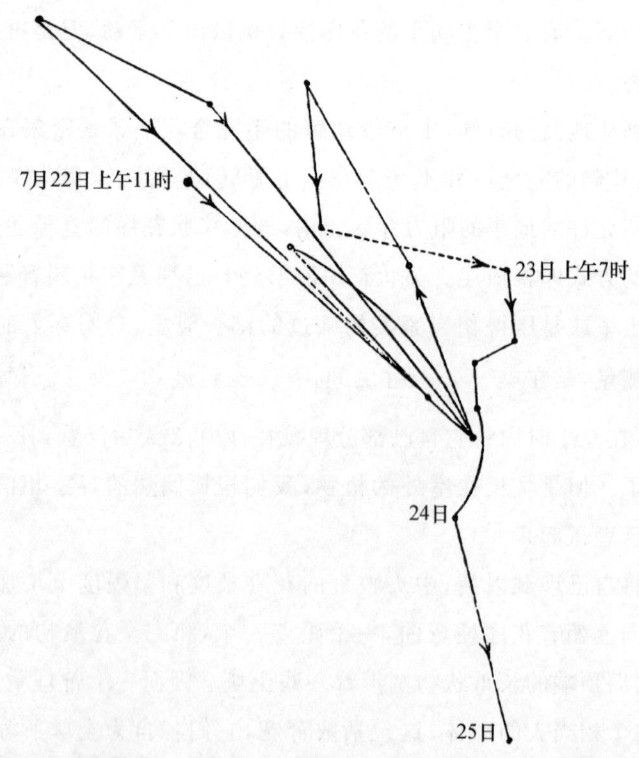

图 190　地下车轴草　花序梗从水平线下 19°到近于竖直悬垂位置的向下运动:从 7 月 22 日上午 11时到 25 日清晨描绘。玻璃丝横向固定于花序梗上,在头状花序的基部。

描绘了另一个竖直悬垂的花序梗的运动,其头状花序位于地面之上半英寸;又描绘了当它最初接触地面时的运动。在这两种情况下,每 4 小时或 5 小时有不规则的椭圆形描绘出来。曾移到室内的一株植物，其花序梗在一天内从一直立位置弯到竖直悬垂；这里的前 12 小时路线几乎是直线，只有很少几个明显的曲折，这暴露了这个运动的基本性质。最后描绘了一花序梗在将自己斜着埋藏于一小堆沙内的动作中所进行的转头运动 51 小时。在它将自己埋藏的深度到只能看见花瓣的尖端时，描绘其运动路线(图 191)25 小时。当头状花序已完全埋于沙内，描绘了另一图(图 192)11 小时 45 分钟，这里我们又看到花序梗在做回旋转头运动。

图 191 地下车轴草 花序梗的转头运动：这时头状花序正将自己埋藏于沙内，萼片的反折尖端仍可看见；从 7 月 26 日上午 8 时到 27 日上午 9 时描绘。玻璃丝横跨花序梗近头状花序处固定。

图 192 地下车轴草 同一花序梗的运动：头状花序已完全埋藏于沙内，7 月 29 日从上午 8 时描绘到下午 7 时 15 分。

任何人如观察一头状花序埋藏它本身的情况，将信服由于花序梗的连续转头所致的摇动运动，在这个动作里起重要作用。考虑到头状花序很轻，花序梗细长而且柔韧，并且它们是由柔韧的枝条产生，像头状花序这样钝的物体，靠花序梗生长的力量便能穿入土壤是难以置信的，除非它得到摇动运动的帮助。头状花序已穿进土壤内很小的深度后，另一有效的因素发生作用：中央坚硬的败育花，每一个末端有 5 个长爪状物，朝向花序梗弯曲，在这样动作的时候很难不将头状花序拉到更深处。这个动作受到转头运动的帮助，而转头运动在头状花序将自己完全埋藏后还在继续。败育花便有些像鼹鼠的爪子那样起作用，它们将土壤推向后方，身体前移。

已熟知一些很不相同的植物的种子-蒴果，或将它们自己埋于地下，或是由在地表下发育的不完全花所产生的。除去现在这个例证以外，即将提供另外两个很明显的实例。“埋于地下”取得的一个主要好处可能是保护种子不致被采食它们的动物得到。地下车轴草的种子，不仅因被埋藏而隐蔽起来，并且因被坚硬的败育花严密包围而受到保护。我们可以更有信心地推断，这里的目的是保护种子，因为这同一属中几个种的种子是从其他方式得到保护的，[①]即靠萼片的膨胀和闭合，或靠旗瓣-花瓣的存留和下弯等等。但

① 沃歇《欧洲植物生理学史》，卷 2，110 页。

是最奇妙的例证是球状车轴草(*T. globosum*),它们上部的花是不育的,和地下车轴草的情况一样,只是在这个种里,这些不育花发育成大丛毛发,将结种的花包围并保护起来。不过,在所有这些例证中,蒴果和它们的种子一起,被保存得有些湿润,这可能使它们得益。西塞尔顿·戴尔先生曾这样提到过:[①]这种湿润的益处可能有助于理解地下车轴草埋藏的头状花序上吸收毛的存在。根据本瑟姆的意见,曾为戴尔先生引用,平卧半日花(*Helianthemum prastratum*)的平卧习性"使蒴果与地表接触,推迟它们的成熟,于是有利于种子达到更大的体积"。仙客来属和白花酢浆草的蒴果只偶然埋藏起来,并且仅是在死叶或藓类之下。如果蒴果位于地面可保持湿润并凉爽是对植物有益的话,我们在这些例证里便有了穿入地下本领的第一个步骤,从这第一步,再加上总是存在着的转头运动的帮助,可能以后取得了穿入地下的本领。

落花生——埋藏自己的花是从地表上几英寸坚挺枝条上长出的,并且竖直站立。在花脱落以后,支持子房的雌蕊柄长得很长,甚至达 3 英寸或 4 英寸,并且向下竖直弯曲。它很像一个花序梗,但是有一个平滑尖锐的顶端,内有胚珠,顶端最初丝毫也没有扩大。顶端到达地面后穿进土壤,我们观察的一例中穿到 1 英寸深处,另一例到 0.7 英寸。它便在那里发育成一个大荚。在植株上的位置过高难于使雌蕊柄到达地面的花,据说[②]从不形成果荚。

选一幼嫩雌蕊柄,长度不到 1 英寸并竖直悬垂,用一玻璃丝(附瞄准器)在稍高于顶端处横向固定,描绘其运动 46 小时。它在增加长度并向下生长时明显地进行转头运动(图 193)。然后将它举起,使它几乎是横向伸出,其顶端部分将自己向下弯曲,在 12 小时内顺沿着一近似直线行动,但是有一次转头的尝试,如图 194 中所示。24 小时后,它已变得近于竖立。刺激这个向下运动的原因是向地性还是背光性,还没有确定;但是可能它不是背光性,因为当温室的光是从一侧射入或是从上面射入时,所有的雌蕊柄都笔直向下朝地面生长。对另一个较老的雌蕊柄观察了 3 天,其顶端已几乎到达地面,方法和前面提到的用于短雌蕊柄的一样,发现它总是在进行转头运动。在前 34 小时内,它描绘了一个代表 4 个椭圆形的图形。最后,将一顶端已将自己埋到半英寸左右深度的长雌蕊柄拖上来,使之横向伸展;它很快开始以曲折线向下弯转;但到次日顶端脱色部分便有些枯萎。雌蕊顶是坚硬的,产生于坚挺的枝条,并且有平滑尖锐的尖端,可能它们仅靠生长的力量便能穿入地下。但是这个动作必然受到转头运动的帮助,因为将保持湿润的细沙在已到达地面的雌蕊柄顶端周围压紧,几小时后它周围便有一圈狭窄的开口裂缝。3 个星期以后,将此雌蕊柄周围的细沙移开,在半英寸以上的深度处发现顶端已发育成一个白色细小的卵形果荚。

---

① 见《自然》,4 月 4 日,1878 年,446 页中他的一篇有意思的论文。

② 《园艺学者纪事》,1857 年,566 页。

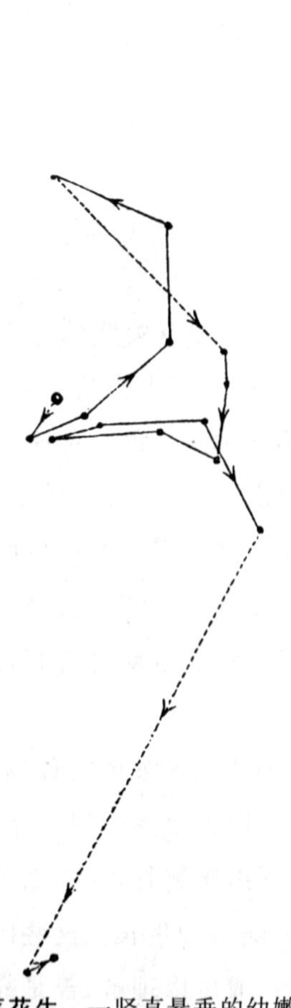

图 193 落花生 一竖直悬垂的幼嫩雌蕊柄的转头运动：从 7 月 31 日上午 8 时到 8 月 2 日上午 8 时在一竖立玻璃板上描绘。

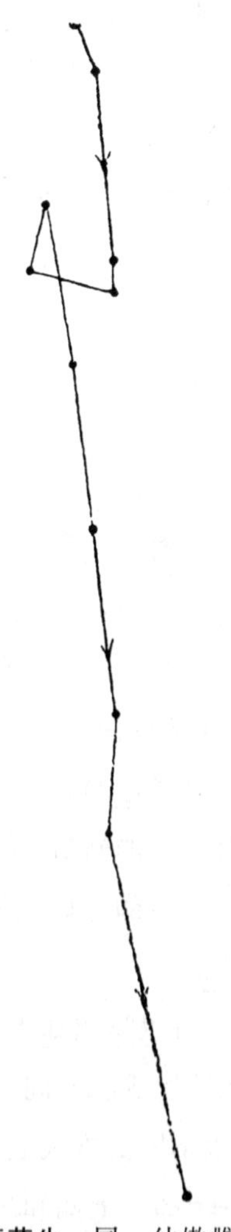

图 194 落花生 同一幼嫩雌蕊柄的向下运动：在使其横向伸出以后，从 8 月 2 日上午 8 时 30 分到下午 8 时 30 分在一竖立玻璃板上描绘。

同株两型豆——这种植物形成细长枝条，它们缠绕一支持物，当然进行转头运动。在初夏，从植株的较下部位长出较短的枝条，它们向下竖直生长并穿入土壤。其中一个顶上长有一个微小的芽的短条，在 24 小时内将自己埋于沙内到 0.2 英寸的深度。将它拉上来并固定于水平线下约 25°的一个倾斜位置上，从上方微弱照明。在这个位置上，它在 24 小时内描绘了两个竖立的椭圆形；但在次日，当移入室内，它仅围绕同一地点做极小的转头运动。其他枝条穿入地下，以后发现它们像根一样在土表下蔓延近 2 英寸的长度，并且它们已长粗。其中一个在这样蔓延以后又暴露于空气中。转头运动帮助这些细软的枝条进入地下到什么程度，我们不知道；但是覆盖它们的反折毛发将有助于这个行动。这株植物在空气中形成荚，另一些在地下，两者在外貌上很不相同。阿萨·格雷认为：[①]是在近植物株基部的匍匐枝条上的不完全花产生地下荚；这些花因而像落花生的一样必须埋藏它们自己。但是，令人怀疑的是，我们看到的穿入地下的枝条也形成地下的花和荚。

横向地性

除去向地性和背地性以外，按照弗兰克的意见，还有一种有关联的运动，即“横向地性”，我们为了配合我们的其他名词所以用这个名词。在万有引力的影响下，有些部位受到激发，将它们自己对着其作用线或多或少地横着放置[②]。我们对这个课题没有作过观察，在这里只提一下，各种植物的次生胚根，它们横向伸展，或是稍微向下倾斜，可能会被弗兰克考虑是由于横向地性。在第一章内已经表明，南瓜的次生胚根在熏烟玻璃板上做出蜿蜒的轨迹，它们明确地进行转头运动。这对其他次生胚根也适用，几乎没有什么可怀疑的。因而看来很可能是，它们借修饰的转头运动将它们自己放在横向地心的位置。

最后，我们可以得出如下结论，即现已描述过的由万有引力激发的三种运动，都是由修饰的转头运动构成的。同一植物的不同部位或器官，不同种植物的同一器官，便这样受到激发，以很不同的方式起作用。我们看不出有什么理由来解释，为什么重力吸引力要直接修饰一个部位上侧和另一部位下侧的膨压状态和随后的生长。这些因而使我们推论，向地性、背地性和横向地性运动，它们的目的我们一般可以理解，曾是靠修饰那总是存在的转头运动为了植物的利益而获得的。然而，这意味着万有引力对幼嫩组织产生了足够作为植物向导的某种效应。

① 北美的《植物学手册》，1856年，106页。

② 埃尔夫芬(Elfving)最近描述了(《维尔茨堡植物研究所工作汇编》，BⅡ，1880年，489页)某种植物的根茎中这种运动的绝好例证。

第十一章

对万有引力的局部化敏感性及其传递效应

· Localised sensitiveness to gravitation and its transmitted effects ·

一般考虑——蚕豆，切除胚根尖端的效应——尖端的再生——尖端短时暴露于向地性作用及它们随后切除的效应——斜着切除尖端的效应——腐蚀尖端的效应——尖端上油脂的效应——豌豆，胚根尖端横向、上侧和下侧受到腐蚀——菜豆，腐蚀作用和尖端上的油脂——棉属——南瓜属，尖端横向、上侧和下侧受到腐蚀——玉蜀黍，尖端受腐蚀——本章的结束语和摘要——对向地性的敏感性局限于胚根尖端的利益。

454. *Phaseolus coccineus* L. **Feuer-Bohne.**

奇斯尔斯基声称：[1]当豌豆、兵豆和蚕豆的根去掉根尖横着放置时，它们便不受到向地性的作用；但在几天以后，当一新的根冠和生长点已经形成，它们便使自己竖直向下弯曲。他进一步说，如果在使根横着伸展一小段时间以后，但是在它们已开始下弯之前，将根尖切除，它们可以被放置在任何位置上都发生弯曲，好像仍受到向地性的作用一样，这表明某种影响在尖端被切除之前，便已从它传递到弯曲部位。萨克斯重复了这些实验：他切除蚕豆胚根尖端长 0.05～1 毫米一段(从生长点的顶端测量)，并将它们横放或竖放在潮湿空气、土壤和水中，结果是它们向各个方向弯曲。[2] 他因而不相信奇斯尔斯基的结论。但是我们曾从几种植物看到，胚根尖端对接触和对其他刺激敏感，并且它们传递某种影响到上面的生长部位使它弯曲。对我们来说，奇斯尔斯基的陈述未必不是不可能的。我们因而决定重复他的实验，并且用不同方法对几种植物做了另外一些实验。

蚕豆——使这种植物的胚根横向伸展于水面之上或以其下表面刚刚接触水面。它们的尖端先已切除不同长度，从根冠顶端测量，在每种情况下将详细说明，切口的方向尽可能准确地横向。光总是排除在外。我们以前已经在相似情况下试验了几百个完整的胚根，发现每个健康的在 12 小时内都变得明显朝地弯曲。有 4 个胚根，它们的尖端切去 1.5 毫米长，过了 3 天 20 小时以后，重新形成了新的根冠和新的生长点，将这些胚根横放时，它们受到向地性的作用。另外有些场合下，尖端的再生和重新获得的敏感性在稍短的时间内发生。因此，对尖端已切除的胚根应当在手术后 12～48 小时内观察。

使 4 个胚根横向伸展，它们的下表面接触水面，尖端切去仅 0.5 毫米；23 小时后，其中 3 个仍是横向；47 小时后，3 个里的 1 个已变得相当向地；70 小时后，另外两个表现出这种作用的微迹。第四个胚根在 23 小时后便竖直向地；但是发现曾偶然地只切除根冠，未切除生长点；因而这一例并不构成真正的例外，应当排除。

将 5 个胚根横向伸展和上次一样，它们的尖端已切除 1 毫米长；在 22～23 小时后，其中 4 个仍是横卧，一个稍微有些向地；48 小时后，后一个已变成竖直，第二个也稍微向地，两个仍旧近于水平，最后的第 5 个已长得失调，因它向上倾斜在水平线上 65°角。

使 14 个胚根水平伸展于水面之上不高处，它们的尖端皆已切除 1.5 毫米。12 小时后，全部横向，而在同一瓶内的 5 个对照或标准样品都向下弯曲很厉害。24 小时后，去尖

◀ 红花菜豆(*Phaseolus multiflorus*)。

① 《根的向下弯曲》，博士论文，布雷斯劳(Breslau)，1871 年，29 页。
② 《维尔茨堡植物研究所工作汇编》，第Ⅲ期，1873 年，432 页。

的胚根有几个保持横向，但是有几个表现微迹向地性，有一个明显向地，因它倾斜于水平线下 40°。

7 个横放的胚根，其尖端已切除少有的 2 毫米长度。不幸的是，只在过了 35 小时以后才观察：其中 3 个仍然是水平位置，但是，出乎意料的是，4 个或多或少明显地向地。

以上各例中的胚根在切除它们的尖端以前，曾量过它们的长度，在 24 小时内，它们的长度都增加很多，可是测量结果不值得列出。更重要的是，萨克斯发现去尖胚根不同部位的生长速率和未去尖的一样。以上述方式一共对 29 个胚根做了手术，在 24 小时内只有少数表现出些向地弯曲；而没有切除尖端的胚根在少于这一半的时间内，如已经提到过，总是变得下弯很多。弯得最多的那部分胚根位于距尖端 3～6 毫米处，因弯曲部分在做去尖手术后继续生长，看来没有任何原因它为什么不应当受到向地性的作用，除非它的弯曲不依赖某种从尖端传递来的影响的话。我们在奇斯尔斯基的实验中有这样传递的清楚证据，我们重复了他的实验并按以下方式予以扩展。

将蚕豆埋于松散的泥炭中，种脐朝下，在它们的胚根已竖直向下生长到 0.5～1 英寸的长度以后，选取完全直的 16 个，将它们横放在泥炭上，其上再铺一薄层泥炭。就这样将它们留在那里，平均时间为 1 小时 37 分钟。然后将它们的尖端横着切除 1.5 毫米长，以后立即将它们竖直埋于泥炭中。在这个位置上向地性不会趋向于诱导任何弯曲，但是如果有些影响已经从尖端传递到弯曲很大的部位，我们可预期这个部位会变得朝向地性以前已起作用的方向弯曲。应当注意的是：这些胚根现在缺乏了它们的敏感尖端，不会被向地性阻止弯向任一方向。结果是：16 个竖直埋藏的胚根，有 4 个继续直线向下生长几天，而 12 个变得多少有些向一侧弯曲。12 个中的两个，在 3 小时 30 分钟内便察觉出弯曲的踪迹，时间是自它们最初被横放时计起；在 6 小时内，所有 12 个都明显地弯曲；在 9 小时内更明显。它们每一个弯曲的方向都是朝向当胚根保持横放时曾是下方的那一侧。弯曲延伸的长度，从 5 毫米(一例)到 8 毫米，从切除的一端测量。12 个弯曲的胚根中，有 5 个变得永久弯成直角；其余 7 个最初弯曲少得多，它们的弯曲度一般在 24 小时后减少，但是没有完全消失。如果暴露于向地性仅 1 小时 37 分钟，可更改细胞的膨压，而不是最大限度地更改它们随后的生长，弯曲度自然会跟着减小。成直角弯曲的 5 个胚根便固定于这个位置，它们在 4～6 天内继续在泥炭中横着生长约 1 英寸的长度。这时新尖已经形成。值得注意的是，这个再生作用在泥炭里发生得比在水中慢些，可能是由于常要观看胚根而将它干扰。在尖端再生出来以后，向地性能够对它们起作用，于是它们现在变得竖直向下弯曲。这 5 个胚根中的一个绘有准确图像(图 195)，缩小到自然大小的一半。

我们下一步试验了是否较短时间暴露于向地性便足以产生一个后效。将 7 个胚根横放 1 小时，而不是像在前个实验中的 1 小时 37 分钟；切除它们的尖端(长 1.5 毫米)后，将它们竖直放在泥炭中：其中有 3 个丝毫没有受到影响，并继续向下直线生长好几天；4 个在 8 小时 30 分钟后表现出弯曲的微迹，朝向它们曾受到向地性作用的方向。在这方面它们和那些曾暴露 1 小时 37 分钟的很不相同，因为后者中有许多在 6 小时内便明显弯曲了。这 4 个胚根中的 1 个的弯曲在 24 小时后几乎消失；第二个胚根的弯曲在两天内增加，然后减少；第三个胚根形成永久性弯曲，它的顶端部分与它原来的竖置位置作 45°角；第四个胚根变成横向；后两个胚根继续在泥炭中向同一方向又生长两天，即分别在水平线下 45°和水平方向。第四天清晨，新的尖端重新形成，现在向地性又能对它们起作用，它们变得竖直下弯，正如前段中描述的 5 个胚根并在图 195 中表示的情况一样。

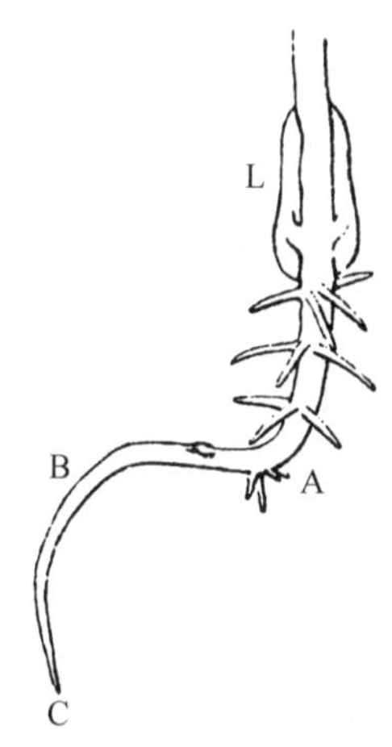

图 195 蚕豆 胚根，在 A 处弯成直角，切除尖端以后，由于向地性以前的影响。L. 向地性对胚根一起作用时，蚕豆卧在泥炭上的一侧。A. 胚根在竖直向下站立时的主要弯曲点；B. 尖端再生以后，当向地性再起作用时的主要弯曲点；C. 再生的尖端。

最后，同样处理了 5 个另外的胚根，但是只暴露于向地性 45 分钟。在 8 小时 30 分钟后，只有一个是受到可疑的影响；24 小时后，有两个刚可察觉到朝向它曾受到向地性作用的一侧弯曲；48 小时后，第二个提到的那个胚根有 60 毫米长的弯曲半径。这个弯曲是由于胚根在横向位置时的向地性作用，是在 4 天后证明的，当时新的尖端已经重新形成，因它那时竖直向下生长。从这个例子我们了解到：当暴露于向地性仅 45 分钟后切除尖端时，虽然有时有轻微影响传递到胚根的相邻部位，然而这难得满足引起甚至是中等明显弯曲的需要，能引起的话也只是缓慢地发生。

前面提到的实验中，有 29 个切除顶端的横放胚根，只有一个有明显的不规则生长，它变得向上弯曲 65°。在奇斯尔斯基的实验中，胚根不能有很不规则的生长，因为如果是这样的话，他便无法有信心地谈到所有向地性作用的消除。值得注意的是，萨克斯试验了许多切除尖端的胚根，他发现异常失调的生长是个常见结果。因横向伸展的去尖胚根有时在短暂时间内便轻微地受到向地性的作用，常在一两天后受到明显作用，我们想，这种影响可能防止不正常的生长，尽管它不能引起即时的弯曲。因此试了 13 个胚根，其中 6 个横着切除长 1.5 毫米的尖端，另外 7 个仅切除 0.5 毫米，将它们悬垂于潮湿空气中，在这个位置上它们不会受到向地性的作用。对它们观察了 4～6 天，但是它们没有表现出强烈的不规则生长。我们其次又想，如果在横切尖端时不够小心，残干的一侧受到的刺激可能多于另一侧，或者在最初或者在以后再生尖端时，便可能使胚根向一侧弯曲。也曾在第三章中证明，如果从胚根尖端的一侧削去一薄片，便使胚根背离削去薄片的一侧弯曲。因此，取 30 个胚根，其尖端切除 1.5 毫米的长度，让它们竖直向下生长到水中：其中 20 个是在与它们纵轴的横切线成 20°角处切除的；这样的残干只表现中等倾斜；其余 10 个胚根是在约 45°角处切除的。在这样的情况下，30 个胚根里不少于 19 个在 2 天或 3 天内变得很畸形。同样处理了 11 个胚根，只切除 1 毫米（在所有各例中都包括根冠）；其中只有一个生长良好，另外两个稍微有些畸形；因而这样斜切的程度还不够。上述 30 个胚根里，只有一两个在最初 24 小时内表现出畸形现象，但在 19 例中到第二天畸形变得明显，到第三天结束时更明显，这时新根已经部分或完全再生。因而在一倾斜残干上再形成新尖的时候，它可能在一侧发育得比另一侧早些，这便以某种方式刺激相邻部位向一侧弯曲。因此看来可能是，萨克斯无心地没有在严格的横向方向上切割他试验的胚根。

对去尖胚根的偶然不规则生长的这个解释，为腐蚀尖端的结果所证实。因为常常在一侧有比另一侧较长的一段不可避免地受害或致死。应当提出的是，在以下尝试中，先用吸墨纸吸干尖端，然后用一硝酸银干棒轻轻摩擦，用这种药物接触不多几次便足够杀死根冠和生长点的上面几层细胞。取 27 个胚根，有些幼嫩并且很短，另一些中等长度，在这样腐蚀后，将它们竖直悬垂在水面上。这些胚根中，有几个立即进入水内，其余的在第二天。同样数量的同龄未腐蚀的胚根作为对照观察。过了三四天以后，腐蚀和对照样品之间外形上的差异非常大。对照已笔直向下生长，除去我们曾称为萨克斯的弯曲这种正常弯曲以外。在 27 个受腐蚀的胚根中，15 个已经变得极端畸形；其中 6 个向上生长并且形成环，以致它们的尖端有时与上面的蚕豆接触；5 个长得以直角弯向一侧；余下的 12 个里只有少数几个很直，其中几个到我们观察快结束时在它们的最下端处变成钩状。尖端被腐蚀的胚根当横向伸展而不是竖直时，也有时生长畸形，但是据我们判断，不像竖直悬垂时那样普遍，因为在 19 个这样处理的胚根里只有 5 个发生这种现象。

我们其次试验了用硝酸银按上述方式接触横向伸展的胚根的效应，而不是像第一组实验那样切除尖端。但是必须预先做些说明，这样做可能会受到反对，认为硝酸银会伤害胚根并阻止它们弯曲。但是在第三章内已提出足够的证据证明用硝酸银接触竖直悬垂胚根尖端的一侧并不阻止它们弯曲；它反而使它们从接触的一侧弯曲。我们也试验了接触横伸于潮湿松散土壤里的蚕豆胚根尖端的上侧和下侧。3 个胚根尖端用硝酸银接触上侧，这会帮助它们的向地性弯曲；有 3 个尖端接触下侧，这将会抵抗向下弯曲；3 个留作对照。24 小时后，请一位不受实验约束的观察者从 9 个胚根中拣出两个弯曲最厉害的和两个弯得最少的。他选择了两个曾在下侧受到硝酸银接触的作为后一种，两个曾在上侧受到接触的为弯得最厉害的。以后将提出豌豆和金瓜的类似和更显著的实验。我们因而可以有把握地作出如下结论：仅仅用硝酸银处理尖端并不防碍胚根的弯曲。

在以下实验中，用硝酸银棒仅接触横伸幼嫩胚根的尖端，横着持棒，使尖端尽可能对称地沿周受到腐蚀。然后将胚根悬垂于一封密器皿内的水面上，水温保持相当凉，即55～59℉。这样做是因为我们发现，尖端在低温下比高温下更对接触敏感；并且我们想这同一规律可能适用于向地性。在一个特殊的实验里，使9个胚根（它们相当老，因为它们已长到3～5厘米的长度）的尖端受到腐蚀处理，然后将它们横伸于潮湿松散土壤中并存放在过高的温度下，即68℉（20℃）。所得结果不如以下实验明显，因为虽是在9小时40分钟后检查其中6个，它们都没有表现任何向地性弯曲，然而在24小时后，当检查全部9个时，只有两个保持水平方向，两个表现出微迹的向地性，5个有轻微的或中等的向地性弯曲，然而在程度上不能与对照样本相比。在这些腐蚀胚根中的7个上，距尖10毫米处曾画上记号，这段包括整个生长部位。24小时后，这一部分的平均长度为37毫米，因而它已增长到它原来长度的3.5倍以上；但是，应当注意的是，这些蚕豆是处于相当高的温度下。

将19个尖端被腐蚀的胚根在不同时间横向伸展于水面之上。每次实验中，都观察了相同数量的对照样本。在第一组实验中，用硝酸银轻轻接触3个胚根的尖端6秒或7秒，这比一般处理时间长一些。23小时30分钟后（温度为55～56℉），这三个胚根，A、B和C仍是横向（图196），而3个对照样本在8小时内便有轻微弯曲，在23小时30分钟内已强烈弯曲（D、C和E）。当最初横向放置时，所有6个胚根上距尖端10毫米处都做了标记。在23小时30分钟后，这个原来长10毫米的末端部分，在已腐蚀的样本中已增长到17.3毫米的平均长度，在对照样本中到15.7毫米，如图中横向的实线所示；虚线是距顶尖10毫米处。因此，对照或未腐蚀的胚根实际上还生长得比被腐蚀的少些；但这无疑是偶然现象，因不同年龄的胚根生长的速率不同，不同个体的生长也同样受到未知原因的

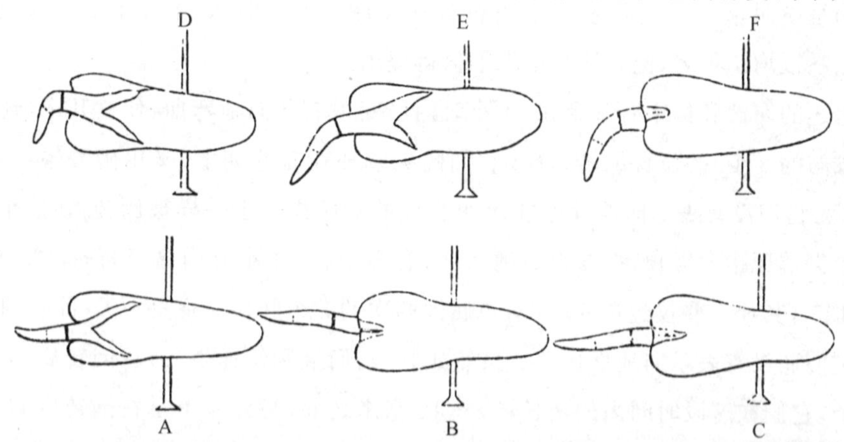

图196　蚕豆　曾横向伸展23小时30分钟的胚根状态：A、B、C的尖端用硝酸银接触；D、E、F的尖端未被腐蚀。（胚根长度缩减到一半，但是蚕豆本身偶然未被缩小到同样程度）

影响。受腐蚀时间较长于一般的这三个胚根的尖端状态为：变黑的尖端，或是真正与硝酸银接触的部位，后面是黄色的区域，可能由于有一部分硝酸银被吸收；A 中，两个区域共长 1.1 毫米，在黄色区域基部的直径为 1.4 毫米；B 中，两个区共长 0.7 毫米，直径为 0.7 毫米；C 中，长度为 0.8 毫米，直径 1.2 毫米。

将另外 3 个胚根的尖端用硝酸银接触 2 秒或 3 秒，使它们保持(温度为 58～59℉)横向 23 小时；对照胚根在这个时间内当已向地弯曲。已腐蚀的胚根 10 毫米末端生长部分在这段时间内已增长到 24.5 毫米平均长度，对照到 26 毫米。一个腐蚀的尖端切片表示变黑部分为 0.5 毫米长，其中有 0.2 毫米伸入生长点内；从根冠顶端的 1.6 毫米处甚至还能检查出微弱的变色。

在另一组的 6 个胚根里(温度为 55～57℉)，3 个对照样本在 8.5 小时内已明显向地弯曲；24 小时后，它们末端部分的平均长度已从 10 毫米增长到 21 毫米。当将硝酸银施用于 3 个腐蚀样本时，将它拿着不动 5 秒钟，结果是黑色标记非常微小。因此，在 8.5 小时后又施用一次硝酸银，在这段时间内没有发生向地性作用。再过了 15.5 小时后重新检查样本时，一个水平方向，另两个出我们意料竟表现有微迹的向地性，其中一个不久后变得非常明显；但是在这后一个样本中，变色的尖端只 $\frac{2}{3}$ 毫米长。这 3 个胚根的生长部分在 24 小时内从 10 毫米增长到平均 16.5 毫米。

再仔细描述 10 个余下的腐蚀胚根的行为便会显得多余了。相应的对照样本都在 8 小时内变得向地弯曲。腐蚀胚根中，8 小时后先观察了 6 个，只有一个表示有微迹的向地性；在 14 小时后第一次观察了 4 个，只有一个有轻微的向地性。23～24 小时后，10 个里有 5 个仍是横向，4 个轻微向地，1 个明确向地弯曲。48 小时后，有几个变得强烈向地弯曲。腐蚀胚根增长很多，但是测量结果不值得提出。

因上述的腐蚀胚根中有 5 个在 24 小时内已变得有些向地弯曲，使这几个(还和仍保持水平方向的 3 个)的位置倒转，以致它们的尖端现在有些朝上，又用硝酸银接触它们。24 小时后，它们没有表示向地性踪迹；8 个相应的对照样本也一样被倒转，在这个位置上有几个的尖端原指向天顶，都变得向地弯曲；有几个在 24 小时内已经弯过 180°角，另一些约经 135°，其他一些仅经过 90°。对被腐蚀两次的 8 个胚根又观察一天(即在倒转后 48 小时)，它们还没有表示向地性迹象。虽然如此，它们继续快速生长；在倒转后 24 小时测量了 4 个，它们在这段时间内的增长在 8～11 毫米之间；另外 4 个是在倒转后 48 小时测量的，这些已增长了 20、18、23 和 28 毫米。

就要给腐蚀这些胚根尖端的效应下结论时，我们应当注意到：第一，横伸的对照胚根总是受到向地性的作用，它们在 8 或 9 小时内便变得有些向下弯曲。第二，主要的弯曲部位位于距尖端 3 到 6 毫米处。第三，尖端因硝酸银变色的长度很少超过 1 毫米。第四，大部分受腐蚀的胚根，虽然在整个时间内都受到向地性的全部影响，保持水平24小时，有些可保持两倍长的时间；那些确实变得弯曲的，也只是弯到很轻微的程度。第五，被腐蚀的胚根沿着弯曲最多的那一部分继续生长，几乎和未受伤的胚根一样，有时完全一样。最后，用硝酸银接触胚根尖端，如果是在一侧，远远不是阻止弯曲，实际上是诱导弯曲。将所有这些事实考虑在内，我们必然推论，在正常条件下根的向地性弯曲，是由于有一种影响从顶端传递到相邻部位，在这里发生弯曲；还有，当根尖被腐蚀时，便不能发生为引起向地性弯曲所必需的刺激。

我们已经看到，油脂对有些植物非常有害，我们决定去试验一下它对胚根的效应。当用油脂沿一侧覆盖虉草和燕麦子叶时，这一侧的生长便完全停止或受到很大阻碍，因对侧还继续生长，这样处理的子叶便朝涂油脂的一侧弯曲。这同一种物质很快杀死有些植物的柔嫩下胚轴和幼叶。我们使用的油脂是混合灯烟和橄榄油到可铺成一深层的稠度制成的。将5个蚕豆胚根的尖端用油脂覆盖3毫米的长度，出乎我们预料的是，这一部分在23小时内增长到7.1毫米，这一厚层油脂被奇妙地拖长。它这样便不能对胚根末端部分的生长有很大的阻碍，如确有阻碍的话。至于向地性，将7个横伸胚根的尖端涂抹油脂2毫米长，24小时后，在它们的向下弯曲度上和相同数目对照的之间没有察觉出明显的差异。另外33个胚根的尖端在不同场合下用油脂覆盖3毫米长，在8小时、24小时和48小时后把它们与对照比较。有一次，在24小时后，在涂油的和对照样本之间在弯曲度上有很小的差异；但是这个差异一般是不会弄错的，尖端涂油的胚根向下弯曲少得多。这样的6个胚根的整个生长部分（包括涂油尖端）测量过，发现在23小时内从10毫米增长到17.7毫米；而对照的相应部分增长到20.8毫米。因此，虽然尖端本身被涂抹油脂时继续生长，然而整个胚根的生长有些受阻，没有油脂的上部的向地性弯曲，在大多数情况下减少很多。

豌豆——使5个胚根横伸于水面之上，它们的尖端已用硝酸银轻触二三次。在两例中测量了尖端，发现它们只有半厘米的长度变黑。另外5个胚根留作对照。因向地性而弯曲最多的部分位于距尖端几毫米处。从开始计24小时后，又在32小时后，4个被腐蚀的胚根仍呈水平位置，有一个明显地向地弯曲，倾斜于水平线下45°。5个对照在7小时20分钟后有些向地弯曲；24小时后都强烈地弯向地面，倾斜于水平线下的角度为59°、60°、65°、57°和43°。胚根长度都未曾测量过，不过被腐蚀的胚根很明显有很大增长。

以下例证证明硝酸银本身的作用并不阻碍胚根的弯曲。将10个胚根横放，上下都有一层疏松泥炭土；在将它们横放之前，用硝酸银接触过它们的尖端上侧。同样放置的另外10个胚根用硝酸银接触过下侧，这会使它们有弯离被腐蚀一侧的趋势，因而在现在这样的位置上，将向上弯曲，或是说，与向地性相反。最后，将10个未腐蚀的胚根横向伸直作为对照。24小时后，后一组都向地弯曲；尖端上侧受腐蚀的10个也一样向地弯曲；

我们相信它们下弯在对照之前。在下侧受到腐蚀的10个表现很不相同：第1号，却是竖直向地弯曲，然而这不是个真正的例外，因在显微镜下检查时，尖端上没有变色的痕迹，显然由于误差它没有受到硝酸银接触；第2号有明显向地弯曲，倾斜于水平线下45°左右；第3号轻微弯曲；第4号的弯曲刚刚可察觉；第5号和第6号严格水平方向；其余4个向上弯曲，与向地性对抗。在这四例中，向上弯曲度（按萨克斯的回转计）的半径为5、10、30和70毫米。这个弯曲度远在24小时过去之前便已明显，即用硝酸银接触尖端下侧时的8小时45分钟之后。

红花菜豆——使8个作为对照的胚根横向伸展，有些在潮湿疏松泥炭里，有些在潮湿空气中。它们在8小时30分钟内都变得有明显的向地性（温度在20～21℃），因为它们站立的平均角度为水平线下63°。胚根因向地性向下弯曲的长度比起蚕豆来长得多，就是说，从根冠的顶端测量达6毫米以上。另外9个胚根同样横向伸展，3个在湿润泥炭里，6个在潮湿空气中，并用硝酸银横着接触尖端4或5秒。以后检查过其中3个尖端：①中，长0.68毫米一段变色，其基部0.136毫米为黄色，顶端部分为黑色；②中，变色部分0.65毫米长，其基部0.04毫米为黄色；③中，变色部分0.6毫米长，其基部0.13毫米为黄色。因此，少于1毫米的长度受到硝酸银影响，但这已几乎足够完全阻止向地性的作用；因在24小时后，9个受腐蚀的胚根中只有一个稍微有些向地弯曲，现在倾斜于水平线下10°；另外8个保持横向，虽然有一个稍向侧弯。

6个在潮湿空气中的被腐蚀胚根，其顶端部分（长10毫米）在24小时内增长达两倍以上，因这部分现在平均长20.7毫米。在对照样本中，同一时间内长度增加更大，因其顶端部分已从10毫米长到26.6毫米平均值。但因被腐蚀的胚根在24小时内增长到两倍以上，显然它们未曾受到硝酸银的严重伤害。我们这里补充一下，当试验用硝酸银接触尖端一侧的效应时，最初施用得太多，6个横伸胚根的整个尖端（我们相信不超过1毫米长）被杀死，这些继续水平生长两三天。

用前述的黏稠油脂覆盖横伸胚根的尖端，做了许多实验。这样覆盖2毫米长的12个胚根，其向地性弯曲在前8小时或9小时被推延，但是在24小时后，弯曲的程度几乎和对照样本一样多。9个胚根的尖端覆盖3毫米长，在7小时10分钟后，它们站立的平均角度是水平线下30°，而对照是平均54°。24小时后，这两组在它们的弯曲程度上差别不大。然而在另一些实验中，油脂覆盖的和对照的在24小时后，则有相当明显的区别。8个对照样本的末端部分在24小时内从10毫米增长到24.3毫米平均长度，而油脂处理过的尖端的平均增长值为20.7毫米。因此，油脂只轻微地阻碍了末端部分的生长，但是这部分受伤不厉害；因为有几个胚根曾用油脂涂抹2毫米的长度，它们继续生长7天，那时只比对照的稍短一些。这些胚根在7天之后的外表很奇怪，因黑色油脂被拉成极细的纵向条纹，有小点和网络，覆盖着表面达26～44毫米（即1～1.7英寸）的长度。我们因而可以得出如下结论，即这种菜豆胚根尖端上的油脂稍微延迟并减少应当弯曲最多的部分的向地性弯曲度。

草棉——这种植物的胚根通过向地性的作用弯曲长约 6 毫米。将 5 个胚根横放在潮湿空气中，它们的尖端已用硝酸银接触过，变色延伸$\frac{2}{3}$到 1 毫米长。7 小时 45 分钟后，又在 23 小时后，它们没有表现向地性踪迹；然而长 9 毫米的末端部分已增长到平均 15.9 毫米。6 个对照样本在 7 小时 45 分钟后都明显向地弯曲，其中两个是竖直悬垂，23 小时后，全部都是竖直的，或几乎如此。

金瓜——大量试验都几乎无效，有以下三方面原因：第一，已长得有些老的胚根，如存放在潮湿空气中，尖端只有微弱的向地性；我们在实验中也未获成功，直到将正萌发的种子放在泥炭中并保持相当高的温度。第二，钉在瓶盖上的种子，其下胚轴逐渐变成拱形；并且，因子叶被固定，下胚轴的运动影响了胚根的位置，于是使结果混淆不清。第三，胚根的尖端很细，以致难于做到不腐蚀它太多或者太少。但是我们一般设法克服后一种困难，如以下实验所示，提供这些实验是为了证明用硝酸银接触尖端的一侧并不阻止胚根的上部弯曲。将 10 个胚根平放，上下各有一层湿润的松散泥炭，它们的尖端用硝酸银接触过上侧：8 小时后，全部都已明显地向地弯曲，其中 3 个呈直角；19 小时后，都强烈向地，大多数竖直指向下方。另外 10 个胚根，同样放置，它们尖端的下侧曾用硝酸银接触过：8 小时以后，3 个稍微向地弯曲，但是没有像以前样本中最小的向地弯曲那么多；4 个保持水平；3 个向上弯曲与向地性对抗。19 小时后，有轻微向地弯曲的 3 个已变得强烈弯曲；4 个水平胚根中，只有一个有向地性微迹；3 个上弯的胚根中有一个保留这种弯曲，另外两个已成为水平状。

已经提到，这种植物的胚根不适于在潮湿空气中做试验，但是可以简单提一下一个实验的结果。将长 0.3～0.5 英寸的 9 个幼嫩胚根，它们的尖端受到腐蚀，变黑的一段从不超过 0.5 毫米长度，和 8 个对照样本一起，横向延伸于潮湿空气中。只过了 4 小时 10 分钟后，所有对照都稍微向地弯曲，而没有一个被腐蚀的样本表现出这个作用的踪迹。8 小时 35 分钟后，这两组有同样的差别，只是更明显。这时两组的长度都增加很大。然而，对照没有变得更向下弯曲；24 小时后，这两组在它们的弯曲程度上没有很大差别。

将 8 个几乎相等长度（平均 0.36 英寸）的幼小胚根放在泥炭土之下和之上，并暴露于 75～76℉温度下。它们的尖端曾用硝酸银横着接触过，其中 5 个有长约 0.5 毫米的一段变黑，而另外 3 个只刚看得出有些变色。在同一匣内有 15 个对照胚根，大部分约 0.36 英寸长，不过有些稍长并较老，因而较不敏感。5 小时后，15 个对照胚根都多少有些向地弯曲；9 小时后，其中 8 个下弯到水平线下 45°～90°之间的不同角度，其余的 7 个只轻微向地弯曲；25 小时后，都已向地弯成直角。8 个腐蚀的胚根在同样时间间隔以后的状态如下：5 小时后只有一个有轻微向地弯曲，这是尖端只变色很少的一个；9 小时后，上面提到的胚根呈直角下弯，另外两个轻微下弯，这些便是曾受到硝酸银影响不大的那 3 个胚根；另外 5 个还是呈严格地水平位置。24 小时 40 分钟后，尖端仅轻微变色的 3 个向下弯成直角；另外 5 个没有受到丝毫影响，但是其中几个生长得弯弯曲曲，虽然仍在一个水平面上。这 8 个腐蚀的胚根最初的平均长度为 0.36 英寸，9 小时后已增长到 0.79 英寸平均长度；24 小时 40 分钟后长到 2 英寸这个非凡的平均长度。保持水平的腐蚀充分的 5 个胚根，和已变得急转下弯的有轻微腐蚀尖端的 3 个胚根，它们的长度差别不大。有少数几个对照胚根在 25 小时后测量了长度，它们平均只稍长于腐蚀的，即 2.19 英寸。我们因而看到，杀死这种植物胚根最尖端约 0.5 毫米长度，虽然停止了上部的向地性弯曲，几乎不干扰整个胚根的生长。

在放 15 个对照样本的匣内，这些对照的快速向地弯曲和生长刚才叙述过，有 6 个胚根，约长 0.6 英寸，横向伸长，它们的尖端曾被横向切除仅 1 毫米长度。在 9 小时后，又在 24 小时 40 分钟后检查了这些胚根，它们都仍旧横向。它们没有变得像上述腐蚀胚根那样扭扭弯弯。根据肉眼判断，去尖胚根在 24 小时 40 分钟内生长得和腐蚀样本一样多。

玉米——将横伸于潮湿空气中的几个胚根的尖端用吸墨纸吸干，在第一个实验中用硝酸银接触 2 秒或 3 秒；但是这样接触时间太长，因尖端变黑达 1 毫米以上。它们在 9 小时后没有表现向地性迹象，便将它们弃掉。第二个实验中，3 个胚根的尖端以较短的时间接触，变黑长度为 0.5～0.75 毫米；它们在 4 小时后都保持水平，但是在 8 小时 30 分钟后，其中一个倾斜于水平线下 21°，它的变黑尖端仅 0.5 毫米长。六个对照胚根在 4 小时后都有轻微的向地弯曲，8 小时 30 分钟后强烈下弯，主要弯曲部位一般距尖端 6 或 7 毫米。腐蚀样本中，长 10 毫米的顶端生长部位在 8 小时 30 分钟内增长到 13 毫米平均长度；对照中增长到 14.3 毫米。

第三个实验中，3 个胚根（处于 70～71℉温度下）的尖端用硝酸银只轻微地接触一次，以后在显微镜下检查，变色部分平均长 0.76 毫米。4 小时 10 分钟后，没有一个弯曲；5 小时 45 分钟后，又在 23 小时 30 分钟后，它们仍保持水平，只有一个例外，它现在倾斜于水平线下 20°。长 10 毫米的顶端部分，在 23 小时 30 分钟内已增长很多，平均达 26 毫米。4 个对照胚根在 4 小时 10 分钟后有轻微向地弯曲，5 小时 45 分钟后已明显弯曲。23 小时 30 分钟后，它们的平均长度从 10 毫米增长到 31 毫米。因此，使尖端轻微腐蚀稍微阻碍整个胚根的生长，并明显地停止在向地性影响下应当弯得最厉害的那部分弯曲，而这部分仍继续增长很多。

结束语——现已提供大量证据证明，对各种植物来说，只有胚根的尖端对向地性敏感；并且当它受到这种刺激时，它使得相邻部位弯曲。敏感部分的准确长度像是有些变动，一部分视胚根的年龄而定；但是损伤少于 1～1.5 毫米的长度（约 $\frac{1}{20}$ 英寸），在所观察的几个种中,一般已足够阻止胚根的任何部位在24小时内,或者甚至更长的时间内弯曲。只有尖端敏感这个事实是这样值得注意,我们这里将对以前实验提出一扼要总结。切除了29个蚕豆横伸胚根的尖端,除去少数例外,它们在22小时或23小时内都没有变得向地弯曲,而未去顶的胚根在8或9小时内总是下弯。应当记住的是,仅仅切除一横伸胚根的尖端这个操作,并不阻止相邻部位的弯曲,如果尖端曾在以前暴露于向地性影响下一两小时。尖端切除后有时可以在3天内完全再生;在它完全再生以前,它可能将一脉冲传递到相邻部位。将6个金瓜胚根的尖端像蚕豆的一样切除,这些胚根在24小时内没有表现出向地性的迹象;而对照样本在5小时内便受到轻微影响,9小时内影响强烈。

用属于6个属的植物,使胚根的尖端横着与硝酸银接触。这样所致的伤害很少延伸到大于1毫米的长度,有时更短,这是由甚至是最浅的变色来判断的。我们想这样摧毁生长点的方法会比切除更好。因为我们从许多以前和本章内提出的一些试验知道,用硝酸银接触顶端的一侧,远不致阻止相邻部位弯曲,反而引起它弯曲。在所有以下的例证中,尖端未被腐蚀的胚根被同时和在相同条件下观察,它们几乎在每个例证中都在腐蚀样本的一半或三分之一观察时间内变得明显向下弯曲。19个蚕豆胚根被腐蚀:12个在23~24小时内保持水平,6个轻微向地弯曲,1个强烈弯曲。以后将其中8个胚根倒转,再用硝酸银接触:没有一个在24小时内变得向地弯曲,而倒转的对照样本在这段时间内变得强烈下弯。5个豌豆胚根的尖端与硝酸银接触:32小时后,4个仍为水平状;对照样本在7小时20分钟便有轻微向地弯曲,24小时内强烈弯曲。这种植物的另外9个胚根的尖端只在下侧用硝酸银接触:其中6个保持水平达24小时或上弯与向地性对抗,2个有轻微向地弯曲,1个明显。红花菜豆的15个胚根受到腐蚀:8个保持水平24小时;而所有对照都在8小时30分钟内明显向地弯曲。草棉的5个腐蚀胚根中:4个保持水平23小时,1个有轻微向地弯曲,6个对照胚根在7小时45分钟内都已明显向地弯曲。5个金瓜胚根在泥炭土中保持水平25小时,9个在潮湿空气中保持水平8.5小时;而对照在4小时10分钟内已有轻微向地弯曲。这种植物的10个胚根的尖端在下侧与硝酸银接触:其中6个在19小时后保持水平或上弯,1个轻微向地弯曲,3个强烈。

最后,蚕豆和红花菜豆几个胚根的尖端用厚层油脂覆盖达3毫米长度。这种物质对大多数植物非常有害,但不杀死胚根尖端或停止它的生长,只稍微减少整个胚根的生长速率,只是它一般短暂地推迟上部的向地性弯曲。

如果尖端本身是要变得最弯曲的部位,那么前面几个例证便没有告诉我们什么;但是我们知道是距离尖端几毫米的部位生长最快,而且在向地性影响下弯得最厉害。我们没有理由去推测这部分因尖端受伤或死亡而受到伤害,并且可以肯定的是,在尖端已被摧毁后,这部分还以相当快的速率继续生长,以致它的长度常在一天之内加倍。我们也曾看到，损坏尖端并不阻止相邻部位弯曲，如果这部分已经从尖端接受了某种影响的话。至于横向伸直的胚根，它们的尖端已被切除或是毁坏，应当弯曲最大的部位，虽是以直角暴露于向地性的全部影响下，仍保持不动许多小时或几天，我们必须下结论说，只有尖端对这种动力敏感，它传递某种影响或刺激到相邻部位，使它们弯曲。我们有关于这样的传递作用的直接证据，因为当让一胚根横向伸直一小时或一小时半，这时这种假定的影响已从尖端传播一小段距离，再将尖端切除，这个胚根即使竖直放置，以后也弯曲。这样处理的几个胚根的末端部分继续按它们新得到的弯曲的方向生长一段时间，因为它们缺乏尖端，不再受到向地性的作用。但是在三四天以后，当新的生长点形成，胚根便会再受到向地性的作用，它们现在使自己竖直向下弯曲。如在动物界里看到这样的事物，我们就不得不作如下设想：一动物在卧倒的时候决定于某一特殊方向站起来；在它的头部被切除以后，一脉冲继续缓慢地沿着神经向适当肌肉传播；以致在几小时后这个无头的动物于预先决定的方向起立。

因在像豆科、锦葵科、葫芦科和禾本科这样一些迥然不同的科里的成员中发现，胚根尖端是对向地性敏感的部位，我们可以推断，这种特性是大多数实生苗的根所共有的。当根在穿入土地时，尖端必须先行；我们能够体会它对向地性敏感的好处，因为是由它决定整个根的路程。每当尖端因任何地下障碍物而转向时，有相当长度的根能够弯曲也是有利的，特别是尖端本身生长缓慢并且弯得很小，于是不久便可恢复适当的向下路程。但是，这是靠整个生长部位对向地性敏感，还是靠专门从尖端传递的影响而实现，初看起来像无关紧要。然而，我们应当记得：是尖端对接触坚硬物体敏感，使胚根背离它们弯曲，这样来引导它沿着土壤中阻力最小的路线；还是只有尖端对湿气敏感，至少在有些情况下，致使胚根弯向它的来源。这两类敏感性暂时战胜了对向地性的敏感性，然而，后者最终获得优势。因此，这三类敏感性必然常发生对抗作用：先是一种占优势，然后是另一种。这三类敏感性都位于同一细胞群落，这对这三类敏感性的相互较量和妥协，会是一方便条件，可能还是必要的，这个细胞群落要将命令传递到胚根的相邻部位，使它朝向或背离刺激来源而弯曲。

最后，关于只有尖端对重力引力敏感这个事实，对向地性学说有重要意义。工作者们一般像是把胚根朝向地心弯曲看作是万有引力的直接结果，认为万有引力修饰了上表面或下表面的生长，这样诱导了向适当方向的弯曲。但是我们现在知道，只有尖端受到向地性的作用，这个部位将某种影响传递到相邻部位，使它向下弯曲。重力对胚根的作用，比起对任何低等动物来，不像是以更直接的方式，这种动物当感受到某些重量或是压力时便离去。

第十二章

摘要和结束语

· *Summary and concluding remarks* ·

转头运动的性质——萌发种子的历史——胚根最先伸出并转头——它的尖端非常敏感——下胚轴或上胚轴以拱状形式从地面出现——它的转头运动和子叶的转头运动——实生苗举起带叶的茎——所有部位或器官的转头运动——修饰的转头运动——偏上性和偏下性——攀援植物的运动——感夜运动——由光和万有引力激发的运动——局部化的敏感性——植物运动和动物运动之间的相似性——胚根的尖端有如一个大脑在起作用。

如果我们扼要总结一下主要结论，可能对读者有用，这些结论，尽我们能做到的判断，是根据本书中提供的观察相当妥善地建立的。每种植物中的所有部位或器官当它们继续生长的时候，有些具备叶枕的部位在它们停止生长以后，都在继续不断地进行转头运动。这种运动甚至在幼嫩实生苗破土之前，便已开始。这种运动的性质及其原因，就已经确定的，曾在绪论中扼要叙述过。为什么一株植物的每个部位在它生长的时候，有些情况下是在生长停止以后，竟然会使先在一侧，然后在另一侧的细胞更紧张以及其细胞壁更易伸展，这样来诱导出转头运动，还不知道。看来好像是细胞中的变化需要些休息时期。

有些例证中，如芸薹属的下胚轴，捕蝇草属的叶子和禾本科植物的关节，当在显微镜下观察它们的转头运动时，看到是由无数的小振荡组成的。所观察的部位突然向前急跃（即痉挛）达 0.001～0.002 英寸的长度，然后缓慢后退一段较短距离；几秒钟后它又向前急跃，但是有很多间歇。后退运动显然是由于反抗的组织的弹性。这种振荡运动普遍到什么程度，我们不清楚，因我们在显微镜下观察的转头植物不很多；但是在茅膏菜属中，用一台 2 英寸物镜未能检查出这种运动。这个现象很令人惊奇。一株甘蓝的整个下胚轴或是一株捕蝇草的整个叶片不可能向前急跃，除非在一侧有很大量的细胞同时受到影响。我们是否可以这样猜想，在一侧的细胞稳步地变得越来越紧张，直到这部分突然让步与屈从，这样，诱导出可称为植物体内微观的微弱地震；或者是否在一侧的细胞以间歇方式突然变得紧张，这样引起的每一个向前运动受到组织的弹性的反抗？

转头运动在每株植物的生活中是首要的事；因为是通过对它的修饰才获得许多非常有利的或必要的运动。当光射向植物的一侧，或是光变成黑暗；或是当万有引力作用于一可移动部位，便使植物以某种未知方式增加一侧细胞的总是在变动着的膨压，以致通常的转头运动被修饰，这个部位或是转向或是背离激发起因而弯曲；或者它可能占据一个新位置，像在所谓的叶子就眠时那样。对转头运动起修饰作用的影响可能从一个部位传递到另一部位。与任何外界力量无关的、遗传上或是体质上的变化，常常在植物一生的特殊时期修饰此转头运动。因为转头运动是普遍存在的，我们便能理解为什么同一种类的运动曾在植物界最不同的成员中发展出来。但是不应当推想，植物的所有运动都是来自修饰的转头运动，因为我们即将谈到，有理由相信情况并不是这样。

提出这些前言后，我们将在想象中取一粒萌发种子，并考虑各种运动在植物生活史中所起的作用。第一个变化是胚根的伸出，它立即开始转头运动。这个运动马上被重力

◀ 约瑟夫·胡克和阿萨·格雷。

引力所修饰,成为向地性运动。假设这粒种子卧于地表上,胚根因此很快向下弯曲,追循着一条或多或少是螺旋形的路线,像曾在熏烟玻璃板上所看到的那样。对万有引力的敏感性存在于尖端,是尖端将某种影响传递到相邻部位,使它们弯曲。由根冠保护的尖端一旦到达地面,如果土壤柔软或疏松,它便穿过地表;这个穿入动作显然是受到胚根整个末端的摆动或转头运动的帮助。如果地表很严实,不容易穿入,那么种子本身将被胚根的连续生长和伸长所移动或举起,除非是种子很重。但是在自然状况下,种子常由土壤或其他物质所覆盖,或是落入缝隙内等等,这样便提供了一个抵抗据点,尖端能更容易穿入地面。但是即使种子散卧于地表,还有另外一种帮助:有大量特别纤细的根毛从胚根上部散发出来,这些根毛将自己牢固地贴附在位于地表的石块或其他物体上,甚至能贴附到玻璃上,当尖端紧压地面并穿入时,上部便这样被向下拉住。根毛的这种贴附作用是靠纤维素壁外表面的液化和液化物质随后的凝固而实现的。这个奇妙的过程可能不是为了胚根贴附于地表物体才发生的,而是为了使根毛与土壤颗粒有最紧密的接触,这样它们便能吸收包围土粒的水层以及任何溶解物质。

在尖端已穿入地面一些深度后,胚根的逐增的粗度,和根毛一起,将它牢固地控制于原地,现在胚根纵向生长所产生的力便将尖端更深地驱入土壤内。这个力,与因横向生长所产生的力联合在一起,使胚根有楔形物的动力。即使是中等大小的生长根,如蚕豆实生苗的根,能够移动几磅的重量。当尖端埋藏在严实土壤里,它不太可能作实际的转头运动来帮助它向下移动,不过转头运动将使尖端易于进入土壤中任何侧向的或倾斜的缝隙,或是蚯蚓或幼虫做的洞穴。根肯定常是蔓延到蚯蚓做的老洞穴里。然而,在尖端努力转头的时候,它将不断地压向周围的土壤,这对植物不能不是一件很重要的事:因为我们已经看到当把小片卡片纸和很薄的纸分别粘贴到尖端的相对两侧时,胚根的整个生长部位受到激发,背离贴卡片纸或有较大阻力的物体的一侧,朝向贴薄纸的一侧弯曲。因而几乎肯定的是:当尖端遇到土壤中的一个石块或其他障碍物,或者甚至在一侧的土壤比另一侧更严实,根将尽可能多地背离这个障碍物或是阻力更大的土壤而弯曲,便这样以无误的技巧追寻一条阻力最小的路线。

尖端对一物体的长时期接触比对斜着起作用于胚根的万有引力敏感,有时甚至比以最有利的方向于直角起作用于胚根的万有引力敏感。尖端可被重量少于$\frac{1}{200}$格令(0.33毫克)的附着的紫胶小珠所激发,它因此比最纤细的卷须——纤细西番莲的卷须更敏感,重$\frac{1}{50}$格令的一小段铁丝只勉强对后者起作用。但是这种程度的敏感性与茅膏菜属腺体的比较起来又微不足道了,后者可被仅重$\frac{1}{78740}$格令的颗粒所激发。尖端的敏感性不能由它被一层比其他部位更薄的组织所覆盖来解释,因它受到相当厚的根冠保护。值得注意的是,虽然当用硝酸银轻微接触尖端一侧时,胚根便弯开,然而如果这一侧受腐蚀很厉害，伤害过大，传递某种影响到相邻部位使之弯曲的本领便丧失掉。已知还有其他类似的情况发生。

胚根曾因某种障碍物而弯曲后，向地性又指导尖端竖直向下生长，但是向地性是一微弱的动力。萨克斯曾提出过，这里有另一种有趣的适应性运动参加作用：胚根在距尖端几毫米处对长时期的接触敏感，它们朝向接触着的物体弯曲，而不是像当尖端一侧接触一物体时所发生的那种背离接触物体的弯曲。此外，这样引起的弯曲是陡峭的；只有被压的部位弯曲。甚至轻微的压力便已足够，譬如粘贴在一侧的一小片卡片纸。因而当胚根经过土壤中任何障碍物的边缘时，将通过向地性的作用压向它，这个压力将使得胚根尽力陡峭地弯过这个边缘。它这样便将尽可能快地恢复它的正常向下路线。

胚根也对含有较多湿气的空气一侧敏感，它们朝向它的来源弯曲。因而它们可能是以相同方式对土壤中的湿度敏感。已经在几例中确定，这种敏感性位于尖端，它传递一种影响使得上面相邻部位抵抗向地性，向潮湿物体弯曲。我们因而可以推断，根将从它们的下行路线偏转弯向土壤中的任何湿气来源。

还有，大多数或是所有胚根都稍微对光敏感，并且，根据威斯纳，一般是稍微背光弯曲。这能否对它们有用还很可疑，不过对在土表上萌发的种子来说，它将稍微帮助向地性指导胚根弯向土壤。[①] 在一例中我们确定，这种敏感性位于尖端，使得相邻部位背光弯曲。威斯纳观察的亚-气生根都有背光性，这无疑有助于使它们与树干或是石头表面接触，这正是它们的习性。

我们因而看到，实生苗胚根的尖端赋有多种敏感性，并且尖端按照植物的需要引导相邻生长部位朝向或背离刺激来源弯曲。胚根的侧面也对接触敏感，但是方式很不相同。万有引力比起上面提到的其他刺激来，虽是一种力量较弱的运动起因，然而它总是存在的；于是它最后占优势并决定根的向下生长。

初生胚根长出次生胚根，次生胚根次于水平地下伸出，在一例中观察到它们在转头。它们的尖端也对接触敏感，它们便这样受到激发背离任何接触着的物体而弯曲；因而在这些方面，尽已观察到的来说，它们与初生胚根相似。如果被移动，如萨克斯曾指出过，它们恢复它们原来的水平线下位置，这显然是由于横向地性。次生胚根长出三级胚根，但是这种根，在蚕豆例证中，是不受万有引力影响的，因此它们向各种方向伸出。这 3 个等级的根的总排列便非常好地适应于从整个土壤搜寻营养物。

萨克斯曾证明，如果初生胚根的尖端被切除（在自然状况下的实生苗，尖端有时被咬掉），次生胚根之一便竖直向下生长，方式与将顶枝去尖后一侧枝向上生长相似。我们已

---

① 卡尔·里希特（Karl Richter）博士曾特别注意这个课题［《科学院（维也纳）院报》，1879 年，149 页］，他谈到背光性并不帮助胚根穿入土壤。

经看到蚕豆的胚根情况，如果只将初生胚根挤压而不是将其去顶，于是有过多的汁液进入次生胚根，它们的自然状况便受到干扰而且它们向下生长。其他一些类似事实曾被提到过。因任何干扰结构的事容易导致返祖现象，即恢复以前的特性，看来可能的是，当次生胚根向下生长或侧枝向上生长，它们反转到对胚根和枝条适合的初生生长方式。

至于双子叶植物的种子，在胚根伸出以后，下胚轴冲破种皮；但是如果子叶是地下生的，则是上胚轴冲出。这些器官最初总是成拱状，上部弯过来与下部平行，它们保持这种形式直到已升到地面以上。可是，有些情况下，是子叶的叶柄或是第一片真叶的叶柄穿过种皮和地面，这是在茎的任何部分伸出之前；当时，叶柄几乎总是成拱形。我们只遇到过一个例外，又只是部分例外，即灯台（枝干）老鼠簕的两片第一真叶的叶柄。裸茎翠雀两个子叶的叶柄完全会合，它们呈拱状破土，此后陆续形成的最初一些叶子的叶柄都成拱状，它们这样才能突破汇合的子叶叶柄基部。至于菌根，是胚芽呈拱状突破由子叶叶柄会合形成的管形结构。至于成熟植物，有少数几个种的花茎和叶子，以及几种蕨类植物的花序轴，当它们分别出土时，也一样弯成拱状。

许多种类植物的这么多不同器官以拱形破土，这个事实表明这必然以某种方式对植物非常重要。按照哈贝兰德特的意见，柔嫩的生长点便这样避免了磨损，这可能是真正的解释。但是当拱的两足在生长的时候，它们破土的本领将增加很大，只要尖端仍留存在种皮之内并有个支撑点。至于单子叶植物，尽我们已看到的，胚芽或是子叶很少成拱状；但是洋葱的叶状子叶却是这种情况，拱冠在这里被一特殊突起所加强。禾本科里，竖直鞘状子叶的顶端发育成一坚硬而尖锐的冠，这显然对破土有益。双子叶植物里，上胚轴或下胚轴弯成拱形，常像是只由于这些部位包装在种子内的方式而形成的；但是，是否在任何情况下都是如此，还有疑问，有几例就不是这样，看到弯成拱形这个过程是在这些部位完全脱离种皮之后才开始。因无论将种子放在何种位置都发生这个弯成拱形过程，这无疑是由于沿这个部位的一侧偏上或偏下性质的生长的暂时加速所引起的。

下胚轴使自己弯成拱形这种习性看来很普遍，它可能有久远的起源。因而，不足为奇的是，它应被有地下生子叶的植物继承下来，至少到某种程度；这种植物的下胚轴只微弱发育，从不伸到地面以上，在这种植物里弯成拱形当然现在已毫无用处。这种趋势解释了我们已经看到过的下胚轴的弯曲（和胚根随后发生的运动），这个现象最初是萨克斯观察到的，我们曾常称之为萨克斯弯曲。

前面提到的几种拱形器官是在不断进行转头运动，或是尽力去进行转头运动，甚至在它们破土之前。拱的任何部分一旦伸出种皮，它便受到背地性的作用，拱的两足在周围土壤允许之下，尽快地向上弯曲，直到拱竖直站立。它然后靠不断生长有力地冲破地面，但是因为它在不断地努力回旋转头，这将对它出土稍有帮助，我们知道一个正在转头的下胚轴能将湿沙堆向周围。当最微弱的光一旦射到一株实生苗上，向光性将引导它经过土壤中任一裂缝，或是经过一堆纠缠的覆盖植被，因背地性本身只能盲目地指导实生苗向上。故此可能是，那种对光的敏感性便位于禾本科植物子叶的尖端，位于至少是有些植物的下胚轴的上部。

当这个拱形结构向上生长时，子叶便被拉出地面。种皮或者留在后面埋在土中，或者保持一段时候仍然包着子叶。以后仅仅靠子叶胀大便将种皮抛弃。但是大多数葫芦科植物有一种奇妙的特殊设计，当其还在地下时便能冲破种皮，这就是，在下胚轴基部有一个栓状结构，成直角伸出，它将种皮的下半部向下按住，而下胚轴的拱形部分的生长将上半部举起，于是将种皮分成两半。含羞草和一些其他植物具有多少有点类似的结构。在两片子叶完全展开并分离之前，下胚轴一般靠凹面一侧加速生长使自己伸直，这样便将引起成拱过程的倒转。最后，原先弯曲部分的一点踪迹也没有留下，只有洋葱的叶状子叶例证中的情况是例外。

子叶现在能承担叶子的功能，使碳酸分解；它们也将常含有的养分让给植株的其他部位。当它们含有大量养分储备时，它们一般仍是掩埋于地下。由于下胚轴发育得很小，这样它们便有较好的机会躲避动物的毁坏。由于还不了解的原因，营养物有时存储于下胚轴或胚芽内，于是一个或两个子叶便不发育，这方面已经提过几个例证。加州麦加齐、灌丛牵牛、提琴叶牵牛和绿叶栎的特别萌发方式，便可能与块茎状根的埋藏有关系，这种根在早期储藏了养分；因为在这些植物里，是子叶的叶柄先从种子伸出，它们的末端只有微小的胚根和下胚轴。这些叶柄像根一样向地性地向下弯曲，并穿入土壤，因而真正的根，它以后扩展很大，便埋在地表下没有多深。结构的等级总是令人感兴趣的。阿萨·格雷告诉我们，杰拉帕氏牵牛（*Ipomoea Jalappa*）也形成巨大块茎，下胚轴仍有相当长度，子叶的叶柄只适度伸长。但是除了因隐蔽块茎内储藏的营养物质所获得的好处以外，胚芽靠埋藏起来便不致受到冬季的寒害，至少麦加齐的情况是如此。

许多种双子叶植物实生苗，德·弗里斯不久前曾描述过，胚根上部薄壁组织的收缩将下胚轴拉入土壤内，有时（听人说）直到甚至将其子叶掩埋。有些种的下胚轴本身以相似的方式收缩。一般认为这个掩埋过程可保护植物抵抗冬季寒害。

我们想象中的实生苗现在已经成熟起来，它的下胚轴直立而且它的子叶已充分展开。在这种状态下，下胚轴的上部和子叶有一段时间继续转头，一般的幅度比较大，相对于这些部位的大小来说，速率较快。但是实生苗从这种运动本领得益，只是在它被修饰的时候，特别是被光和万有引力的作用所修饰的时候，因为这样它们便能比大多数成熟植物运动得更快，而且幅度更大。实生苗处于严厉的生存竞争中，它们应当尽快尽可能完善地使自己适应于它们的条件，这看来对它们至为重要。它们对光和万有引力这样极端敏感，也是由于这个缘故。有少数种的子叶对接触敏感，但这可能只是以前几种敏感性的间接结果，因为没有理由去相信它们会靠受接触时的运动而得益。

我们的实生苗现在向上举起带叶的茎，常有枝条，它们幼嫩时都在不断进行转头运动。如果我们注意一下，譬如一株大金合欢树，我们会觉得很肯定，无数生长枝条里的每一个都经常在描绘小椭圆形，每个叶柄、亚叶柄和小叶也是如此。小叶以及普通叶，一般在几乎同一个竖立的平面内上下运动，因而它们描绘很窄的椭圆形。花序梗也一样在不断进行转头运动。假如我们能观察地底下，而且我们的眼睛有显微镜的本领，我们应看到，每个小根的尖端在尽周围土壤压力允许的范围内努力扫描出椭圆形或圆形。所有这些惊人数量的运动，从这棵树作为一株实生苗最初自土壤中出现的时候起，便年复一年地继续下去。

茎有时发育成长匐茎或匍匐茎。这些茎以明显方式回旋转头，便这样在通过周围障碍物或从其上方经过时得到帮助。但是，转头运动是否曾为这个目标而增大，还有疑问。

我们现在要考虑一下，作为几大类运动来源的修饰形式的转头运动。修饰可以决定于内在原因，或是外界因素。在第一个方面，我们看一下叶子，它们在最初展开时，竖直站立，当长老时逐渐向下弯曲。我们看到花序梗在花枯萎后下弯，另一些上举；或者还有，茎以其尖端最初向下弯曲，以致弯成钩状，以后将自己伸直；还有许多其他这样的例证。这些由于偏上性或偏下性引起的位置的改变，在植物一生中一定时期发生，与任何外界因素无关。它们不是靠连续的向上运动或向下运动实现的，而是靠一系列小椭圆形或是靠曲折路线——即在某一个方向上占优势的一种转头运动实现的。

还有，攀援植物在幼小时以通常方式转头，但是一旦茎长到某一高度，这对不同种有所不同，它很快伸长，现在转头运动的幅度增加得非常大，显然有利于茎捉住一支持物。这种茎比起非攀援植物例子来还更均等地向周围转头。由变态叶构成的卷须更明显，它们扫过大的圆圈；而普通叶平常几乎在同一竖直平面内转头。花序梗当变成卷须时，其转头运动以相同方式大大增加。

我们现在要谈第二类转头运动——通过外界因素修饰的转头运动。所谓叶子的就眠或感夜运动决定于每天的光暗交替。激发它们去运动的不是黑暗，而是它们在白天和夜晚所接受的光量上的差异。因为有几种植物，如果叶子在白天没有受到明亮的光照，它们在夜间便不就眠。然而，它们继承了某种趋向，即在适当时期进行运动的趋向，这与光量的任何变化无关。有些例证中这种运动非常复杂，在专门讨论这个课题的一章中，已经提出了详尽的总结，我们在这里只略提一下。叶子和子叶靠两种办法取得它们的夜间位置，即靠叶枕的帮助和没有叶枕的帮助。在前一种情况下，这种运动在叶子或子叶保持充分康健时一直继续下去；而在后一种情况下，只在这个部位正生长时才继续。子叶就眠的种像是比叶子就眠的种占更大的比例。有些种中，叶子就眠而不是子叶；另一些种中，是子叶而不是叶子就眠；或是二者都就眠，然而在夜间采取的位置很不相同。

虽然叶子和子叶的就眠运动非常多样化，有时同属中的不同种也差别很大，然而叶片总是在夜间放置于这样一种位置，使其上表面尽可能少地暴露于强烈辐射。我们不能怀疑这就是这些运动达到的目标；并且已经证明暴露于晴朗天空的叶子，它们的叶片被迫保持水平，受到寒冷的危害更甚于允许采取它们适合的竖直位置的叶子。在这方面已经提出过一些稀奇的实况，表明水平伸展的叶子在夜间受害较严重，当时空气并没有因辐射致冷，而是叶子下表面下方的自由环流受阻。当让叶子在受控不能移动的枝条上就眠时，便有这种情况发生。有些种中，叶柄在夜间上举很高，羽叶闭合在一起，整个植物便这样变得更紧凑，暴露于辐射的表面便小得多。

叶子的各种感夜运动产生于修饰的转头运动，这方面，我们想，已经清楚阐明了。在最简单的情况下，一片叶在 24 小时内描绘一个大椭圆形。运动安排的方式是，叶片在夜间竖直站立，在次日清晨再恢复它以前的位置。所进行的路线与普通转头运动不同的地方，仅在于它有较大的幅度，以及在黄昏较晚时候和次晨较早有更快的速率。如果不承认这种运动是转头运动的一种，这样的叶子就根本不回旋转头，这会是荒谬的反常事情。在另一些情况下，叶子和子叶在 24 小时内描绘几个竖立的椭圆形；到傍晚时，其中一个在幅度上增大很多直到叶片竖直站立，或是朝上，或是朝下。在这个位置上，它继续转头直到次日清晨，这时它采取它以前的位置。当有叶枕存在的时候，这些运动常因叶子或小叶的转动而复杂化，这样的转动在普通转头运动中也小规模地出现。表示就眠和非就眠叶子和子叶的许多曲线图应予以比较，将可看到它们基本上是相似的。普通转头运动转变成就眠运动，首先是靠增加幅度，但是增加的程度没有攀援植物那样大；其次是靠变得具有与昼夜交替有关的周期性，但是在非就眠叶和子叶的转头运动中常有明显的周期性迹象。如果感夜运动是来自普遍存在的转头运动的修饰，那么它们发生于遍及整个维管束系许多科的种中这件事便可以理解，否则是难于解释的。

在第七章内，我们曾提出过波里尔属的例子。如果这种植物保持干燥状态，它的小叶整天合拢，好像就眠一样，这显然是为了控制蒸发。有些禾本科植物也发生类似这样的事。在同一章的结尾处，附加了可称为叶子胚胎学的少许观察结果。在砍倒的克里木草木樨植株上幼条形成的叶，像车轴草属的叶子那样就眠；而在同一些植株的老条上的叶子则以这个属特有的方式就眠，与前者很不相同。根据所提到的原因，我们把这个现象看作是返祖到以前感夜习性的一例。舞草也是如此，很幼小的植株上没有小侧生小叶，这使我们猜想这个种的最近祖先不具备侧生小叶，植株稍老时它们以几乎残留的状态出现，这是返祖到一种具 3 叶的祖先的结果。无论是什么情况，小侧生小叶的快速转头或回旋运动，像是直接由于叶枕，这种运动器官在这个种所经历的逐次变异过程中没有像叶片那样缩小。

我们现在要谈到由于侧光的作用所引起的非常重要的一类运动。当茎、叶或其他器官被放置在使其一侧比另一侧受到更明亮的光照时，它们向光弯曲。这种向光性运动明显地来自通常的转头运动的修饰，并且这两种运动之间的每一个等级都可以遵循出来。当光线昏暗，一侧的光只比另一侧稍明亮一点儿的时候，这种运动包括一系列椭圆形，指向光源，每一个椭圆形都比前一个距光源更近。当两侧光照的差异稍大一些，这些椭圆形被拉开成为明显的曲折路线，当差异更大一些，路线便成为直线。我们有理由相信，细胞膨压的变化是转头运动的近因；看来像是当植物两侧受到不相等的照明时，总在变化着的膨压沿一侧加强，而沿另一侧则减弱或是完全受制。增强的膨压一般是有增强的生长随着发生，因而曾在白天将自己向光弯曲的植物，若不是在夜间有背地性起作用，便会固定在向光弯曲的位置上。但是，普费弗曾证明，具备叶枕的部位弯向光源；生长在这里所起的作用并不比在叶枕的普通转头运动中更多。

向光性广泛遍及整个植物界，但是，由于植物生活习性的改变，每当这种运动变得有害或者无用，这种倾向便很容易消除，像我们在攀援植物和食虫植物中所看到的那样。

背光性比较起来少见得多，除去亚-气生根以外。我们调查的两个例证中，这种运动肯定是由修饰的转头运动构成的。

叶子和子叶在白天位于多少是横对着光的方向，按照弗朗克的意见，这种位置是由于我们所谓的横向光性。因为所有的叶子和子叶都在继续不断地进行转头运动，横向光性来自修饰的转头运动，是几乎无可怀疑的。从叶子和子叶常在黄昏时稍稍上举这件事看来，好像横向光性不得不在白天克服广泛存在的背地性倾向。

最后，已知有些植物的叶子和子叶要受到过强光的伤害；并且当太阳向它们明亮照射时，它们向上或向下运动，或是向侧方转动，以致使它们的边缘向光，以此来避免受害。这种侧向光性运动在一个例证中肯定是由修饰的转头运动构成的，因而可能在所有例证中都是如此，因为所有描述过的种的叶子都以明显方式转头。这种运动到目前为止只在具备叶枕的小叶中看到过，叶枕中在相对两侧增加膨压之后并没有随后进行生长。我们能够理解为什么会如此，因为这种运动只需要用于暂时的目的。叶子如由生长固定于这种倾斜位置，对它会明显不利。在太阳不再过于明亮地照射后，它必须尽快采取它原先的水平位置。

有些种实生苗对光非常敏感，如在第九章提到的，这很值得注意。虉草属子叶朝向一远处的灯光弯曲，这盏灯发出的光非常少，以致竖直放在植株邻近的一支铅笔，并未在一白色卡片纸上投下肉眼可察觉的任何阴影。因此，这些子叶是受到两侧光量上肉眼不能分辨的差异的作用。在一给定时间内它们朝向一侧光弯曲的程度并不与它们所接受的光量严格一致，光在任何时间都不是过量的。在一侧光熄灭以后，它们继续向它弯曲近半个小时。它们以明显的准确性向侧光弯曲，这依靠于在整个一侧的照明，或者在整个对面一侧的昏暗。植物在任何时间所接受的光量，与它们在不久以前接受的比较起来，二者的差异像是所有例证中受光影响的那些运动的主要激发起因。因而从黑暗中移出的实生苗，向一昏暗侧光弯曲的速率，比以前曾暴露于白昼下的实生苗更快。我们在叶子的感夜性运动方面看到几个类似的例证。一种决明属的子叶的周期性运动是一明显的实例；在清晨将花盆放在屋内的昏暗地位，所有子叶都合拢上举；另一盆曾位于日光下，子叶当然保持展开着；现在将这两盆都放在屋子中间彼此靠近，曾暴露于日光下的子叶立即开始闭合，而另外一盆的子叶展开。于是这两个盆内的子叶在处于相同的光量下，却向完全相反的方向运动。

我们发现，如果存放在黑暗中的实生苗每隔 45 分钟左右，受到一个小蜡烛从侧面照明仅二三分钟，它们都变得朝向放置蜡烛的那个地点弯曲。我们对这件事深感惊奇，直到读过威斯纳的观察结果，我们把这个现象归于光的后效。但是他曾证明，在一株植物中，由一小时内总共持续 20 分钟的几个中断的照明所诱发的弯曲度，和由连续照明 60 分钟所诱发的一样。我们相信，这个例证以及我们自己的一些例证，可作如下解释：即光的激发作用应归于实际光量的程度，远不如和以前所接收的光量上的差异，并且在我们这个例证中，是从完全黑暗到光的重复轮换。在这方面，以及在上面列出的几个方面，光像是对植物组织起作用，起作用的方式和它对动物神经系统起作用的方式几乎一样。

对光的敏感性局限于虉草属和燕麦属子叶的尖端，局限于芸薹属和甜菜属下胚轴的上部以及有某种影响从上部传递到下部，使后者向光弯曲。这里有更令人惊奇的相似性。这种影响也传递到地下没有光进入的深处。由于敏感性局部化的结果，虉草属等子叶的下部，它正常是向侧光弯曲得比上部厉害，如果使其尖端不受任何光照，下部可被明亮照射许多小时而丝毫也不弯曲。一个很有趣的实验是将小帽罩在虉草子叶的顶端上，并使很少量的光通过小帽一侧的微小洞口射入，子叶的下部将朝向这一侧弯曲，而不弯向在整个时间都明亮照射的一侧。关于欧白芥的胚根，对光的敏感性也位于尖端，当在一侧照明时，使根的相邻部位发生背光性弯曲。

万有引力激发植物弯离地心，或弯向地心或将它们自己放置于横向地心的位置。虽然不可能以任何直接的方式去修改重力引力，然而可以间接地节制它的影响，用第十章内描述过的几种方法。在这样的情况下，有和向光性一章中提供的同样证据，以最明显的方式证明背地性和向地性运动，可能还有横向光性运动，都是转头运动的修饰形式。

同一植物以及不同植物种的不同部位以很不同的程度和方式受到万有引力的作用，有些植物和器官几乎不表现其作用的踪迹。幼小实生苗，我们知道，它们可快速进行转头运动，都特别敏感；我们已看到甜菜属的下胚轴在 3 小时 8 分钟内向上弯曲 109°。背地性的后效持续半小时以上，横向放置的下胚轴有时便这样被暂时带到超过直立位置。从向地性、背地性以及横向地性得到的益处一般很明显，无须再叙述了。关于酢浆草属的花序梗，偏上性使它们向下弯曲，于是正成熟的荚受到萼的保护不致受到雨水淋洗。它们以后因背地性结合偏下性被推向上，这样便能将种子撒向更广阔的场地。有些植物的蒴果和头状花序因向地性而向下弯曲，它们随后将自己埋入土内以保护缓慢成熟的种子。这个埋藏过程受到因回旋转头而有的摇摆运动的很大帮助。

几种实生苗，可能是所有实生苗的胚根，对万有引力的敏感性局限于尖端，尖端将一种影响传递到相邻的上部，使它朝向地心弯曲。有这类的传递作用存在，是以一种有趣味的方式证明的，即将横向伸直的蚕豆胚根暴露于重力引力下1小时或1.5小时，然后将它们的尖端切除。在这段时间内，没有弯曲迹象表现出来，现在将这些胚根放在竖直朝下的位置。但是有一种影响已经从尖端传递到相邻部位，因为它不久便弯向一侧，犹如这个胚根还保持横向位置并且仍受到向地性的作用时会发生的一样。这样处理的胚根继续横向生长二或三天，直到有一新的尖端重新形成，这个尖端于是受到向地性的作用，胚根变得竖直朝下弯曲。

现在已经说明了，以下几种重要的运动都是起因于修饰的转头运动，这种转头运动在生长继续时，每当有叶枕存在时则在生长停止以后，是无所不在的。这几类运动包括有由于偏上性和偏下性的运动，攀援植物所特有的、普通称为旋转转头的运动，叶子和子叶的感夜或就眠运动，以及由光和万有引力所激发的两大类运动。当我们谈到修饰的转头运动时，我们的意思是，光或光暗交替、万有引力、轻压或其他刺激物，以及植物的某种内在或体质状态，并不直接引起运动，它们只导致细胞膨压中已经在进行的自发变化发生暂时的增强或减弱。光、万有引力等以什么方式作用于细胞，还不知道；我们在这里将只提出，如果有任何刺激影响了细胞，以致引起受影响的部位产生以有利的方式弯曲的某种轻微倾向，这种倾向便可以通过较敏感的个体的保持很容易地加强起来。但是，如果这样的弯曲有害，这种倾向便会减弱，除非它极强大，因为我们知道所有的性状在所有有机体中出现变异是多么常见。我们看不出有任何理由去怀疑，在一定刺激影响下向某一方向弯曲的倾向完全消除以后，植物有可能通过自然选择而逐渐获得向正好相反方向弯曲的本领。[①]

虽然通过修饰的转头运动发生了这么多的运动，还有另外一些运动像是有完全独立的起源，不过它们没有形成这样大而重要的种类。当含羞草属的一片叶被接触时，它突然采取相同于就眠时的位置。但是布吕克(Brücke)曾证明，这种运动起因于细胞膨压状态，不同于就眠时发生的；因就眠运动肯定是由于修饰的转头运动，从一接触引起的运动很难说是由于同样原因。将毛毡苔叶片背面粘牢于打入地下的一木棍的顶端，使叶片不能有丝毫移动，并且在显微镜下观察一个触毛许多小时，它并没有表现转头运动；然而在受到一小块生肉短暂接触后，它的基部在23秒内便开始弯曲。这种弯曲运动因而不能是由于修饰的转头运动而发生的。但是当将一个小物体，如一段鬃毛，放在一胚根尖端

① 见弗兰克的《植物部分的天然水平方向》(1870年，90、91页等)，关于与向地性、向光性有关的自然选择的论述。

的一侧，我们知道这个胚根正在不断进行着转头运动，所诱发的弯曲与由向地性引起的运动很相似，以致我们几乎不能怀疑它是由于修饰的转头运动。将十大功劳属的一朵花粘紧于一木棍上，在显微镜下雄蕊没有表现出转头运动的迹象，然而当它们受到轻微接触时，它们突然移向雌蕊。最后，卷须当受到接触时，其末端的卷曲像是与它的旋转或转头运动无关。这可由下述现象最好地证明，即对接触最敏感的部位进行的转头运动比以下部位少得多，或者在外观上看来根本不进行[①]。

虽然我们没有理由相信这些例证中的运动依靠修饰的转头运动，像本书中所描述的几类运动那样，可是这两组例证间的差异可能没有初看起来那样大。在一组里，一刺激使已经是处于一种变动状态的细胞膨压增加或减少；而在另一组里，刺激最先便启动它们的膨压状态的类似变化。为什么一个接触、轻压或是任何其他刺激，如电、热，或是动物性物质的吸收竟然会更改受到影响的细胞膨压以致引起运动，我们不知道，但是一个接触以这种方式起作用是这样常见，并且是对很不相同的植物，那么这种趋势看来是很普遍的一种，并且，它如果有利，便可增强到任何程度。在另一些例证中，一个接触产生了很不同的效应：如对丽藻来说，可看到原生质从细胞壁后撤；在莴苣属中，其乳状液体外渗；葡萄科、葫芦科和紫葳科有些种的卷须中，轻微的压力引起细胞快速生长。

最后，前述的植物运动和低等动物无意识地执行的许多动作之间的相似性，[②]不可能不给人很深的印象。对植物来说，一个非常小的刺激便已足够；甚至亲缘很近的植物，一种可能对最轻微的连续压力非常敏感，另一种对一轻微的短暂接触非常敏感。在一定时期进行运动的习性都被植物和动物继承下来，还有另外一些相似点也曾被提出过。但是最令人惊奇的相似之处是它们的敏感性的局部化，以及一种影响从受激部位传递到另一部位，后者随之运动。当然植物不具备神经或中枢神经系统；我们可以推测，动物的这些结构仅是为了更完善地传递印象，以及为了几个部位的更圆满的相互联络。

我们相信，植物体中没有哪一个结构比胚根的尖端更奇妙，这是指其功能而言。如果这个尖端被轻压或烧灼或切割，它传递一种影响到其上面的相邻部位，使它弯离受影响的一侧。还有更令人惊奇的是，此尖端能够分辨出一个稍硬和一个稍软的物体，它是同时在相对两侧受到它们的阻力的。然而，如果在稍高于尖端处受到一同样物体挤压，受压部位并不传递任何影响到较远部位，而是陡峭地朝向这个物体弯曲。如果尖端察觉到一侧的空气比另一侧更潮湿，它同样传递一种影响到相邻的上部，后者朝向湿气来源弯曲。当尖端受到光的激发（虽然在胚根例证中，这只肯定过一例），相邻部位弯离光线；

---

① 关于这方面的证据，见《攀援植物的运动与习性》，1875 年，173、174 页。

② 萨克斯提到同样的意见："生活的植物物质自身进行了内部分化，以致各部分有专化的能量产生，有如动物的各种感觉神经。"（《维尔茨堡植物研究所工作汇编》，第 2 卷，1879 年，282 页。）

但是当受到万有引力的激发，同一部位弯向地心。几乎在每一个例证中，我们都能清楚地看出这几种运动的最终目的或是利益。激发起因中的两个，或者可能更多，常常同时作用于尖端，并且一个克服另一个，这无疑是按照它对植物生活的重要性。胚根在穿入地下时所遵循的路线必然决定于尖端，于是它获得了这些不同种类的敏感性。几乎是毫不夸大地说，获得了这些敏感性而且具有指导相邻部位运动的本领的胚根尖端，像一个低等动物的大脑那样起作用，这个大脑位于身体的前端内部，从感觉-器官接受印象，并指导几种运动。

科学元典丛书

43 食虫植物 [英] 达尔文
44 宇宙发展史概论 [德] 康德
45 兰科植物的受精 [英] 达尔文
46 星云世界 [美] 哈勃
47 费米讲演录 [美] 费米
48 宇宙体系 [英] 牛顿
49 对称 [德] 外尔
50 植物的运动本领 [英] 达尔文
51 博弈论与经济行为（60 周年纪念版） [美] 冯·诺伊曼 摩根斯坦
52 生命是什么（附《我的世界观》） [奥地利] 薛定谔
53 同种植物的不同花型 [英] 达尔文
54 生命的奇迹 [德] 海克尔
55 阿基米德经典著作集 [古希腊] 阿基米德
56 性心理学、性教育与性道德 [英] 霭理士
57 宇宙之谜 [德] 海克尔
58 植物界异花和自花受精的效果 [英] 达尔文
59 盖伦经典著作选 [古罗马] 盖伦
60 超穷数理论基础（茹尔丹 齐民友 注释） [德] 康托
61 宇宙（第一卷） [德] 亚历山大·洪堡
62 圆锥曲线论 [古希腊] 阿波罗尼奥斯
化学键的本质 [美] 鲍林

科学元典丛书（彩图珍藏版）

自然哲学之数学原理（彩图珍藏版） [英] 牛顿
物种起源（彩图珍藏版）（附《进化论的十大猜想》） [英] 达尔文
狭义与广义相对论浅说（彩图珍藏版） [美] 爱因斯坦
关于两门新科学的对话（彩图珍藏版） [意] 伽利略
海陆的起源（彩图珍藏版） [德] 魏格纳

科学元典丛书（学生版）

1 天体运行论（学生版） [波兰] 哥白尼
2 关于两门新科学的对话（学生版） [意] 伽利略
3 笛卡儿几何（学生版） [法] 笛卡儿
4 自然哲学之数学原理（学生版） [英] 牛顿
5 化学基础论（学生版） [法] 拉瓦锡
6 物种起源（学生版） [英] 达尔文
7 基因论（学生版） [美] 摩尔根
8 居里夫人文选（学生版） [法] 玛丽·居里
9 狭义与广义相对论浅说（学生版） [美] 爱因斯坦
10 海陆的起源（学生版） [德] 魏格纳
11 生命是什么（学生版） [奥地利] 薛定谔
12 化学键的本质（学生版） [美] 鲍林
13 计算机与人脑（学生版） [美] 冯·诺伊曼
14 从存在到演化（学生版） [比利时] 普里戈金
15 九章算术（学生版） （汉）张苍 耿寿昌
16 几何原本（学生版） [古希腊] 欧几里得

第二届中国出版政府奖（提名奖）
第三届中华优秀出版物奖（提名奖）
第五届国家图书馆文津图书奖第一名
中国大学出版社图书奖第九届优秀畅销书奖一等奖
2009年度全行业优秀畅销品种
2009年影响教师的100本图书
2009年度最值得一读的30本好书
2009年度引进版科技类优秀图书奖
第二届（2010年）百种优秀青春读物
第六届吴大猷科学普及著作奖佳作奖（中国台湾）
第二届“中国科普作家协会优秀科普作品奖”优秀奖
2012年全国优秀科普作品
2013年度教师喜爱的100本书

科学的旅程
（珍藏版）

雷·斯潘根贝格　戴安娜·莫泽 著
郭奕玲　陈蓉霞　沈慧君 译

物理学之美
（插图珍藏版）

杨建邺 著

500幅珍贵历史图片；震撼宇宙的思想之美

著名物理学家杨振宁作序推荐；
获北京市科协科普创作基金资助。

九堂简短有趣的通识课，带你倾听科学与诗的对话，
重访物理学史上那些美丽的瞬间，接近最真实的科学史。

第六届吴大猷科学普及著作奖
2012年全国优秀科普作品奖
第六届北京市优秀科普作品奖

美妙的数学
（插图珍藏版）

吴振奎 著

引导学生欣赏数学之美

揭示数学思维的底层逻辑

凸显数学文化与日常生活的关系

200余幅插图，数十个趣味小贴士和大师语录，全面展现
数、形、曲线、抽象、无穷等知识之美；
古老的数学，有说不完的故事，也有解不开的谜题。

达尔文经典著作系列

已出版：

物种起源	〔英〕达尔文 著　舒德干 等译
人类的由来及性选择	〔英〕达尔文 著　叶笃庄 译
人类和动物的表情	〔英〕达尔文 著　周邦立 译
动物和植物在家养下的变异	〔英〕达尔文 著　叶笃庄、方宗熙 译
攀援植物的运动和习性	〔英〕达尔文 著　张肇骞 译
食虫植物	〔英〕达尔文 著　石声汉 译　祝宗岭 校
植物的运动本领	〔英〕达尔文 著　娄昌后、周邦立、祝宗岭 译祝宗岭 校
兰科植物的受精	〔英〕达尔文 著　唐　进、汪发缵、陈心启、胡昌序 译　叶笃庄 校，陈心启 重校
同种植物的不同花型	〔英〕达尔文 著　叶笃庄 译
植物界异花和自花受精的效果	〔英〕达尔文 著　萧辅、季道藩、刘祖洞 译　季道藩 一校，陈心启 二校

即将出版：

腐殖土的形成与蚯蚓的作用	〔英〕达尔文 著　舒立福 译
贝格尔舰环球航行记	〔英〕达尔文 著　周邦立 译